AF671488

Grundlagen der elektrischen Energietechnik

Andreas Böker

Grundlagen der elektrischen Energietechnik

Praxisnahe Einführung für Naturwissenschaftler und Ingenieure

Andreas Böker
Fachbereich EGU
FH Münster
Steinfurt, Deutschland

ISBN 978-3-662-73169-7 ISBN 978-3-662-73170-3 (eBook)
https://doi.org/10.1007/978-3-662-73170-3

Die Deutsche Nationalbibliothek verzeichnet diese Publikation in der Deutschen Nationalbibliografie; detaillierte bibliografische Daten sind im Internet über https://portal.dnb.de abrufbar.

© Der/die Herausgeber bzw. der/die Autor(en), exklusiv lizenziert an Springer-Verlag GmbH, DE, ein Teil von Springer Nature 2026

Das Werk einschließlich aller seiner Teile ist urheberrechtlich geschützt. Jede Verwertung, die nicht ausdrücklich vom Urheberrechtsgesetz zugelassen ist, bedarf der vorherigen Zustimmung des Verlags. Das gilt insbesondere für Vervielfältigungen, Bearbeitungen, Übersetzungen, Mikroverfilmungen und die Einspeicherung und Verarbeitung in elektronischen Systemen.
Die Wiedergabe von allgemein beschreibenden Bezeichnungen, Marken, Unternehmensnamen etc. in diesem Werk bedeutet nicht, dass diese frei durch jede Person benutzt werden dürfen. Die Berechtigung zur Benutzung unterliegt, auch ohne gesonderten Hinweis hierzu, den Regeln des Markenrechts. Die Rechte des/der jeweiligen Zeicheninhaber*in sind zu beachten.
Der Verlag, die Autor*innen und die Herausgeber*innen gehen davon aus, dass die Angaben und Informationen in diesem Werk zum Zeitpunkt der Veröffentlichung vollständig und korrekt sind. Weder der Verlag noch die Autor*innen oder die Herausgeber*innen übernehmen, ausdrücklich oder implizit, Gewähr für den Inhalt des Werkes, etwaige Fehler oder Äußerungen. Der Verlag bleibt im Hinblick auf geografische Zuordnungen und Gebietsbezeichnungen in veröffentlichten Karten und Institutionsadressen neutral.

Planung/Lektorat: Alexander Grün
Springer Vieweg ist ein Imprint der eingetragenen Gesellschaft Springer-Verlag GmbH, DE und ist ein Teil von Springer Nature.
Die Anschrift der Gesellschaft ist: Heidelberger Platz 3, 14197 Berlin, Germany

Wenn Sie dieses Produkt entsorgen, geben Sie das Papier bitte zum Recycling.

Vorwort

Die Deregulierung der deutschen und europäischen Elektrizitätswirtschaft ist weitgehend abgeschlossen und wir befinden uns mitten in der Energiewende auf dem Weg zu einer dekarbonisierten Wärme- und Stromerzeugung. Das alles wird von geopolitischen Dynamiken beeinflusst, die kaum überschaubar oder vorhersehbar sind. Verfügbarkeit und Preise von Rohstoffen und Primärenergieträgern verändern sich. Unterbrechungen der Lieferketten können die Produktions- und Lieferzeiten von elektrischen Betriebsmitteln und Anlagen erhöhen.

Weltweit wird mit einem deutlichen Anstieg beim Verbrauch von elektrischer Energie gerechnet. In Deutschland geht die Systementwicklungsstrategie 2024 vom Bundesministerium für Wirtschaft und Klimaschutz (BMWK) davon aus, dass der Bruttostromverbrauch von 526 TWh im Jahr 2023 auf 1273 THh im Jahr 2045 steigen wird. Das ist mit intensiven Aus- und Umbaumaßnahmen in den Netzen verbunden, für die der Netzentwicklungsplan Strom der deutschen Übertragungsnetzbetreiber Eckpunkte setzt. Die deutsche Wasserstoffstrategie sieht H_2 als zentrale Säule der Sektorenkopplung und Flexibilisierung des Energiesystems an. Erdgas wird weiterhin bei der Strom- und Wärmeerzeugung eine Rolle spielen, während Steinkohle, Braunkohle und Erdöl in den Hintergrund treten. Wenn die Klimaziele erreicht werden sollen, müssen EEG-Anlagen massiv zugebaut werden. Die Fragen, ob und wie das finanziert werden kann, stehen im Raum und müssen geklärt werden. Redispatch 2.0 und der digitale Zwilling zeigen, dass die Digitalisierung weiter voranschreitet. Künstliche Intelligenz wird zunehmend in Bereichen wie Energieprognose, Lastmanagement, Netzintegration, Netzzustandsüberwachung sowie Fehlererkennung und Wartungsoptimierung eingesetzt werden. Heute können Übertragungsnetzbetreiber mit modernen Leistungshalbleitern Blindleistung oder Kurzschlussströme bereitstellen, wenn die klassischen Großkraftwerke vom Netz getrennt sind. Bei all den Veränderungen soll das hohe Niveau der Versorgungssicherheit beibehalten werden.

In diesem Umfeld möchte das vorliegende Buch einen Beitrag leisten, in die Grundlagen der elektrischen Energietechnik einzuführen. Es richtet sich an alle, für die die Elektrotechnik im Studium keine oder nur eine geringe Bedeutung hatte und die nun im Berufsalltag mit dem einen oder anderen elektrotechnischen Thema konfrontiert sind. Studierenden dient es für einen ersten Einstieg. Vielleicht können auch erfahrene Elektroingenieure den einen oder anderen Aspekt auffrischen. Für die Lektüre werden elementare Kenntnisse der Mathematik und Physik vorausgesetzt. Die Differenzial- und Integralrechnung einer reellen Funktion, das Skalar- und Vektorprodukt, die Punkt- und Strichrechnung mit komplexen Zahlen sowie der Umgang mit Matrizen sollten bekannt sein. Auch sollte eine Vorstellung da sein, was Masse, Energie, Arbeit und Leistung sind. Eine genauere Klärung dieser

Begriffe ist nicht ganz ohne und soll in diesem Zusammenhang außen vor gelassen werden.

Den Startpunkt dieses Buches bilden die Grundlagen der Elektrotechnik im ersten Kapitel. Ausgehend von der elektrischen Ladung werden Schritt für Schritt alle wichtigen elektrischen Größen erklärt. Entgegen der weit verbreiteten Ansicht gibt es auch in den Grundlagen Neuerungen. Heute scheinen die lang anhaltenden Diskussionen über die Interpretation der Maxwellschen Gleichungen für Materie vorüber zu sein. Im zweiten Kapitel werden drei klassische elektrische Drehstrommaschinen vorgestellt. Das sind die dreiphasigen Leistungstransformatoren sowie die Synchron- und Asynchronmaschinen, die allesamt nach wie vor vielfältige Anwendungen finden. Im dritten Kapitel geht es um die zahlreichen Betriebsmittel und Anlagen. Auch hier ist der Fokus auf die Primärtechnik gerichtet. Nach einem ersten Überblick über den Aufbau und die Struktur der Drehstromnetze werden Freileitungen behandelt. Es folgen die induktiven Messwandler und die unterschiedlichen Schalter wie Leistungsschalter, Trennschalter oder Erdungsschalter. Der letzte Abschnitt geht über Schaltanlagen. Neben den verschiedenen Schaltungen werden die Bauweisen in luft- und gasisolierter Technik skizziert. Abschließend ist mit der Schutztechnik und der Stations- und Netzleittechnik die Sekundärtechnik im Vordergrund. Das vierte Kapitel beschäftigt sich mit der Modellierung und Simulation der Drehstromnetze. Zum Einstieg werden die symmetrischen Komponenten erklärt, die zur Darstellung und Berechnung von asymmetrischen Betriebszuständen dienen. Es folgen die abstrakten Ersatzschaltbilder, die in die Netzgleichungen eingehen. Das wird für die Berechnung der Wirk-, Blind- und Scheinleistungen an den Netzknoten im ungestörten Zustand gebraucht. Das ist Vielen unter dem Begriff Leistungsflussrechnung bekannt. Es folgen die unterschiedlichen Arten der Sternpunktbehandlung im Drehstromnetz, die sich in der Reaktion auf einpolige Erdfehler unterscheiden. Den Abschluss bildet die Berechnung von Kurzschlussströmen, die für die Auslegung der Betriebsmittel von großer Bedeutung ist. Zuletzt sind im fünften Kapitel die Niederspannungsnetze im Gebäude an der Reihe. Der Schwerpunkt liegt hier bei den Schutzmaßnahmen gegen den elektrischen Schlag. Dabei kommt es auf das Zusammenspiel der Niederspannungs-Schaltgeräte in den unterschiedlichen Netzsystemen an. Viele relevante Themen wie die Kabel, die Windkraftanlagen, die Photovoltaik, die elektrochemischen Speicher und die Leistungshalbleiter sind ausgelassen. Die Sekundärtechnik wird nur wenig erwähnt, so dass die Ideen und Ansätze für intelligente Netze sowie der Einzug der künstlichen Intelligenz kaum eine Rolle spielen. Das alles hätte komplett den Rahmen gesprengt. Der kundige Leser möge mir auch nachsehen, dass in den Abbildungen entgegen der Konvention der elektrische Strom blau und die elektrische Spannung rot eingefärbt sind.

Ein großer Teil der Zeichnungen wurde von Stefan Haskamp, Peter Hollenbeck, Tobias Bornemann, Michael Jüdiges, Lukas Hermann und Thilo Creutz angefertigt. Ich bin ihnen für ihre teilweise exzellente Arbeit sehr dankbar. Mein Dank gilt auch den Fachleuten, die mir zahlreiche Hilfestellungen gegeben haben. Maurice Nuys hat mich auf einen hartnäckigen Fehler in den Grundlagen hingewiesen und Martin Kriegel hat bei den Gasschaltern wertvolle Hinweise gegeben. Martin Poppe hat vor allem in der Theorie eine ganze Reihe von konstruktiven Korrekturvorschlägen gemacht. Rainer Bunselmeyer hat viele relevante Punkte aus der Erfahrung und dem Knowhow eines großen Verteilnetzbetreibers beigesteuert. Mein ganz besonderer Dank gilt Felix Pröbstl. Der war sehr engagiert und hat zusammen mit seinen kompetenten Kolleginnen und Kollegen vom Übertragungsnetzbetreiber erheblich zur Verbesserung beigetragen. Nicht zuletzt möchte ich mich bei meiner Frau Heidrun Dörlitz bedanken, die mich über die lange Zeit der Fertigstellung begleitet und unterstützt hat.

Steinfurt, 10. März 2026 *Andreas Böker*

Inhaltsverzeichnis

1 Grundlagen der Elektrotechnik

In diesem Kapitel werden Eigenschaften von elektrischen und magnetischen Feldern beschrieben. Dazu kommen die Grundzüge der Gleich-, Wechsel- und Drehstromtechnik. Diese Inhalte sind in vielen bekannten und bewährten Lehrbüchern über die Grundlagen der Elektrotechnik zu finden. Dazu zählen [1–33], die eher für Studierende der Elektrotechnik gedacht sind. Auch die Lehrbücher [34–43] sind zu nennen. Sie richten sich an Studierende im Maschinenbau, in der Verfahrens- und Versorgungstechnik oder an angehende Wirtschafts-Ingenieure, für die die Elektrotechnik ein Nebenfach ist. Wer über gar keine Vorkenntnisse verfügt, sollte für den ersten Einstieg die Lektüre von [44–50] ins Auge fassen. Der Zugang für ein Verständnis der elektromagnetischen Felder wird mit Büchern über Experimentalphysik wie [51–53] erleichtert. Manchmal sind die elektrische Messtechnik [54–61] oder die Werkstoffe der Elektrotechnik [61–63] gefragt. Zur Vorbereitung auf Klausuren sind Aufgabensammlungen wie [64–79] und Formelsammlungen wie [79–81] nützlich.

1.1 Elektrisches Feld

Der Ausgangspunkt für dieses erste Kapitel ist die elektrische Ladung mit der Coulombkraft. Damit werden statische elektrische Felder und ihre Ausbreitung in Materie erklärt. Es folgen die Definitionen der elektrischen Spannung und des elektrischen Stromes. Der Kondensator, seine Schaltungen sowie die Be- und Entladevorgänge schließen diesen ersten Abschnitt ab.

1.1.1 Coulombkraft und elektrische Feldgrößen

Schon im Altertum waren elektrische Erscheinungen bekannt. Wird Bernstein mit einem Tuch oder Fell gerieben, zieht es leichte Fasern an. Das altgriechische Wort für Bernstein lautet ēlektron. Heute kennen wir elektrische Aufladungen bei Kunststofffolien oder Textilien mit hohem Kunststoffanteil.

© Der/die Autor(en), exklusiv lizenziert an
Springer-Verlag GmbH, DE, ein Teil von Springer Nature 2026
A. Böker, *Grundlagen der elektrischen Energietechnik*,
https://doi.org/10.1007/978-3-662-73170-3_1

Elektrische Ladung

Die Effekte bei der Reibung von Kunststoffen, Glasstäben oder Bernstein werden so gedeutet, dass die Stoffe elektrisch geladen werden und aufeinander Kräfte ausüben (Abb. 1.1).

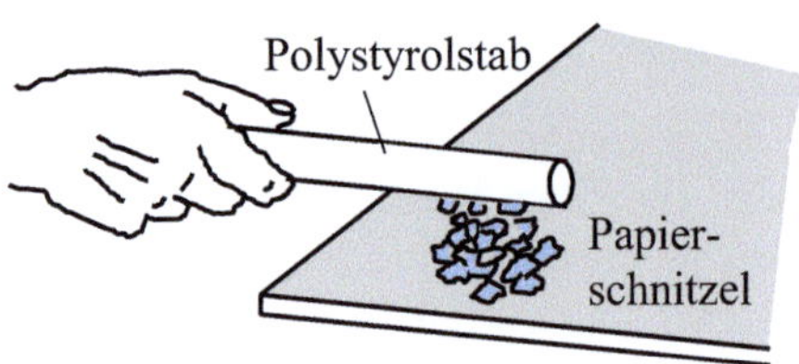

Abb. 1.1 Anziehung von Papierschnitzel

In diesem Zusammenhang spielt die elektrische Ladung eine bedeutende Rolle, für die der Formelbuchstabe Q verwendet wird. Ihre SI-Einheit ist $[Q] = \mathrm{As} = \text{Coulomb} = \mathrm{C}$. Es sind zwei unterschiedliche Arten von elektrischen Ladungen bekannt, die positiven und negativen Ladungen. Ladungen mit gleichem Vorzeichen stoßen sich ab. Ladungen mit unterschiedlichen Vorzeichen ziehen sich an (Abb. 1.2 links). Diese Kraft zwischen den elektrisch geladenen Körpern heißt Coulombkraft $\boldsymbol{F}_\mathrm{C}$.

Abb. 1.2 Coulombkräfte zwischen Ladungsverteilungen (links) und ungleichnamig geladenen Metallkugeln (rechts)

Wenn im Vakuum zwei kugelsymmetrische Ladungsverteilungen Q_1 und Q_2 den Abstand r zwischen ihren Mittelpunkten haben, gilt für sie das Coulombsche Gesetz (Abb. 1.2 rechts). Es gibt den Betrag der Coulombschen Kraft $\boldsymbol{F}_\mathrm{C}$ an und lautet

$$F_\mathrm{C} = \frac{1}{4\pi\epsilon_0}\frac{Q_1\,Q_2}{r^2} \tag{1.1}$$

mit der elektrischen Feldkonstante ϵ_0. Die heißt auch Influenzkonstante, Permittivität des Vakuums oder Dielektrizitätskonstante des Vakuums. Sie ist eine bedeutende Naturkonstante, die in vielen Fällen mit $\epsilon_0 \approx 8{,}854 \cdot 10^{-12}\ \mathrm{As/(Vm)}$ in ausreichender Genauigkeit angegeben werden kann.

Neben der Kraftwirkung hat die elektrische Ladung weitere bedeutende Merkmale.

- Ladung ist mit Materie bzw. Masse verbunden.
- Ladung kann weder erzeugt noch vernichtet werden. Sie kann nur getrennt oder verschoben werden.
- Es gibt eine kleinste Ladungsmenge, die nicht mehr teilbar ist. Das ist die Elementarladung e.

Vor der Entstehung der Quantentheorie Mitte der 20-er Jahre des letzten Jahrhunderts gab es schon die Idee der Elementarladung. Millikan gelang 1913 die entscheidenden Messungen für den Nachweis. Eine schöne und ausführliche Beschreibung seines Schwebekondensators ist in [53] zu finden. Seit 2019 ist die Größe der Elementarladung exakt festgelegt (Tab. A.2). Häufig reicht der Näherungswert $e \approx 1{,}602 \cdot 10^{-19}$ C.

Damit ist jede elektrische Ladung Q ein ganzzahliges Vielfaches der Elementarladung.

$$Q = \pm\, n\, e \quad \text{mit} \quad n \in \{0, 1, 2, ...\} \tag{1.2}$$

Die Elementarladung ist mit Elementarteilchen verknüpft. Diese Vorstellung wurde 1750 erstmalig von Benjamin Franklin beschrieben. Ein Elektron trägt die Ladung $-e$ und ein Proton die Ladung $+e$. Ein weiteres Elementarteilchen ist elektrisch ungeladen, das ist das Neutron. Atome sind aus diesen drei Elementarteilchen aufgebaut. Neutronen und Protonen bilden die Atomkerne, in denen nahezu alle Masse vereint ist. Die Elektronen befinden sich in großer Entfernung außerhalb des Kerns. Nach dem Bohrschen Atommodel aus dem Jahr 1913 umkreisen sie den Kern auf diskreten Bahnen (Abb. 1.3). Dieses halb-klassische Atommodell ist nur eine grobe Veranschaulichung der Vorgänge. Sehr viel genauere Aussagen können mit der Quantenmechanik bzw. der Atom- und Kernphysik getroffen werden [82–84]. Darauf soll in diesem Rahmen nicht näher eingegangen werden.

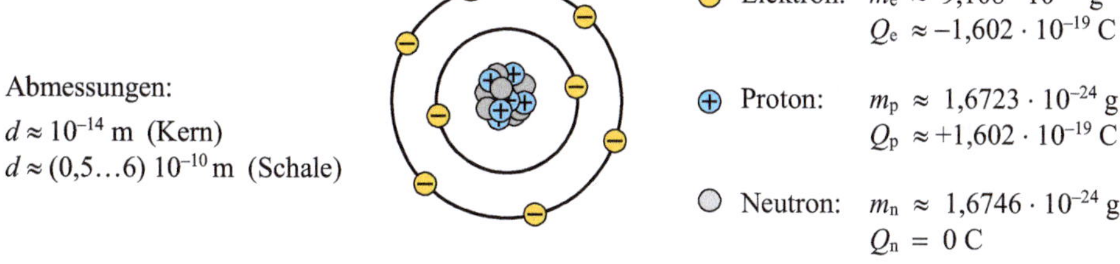

Abb. 1.3 Atommodell von Niels Bohr

Diese einfache Vorstellung vom atomaren Aufbau der Werkstoffe und Materialien ist hilfreich, die elektrische Eigenschaften wie die elektrische Leitfähigkeit zu charakterisieren.

Elektrische Feldstärke

Es wird sich nun zeigen, dass sich in der Umgebung von elektrischen Ladungsverteilungen elektrische Felder befinden. Diese werden mit Feldlinien dargestellt und durch die elektrische Feldstärke charakterisiert. Ausgangspunkt dazu ist ein Versuch mit einer Metallkugel, die die Ladung $+Q_\text{K}$ tragen soll (Abb. 1.4). In ihrer Nähe soll sich eine Probeladung $-Q$ befinden und beide Ladungen sollen sich idealerweise im Vakuum befinden. Wegen der Coulombkräfte ziehen sie sich an.

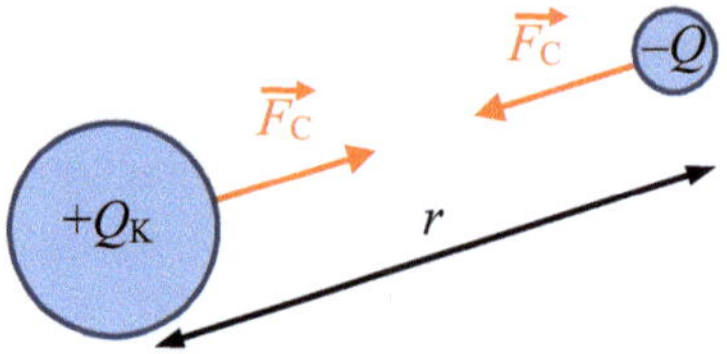

Abb. 1.4 Geladene Kugel mit Probeladung

Das Experiment kann auch so gedeutet werden, dass die Metallkugel ein elektrostatisches Kraftfeld bildet. Jedem Punkt des Raumes außerhalb der geladenen Kugel wird eine Coulombkraft $\boldsymbol{F}_{\mathrm{C}}$ zugeordnet, die auf eine Probeladung wirkt. Daher kommt die Bezeichnung Feld. Dieses Beispiel der geladenen Metallkugel hat Analogien zum Schwerefeld der Erde. Die Metallkugel entspricht der Erde, die Coulombkraft der Gravitationskraft $\boldsymbol{F}_{\mathrm{G}}$ und die elektrischen Ladungen den Massen m_1 und m_2 im Newtonschen Gravitationsgesetz.

$$F_{\mathrm{G}} = \gamma_{\mathrm{G}} \, \frac{m_1 \, m_2}{r^2} \tag{1.3}$$

Die universelle Gravitationskonstante ist ungefähr $\gamma_{\mathrm{G}} \approx 6{,}674 \cdot 10^{-11}\ \mathrm{m}^3/(\mathrm{kg\ s}^2)$. Wird die Coulombkraft durch die Ladung Q dividiert, liegt eine neue vektorielle Feldgröße vor. Das ist die elektrische Feldstärke $\boldsymbol{E}$.

$$\boldsymbol{E} = \frac{\boldsymbol{F}_{\mathrm{C}}}{Q} \qquad [E] = \mathrm{N/C} = \mathrm{N/(As)} = \mathrm{V/m} \tag{1.4}$$

Im Gegensatz zur Coulombkraft ist die elektrische Feldstärke unabhängig von der Größe der Probeladung Q. Beim Beispiel der geladenen Metallkugel steht die Richtung der elektrischen Feldstärke senkrecht auf den gedachten Kugeloberflächen um die Metallkugel und ihr Betrag ist

$$E = \frac{1}{4\pi\epsilon_0} \, \frac{Q_{\mathrm{K}}}{r^2} \, . \tag{1.5}$$

Ein weiteres Beispiel ist der Plattenkondensator (Abb. 1.5 links). Zwischen seinen Elektroden befindet sich ein annähernd homogenes elektrisches Feld. Richtung und Betrag der elektrischen Feldstärke sind in jedem Punkt des Raumes gleich.

Elektrische Felder werden mit elektrischen Feldlinien dargestellt. Sie können sichtbar gemacht werden, wenn beispielsweise Streufasern aus dem Modellbau zwischen die Elektroden gebracht werden. Genauso kann Grieß mit Rizinusöl verwendet werden. Die elektrischen Feldlinien zeichnen sich durch folgende Eigenschaften aus.

- Elektrische Feldlinien schneiden sich nicht.
- Sie treten senkrecht zu leitfähigen Oberflächen ein oder aus.
- Elektrische Feldlinien haben Anfang und Ende. Die Quelle des elektrischen Feldes ist die positive elektrische Ladung. Die negative Ladung ist die Senke.
- Ihre Richtung verläuft von Plus nach Minus.
- Die Richtung der elektrischen Feldstärke ist tangential zu den Feldlinien.

- Der Abstand der Feldlinien ist ein Maß für den Betrag der elektrischen Feldstärke $\boldsymbol{E}$. Je dichter die Feldlinien sind, desto größer ist der Betrag.

Auch da, wo keine Feldlinien gezeichnet sind, existiert ein elektrisches Feld. Es befindet sich in jedem Punkt des Raumes. Dass elektrische Ladung Quelle oder Senke von elektrischen Feldern ist, wird auch als Grundgesetz der Elektrostatik oder als der Gaußsche Satz für das elektrische Feld bezeichnet. Das ist die 3. Maxwellsche Gleichung A.6 im Anhang.

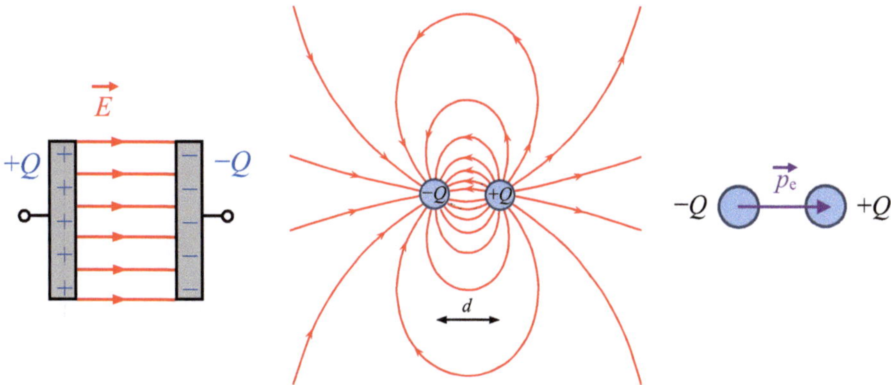

Abb. 1.5 Idealisierter Querschnitt durch einen Plattenkondensator (links), elektrischer Dipol mit seinen elektrischen Feldlinien (mittig) und sein elektrisches Dipolmoment (rechts)

Im Inneren des Plattenkondensators ist das elektrische Feld homogen. In praktisch allen anderen Fällen ist das nicht so. Dann verändern sich die Richtung oder der Betrag der elektrischen Feldstärke mit der Position im Raum (Abb. 1.5 mittig). Auch ein elektrischer Dipol hat ein inhomogenes elektrisches Feld. Sein elektrisches Dipolmoment $\boldsymbol{p}_\mathrm{e}$ ist durch das Drehmoment $\boldsymbol{M}$ definiert, das er im elektrischen Feld erfährt.

$$\boldsymbol{M} = \boldsymbol{p}_\mathrm{e} \times \boldsymbol{E} \qquad [p_\mathrm{e}] = \mathrm{Cm} \tag{1.6}$$

Zwei ungleichnamige Ladungen $\pm Q$, die sich im Abstand d voneinander befinden, bilden einen elektrischen Dipol mit dem Dipolmoment

$$\boldsymbol{p}_\mathrm{e} = Q\,\boldsymbol{d}\,. \tag{1.7}$$

Die Vektoren $\boldsymbol{p}_\mathrm{e}$ und $\boldsymbol{d}$ zeigen von der negativen zur positiven Ladung (Abb. 1.5 rechts). Das verlangt die Definition vom elektrischen Dipolmoment (Gl. 1.6). Es lässt sich leicht zeigen, dass das Ausdruck der Coulombkraft ist. Bislang wurden die elektrischen Felder im Vakuum betrachtet. Wie Werkstoffe und Materialien auf äußere elektrische Felder reagieren und selbst ein elektrisches Feld ausbilden, wird im Anschluss für zwei besondere Fälle genauer untersucht. Einmal ist es ein Isolator im elektrischen Feld, das andere Mal ein elektrischer Leiter.

Isolatoren im elektrischen Feld - Polarisation

Es soll ein einfacher Versuch betrachtet werden, bei dem ein Isolator in das elektrische Feld eines Plattenkondensators gebracht wird (Abb. 1.6). Dabei können neue elektrische Dipole entstehen oder vorhandene elektrische Dipole ausgerichtet werden. Diese Effekte sind die Verschiebungs- und Orientierungspolarisation und werden nun erklärt.

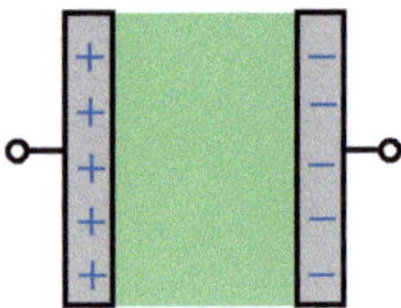

Abb. 1.6 Isolator im Plattenkondensator

Isolatoren leiten keinen elektrischen Strom, ihre elementaren Ladungsträger sind gebunden und können keine Strecken jenseits eines Atomdurchmessers zurücklegen. Wird ein elektrisches Feld angelegt, werden wegen der Coulombkräfte die Protonen und die Elektronen nur mikroskopisch verschoben, d. h. im atomaren Maßstab. Die Ladungsschwerpunkte liegen nicht mehr übereinander. Es werden elektrische Dipolmomente induziert. In einem Isolator findet dieser Vorgang immer statt und wird als Verschiebungspolarisation bezeichnet (Abb. 1.7).

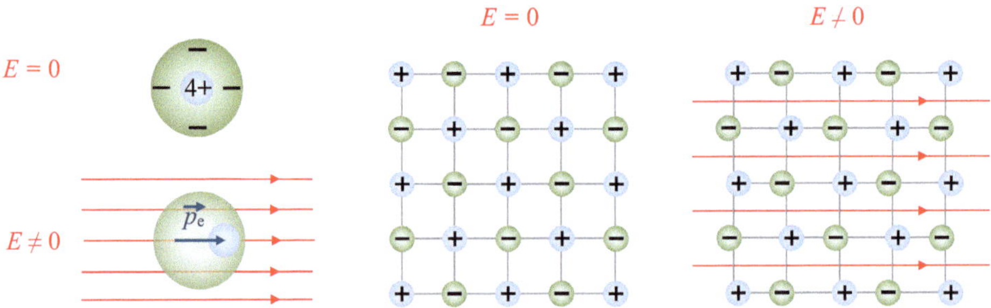

Abb. 1.7 Verschiebungspolarisation bei einem einzelnen Atom (links) und im Ionenkristallgitter

Bei manchen Stoffen ist die Verschiebungspolarisation extrem schwach, sie lassen sich praktisch nicht polarisieren. Das ist beispielsweise bei Schwefelhexafluorit SF_6 der Fall, das in gasisolierten Schaltanlagen eingesetzt wird (Abb. 1.8 und Abschnitt 3.5). Bei der Wechselstromtechnik wird sich zeigen, dass solche Materialien kaum Umorientierungsverluste haben, was in der elektrischen Energietechnik natürlich wünschenswert ist.

Es gibt Substanzen, in denen auch ohne äußeres elektrisches Feld elektrische Dipole vorhanden sind. Ein bekanntes Beispiel dafür ist Wasser mit den polaren Wassermolekülen. Meistens ist die Orientierung der zahllosen elektrischen Dipole chaotisch

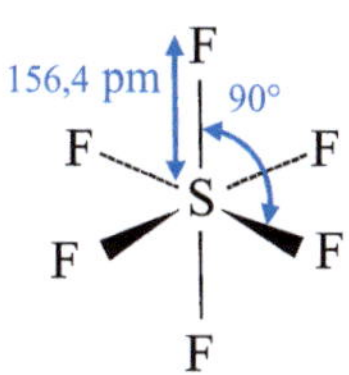

Abb. 1.8 Bindungslänge und -winkel beim gasförmigen SF_6-Molekül (links) sowie gasisolierte Schaltanlage (Foto: TransnetBW [85])

verteilt, so dass das Wasser effektiv kein eigenes elektrisches Feld hat. Bei Anlegen eines äußeren elektrischen Feldes richten sich die Dipole aus. Dieser Effekt wird Orientierungspolarisation genannt (Abb. 1.9).

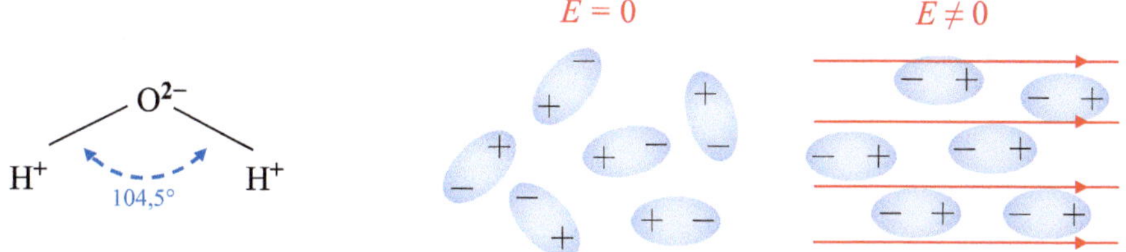

Abb. 1.9 Wassermolekül H_2O (links) und idealisierte Orientierungspolarisation

Die Verschiebungspolarisation kann durch die stärkere Orientierungspolarisation überlagert werden. Beide Effekte führen zu einer Dichte der elektrischen Dipolmomente $\mathrm{d}\boldsymbol{p}_\mathrm{e}/\mathrm{d}V$, die elektrische oder auch dielektrische Polarisation genannt wird. Die vereinfachende Bezeichnung Polarisation ist missverständlich, da es auch eine magnetische Polarisation gibt. Die elektrische Polarisation hat selbst ein elektrisches Feld mit der mittleren Feldstärke $\boldsymbol{E}_\mathrm{p}$.

$$\boldsymbol{E}_\mathrm{p} = -\frac{1}{\varepsilon_0}\,\frac{\mathrm{d}\boldsymbol{p}_\mathrm{e}}{\mathrm{d}V} \qquad [\mathrm{d}p_\mathrm{e}/\mathrm{d}V] = \mathrm{As/m^2} \tag{1.8}$$

Die Wechselwirkungen zwischen der elektrischen Feldstärke $\boldsymbol{E}$ und der elektrischen Polarisation $\mathrm{d}\boldsymbol{p}_\mathrm{e}/\mathrm{d}V$ können sehr kompliziert ausfallen. Im einfachsten Fall liegt ein isotroper (d. h. von der Richtung unabhängiger) Isolator vor. Die Vektoren $\boldsymbol{E}$ und $\boldsymbol{E}_\mathrm{p}$ zeigen in dieselbe Richtung unabhängig davon, wie der Isolator relativ zum Feld gedreht wird. Wenn das Material zusätzlich linear ist ($E \sim E_\mathrm{p}$), kann ein dimensionsloser Proportionalitätsfaktor eingeführt werden. Das ist die elektrische Suszeptibilität χ_e (lateinisch susceptibilitas für Übernahmefähigkeit).

$$\boldsymbol{E}_\mathrm{p} = \chi_\mathrm{e}\,\boldsymbol{E} \tag{1.9}$$

In der Literatur ist vielfach ein anderer Stoffparameter zu finden. Das ist die dimensionslose Permittivitätszahl ε_r (lateinisch permittere für erlauben, überlassen oder durchlassen). Sie wird auch Dielektrizitätszahl genannt.

$$\varepsilon_\mathrm{r} = 1 + \chi_\mathrm{e} \tag{1.10}$$

Permittivitätszahlen für verschiedene Materialien sind im Anhang in Tab. A.26 zu finden. Die Permittivitätszahl ε_r und die elektrische Feldkonstante ε_0 werden zur Permittivität ε zusammengefasst.

$$\varepsilon = \varepsilon_\mathrm{r}\,\varepsilon_0 \qquad [\varepsilon] = [\varepsilon_0] = \mathrm{As/(Vm)} \tag{1.11}$$

Da die dielektrische Polarisation von der Temperatur, von der Frequenz oder auch von der elektrischen Feldstärke abhängen kann, sollte die Permittivität ε nicht als Dielektrizitätskonstante bezeichnet werden. Wegen $\varepsilon_\mathrm{r} = \varepsilon/\varepsilon_0$ wird die Permittivitätszahl auch gerne relative Permittivität genannt.

Beide dimensionslose Größen χ_e und ε_r sind ein Maß dafür, wie stark sich ein Stoff polarisieren lässt (Tab. 1.1 und A.32). Im Vakuum gibt es keine elektrische Ladung und daher auch keine elektrischen Dipolmomente. Die elektrische Polarisation verschwindet und es gilt exakt $\chi_\mathrm{e} = 0$ und $\varepsilon_\mathrm{r} = 1$. Meistens gilt für Isolatoren $\varepsilon_\mathrm{r} > 1$. Die Vorgänge bei der ferroelektrischen Polarisation sind kompliziert, so dass die hier nicht weiter betrachtet werden soll.

Tab. 1.1 Isotrope und lineare Materialien im elektrischen Feld

$\chi_\mathrm{e} < 0$	$\varepsilon_\mathrm{r} < 1$		Plasma, überkritische Fluide
$\chi_\mathrm{e} = 0$	$\varepsilon_\mathrm{r} = 1$	keine Polarisation	Vakuum,
$\chi_\mathrm{e} > 0$	$\varepsilon_\mathrm{r} > 1$	Verschiebungspolarisation	Luft, Isoliergas SF_6, NaCl
		Orientierungspolarisation	H_2O-Molekül
$\chi_\mathrm{e} \gg 0$	$\varepsilon_\mathrm{r} \gg 1$	ferroelektrische Polarisation	Bariumtitanat

Eine Permittivitätszahl $\varepsilon_\mathrm{r} > 1$ gibt an, um welchen Faktor das durch freie Ladungen erzeugte Feld im Isolator abgeschwächt wird. Das ist anhand von Abb. 1.7 und 1.9 ersichtlich. Die induzierten und ausgerichteten Dipolmomente zeigen zwar in Richtung des äußeren Feldes. Jedoch ist ihr eigenes elektrisches Feld entgegengesetzt gerichtet. Daher rührt das Minuszeichen in Gl. 1.8.

An dieser Stelle kann die dielektrische Verschiebung $\boldsymbol{D}$ erklärt werden, die vielfach in der Literatur zu finden ist. Sie wird auch elektrische Flussdichte, elektrische Erregung, Verschiebungsdichte oder Verschiebungsflussdichte genannt. Wegen der Materialgleichung A.12 ist

$$\boldsymbol{E} = \frac{\boldsymbol{D}}{\epsilon_0} - \frac{1}{\varepsilon_0}\,\frac{\mathrm{d}\boldsymbol{p}_\mathrm{e}}{\mathrm{d}V} \qquad [D] = \mathrm{As/m^2}\,. \tag{1.12}$$

Demnach ist $\boldsymbol{D}/\epsilon_0$ der Teil der elektrischen Feldstärke $\boldsymbol{E}$, der von freien nicht gebundenen Ladungsträgern stammt und von der elektrischen Polarisation im Isolator geschwächt wird. Die dielektrische Verschiebung ist eine reine Rechengröße und kann nicht gemessen werden.

Elektrische Leiter im elektrischen Feld - Influenz

Es wird ein Metallblock in das homogene elektrische Feld eines Plattenkondensators gebracht (Abb. 1.10). Der trägt die Ladung Q_1 und die Querschnittsfläche seiner Elektroden ist A_1. Metalle sind gute elektrische Leiter, weil sie quasi frei bewegliche Elektronen im Gitter haben. Diese Ladungsträger können über den ganzen Metallblock verschoben werden. Auf dessen Oberflächen A_2, die den Kondensatorplatten gegenüberstehen, sammelt sich die Ladung $\pm Q_2$.

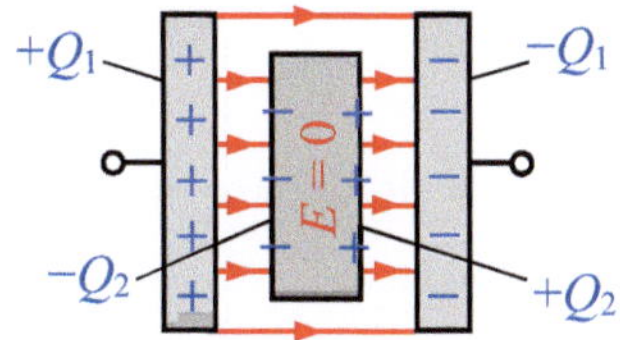

Abb. 1.10 Metallblock im homogenen elektrischen Feld

Das Experiment zeigt, dass die Oberflächenladungsdichten auf dem Metallblock und den Elektroden des Kondensators gleich sind.

$$\frac{Q_1}{A_1} = \frac{Q_2}{A_2} \tag{1.13}$$

Daher haben die mit den Oberflächenladungsdichten verbundenen elektrischen Felder den gleichen Betrag, jedoch sind sie entgegengesetzt gerichtet. Im Inneren des Metalls verschwindet die elektrische Feldstärke. Dieser Effekt wird als Influenz oder elektrische Induktion bezeichnet. Dadurch können elektrische Störfelder z. B. auf Signalleitungen und Sensoren abgeschirmt werden. Auch die Blechkarosserie eines Autos wirkt als ein Faradayscher Käfig.

1.1.2 Elektrische Spannung und Stromstärke

Am Beispiel einer geladenen Metallkugel werden das elektrische Potenzial und die elektrische Spannung definiert. Danach geht es um die elektrische Stromstärke und Stromdichte. Schaltungen von Spannungsquellen schließen diesen Abschnitt ab.

Elektrisches Potenzial und elektrische Spannung

Es soll noch einmal der Versuch mit der geladenen Metallkugel betrachtet werden (Abb. 1.11). Sie soll fixiert sein und die Ladung $+Q_\mathrm{K}$ tragen. In der Umgebung der Metallkugel ist ein statisches elektrisches Feld aufgebaut. Wird in dieses Feld eine bewegliche Probeladung $+Q$ gebracht, wird diese wegen der Coulombkraft $\boldsymbol{F}_\mathrm{C}$ abgestoßen. Je näher die Probeladung an die Kugel gebracht wird, desto mehr gewinnt sie an potenzieller Energie.

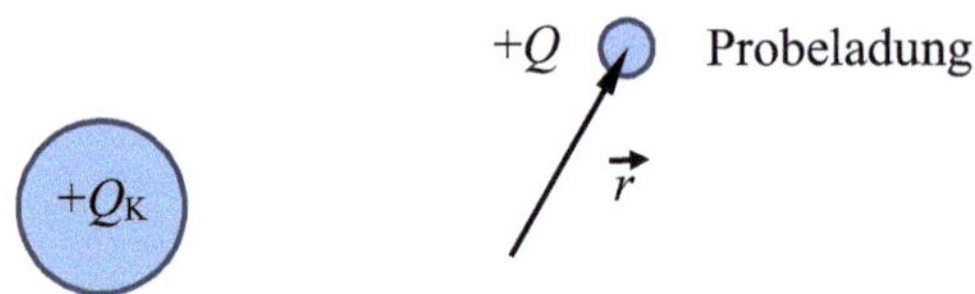

Abb. 1.11 Geladene Kugel mit Probeladung

Die potenzielle Energie W der Probeladung ist grundsätzlich abhängig von ihrer Position im elektrischen Feld. Wird die Probeladung aus dem Unendlichen zum Ort $\boldsymbol{r}$ bewegt, gilt

$$W(\boldsymbol{r}) = \int_\infty^{\boldsymbol{r}} \boldsymbol{F}_\mathrm{C}(\boldsymbol{s}) \cdot \mathrm{d}\boldsymbol{s} \qquad [W] = \mathrm{Nm} = \mathrm{Joule} = \mathrm{J} = \mathrm{Ws}\,. \tag{1.14}$$

Wird die potenzielle Energie durch die Ladung Q dividiert, ist das das elektrische Potenzial φ.

$$\varphi(\boldsymbol{r}) = \frac{W(\boldsymbol{r})}{Q} \qquad [\varphi] = \mathrm{J/C} = \mathrm{Volt} = \mathrm{V} \tag{1.15}$$

Im Gegensatz zur potenziellen Energie W ist das elektrische Potenzial eine Größe, die unabhängig von der Ladung Q ist. Wegen $\boldsymbol{E} = \boldsymbol{F}_\mathrm{C}/Q$ ist

$$\varphi(\boldsymbol{r}) = \int_\infty^{\boldsymbol{r}} \boldsymbol{E}(\boldsymbol{s}) \cdot \mathrm{d}\boldsymbol{s}\,. \tag{1.16}$$

Beide Größen W und φ sind abhängig von der Wahl der unteren Integrationsgrenze. Dieser Bezugspunkt ist in Gl. 1.14 bzw. 1.16 auf $r = \infty$ gesetzt. Die Wahl des Bezugspunktes ist grundsätzlich willkürlich. Im Bezugspunkt ist immer $W = 0$ J und $\varphi = 0$ V, da die untere und obere Integrationsgrenze identisch sind. In der elektrischen Energietechnik ist der Bezugspunkt der Bereich in der Erde, in dem das elektrische Potenzial überall gleich ist. Das ist die Bezugserde (Abschnitt 5.3.1). Beim PKW wird der Minuspol der Batterie mit der Karosserie verbunden und als Bezugspunkt festgelegt. Der wird Masse genannt (Abb. 1.12).

Jedem Punkt des elektrischen Feldes wird ein elektrisches Potenzial zugeordnet. Dagegen ist die elektrische Spannung die Potenzialdifferenz zwischen zwei Punkten.

$$u_{12} = \varphi_1 - \varphi_2 = \frac{W_1 - W_2}{Q} = \frac{W_{12}}{Q} = -u_{21} = \int_{\boldsymbol{r}_1}^{\boldsymbol{r}_2} \boldsymbol{E} \cdot \mathrm{d}\boldsymbol{s} \qquad [u] = \mathrm{V} \tag{1.17}$$

Sie ist unabhängig von der Wahl des Bezugspunktes für das elektrische Potenzial. Das elektrische Potenzial φ und die elektrische Spannung u sind skalare Größen und keine im dreidimensionalen Raum ausgerichtete Vektoren wie beispielsweise eine Kraft $\boldsymbol{F}$. Wenn von der Richtung der Spannung gesprochen wird, ist damit das Vorzeichen gemeint. Auch ist die Konvention für die Groß- und Kleinschreibung der Formelbuchstaben zu beachten. Allgemein sind elektrische Spannungen zeitabhängig, dann wird für sie ein kleiner Formelbuchstabe verwendet. Gleichspannungen sind zeitlich konstant und werden mit einem großen Formelbuchstaben gekennzeichnet.

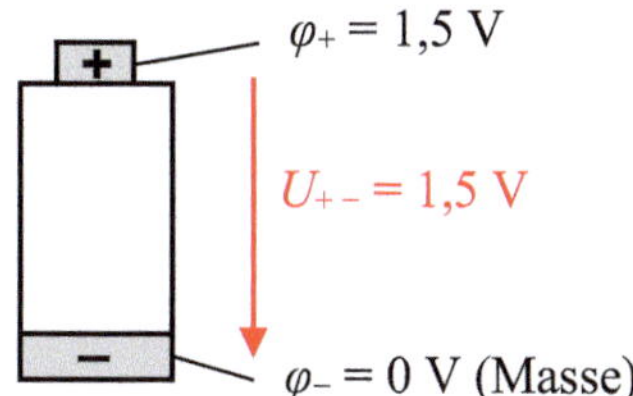

Abb. 1.12 Batterie mit elektrischen Potenzialen und elektrischer Spannung

Die Gleichungen 1.15 und 1.17 sind die grundsätzlichen Definitionen des elektrischen Potenzials und der elektrischen Spannung. Diese beiden Größen sollen nun für zwei Beispiele berechnet werden. Das sind der Plattenkondensator und die geladene Metallkugel (Abb. 1.13).

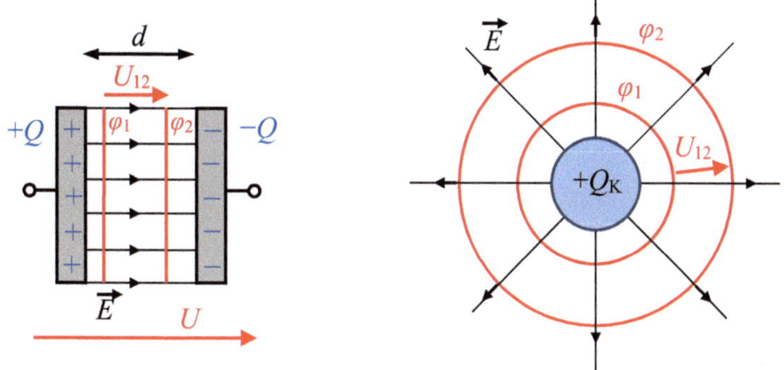

Abb. 1.13 Elektrische Potenziale und Spannungen beim Plattenkondensator (links) und der geladenen Kugel (rechts)

Das elektrische Feld im Inneren des Plattenkondensators ist näherungsweise homogen. Daher vereinfacht sich das Wegintegral über die elektrische Feldstärke, mit dem die elektrischen Spannung U zwischen den Elektroden berechnet werden kann. Mit dem Abstand d zwischen den Elektroden ist

$$U = \int_0^d E \, \mathrm{d}s = E \int_0^d \mathrm{d}s = E\,d \qquad \text{und daher} \qquad E = \frac{U}{d}\,. \quad (1.18)$$

Die Flächen und Linien, auf denen das elektrische Potenzial konstant ist, heißen Äquipotenzialflächen. Sie werden von den elektrischen Feldlinien senkrecht durchstoßen. Hier sind die Äquipotenzialflächen Ebenen, die parallel zu den Plattenoberflächen liegen. Bei der geladenen Metallkugel ist das elektrische Feld nicht mehr homogen. Da die Vektoren $\boldsymbol{E}$ und $\mathrm{d}\boldsymbol{s}$ im Skalarprodukt vom Wegintegral in Gl. 1.16 gleichgerichtet sind, kann mit ihren Beträgen gerechnet werden. Mit Gl. 1.5 sind das elektrische Potenzial

$$\varphi(r) = \int_{\infty}^{r} E(s)\mathrm{d}s = \int_{\infty}^{r} \frac{Q_{\mathrm{K}}}{4\pi\epsilon_0}\frac{1}{s^2}\mathrm{d}s = \frac{Q_{\mathrm{K}}}{4\pi\epsilon_0}\left[-\frac{1}{s}\right]_{\infty}^{r} = -\frac{Q_{\mathrm{K}}}{4\pi\epsilon_0}\frac{1}{r} \tag{1.19}$$

und die elektrische Spannung zwischen zwei Punkten

$$U_{12} = \varphi_1 - \varphi_2 = -\frac{Q_{\mathrm{K}}}{4\pi\epsilon_0}\left(\frac{1}{r_1} - \frac{1}{r_2}\right) . \tag{1.20}$$

Hier sind die Äquipotenzialflächen Kugeloberflächen.

Der Plattenkondensator und die geladene Metallkugel sind eher Gegenstand vom Physikunterricht in der allgemein bildenden Schule. In der Berufspraxis sind andere Spannungsquellen zu finden. Einfachste Beispiele sind Batterien und Akkumulatoren mit ihren unterschiedlichen Bauformen (Tab. A.27). Diese stellen ebenso wie eine Photovoltaikzelle (PV-Zelle) eine Gleichspannung zur Verfügung (Abb. 1.14).

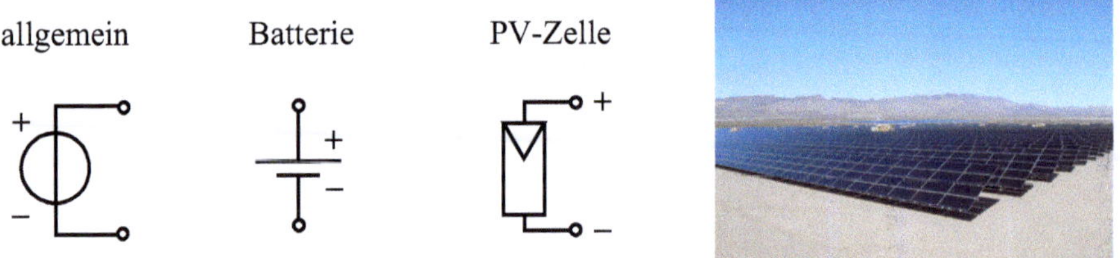

Abb. 1.14 Schaltsymbole von Gleichspannungsquellen und Solaranlage Copper Mountain (Foto: RWE [86])

Bei größeren elektrischen Leistungen sind klassischerweise rotierende elektrische Maschinen im Einsatz (Abb. 1.15). Diese Generatoren stellen so gut wie nie Gleichspannungen zur Verfügung. Meistens sind es Drehstrom-Synchrongeneratoren und manchmal Drehstrom-Asynchrongeneratoren. Beide Typen erzeugen drei sinusförmige Wechselspannungen.

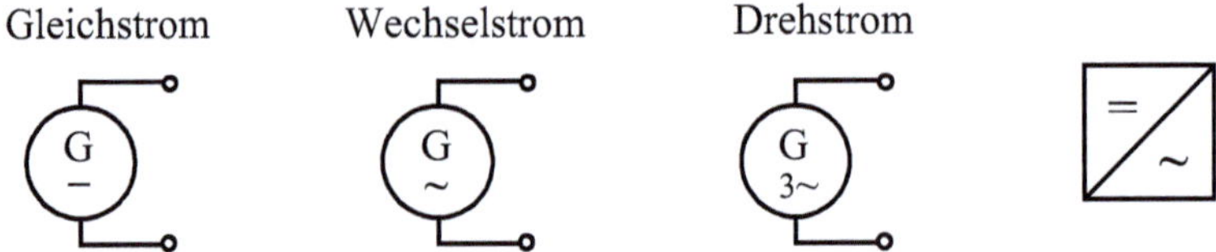

Abb. 1.15 Schaltsymbole für drei Generatoren und einen Wechselrichter

Zunehmend sind Bauelemente der Leistungselektronik zu finden. Dazu zählen Wechselrichter, die eine Gleichspannung in eine Wechselspannung umformen (Abb.

1.15 rechts). Zwischen einer PV-Anlage und dem Niederspannungsnetz im Gebäude müssen Wechselrichter installiert werden.

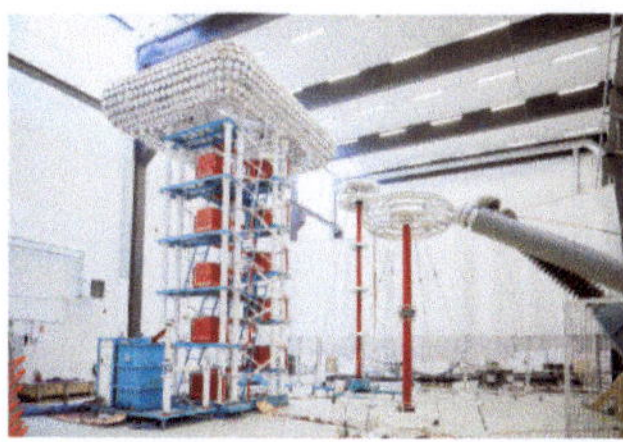

Abb. 1.16 Hochspannungsgenerator für Prüfungen (Foto: Hitachi Energy [87])

Auch sollten schädigende Wirkungen von Überspannungen wie z. B. Blitzüberspannungen möglichst ausgeschlossen werden. Das ist ein Thema in der Hochspannungstechnik, in der es auch um Prüfverfahren geht (Abb. 1.16).

Elektrische Stromstärke und Stromdichte

Die elektrische Stromstärke $i(t)$ gibt an, wie viel Ladung pro Zeit insgesamt durch die Querschnittsfläche eines Leiters fließt.

$$i(t) = \frac{\mathrm{d}}{\mathrm{d}t} Q(t) \qquad [i(t)] = \text{Ampere} = \text{A} \tag{1.21}$$

Die Strömung der elektrischen Ladungsträger im elektrischen Leiter hat Analogien zur Strömung von Gasen und Flüssigkeiten in Rohren. Die elektrische Stromstärke entspricht dem Massenstrom und der elektrische Spannungsfall längs des Leiters der Druckdifferenz.

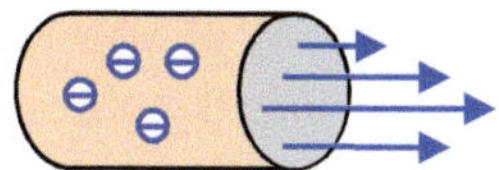

Abb. 1.17 Strömung der einzelnen Elektronen im Kupferdraht

Vielfach wird die elektrische Stromstärke vereinfachend als elektrischer Strom bezeichnet. Sie ist eine der sieben Basisgrößen im SI-Einheitensystem (Tab. A.3). Das präzise Messverfahren zur Bestimmung von einem Ampere ist in den Publikationen der nationalen Metrologieinstitute nachzulesen. In Deutschland ist das die Physikalisch-Technische Bundesanstalt (PTB). Die Bandbreite von elektrischen Stromstärken in der Elektrotechnik ist beachtlich (Tab. 1.2).

Innerhalb eines Leiters kann der elektrische Strom nur in zwei Richtungen fließen. Die elektrische Stromstärke ist wie die elektrische Spannung eine skalare Größe und kein Vektor im dreidimensionalen Raum. Die beiden möglichen Strömungsrichtungen werden durch unterschiedliche Vorzeichen festgelegt. Nach der Konvention in der Elektrotechnik wird der technischen Stromrichtung ein positives Vorzeichen

Tab. 1.2 Größenordnungen für elektrische Stromstärken

10^{-12} A	Ansteuerstrom eines Feldeffekttransistors
10^{-6} A	Kontaktstrom einer Sensortaste
10^{-3} A	Reizschwelle beim Menschen
10 A	Heizlüfter mit einer Leistung von 2,3 kW
10^4 A	Betriebsstrom eines Drehstrom-Synchrongenerators
10^5 A	Aluminiumschmelzofen oder Kurzschlussstrom eines Drehstrom-Synchrongenerators

zugeordnet. Das ist die Strömungsrichtung der positiven Ladungsträger. Die reale bzw. physikalische Stromrichtung kann davon abweichen. Im Kupferdraht bewegen sich die Elektronen durch das Gitter entgegen der technischen Stromrichtung.

Abb. 1.18 Strombezugspfeile mit Vorzeichenangabe

In Abb. 1.18 sind zwei Ersatzschaltbilder für einen einfachen Stromkreis zu sehen. In beiden Fällen ist links eine Gleichspannungsquelle eingezeichnet. Sie dient als Energiequelle. Rechts befinden sich elektrische Verbraucher und die Stromkreise schließen sich über ideale Leiterbahnen. Die Stromrichtung ist mit zwei Angaben eindeutig festgelegt. Das sind der Strombezugspfeil im Schaltbild und das Vorzeichen in einer Formel. Die Angabe $I = +1$ A für das linke Schaltbild bedeutet, dass die positiven Ladungsträger in Richtung des Strombezugspfeiles fließen. Im rechten Schaltbild besagt das negative Vorzeichen, dass die positiven Ladungsträger in umgekehrter Richtung zum Strombezugspfeil fließen. Beide Darstellungen sind äquivalent.

Die Strömung der Ladungsträger ist meistens ungleichmäßig über den Querschnitt verteilt. Ein einfaches Beispiel dazu ist Wechselstrom, bei dem der Skin-Effekt (englisch für Haut) auftritt. Der Ladungstransport findet dann zum großen Teil längs der Leiteroberfläche statt, was mit zusätzlichen Verlusten verbunden. Zur Beschreibung solcher Phänomene wird der Vektor der elektrischen Stromdichte $\boldsymbol{j}$ in einem Punkt des Querschnitts eingeführt. Sein Betrag ist

$$j(t) = \frac{\mathrm{d}}{\mathrm{d}A}\, i(t) \qquad [j] = \mathrm{A/mm^2}\,. \tag{1.22}$$

Die Richtung der Stromdichte zeigt in Richtung der elektrischen Feldstärke. Der Vektor $\boldsymbol{j}$ steht senkrecht auf den Äquipotenzialflächen. Bei Gleichstrom sind das die Querschnittsflächen, die senkrecht zur Kupferader stehen, da die elektrische

Stromdichte $\boldsymbol{j}$ überall in der Querschnittsfläche A gleich ist. Daher ist bei einem Gleichstrom I der Betrag der Stromdichte

$$J = \frac{I}{A} \, . \tag{1.23}$$

Für Wechselstrom kann mit der Formel 1.23 eine mittlere Stromdichte J angegeben werden, wenn der Effektivwert I bekannt ist (Gl. 1.165). Die Grenzen der thermischen Belastbarkeit von Leitern oder Kabeln werden mit einer maximal zulässigen Stromdichte angegeben.

Schaltungen von Spannungsquellen

Batterien gleicher Bauart können parallel oder in Reihe geschaltet werden.

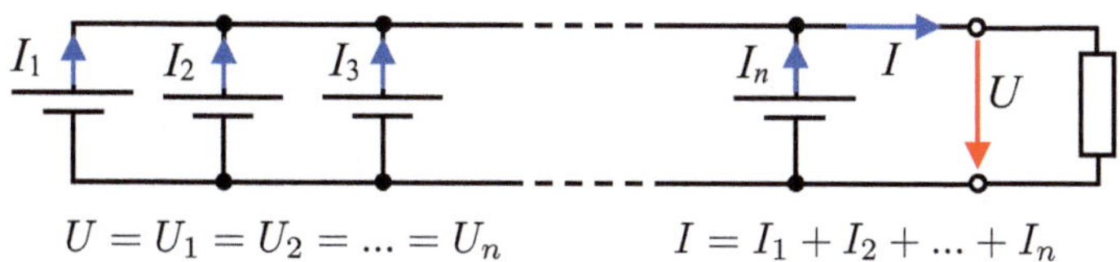

Abb. 1.19 Stromerhöhung bei der Parallelschaltung von Batterien

Bei der Parallelschaltung werden die einzelnen Ströme zu einem gesamten Strom addiert und die elektrische Spannung ist überall gleich (Abb. 1.19).

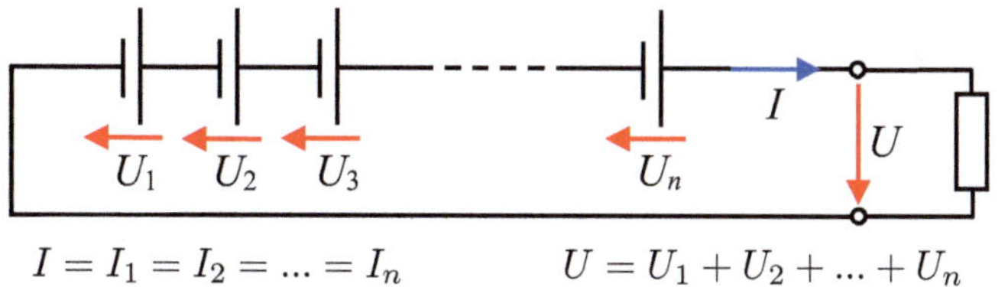

Abb. 1.20 Spannungserhöhung bei der Serienschaltung von Batterien

Bei einer Serienschaltung ist es umgekehrt. Die Teilspannungen addieren sich zur gesamten Spannung, während in allen Bauteilen derselbe elektrische Strom fließt (Abb. 1.20).

1.1.3 Kondensator

Aktive elektrische Bauelemente wie Batterien können von sich aus eine Spannung aufbauen. Ein Kondensator ist ein passives elektrisches Bauelement. Er zählt zu den Zweipolen, d. h. er hat zwei Anschlussklemmen. Die sind jeweils mit einer Elektrode verbunden. Die eine Elektrode trägt die Ladung $+Q$ und die andere $-Q$. Dazwischen befindet sich ein Isolator, das ist das Dielektrikum. Das allgemeine Schaltzeichen ähnelt einem Plattenkondensator (Abb. 1.21).

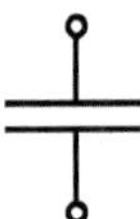

Abb. 1.21 Schaltzeichen eines Kondensators

In der Elektronik gibt es eine Vielzahl von Kondensatoren für unterschiedliche Anwendungen. Ihre speziellen Schaltzeichen sind im Anhang in Tab. A.16 zusammengefasst. In diesem Rahmen wird der Fokus auf Leistungskondensatoren zur Kompensation und Filterung gerichtet, die in Schaltschränken von NS-Verteilungen oder in Freiluft-Schaltanlagen zu finden sind (Abb. 3.60). Die Kompensation selbst wird später in Abschnitt 1.4.3 erklärt.

Kapazität und Energie

Ist bei Kondensatoren die gespeicherte elektrische Ladung $Q(t)$ proportional zur anliegenden elektrischen Spannung $u(t)$, kann die Kapazität C eingeführt werden. Sie ist definiert als

$$C = \frac{Q(t)}{u(t)} \qquad [C] = \mathrm{As/V} = \mathrm{Farad} = \mathrm{F}\,. \tag{1.24}$$

Die Kapazität ist ein Maß für die Ladungsmenge, die der Kondensator bei einer bestimmten Spannung aufnehmen kann. Beim Plattenkondensator ist

$$C = \varepsilon\,\frac{A}{d} = \varepsilon_0\,\varepsilon_\mathrm{r}\,\frac{A}{d} \tag{1.25}$$

mit dem Plattenabstand d und der Plattenfläche A. Die Kapazität hängt grundsätzlich von der Geometrie und dem Material mit seiner relativen Dielektrizitätskonstante ε_r ab. Das ist auch anhand der Tab. A.24 im Anhang erkennbar. Dort sind Formeln für die Kapazität von einfachen Elektrodenanordnungen zu finden. Wird die Geometrie komplizierter können keine Formeln mehr angegeben werden. Die Kapazität kann dann nur noch gemessen oder numerisch berechnet werden.

Das Trennen der elektrischen Ladung kostet Energie und die ist im elektrischen Feld des Kondensators gespeichert.

$$W = \tfrac{1}{2}\,C\,u^2 = \tfrac{1}{2}\,\frac{Q^2}{C} \qquad [W] = \mathrm{Joule} = \mathrm{J} \tag{1.26}$$

Die Energiedichte $w = \mathrm{d}W/\mathrm{d}V$ in einem homogenen isotropen Isolator ist

$$w = \tfrac{1}{2}\,\varepsilon_0\,\varepsilon_\mathrm{r}\,E^2 \qquad [w] = \mathrm{J/m^3}\,. \tag{1.27}$$

Bis hier wurden die Eigenschaften eines einzelnen Kondensators vorgestellt. Nun soll die gesamte Kapazität berechnet werden, wenn n unterschiedliche Kondensatoren parallel oder in Reihe geschaltet sind.

Schaltungen von Kondensatoren

Die Kondensatoren sind zunächst parallel an eine Spannungsquelle angeschlossen (Abb. 1.22).

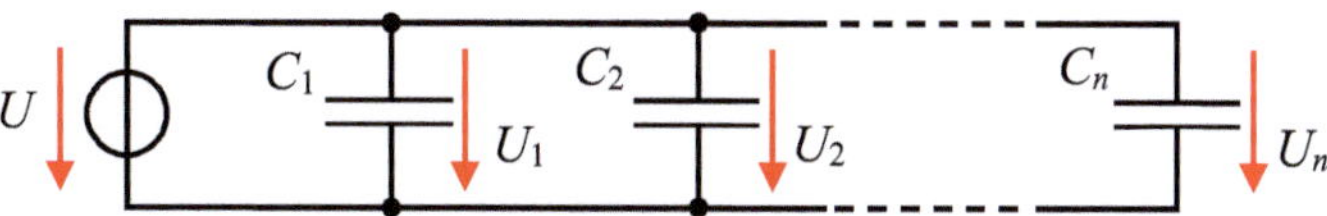

Abb. 1.22 Kondensatoren in Parallelschaltung

Zwangsläufig sind hier die Spannungen U_1 bis U_n an den einzelnen Kondensatoren gleich der von außen anliegenden Spannung U.

$$U = U_1 = U_2 = ... = U_n \tag{1.28}$$

Die Kondensatoren tragen die Ladungen Q_1 bis Q_n. Die gesamte Ladung Q, die in der Schaltung gespeichert ist, ist die Summe der einzelnen Ladungen auf den Kondensatoren.

$$Q = Q_1 + Q_2 + ... + Q_n \tag{1.29}$$

Die gesamte Kapazität C der Schaltung ist damit

$$\begin{aligned} C &= \frac{Q}{U} = \frac{Q_1 + Q_2 + ... + Q_n}{U} = \frac{Q_1}{U_1} + \frac{Q_2}{U_2} + ... + \frac{Q_n}{U_n} \\ &= C_1 + C_2 + ... + C_n \,. \end{aligned} \tag{1.30}$$

Bei einer Parallelschaltung werden die einzelnen Kapazitäten C_1 bis C_n zur Gesamtkapazität C addiert.

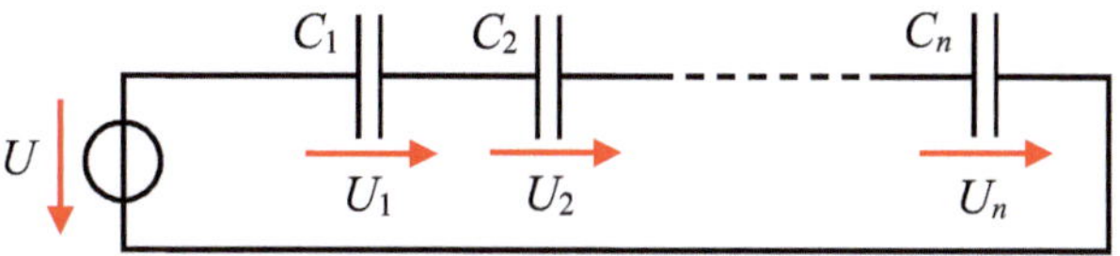

Abb. 1.23 Kondensatoren in Reihenschaltung

In einer Serienschaltung addieren sich die Teilspannungen U_1 bis U_n zur gesamten von außen angelegten Spannung U (Abb. 1.23).

$$U = U_1 + U_2 + ... + U_n \tag{1.31}$$

Die einzelnen Ladungen auf den Kondensatoren sind gleich. Demnach ist die gesamte in der Schaltung gespeicherte Ladung

$$Q = Q_1 = Q_2 = ... = Q_n \tag{1.32}$$

und für die gesamte Kapazität C gilt

$$\begin{aligned}\frac{1}{C} = \frac{U}{Q} = \frac{U_1 + U_2 + ... + U_n}{Q} = \frac{U_1}{Q_1} + \frac{U_2}{Q_2} + ... + \frac{U_n}{Q_n} \\ = \frac{1}{C_1} + \frac{1}{C_2} + ... + \frac{1}{C_n} \, .\end{aligned} \tag{1.33}$$

In einer Serienschaltung wird der Kehrwert der gesamten Kapazität aus der Summe der Kehrwerte der Kapazitäten C_1 bis C_n gebildet.

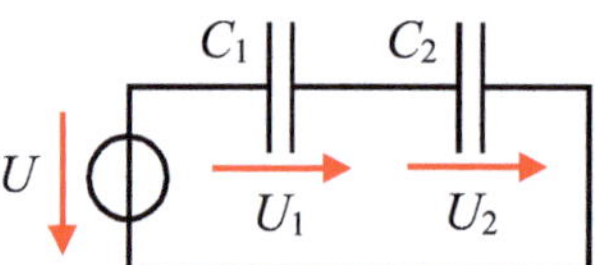

Abb. 1.24 Zwei Kondensatoren in Serienschaltung

Für den Sonderfall, dass nur zwei Kondensatoren in Reihe verschaltet sind, kann eine einfache Formel für die gesamte Kapazität angegeben werden (Abb. 1.24)

$$C = \frac{C_1 \, C_2}{C_1 + C_2} \tag{1.34}$$

Es gelten Spannungsteilerregeln wie

$$\frac{U_1}{U_1 + U_2} = \frac{U_1}{U} = \frac{C_2}{C_1 + C_2} = \frac{C}{C_1} \qquad \text{und} \qquad \frac{U_1}{U_2} = \frac{C_2}{C_1} \, . \tag{1.35}$$

Bis hier wurden nur statische Verhältnisse betrachtet, bei denen die Ladungen und Spannungen zeitlich konstant sind. Zum Schluss sollen die dynamischen Vorgänge beleuchtet werden, die beim Be- und Entladen von Kondensatoren stattfinden.

Entlade- und Beladevorgänge

Aus den Definitionen der elektrischen Stromstärke nach Gl. 1.21 und der Kapazität nach Gl. 1.24 folgt

$$i(t) = \frac{\mathrm{d}}{\mathrm{d}t} \, Q(t) = \frac{\mathrm{d}}{\mathrm{d}t} \, (C \, u(t)) = C \, \frac{\mathrm{d}}{\mathrm{d}t} u(t) \, . \tag{1.36}$$

Wenn sich die Spannung am Kondensator ändert, treten Entlade- oder Beladeströme auf. Zuerst soll das Entladen eines Kondensators anhand von Abb. 1.25 untersucht werden. Ausgangspunkt ist geladener Kondensator mit der Kapazität C, der anfangs die Ladung Q_0 trägt. Nach dem Schließen des Schalters S fließt die elektrische Ladung von Kondensator ab, bis dieser vollständig entladen ist.

Es gilt

$$u_R(t) + u_C(t) = 0 \, . \tag{1.37}$$

$$u_R(t) = R\,i(t) = R\,\frac{\mathrm{d}}{\mathrm{d}t}Q(t)$$

$$u_C(t) = \frac{Q(t)}{C}$$

Abb. 1.25 Ersatzschaltung für das Entladen des Kondensators

Daher ist

$$R\,\frac{\mathrm{d}}{\mathrm{d}t}Q(t) + \frac{Q(t)}{C} = 0\,. \tag{1.38}$$

Hier liegt eine gewöhnliche homogene Differenzialgleichung erster Ordnung vor und ihre Normalform lautet

$$\frac{\mathrm{d}}{\mathrm{d}t}Q(t) + \frac{1}{R\,C}\;Q(t) = 0\,. \tag{1.39}$$

Die Lösung $Q(t)$ zum Anfangswert $Q(t = 0) = Q_0$ ist die Funktion

$$Q(t) = Q_0\;\mathrm{e}^{-t/\tau} \qquad\qquad [\tau] = \mathrm{s} \tag{1.40}$$

mit der kapazitiven Zeitkonstante $\tau = RC$.

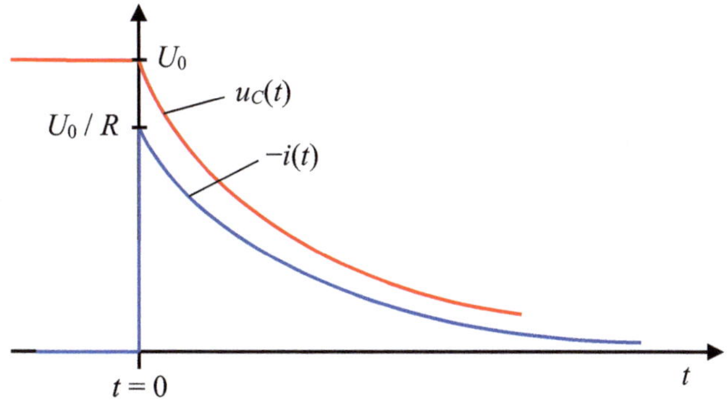

Abb. 1.26 Entladestrom $i(t)$ und Spannung am Kondensator $u_C(t)$

Mit $u_C(0) = U_0 = Q_0/C$ sind die Spannung am Kondensator

$$u_C(t) = \frac{Q(t)}{C} = U_0\;\mathrm{e}^{-t/\tau} \tag{1.41}$$

und der Entladestrom

$$i(t) = \frac{\mathrm{d}}{\mathrm{d}t}Q(t) = -\frac{U_0}{R}\;\mathrm{e}^{-t/\tau}\,. \tag{1.42}$$

Wegen des negativen Vorzeichens fließt der Strom $i(t)$ in der Ersatzschaltung entgegen der Richtung des Strombezugspfeiles. Die zeitlichen Verläufe von Strom und

Spannung sind in Abb. 1.26 dargestellt. Der Strom $i(t)$ macht beim Schließen des Schalters zum Zeitpunkt $t = 0$ einen Sprung und klingt nach begrenzter Zeit ab.

$$u_R(t) = R\,i(t) = R\,\frac{\mathrm{d}}{\mathrm{d}t}Q(t)$$
$$u_C(t) = \frac{Q(t)}{C}$$

Abb. 1.27 Ersatzschaltung für den Ladevorgang

Im Weiteren soll das Laden des Kondensators analysiert werden (Abb. 1.27). Dieser ist anfangs ungeladen und wird in Reihe mit einem ohmschen Widerstand R an eine ideale Gleichspannungsquelle angeschlossen. Die Quellenspannung U_0 ist zeitlich konstant. Wenn der Schalter S zum Zeitpunkt $t = 0$ geschlossen wird, treibt die Spannungsquelle einen elektrischen Strom $i(t)$ durch die Schaltung. Dabei nimmt die elektrische Ladung $Q(t)$ auf dem Kondensator zu, bis dieser vollständig geladen und der elektrische Strom verschwunden ist.

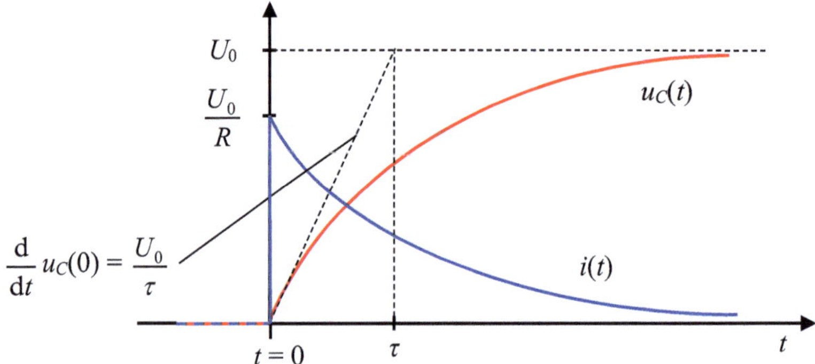

Abb. 1.28 Ladestrom $i(t)$ und Spannung $u_C(t)$ am Kondensator

Die Spannung U_0 teilt sich auf.

$$U_0 = u_R(t) + u_C(t) = R\,\frac{\mathrm{d}}{\mathrm{d}t}Q(t) + \frac{Q(t)}{C} \tag{1.43}$$

Die Normalform der Differenzialgleichung ist

$$\frac{\mathrm{d}}{\mathrm{d}t}Q(t) + \frac{1}{RC}\,Q(t) = \frac{U_0}{R}\,. \tag{1.44}$$

Die Lösung $Q(t)$ zum Anfangswert $Q(t = 0) = Q_0$ ist die Funktion

$$Q(t) = C\,U_0\,\left(1 - \mathrm{e}^{-t/\tau}\right)\,. \tag{1.45}$$

Damit sind die Spannung am Kondensator

$$u_C(t) = \frac{Q(t)}{C} = U_0 \left(1 - \mathrm{e}^{-t/\tau}\right) \tag{1.46}$$

und der Entladestrom

$$i(t) = \frac{\mathrm{d}}{\mathrm{d}t} Q(t) = \frac{U_0}{R}\,\mathrm{e}^{-t/\tau}\ . \tag{1.47}$$

Der Strom macht nach Schließen des Schalters einen Sprung und ist nach begrenzter Zeit abgeklungen (Abb. 1.28). Die Spannung am Kondensator hat dann den Wert U_0 angenommen.

1.2 Gleichstrom

In diesem Abschnitt wird vorausgesetzt, dass die elektrischen Größen wie die Stromstärke und die Spannung konstant sind. International wird für Gleichstrom das Kürzel DC (Direct Current) verwendet. Gleichstromstromkreise sind im einfachsten Fall in der Taschenlampe oder auch im Automobil zu finden. Als elektrische Energiequellen kommen Batterien, Akkumulatoren, Brennstoffzellen oder Photovoltaikmodule in Frage.

Zunächst wird das ohmsche Gesetz erklärt. Es folgt die Definition der elektrischen Arbeit und Leistung im Gleichstromkreis. Ihre Vorzeichen werden durch die Wahl eines Zählpfeilsystems festgelegt. Danach geht es um elektrische Widerstände. Es schließen sich Grundschaltungen von ohmschen Widerständen und die Kirchhoffschen Gesetze an. Zwei allgemeine Verfahren zur Berechnung von linearen Widerstandsnetzwerken runden das Thema ab.

1.2.1 Ohmsches Gesetz und elektrische Leistung

Ausgangspunkt der folgenden Betrachtungen ist ein einfacher Drahtwiderstand. Es soll eine Messreihe durchgeführt werden, bei der für verschiedene elektrische Gleichspannungen U der elektrische Strom I gemessen wird (Abb. 1.29).

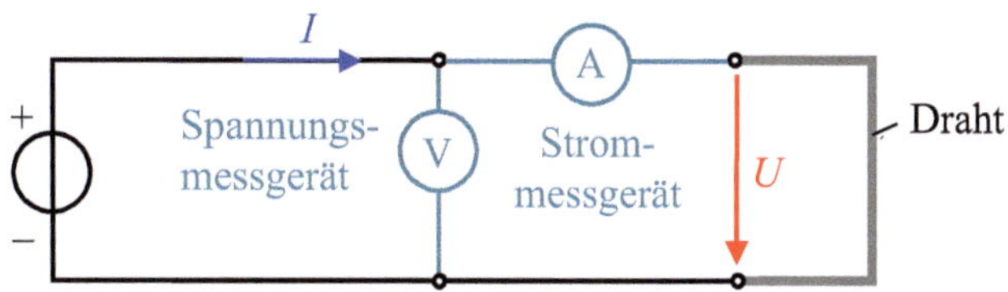

Abb. 1.29 Versuchsanordnung

Es wird vorausgesetzt, dass die Temperatur des Drahtes konstant bleibt. Die elektrischen Ströme müssen so klein sein, dass sie den Draht nicht erwärmen. In der Abbildung ist zu sehen, dass das Spannungsmessgerät parallel zum Messobjekt geschaltet ist. Das Strommessgerät liegt in der Leiterbahn (Tab. A.22).

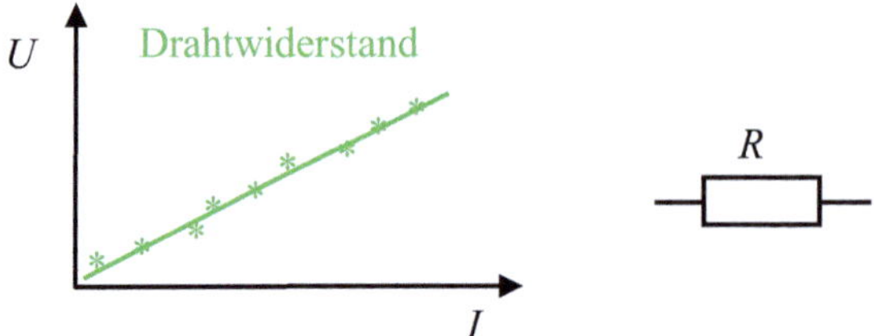

Abb. 1.30 U-I-Kennlinie und Schaltzeichen eines ohmschen Widerstands

Werden die Messwerte in eine Spannungs-Strom-Kennlinie aufgetragen, wird ein linearer Zusammenhang zwischen Spannung und Strom sichtbar (Abb. 1.30).

$$U \sim I\,. \tag{1.48}$$

Das ist das ohmsche Gesetz.

$$U = R\,I \qquad [R] = \mathrm{V/A} = \mathrm{Ohm} = \Omega \tag{1.49}$$

Die Steigung der Kennlinie ist der ohmsche Widerstand R. Häufig wird der auch linearer Widerstand, elektrischer Widerstand oder nur Widerstand genannt. Die Bezeichnungen elektrischer Widerstand und Widerstand sind mehrdeutig. Darunter fallen auch Widerstände mit nicht-linearer Kennlinie. Erschwerend kommt hinzu, dass auch Bauteile als Widerstände bezeichnet werden.

Die Steigung der linearen Strom-Spannungs-Kennlinie ist der ohmsche Leitwert G.

$$I = G\,U \qquad [G] = \mathrm{A/V} = \Omega^{-1} = \mathrm{Siemens} = \mathrm{S} \tag{1.50}$$

Er heißt auch elektrischer Leitwert oder einfach Leitwert. Damit ist

$$G = R^{-1}\,. \tag{1.51}$$

Das ohmsche Gesetz gilt nicht immer. Ein einfaches Beispiel war eine Glühbirne (Abb. 1.31). Bei einer nichtlinearen Kennlinie macht es Sinn, den differentiellen Widerstand r einzuführen.

$$r = \frac{\mathrm{d}U}{\mathrm{d}I} \qquad [r] = \Omega \tag{1.52}$$

Der gleicht der Steigung der Kennlinie in einem Arbeitspunkt des nicht-linearen Zweipols (Abb. 1.31).

Die Gleichung 1.17 definiert allgemein die elektrische Spannung $u(t)$. Daraus folgt im Gleichstromkreis für die elektrische Energie W, die ein Verbraucher aufnimmt oder ein Erzeuger einspeist

$$W = U\,Q \qquad [W] = \mathrm{Joule} = \mathrm{J}\,. \tag{1.53}$$

Die elektrische Energie bzw. Arbeit wird vielfach in kWh angegeben. Der Umrechnungsfaktor für die Einheiten ist 1 kWh = $3{,}6 \cdot 10^6$ J.

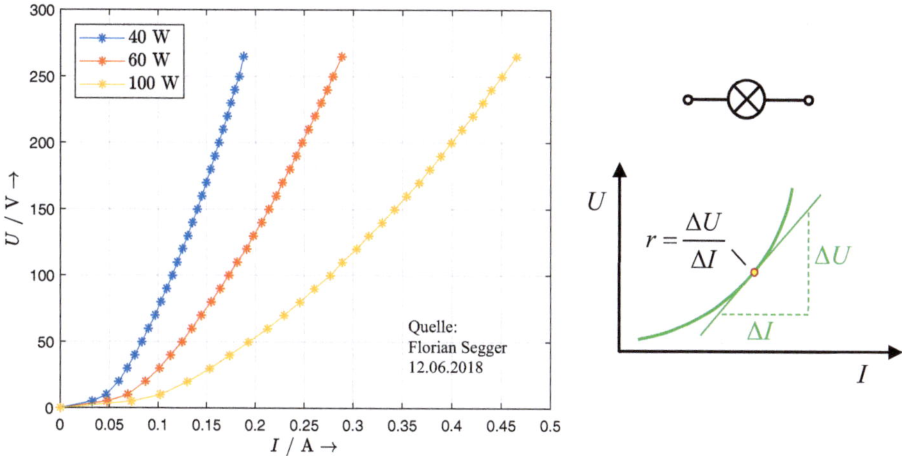

Abb. 1.31 Gemessene U-I-Kennlinien von Glühbirnen (links), deren Schaltzeichen (rechts oben) und differentieller Widerstand r (rechts unten)

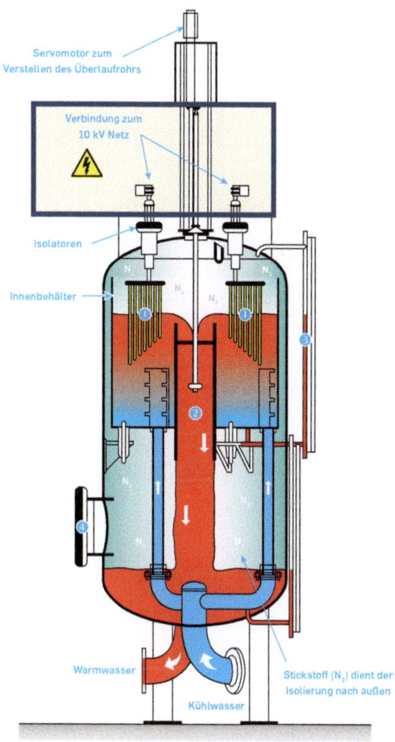

Abb. 1.32 Küstenkraftwerk K.I.E.L. - Baustelle mit Warmwasserspeicher (links) und Elektrodenkessel mit $P_{\mathrm{el}} = 35$ MW (Quelle: Stadtwerke Kiel [88])

Mit der Definition der elektrischen Stromstärke $i(t)$ nach Gl. 1.21 wird daraus

$$W = U\,I\,t\,. \tag{1.54}$$

Wegen $p(t) = \mathrm{d}W/\mathrm{d}t$ ist im Gleichstrom die elektrische Leistung

$$P = U\,I \qquad [P] = \mathrm{VA} = \mathrm{J/s} = \mathrm{Watt} = \mathrm{W}\,. \tag{1.55}$$

Sie ist zu jedem Zeitpunkt konstant. Wegen $U = R\,I$ ist die elektrische Leistung, die von einem ohmschen Widerstand aufgenommen wird,

$$P = R\,I^2 = U^2/R\,. \tag{1.56}$$

Sie wird zum größten Teil in Wärme umgewandelt. Dieser Effekt wird bei elektrischen Heizgeräten oder Durchlauferhitzern genutzt (Abb. 1.32). Diese Stromwärmeverluste sind unerwünscht, wenn über eine Leitung elektrische Leistung transportiert werden soll.

Ein Elektromotor wandelt die elektrische Leistung P_{zu}, die er aus dem Netz bezieht, in die mechanische Leistung $P_{\mathrm{ab}} = M\,\omega$ der Drehbewegung um (Abb. 1.33).

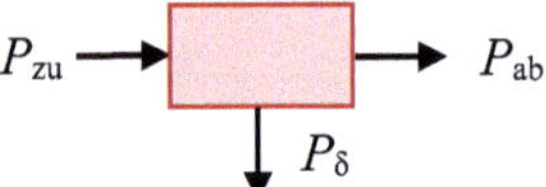

Abb. 1.33 Leistungsbilanz eines Energiewandlers

Es treten Verluste P_{δ} auf.

$$P_{\mathrm{zu}} = P_{\mathrm{ab}} + P_{\delta} \tag{1.57}$$

An dieser Stelle wird der dimensionslose Wirkungsgrad η eingeführt.

$$\eta = \frac{P_{\mathrm{ab}}}{P_{\mathrm{zu}}} = \frac{P_{\mathrm{ab}}}{P_{\mathrm{ab}} + P_{\delta}} \qquad [\eta] = 1 = 100\ \% \tag{1.58}$$

Der Wirkungsgrad gibt an, wie viel Prozent der zugeführten Leistung genutzt werden. Er liegt zwischen 0 und 100 %.

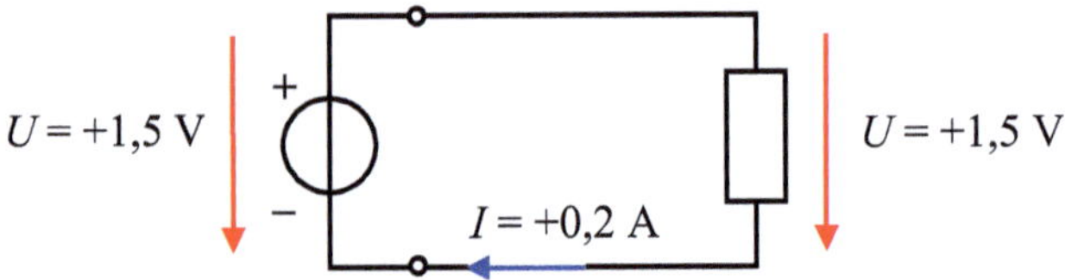

Abb. 1.34 Einfacher Gleichstromkreis im Verbraucherzählpfeilsystem

Bislang ist das Vorzeichen der elektrischen Energie und Leistung noch offen. Es muss geklärt werden, ob die Leistung, die ein Verbraucher dem Stromkreis entnimmt, positiv oder negativ gezählt wird. Das wird mit der Wahl eines Zählpfeilsystems festgelegt. Wir werden uns grundsätzlich nach dem Verbraucherzählpfeilsystem (VZS) richten. Einzige Ausnahme ist der Drehstrom-Synchrongenerator im klassischen Kraftwerk (Abschnitt 2.3). Im VZS ist die Leistung $P = U\,I$ eines Verbrauchers positiv und die Leistung, die eine elektrische Energiequelle an den Stromkreis abgibt, ist negativ. In Abb. 1.34 haben der Strom- und Spannungsbezugspfeil am Verbraucher rechts im Bild die gleiche Richtung und daher das gleiche Vorzeichen. Damit ist die Leistung positiv. Bei der Gleichspannungsquelle ist es umgekehrt. Die Alternative zum VZS ist das Erzeugerzählpfeilsystem (EZS), in dem die Leistung vom Verbraucher negativ und vom Erzeuger positiv bewertet werden. Diese Vorzeichenfestlegung macht im Kraftwerksleitstand Sinn.

Elektrische Widerstände gibt es in den vielfältigsten Bauformen und mit unterschiedlichsten Eigenschaften. Der nun folgende Abschnitt bietet einen Überblick.

1.2.2 Elektrische Widerstände

Elektrische Widerstände zählen zu den passiven Zweipolen (Abb. 1.35). Sie nehmen im zeitlichen Mittel Energie auf und können von sich aus keine Spannung aufbauen. Mitunter werden elektrische Widerstände vereinfachend durch einen ohmschen Widerstand R gekennzeichnet, obwohl sie eine nichtlineare Kennlinie haben.

Abb. 1.35 Schaltzeichen vom elektrischen Widerstand nach DIN EN 60617 (links) und nach ANSI (rechts)

Technische Widerstände dienen zum Einstellen eines gewünschten Widerstandswertes in einer Schaltung oder in der elektrischen Messtechnik als Sensoren. Sie werden grob in Festwiderstände und veränderliche Widerstände unterteilt (Abb. 1.37 und Tab. A.18). Bei Festwiderständen kann der Widerstandswert über Farbringe angegeben werden (Abb. 1.36 links und Abb. A.6). Manche Widerstände können mechanisch verstellt werden (Abb. 1.36 rechts). Es gibt Widerstände, die von der Temperatur, vom Magnetfeld, von der Spannung, vom Licht oder von der Dehnung abhängig sind.

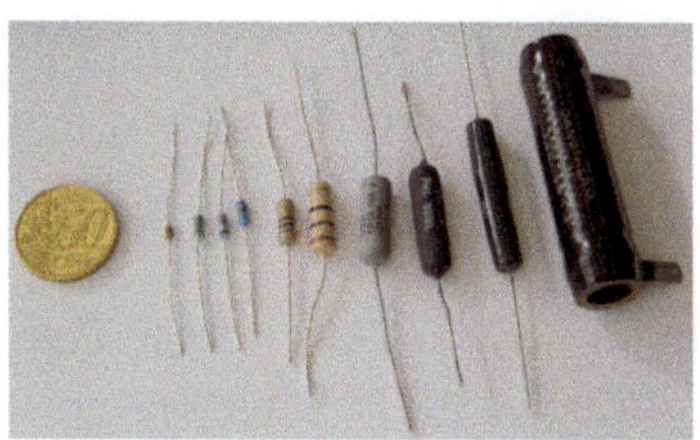

Abb. 1.36 Festwiderstände (links) und mechanisch einstellbare Widerstände (rechts)

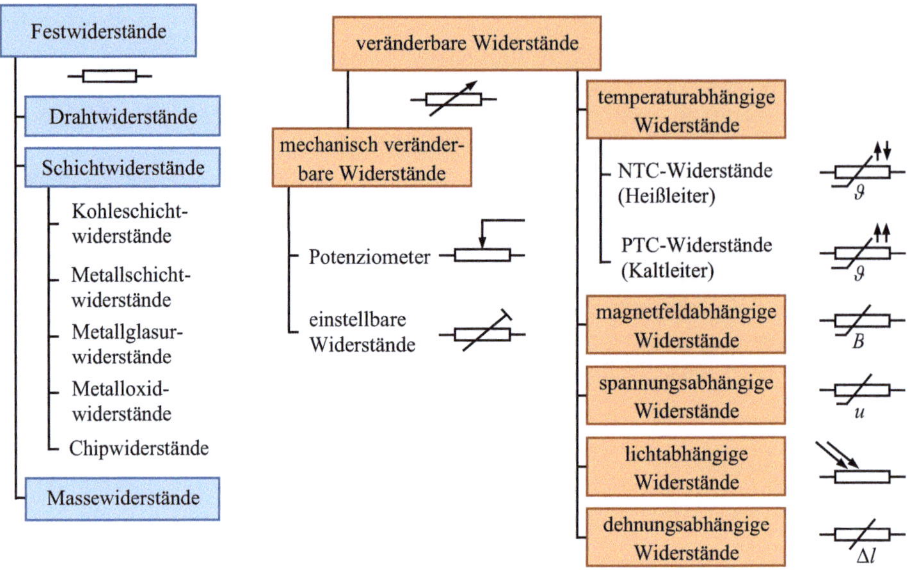

Abb. 1.37 Einteilung technischer Widerstände mit deren Schaltzeichen nach DIN EN 60617 und [44]

Zunächst soll gezeigt werden, wie der elektrische Widerstand vom Material und seiner chemischen Struktur bestimmt ist.

Einfluss des Materials

Es ist ein langer dünner Leiter gegeben. Der Durchmesser seiner kreisförmigen Querschnittsfläche A ist sehr klein gegenüber seiner Länge l. Das kann beispielsweise eine Kupferader in einem Installationskabel sein. Sein elektrischer Widerstand R ist mit

$$R_{20} = \rho_{20}\,\frac{l}{A} = \frac{l}{\kappa_{20}\,A} \tag{1.59}$$

gegeben. Der Index 20 besagt, dass die Größen für eine Temperatur von 20 °C gelten. Zweckmäßigerweise werden die Länge l in m und die Querschnittsfläche A in mm^2 angegeben. In dem Fall haben ρ_{20} und κ_{20} die Einheiten

$$[\rho_{20}] = \Omega\,\mathrm{mm}^2/\mathrm{m} = 10^{-6}\,\Omega\,\mathrm{m} \qquad \text{und} \qquad [\kappa_{20}] = \mathrm{S\,m/mm}^2 = 10^6\ \mathrm{S/m}\ .$$

Anhand des spezifischen elektrischen Widerstands ρ_{20} oder des spezifischen elektrischen Leitwertes κ_{20} werden die Materialien in Leiter, Halbleiter und Isolatoren eingeteilt (Abb. 1.38). Die Zuordnung ist für reine Stoffe eindeutig, jedoch können beispielsweise verunreinigte Halbleiter metallische Leitfähigkeit erreichen. Angaben zu den Stoffkonstanten ρ_{20} und κ_{20} sind für wichtige Leitermaterialien wie Kupfer und Aluminium in Tab. A.28 im Anhang zu finden.

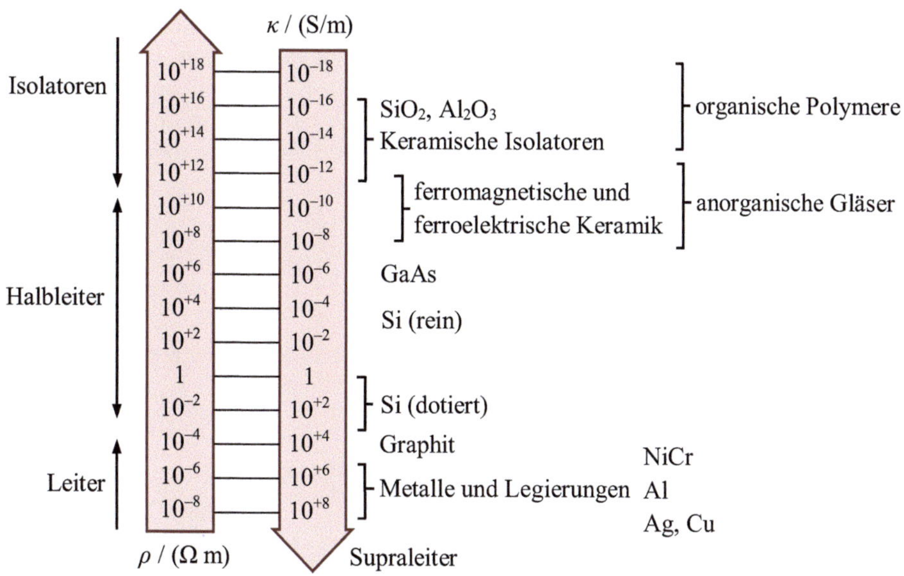

Abb. 1.38 Spezifischer elektrischer Widerstand und Leitfähigkeit von unterschiedlichen Werkstoffen nach [63]

Für Halbleiter kann die Leitfähigkeit anhand des Energiebändermodells erklärt werden (Abb. 1.39).

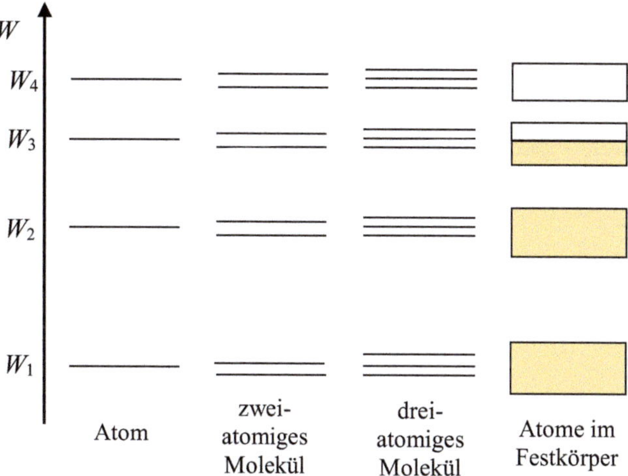

Abb. 1.39 Bändermodell (qualitative Darstellung)

Die Energieniveaus W_x von Elektronen in einzelnen Atomen und Molekülen sind diskret. Im Festkörper mit sehr vielen Atomen bzw. Ionen bilden sich Bänder aus, da sich nach dem Pauli-Prinzip die einzelnen Energieniveaus unterscheiden müssen. Das oberste Band, das nahezu vollständig mit Elektronen besetzt ist, heißt

Valenzband (VB). Die Elektronen im Valenzband sind nicht frei beweglich und liefern keinen Beitrag zum elektrischen Strom. Das nächst höhere Band heißt Leitungsband (LB). Wie der Name nahelegt, sind die Elektronen im Leitungsband beweglich. Leitungs- und Valenzband können durch eine verbotene Zone getrennt sein. Die wird auch als Bandabstand oder Bandlücke W_g bezeichnet (Abb. 1.40).

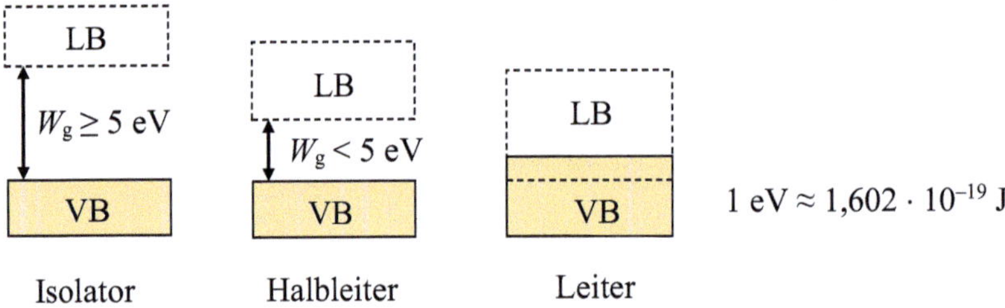

Abb. 1.40 Energiebänder von Isolatoren, Halbleiter und Leiter

Bei Isolatoren ist dieser Bandabstand groß. Die thermische Energie der Elektronen reicht nicht aus, um vom Valenzband in das Leitungsband zu gelangen. Bei Halbleitern ist die verbotene Zone schmal. Bei Zufuhr von Energie in Form von Wärme oder Licht können Elektronen die verbotene Zone überwinden und in das Leitungsband gelangen. Dort liefern sie einen Beitrag zum elektrischen Strom. Bei Metallen überlappen sich Valenz- und Leitungsband oder die Valenzelektronen befinden sich in nicht vollständig gefüllten Bändern. Dann können diese Elektronen Energie aufnehmen und sich innerhalb des metallischen Leiters bewegen. Wegen der Analogie zur Bewegung von Gasmolekülen wird auch vom Elektronengas gesprochen.

Einfluss der Temperatur

Die gerichtete Bewegung der Elektronen im Metallgitter bildet den elektrischen Strom in einem metallischen Leiter. Die Strömung der Elektronen ist nicht gleichförmig. Sie werden durch das elektrische Feld beschleunigt und durch Stöße mit den Atomrümpfen abgebremst und umgelenkt. Effektiv führt das zu einer mittleren Strömungsgeschwindigkeit. Steigt die Temperatur im Metall, erhöht sich die Amplitude der Gitterschwingungen und damit die Wahrscheinlichkeit von Zusammenstößen. Daher steigt der elektrische Widerstand von Metallen mit der Temperatur.

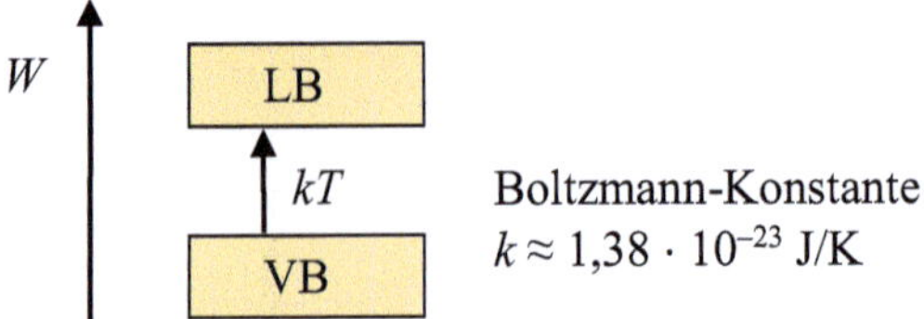

Abb. 1.41 Thermische Aktivierung

Manche Halbleitermaterialien haben kristallinen Aufbau. Das ist beim vierwertigem Silizium oder Germanium der Fall. Bei steigender Temperatur werden die Ladungsträger zunehmend thermisch aktiviert, sie werden vom Valenzband in das Leitungsband gehoben (Abb. 1.41). Je mehr Elektronen im Leitungsband sind, desto besser ist die Leitfähigkeit des reinen Halbleiters.

Thermodynamische Temperaturen werden mit den Formelbuchstaben ϑ in °C oder T in K angegeben. Bei elektrischen Widerständen ist die Temperaturabhängigkeit vielfach nichtlinear. Daher wird die Funktion $R_\vartheta = R(\vartheta)$ in eine Taylorreihe um den bekannten Widerstand R_n bei einer Nenn- bzw. Referenztemperatur ϑ_n entwickelt.

$$\begin{aligned} &R_\vartheta = R_\text{n}\left(1 + \alpha_\text{n}\,\Delta T + \beta_\text{n}\,\Delta T^2 + ...\right) \\ &[\Delta T] = \text{K} \qquad [\alpha_\text{n}] = \text{K}^{-1} \qquad [\beta_\text{n}] = \text{K}^{-2} \end{aligned} \tag{1.60}$$

Hier ist $\Delta T = \vartheta - \vartheta_\text{n}$ die Temperaturdifferenz. Die Koeffizienten α_n und β_n beziehen sich ebenso auf die Referenztemperatur ϑ_n . Der lineare Temperaturkoeffizient α_n wird auch linearer Widerstandsbeiwert genannt. Entsprechend heißt β_n quadratischer Temperaturkoeffizient oder quadratischer Widerstandsbeiwert. Beispiele für die Stoffkonstanten α_{20} und β_{20} sind in Tab. A.28 im Anhang zu finden. Die Gl. 1.60 findet Anwendung bei der Temperaturmessung mit Thermistoren.

Thermistoren

Ein Thermistor ist ein Kofferwort aus englisch thermally-sensitive resistor. Sein elektrischer Widerstand ändert sich reproduzierbar mit der Temperatur. Über die Messung des elektrischen Widerstands kann auf die Temperatur am Ort des Sensors zurück geschlossen werden. Dazu zählen Metallwiderstandsthermometer. Es sind Pt100- und Ni100-Messwiderstände verbreitet.

Tab. 1.3 Halbleiterthermistoren

Heißleiter	$\alpha_\text{n} < 0$	gepresste und gesinterte Metalloxide (z. B. MnO)	Temperatursensor oder Einschaltstrombegrenzer
Kaltleiter	$\alpha_\text{n} > 0$	halbleitende polykristalline Keramiken (z. B. dotiertes $BaTiO_3$)	Temperatursensor oder Übertemperaturschutz

Heiß- und Kaltleiter sind Halbleiterthermistoren (Tab. 1.3). Heißleiter sind Materialien, die bei steigender Temperatur besser leiten. Daher ist der Widerstandstemperaturkoeffizient α negativ (Abb. 1.42 links). Demzufolge werden sie auch als NTC-Widerstand (Negative Temperature Coefficient thermistor) bezeichnet. Entsprechend heißen Kaltleiter auch PTC-Widerstände (Positive Temperature Coefficient thermistor).

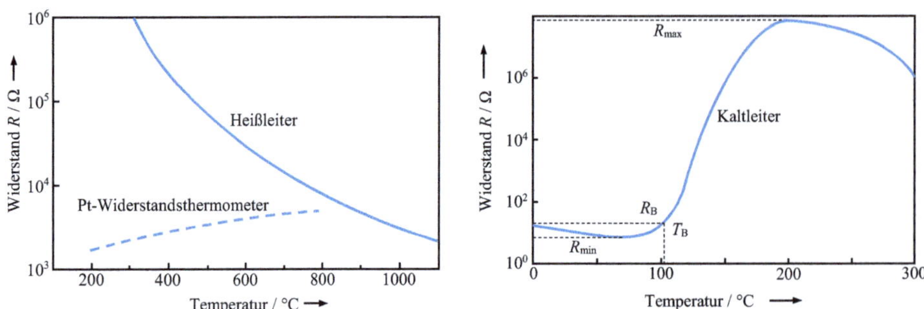

Abb. 1.42 Widerstands-Temperatur-Kennlinien nach [63]

Supraleitung

Verliert ein Material seinen elektrischen Widerstand, wird das Supraleitung genannt. Dieser Zustand wurde erstmals 1907 bei Quecksilber entdeckt, das auf 4,15 K und darunter abgekühlt war. Diese Grenze heißt Sprungtemperatur ϑ_S (Abb. 1.43). Weiterhin müssen die elektrische Stromstärke $i(t)$ und das Magnetfeld unterhalb ihrer kritischen Werte sein [89].

Abb. 1.43 Prinzipielle Widerstands-Temperatur-Kennlinie eines Supraleiters

Wegen der teuren Kühlung mit Helium finden sich die klassischen metallischen Tieftemperatur-Supraleiter nur in wenigen Anwendungen wie bei der Kernspin-Resonanzspektroskopie oder bei Teilchenbeschleunigern in Kernforschungszentren. Seit 1988 sind Hochtemperatur-Supraleiter (HTS) aus Keramiken bekannt. Diese Entdeckung war sensationell, da erstmals entgegen der Vorhersage der Theorie Sprungtemperaturen mit flüssigem Stickstoff möglich waren. Seitdem hat es eine stürmische Entwicklung von neuen Materialien mit immer höheren Sprungtemperaturen gegeben. Ihrem Einsatz in der elektrischen Energietechnik stehen viele Herausforderungen entgegen. Die Fertigung von Kabel mit den keramischen HTS-Materialien ist schwierig und die Kühlung ist aufwendig. Daher gibt es einzelne Pilotprojekte, jedoch ist eine breite Anwendung derzeit nicht in Sicht.

Einfluss der Dehnung und des Lichts

Für einen langen dünnen Leiter, der im elastischen Bereich gedehnt wird, gilt

$$\frac{\Delta R}{R} = k\,\frac{\Delta l}{l} \qquad [k] = 1 \tag{1.61}$$

mit dem sogenannten K-Faktor k. Dieser Effekt wird bei Dehnungsmessstreifen (DMS) genutzt. Die werden mit einem Spezialkleber auf Oberflächen befestigt. Damit können mechanische Oberflächenspannungen, Drehmomente oder Kräfte (z. B. in Waagen) gemessen werden.

Ein Fotowiderstand ist ein lichtabhängiger elektrischer Widerstand (Abb. 1.44 und Tab. A.21). Er wird abgekürzt auch als LDR bezeichnet (Light Dependent Resistor). Fotowiderstände bestehen aus einer amorphen Halbleiterschicht. Steigt die Intensität des einfallenden Lichts, sinkt der elektrische Widerstand aufgrund des inneren fotoelektrischen Effekts. Fotowiderstände sind beispielsweise in Belichtungsmessern von Kameras oder in Dämmerungsschaltern eingebaut.

Abb. 1.44 Schaltzeichen von Fotowiderständen und -dioden

Eine Fotodiode ist eine Halbleiterdiode, die Licht in einen elektrischen Strom umwandelt (Abb. 1.44). Im Gegensatz zum Fotowiderstand kann sie ohne externe Spannungsquelle auskommen. Als großflächige Solarzellen dienen Fotodioden in Photovoltaikanlagen zur Gewinnung von elektrischer Energie.

1.2.3 Schaltungen mit ohmschen Widerständen und Kirchhoffsche Regeln

Zunächst werden die Reihen- und Parallelschaltung von einzelnen Widerständen behandelt. In dem Zusammenhang werden die Kirchhoffschen Regeln erklärt. Es folgen der Spannungsteiler sowie die Dreieck- und die Sternschaltung.

Reihen- und Parallelschaltung

In einer Reihenschaltung von n unterschiedlichen ohmschen Widerstände R_1 bis R_n müssen alle Teilströme I_1 bis I_n identisch sein (Abb. 1.45). Sie gleichen dem gesamten Strom I.

$$I = I_1 = I_2 = ... = I_n \tag{1.62}$$

Die gesamte Spannung U setzt sich aus den Teilspannungen U_1 bis U_n zusammen.

$$U = U_1 + U_2 + ... + U_n \tag{1.63}$$

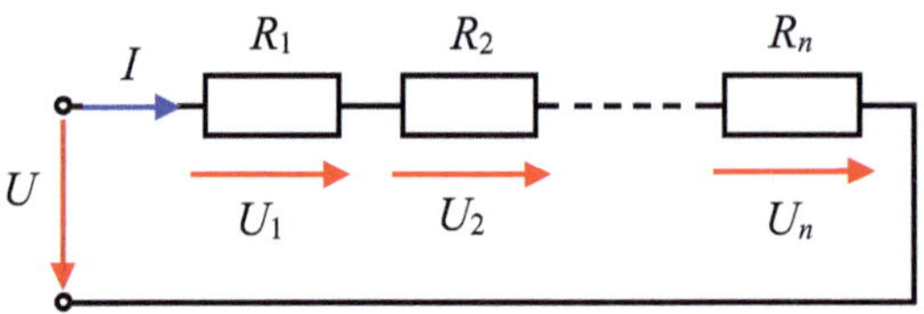

Abb. 1.45 Reihenschaltung der Widerstände

Damit ist der gesamte Widerstand R die Summe der einzelnen Widerstände.

$$\begin{aligned} R &= \frac{U}{I} = \frac{U_1 + U_2 + \ldots + U_n}{I} = \frac{U_1}{I_1} + \frac{U_2}{I_2} + \ldots + \frac{U_n}{I_n} \\ &= R_1 + R_2 + \ldots + R_n \end{aligned} \tag{1.64}$$

Andere Verhältnisse zeigen sich bei einer Parallelschaltung von n ohmschen Widerständen (Abb. 1.46).

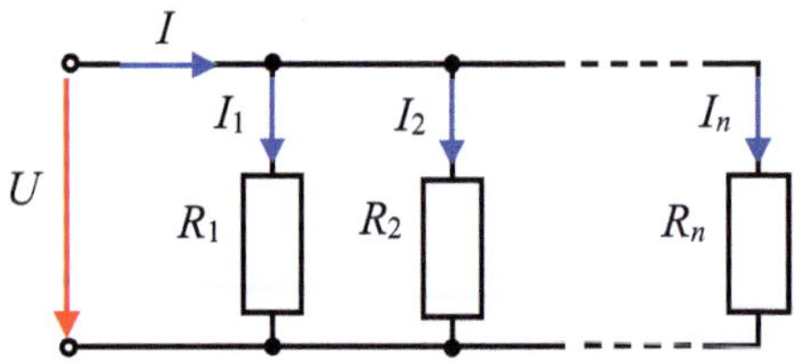

Abb. 1.46 Parallelschaltung der Widerstände

Hier gleichen sich alle Teilspannungen U_1 bis U_n und die gesamte Spannung U.

$$U = U_1 = U_2 = \ldots = U_n \tag{1.65}$$

Die Teilströme I_1 bis I_n bilden den gesamten Strom I.

$$I = I_1 + I_2 + \ldots + I_n \tag{1.66}$$

Entsprechend werden die einzelnen Leitwerte G_1 bis G_n zum gesamten Leitwert $G = R^{-1}$ addiert.

$$\begin{aligned} G &= \frac{I}{U} = \frac{I_1 + I_2 + \ldots + I_n}{U} = \frac{I_1}{U_1} + \frac{I_2}{U_2} + \ldots + \frac{I_n}{U_n} \\ &= G_1 + G_2 + \ldots + G_n \end{aligned} \tag{1.67}$$

Insgesamt ist festzuhalten, dass sich bei einer Reihenschaltung die Spannungen und Widerstände aufteilen. Bei einer Parallelschaltung sind es die Ströme und Leitwerte.

Für den Sonderfall von zwei einzelnen ohmschen Widerständen gibt es einfache Spannungs- und Stromteilerregeln (Abb. 1.47). Sind beide in Reihe geschaltet, ist der gesamte Widerstand $R = R_1 + R_2$. Dann gelten die Spannungsteilerregeln

$$\frac{U_1}{U_2} = \frac{R_1}{R_2} \qquad \text{und} \qquad \frac{U_1}{U} = \frac{R_1}{R} = \frac{R_1}{R_1 + R_2} \; . \tag{1.68}$$

Das Verhältnis der Spannungen gleicht dem Verhältnis der Widerstände.

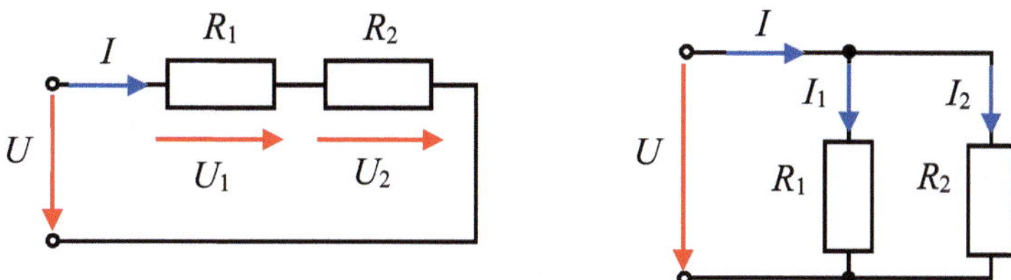

Abb. 1.47 Serien- und Parallelschaltung von zwei Widerständen

Bei einer Parallelschaltung von zwei Widerständen ist wegen $G = G_1 + G_2$

$$\frac{1}{R} = \frac{1}{R_1} + \frac{1}{R_2} = \frac{R_1 + R_2}{R_1\, R_2} \; . \tag{1.69}$$

Daraus folgt die Formel für den gesamten Widerstand R der Parallelschaltung.

$$R = \frac{R_1\, R_2}{R_1 + R_2} \tag{1.70}$$

Hier gelten die Stromteilerregeln

$$\frac{I_1}{I_2} = \frac{G_1}{G_2} \qquad \text{und} \qquad \frac{I_1}{I} = \frac{G_1}{G} = \frac{G_1}{G_1 + G_2} \; . \tag{1.71}$$

Die Ströme verhalten sich wie die Leitwerte. Die Stromteilerregeln können auch mit den elektrischen Widerständen formuliert werden.

$$\frac{I_1}{I_2} = \frac{R_2}{R_1} \qquad \text{und} \qquad \frac{I_1}{I} = \frac{R}{R_1} = \frac{R_2}{R_1 + R_2} \tag{1.72}$$

In der Gl. 1.66 ist die erste Kirchhoffsche Regel und in der Gl. 1.63 die zweite Kirchhoffsche Regel zu sehen. Da beide Regeln die Grundlage für die Berechnungsverfahren von allgemeinen Gleichstromnetzwerken bilden, werden sie nun erklärt.

Kirchhoffsche Regeln

Elektrische Ladung bleibt erhalten, sie kann weder erzeugt noch vernichtet werden. Daher muss an einem elektrischen Knoten die Summe der zufließenden elektrischen Ströme gleich der Summe der abfließenden Ströme sein. Das ist das erste Kirchhoffsche Gesetz, das auch erste Kirchhoffsche Regel genannt wird. Im linken Teil von Abb. 1.48 ist beispielhaft ein elektrischer Knoten dargestellt. Für die eingezeichneten Strombezugspfeile gilt

$$I_1 = I_2 + I_3 + I_4 \; . \tag{1.73}$$

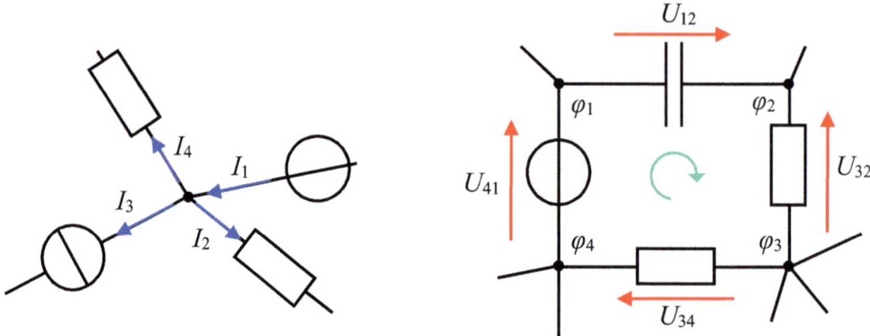

Abb. 1.48 Elektrischer Knoten und elektrische Masche

Werden die auf den Knoten zufließenden Ströme positiv und die abfließenden Ströme negativ gezählt, ist die Summe aller Ströme gleich Null. Das ist das gleiche Ergebnis.

$$I_1 - I_2 - I_3 - I_4 = 0 \tag{1.74}$$

Es ist genauso richtig, die zufließenden Ströme negativ und die abfließenden Ströme positiv zu zählen. Das erste Kirchhoffsche Gesetz wird häufig in der Form

$$\sum_k I_k = 0 \tag{1.75}$$

geschrieben. Ein Knoten muss nicht nur ein einzelner Knotenpunkt wie in Abb. 1.48 links sein. Auch eine ganze Schaltung kann einen Knoten bilden. Die gesamte Schaltung in Abb. 1.48 rechts kann als ein Knoten mit sieben angeschlossenen Leitungen betrachtet werden.

Weiterhin gilt in einer geschlossenen Masche eines Netzwerks

$$\sum_k U_k = 0\,. \tag{1.76}$$

Das ist das zweite Kirchhoffsche Gesetz. Es ist Ausdruck des Energieerhaltungssatzes. Als Beispiel dazu soll die Masche in Bild 1.48 rechts untersucht werden. Dort sind die elektrischen Potenziale und Spannungen eingezeichnet. Die Umlaufrichtung in der Masche kann beliebig vorgegeben werden und zeigt hier in Uhrzeigersinn. Werden die Spannungsbezugspfeile in Richtung des Umlaufs positiv und die Spannungsbezugspfeile im Gegensinn negativ gezählt, ergibt sich

$$U_{12} - U_{32} + U_{34} + U_{41} = 0\,. \tag{1.77}$$

Selbstverständlich kann der Umlaufsinn in einer Masche auch entgegen dem Uhrzeigersinn gewählt werden. Wegen Gl. 1.17 sind elektrische Spannungen Differenzen von elektrischen Potenzialen, z. B. $U_{12} = \varphi_1 - \varphi_2$. Daher wird aus dem Maschenumlauf in Gl. 1.77

$$(\varphi_1 - \varphi_2) - (\varphi_3 - \varphi_2) + (\varphi_3 - \varphi_4) + (\varphi_4 - \varphi_1) = 0 \,. \tag{1.78}$$

Nach Gl. 1.15 ist das elektrische Potenzial die auf die elektrische Ladung Q bezogene potenzielle Energie W im elektrischen Feld.

$$(W_1 - W_2) - (W_3 - W_2) + (W_3 - W_4) + (W_4 - W_1) = 0 \tag{1.79}$$

Die Summe der elektrischen Spannungen muss in einer geschlossenen Masche verschwinden, da man nach einem Umlauf genau auf das elektrische Potenzial bzw. die potenzielle Energie des Ausgangspunktes zurückkehrt. Bei einer Rundwanderung im Gebirge gilt das entsprechend. Kommt der Bergsteiger zum Startpunkt zurück, ist die Summe der Höhendifferenzen Null und damit auch die Bilanz über die Differenzen der potenziellen Energien im Erdschwerefeld.

Spannungsteiler

Wie der Name nahelegt, teilen Spannungsteiler eine anliegende Spannung U so auf, dass eine kleinere Teilspannung zur Verfügung steht (Abb. 1.49 links). Diese wird Lastspannung U_B genannt, weil der Spannungsteiler durch einen Verbraucher mit dem Lastwiderstand R_B belastet wird. Es fließt ein Laststrom I_B. Die Lastspannung kann schrittweise durch eine Reihenschaltung von Festwiderständen verändert werden. Bei einem Drehpotenziometer wird sie kontinuierlich eingestellt (Abb. 1.49 rechts). In beiden Fällen teilt sich der gesamte Widerstand R in zwei Teilwiderstände R_1 und R_2 auf.

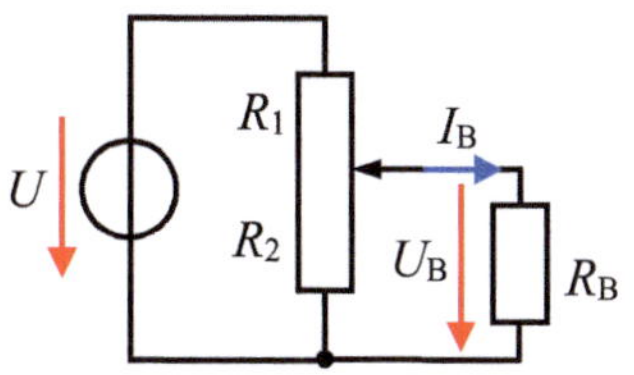

Abb. 1.49 Ersatzschaltung vom Spannungsteiler und Potenziometer in natura

Ist der Spannungsteiler unbelastet, fließt kein Laststrom I_B und für die Lastspannung gilt die bekannte Spannungsteilerregel

$$U_B = \frac{R_2}{R_1 + R_2}\, U \,. \tag{1.80}$$

Wird der Spannungsteiler belastet ($I_B \neq 0$), ist das Spannungsverhältnis

$$U_B = \frac{R_{2B}}{R_1 + R_{2B}}\, U = \frac{R_{2B}}{R - R_2 + R_{2B}}\, U \,. \tag{1.81}$$

Hier ist R_{2B} der Ersatzwiderstand für die Parallelschaltung der Widerstände R_2 und R_B.

$$R_{2\mathrm{B}} = \frac{R_2\, R_\mathrm{B}}{R_2 + R_\mathrm{B}} = R_2 \parallel R_\mathrm{B} \tag{1.82}$$

Mit Spannungsteilern werden z. B. die Arbeitspunkte von Hi-Fi-Verstärkern eingestellt. Bei kleinen Leistungen dienen sie auch zur Drehzahlstellung von Gleichstrommotoren.

Stern-Dreieck-Umwandlung

Ohmsche Widerstände können nicht nur in Reihe oder parallel geschaltet werden. Bei Elektroherden und Durchlauferhitzern werden die Heizwendeln in einer Stern- oder in einer Dreieckschaltung angeschlossen (Abb. 1.50).

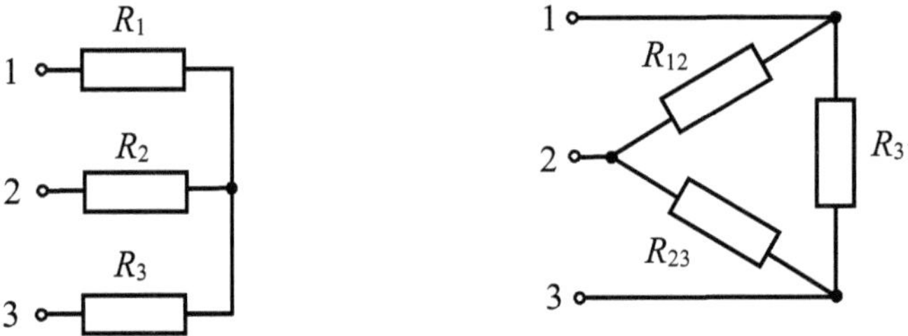

Abb. 1.50 Stern- und Dreieckschaltung

Sind die ohmschen Widerstände in einer Dreieckschaltung bekannt, kann die in eine äquivalente Sternschaltung umgerechnet werden. Das geht auch umgekehrt.

$$\begin{aligned}
R_1 &= \frac{R_{12}\, R_{31}}{R_{12} + R_{23} + R_{31}} & R_{12} &= R_1 + R_2 + \frac{R_1\, R_2}{R_3} \\
R_2 &= \frac{R_{23}\, R_{12}}{R_{12} + R_{23} + R_{31}} & R_{23} &= R_2 + R_3 + \frac{R_2\, R_3}{R_1} \\
R_3 &= \frac{R_{31}\, R_{23}}{R_{12} + R_{23} + R_{31}} & R_{31} &= R_3 + R_1 + \frac{R_3\, R_1}{R_2}
\end{aligned} \tag{1.83}$$

Nach den einfachen Schaltungsvarianten soll es nun um Netzwerke aus ohmschen Widerständen gehen. Die Berechnungen werden dann schwieriger.

1.2.4 Berechnung von linearen Gleichstromnetzwerken

Schaltungen, in denen lineare Widerstände und Gleichspannungsquellen eingebaut sind, zählen zu den linearen Gleichstrom-Netzwerken. Häufig ist die Aufgabe, elektrische Ströme in einzelnen Zweigen zu berechnen, wenn Widerstände und Leerlaufspannungen der Gleichspannungsquellen bekannt sind. Sind Größe und Komplexität der Schaltungen begrenzt, ist eine Lösung „zu Fuß" noch möglich und der Aufwand kann vertretbar sein. Irgendwann sind jedoch formale Verfahren effektiver und ohne Alternative. Ein Mittelspannungsnetz mit ca. 30 000 Leitungen kann nur noch mit Software berechnet werden, in der solche Verfahren implementiert sind (Tab. 4.2).

Von den zahlreichen Methoden sollen hier nur zwei besprochen werden. Das ist zuerst die direkte Anwendung der Kirchhoffschen Regeln. Dieses Verfahren wird analog zur Berechnung von stationären Strömungen von Flüssigkeiten und Gasen in Rohren angewendet. Es lässt sich jedoch kaum in effektive Algorithmen umsetzen. In dieser Hinsicht hat das Knotenpotenzialverfahren entscheidende Vorteile. Es findet breite Anwendung in der elektrischen Energietechnik und wird hier für Gleichstromnetze vorgestellt.

Direkte Anwendung der Kirchhoffschen Regeln

Wenn im Netzwerk die Widerstände und Gleichspannungsquellen bekannt sind, können Knoten- und Maschengleichungen für die gesuchten Ströme in den Zweigen aufgestellt werden.

- In einem beliebigen elektrischen Netzwerk mit k Knoten können $k-1$ voneinander unabhängige Knotengleichungen aufgestellt werden, falls die elektrische Ladung im Netzwerk erhalten bleibt. Sonst sind es k Gleichungen.
- In einem beliebigen elektrischen Netzwerk mit m Maschen lassen sich m voneinander unabhängige Maschengleichungen aufstellen.

Das führt zu einem inhomogen linearen Gleichungssystem für die gesuchten Zweigströme. Diese allgemeinen Vorschriften sollen nun beispielhaft für das Netzwerk in Abb. 1.51 angewendet werden. Hier sind die Spannungen U_1 und U_2 sowie die Widerstände R_1, R_2 und R_3 vorgegeben. Die drei Zweigströme I_1, I_2 und I_3 sind gesucht.

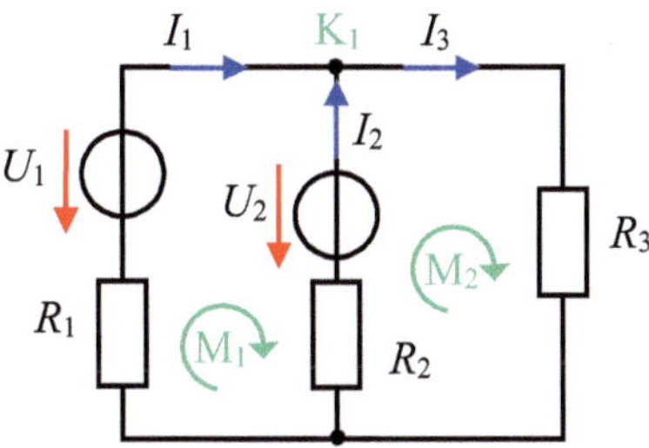

Abb. 1.51 Netzwerk mit zwei Knoten ($k = 2$) und zwei Maschen ($m = 2$)

Zuerst müssen die Strombezugspfeile festgelegt werden. Sie dürfen danach nicht mehr verändert werden. Wie sie festgelegt werden, ist unerheblich. Stellt sich am Ende der Rechnung heraus, dass ein Strom ein negatives Vorzeichen hat, ist die tatsächliche Stromrichtung dem Strombezugspfeil entgegen gerichtet. In Abb. 1.51 sind sie willkürlich eingezeichnet. Die Anzahl der Knotengleichungen ist $k-1 = 1$ und der Maschengleichungen $m = 2$. Diese drei Gleichungen müssen nun aufgestellt werden. Für den Knoten K_1 folgt aus dem ersten Kirchhoffschen Gesetz

$$I_1 + I_2 - I_3 = 0 \,. \tag{1.84}$$

Es ist offensichtlich, dass die Strombilanz für den zweiten Knoten genauso ausfällt. Es gibt nur eine unabhängige Knotengleichung. Bei mehr als zwei Knoten im Netzwerk lässt sich zeigen, dass sich jede Knotengleichung durch Linearkombination der anderen $k-1$ Knotengleichungen darstellen lässt, wenn die elektrische Ladung in der Schaltung erhalten bleibt. Jede ist von den anderen $k-1$ Knotengleichungen linear abhängig. Daher ist es vollkommen gleichgültig, welche der Knotengleichungen gestrichen wird. Es muss nur genau eine sein.

Für die beiden Spannungsgleichungen sind in den Maschen zwei Umläufe im Uhrzeigersinn eingezeichnet. Zusätzlich muss berücksichtigt werden, dass an einem ohmschen Widerstand R die Spannung $U = R\,I$ abfällt. Dann folgt aus dem zweiten Kirchhoffschen Gesetz für die Masche M_1

$$-U_1 + U_2 - R_2\, I_2 + R_1\, I_1 = 0 \tag{1.85}$$

und für die Masche M_2

$$-U_2 + R_3\, I_3 + R_2\, I_2 = 0 \,. \tag{1.86}$$

Es liegen nun drei Gleichungen für die drei gesuchten Ströme vor. Sie bilden ein inhomogenes lineares Gleichungssystem, das in Matrixschreibweise

$$\begin{bmatrix} 1 & 1 & -1 \\ R_1 & -R_2 & 0 \\ 0 & R_2 & R_3 \end{bmatrix} \cdot \begin{bmatrix} I_1 \\ I_2 \\ I_3 \end{bmatrix} = \begin{bmatrix} 0 \\ U_1 - U_2 \\ U_2 \end{bmatrix} \tag{1.87}$$

lautet. Das kann mit dem Gaußschen Algorithmus gelöst werden.

Aktive Zweipole

Im Gegensatz zu den passiven Zweipolen stellen aktive Zweipole von sich aus eine Spannung an ihren beiden Klemmen zur Verfügung. Sie treiben einen elektrischen Strom in eine Schaltung und geben im zeitlichen Mittel Leistung und Energie ab.

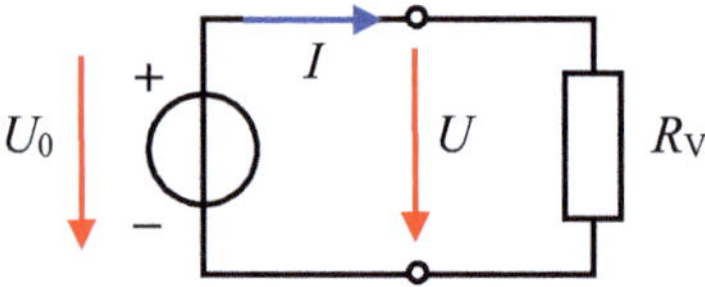

Abb. 1.52 Ideale Gleichspannungsquelle mit Verbraucher

Im Gleichstromkreis wurden die aktiven Zweipole bisher mit einer idealen Gleichspannungsquelle im Ersatzschaltbild modelliert (Abb. 1.52). Unabhängig davon wie groß die Stromstärke I ist, liegt an den beiden Anschlusspunkten immer die konstante Quellenspannung an, d. h. $U = U_0$. Tatsächlich kann die Klemmenspannung U mit steigender Belastung sinken. Ein bekanntes Beispiel ist die Autobatterie beim Verbrennungsmotor. Wird bei eingeschalteter Beleuchtung der Anlasser betätigt, bricht während der kurzen Startphase die Spannung so stark ein, dass das Licht verdunkelt wird. In dem Moment hat der Anlasser eine Stromaufnahme von mehreren hundert Ampere. Es folgen nun zwei äquivalente Ersatzschaltbilder, die dieses Verhalten berücksichtigen. Das ist die technische Gleichspannungsquelle und die technische Stromquelle.

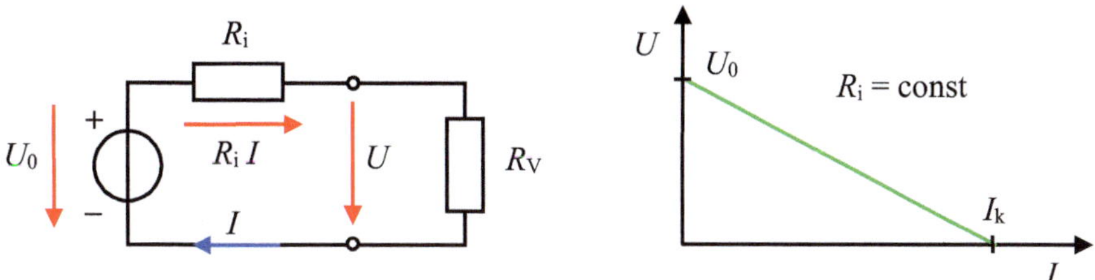

Abb. 1.53 Technische Gleichspannungsquelle mit Verbraucher und ihre U-I-Kennlinie

Der Abfall der Klemmenspannung wird im Ersatzschaltbild der realen bzw. technischen Spannungsquelle durch die Reihenschaltung einer idealen Spannungsquelle U_0 und eines inneren Widerstands R_i nachgebildet (Abb. 1.53 links). Bei Belastung der Batterie kommt es zu einem internen Spannungsfall $R_\text{i}\, I$ und die Spannung U an den Klemmen ist

$$U = U_0 - R_\text{i}\, I\,. \tag{1.88}$$

Meistens wird von einem konstanten Innenwiderstand ausgegangen, der unabhängig von Strom und Spannung ist. Dann ist die Belastungskennlinie der realen Gleichspannungsquelle eine abfallende Gerade (Abb. 1.53 rechts). Bei Leerlauf ($I = 0$ bzw. $R_\text{V} = \infty$) gibt es keinen internen Spannungsfall und an den Klemmen liegt die Quellenspannung U_0 an. Der Leerlauf wird mit den Index 0 gekennzeichnet. Daher heißt die Quellenspannung auch Leerlaufspannung oder manchmal Urspannung. Die größte Belastung ist der Kurzschluss ($U = 0$ bzw. $R_\text{V} = 0$). Der trägt den Index k und es fließt der maximale Strom. Das ist der Kurzschlussstrom I_k. Allgemeine Netzwerke aus Spannungsquellen, Stromquellen und linearen Widerständen lassen sich auf eine einzelne Spannungsquelle mit Innenwiderstand reduzieren. Das besagt das Thévenin-Theorem, das auch als Helmholtz-Thévenin-Theorem oder Helmholtz-Satz bezeichnet wird.

Eine technische Spannungsquelle kann völlig gleichwertig durch ein Ersatzschaltbild nach Abb. 1.54 beschrieben werden. Es enthält eine ideale Stromquelle. Deren konstanter Quellenstrom gleicht dem Kurzschlussstrom I_k, da beim Kurzschluss der Innenleitwert G_i überbrückt wird. Dieser dient dazu, die Abnahme des Stroms I bei zunehmenden Lastwiderständen nachzubilden. Die Bezeichnung Stromquelle ist möglicherweise missverständlich, da nahegelegt wird, dass aus dem Nichts Ladungen entspringen könnten. Tatsächlich bleibt bei der Stromquelle die Ladung erhalten, da sie gleichzeitig Quelle und Senke ist. Der Kurzschlussstrom, der auf der einen Seite die Stromquelle verlässt, fließt gleichzeitig auf der anderen Seite hinein.

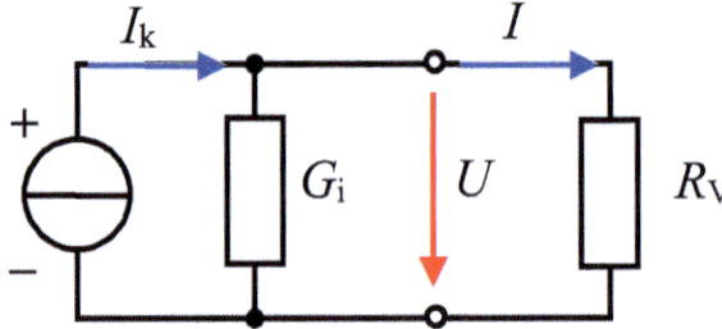

Abb. 1.54 Technische Gleichstromquelle mit Verbraucher

Beide Ersatzschaltbilder 1.53 und 1.54 müssen gleiches Klemmenverhalten zeigen und ihre Kennlinien müssen identisch sein. Insbesondere muss im Leerlauf für die technische Stromquelle

$$U_0 = \frac{I_k}{G_i} \tag{1.89}$$

und im Kurzschluss für die technische Spannungsquelle

$$I_k = \frac{U_0}{R_i} \tag{1.90}$$

gelten. Daher ist

$$R_i = G_i^{-1} \,. \tag{1.91}$$

Mit diesen einfachen Formeln ist es möglich, die Kenngrößen U_0 und R_i einer technischen Gleichspannungsquelle in die Kenngrößen I_k und G_i einer technischen Gleichstromquelle umzurechnen und umgekehrt. Das wird nun beim Knotenpotenzialverfahren genutzt.

Knotenpotenzialverfahren

Die einzelnen Schritte bei der Anwendung des Knotenpotenzialverfahrens sollen am Beispiel der Schaltung in Abb. 1.55 besprochen werden. Wer Interesse hat, kann im Lehrbuch [11] für dieses Beispiel die Herleitung des Verfahrens aus den Knotengleichungen nach dem 1. Kirchhoffschen Gesetz nachlesen. Bei vorgegebener Gleichspannung U_0 und bekannten Widerständen R_1 bis R_6 sollen alle Zweigströme berechnet werden. Eine Lösung „zu Fuß“ ist noch möglich. Dazu müsste die Dreieckschaltung aus den Widerständen R_2, R_3 und R_5 in eine äquivalente Sternschaltung umgerechnet werden. Danach können alle Widerstände sukzessive zusammengefasst werden. Mit dem gesamten Ersatzwiderstand lässt sich der Strom durch den Widerstand R_1 berechnen usw.

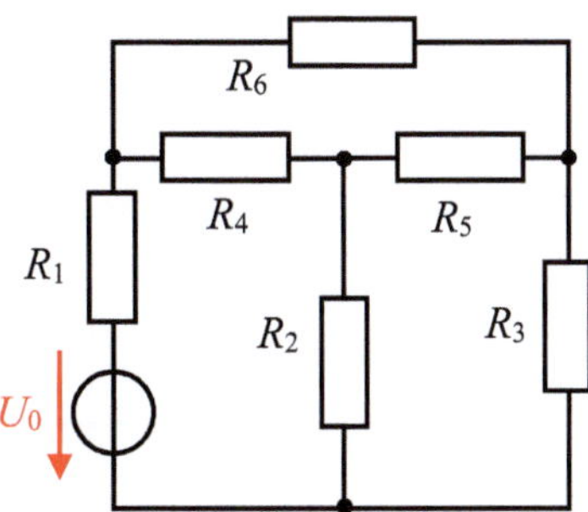

Abb. 1.55 Netzwerk mit einer Spannungsquelle und sechs Widerständen

Kommen wir zurück zum Knotenpotenzialverfahren. Im ersten Schritt werden die Spannungsquellen mit Innenwiderstand in äquivalente Stromquellen mit Innenleitwert umgewandelt. In unserem Beispiel liegt nur eine Spannungsquelle vor (Abb. 1.56). Sollte in einem Zweig eine Spannungsquelle allein ohne Zweig- bzw. Innenwiderstand vorliegen, muss anders vorgegangen werden [90].

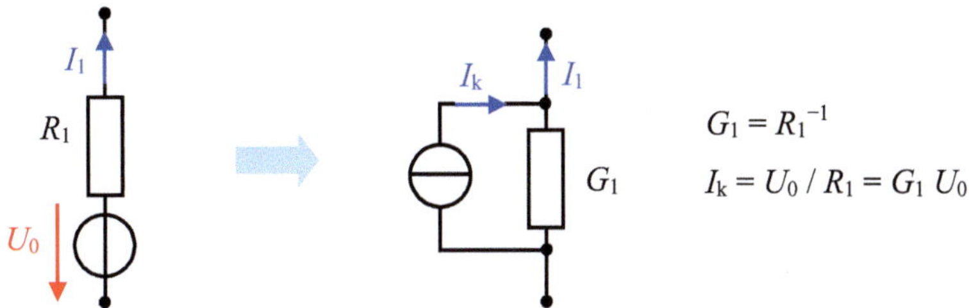

Abb. 1.56 Umwandlung der technischen Spannungsquelle in die technische Stromquelle

Im zweiten Schritt ist es empfehlenswert, das Netzwerk mit den Stromquellen und Leitwerten neu zu zeichnen (Abb. 1.57). Die Leitwerte können direkt aus den Widerständen berechnet werden.

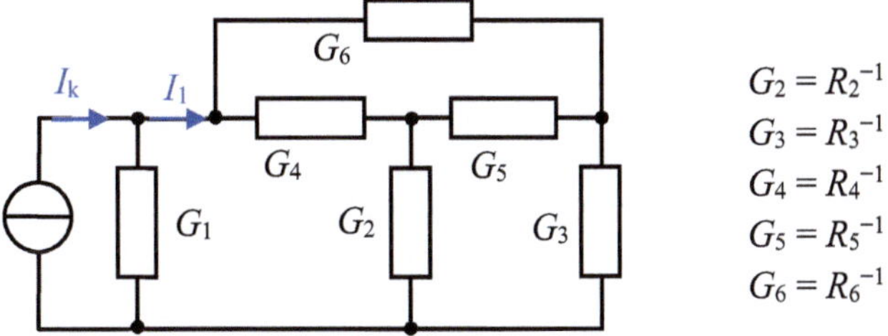

Abb. 1.57 Netzwerke mit Leitwerten und Stromquelle

Ein beliebiger Knoten im Netzwerk wird als Bezugsknoten gewählt (Abb. 1.58). Ihm wird der Index 0 zugeordnet und er hat das elektrische Potenzial $\varphi_0 = 0$ V. Die restlichen $k-1$ Knoten müssen anschließend nummeriert werden. Damit sind die $k-1$ Knotenspannungen U_{10}, U_{20} und U_{30} festgelegt.

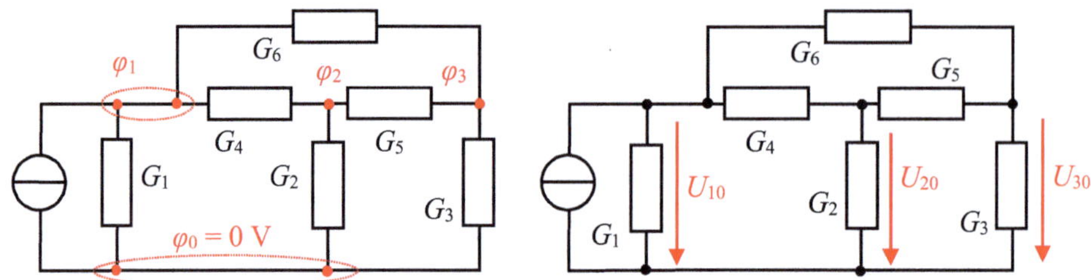

Abb. 1.58 Elektrische Potenziale und Knotenspannungen

Das Gleichungssystem für die gesuchten $k-1$ Knotenspannungen muss nun formuliert werden. Dabei wird die Knotenleitwertmatrix direkt aufgestellt.

- Ein Hauptdiagonalelement ist die Summe der Leitwerte, die mit dem Knoten direkt verbunden sind. Das ist gleich der negativen Summe der Nebendiagonalelemente plus der Leitwerte zum Referenzknoten.
- Auf den Nebendiagonalelementen stehen die negativen Leitwerte $-G_{ij}$ zwischen Knoten i und j.

In der konkreten Aufgabenstellung bedeutet das für zwei beispielhafte Elemente:

- Für das erste Hauptdiagonalelement $(i = j = 1)$ müssen alle Leitwerte am Knoten 1 addiert werden. Das sind G_1, G_4 und G_6.
- Für das Nebendiagonalelement in der ersten Zeile $(i = 1)$ und zweiten Spalte $(j = 2)$ ist das der Leitwert zwischen Knoten 1 und 2. Das ist G_4.

Insgesamt ist das dann

$$\begin{bmatrix} G_1 + G_4 + G_6 & -G_4 & -G_6 \\ -G_4 & G_2 + G_4 + G_5 & -G_5 \\ -G_6 & -G_5 & G_3 + G_5 + G_6 \end{bmatrix} \cdot \begin{bmatrix} U_{10} \\ U_{20} \\ U_{30} \end{bmatrix} = \begin{bmatrix} I_\mathrm{k} \\ 0 \\ 0 \end{bmatrix} . \qquad (1.92)$$

Die eingeprägten Kurzschlussströme der Energiequellen stehen auf der rechten Seite. Die auf den Knoten zufließenden Ströme werden positiv gezählt. Im Gleichstromkreis ist die Leitwertmatrix symmetrisch. Die Lösung des inhomogenen linearen Gleichungssystems 1.92 sind die Knotenspannungen U_{10}, U_{20} und U_{30}. Mit denen können die gesuchten elektrischen Ströme in Abb. 1.59 mit dem ohmschen Gesetz berechnet werden. Der Strom I_1, den die Spannungsquelle mit Innenwiderstand bzw. die Stromquelle mit Innenleitwert in die Schaltung treibt, ist

$$I_1 = I_\mathrm{k} - G_1\, U_{10} \,. \qquad (1.93)$$

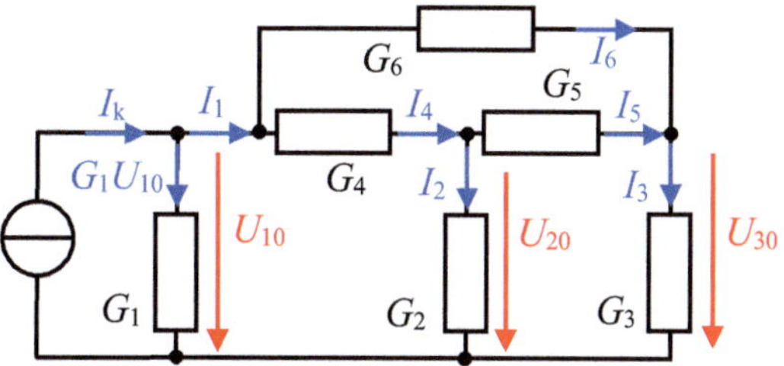

Abb. 1.59 Elektrische Ströme in der Schaltung

Die zum Referenzknoten fließenden Ströme sind

$$I_2 = G_2\,U_{20} \qquad \text{und} \qquad I_3 = G_3\,U_{30}\ . \tag{1.94}$$

Die Ströme zwischen den k–1 Knoten sind

$$I_4 = G_4\,(U_{10} - U_{20})\ , \quad I_5 = G_5\,(U_{20} - U_{30}) \quad \text{und} \quad I_6 = G_6\,(U_{10} - U_{30})\ . \tag{1.95}$$

Der große Vorteil des Knotenpotenzialverfahrens liegt darin, dass das Aufstellen der Leitwertmatrix in Software implementiert werden kann.

1.3 Magnetisches Feld

Manche Eisenerze ziehen Eisenteile in ihrer Nähe an. Der Name Magnet stammt von der Stadt Magnesia in Kleinasien. In ihrer Nähe wurden schon im Altertum Erze mit besonders starkem Magnetismus gefunden. Ein anderer natürlicher Magnet ist die Erde selbst. Kompassnadeln werden in Richtung des magnetischen Nord- bzw. Südpols gedreht.

In der Historie wurden Elektrizität und Magnetismus zunächst als unabhängige Phänomene betrachtet. Das änderte sich zu Beginn des 19. Jahrhunderts mit der Entdeckung, dass Kompassnadeln in der Nähe von elektrischen Strömen beeinflusst werden. Bewegte elektrische Ladung ist mit einem Magnetfeld verbunden und in der Umgebung von elektrischen Strömen treten Magnetfelder auf. Beim Beispiel einer Spule ist das leicht einzusehen. Nicht so offensichtlich ist, warum ein Dauermagnet auch ein Magnetfeld hat, obwohl er nicht von einem messbaren elektrischen Strom durchflossen wird. Später entstand die spezielle Relativitätstheorie. Sie zeigt, dass es auch von der Bewegung des Bezugssystems abhängig ist, was als elektrische und magnetische Felder wahrgenommen wird. Beide Felder sind zwei Aspekte eines einzigen Phänomens.

Es wird sich zeigen, dass die Wirkung von Magnetfeldern auf bewegte Ladung eine Kraft ist. Sie heißt Lorentzkraft und taucht in der Technik in zwei Varianten auf.

- Ein elektrischer Leiter, durch den ein elektrischer Strom fließt, erfährt im Magnetfeld die Lorentzkraft. In Elektromotoren bilden die Kräfte auf zwei Leiter, die sich auf dem Rotor gegenüber befinden, ein mechanisches Drehmoment. Der Motor treibt eine Arbeitsmaschine an und das wird Motorprinzip genannt.

- Neben solchen messbaren Kräften und Drehmomenten, gibt es Kräfte im Inneren von stromlosen Leitern, die eine Ladungstrennung verursachen. Diese Induktionsvorgänge sind mit elektrischen Spannungen verbunden, die gemessen und technisch genutzt werden können. Eine bedeutende Anwendung dafür sind Transformatoren und Generatoren. Das sind das Transformator- bzw. Generatorprinzip.

Diese Prinzipien werden später im Zusammenhang mit dem Induktionsgesetz genauer erklärt.

1.3.1 Feldgrößen, Lorentzkraft und Durchflutungsgesetz

Zunächst werden die grundlegenden Eigenschaften von Magnetfeldern für den einfachsten Fall behandelt. Das ist das statische magnetische Feld in der Luft. Das allgemeine elektromagnetische Feld wird nur angedeutet, da eine vollständige Beschreibung den Rahmen sprengen würde. Es schließen sich die Lorentzkraft und das statische Durchflutungsgesetz an.

Statisches Magnetfeld

Durch einfache Experimente mit magnetisierten Eisenstäben wird festgestellt, dass diese in ihrer unmittelbaren Umgebung eine Kraftwirkung auf Eisenfeilspäne oder andere Magnete haben (Abb. 1.60).

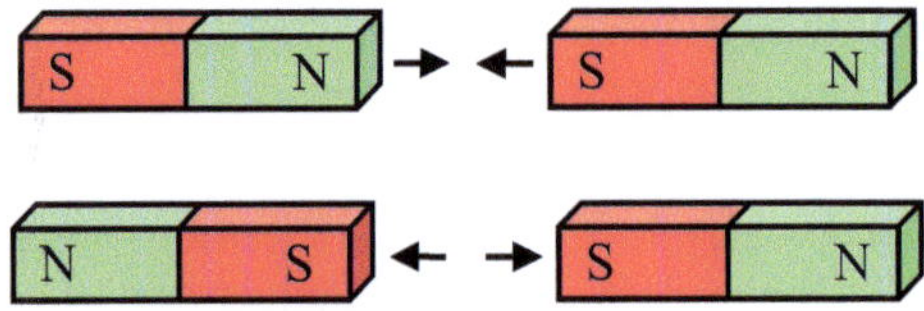

Abb. 1.60 Kräfte zwischen Stabmagneten

Bei Versuchen mit zwei Stabmagneten zeigen sich zwei unterschiedliche Pole.

- Gleichnamige Pole stoßen sich ab.
- Ungleichnamige Pole ziehen sich an.

Jeder Stabmagnet verhält sich wie eine Kompassnadel, wenn er an einem Faden drehbar aufgehängt wird. Auf ihn wirkt ein Drehmoment und er richtet sich nach Norden bzw. Süden aus. Der magnetische Pol der Kompassnadel, der zum geografischen Nordpol der Erde zeigt, wird Nordpol genannt. Das gegenüberliegende Ende vom Stabmagneten heißt Südpol. Demzufolge befindet sich der magnetische Südpol der Erde am geographischen Nordpol und umgekehrt. Magnetischer und geographischer Pol weichen voneinander ab. Diese Missweisung beträgt in Deutschland etwa 2°.

Wird ein Stabmagnet in zwei Hälften geteilt, haben die neuen Eisenstäbe wieder Nord- und Südpol (Abb. 1.61). Weder Nord- noch Südpol lassen sich einzeln isolieren. Wir finden magnetische Dipole vor. Magnetische Monopole sind nicht bekannt.

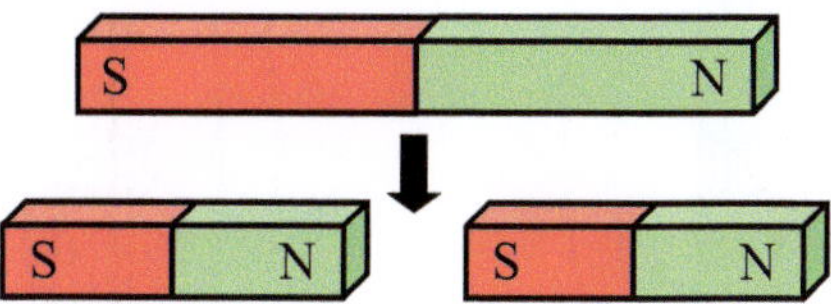

Abb. 1.61 Zerteilen eines Stabmagneten

Im elektrischen Feld tritt die Coulombkraft in Erscheinung, die die elektrische Feldstärke $\boldsymbol{E}$ definiert. Analog dazu gibt es im magnetischen Feld den Vektor $\boldsymbol{B}$, der später über die Lorentzkraft erklärt wird (Gl. 1.101). Nach DIN 1324 wird $\boldsymbol{B}$ magnetische Flussdichte genannt. Manchmal ist auch von der magnetischen Induktion oder schlicht von der Induktion die Rede. Die magnetische Flussdichte hat die Einheit $[B] = \mathrm{Vs/m^2} = \mathrm{Tesla} = \mathrm{T}$. Es wäre von Vorteil, für $\boldsymbol{B}$ die Bezeichnung magnetische Feldstärke zu wählen. Aus historischen Gründen trägt eine andere vektorielle Größe diesen Namen. Sie hat den Formelbuchstaben $\boldsymbol{H}$ und wird auch magnetische Erregung genannt. Eine Umbenennung von $\boldsymbol{B}$ und $\boldsymbol{H}$ würde jedoch bedeuten, dass sämtliche Normen, Lehr- und Fachbücher in deutscher Sprache angepasst werden müssten. Der Aufwand ist kaum vertretbar. Um aus dem Dilemma herauszukommen, wurde ein Vorschlag für die Namensgebung gemacht [91]. Demnach könnten $\boldsymbol{E}$ elektrisches Kraftfeld und $\boldsymbol{B}$ magnetisches Kraftfeld genannt werden.

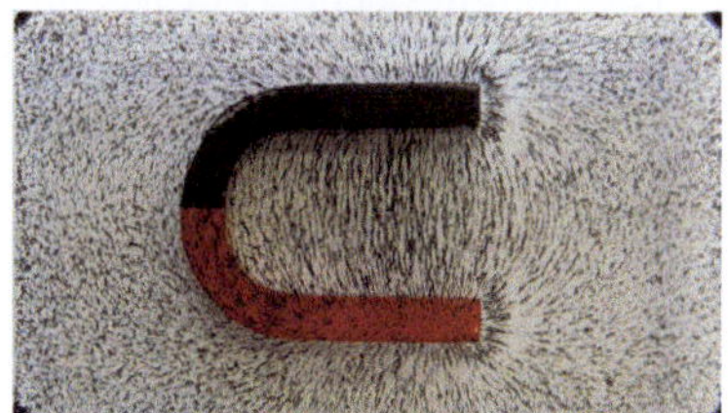

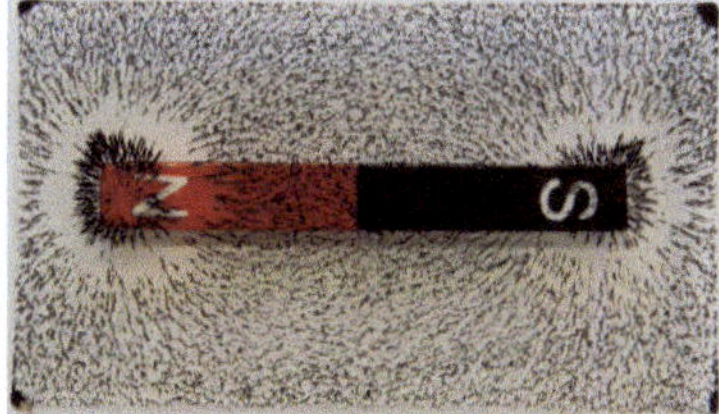

Abb. 1.62 Eisenfeilspäne in verschiedenen Magnetfeldern

Statische Magnetfelder können mit Eisenfeilspänen sichtbar gemacht werden und werden mit magnetischen Feldlinien dargestellt (Abb. 1.62 und 1.63). Es ist vereinbart, dass die Richtung der magnetischen Feldlinien außerhalb vom Dauermagneten vom Nord- zum Südpol zeigt.

Elektrische und magnetische Feldlinien haben in mancher Hinsicht gleiche Eigenschaften.

- Die Feldlinien schneiden sich nicht.
- Die Dichte der Feldlinien ist ein Maß für den Betrag der elektrischen Feldstärke $\boldsymbol{E}$ oder der magnetischen Flussdichte $\boldsymbol{B}$.
- Die Richtung von $\boldsymbol{E}$ oder $\boldsymbol{B}$ ist tangential zu den Feldlinien.

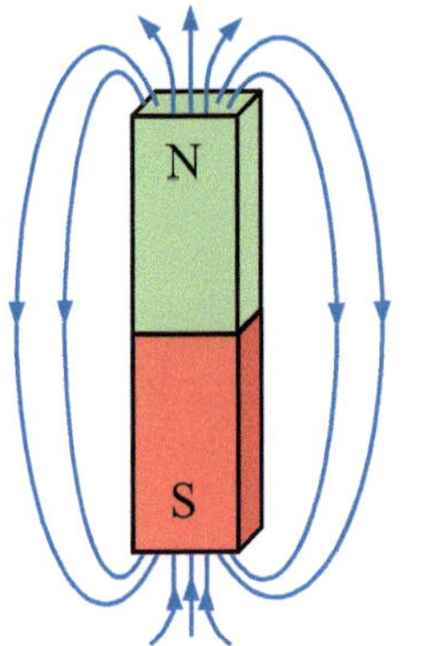

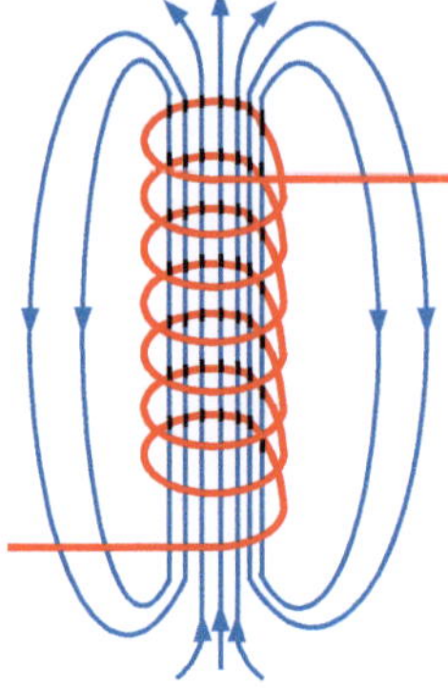

Abb. 1.63 Prinzipieller Verlauf der magnetischen Feldlinien eines Stabmagneten und einer von Gleichstrom durchflossenen Spule

Jedoch gibt es fundamentale Unterschiede.

- Elektrische Feldlinien haben Anfang und Ende. Die Quelle des elektrischen Feldes ist positive Ladung, die Senke negative Ladung. Das elektrische Feld ist ein Quellenfeld. Das wird durch das Grundgesetz der Elektrostatik bzw. den Gaußschen Satz für das elektrische Feld ausgedrückt (3. Maxwellsche Gleichung A.6 im Anhang).
- Magnetische Feldlinien sind immer geschlossen, sie haben weder Anfang noch Ende. Das Magnetfeld hat keine Quellen oder Senken, es gibt keine magnetischen Punktladungen oder Monopole. Das magnetische Feld ist ein Wirbelfeld. Das gibt das Grundgesetz des Magnetismus bzw. der Gaußscher Satz für das Magnetfeld wieder (4. Maxwellsche Gleichung A.7 im Anhang).

Das Grundgesetz des Magnetismus gilt auch für Permanentmagnete. Ihre magnetischen Feldlinien schließen sich im Inneren.

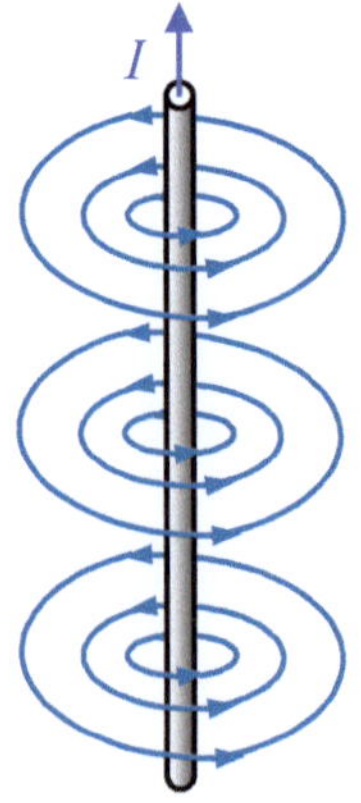

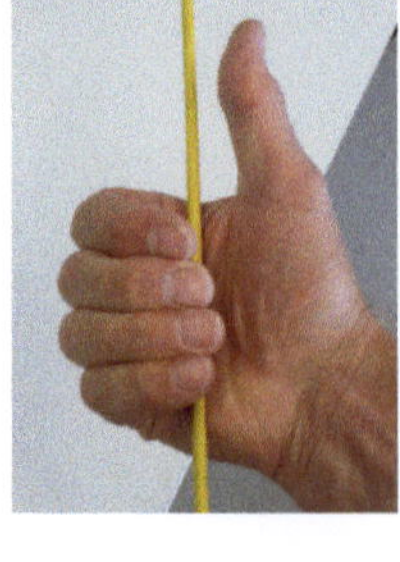

Abb. 1.64 Schematisches Feldlinienbild eines geraden von einem Gleichstrom I durchflossenen Leiters (links) und Rechtsschraubenregel

Die Magnetfelder des Stabmagneten und der langen Spule haben ähnliche Form. Anders sieht es bei einem langen dünnen Leiter aus, der von einem elektrischen Strom durchflossen wird. Im einfachsten Fall ist das Gleichstrom. Die elektrische Ladung fließt gleichförmig, ohne beschleunigt zu werden. In diesem Fall ist das Magnetfeld stationär. Die Feldlinien um den langen dünnen Leiter sind kreisförmig angeordnet und ihre Dichte wird mit zunehmendem Abstand kleiner. Hier zeigt sich die Rechtsschraubenregel, die auch als Korkenzieherregel oder Rechtefaustregel bezeichnet wird. Fließt der elektrische Strom in Richtung des rechten Daumens, weisen die Fingerspitzen in Richtung der magnetischen Feldlinien (Abb. 1.64).

Elektromagnetisches Feld

Wird die elektrische Ladung beschleunigt oder variiert die elektrische Stromstärke, ist das Magnetfeld nicht mehr konstant. Die Umgebung der bewegten Ladungsträger wird gleichzeitig von einem elektrischen und magnetischen Feld erfüllt. Beide Anteile ändern sich zeitlich und räumlich. Ein einfaches Beispiel dazu ist linear polarisiertes Licht. Abb. 1.65 zeigt eine Momentaufnahme der elektromagnetischen Welle, die sich in x-Richtung ausbreitet.

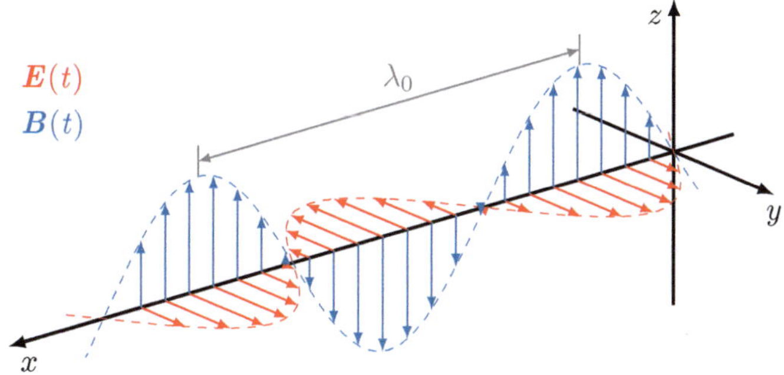

Abb. 1.65 Linear polarisiertes Licht im Vakuum

Die elektrische Feldstärke und die magnetische Flussdichte schwingen hier nur eindimensional. Daher kommt die Bezeichnung linear polarisiert. Gleichzeitig stehen die Schwingungsrichtungen von $\boldsymbol{E}$ und $\boldsymbol{B}$ senkrecht aufeinander. Die Welle breitet sich im Vakuum quer zu den beiden Schwingungsrichtungen mit der Geschwindigkeit von

$$c_0 = 299\,792\,458 \text{ m/s} \approx 300\,000 \text{ km/s} \tag{1.96}$$

aus. Die Lichtgeschwindigkeit im Vakuum c_0 ist eine sehr bedeutende Naturkonstante. Ihr Wert ist exakt festgelegt (Tab. A.2). Sie hängt wegen

$$c_0 = \frac{1}{\sqrt{\varepsilon_0\,\mu_0}} \tag{1.97}$$

mit der elektrischen Feldkonstante ε_0 und der magnetischen Feldkonstante μ_0 zusammen. Letztere wird auch als Induktionskonstante, Permeabilität des Vakuums oder Vakuumpermeabilität bezeichnet. Im SI-Einheitensystem ist

$$\mu_0 = 4\pi\ 10^{-7}\ \text{Vs}/(\text{Am}) \tag{1.98}$$

vereinbart. In anderen Medien ist die Ausbreitungsgeschwindigkeit c vom Licht kleiner als c_0.

$$c = \frac{1}{\sqrt{\varepsilon\,\mu}} = \frac{1}{\sqrt{\varepsilon_\mathrm{r}\,\mu_\mathrm{r}}}\,\frac{1}{\sqrt{\varepsilon_0\,\mu_0}} = \frac{1}{\sqrt{\varepsilon_\mathrm{r}\,\mu_\mathrm{r}}}\,c_0 \tag{1.99}$$

Die Permittivität ε und die Permittivitätszahl ε_r sind schon bekannt. Die Permeabilität μ und die Permeabilitätszahl μ_r sind an dieser Stelle neu. Beide sind magnetische Stoffparameter und ihre genaue Definition wird später im Abschnitt 1.3.2 nachgeholt.

Mit der Wellenlänge λ und der Frequenz f des Lichts gilt weiterhin

$$c = \lambda f\,. \tag{1.100}$$

In unterschiedlichen Medien bleibt die Frequenz der elektromagnetischen Welle immer konstant. Es verändern sich die Wellenlänge und die Ausbreitungsgeschwindigkeit.

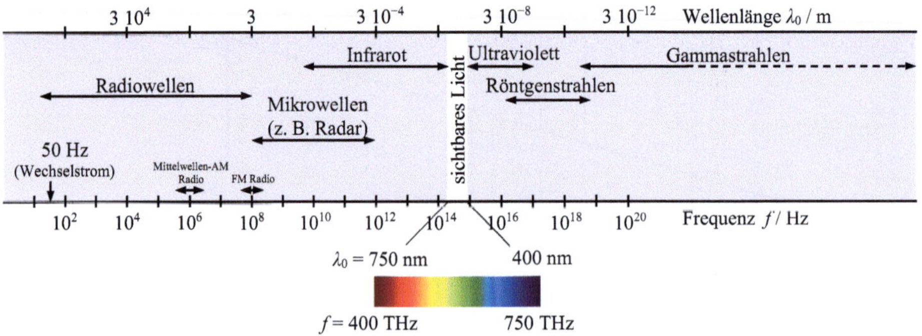

Abb. 1.66 Elektromagnetisches Spektrum nach [51]

Die Bandbreite der Frequenzen von elektromagnetischer Strahlung ist durchaus beachtlich (Abb. 1.66).

Lorentzkraft

Ein Magnetfeld übt auf eine elektrische Ladung Q eine Kraft aus, wenn zwei Bedingungen erfüllt sind.

- Die elektrische Ladung Q bewegt sich relativ zur magnetischen Flussdichte $\boldsymbol{B}$ mit einer Geschwindigkeit $\boldsymbol{v}$.

- Die Vektoren der Geschwindigkeit und der magnetischen Flussdichte zeigen in verschiedene Richtungen.

Diese Kraft heißt Lorentzkraft $\boldsymbol{F}_\mathrm{L}$ und definiert die magnetische Flussdichte $\boldsymbol{B}$.

$$\boldsymbol{F}_\mathrm{L} = Q\ (\boldsymbol{v} \times \boldsymbol{B})\ . \tag{1.101}$$

Die Geschwindigkeit $\boldsymbol{v}$ und der magnetische Flussdichte $\boldsymbol{B}$ werden hier per Vektor- bzw. Kreuzprodukt multipliziert. Das ist am Multiplikationszeichen $\times$ zu sehen. Für die präzise mathematische Definition des Vektorprodukts wird auf die Literatur verwiesen, da hier nur zwei Spezialfälle betrachtet werden sollen.

- Stehen die Vektoren der Geschwindigkeit und der magnetischen Flussdichte senkrecht aufeinander, kann mit den Fingern der rechten Hand die Richtung der Lorentzkraft leicht ermittelt werden (Abb. 1.67). Das ist die Dreifingerregel. In diesem Fall ist der Betrag der Lorentzkraft $F_\mathrm{L} = Q\ v\ B$.
- Bewegt sich die Ladung tangential zu den magnetischen Feldlinien, gibt es keine Lorentzkraft.

Leider ist es verwirrend, dass sowohl die Rechtsschraubenregel (Abb. 1.64) als auch die Dreifingerregel (Abb. 1.67) als Rechtehandregel bezeichnet werden.

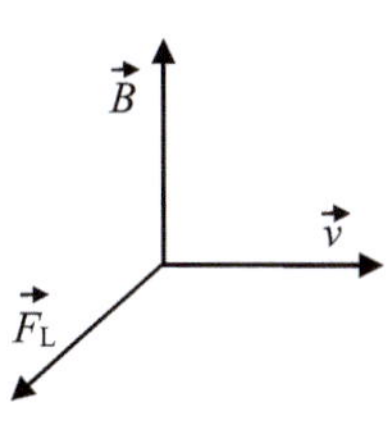

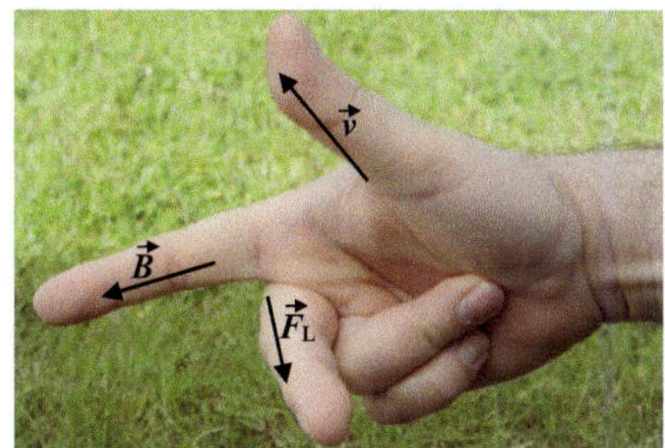

Abb. 1.67 Veranschaulichung vom Vektorprodukt

Die Coulombkraft $\boldsymbol{F}_\mathrm{C}$ und die Lorentzkraft $\boldsymbol{F}_\mathrm{L}$ bilden die elektrodynamische Kraft

$$\boldsymbol{F} = \boldsymbol{F}_\mathrm{C} + \boldsymbol{F}_\mathrm{L} = Q\ (\boldsymbol{E} + \boldsymbol{v} \times \boldsymbol{B})\ . \tag{1.102}$$

Sie ist eine der vier grundlegenden Kräfte in der Physik. Die anderen sind die Gravitationskraft sowie die starke und schwache Wechselwirkung. Letztere sind Kräfte im Inneren von Atomkernen, die extrem kurze Reichweiten haben.

Die allgemeine Definition der Lorentzkraft nach Gl. 1.101 soll nun in zwei praktischen Beispielen angewendet werden. Zuerst wird ein elektrischer Leiter im statischen Magnetfeld betrachtet (Abb. 1.68 links). Durch den Leiter fließt ein Gleichstrom I. Der Leiter ist beweglich aufgehängt und befindet sich im Magnetfeld auf einer Länge l. Der Vektor $\boldsymbol{l}$ der Länge zeigt in Stromrichtung. Hier ist die Lorentzkraft

$$\boldsymbol{F}_\mathrm{L} = I\ (\boldsymbol{l} \times \boldsymbol{B})\ . \tag{1.103}$$

Nach diesem Prinzip arbeitet ein Gleichstrommotor. In seinem Rotor sind Leiter eingesetzt, die Gleichströme führen. Auf die Leiter wirken Lorentzkräfte. Die Kräftepaare bilden Drehmomente und es kommt zur Drehbewegung.

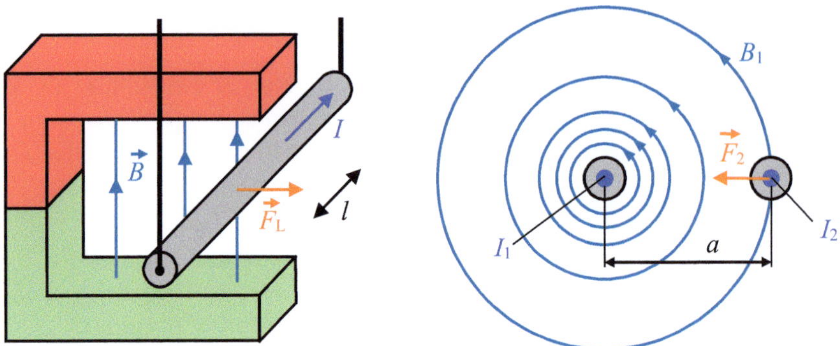

Abb. 1.68 Kraft auf Leiter im Magnetfeld und Kräfte zwischen langen parallelen Leitern

Ein weiteres Beispiel sind zwei lange parallele Leiter (Abb. 1.68 rechts). Sie tragen die Gleichströme I_1 und I_2. Der Abstand a zwischen den Leitern soll viel größer sein als die Durchmesser ihrer kreisrunden Querschnitte. Es sind nur die magnetischen Feldlinien des linken Leiters eingezeichnet. Die Richtung der Lorentzkraft $\boldsymbol{F}_2$ auf den rechten Leiter kann wieder mit der rechten Hand bestimmt werden. Die Kraft $\boldsymbol{F}_1$ auf den linken Leiter ist hier auch nicht dargestellt. Sie weist genau in entgegengesetzter Richtung. Die Beträge der beiden Kräfte sind gleich.

$$F_1 = F_2 = \mu_0 \; \mu_r \; \frac{I_1 \; I_2 \; l}{2\pi \; a} \tag{1.104}$$

Weisen die elektrischen Ströme I_1 und I_2 in die gleiche Richtung, ziehen sich beide Leiter an. Sind die Ströme entgegengesetzt, stoßen sich die Leiter ab. Das muss auch bei Sammelschienen in der elektrischen Energietechnik berücksichtigt werden. Die werden mechanisch so ausgelegt, dass sie auch bei Kurzschlüssen den Lorentzkräften standhalten.

Statisches Durchflutungsgesetz

Bislang ist bekannt, dass messbare makroskopische elektrische Ströme mit einem Magnetfeld verbunden sind. In der Umgebung von Gleichströmen befinden sich statische Magnetfelder, die mit zunehmenden Abstand schwächer werden. Sind die Ströme zeitlich veränderlich, bilden sich elektromagnetische Felder aus. Das gilt auch für die Wechselströme in der elektrischen Energietechnik. In der Umgebung von Freileitungen breiten sich elektromagnetische Felder aus, die sich mit der Frequenz von 50 Hz ändern.

Im Weiteren soll nur das statische Durchflutungsgesetz betrachtet werden, das für Gleichströme gültig ist. Für Wechselströme muss das allgemeine bzw. erweiterte

Durchflutungsgesetz herangezogen werden (Gl. A.4 im Anhang). Das ist die erste Maxwellgleichung, auf die nicht weiter eingegangen wird. Es wird vorausgesetzt, dass sich das Magnetfeld im Vakuum ausbreitet. Daher wird die magnetische Flussdichte den Index 0 tragen. Wenn später die Ausbreitung von Magnetfeldern in Materie untersucht wird, wird für die magnetische Flussdichte im Durchflutungsgesetz der Index f verwendet. $\boldsymbol{B}_\mathrm{f}$ ist dann der Feldanteil der **f**rei beweglichen Ladungsträger.

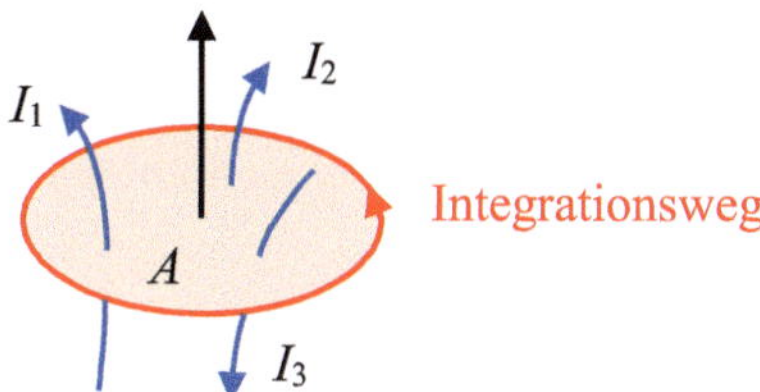

Abb. 1.69 Statisches Durchflutungsgesetz

Ausgangspunkt ist ein geschlossener Weg im Magnetfeld (Abb. 1.69). Dieser umschließt eine Fläche A, durch die elektrische Gleichströme fließen. Wenn der Integrationsweg in Richtung der Finger der rechten Hand zeigt, werden die elektrischen Ströme in Richtung des Daumens positiv gezählt. Dann ist die Summe dieser elektrischen Ströme gleich dem Wegintegral über die magnetische Flussdichte längs eines geschlossenen Weges.

$$\sum_j I_j = \frac{1}{\mu_0} \oint \boldsymbol{B}_0 \cdot \mathrm{d}\boldsymbol{r} \tag{1.105}$$

Das ist das statische Durchflutungsgesetz in integraler Form. Häufig werden die elektrischen Ströme zu einer elektrischen Durchflutung Θ zusammengefasst.

$$\Theta = \sum_j I_j \qquad [\Theta] = \mathrm{A} \tag{1.106}$$

Im Beispiel von Abb. 1.69 ist die Durchflutung $\Theta = I_1 + I_2 - I_3$.

Das Durchflutungsgesetz nach Gl. 1.105 soll zur Veranschaulichung auf zwei einfache Beispiel angewendet werden. Zunächst ist das ein langer dünner Leiter, in dem ein Gleichstrom I fließt (Abb. 1.70 links). Seine Querschnittsfläche ist kreisförmig mit dem Radius r_1. Zuerst wird das Magnetfeld außerhalb des Leiters ($r \geq r_1$) untersucht. Als Integrationsweg wird um den Leiter ein konzentrischer Kreis mit dem Radius r gewählt. Das deckt sich mit einer Feldlinie. Der Vektor der magnetischen Flussdichte liegt tangential an der Feldlinie und zeigt in Richtung des Integrationsweges. Damit vereinfacht sich das Skalarprodukt $\boldsymbol{B}_0 \cdot \mathrm{d}\boldsymbol{r}$ zum Produkt der Beträge beider Vektoren $B_0\,\mathrm{d}r$. Mit $\Theta_\mathrm{a} = I$ lautet hier das Durchflutungsgesetz

$$\Theta_\mathrm{a} = I = \frac{1}{\mu_0} \oint B_0 \,\mathrm{d}r\,. \tag{1.107}$$

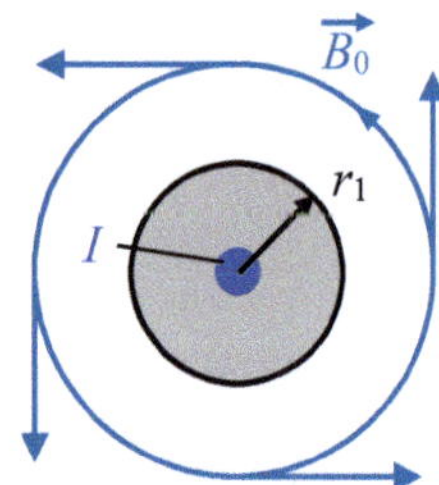

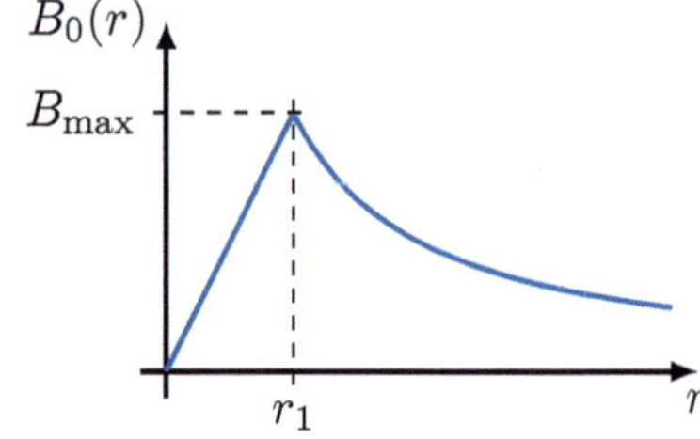

Abb. 1.70 Magnetische Flussdichte und Feldlinie in der Umgebung eines langen dünnen Leiters (links) sowie Betrag der Flussdichte in Abhängigkeit vom Radius

Auf dem Integrationsweg ist der Betrag der magnetischen Flussdichte konstant, so dass diese vor das Integral gezogen werden kann.

$$I = \frac{1}{\mu_0}\, B_0 \oint \mathrm{d}r = \frac{1}{\mu_0}\, B_0\, 2\pi\, r \tag{1.108}$$

Daher gilt außerhalb des Leiters

$$B_0(r) = \mu_0\, \frac{I}{2\pi\, r}\,. \tag{1.109}$$

Innerhalb des Leiters ($r \leq r_1$) wird wieder ein kreisförmiger Integrationsweg gewählt. Es wird angenommen, dass die Strömung der Ladungsträger gleichmäßig über die Querschnittsfläche verteilt ist. Dann ist die Durchflutung

$$\Theta_\mathrm{i} = I\, \frac{\pi\, r^2}{\pi\, r_1^2} = I\, \frac{r^2}{r_1^2}\,. \tag{1.110}$$

Zur Berechnung von B_0 innerhalb des Leiters wird erneut das Durchflutungsgesetz angewendet. Analog zu Gl. 1.108 ist hier

$$\Theta_\mathrm{i} = \frac{1}{\mu_0}\, B_0(r)\, 2\pi\, r\,. \tag{1.111}$$

Durch Gleichsetzen von Gl. 1.110 und 1.111 folgt

$$B_0(r) = \mu_0\, \frac{I\, r}{2\pi\, r_1^2}\,. \tag{1.112}$$

Selbstverständlich ist im Inneren des Leiters kein Vakuum, so dass für die magnetische Flussdichte der Index 0 nicht ganz korrekt ist. Die Fragestellung, ob und wie der Leiter durch sein eigenes Magnetfeld magnetisiert wird, bleibt offen. Die Funktionen $B_0(r)$ nach Gl. 1.109 und 1.112 sind in Abb. 1.70 rechts dargestellt. Am Rand des Leiters bei r_1 ist der Betrag der magnetischen Flussdichte $\boldsymbol{B}_0$ maximal, während sie in seiner Mitte bei $r = 0$ verschwindet.

Als zweites Beispiel soll eine lange Spule betrachtet werden (Abb. 1.71). Die hat die Länge l und ihre Windungszahl ist N. Durch die Spule fließt ein Gleichstrom I. Der

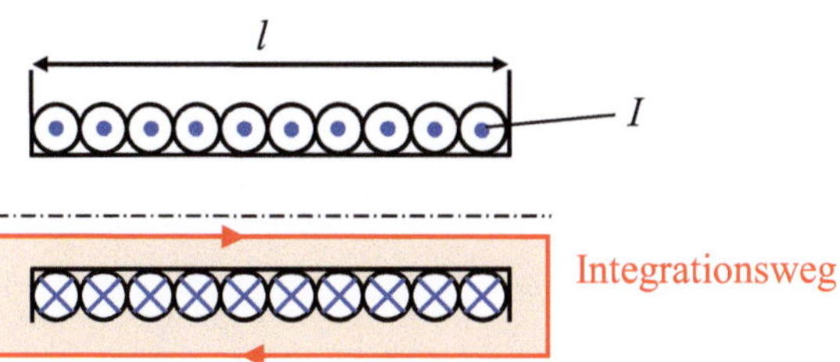

Abb. 1.71 Querschnitt durch die Spule

Integrationsweg ist rot eingezeichnet. Wenn ausschließlich das Magnetfeld im Inneren der Spule berücksichtigt wird, kann eine einfache Formel für die magnetische Flussdichte B_0 angegeben werden. Wegen

$$\Theta = N\,I = \frac{1}{\mu_0} \int_0^l B_0 \,\mathrm{d}s = \frac{1}{\mu_0}\, B_0\, l \tag{1.113}$$

gilt

$$B_0 = \mu_0\, \frac{N}{l}\, I\,. \tag{1.114}$$

Die magnetische Flussdichte $\boldsymbol{B}_0$ im Inneren der langen Spule ist annähernd homogen, analog zur elektrischen Feldstärke beim Plattenkondensator.

1.3.2 Materie im Magnetfeld

Es wird sich zeigen, dass in Materialien bzw. Werkstoffen auf atomarer Ebene magnetische Dipolmomente auftreten. Sie sind so etwas wie Elementarmagnete oder mikroskopische Kompassnadeln und haben selbst ein Magnetfeld. Gleichzeitig erfahren sie in einem äußeren Magnetfeld ein Drehmoment und werden ausgerichtet. Danach geht es um die Dichte der magnetischen Dipolmomente. Das ist die Magnetisierung und die wird mit der relativen Permeabilität μ_r charakterisiert. Den Abschluss bilden Ferromagnetika mit ihrer Hysterese. Für lineare und isotrope Materialien sind die Zusammenhänge im Anhang in Tab. A.32 zusammengefasst.

Magnetisches Dipolmoment

Eine Kompassnadel hat einen Nord- und Südpol. Sie erfährt in einem äußeren Magnetfeld ein mechanisches Drehmoment $\boldsymbol{M}$ und wird ausgerichtet (Abb. 1.72 links). Ihr magnetisches Dipolmoment $\boldsymbol{p}_\mathrm{m}$ ist mit

$$\boldsymbol{M} = \boldsymbol{p}_\mathrm{m} \times \boldsymbol{B} \qquad [p_\mathrm{m}] = \mathrm{Am}^2 \tag{1.115}$$

definiert. Es wird vereinfachend auch als magnetisches Moment bezeichnet. Gleichzeitig bildet die Kompassnadel bzw. ihr magnetisches Dipolmoment selbst ein Magnetfeld aus. Das hat die Form vom Magnetfeld eines Stabmagneten (Abb. 1.72 rechts).

Abb. 1.72 Kompassnadel im äußeren Magnetfeld (links) und ihr eigenes Magnetfeld

Auch eine geschlossene Leiterschleife hat ein magnetisches Dipolmoment, wenn durch sie ein elektrischer Strom fließt (Abb. 1.73). Für einen Gleichstrom I ist der Betrag vom magnetischen Moment der Leiterschleife

$$p_m = I\,A\,. \tag{1.116}$$

Dabei ist A die Fläche, die die Leiterschleife umschließt.

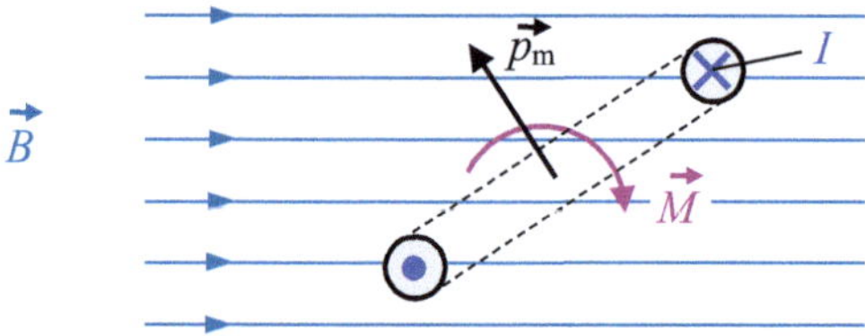

Abb. 1.73 Querschnitt durch Leiterschleife im Magnetfeld

Die Richtung vom magnetischen Dipolmoment ist mit der Rechtsschraubenregel festgelegt. Fließt der elektrische Strom zu den Fingerspitzen der rechten Hand, zeigt der Daumen in Richtung des magnetischen Dipolmoments. Genauso gut kann das mechanische Drehmoment auf die Leiterschleife auch über die Lorentzkräfte und deren Hebelarme berechnet werden.

Bei einer Spule mit N Windungen gilt

$$p_m = N\,I\,A\,. \tag{1.117}$$

Ein Beispiel dazu ist ein Drehspulmesswerk, das in analogen Strommessgeräten eingebaut wird (Abb. 1.74). Wenn die Spule im Magnetfeld vom elektrischen Messstrom durchflossen wird, erfährt sie ein Drehmoment. Das ist mit dem rückstellenden Drehmoment der Spiralfeder im Gleichgewicht, so dass insgesamt der Ausschlag des Zeigers proportional zur Stromstärke ist. Die Skala ist linear.

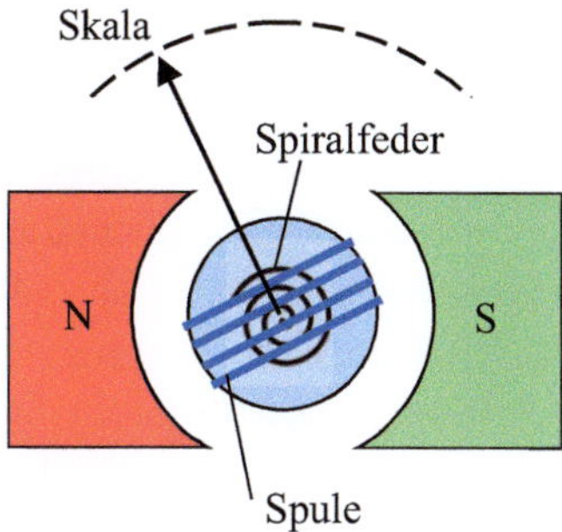

Abb. 1.74 Drehspulmesswerk (schematisch)

In Atomen und Molekülen können auch magnetische Dipolmomente auftreten. Bewegt sich ein Elektron gleichförmig auf einer Kreisbahn, kann das als kreisförmiger Gleichstrom I aufgefasst werden (Abb. 1.75). Der ist wieder mit einem magnetischen Moment verbunden. Sein Betrag lässt sich mit Gl. 1.116 angeben und seine Richtung ist wieder mit der Rechtsschraubenregel festgelegt.

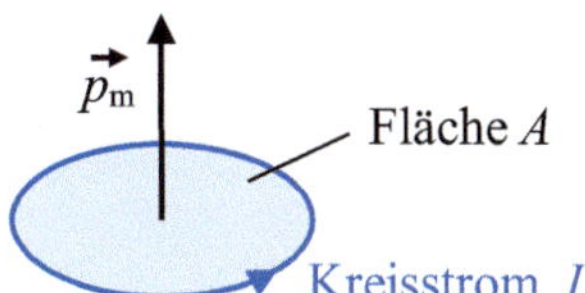

Abb. 1.75 Magnetisches Dipolmoment $\boldsymbol{p}_{\mathrm{m}}$ eines kreisförmigen Gleichstroms

Elektronen haben neben dem Bahndrehimpuls noch einen Spin (englisch für Drehung, Drall). Vereinfachend kann der als Drehung des Elektrons um die eigene Achse angesehen werden. Die exakte Beschreibung vom Spin ist Gegenstand der Quantenmechanik [82]. Der Spin hat ebenfalls ein magnetisches Dipolmoment und liefert einen maßgeblichen Beitrag zur Magnetisierung, die nun charakterisiert wird.

Magnetisierung

Manche Materialien wie Eisen können magnetisiert sein. Analog zur Dichte der elektrischen Dipolmomente im elektrischen Feld kommt es zu einer Dichte der magnetischen Dipolmomente $\mathrm{d}\boldsymbol{p}_{\mathrm{m}}/\mathrm{d}V$, die auf die Bahndrehimpulse und Spins der Elektronen einerseits und den Kernspins der Protonen andererseits zurückgeht. Diese Dichte wird Magnetisierung genannt. Sie hat selbst ein Magnetfeld mit der mittleren magnetischen Flussdichte

$$\boldsymbol{B}_{\mathrm{p}} = \mu_0 \, \frac{\mathrm{d}\boldsymbol{p}_{\mathrm{m}}}{\mathrm{d}V} \qquad [\mathrm{d}p_{\mathrm{m}}/\mathrm{d}V] = \mathrm{A/m}\,. \tag{1.118}$$

$\boldsymbol{B}_\mathrm{p}$ wird magnetische Polarisation genannt und liefert den Beitrag gebundenen Ladungsträger zur magnetischen Flussdichte $\boldsymbol{B}$ (Materialgleichung A.13 im Anhang).

$$\boldsymbol{B} = \boldsymbol{B}_\mathrm{f} + \boldsymbol{B}_\mathrm{p} \tag{1.119}$$

Der Beitrag der frei beweglichen Ladungsträger ist $\boldsymbol{B}_\mathrm{f}$. Der wird durch makroskopische elektrische Ströme in der Umgebung hervorgerufen, die messbar sind. Die werden auch als freie Ströme bezeichnet und tauchen im Durchflutungsgesetz auf. Im Vakuum gibt es keine Magnetisierung ($\mathrm{d}\boldsymbol{p}_\mathrm{m}/\mathrm{d}V = 0$).

Als anschauliches Beispiel soll ein einfacher Versuch mit einer langen Spule betrachtet werden (Abb. 1.76). Der Gleichstrom I in ihren Windungen bildet den Feldanteil $\boldsymbol{B}_\mathrm{f}$ im Material, der mit dem statischen Durchflutungsgesetz angeben werden kann (Gl. 1.114).

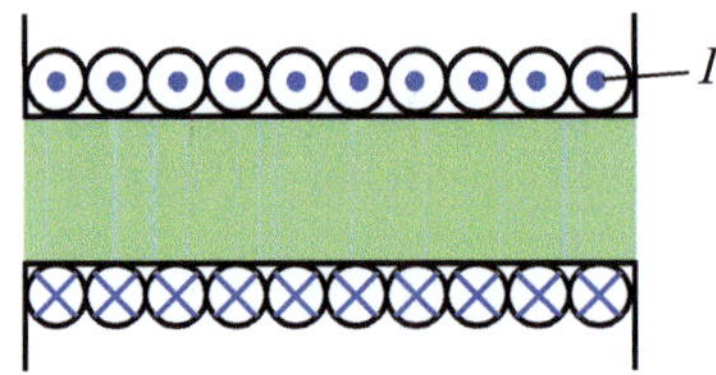

Abb. 1.76 Materialprobe in einer langen Spule

In diesem Zusammenhang wird in der Literatur vielfach die magnetische Feldstärke $\boldsymbol{H}$ verwendet, die durch

$$\boldsymbol{H} = \boldsymbol{B}_\mathrm{f}/\mu_0 \qquad [H] = \mathrm{A/m} \tag{1.120}$$

definiert ist. Die magnetische Feldstärke $\boldsymbol{H}$ ist nicht messbar. Sie ist eine reine Rechengröße, ein Zwischenergebnis und kann weggelassen werden.

Die Reaktion des Materials auf das Feld der freien Ladungsträger ist meistens kompliziert und schwer zu quantifizieren. Die Temperatur, die Frequenz oder auch die Vorgeschichte können einen Einfluss haben. Manchmal kann ein linearer und isotroper Zusammenhang zwischen $\boldsymbol{B}_\mathrm{f}$ und $\boldsymbol{B}_\mathrm{p}$ vorausgesetzt werden. Das ist der einfachste Fall und es gilt

$$\boldsymbol{B}_\mathrm{p} = \chi_\mathrm{m}\, \boldsymbol{B}_\mathrm{f} \; . \tag{1.121}$$

Der Proportionalitätsfaktor ist die magnetische Suszeptibilität χ_m (lateinisch susceptibilitas für Übernahmefähigkeit). Sie ist dimensionslos. Häufig wird eine andere dimensionslose Stoffkonstante angegeben. Das ist die Permeabilitätszahl μ_r (lateinisch permeare für durchgehen oder passieren).

$$\mu_\mathrm{r} = 1 + \chi_\mathrm{m} \tag{1.122}$$

Damit gilt

$$\boldsymbol{B} = \mu_\mathrm{r}\, \boldsymbol{B}_\mathrm{f} \; . \tag{1.123}$$

Das Material verstärkt das Magnetfeld der freien elektrischen Ströme um den Faktor $\mu_r > 1$. Im Vakuum ist exakt $\chi_m = 0$ und $\mu_r = 1$. In Luft gilt das in guter Näherung. Daher trägt μ_0 auch den Namen Vakuumpermeabilität.

Die Permeabilitätszahl μ_r und die magnetische Feldkonstante μ_0 werden zur Permeabilität μ zusammengefasst.

$$\mu = \mu_0\, \mu_r \qquad [\mu] = \mathrm{Vs/(Am)} \tag{1.124}$$

Wegen $\mu_r = \mu/\mu_0$ wird die Permeabilitätszahl auch relative Permeabilität genannt.

Materialien zeigen unterschiedliche Wechselwirkung mit Magnetfeldern. Hier werden drei Kategorien genauer betrachtet. Das sind Diamagnetika, Paramagnetika und Ferromagnetika (Tab. 1.4 und A.32). Beispiele für Permeabilitätszahlen von diamagnetischen und paramagnetischen Stoffen sind in Tab. A.29 im Anhang zu finden.

Tab. 1.4 Isotrope und lineare Materialien im Magnetfeld

$\chi_m < 0$	$\mu_r < 1$	Diamagnetismus	H_2, N_2 oder H_2O
$\chi_m = 0$	$\mu_r = 1$	keine Magnetisierung	Vakuum, Luft, ...
$\chi_m > 0$	$\mu_r > 1$	Paramagnetismus	Sn, Pt, Al, ...

Ohne externes magnetisches Feld heben sich bei Diamagnetika innerhalb eines Atoms die magnetischen Momente auf. Das Atom hat insgesamt kein Magnetfeld. Das sind Substanzen mit Edelgaskonfiguration. Durch ein äußeres Magnetfeld verändern sich die Bahndrehimpulse und Spins. Deren Magnetfelder sind wegen der Lenzschen Regel, die später beim Induktionsgesetz erklärt wird, dem externen Feld entgegengesetzt. Das Material versucht, das äußere Magnetfeld aus seinem Inneren zu drängen. Daher ist $\chi_m < 0$ und $\mu_r < 1$. Dieser diamagnetische Effekt tritt in allen Stoffen auf und ist sehr schwach. Er ist unabhängig von der Temperatur, im Gegensatz zum paramagnetischen und ferromagnetischen Verhalten.

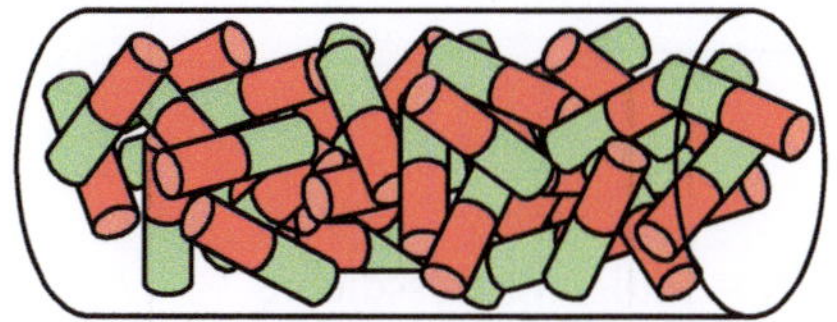

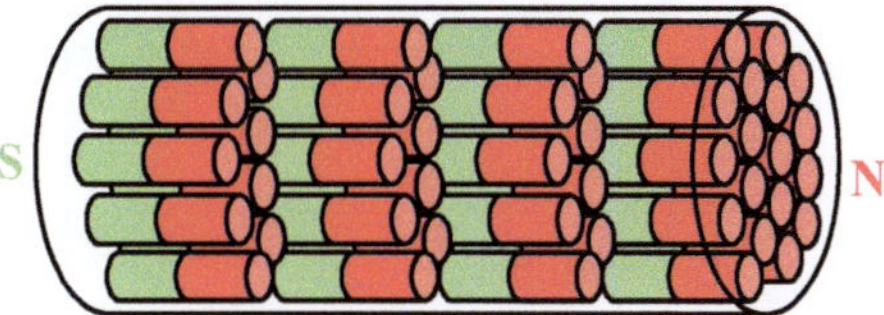

Abb. 1.77 Idealisierte Ausrichtung der vorher ungeordneten Elementarmagnete

Bei paramagnetischen Stoffen kommt ein weiterer Effekt dazu, der stärker als der diamagnetische Effekt ist. In diesen Materialien sind permanente magnetische Momente vorhanden (Abb. 1.77). Jedoch sind diese Stoffe ohne externes Magnetfeld unmagnetisch, da die magnetischen Momente der einzelnen Atome völlig ungeordnet gerichtet sind, so dass sich ihre Magnetfelder insgesamt aufheben. Wird ein äußeres Magnetfeld angelegt, richten sich die magnetischen Momente aus und verstärken das Magnetfeld. Daher ist $\chi_m > 0$ und $\mu_r > 1$. Verschwindet das externe Magnetfeld, ist das Material wieder unmagnetisch.

Sehr viel kompliziertere Verhältnisse herrschen bei ferromagnetischen Materialien, für die die Gl. 1.121 bzw. 1.123 nicht mehr gültig ist. Das sind Substanzen mit unaufgefüllten inneren Elektronenschalen wie die Elemente Fe, Co und Ni. Ferromagnete führen hervorragend Magnetfelder und sind daher für die Anwendungen in Transformatoren, Generatoren und Motoren von großer Bedeutung. Auch sind diese Werkstoffe als Dauermagnete zu finden. Ihre magnetischen Eigenschaften werden nun anhand ihrer Magnetisierungskurve charakterisiert.

Ferromagnete

Eine Eisenprobe soll anfangs nicht magnetisiert sein und hat daher kein eigenes Magnetfeld. Sie wird in eine lange Spule gebracht (Abb. 1.76). Zunächst ist der Gleichstrom I durch die Spule ausgeschaltet, so dass auf die Eisenprobe kein externes Magnetfeld einwirkt. Im Eisenkristall existieren Bereiche mit gleicher Magnetisierung. Sie werden Weißsche Bezirke genannt und sind etwa 10 µm bis 1 mm groß. Wenn die Probe unmagnetisch ist, sind die Magnetfelder der Weißschen Bezirke ungeordnet ausgerichtet und löschen sich aus. Nun wird der Spulenstrom I eingeschaltet und langsam erhöht. Die Weißschen Bezirke richten sich zunehmend in Richtung der magnetischen Flussdichte aus. Es wird die Neukurve in Abb. 1.78 durchlaufen, bis der Bereich der Sättigung erreicht wird. Hier sind die magnetischen Momente aller Weißschen Bezirke in Richtung des äußeren Feldes gedreht. Die Kurve steigt nur noch sehr schwach an und verläuft auf einer Geraden. Die Magnetisierung bleibt trotz Erhöhung des Stroms konstant.

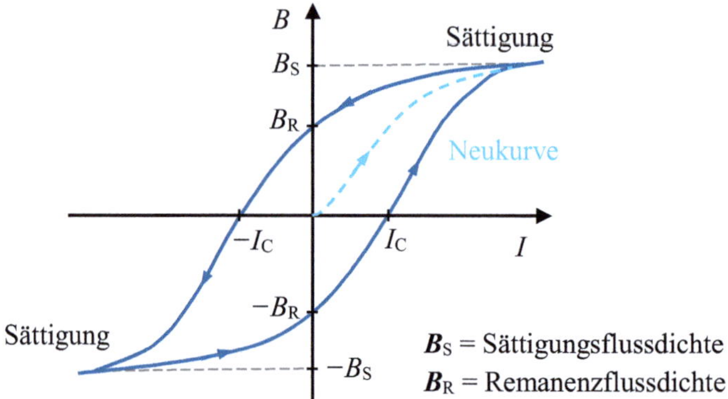

Abb. 1.78 Magnetisierungskurve eines Ferromagneten

Irgendwann wird der elektrische Strom I wieder verkleinert. Unterhalb der Sättigungsflussdichte $\boldsymbol{B}_S$ wird eine andere Kurve als auf dem Hinweg durchlaufen. Sie liegt oberhalb der Neukurve. Wenn der Strom ausgeschaltet ist, ist der Eisenwerkstoff mit der Remanenzflussdichte $\boldsymbol{B}_R$ magnetisiert. Das ist der Zustand des permanenten Magnetismus und die Eisenprobe ist ein Dauermagnet. Danach wird die Stromrichtung umgekehrt und die Stromstärke langsam erhöht. Bei der Stromstärke $-I_C$ verschwindet das Magnetfeld vom Eisenwerkstoff. In der Literatur wird diesem Punkt wegen des statischen Durchflutungsgesetzes der Betrag der magnetischen Erregung $H_C = N\,I_C\,/\,l$ zugeordnet (Abb. 1.79). Die vektorielle Größe $\boldsymbol{H}_C$ wird Koerzitivfeldstärke genannt.

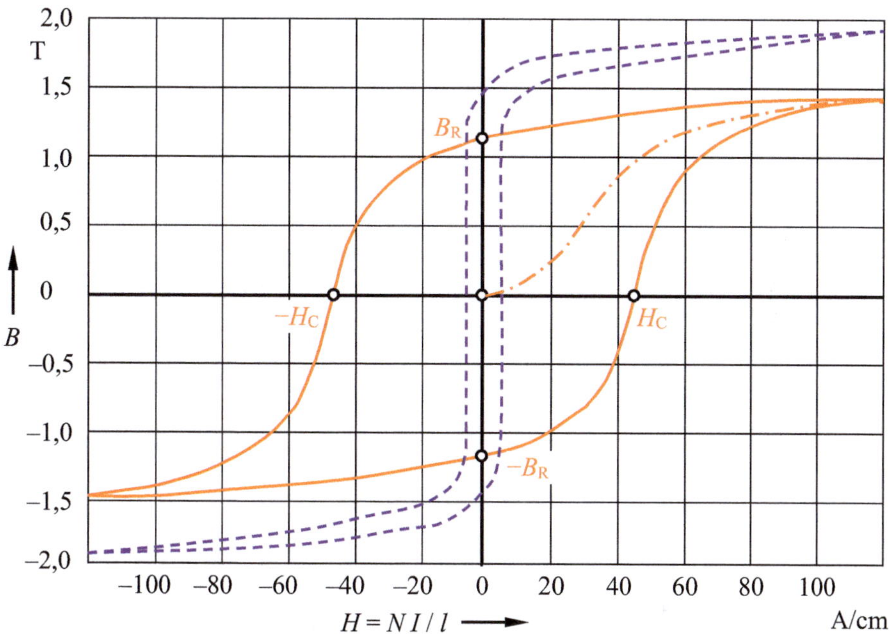

Abb. 1.79 Hysteresekurven magnetisch harter und weicher Materialien nach [92]

Bei weiterer Erhöhung des Stromes ist die magnetische Flussdichte negativ und das Material ist irgendwann wieder gesättigt. Wird der elektrische Strom verkleinert, wird eine andere Kurve durchlaufen. Die Magnetisierungskurve zeigt insgesamt eine Hysterese. Die magnetische Flussdichte $\boldsymbol{B}$ und ihr Betrag B sind vom elektrischen Strom I, der Vorgeschichte und anderen Faktoren abhängig. Zwischen B und I gibt es keinen funktionellen Zusammenhang, insbesondere keine lineare Abhängigkeit wie in Gl. 1.121 und 1.123. Die Größen χ_m und μ_r sind für Ferroelektrika nicht definiert. Daher dient die Angabe einer konstanten relativen Permeabilität μ_r für einige Eisenwerkstoffe wie in Tab. A.30 nur zur groben Orientierung. Dort sind auch die Beträge der Remanenzflussdichte $\boldsymbol{B}_R$ und der Koerzitivfeldstärke $\boldsymbol{H}_C$ zu finden.

Je nach Breite der Hysterese wird zwischen Weichmagneten ($H_C < 1$ kA/m) und Hartmagneten ($H_C > 450$ kA/m) unterschieden. Dazwischen liegen magnetisch halb harte Materialien. Hartmagnete werden als Dauermagnete eingesetzt. Weichmagnete sind in den Kernen von Transformatoren und Motoren zu finden. Die

Elementarmagnete müssen sich permanent umorientieren. Das ist mit Verlusten verbunden, die heißen Hystereseverluste. Die von den Hysteresekurven eingeschlossenen Flächen sind ein Maß dafür, wie viel Energie aus dem Magnetfeld in Wärme umgewandelt wird. Die mittlere Wärmeleistung ist proportional zur Frequenz der Wechselspannung.

1.3.3 Elektromagnetische Induktion

Hier wird an einem einfachen Beispiel das Induktionsgesetz mit der Lenzschen Regel erklärt. Danach geht es um das Generator- und Transformatorprinzip sowie um die Selbst- und Gegeninduktion. Das sind allesamt Facetten des Induktionsgesetzes. Die im Magnetfeld gespeicherte Energie rundet diesen Abschnitt ab.

Zur Vorbereitung muss noch eine weitere magnetische Größe eingeführt werden. Das ist der magnetische Fluss $\Phi(t)$, der manchmal auch als Induktionsfluss bezeichnet wird. Dazu soll eine geschlossene Fläche A betrachtet werden, die von einem Magnetfeld durchsetzt wird (Abb. 1.80). Die magnetischen Feldlinien durchströmen die Fläche, daher kommt die Bezeichnung magnetischer Fluss.

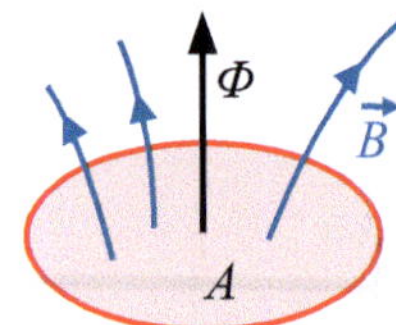

Abb. 1.80 Induktionsfluss Φ

Wird über die gesamte Fläche integriert und gleichzeitig über die Komponenten der magnetischen Flussdichte in Richtung der Flächennormalen bilanziert, ist

$$\Phi(t) = \int_A \boldsymbol{B}(t) \cdot \mathrm{d}\boldsymbol{A} \qquad [\Phi] = \mathrm{Tm}^2 = \mathrm{Vs} = \mathrm{Weber} = \mathrm{Wb}\,. \tag{1.125}$$

Der magnetische Fluss ist eine skalare Größe, analog zur elektrischen Stromstärke $i(t)$. Bei homogenen Magnetfeldern gilt schlicht

$$\Phi = B\,A\,. \tag{1.126}$$

An dieser Stelle wird deutlich, warum die vektorielle Feldgröße $\boldsymbol{B}$ magnetische Flussdichte heißt.

Induktionsgesetz und Lenzsche Regel

Es soll das Experiment in Abb. 1.81 betrachtet werden. Ein Metallstab rollt in horizontaler Richtung mit einer Geschwindigkeit $\boldsymbol{v}$ quer zu einem homogenen Magnetfeld mit der Flussdichte $\boldsymbol{B}$. Er hat Kontakt zu zwei elektrisch leitenden Führungsschienen, die einen Abstand l voneinander haben. Durch die Bewegung des

Metallstabes wirkt die Lorentzkraft auf die Ladungsträger. Die quasi freien Elektroden werden im Metallgitter verschoben, die Atomrümpfe bleiben an ihren Plätzen. Auf einer Führungsschiene befindet sich ein Überschuss an Elektronen und gegenüber ein Mangel. Durch diese Ladungstrennung baut sich ein elektrisches Feld auf. Die Coulombkraft im elektrischen Feld ist der Lorentzkraft entgegen gerichtet.

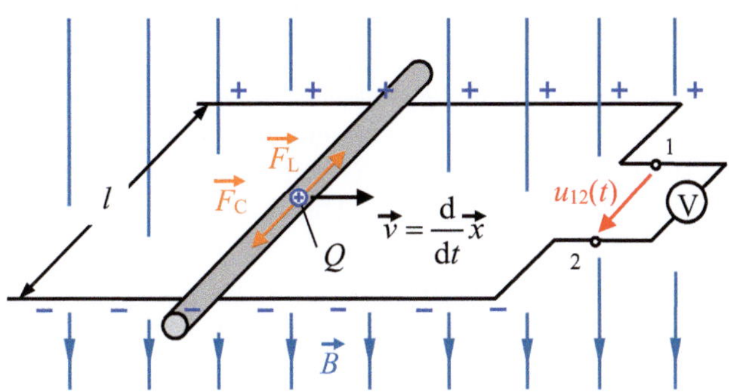

Abb. 1.81 Bewegter Leiter im zeitlich konstanten Magnetfeld

Bei konstanter Geschwindigkeit gibt es keine elektrischen Ausgleichsströme im Stab und für die beiden Kräfte gilt

$$\boldsymbol{F}_{\mathrm{C}} + \boldsymbol{F}_{\mathrm{L}} = Q\ (\boldsymbol{E} + \boldsymbol{v} \times \boldsymbol{B}) = 0\ . \tag{1.127}$$

Daher ist

$$\boldsymbol{E} = -\boldsymbol{v} \times \boldsymbol{B}\ . \tag{1.128}$$

Zwischen den Führungsschienen ist eine elektrische Spannung $u_{12}(t)$ messbar. Bei konstanter Geschwindigkeit ist das eine Gleichspannung U_{12}.

$$U_{12} = E\ l = -v\ B\ l \tag{1.129}$$

Das lässt sich in etwas anderer Form schreiben.

$$U_{12} = -(\frac{\mathrm{d}}{\mathrm{d}t}x)\ B\ l = -(\frac{\mathrm{d}}{\mathrm{d}t}A)\ B = -\frac{\mathrm{d}}{\mathrm{d}t}\,\Phi \tag{1.130}$$

Hier wird das Induktionsgesetz sichtbar. Da im Allgemeinen die induzierte Spannung zeitlich veränderlich ist, wird lautet die weit verbreitete Formulierung des allgemeinen Induktionsgesetzes

$$u(t) = -\frac{\mathrm{d}}{\mathrm{d}t}\,\Phi(t)\ . \tag{1.131}$$

In einem Leiter wird eine elektrische Spannung $u(t)$ induziert, wenn sich der magnetische Fluss $\Phi(t)$, der den Leiter auf einer Fläche durchsetzt, zeitlich ändert. Eine andere Formulierung ist die 2. Maxwellsche Gleichung A.5, auf die hier nicht weiter eingegangen wird. Das Induktionsgesetz und die elektrodynamische Kraft nach Gl. 1.102 sind zwei Seiten derselben Medaille.

Durchsetzt das Magnetfeld eine Spule mit N Windungen, wird der magnetische Fluss N-mal umfasst. In dem Fall ist die induzierte Spannung

$$u(t) = -N \frac{\mathrm{d}}{\mathrm{d}t} \Phi(t) \ . \tag{1.132}$$

Bei der elektromagnetischen Induktion kommt die Lenzsche Regel zum Tragen, die auch Lenzsches Gesetz oder Regel von Lenz genannt wird. Sie besagt, dass die Wirkung der Induktion ihrer Ursache entgegengesetzt ist. Das ist Ausdruck des Energieerhaltungssatzes. Dazu soll das obige Experiment noch einmal in einer anderen Variante durchgeführt werden. (Abb. 1.82). Der Stab rollt mit konstanter Geschwindigkeit in horizontaler Richtung. An den Anschlusspunkten 1 und 2 ist statt des Spannungsmessgeräts nun ein elektrischer Verbraucher angeschlossen. Die induzierte Gleichspannung U_{12} treibt einen elektrischen Gleichstrom I durch den Verbraucher. Der Stromkreis schließt sich über den Metallstab. Daher wirkt insgesamt eine Lorentzkraft $\boldsymbol{F}_{\mathrm{B}}$ auf den Metallstab. Wegen der Drei-Finger-Regel in Abb. 1.67 zeigt sie entgegen der Bewegungsrichtung und bremst den Metallstab. Damit der Metallstab sich weiter mit konstanter Geschwindigkeit bewegen kann, muss von außen eine gleichgroße Kraft $\boldsymbol{F}_{\mathrm{A}}$ aufgewendet werden, die der Lorentzkraft $\boldsymbol{F}_{\mathrm{B}}$ entgegengesetzt gerichtet ist. Kraft mal Weg ist Arbeit. Es wird von außen mechanische Arbeit aufgewendet, die zur Ladungstrennung führt. Die elektrische Spannung wird über die Leitungen zu den Verbrauchern gebracht. Diese entnehmen die elektrische Energie wiederum aus dem Stromkreis und wandeln sie z. B. in Licht, Wärme oder Bewegung um.

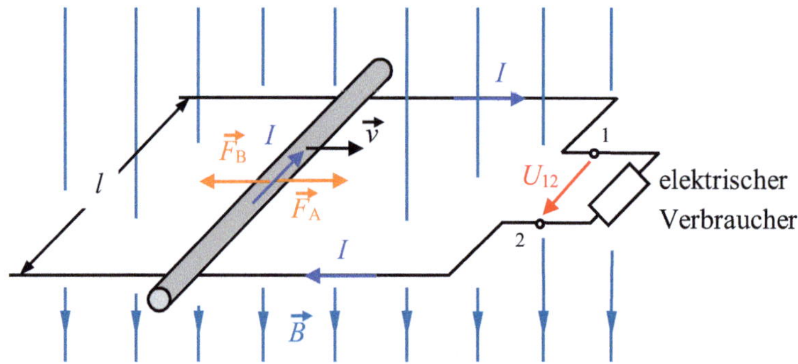

Abb. 1.82 Gleichförmig bewegter Leiter mit angeschlossenem Verbraucher

Das Induktionsgesetz nach Gl. 1.131 bzw. 1.132 kann auch ohne Minuszeichen formuliert werden [11]. Das Minuszeichen vor der Gleichspannung U_{12} in Gl. 1.129 bedeutet, dass der Spannungszählpfeil am Verbraucher in Abb. 1.82 entgegen dem Stromzählpfeil gerichtet ist. Anders gesagt, Strom und Spannung haben unterschiedliche Vorzeichen und die Leistung vom Verbraucher ist negativ. Das ist die Konvention des Erzeugerzählpfeilsystems. Mit der Festlegung auf das Verbraucherzählpfeilsystem wird das Minuszeichen von nun an weggelassen, so dass das Induktionsgesetz

$$u(t) = \frac{\mathrm{d}}{\mathrm{d}t}\,\Phi(t) \qquad \text{bzw.} \qquad u(t) = N\,\frac{\mathrm{d}}{\mathrm{d}t}\,\Phi(t) \tag{1.133}$$

lautet.

In der elektrischen Messtechnik ist der Hall-Effekt eine bekannte Anwendung der elektromagnetischen Induktion (Abb. 1.83). Hall-Sensoren nutzen die Lorentzkraft zur Messung der magnetischen Flussdichte oder zur Strommessung mit Stromzangen. Sie finden auch Anwendung als Sensoren in modernen bürstenlosen EC-Motoren für Lüfter in Klimaanlagen.

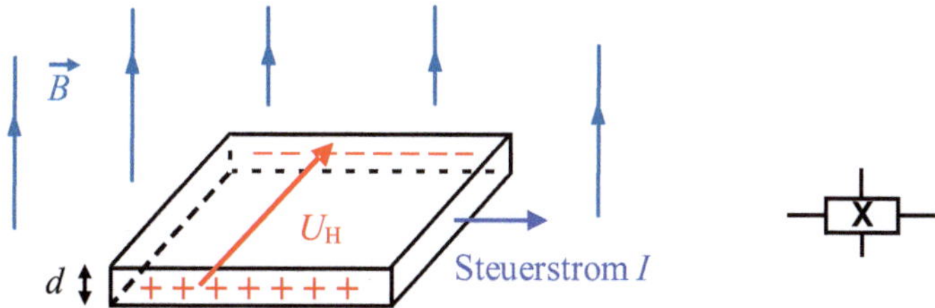

Abb. 1.83 Hall-Sonde im Magnetfeld (links) und ihr Schaltzeichen

Fließt ein Steuerstrom I durch die Hall-Sonde, werden die Ladungsträger durch die Lorentzkraft abgelenkt. Positive und negative Ladungen werden getrennt und es entsteht eine Hall-Spannung U_H.

$$U_\mathrm{H} = R_\mathrm{H}\,\frac{B\,I}{d} \qquad [R_\mathrm{H}] = \mathrm{m}^3/\mathrm{C} \tag{1.134}$$

Sind die Dicke d der Hall-Sonde und die Materialkonstante R_H bekannt, kann über die Messung der Hall-Spannung U_H und des Steuerstroms I die vertikale Komponente der magnetischen Flussdichte $\boldsymbol{B}$ angegeben werden.

Transformator- und Generatorprinzip

Nach Gl. 1.125 hängt der magnetische Fluss von der magnetischen Flussdichte $\boldsymbol{B}$ und der Fläche A ab, die vom Magnetfeld durchdrungen bzw. durchströmt wird. Ändert sich nur eine dieser beiden Größen, wird schon eine Spannung induziert. Daher wird zwischen zwei Varianten der Spannungsinduktion unterschieden.

- Die magnetische Flussdichte ändert sich, während die durchströmte Fläche unverändert bleibt. Das ist das Transformatorprinzip, das auch als Ruheinduktion bezeichnet wird.
- Ein Leiter wird relativ zum statischen Magnetfeld bewegt oder die vom statischen Magnetfeld durchsetzte Fläche ändert sich. Das ist das Generatorprinzip. Gleichbedeutend wird auch von Bewegungsinduktion gesprochen.

Selbstverständlich können sich auch beide Größen $\boldsymbol{B}$ und A gleichzeitig ändern. In Tab. 1.5 sind die beiden Prinzipien gegenübergestellt.

Tab. 1.5 Formen der Induktion

Transformatorprinzip	$\frac{\mathrm{d}}{\mathrm{d}t}B(t) \neq 0$	$\frac{\mathrm{d}}{\mathrm{d}t}A(t) = 0$	Transformator
Generatorprinzip	$\frac{\mathrm{d}}{\mathrm{d}t}B(t) = 0$	$\frac{\mathrm{d}}{\mathrm{d}t}A(t) \neq 0$	bewegter Leiter oder rotierende Spule

Wie der Name nahe legt, ist das Transformatorprinzip beim Transformator zu finden (Abb. 1.84). Im einfachsten Fall besteht dieser aus zwei galvanisch getrennten Kupferwicklungen, die um einen gemeinsamen Eisenkern mit den Windungszahlen N_1 und N_2 gewickelt sind. Die Anschlüsse der beiden Wicklungen werden herausgeführt, so dass die Spannungen $u_1(t)$ und $u_2(t)$ angelegt oder gemessen werden können.

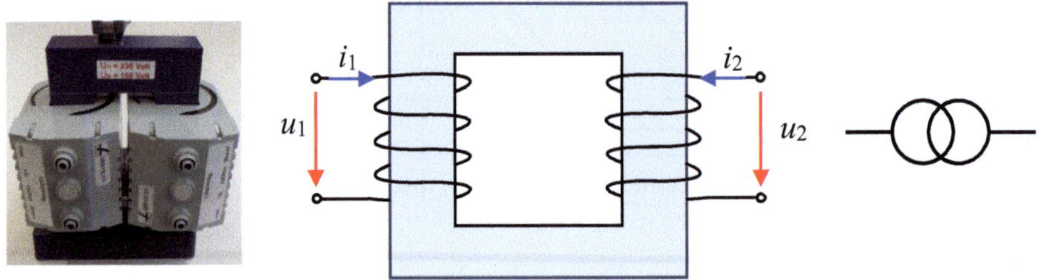

Abb. 1.84 Einphasiger Transformator mit Schaltsymbol

Bei einen idealen Transformator (Abschnitt A.4.2) verhalten sich die Spannungen wie das Windungsverhältnis.

$$\frac{u_1(t)}{u_2(t)} = \frac{N_1}{N_2} \tag{1.135}$$

Für die Ströme gilt umgekehrt

$$\frac{i_1(t)}{i_2(t)} = \frac{N_2}{N_1}\,. \tag{1.136}$$

Technische Transformatoren weichen davon ab. Je nach Belastungssituation kann sich das Verhältnis der Spannungen ändern, so dass unter Umständen Stufenschalter eingebaut werden müssen (Abb. 2.21).

Das Generatorprinzip soll anhand einer drehbar gelagerten rechteckförmigen Leiterschleife demonstriert werden, die in einem homogenen Magnetfeld gleichförmig rotiert (f = const). Das ist ein einfaches Modell für einen Wechselstromgenerator (Abb. 1.85). Wegen der gleichförmigen Drehbewegung ändert sich der magnetische Fluss mit dem Dreh- bzw. Phasenwinkel $\varphi(t) = \omega t$ harmonisch.

$$\Phi(t) = \hat{\Phi}\,\cos\left(\varphi(t)\right) = \hat{\Phi}\,\cos\left(\omega t\right) \tag{1.137}$$

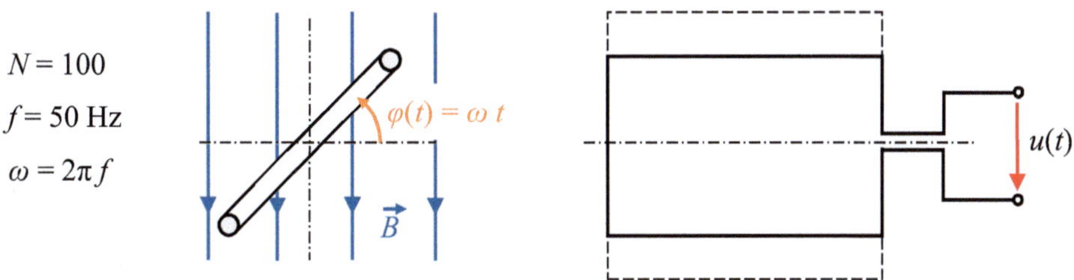

Abb. 1.85 Rotierende Spule im Magnetfeld

Die Wechselspannung $u(t)$, die über Schleifringe abgegriffen wird, kann mit dem Induktionsgesetz berechnet werden.

$$u(t) = N\frac{\mathrm{d}}{\mathrm{d}t}\,\Phi(t) = N\frac{\mathrm{d}}{\mathrm{d}t}\left(\hat{\Phi}\,\cos\left(\omega t\right)\right) = -N\,\hat{\Phi}\,\omega\,\sin\left(\omega t\right) = -\hat{u}\,\sin\left(\omega t\right) \quad (1.138)$$

Mit $\hat{\Phi} = 10$ mVs ist die Amplitude der Wechselspannung $\hat{u} = N\,\hat{\Phi}\,\omega = 314\text{ V} = \sqrt{2}\cdot 222\text{ V}$. Werden die Funktionen $\Phi(t)$ und $u(t)$ über den Phasenwinkel aufgetragen, ist ersichtlich, dass sie um $\pi/2$ phasenverschoben sind (Abb. 1.86).

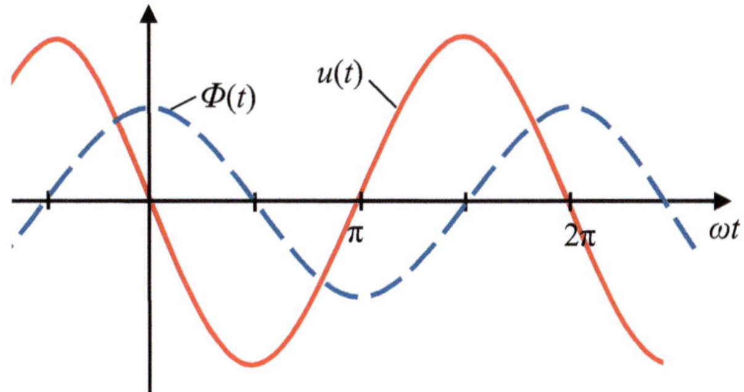

Abb. 1.86 Magnetischer Fluss $\Phi(t)$ und elektrische Spannung $u(t)$

Bauteile können in sich selbst und anderen Bauteilen eine Spannung induzieren. Das soll nun anhand von einfachen Leiterschleifen demonstriert werden.

Selbst- und Gegeninduktion

Zunächst geht es um die Selbstinduktion, die am Beispiel einer einzelnen Leiterschleife erklärt wird (Abb. 1.87). An ihren Anschlussklemmen wird eine zeitlich veränderliche Spannung angelegt. Der Einfachheit halber soll das eine sinusförmige Wechselspannung $u_0(t)$ sein. Damit fließt durch die Leiterschleife ein Wechselstrom $i(t)$, der wiederum mit einem Magnetfeld verbunden ist. Ein Teil des Magnetfeldes durchsetzt die Fläche A der Leiterschleife und bildet insgesamt den magnetischen Fluss $\Phi(t)$. Die Richtung des elektrischen Stroms und der magnetische Fluss sind mit der Rechtsschraubenregel verbunden. Da sich dieser magnetische Fluss zeitlich ändert, wird in die Leiterschleife eine elektrische Spannung $u(t)$ induziert. Diese ist nach der Lenzschen Regel der treibenden Spannung $u_0(t)$ entgegen gerichtet.

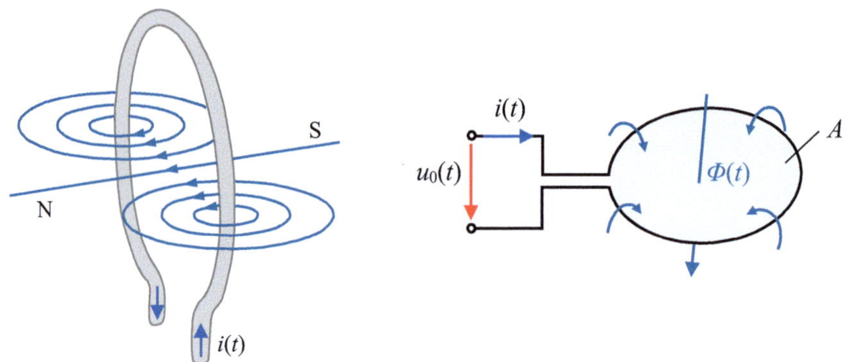

Abb. 1.87 Magnetfeld einer Leiterschleife und magnetischer Fluss $\Phi(t)$

Zusätzlich hat die Leiterschleife einen elektrischen Widerstand R, mit dem ein ohmscher Spannungsfall $R\,i(t)$ verbunden ist. Insgesamt ist der Maschenumlauf

$$u_0(t) - R\,i(t) - u(t) = 0\,. \tag{1.139}$$

Es wird vorausgesetzt, dass sich das Magnetfeld in Stoffen ausbreitet, deren relative Permeabilität μ_r konstant ist. Damit sind genau genommen ferromagnetische Materialien ausgeschlossen und es folgt aus dem allgemeinen Durchflutungsgesetz, dass die magnetische Flussdichte $\boldsymbol{B}$ und damit der magnetische Fluss $\Phi(t)$ proportional zur elektrischen Stromstärke $i(t)$ sind.

$$\Phi(t) \sim i(t) \tag{1.140}$$

Der Proportionalitätsfaktor wird so eingeführt, dass auch für Spulen mit N Windungen aus Gl. 1.133 für die induzierte Spannung

$$u(t) = L\,\frac{\mathrm{d}}{\mathrm{d}t}i(t) \qquad [L] = \mathrm{Vs/A} = \mathrm{Henry} = \mathrm{H} \tag{1.141}$$

gilt. Das ist die Definition der Selbstinduktivität L im Verbraucherzählpfeilsystem, die auch Selbstinduktionskoeffizient oder einfach Induktivität genannt wird. Ihre Schaltsymbole sind in Abb. 1.88 und Tab. A.19 dargestellt.

Abb. 1.88 Schaltzeichen für die Induktivität L

Analog zur Kapazität C ist die Induktivität L von der Geometrie und dem Material abhängig. Das geht auch aus der Tabelle A.25 im Anhang hervor. Darin sind Induktivitäten für verschiedene einfache Leiteranordnungen angegeben. Die Formeln unterscheiden sich je nach Bauart und enthalten die Stoffkonstante μ_r. Jedoch können in den wenigsten Fällen die Induktivitäten analytisch mit einer Formel angegeben werden. Meistens wird auf Messungen und weniger auf numerische Feldberechnungen zurückgegriffen [28].

Mit der selbst induzierten Spannung $u(t)$ nach Gl. 1.141 ist der Maschenumlauf

$$u_0(t) = R\,i(t) + L\frac{\mathrm{d}}{\mathrm{d}t}i(t)\;. \tag{1.142}$$

Diese Spannungsbilanz taucht in der elektrischen Ersatzschaltung auf (Abb. 1.89).

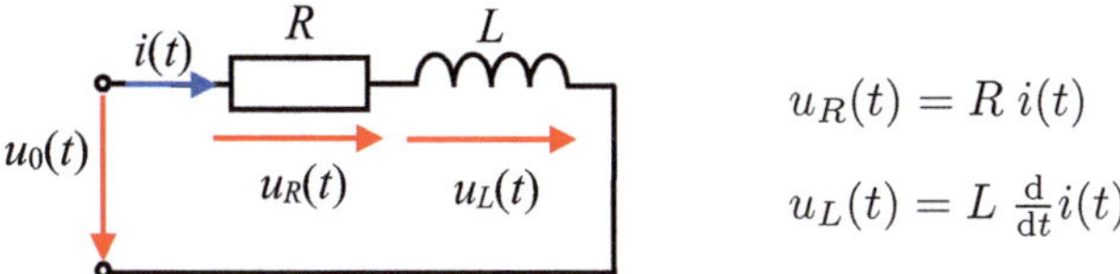

Abb. 1.89 Ersatzschaltbild der Leiterschleife

Die Gegeninduktion soll nun anhand von zwei Leiterschleifen betrachtet werden, die sich gegenüber stehen (Abb. 1.90). Diese Anordnung könnte auch als „Lufttransformator“ mit den Windungszahlen $N_1 = N_2 = 1$ bezeichnet werden.

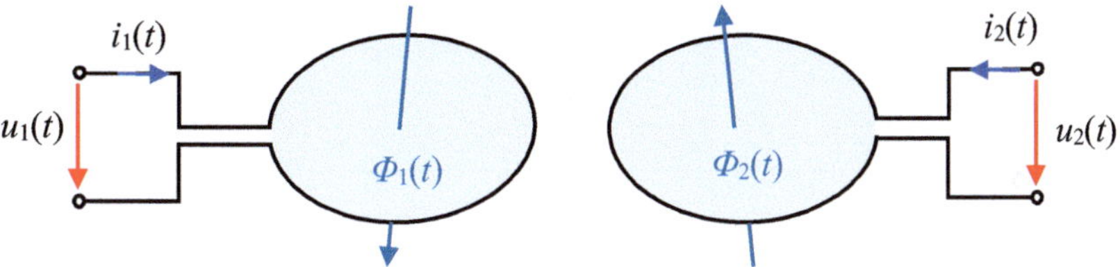

Abb. 1.90 Zwei Leiterschleifen

An beiden Anschlüssen wird je eine Wechselspannung angelegt, so dass durch jeden Draht ein Wechselstrom fließt. Jeder Wechselstrom hat ein Magnetfeld, das teilweise die eigene und teilweise die gegenüber liegende Leiterschleife durchsetzt. Selbst- und Gegeninduktion treten gleichzeitig auf. Der Strom $i_1(t)$ induziert in die Leiterschleife 1 die Selbstinduktionsspannung $L_1\frac{\mathrm{d}}{\mathrm{d}t}i_1(t)$ und gleichzeitig in die Leiterschleife 2 die Gegeninduktionsspannung $M_{21}\frac{\mathrm{d}}{\mathrm{d}t}i_1(t)$. Entsprechend induziert der Strom $i_2(t)$ in jede Leiterschleife eine Spannung. In beide Leiterschleifen werden je zwei Spannungen induziert, die einerseits vom eigenen Strom und andererseits vom Strom in der gegenüber liegenden Leiterschleife herrühren. Die gegenseitigen magnetischen Induktivitäten sind gleich und zur Vereinfachung wird nur noch von der Gegeninduktivität M gesprochen.

$$M_{21} = M_{12} = M \qquad [M] = \mathrm{H} \tag{1.143}$$

Damit können die Spannungsgleichungen aufgestellt werden, die auch die ohmsche Spannungsfälle $R_1 i_1(t)$ und $R_2 i_2(t)$ berücksichtigen.

$$u_1(t) = R_1\, i_1(t) + \frac{\mathrm{d}}{\mathrm{d}t}\Phi_1(t) = R_1\, i_1(t) + L_1 \frac{\mathrm{d}}{\mathrm{d}t} i_1(t) + M \frac{\mathrm{d}}{\mathrm{d}t} i_2(t) \tag{1.144}$$

$$u_2(t) = R_2\, i_2(t) + \frac{\mathrm{d}}{\mathrm{d}t}\Phi_2(t) = R_2\, i_2(t) + M \frac{\mathrm{d}}{\mathrm{d}t} i_1(t) + L_2 \frac{\mathrm{d}}{\mathrm{d}t} i_2(t) \tag{1.145}$$

Werden sie anders formuliert, kann alles als Ersatzschaltung gezeichnet werden.

$$u_1(t) = R_1\, i_1(t) + (L_1 - M)\, \frac{\mathrm{d}}{\mathrm{d}t} i_1(t) + M\, \frac{\mathrm{d}}{\mathrm{d}t}\,(i_1(t) + i_2(t)) \tag{1.146}$$

$$u_2(t) = R_2\, i_2(t) + (L_2 - M)\, \frac{\mathrm{d}}{\mathrm{d}t} i_2(t) + M\, \frac{\mathrm{d}}{\mathrm{d}t}\,(i_1(t) + i_2(t)) \tag{1.147}$$

Aufgrund seiner Form wird es T-Ersatzschaltbild genannt (Abb. 1.91). Der Maschenumlauf nach Gl. 1.146 ist im linken Teil der Schaltung zu finden, der Maschenumlauf nach Gl. 1.147 im rechten Teil. Vergleichbare Ersatzschaltbilder werden später zur Beschreibung des technischen Transformators herangezogen (Abb. A.13 und 2.18).

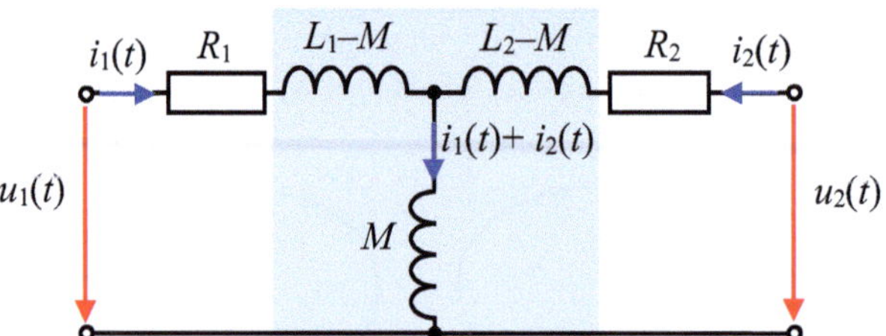

Abb. 1.91 T-Ersatzschaltbild für die beiden Leiterschleifen

Leistungstransformatoren sowie Drehstrommotoren und -generatoren zählen zu den bedeutenden Anwendungen und dem Nutzen der elektromagnetischen Induktion. Dem stehen ihre unerwünschten bzw. nachteiligen Wirkungen gegenüber.

- Durch elektromagnetische Störfelder kann die Funktionalität elektrischer, elektronischer oder digitaler Geräte beeinträchtigt werden oder gar ausfallen. Das ist Thema bei der Gewährleistung der elektromagnetischen Verträglichkeit (EMV) [93–97].
- Weiterhin können Wirbelströme, der Skin-Effekt oder der Proximity-Effekt auftreten, die zu zusätzlichen Verlusten bei der Übertragung und Verteilung der elektrischen Energie mit Wechselstrom führen (Abschnitt 1.4.3). Es ist mit Aufwand verbunden, diese Verluste zu reduzieren.

In magnetischen Feldern ist wie in elektrischen Feldern Energie gespeichert. Das soll nun am Beispiel einer Spule betrachtet werden.

Energie im Magnetfeld

Im Magnetfeld einer Spule ist Energie gespeichert, solange durch diese ein elektrischer Strom fließt. Im einfachsten Fall ist das Gleichstrom. Dazu soll nun ein Einschaltvorgang untersucht werden, bei dem eine Spule an eine Gleichspannungsquelle mit der Quellenspannung U_0 angeschlossen wird (Abb. 1.92).

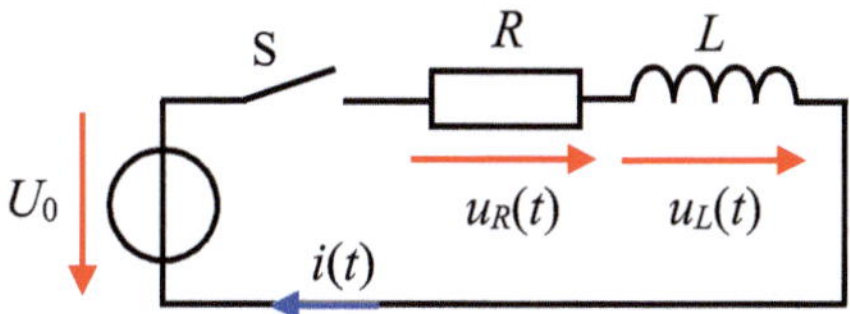

Abb. 1.92 Ersatzschaltbild für eine Spule an einer Gleichspannungsquelle

Nach Schließen vom Schalter S folgt aus dem Maschenumlauf

$$U_0 = R\,i(t) + L\,\frac{\mathrm{d}}{\mathrm{d}t}i(t)\ . \tag{1.148}$$

Das ist eine gewöhnliche Differenzialgleichung für den elektrischen Strom $i(t)$. Wird diese Gleichung durch die Induktivität L dividiert, ist sie auf ihre Normalform gebracht.

$$\frac{\mathrm{d}}{\mathrm{d}t}i(t) + \frac{R}{L}\,i(t) = \frac{U_0}{L} \tag{1.149}$$

Mit der Zeitkonstante $\tau = L/R$ ist die Lösung $i(t)$ zum Anfangswert $i(0) = 0$

$$i(t) = \frac{U_0}{R}\,\left(1 - \mathrm{e}^{-t/\tau}\right)\ . \tag{1.150}$$

Das kann durch Einsetzen in die Differenzialgleichung 1.149 leicht überprüft werden.

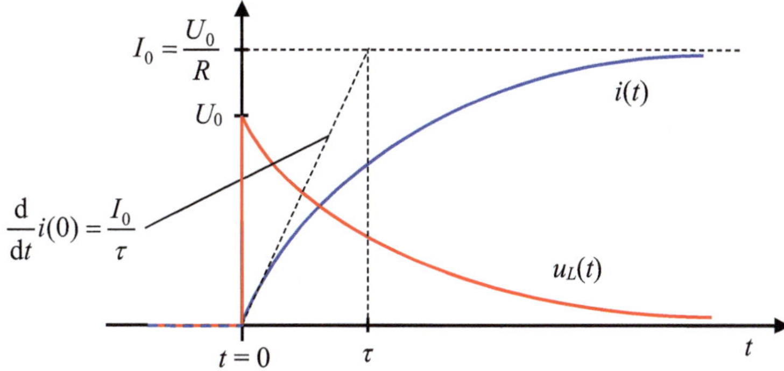

Abb. 1.93 Zeitlicher Verlauf vom Strom $i(t)$ und der Spannung $u_L(t)$

Nach hinreichend langer Zeit wird der Einschaltstrom $i(t)$ zum Gleichstrom $I_0 = U_0/R$ und die Selbstinduktionsspannung $u_L(t)$

$$u_L(t) = L\,\frac{\mathrm{d}}{\mathrm{d}t}i(t) = U_0\,\mathrm{e}^{-t/\tau} \tag{1.151}$$

ist verschwunden (Abb. 1.93). Fließt Gleichstrom durch die Spule, gibt es keine Selbstinduktion. Das ist der stationäre Zustand.

Es lässt sich eine einfache Formel für die gesamte Energie W angeben, die im Magnetfeld der Spule gespeichert wird. Wegen

$$W = \int_0^\infty p(t)\mathrm{d}t = \int_0^\infty i(t)\,u_L(t)\mathrm{d}t = \int_0^\infty i(t)\,L\,\frac{\mathrm{d}}{\mathrm{d}t}i(t)\mathrm{d}t = L\int_0^{I_0} i\,\mathrm{d}i \tag{1.152}$$

ist

$$W = L\,\frac{I_0^2}{2}\,. \tag{1.153}$$

Analog zum elektrischen Feld kann im Magnetfeld die Energiedichte $w = \mathrm{d}W/\mathrm{d}V$ für homogene isotrope Materialien mit

$$w = \tfrac{1}{2}\,\frac{B^2}{\mu_0\,\mu_\mathrm{r}} \qquad [w] = \mathrm{J/m^3} \tag{1.154}$$

angegeben werden.

Magnetischer Kreis

Im Weiteren soll das statische Durchflutungsgesetz auf eine Ringkernspule angewendet werden (Abb. 1.94). Ihre kreisförmigen Querschnittsfläche A hat den Durchmesser d. Mit dem mittleren Radius r ist der mittlerer Ringumfang $l = 2\pi\,r$. Die Spule hat eine Windungszahl N und führt den Gleichstrom I.

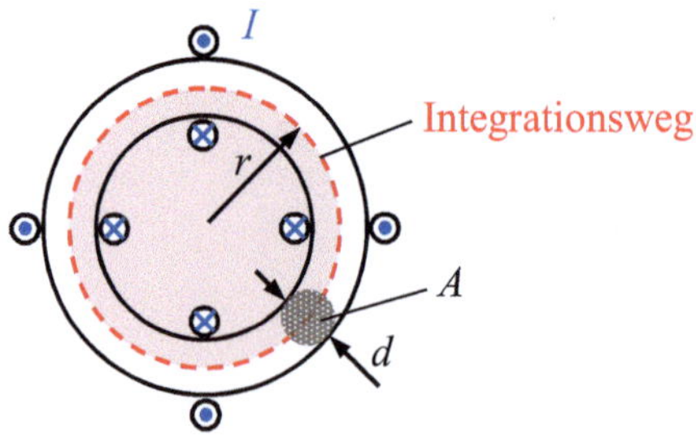

Abb. 1.94 Ringkernspule

Der mittlere Ringumfang umschließt die elektrische Durchflutung $\Theta = N\,I$. Daher lautet hier das statische Durchflutungsgesetz

$$\Theta = N\,I = \frac{1}{\mu_0}\oint B_0(r)\,\mathrm{d}r = \frac{B_0}{\mu_0}\,2\pi\,r = \frac{B_0\,l}{\mu_0}\,. \tag{1.155}$$

Ist der mittlere Radius r viel größer als der Windungsdurchmesser d, ist das Magnetfeld in der Querschnittsfläche A weitgehend homogen. Dann gilt für den magnetischen Fluss $\Phi = B\,A$. Wird zusätzlich $B = \mu_\mathrm{r}\,B_0$ vorausgesetzt, folgt

$$\Phi = B\,A = \mu_\mathrm{r}\,B_0\,A = \mu_\mathrm{r}\mu_0\,\frac{\Theta}{l}\,A \tag{1.156}$$

oder

$$\Theta = \frac{l}{\mu\,A}\,\Phi\,. \tag{1.157}$$

Hier gilt also

$$\Theta \sim \Phi\,. \tag{1.158}$$

Das ist das ohmsche Gesetz des magnetischen Kreises, das auch hopkinsonsches Gesetz genannt wird. In Analogie zum elektrischen Stromkreis wird ein magnetischer Widerstand R_m eingeführt.

$$\Theta = R_\mathrm{m}\,\Phi \qquad [R_\mathrm{m}] = \mathrm{A/(Vs)} = \mathrm{H}^{-1} \tag{1.159}$$

Sein Kehrwert ist der magnetische Leitwert $\Lambda_\mathrm{m} = R_\mathrm{m}^{-1}$.

$$\Phi = \Lambda_\mathrm{m}\,\Theta \qquad [\Lambda_\mathrm{m}] = \mathrm{Vs/A} = \mathrm{H} \tag{1.160}$$

Der magnetische Widerstand und Leitwert hängen wegen

$$L = \frac{N^2}{R_\mathrm{m}} = N^2\,\Lambda_\mathrm{m} \tag{1.161}$$

mit der Induktivität L zusammen. Für die Ringkernspule ist der magnetische Widerstand

$$R_\mathrm{m} = \frac{l}{\mu\,A}\,. \tag{1.162}$$

Interessant ist die formale Übereinstimmung mit der Formel für den elektrischen Widerstand eines langen dünnen Leiters im Gleichstromkreis. Genauso gibt es Parallelen zum ohmschen Gesetz für den elektrischen Stromkreis. Es liegt demnach nahe, eine Ersatzschaltung für den magnetischen Kreis einzuführen (Abb. 1.95). Die elektrische Durchflutung Θ treibt einen magnetischen Fluss Φ durch den magnetischen Widerstand R_m. Daher wird die elektrische Durchflutung Θ auch magnetische Spannung genannt.

Formal lassen sich die magnetischen Kreise wie die elektrischen Stromkreise berechnen. Die Anwendung der Kirchhoffschen Regeln oder des Knotenpotenzialverfahrens sind grundsätzlich möglich. Es ist jedoch Vorsicht geboten, wenn Eisen

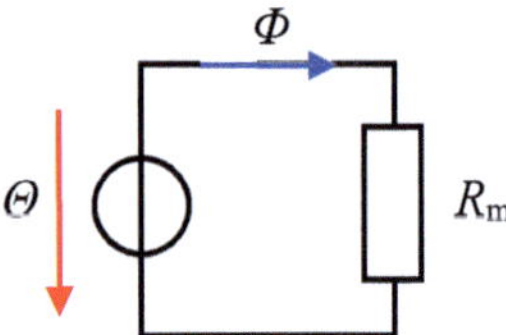

Abb. 1.95 Magnetischer Kreis

im magnetischen Kreis eingebaut ist. Wegen der nichtlinearen Kennlinie sind die magnetischen Widerstände dann nicht mehr konstant.

1.4 Wechselstrom

Grundsätzlich wird in den Abschnitten über den Wechsel- und Drehstrom vorausgesetzt, dass die Netze im ungestörten Zustand sind und die elektrischen Ströme und Spannungen annähernd sinusförmigen Verlauf haben. Daher wird es in erster Linie um idealisierte sinusförmige Wechselströme und -spannungen gehen. Zunächst werden die Eigenschaften und Kenngrößen von Wechselspannungen behandelt. Danach folgt ein Abschnitt über Wechselstromverbraucher. Weiterhin geht es um die elektrische Leistung im Wechselstromkreis. Dazu gehören die Wirk-, Blind- und Scheinleistung sowie die Blindleistungskompensation. Es werden auch Verluste in der Wechselstromtechnik besprochen, die im Gleichstromkreis nicht auftreten. In der Praxis können besonders die Wechselströme deutlich vom sinusförmigen Verlauf abweichen, wenn Oberschwingungen im Spiel sind. Das wird im letzten Abschnitt genauer ausgeführt. International wird für allgemeine Wechselströme das Kürzel AC (Alternating Current) verwendet.

1.4.1 Wechselspannung - Kenngrößen und Darstellung

Am Anfang geht es um die charakteristischen Eigenschaften von Wechselspannungen im Zeitbereich. Dort werden sie als Liniendiagramme graphisch dargestellt und mathematisch durch reelle Zeitfunktionen beschrieben. Danach folgt im Bildbereich die Darstellung der Wechselspannungen mit komplexen Zeigern. Es wird sich zeigen, dass die Gesetze der Elektrotechnik auch für die komplexen Zeigergrößen gültig sind.

Zeitbereich

Im einfachsten Fall ist die Wechselspannung die elektrische Spannung, die an der Steckdose anliegt. Aufgrund der gleichförmigen Drehbewegungen von den Synchrongeneratoren in den Kraftwerken ändert sich die Wechselspannung $u(t)$ sinusförmig.

$$u(t) = \hat{u}\ \sin\left(\omega t + \varphi_u\right) \tag{1.163}$$

Die verwendeten Größen sind:

$u(t)$	Augenblickswert, Momentanwert	$[u(t)] = \mathrm{V}$
$\hat{u}$	Amplitude	$[\hat{u}] = \mathrm{V}$
$\omega t + \varphi_u$	Phasenwinkel, Phase	$[\omega t + \varphi_u] = 1 = \mathrm{rad}$
$\omega = 2\pi f$	Kreisfrequenz	$[\omega] = \mathrm{s}^{-1}$
f	Frequenz	$[f] = \mathrm{Hz}$
$T = f^{-1}$	Periodendauer	$[T] = \mathrm{s}$
φ_u	Nullphasenwinkel der Spannung	$[\varphi_u] = \mathrm{rad}$

Die Amplitude wird auch als Maximalwert, Scheitelwert oder Spitzenwert bezeichnet und das Argument der Sinusfunktion ist die Phase. Bei einer Frequenz von 50 Hz ist die Periodendauer 20 ms. Der zeitliche Verlauf der Wechselspannung $u(t)$ lässt sich mit einem analogen oder digitalen Oszillografen darstellen (Abb. 1.96). Das Liniendiagramm kann über die Zeit t oder über den Winkel ωt aufgetragen werden.

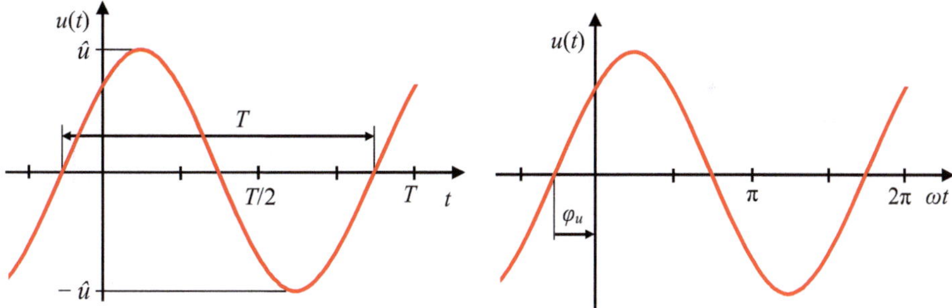

Abb. 1.96 Liniendiagramme einer Wechselspannung

Der arithmetische Mittelwert der Wechselspannung über eine Periodendauer ist null. Stattdessen wird der Effektivwert eingeführt, der eine physikalische Bedeutung hat. Wenn ein Wechselstrom in einem ohmschen Widerstand im zeitlichen Mittel die gleichen Wärmeverluste wie ein Gleichstrom zeigt, sind die Gleichstromstärke und der Effektivwert des Wechselstroms gleich. Der Wechselstrom hat den gleichen thermischen Effekt bzw. die gleiche Wärmeentwicklung wie der Gleichstrom. Das wird nun mit einer kurzen Rechnung gezeigt.

Für einen ohmschen Verbraucher kann der arithmetische Mittelwert P der momentanen elektrischen Leistung $p(t) = u(t)\ i(t)$ berechnet werden.

$$P = \frac{1}{T} \int_0^T p(t)\,\mathrm{d}t = \frac{1}{T} \int_0^T u(t)\,i(t)\,\mathrm{d}t = R\,\frac{1}{T} \int_0^T i^2(t)\,\mathrm{d}t \tag{1.164}$$

Hier kommt der Effektivwert I_{eff} für den Wechselstrom ins Spiel, der mit

$$I_{\text{eff}} = \sqrt{\frac{1}{T} \int_0^T i^2(t)\,\mathrm{d}t} \tag{1.165}$$

definiert ist. Das ist ein quadratischer Mittelwert und die mittlere Leistung ist

$$P = R\,I_{\text{eff}}^2\,. \tag{1.166}$$

Formal ist das genau der Ausdruck für die Stromwärmeverluste im Gleichstromkreis (Gl. 1.56). Analog zum Effektivwert des Wechselstroms ist der Effektivwert der Wechselspannung

$$U_{\text{eff}} = \sqrt{\frac{1}{T} \int_0^T u^2(t)\,\mathrm{d}t}\,. \tag{1.167}$$

Durch Einsetzen der Funktion $u(t) = \hat{u}\,\sin(\omega t + \varphi_u)$ lässt sich leicht zeigen, dass für sinusförmige Wechselspannungen

$$U_{\text{eff}} = \frac{\hat{u}}{\sqrt{2}} \tag{1.168}$$

gilt. Der Effektivwert ist zeitlich konstant und positiv. Daher wird ein großer Formelbuchstabe verwendet. Sofern es nicht ausdrücklich anders vermerkt wird, werden in der Wechselstromtechnik die elektrischen Ströme und Spannungen immer als Effektivwerte angegeben. Beispielsweise hat die Netzspannung an der Steckdose einen Effektivwert von 230 V und damit ist die Amplitude $\hat{u} = \sqrt{2}\ 230\ \text{V} \approx 325\ \text{V}$. International ist für den Effektivwert das Kürzel RMS (Root Mean Square) etabliert. Zur Vereinfachung wird im Weiteren der Index eff beim Effektivwert weggelassen, da eine Verwechslungsgefahr mit den Formelbuchstaben I und U im Gleichstromkreis so gut wie nie gegeben ist. Statt $U_{\text{eff}} = 230$ V heißt es schlicht $U = 230$ V.

Bildbereich

Harmonische Schwingungen können als Projektion einer gleichförmigen Drehbewegung angesehen werden. Das soll anhand von Abb. 1.97 gezeigt werden. Links ist die Wechselspannung $u(t)$ dargestellt. Rechts ist die Momentaufnahme eines komplexen Zeigers $\underline{\hat{u}}(t)$ zu sehen, der sich gleichförmig entgegen dem Uhrzeigersinn dreht ($\omega = \text{const}$). Der aktuelle Dreh- bzw. Phasenwinkel ist $\varphi(t) = \omega t + \varphi_u$ und die Länge bzw. der Betrag vom Zeiger ist die Amplitude $\hat{u}$ der Wechselspannung. Die Projektion des rotierenden Zeigers auf die imaginäre Achse ist gleich dem Augenblickswert der Wechselspannung.

$$u(t) = \hat{u}\ \sin(\omega t + \varphi_u) = \mathrm{Im}\left(\underline{u}(t)\right) = \mathrm{Im}\left(\hat{u}\ \mathrm{e}^{\mathrm{j}\varphi(t)}\right) = \mathrm{Im}\left(\hat{u}\ \mathrm{e}^{\mathrm{j}\omega t}\ \mathrm{e}^{\mathrm{j}\varphi_u}\right) \quad (1.169)$$

Meistens interessiert im Wechselstromkreis nur der stationäre Zustand. Der ist dadurch gekennzeichnet, dass sich die Frequenz sowie die Amplituden und Nullphasenwinkel von Strom und Spannung nicht ändern. In diesem Fall wird die Drehbewegung zum Zeitpunkt $t = 0$ eingefroren und der Zeiger ruht mit seinem Nullphasenwinkel in der komplexen Ebene.

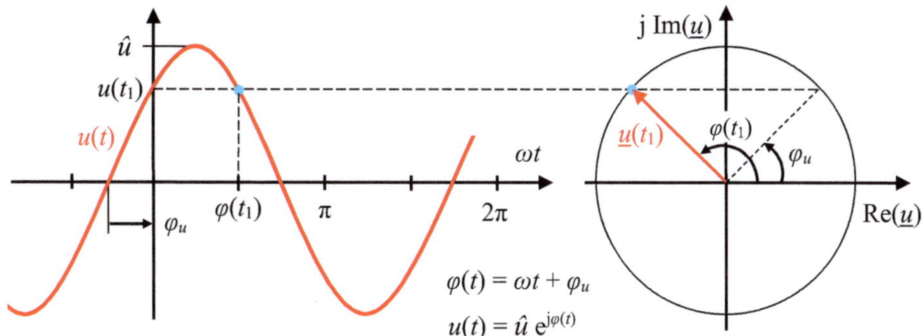

Abb. 1.97 Liniendiagramm der Spannung $u(t)$ mit dem rotierenden Zeiger $\underline{u}(t)$

Zusätzlich werden aus den Amplitudenzeigern Effektivwertzeiger gemacht, da Wechselströme und -spannungen grundsätzlich als Effektivwerte angegeben werden.

$$\underline{U} = U\ \mathrm{e}^{\mathrm{j}\varphi_u} \qquad \text{und} \qquad \underline{I} = I\ \mathrm{e}^{\mathrm{j}\varphi_i} \quad (1.170)$$

Die enthalten alle Informationen, die für die Wechselstromtechnik im stationären Zustand von Interesse sind. Zur Vereinfachung werden von nun an die ruhenden Effektivwertzeiger nur noch als Zeiger bezeichnet. Bei manchen Taschenrechnern wird der Phasenfaktor $\mathrm{e}^{\mathrm{j}\alpha}$ mit dem winkelförmigen Zeichen $\angle$ für einen Versor dargestellt. Ein Versor ist eine komplexe Zahl mit dem Betrag 1. Zwei Beispiele sind

$$\mathrm{e}^{\mathrm{j}22^\circ} = \angle 22^\circ \qquad \text{und} \qquad \underline{U} = 12\ \mathrm{V}\ \mathrm{e}^{\mathrm{j}38^\circ} = 12\ \mathrm{V}\ \angle 38^\circ\ . \quad (1.171)$$

Das Rechnen mit komplexen Zahlen hat viele Vorteile.

1.4.2 Wechselstromverbraucher - komplexe Widerstände

In diesem Abschnitt geht es um Wechselstromverbraucher. Sie können von sich aus keine Spannung aufbauen und tauchen in den Ersatzschaltbildern als passive Zweipole mit den festen Parametern R, L oder C auf. Zunächst werden die Verbraucher im Zeitbereich charakterisiert. Im Bildbereich mit den Strom- und Spannungszeigern gibt es komplexe Widerstände und Leitwerte, wenn das ohmsche Gesetz vorausgesetzt werden kann. Das wird an vier besonderen Fällen konkretisiert. Das sind der ohmsche, der induktive, der kapazitive und der ohmsch-induktive Verbraucher.

Phasendifferenz

Nach dem Einschalten eines Wechselstromverbrauchers treten kurzzeitig Einschwingvorgänge auf. Sind diese abgeklungen, fließt ein stationärer Wechselstrom $i(t)$ durch den Verbraucher und an seinen Anschlussklemmen fällt eine Wechselspannung $u(t)$ ab. Grundsätzlich können sich die Nullphasenwinkel φ_i und φ_u von Strom und Spannung unterscheiden. In Abb. 1.98 sind beide Größen positiv und ihre Pfeilspitzen zeigen nach rechts in die positive Zählrichtung für den Winkel.

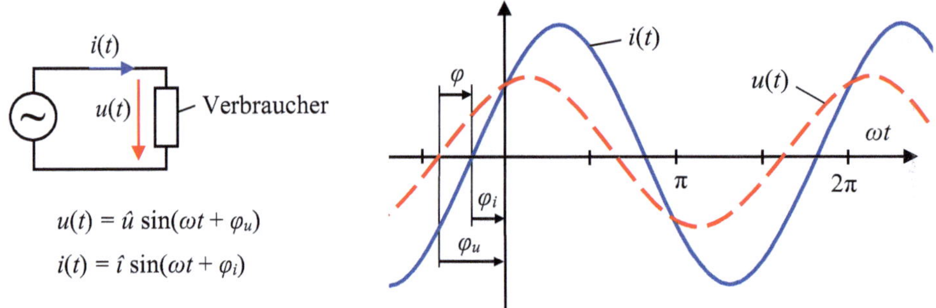

Abb. 1.98 Wechselstromverbraucher mit Liniendiagramme

Von großer Bedeutung ist die Phasenverschiebung zwischen dem Strom $i(t)$ und der Spannung $u(t)$. Sie wird durch den Phasenverschiebungswinkel φ charakterisiert, der auch Phasendifferenz genannt wird. Diese dimensionslose Größe ist mit

$$\varphi = \varphi_u - \varphi_i \tag{1.172}$$

definiert. Je nach Vorzeichen bzw. Größe von φ sind drei Fälle zu unterscheiden.

Bei	$0 < \varphi \leq \pi/2$	eilt die Spannung dem Strom voraus.
Bei	$\varphi = 0$	sind die Spannung und der Strom in Phase.
Bei	$-\pi/2 \leq \varphi < 0$	eilt die Spannung dem Strom nach.

Gleichbedeutend kann auch davon gesprochen werden, dass der Strom der Spannung nach oder vorauseilt.

Impedanzen und Admittanzen

An dieser Stelle werden die elektrischen Widerstände und Leitwerte der Wechselstromverbraucher im Bildbereich erklärt. Im Unterschied zum Gleichstromkreis sind das komplexe Größen, die neben dem Verhältnis der Effektivwerte von Strom und Spannung auch die Phasendifferenz berücksichtigen. Der Ausgangspunkt ist das ohmsche Gesetz

$$U \sim I \,. \tag{1.173}$$

Es wird ein komplexer Proportionalitätsfaktor eingeführt.

$$\underline{U} = \underline{Z}\,\underline{I} \qquad \text{mit} \qquad \underline{Z} = \frac{\underline{U}}{\underline{I}} = \frac{U\,\mathrm{e}^{\mathrm{j}\varphi_u}}{I\,\mathrm{e}^{\mathrm{j}\varphi_i}} = \frac{U}{I}\,\mathrm{e}^{\mathrm{j}(\varphi_u-\varphi_i)} = Z\,\mathrm{e}^{\mathrm{j}\varphi} \tag{1.174}$$

Das ist die Impedanz $\underline{Z}$, die auch komplexer Widerstand genannt wird. Der Betrag Z ist der Scheinwiderstand.

$$Z = \frac{U}{I} \qquad [Z] = \mathrm{Ohm} = \Omega \tag{1.175}$$

Die Impedanz ist in arithmetischer Darstellung

$$\underline{Z} = Z\,\mathrm{e}^{\mathrm{j}\varphi} = Z\,(\cos\varphi + \mathrm{j}\sin\varphi) = R + \mathrm{j}X \qquad [R] = [X] = \Omega \,. \tag{1.176}$$

Der Realteil R heißt Wirkwiderstand oder Resistanz, der Imaginärteil X Blindwiderstand, reaktiver Widerstand oder Reaktanz. Diese arithmetische Form kann mit

$$Z = \sqrt{R^2 + X^2} \qquad \text{und} \qquad \varphi = \arctan\frac{X}{R} \tag{1.177}$$

in die Polarform nach Gl. 1.174 umgerechnet werden. Mit

$$R = Z\,\cos\varphi \qquad \text{und} \qquad X = Z\,\sin\varphi \tag{1.178}$$

geht das auch umgekehrt. Das ist auch aus der Zeigerdarstellung in der komplexen Ebene ersichtlich (Abb. 1.99 links).

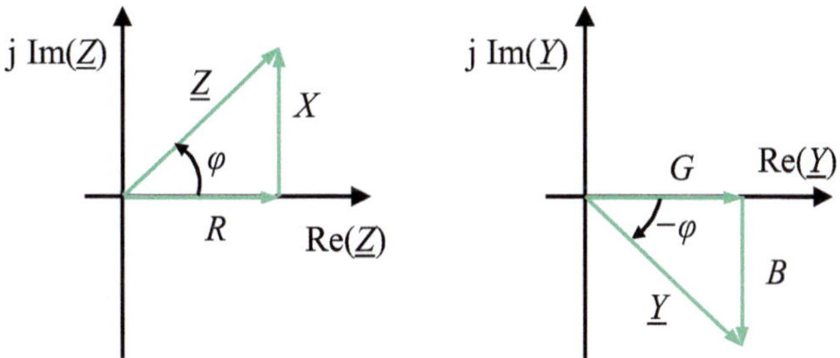

Abb. 1.99 Zeigerbilder der Impedanz und Admittanz für $\varphi > 0$

Die andere Variante des ohmschen Gesetzes lautet

$$\underline{I} = \underline{Y}\,\underline{U} \qquad \text{mit} \qquad \underline{Y} = \frac{\underline{I}}{\underline{U}} = \underline{Z}^{-1} = \frac{1}{Z\,\mathrm{e}^{\mathrm{j}\varphi}} = Y\,\mathrm{e}^{-\mathrm{j}\varphi} = G + \mathrm{j}B \,. \tag{1.179}$$

Der Kehrwert der Impedanz ist die Admittanz $\underline{Y}$, die auch als komplexer Leitwert bezeichnet wird. Der Betrag $Y = Z^{-1}$ heißt Scheinleitwert. Der Realteil G wird als Wirkleitwert oder Konduktanz und der Imaginärteil B als Blindleitwert oder Suszeptanz genannt. Die Einheit für die Leitwerte ist $[Y] = [G] = [B] = \Omega^{-1} =$ Siemens = S.

Reihen- und Parallelschaltung

In einer Reihenschaltung nach Abb. 1.100 ist die gesamte Impedanz $\underline{Z}$ die Summe der beiden einzelnen Impedanzen.

$$\underline{Z} = \underline{Z}_1 + \underline{Z}_2 \qquad \text{oder} \qquad \underline{Y} = \frac{\underline{Y}_1\,\underline{Y}_2}{\underline{Y}_1 + \underline{Y}_2} \tag{1.180}$$

Die gesamte Spannung $\underline{U}$ setzt sich aus zwei Teilspannungen zusammen.

$$\underline{U} = \underline{U}_1 + \underline{U}_2 \tag{1.181}$$

Analog zum Gleichstromkreis gibt es hier Spannungsteilerregeln wie

$$\frac{\underline{U}_1}{\underline{U}} = \frac{\underline{Z}_1}{\underline{Z}} = \frac{\underline{Z}_1}{\underline{Z}_1 + \underline{Z}_2} \qquad \text{oder} \qquad \frac{\underline{U}_1}{\underline{U}_2} = \frac{\underline{Z}_1}{\underline{Z}_2}\,. \tag{1.182}$$

Die Spannungen verhalten sich wie die Impedanzen.

Abb. 1.100 Reihen- und Parallelschaltung von zwei komplexen Widerständen

Dagegen werden in einer Parallelschaltung die Admittanzen der einzelnen Verbraucher zur gesamten Admittanz addiert.

$$\underline{Y} = \underline{Y}_1 + \underline{Y}_2 \qquad \text{oder} \qquad \underline{Z} = \frac{\underline{Z}_1\,\underline{Z}_2}{\underline{Z}_1 + \underline{Z}_2} \tag{1.183}$$

Der gesamte Strom $\underline{I}$ wird in einzelne Ströme aufgeteilt.

$$\underline{I} = \underline{I}_1 + \underline{I}_2 \tag{1.184}$$

Entsprechend gelten hier Stromteilerregeln wie

$$\frac{\underline{I}_1}{\underline{I}} = \frac{\underline{Y}_1}{\underline{Y}} = \frac{\underline{Z}}{\underline{Z}_1} = \frac{\underline{Z}_2}{\underline{Z}_1 + \underline{Z}_2} \qquad \text{oder} \qquad \frac{\underline{I}_1}{\underline{I}_2} = \frac{\underline{Y}_1}{\underline{Y}_2} = \frac{\underline{Z}_2}{\underline{Z}_1}\,. \tag{1.185}$$

Die Ströme verhalten sich wie die Admittanzen. Bis hier wurden die komplexen Widerstände allgemein beschrieben. Nun sollen die Verhältnisse für vier besondere Beispiele genauer beleuchtet werden. Das sind der lineare Wirkwiderstand R, die Induktivität L und die Kapazität C. Dazu kommt noch der ohmsch-induktive Verbraucher.

Beispiele für Verbraucher

Im Wechselstromkreis gibt es Verbraucher, die die elektrische Energie irreversibel in Wärme, Licht oder Bewegung umwandeln. Das kann beispielsweise eine Heizwendel sein, die im Ersatzschaltbild mit einem ohmschen Widerstand nachgebildet wird (Abb. 1.101 links).

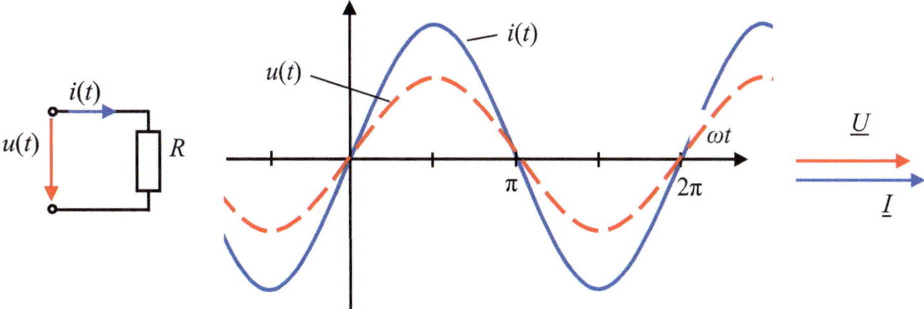

Abb. 1.101 Strom und Spannung beim Wirkwiderstand R: Ersatzschaltbild, Liniendiagramm und Zeiger

Für die Zeitfunktionen lautet das ohmsche Gesetz

$$u(t) = R\,i(t)\,. \tag{1.186}$$

Daher haben Strom und Spannung die gleiche Phasenlage ($\varphi_u = \varphi_i$) und der Phasendifferenzwinkel verschwindet ($\varphi = 0$). In der komplexen Ebene haben die Zeiger für Strom und Spannung dieselbe Richtung, so dass die Impedanz $\underline{Z}_R$ reell sein muss. Durch Multiplikation mit einem positiven reellen Faktor wird die Richtung eines Zeigers nicht verändert.

$$\underline{U} = R\,\underline{I} \qquad \text{und} \qquad \underline{Z}_R = Z_R = R \tag{1.187}$$

Die Impedanz gleicht auch dem Scheinwiderstand Z_R. Ohne Berücksichtigung der Nullphasenwinkel von Strom und Spannung gilt hier für die Effektivwerte

$$U = R\,I\,. \tag{1.188}$$

Das gleicht formal dem ohmschen Gesetz im Gleichstromkreis (Gl. 1.49).

Im Wechselstromkreis gibt es mitunter Selbstinduktion. Aus dem Induktions- und dem Durchflutungsgesetz folgt der Zusammenhang zwischen der Selbstinduktionsspannung $u(t)$ und dem Wechselstrom $i(t)$.

$$u(t) = L\,\frac{\mathrm{d}}{\mathrm{d}t}i(t) \tag{1.189}$$

Dabei wird vorausgesetzt, dass die Selbstinduktivität L sich nicht mit Strom und Spannung ändert. Vereinfachend wird L wird auch Induktivität genannt.

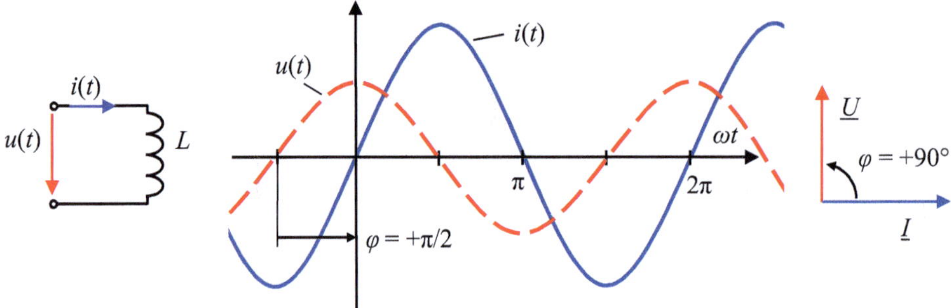

Abb. 1.102 Strom und Spannung bei der Induktivität L: Ersatzschaltbild, Liniendiagramm und Zeiger

Aus Gl. 1.189 folgt, dass bei einem sinusförmigen Stromverlauf $i(t) = \hat{\imath}\ \sin(\omega t{+}\varphi_i)$ die Spannung dem Strom um $\pi/2$ vorauseilt, $\varphi = \varphi_u - \varphi_i = +\pi/2$ (Abb. 1.102).

$$\begin{aligned} u(t) &= L\,\frac{\mathrm{d}}{\mathrm{d}t}\left(\hat{\imath}\ \sin\left(\omega t + \varphi_i\right)\right) \\ &= L\,\omega\,\hat{\imath}\ \cos\left(\omega t + \varphi_i\right) = L\,\omega\,\hat{\imath}\ \sin(\omega t + \varphi_i + \pi/2) \end{aligned} \tag{1.190}$$

Demnach gilt für die Scheitelwerte $\hat{u} = \omega L\,\hat{\imath}$. Die Differentiation der reellen Funktion $i(t)$ nach der Zeit entspricht der Multiplikation des Stromzeigers $\underline{I}$ mit dem Faktor $\mathrm{j}\omega$.

$$\frac{\mathrm{d}}{\mathrm{d}t}\underline{I}(t) = \frac{\mathrm{d}}{\mathrm{d}t}\left(I\ \mathrm{e}^{\mathrm{j}(\omega t+\varphi_i)}\right) = \mathrm{j}\omega\left(I\ \mathrm{e}^{\mathrm{j}(\omega t+\varphi_i)}\right) = \mathrm{j}\omega\ \underline{I}(t) \tag{1.191}$$

Die Multiplikation eines Zeigers mit $\mathrm{j} = \mathrm{e}^{\mathrm{j}90^\circ}$ führt zu seiner Drehung um $+90^\circ$ in der komplexen Ebene. So kommt die Phasenverschiebung von $\varphi = +\pi/2$ zum Ausdruck. Zusammen mit der Induktivität L führt das zu

$$\underline{U} = \mathrm{j}\omega L\ \underline{I}\,. \tag{1.192}$$

Die Impedanz $\underline{Z}_L$ eines induktiven Verbrauchers ist imaginär und hat keinen Realteil.

$$\underline{Z}_L = \mathrm{j}\omega L \qquad \text{und} \qquad X_L = Z_L = \omega L \tag{1.193}$$

Blind- und Scheinwiderstand sind gleich. Wenn nur die Effektivwerte von Strom und Spannung relevant sind, vereinfacht sich Gl. 1.192 zu

$$U = \omega L\ I\,. \tag{1.194}$$

In der Praxis gibt es kaum reine induktive Verbraucher. Eine supraleitende Spule würde dem sehr nahe kommen. Bei konventionellen Spulen aus Kupfer oder Aluminium ist der Leiterwiderstand R nicht vernachlässigbar und die Phasendifferenz ist merklich unterhalb von 90°.

Technische Kondensatoren von hoher Güte kommen dem idealen Kondensator recht nah. Der wird im Ersatzschaltbild nur mit einer Kapazität C wiedergegeben. Er hat keine Verluste und es gibt keine Einflüsse von Magnetfeldern.

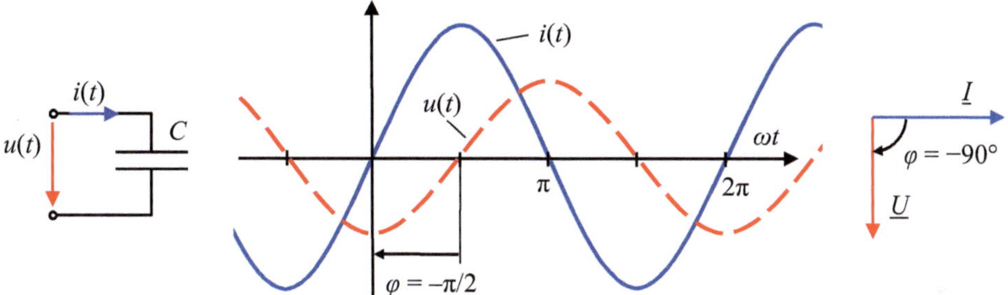

Abb. 1.103 Strom und Spannung bei der Kapazität C: Ersatzschaltbild, Liniendiagramm und Zeiger

Wird zusätzlich vorausgesetzt, dass sich die Kapazität mit Strom und Spannung nicht ändert, gilt mit $C = q(t)/u(t)$

$$i(t) = \frac{\mathrm{d}}{\mathrm{d}t}\,q(t) = C\,\frac{\mathrm{d}}{\mathrm{d}t}\,u(t)\,. \tag{1.195}$$

Aus Gl. 1.195 folgt, dass bei einer sinusförmigen Spannung $u(t) = \hat{u}\sin(\omega t+\varphi_u)$ der Strom der Spannung um $\pi/2$ vorauseilt, $\varphi = \varphi_u - \varphi_i = -\pi/2$ (Abb. 1.103).

$$\begin{aligned} i(t) &= C\,\frac{\mathrm{d}}{\mathrm{d}t}\,(\hat{u}\,\sin(\omega t + \varphi_u)) \\ &= C\,\omega\,\hat{u}\,\cos(\omega t + \varphi_u) = C\,\omega\,\hat{u}\,\sin(\omega t + \varphi_u + \pi/2) \end{aligned} \tag{1.196}$$

Hier gilt für die Scheitelwerte $\hat{i} = \omega C\,\hat{u}$. Analog zum induktiven Verbraucher entspricht die Ableitung der Funktion $u(t)$ nach der Zeit im Bildbereich der Multiplikation des Spannungszeigers $\underline{U}$ mit $\mathrm{j}\omega$, so dass

$$\underline{I} = \mathrm{j}\omega C\,\underline{U} \tag{1.197}$$

und damit

$$\underline{Z}_C = \frac{1}{\mathrm{j}\omega C} = -\mathrm{j}\frac{1}{\omega C} \tag{1.198}$$

gilt. Die Impedanz $\underline{Z}_C$ hat keinen Realteil und es wird festgelegt, dass der Blindwiderstand X_C negativ ist. Der Scheinwiderstand Z_C ist in jedem Fall positiv.

$$X_C = -\frac{1}{\omega C} \qquad \text{und} \qquad Z_C = \frac{1}{\omega C} \tag{1.199}$$

Wenn die Phasenlagen von Strom und Spannung keine Rolle spielen, vereinfacht sich hier das ohmsche Gesetz zu

$$I = \omega C\, U\ . \tag{1.200}$$

In der Praxis sind Verbraucher von großer Bedeutung, bei denen der Phasenverschiebungswinkel zwischen 0 und $+\pi/2$ liegt (Abb. 1.104).

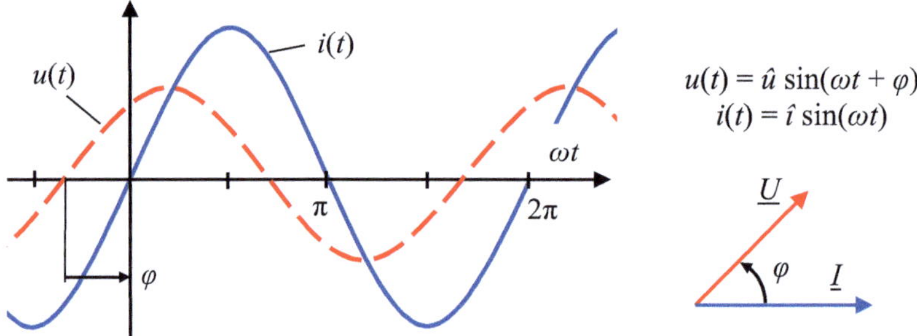

Abb. 1.104 Liniendiagramme und Zeiger eines ohmsch-induktiven Verbrauchers

Ein bekanntes Beispiel ist ein Asynchronmotor. Es wird sich zeigen, dass im Ersatzschaltbild ein Wirkwiderstand R und eine Induktivität L enthalten sind. Daher kommt der Name ohmsch-induktiver Verbraucher. Der soll mit einem Reihen- und Parallelersatzschaltbild nachgebildet werden. Beide Varianten müssen gleiches Klemmenverhalten zeigen, so dass die gleiche Wechselspannung $\underline{U}$ anliegt und der gleiche Wechselstrom $\underline{I}$ in die Schaltung fließt. Zunächst wird die R-L-Reihenschaltung charakterisiert. (Abb. 1.105).

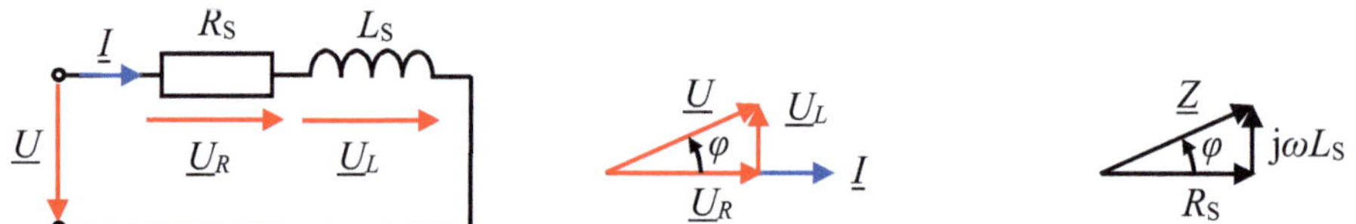

Abb. 1.105 R-L-Serienschaltung: Ersatzschaltbild, Strom- und Spannungszeiger sowie Widerstände

Aufgrund der Reihenschaltung fließt der gesamte Strom $\underline{I}$ durch den Wirkwiderstand R_S und die Induktivität L_S. Wird der Stromzeiger $\underline{I}$ in die reelle Achse gelegt, gilt insgesamt

$$\underline{I} = \underline{I}_R = \underline{I}_L = I\ . \tag{1.201}$$

In der Reihenschaltung teilt sich die gesamte Spannung $\underline{U}$ in die Teilspannungen $\underline{U}_R$ und $\underline{U}_L$ auf, die am Wirkwiderstand R_S und an der Induktivität L_S abfallen.

$$\underline{U} = \underline{U}_R + \underline{U}_L \tag{1.202}$$

Die Spannung $\underline{U}_R$ ist in Phase mit dem Strom und daher reell, während die Spannung $\underline{U}_L$ ist.

$$\underline{U}_R = U_R \qquad \text{und} \qquad \underline{U}_L = \mathrm{j}\, U_L \tag{1.203}$$

Aus dem Spannungsdreieck folgt

$$U = \sqrt{U_R^2 + U_L^2}\,. \tag{1.204}$$

Auch die Widerstände teilen sich auf.

$$\underline{Z} = R_\mathrm{S} + \mathrm{j}\omega L_\mathrm{S} \qquad \text{und} \qquad Z = \sqrt{R_\mathrm{S}^2 + \omega^2 L_\mathrm{S}^2} \tag{1.205}$$

Bei der Parallelschaltung herrschen andere Verhältnisse. An den Elementen R_P und L_P liegt die gleiche Spannung an (Abb. 1.106).

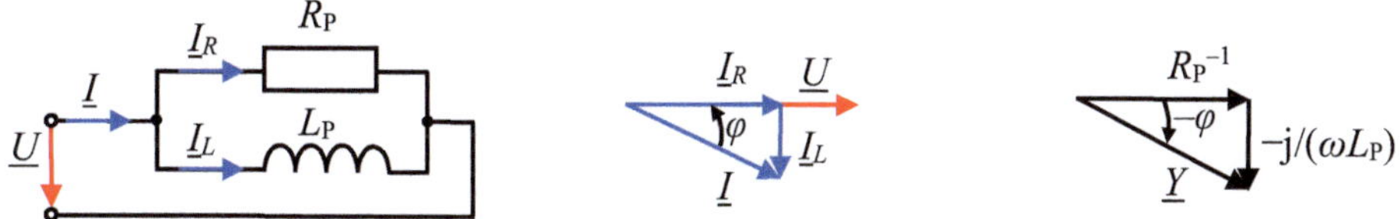

Abb. 1.106 R-L-Parallelschaltung: Ersatzschaltbild, Strom- und Spannungszeiger sowie Leitwerte

Zweckmäßigerweise wird der Spannungszeiger in die reelle Achse gedreht.

$$\underline{U} = \underline{U}_R = \underline{U}_L = U \tag{1.206}$$

Der gesamte Strom $\underline{I}$ teilt sich in die Teilströme $\underline{I}_R$ und $\underline{I}_L$ auf.

$$\underline{I} = \underline{I}_R + \underline{I}_L \tag{1.207}$$

Dabei liegt der Zeiger $\underline{I}_R$ in Richtung der Spannung und der Zeiger $\underline{I}_L$ ist dazu um $-90°$ gedreht.

$$\underline{I}_R = I_R \qquad \text{und} \qquad \underline{I}_L = -\mathrm{j}\, I_L \tag{1.208}$$

Dementsprechend bilden die drei Ströme in der komplexen Ebene ein rechtwinkliges Dreieck.

$$I = \sqrt{I_R^2 + I_L^2} \tag{1.209}$$

Die gesamte Admittanz $\underline{Y}$ setzt sich aus den Leitwerten vom Wirkwiderstand und der idealen Spule zusammen.

$$\underline{Y} = G_\mathrm{P} + \mathrm{j}B_\mathrm{P} = \frac{1}{R_\mathrm{P}} - \mathrm{j}\frac{1}{\omega L_\mathrm{P}} \tag{1.210}$$

Ihr Betrag Y ist

$$Y = \sqrt{G_\mathrm{P}^2 + B_\mathrm{P}^2}\,. \tag{1.211}$$

Zusammenfassend sind die Formeln für die unterschiedlichen Verbraucher in Tab. 1.7 noch einmal wiedergegeben.

Tab. 1.7 Passive Zweipole im Wechselstromkreis

	Wirkwiderstand R	Induktivität L	Kapazität C	allgemein
Zeitbereich				
Schaltbild	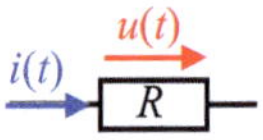 $i(t)$, $u(t)$, R	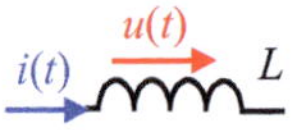 $i(t)$, $u(t)$, L	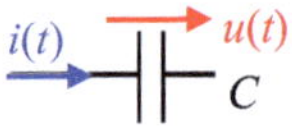 $i(t)$, $u(t)$, C	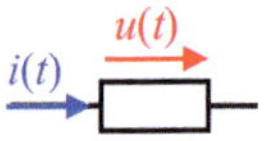 $i(t)$, $u(t)$
Grundgesetz	$u = R\,i$	$u = L\,\mathrm{d}i/\mathrm{d}t$	$i = C\,\mathrm{d}u/\mathrm{d}t$	-
Phasendifferenz	$\varphi = 0$	$\varphi = +\pi/2$	$\varphi = -\pi/2$	-
Frequenzbereich				
Schaltbild	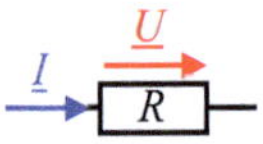 $\underline{I}$, $\underline{U}$, R	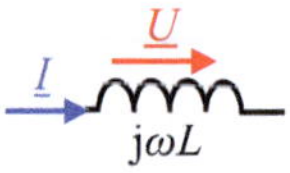 $\underline{I}$, $\underline{U}$, $\mathrm{j}\omega L$	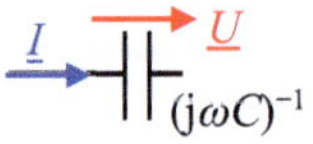 $\underline{I}$, $\underline{U}$, $(\mathrm{j}\omega C)^{-1}$	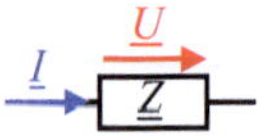 $\underline{I}$, $\underline{U}$, $\underline{Z}$
Zeigerbild	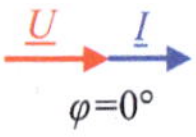 $\underline{U}$, $\underline{I}$, φ=0°	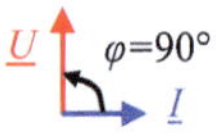 $\underline{U}$, φ=90°, $\underline{I}$	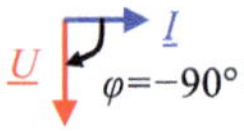 $\underline{I}$, $\underline{U}$, φ=−90°	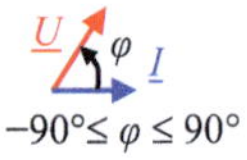 $\underline{U}$, φ, $\underline{I}$, −90°≤ φ ≤ 90°
Ohmsches Gesetz	$\underline{U} = R\,\underline{I}$	$\underline{U} = \mathrm{j}\omega L\,\underline{I}$	$\underline{U} = \underline{I}\,/\,(\mathrm{j}\omega C)$	$\underline{U} = \underline{Z}\,\underline{I}$
Impedanz $\underline{Z}$	$\underline{Z} = R$	$\underline{Z} = \mathrm{j}\omega L = \mathrm{j}X_L$	$\underline{Z} = (\mathrm{j}\omega C)^{-1} = \mathrm{j}X_C$	$\underline{Z} = R+\mathrm{j}X = Ze^{\mathrm{j}\varphi}$
Blindwiderstand X		$X_L = \omega L$	$X_C = -(\omega C)^{-1}$	
Scheinwiderstand Z	$Z = R$	$Z_L = \omega L$	$Z_C = (\omega C)^{-1}$	$Z = (R^2+X^2)^{½}$
$Z(\omega)$	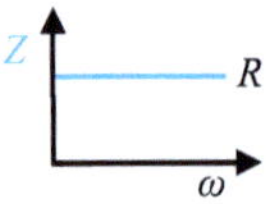 Z, R, ω	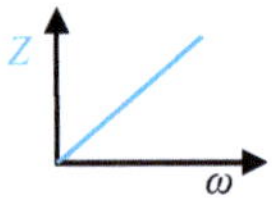 Z, ω	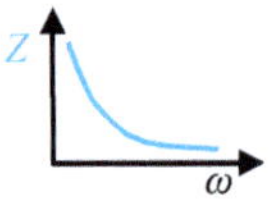 Z, ω	
Admittanz $\underline{Y}$	$\underline{Y} = R^{-1} = G$	$\underline{Y} = (\mathrm{j}\omega L)^{-1} = \mathrm{j}B_L$	$\underline{Y} = \mathrm{j}\omega C = \mathrm{j}B_C$	$\underline{Y} = G+\mathrm{j}B = Ye^{-\mathrm{j}\varphi}$
Blindleitwert B		$B_L = -(\omega L)^{-1}$	$B_C = \omega C$	
Scheinleitwert Y	$Y = G$	$Y_L = (\omega L)^{-1}$	$Y_C = \omega C$	$Y = (G^2+B^2)^{½}$

Die Scheinwiderstände der induktiven und kapazitiven Verbraucher sind von der Frequenz f abhängig, d. h. $Z = Z(\omega) = Z(2\pi f)$. Das gilt auch für technische Spulen und Kondensatoren.

1.4.3 Elektrische Leistung, Wirkungsgrad und Blindleistungskompensation

Ausgangspunkt ist der zeitliche Verlauf der elektrischen Leistung, die ein Wechselstromverbraucher aus dem Netz bezieht. Damit werden die für die Praxis wichtigen Größen erklärt. Das sind die Wirk-, Blind- und Scheinleistung sowie der Leistungsfaktor. Danach wird gezeigt, dass Blindleistung den Wirkungsgrad der Energieübertragung verschlechtert. Abhilfe bietet die Blindleistungskompensation. Zum Abschluss werden Verluste im Wechselstromkreis beschrieben, die in der Gleichstromtechnik nicht vorkommen.

Wirk-, Blind- und Scheinleistung

Wenn ein Wechselstromverbraucher in seinem Ersatzschaltbild mindestens einen Wirkwiderstand hat, bezieht er aus dem Stromkreis im arithmetischen Mittel über die Zeit elektrische Leistung. Die ist im Verbraucherzählpfeilsystem positiv. Es wird sich zeigen, dass manche Verbraucher in gewissen Zeitabschnitten Leistung aufnehmen und in anderen Zeitabschnitten Leistung abgeben. Dazu wird die momentane elektrische Leistung

$$p(t) = u(t)\, i(t) \tag{1.212}$$

genauer betrachtet. Hier sind Strom und Spannung sinusförmig.

$$p(t) = \hat{u}\, \sin(\omega t + \varphi)\; \hat{i}\, \sin(\omega t) \tag{1.213}$$

In dieser Formel ist der Nullphasenwinkel vom Strom zu $\varphi_i = 0$ gesetzt und damit gilt $\varphi_u = \varphi$. Das vereinfacht die weiteren Ausdrücke für die momentanen Leistungen, ohne die wesentlichen Aussagen zu berühren. Während Strom und Spannung mit einer Frequenz von $f = \omega/(2\pi) = T^{-1}$ schwingen, ändert sich die momentane Leistung mit doppelter Frequenz und halber Periodendauer (Abb. 1.107).

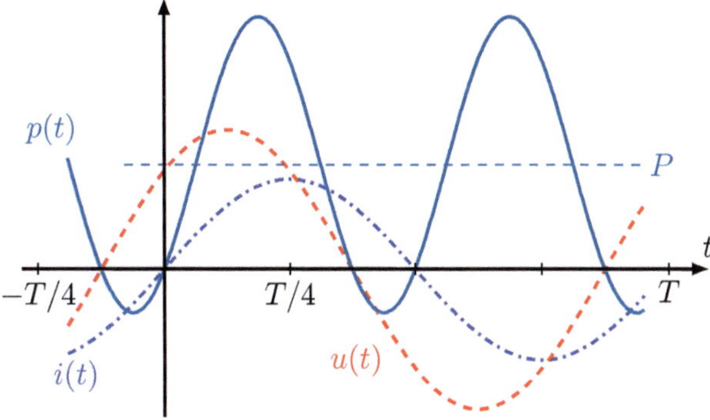

Abb. 1.107 Zeitlicher Verlauf von Strom, Spannung und Leistung für einen ohmsch-induktiven Verbraucher mit $\varphi_i = 0$ und $\varphi = \varphi_u = \pi/4$

Die elektrische Leistung $p(t)$ nach Gl. 1.213 kann unter Verwendung von Additionstheoremen umgeformt werden und es wird offensichtlich, dass sie aus zwei Anteilen besteht.

$$p(t) = p_{\mathrm{W}}(t) + p_{\mathrm{B}}(t) \tag{1.214}$$

Die heißen momentane Wirkleistung $p_{\mathrm{W}}(t)$ und momentane Blindleistung $p_{\mathrm{B}}(t)$. Wenn anstatt der Amplituden $\hat{u}$ und $\hat{\imath}$ die Effektivwerte U und I verwendet werden, sind diese Anteile:

$$\begin{aligned} p_{\mathrm{W}}(t) &= UI\cos\varphi\ (1-\cos(2\omega t)) \\ p_{\mathrm{B}}(t) &= UI\sin\varphi\ \sin(2\omega t) \end{aligned} \tag{1.215}$$

Die zeitlichen Verläufe sind für einen ohmsch-induktiven Verbraucher in Abb. 1.108 dargestellt.

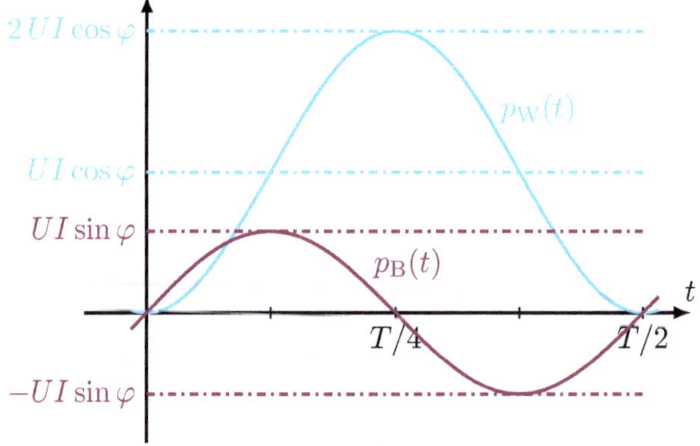

Abb. 1.108 Liniendiagramme von $p_{\mathrm{W}}(t)$ und $p_{\mathrm{B}}(t)$ für $\varphi_i = 0$ und $\varphi = \varphi_u = \pi/6$

Die momentane Wirkleistung $p_{\mathrm{W}}(t)$ ist zu jedem Zeitpunkt positiv. Sie wird im Verbraucher irreversibel umgesetzt, z. B. in Licht, Wärme oder Bewegung. Das ist so etwas wie eine Nettolieferung. Die momentane Blindleistung $p_{\mathrm{B}}(t)$ pendelt zwischen der elektrischen Energiequelle und dem Verbraucher (Abb. 1.109). Wenn sie positiv ist, bezieht der Verbraucher Leistung aus dem Netz. Dann wird Energie in sein elektrisches oder magnetisches Feld gespeichert. Die momentane Blindleistung ist negativ, wenn das Feld wieder abgebaut wird.

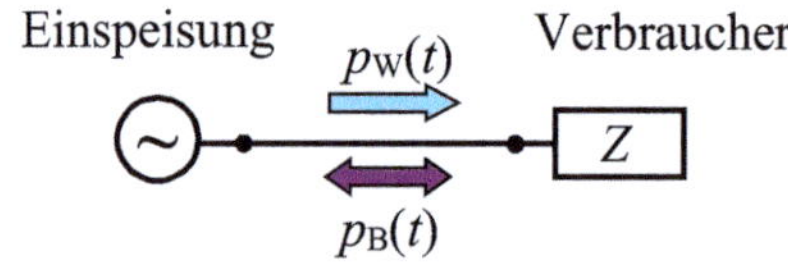

Abb. 1.109 Momentane Wirk- und Blindleistung auf der Leitung zwischen der elektrischen Energiequelle und dem elektrischen Verbraucher

Die Wirkleistung P ist grundsätzlich der arithmetische Mittelwert der Leistung $p(t)$ über eine halbe Periodendauer des Wechselstroms.

$$P = \frac{2}{T} \int_0^{\frac{T}{2}} p(t) \mathrm{d}t \tag{1.216}$$

Der arithmetische Mittelwert der momentanen Blindleistung verschwindet.

$$\frac{2}{T} \int_0^{\frac{T}{2}} p_{\mathrm{B}}(t) \mathrm{d}t = 0 \tag{1.217}$$

Daher gleicht die Wirkleistung dem arithmetischen Mittelwert der momentanen Wirkleistung.

$$\begin{aligned} P &= \frac{2}{T} \int_0^{\frac{T}{2}} p_{\mathrm{W}}(t) \mathrm{d}t = UI \cos\varphi \, \frac{2}{T} \int_0^{\frac{T}{2}} (1 - \cos(2\omega t)) \, \mathrm{d}t \\ &= UI \cos\varphi \qquad\qquad [P] = \mathrm{Watt} = \mathrm{W} \end{aligned} \tag{1.218}$$

Im Verbraucherzählpfeilsystem (VZS) ist die Wirkleistung bei einem Verbraucher wegen $-\pi/2 \leq \varphi \leq \pi/2$ grundsätzlich positiv und die Wirkleistung eines Erzeugers negativ. Ein Erzeuger ist beispielsweise eine PV-Anlage, die über einen Wechselrichter einphasig am Niederspannungsnetz angeschlossen ist. Die Wirkleistung ist nicht nur zeitliches Mittel der momentanen elektrischen Leistung. Ihr Betrag $\mid P \mid$ ist die Amplitude der momentanen Wirkleistung $p_{\mathrm{W}}(t)$.

Im Zusammenhang mit der momentanen Blindleistung $p_{\mathrm{B}}(t)$ wird die Blindleistung Q eingeführt. Sie ist definiert als

$$Q = UI \sin\varphi \qquad [Q] = \mathrm{Watt} = \mathrm{Var}\,. \tag{1.219}$$

Die SI-Einheit Watt für die Blindleistung wird mit Var (französisch volt ampère réactif) statt mit W abgekürzt. In der Literatur ist auch das Kürzel var verbreitet. Wegen $\varphi > 0$ ist das Vorzeichen der Blindleistung bei einem ohmsch-induktiven oder induktiven Verbraucher positiv. Sie ist bei einem ohmsch-kapazitiven oder kapazitiven Verbraucher negativ. Das unterschiedliche Vorzeichen der induktiven und kapazitiven Blindleistung rührt daher, dass ihre momentanen Blindleistungen untereinander um 180° phasenverschoben sind, weil in Gl. 1.215 die Phasendifferenzwinkel φ unterschiedliche Vorzeichen haben. Das wird später bei der Blindleistungskompensation eine Rolle spielen. Blindleistung kann im Gegensatz zur Wirkleistung dem Stromkreis weder entzogen noch zugefügt werden. Es sollte bei Induktivitäten und Kapazitäten weder von Blindleistungsverbrauch und -erzeugung noch von Blindleistungsaufnahme und -abgabe gesprochen werden. Die Bezeichnung Blindleistungsbedarf geschickter. Analog zur Wirkleistung ist der Betrag der Blindleistung $\mid Q \mid$ gleich der Amplitude der momentanen Blindleistung $p_{\mathrm{B}}(t)$. Das gilt für Induktivitäten und Kapazitäten.

Mit den Messwerten I und U für Strom und Spannung ist ohne Berücksichtigung der Phasenlagen die „scheinbare“ Leistung

$$S = UI \qquad [S] = \text{Watt} = \text{VA}\,. \tag{1.220}$$

Das ist die Definition der Scheinleistung S. Hier wird für die SI-Einheit Watt die Kurzform VA gewählt. Wirk-, Blind- und Scheinleistung werden zur besseren Unterscheidung in W, Var und VA angegeben. Da die Effektivwerte U und I größer oder gleich null sind, ist die Scheinleistung immer größer oder gleich null.

Wegen den Gleichungen 1.216, 1.219 und 1.220 gilt

$$S^2 = P^2 + Q^2 \qquad \text{und} \qquad S = \sqrt{P^2 + Q^2}\,. \tag{1.221}$$

Es ist vorteilhaft, die komplexe Scheinleistung $\underline{S}$ einzuführen. Sie ist definiert als

$$\underline{S} = \underline{U}\,\underline{I}^* = U\,\mathrm{e}^{\mathrm{j}\varphi_u}\,I\,\mathrm{e}^{-\mathrm{j}\varphi_i} = U\,I\,\mathrm{e}^{\mathrm{j}(\varphi_u - \varphi_i)} = S\,\mathrm{e}^{\mathrm{j}\varphi} \tag{1.222}$$

mit der zum Stromzeiger $\underline{I}$ konjugiert komplexen Größe $\underline{I}^* = I\,\mathrm{e}^{-\mathrm{j}\varphi_i}$ und lautet in arithmetischer Form

$$\underline{S} = UI\,(\cos\varphi + \mathrm{j}\,\sin\varphi) = P + \mathrm{j}\,Q\,. \tag{1.223}$$

Die Scheinleistung ist der Betrag des Zeigers $\underline{S}$, die Wirkleistung sein Realteil und die Blindleistung sein Imaginärteil. Daher können in der komplexen Ebene die Wirk-, Blind- und Scheinleistung im rechtwinkligen Leistungsdreieck dargestellt werden (Abb. 1.110).

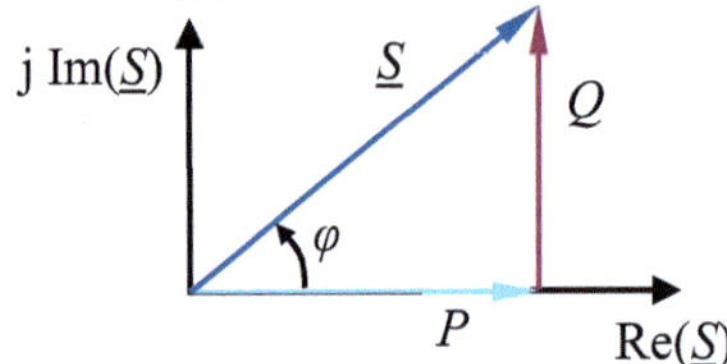

Abb. 1.110 Leistungsdreieck eines ohmsch-induktiven Verbrauchers

Weiterhin ist der dimensionslose Leistungsfaktor λ von Bedeutung, der auch Wirkleistungsfaktor genannt wird.

$$\lambda = \frac{|\,P\,|}{S} \qquad \text{mit} \qquad 0 \le \lambda \le 1 \tag{1.224}$$

Hier wird der Betrag der Wirkleistung verwendet, damit der Leistungsfaktor auch bei Erzeugern positiv ist. Der Leistungsfaktor gibt an, wie hoch der Anteil der Wirkleistung ist (Tab. 1.8). Die Definition vom Leistungsfaktor λ nach Gl. 1.224 gilt allgemein auch für verzerrte Spannungen und Stromstärken. Sind diese exakt sinusförmig, sind noch der Vollständigkeit halber der Verschiebungsfaktor $|\,P\,|\,/\,S = |\,\cos\varphi\,|$, der Wirkfaktor P/S, der Blindfaktor Q/S und der Verlustfaktor $|\,P/Q\,|$ zu nennen und für Verbraucher gilt

$$\lambda = \cos\varphi\,. \tag{1.225}$$

Tab. 1.8 Wirk-, Blind- und Scheinleistung sowie Leistungsfaktor für unterschiedliche Verbraucher

	R	L	C	allgemein
P	$P = UI$	$P = 0$	$P = 0$	$P = UI\cos\varphi$
Q	$Q = 0$	$Q = UI$	$Q = -UI$	$Q = UI\sin\varphi$
S	$S = P$	$S = Q$	$S = -Q$	$S = UI$
λ	$\lambda = 1$	$\lambda = 0$	$\lambda = 0$	$\lambda = \cos\varphi$

Für einen linearen Verbraucher kann mit der Impedanz $\underline{Z}$ die komplexe Scheinleistung $\underline{S} = P + \mathrm{j}\,Q$ entweder mit

$$\underline{S} = \underline{U}\,\underline{I}^* = \underline{U}\left(\frac{\underline{U}}{\underline{Z}}\right)^* = \frac{\underline{U}\,\underline{U}^*}{\underline{Z}^*} = \frac{U^2}{\underline{Z}^*} \tag{1.226}$$

oder mit

$$\underline{S} = \underline{U}\,\underline{I}^* = (\underline{Z}\,\underline{I})\;\underline{I}^* = \underline{Z}\,I^2 \tag{1.227}$$

berechnet werden. Das gilt unabhängig davon, ob der Verbraucher ohmsche, induktive oder kapazitive Anteile hat.

Beim ohmsch-induktiven Verbraucher können einfache Formeln für die Wirk- und Blindleistung angegeben werden, die sich nach der Wahl der Ersatzschaltung unterscheiden (Abb. 1.111).

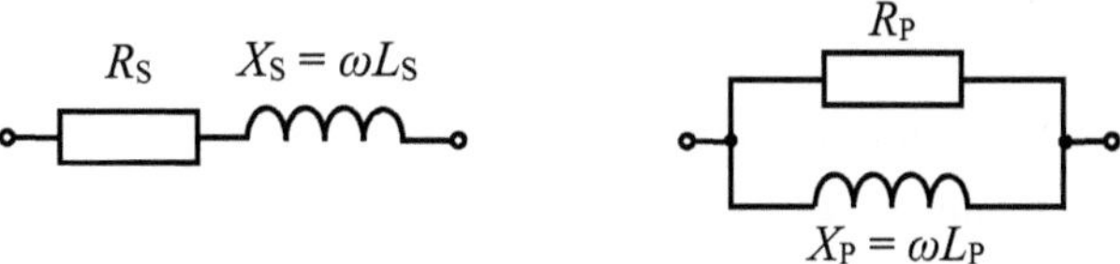

Abb. 1.111 Reihen- und Parallelsatzschaltbild eines ohmsch-induktiven Verbrauchers

In der Serienschaltung gilt

$$P = R_S\,I^2 \qquad \text{und} \qquad Q = X_S\,I^2\,. \tag{1.228}$$

Dagegen ist in der Parallelschaltung

$$P = \frac{U^2}{R_P} \qquad \text{und} \qquad Q = \frac{U^2}{X_P}\,. \tag{1.229}$$

Bis hier war die elektrische Leistung im Wechselstromkreis Thema. Für den wirtschaftlichen Betrieb der Netze ist der Wirkungsgrad von großer Bedeutung. Darum wird es als Nächstes gehen.

Wirkungsgrad

Ein erhöhter Blindleistungsbedarf eines ohmsch-induktiven Wechselstromverbrauchers verkleinert den Wirkungsgrad der Energieübertragung. Der induktive Blindstrom sorgt für zusätzliche Stromwärmeverluste auf den Leitungen. Das wird nun anhand eines einfachen Ersatzschaltbildes gezeigt (Abb. 1.112).

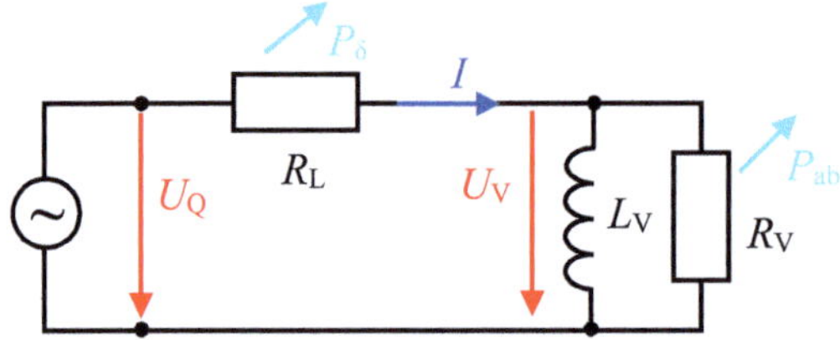

Abb. 1.112 Stromkreis mit Spannungsquelle Q, Leitung L und Verbraucher V

Die Stromwärmeverluste auf der Leitung P_δ und die abgeführte Nutzleistung P_{ab} gehen in den Wirkungsgrad η ein.

$$\eta = \frac{P_{ab}}{P_{ab} + P_\delta} = \frac{1}{1 + \dfrac{P_\delta}{P_{ab}}} = \frac{1}{1 + \dfrac{P_\delta \, P_{ab}}{P_{ab}^2}} \tag{1.230}$$

Mit $P_\delta = R_L \, I^2$ und $P_{ab} = U_V I \cos\varphi$ kann die Stromstärke I entfernt werden.

$$\eta = \frac{1}{1 + \dfrac{R_L \, P_{ab}}{(U_V \cos\varphi)^2}} \tag{1.231}$$

Demnach gibt es vier Einflussgrößen auf den Wirkungsgrad.

- die vom Verbraucher aufgenommene Wirkleistung P_{ab}
- der Leiterwiderstand R_L
- die Spannung am Verbraucher U_V
- der Leistungsfaktor $\cos\varphi$

Die Wirkleistung P_{ab} wird von den elektrischen Verbrauchern vorgegeben. Die Wirkarbeit, die im Zähler gemessen wird, wird vom Anschlussnehmer bezahlt. Das ist das Geschäftsmodell. Es macht keinen Sinn, über die Veränderung der Wirkleistung den Wirkungsgrad zu verbessern.

Die Leiterwiderstände $R_L = \rho l/A$ bieten wenig Spielraum. Beim Einsatz von Supraleitern wäre der Wirkungsgrad optimal. Das ist jedoch wegen der aufwendigen Kühlung unwirtschaftlich. Größere Querschnitte der Kupfer- oder Aluminiumleiter haben einen kleineren Leiterwiderstand und damit weniger Stromwärmeverluste. Dabei steht immer die Frage im Raum, ob sich die höheren Kosten für die größeren Querschnitte über die Lebenszeit der Anlage amortisieren. Unabhängig davon gibt es andere gute Gründe für die Begrenzung der Querschnittsflächen. Freileitungsseile werden auf Rollen vom Hersteller zur Baustelle transportiert und müssen sicher aufgehängt werden (Abb. 1.113). Kabel müssen manchmal mit Biegeradien verlegt werden.

Abb. 1.113 Freileitungsbau (Fotos: Amprion [98])

Hohe Betriebsspannungen sind eine wirkungsvolle Maßnahme, um die Betriebsströme und die Stromwärmeverluste zu reduzieren. Das erfordert Investitionen in die Leistungstransformatoren (Abschnitt 2.1). Ergänzend wird durch einen höheren Leistungsfaktor der Wirkungsgrad verbessert. Ideal ist ein Wert von 1. Das führt zur Blindleistungskompensation, die sich nun anschließt.

Blindleistungskompensation von Verbraucheranlagen

In den technischen Anschlussbedingungen (TAB) der Verteilnetzbetreiber wird vorgeschrieben, dass sich der Leistungsfaktor einer Verbrauchereinheit zwischen 0,9 und 1,0 bewegt. Bei Haushalten ist der erfahrungsgemäß bei 0,9 und es sind keine weiteren Maßnahmen nötig. In Handwerk und Industrie kann es anders sein. Wenn der Leistungsfaktor unter 0,9 liegt, wird meistens eine Blindleistungskompensation mit Leistungskondensatoren durchgeführt, die auch Blindstromkompensation genannt wird (Abb. 1.114 links). Wenn ein Anschlussnehmer darauf verzichtet, muss er im Gegenzug die Blindarbeit bezahlen, die in einem Blindleistungszähler registriert wird. Blindleistungskompensation wird auch in den Schaltanlagen der Netzbetreiber durchgeführt (Abschnitt 3.1.2).

Abb. 1.114 Leistungskondensatoren zur Kompensation (Foto mittig: Timo Korte, Foto rechts: Hitachi Energy [87])

Der Wirkwiderstand R und die Induktivität L werden durch die eingeschalteten Verbraucher und das vorgelagerte Netz bestimmt. Daher wird die Kapazität der

Kondensatoren so angepasst, dass der Leistungsfaktor den gewünschten Wert annimmt. Mit Regelkreisen können im laufenden Betrieb einzelne Kondensatoren zu- oder abgeschaltet werden. Wegen der einfacheren Installation werden die Leistungskondensatoren parallel zu den Verbrauchern geschaltet (Abb. 1.115). Eine Reihenkompensation wäre auch möglich.

Bei der vollständigen Kompensation ist der gemeinsame Leistungsfaktor von der Verbraucheranlage und den Kondensatoren auf 1 eingestellt ($\lambda = 1$). Da die momentanen Blindleistungen der Kapazitäten und Induktivitäten um 180° phasenverschoben sind, haben sie unterschiedliche Vorzeichen. Bei der vollständigen Kompensation haben sie auch gleiche Amplituden, so dass insgesamt $p_\mathrm{B}(t) = 0$. Die Verbraucheranlage bezieht aus dem Netz nur Wirkleistung und keinerlei Blindleistung ($P > 0$ und $Q = 0$).

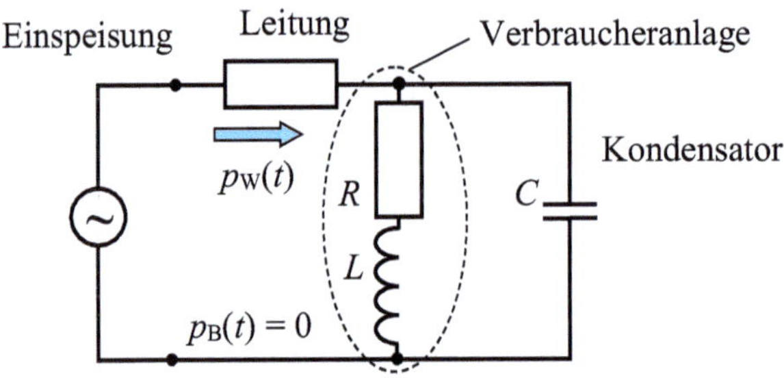

Abb. 1.115 Momentane Leistungen bei der vollständigen Blindleistungskompensation einer ohmsch-induktiver Verbraucheranlage

Der kapazitive Blindstrom $\underline{I}_C$ der Kondensatoren und der induktive Blindstrom $\underline{I}_L$ der Verbrauchereinheit haben den gleichen Betrag und unterschiedliches Vorzeichen. Auf der Zuleitung fließt nur Wirk- und kein Blindstrom (Abb. 1.116 rechts).

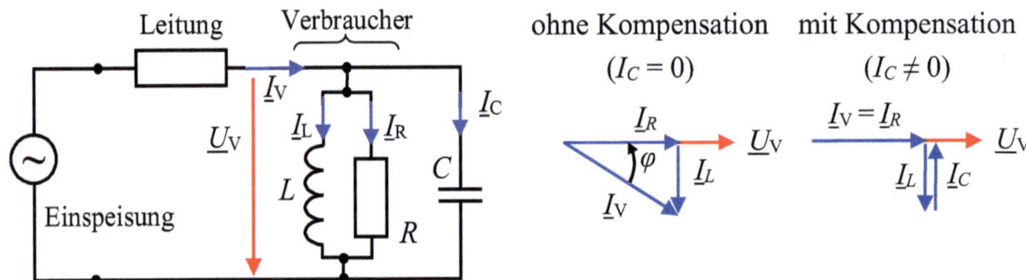

Abb. 1.116 Aufteilung der elektrischen Ströme bei vollständiger Blindstromkompensation

In der Praxis wird meistens unvollständig kompensiert, so dass der Leistungsfaktor λ unterhalb von 1,0 liegt. Vielfach wird er genau auf 0,9 eingestellt. Das hat eine Reihe von Gründen.

- In erster Linie kann bei den Kondensatoren gespart werden.

- Die Kurve $\eta(\cos\varphi)$ verläuft zwischen 0,9 und 1,0 sehr flach (Abb. 1.117).
- Es soll eine Überkompensation vermieden werden. In diesem Fall würde sich die gesamte Anlage wie ein ohmsch-kapazitiver Verbraucher verhalten und es kann zu Spannungserhöhungen kommen, wenn die Induktivität des vorgelagerten Netzes und die Kapazität der Verbrauchergruppe einen Schwingkreis bilden.
- Wird das Netz abgeschaltet, können überkompensierte Asynchronmotoren in die Selbsterregung geraten, so dass bis zu deren Stillstand gefährliche Überspannungen auftreten [99].

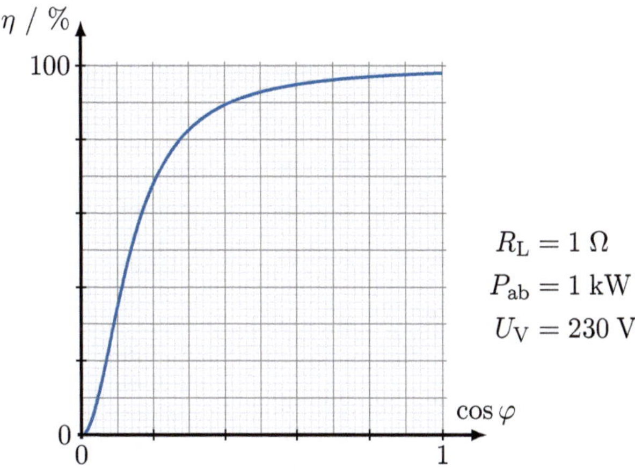

Abb. 1.117 Berechneter Wirkungsgrad η nach Gl. 1.231

Abb. 1.118 zeigt die Leistungsdreiecke der Verbraucheranlage, wenn die nicht oder nur teilweise kompensiert ist.

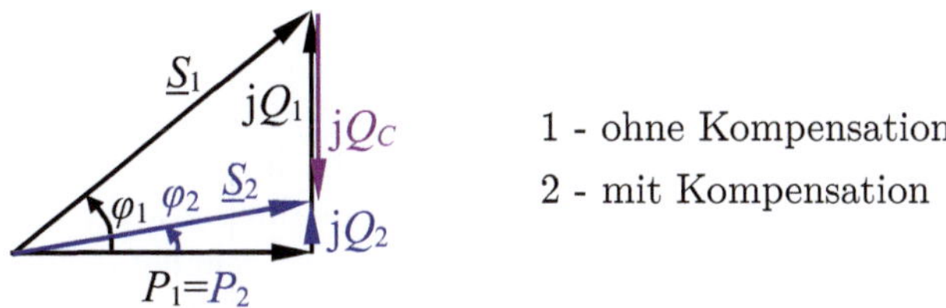

Abb. 1.118 Wirk-, Blind- und Scheinleistungen

Damit kann die erforderliche kapazitive Blindleistung Q_C angegeben werden.

$$Q_C = Q_2 - Q_1 = P\,(\tan\varphi_2 - \tan\varphi_1) \tag{1.232}$$

Die dazu benötigte Kapazität wird mit

$$C = -\frac{Q_C}{\omega\, U^2} = \frac{P\,(\tan\varphi_1 - \tan\varphi_2)}{2\pi f\, U^2} \tag{1.233}$$

berechnet.

Die Blindleistungskompensation kann zentral im Schaltschrank durchgeführt werden (Abb. 1.119). Diese Lösung ist einfach und preisgünstig. Sie hat den Nachteil, dass die Blindströme zwischen den Verbrauchern und dem Kondensator die Leitungen belasten. Unter Umständen müssen die Querschnitte vergrößert werden, damit der Spannungsfall begrenzt bleibt. Blindstromverluste treten in jedem Fall auf. Die zahlt der Anschlussnehmer.

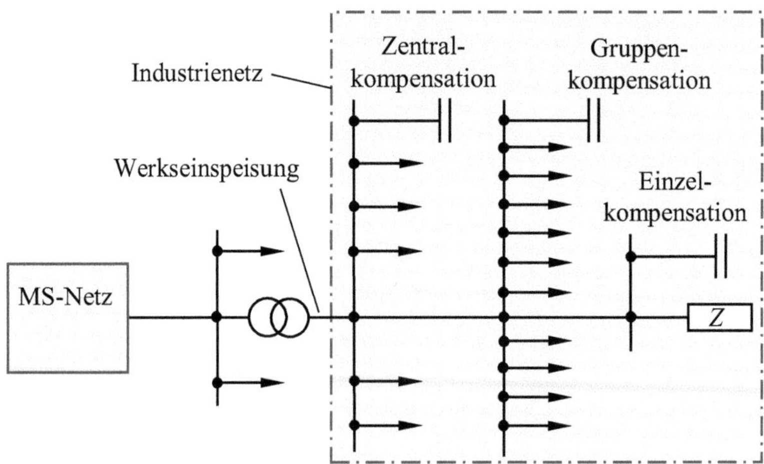

Abb. 1.119 Zentral-, Gruppen- und Einzelkompensation nach [100]

Bei der aufwendigeren Einzelkompensation verschwinden dagegen die Blindströme zwischen den Verbrauchern und dem zentralen Schaltschrank.

Verluste im Wechselstromkreis

Für die Fortleitung von elektrischer Energie hat sich in der Vergangenheit weltweit der Wechselstrom gegenüber dem Gleichstrom durchgesetzt. Das hat zwei entscheidende Gründe, die in der Einleitung zu Kapitel 3 genauer dargelegt werden. Gleichzeitig müssen Nachteile in Kauf genommen werden. Dazu zählen zusätzliche Verluste, die hier für Leistungstransformatoren, elektrische Leitungen und Kondensatoren aufgezeigt werden.

Leistungstransformatoren haben Kupfer- und Eisenverluste. Die Kupferverluste sind die Stromwärmeverluste der Wicklungen, die praktisch immer aus Kupfer gefertigt sind. Die Eisenverluste erwärmen den Eisenkern. Sie setzen sich aus Hysterese- und Wirbelstromverlusten zusammen. Wegen der Wechselströme in den Wicklungen ändert sich die Stärke und Richtung des Magnetfeldes periodisch. Die

Elementarmagnete im Eisenkern müssen sich permanent umorientieren. Das Material durchläuft die Hysterese mit der Frequenz des Wechselstroms (Abb. 1.78). Das führt insgesamt zu den sogenannten Hystereseverlusten, die auch Umorientierungsverluste genannt werden. Für ihre mittlere Wärmeleistung P_{H} gilt

$$P_{\mathrm{H}} \sim f\,. \tag{1.234}$$

Zur Reduzierung der Hystereseverluste werden Weichmagnete eingesetzt, die eine schmale Hysteresekurve haben. Die Fläche zwischen der Hysteresekurve ist ein Maß für die Energie, die als Wärme dem magnetischen Kreis verloren geht. Gleichzeitig werden quer zur magnetischen Flussrichtung elektrische Spannungen induziert, die ihrerseits elektrische Ströme treiben. Die Stromkreise schließen sich im Material wirbelförmig, so dass von Wirbelströmen gesprochen wird. Die mittlere Wärmeleistung P_{W} der Wirbelströme ist auch von der Frequenz abhängig.

$$P_{\mathrm{W}} \sim f^2 \tag{1.235}$$

Um die Wirbelstromverluste zu verkleinern, werden Transformatorkerne aus sehr dünnen Eisenblechen gefertigt (Abb. 1.120 links). Die sind gegen einander elektrisch isoliert, so dass die Wege verkürzt werden, auf denen sich die Wirbelströme schließen.

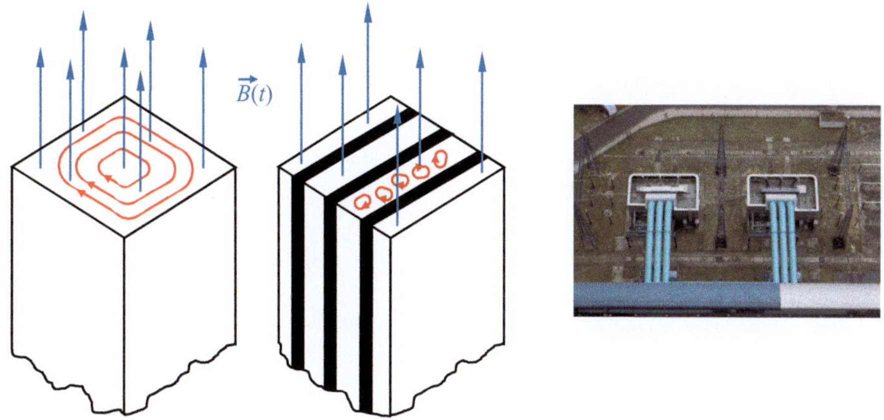

Abb. 1.120 Verringerung der Wirbelstromverluste durch isolierte Eisenbleche (links) und Generatorableitungen vom Kraftwerk Niederaußen

Fließt Wechselstrom durch einen elektrischen Leiter führt sein zeitlich veränderliches elektromagnetisches Feld ebenso zu Wirbelströmen im Leitermaterial. Diese überlagern sich mit dem Wechselstrom derart, dass der Ladungstransport nicht mehr gleichmäßig über den Leiterquerschnitt verteilt ist. Die elektrischen Stromdichten sind am Rand der Querschnittsfläche deutlich höher. Dieser Stromverdrängungseffekt wird auch Skin-Effekt (englisch für Haut) genannt. Daher sind die Generatorsammelschienen in konventionellen Kraftwerken als Röhren gefertigt (Abb. 1.120 rechts). Werden die Leiter in Spulen verbaut, kommt noch der Proximity-Effekt (englisch proximity für Nähe oder Nachbarschaft) dazu. Durch die Wechselfelder der benachbarten Leiter werden zusätzlich Wirbelströme induziert. Im Wechselstromkreis haben Kabel und Freileitungen wegen der Wirbelströme und dem Skineffekt einen größeren ohmschen Widerstand als im Gleichstromkreis. Der Wechselstromwiderstand R_L setzt sich aus dem Gleichstromwiderstand und einem Zusatzwiderstand ΔR zusammen.

$$R_\mathrm{L} = \rho\, l/A + \Delta R \tag{1.236}$$

Der Zusatzwiderstand kann nicht mehr analytisch als Formel angeben werden. Man ist auf eigene Messwerte oder den Angaben der Hersteller angewiesen. Damit sind die Stromwärmeverluste grundsätzlich größer als im Gleichstromkreis.

Alle Verluste eines Kondensators werden zu den dielektrischen Verlusten P_δ zusammengefasst. Sie setzen sich aus Leckstromverlusten aufgrund mangelhafter Isolierung und Umorientierungsverlusten zusammen. Letztere treten wegen des Umpolens der elektrischen Dipole im äußeren Wechselfeld auf.

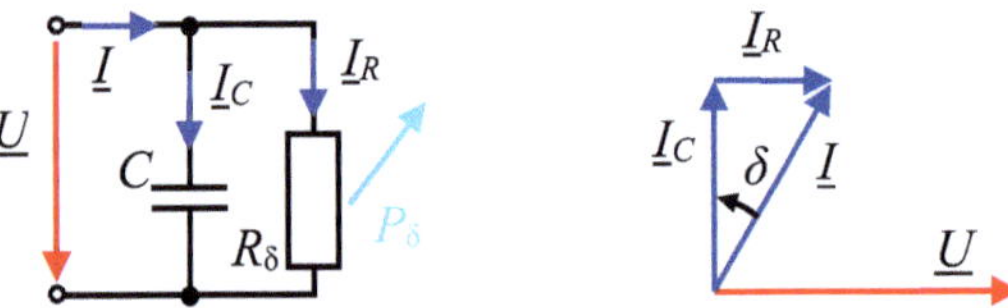

Abb. 1.121 Ersatzschaltbild und Zeigerdiagramm mit dem Verlustwinkel δ

In der Ersatzschaltung nach Abb. 1.121 treten die dielektrischen Verluste am Widerstand R_δ auf. Hier ist der Verlustfaktor

$$|\,P/Q\,| = \tan\delta = \frac{I_R}{I_C}\,. \tag{1.237}$$

Die Güte, auch Gütefaktor oder Q-Faktor genannt, ist der Kehrwert vom Verlustfaktor.

1.4.4 Oberschwingungen

Erzeugungsanlagen, Betriebsmittel im Netz und Verbraucher können Netzrückwirkungen verursachen. Allgemein sind das Abweichungen von der Spannungsamplitude sowie der Spannungs- und Stromform. Nach [101] zählen dazu

- Harmonische, Zwischenharmonische und Subharmonische,
- Spannungsschwankungen mit eventueller Flickerwirkung,
- transiente Überspannungen,
- Spannungsunsymmetrien sowie
- Spannungseinbrüche und Spannungsausfälle.

Das Qualitätsniveau der Versorgungsspannung ist in der europäischen Norm EN 50160 *Merkmale der Spannung in öffentlichen Elektrizitätsversorgungsnetzen* definiert (Abb. 1.122).

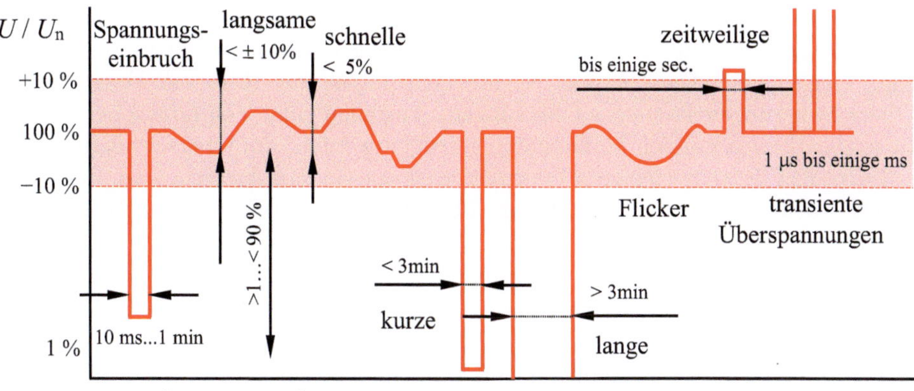

Abb. 1.122 Störungen der Spannungen im Netz nach EN 50160

Flicker sind elektrische Spannungsschwankungen, welche zu einer subjektiv visuell wahrnehmbaren Leuchtdichteschwankung bei ungeregelten elektrischen Leuchtmitteln führen. Dazu zählen Leuchtstoff- und Glühlampen. Bei elektronisch geregelten Leuchtmitteln wie eine Leuchtdiode (LED von Light-Emitting Diode) oder Kompaktleuchtstofflampen, ist Flicker aufgrund der Regelung für das menschliche Auge optisch nicht wahrnehmbar.

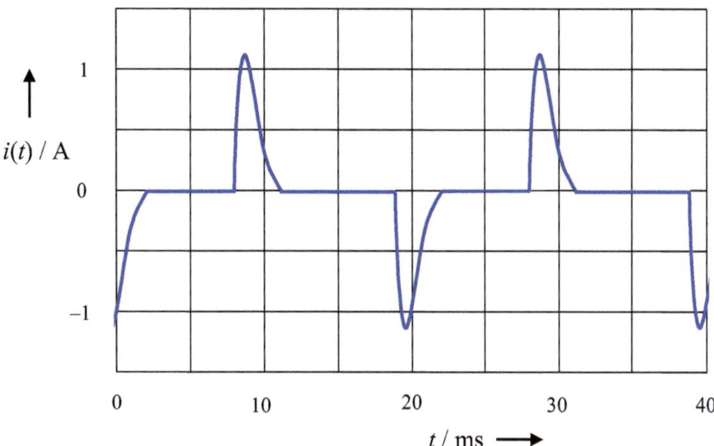

Abb. 1.123 Elektrischer Strom $i(t)$ eines Schaltnetzteils

Wenn der zeitliche Verlauf der periodischen Wechselspannungen und -ströme von der idealen Sinusform abweicht, enthalten die Signale $u(t)$ und $i(t)$ Oberschwingungen. Das wird in diesem Rahmen genauer beleuchtet. Oft ist insbesondere der Wechselstrom $i(t)$ stark verzerrt (Abb. 1.123). Oberschwingungen bei den Strömen sind wiederum mit Spannungsfällen an den Impedanzen des Netzes verbunden, so dass auch die Wechselspannungen verformt werden. Zunächst wird auf die Ursachen eingegangen. Danach geht es um die Analyse mit Hilfe von Fourierreihen. Oberschwingungen können zu Störungen, Ausfällen oder Fehlfunktionen führen. In solchen Fällen müssen Maßnahmen getroffen werden, um Oberschwingungen zu reduzieren. Für weitergehende Informationen und andere Aspekte vom übergeordneten Thema Spannungsqualität kurz PQ (Power Quality) wird auf die Literatur verwiesen [101–111].

Ursachen

Als Quelle von Oberschwingungen sind zum einen

- Geräte und Anlagen mit nicht-linearer Kennlinie und andererseits
- leistungselektronische Schalter

zu nennen (Tab. 1.9).

Tab. 1.9 Ursachen und Beispiele für Oberschwingungsströme nach [112]

Ursache	Kennlinie	Beispiele	$(I_k / I_1) / \%$				
			k=2	k=3	k=4	k=5	k=7
Sättigung	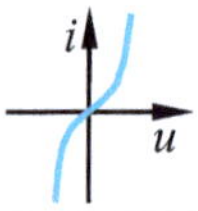	Kleinmotoren		3...10		1...5	
		Transformator, Magnetisierungsstrom		25...55		8...30	2...10
Gasentladung	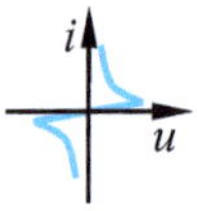	Leuchtstofflampe	1...2	8...20		2...3	1...2
		Lichtbogenofen	5...12	6...12	2...5	3...7	1...3
Einweg-Gleichrichter mit ohmscher Last	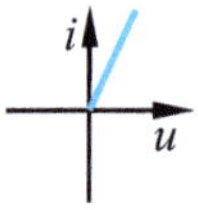	Leistungshalbierung thermischer Geräte (Fön, Heizdecke)	42		8		
Einweg-Gleichrichter mit kapazitiver Last	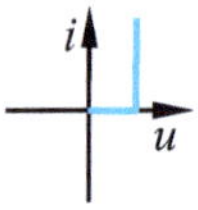	einfache Netzgeräte mit niedriger Leistung (Unterhaltungs-elektronik)	70...90	40...60	35...50	25...50	12...25
Zweiweg-Gleichrichter mit kapazitiver Last	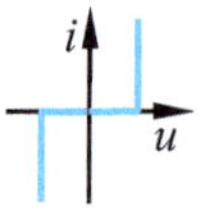	Netzgeräte (Fernsehgerät, Monitor, PC, Motorantriebe)		65...80		50...70	25...35

Bei einer nicht-linearen Kennlinie entstehen grundsätzlich Oberschwingungen. Das lässt sich leicht für einen Varistor mit der Kennlinie $i(t) = k\, u^3(t)$ zeigen. Bei einer sinusförmigen Wechselspannung ist der elektrische Strom nicht mehr sinusförmig.

$$i(t) = k\ (\hat{u}\sin(\omega t))^3 = \frac{k}{4}\,\hat{u}^3\,(3\sin(\omega t) - \sin(3\omega t)) \tag{1.238}$$

Genauso können Entladungslampen oder Transformatoren, die in Sättigung gehen, Oberschwingungen verursachen. Ein einfaches Beispiel für einen periodisch arbeitenden Schalter ist ein Dimmer, der in Reihe mit einer Glühbirne geschaltet wird (Abb. 1.124). Über Veränderung des Phasenanschnittswinkel α kann die Helligkeit verändert werden. Frequenzumrichter und Wechselrichter, die in Konverterstationen für HGÜ-Leitungen, Windkraftanlagen, Solaranlagen, Motorsteuerungen oder Stromrichteranlagen eingesetzt werden, erzeugen ebenso beim Schalten Oberschwingungen.

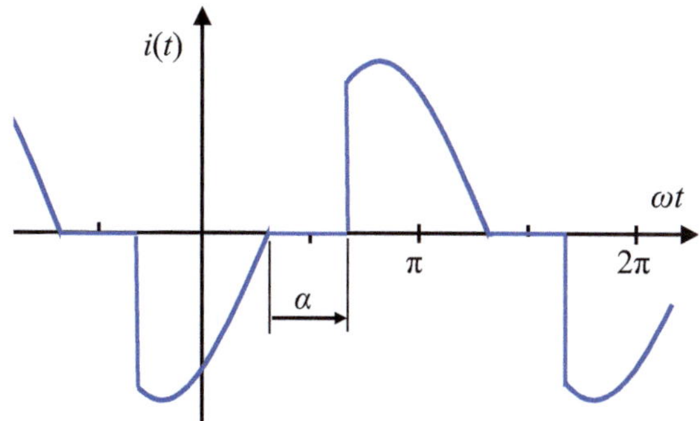

Abb. 1.124 Elektrischer Strom $i(t)$ durch die gedimmte Glühbirne

Die Effektivwerte I_k und I_1 im rechten Teil der Tab. 1.9 werden nun im Rahmen der harmonischen Analyse mit Fourierreihen erklärt.

Fourierreihen und Kenngrößen

Hier werden zunächst die periodischen Signale $f(t)$ in Fourierreihen entwickelt. Darin sind die Fourierkoeffizienten enthalten, die in der Regel numerisch berechnetet werden. Das alles geht in die Kenngrößen wie den Klirrfaktor ein. Weiterhin taucht die Verzerrungsblindleistung auf und es wird klar, warum sich der Leistungsfaktor und der Verschiebungsfaktor unterscheiden können.

Die Fourierreihe für ein periodisches Signal $f(t)$ lautet

$$f(t) = a_0 + \sum_{k=1}^{\infty} a_k \cos(k\omega t) + \sum_{k=1}^{\infty} b_k \sin(k\omega t)\ . \tag{1.239}$$

Für die Kreisfrequenz ω gilt $\omega = 2\pi f$ mit der Frequenz f in der kleinsten Periodendauer $T = f^{-1}$. Der zeitliche Mittelwert der Funktion $f(t)$ ist

$$a_0 = \frac{1}{T}\int_0^T f(t)\mathrm{d}t\ . \tag{1.240}$$

Er wird auch Gleichanteil genannt. Analytisch werden die Fourierkoeffizienten a_k und b_k mit den Eulerformeln

$$a_k = \frac{2}{T}\int_0^T f(t)\cos(k\omega t)\mathrm{d}t \quad \text{und} \quad b_k = \frac{2}{T}\int_0^T f(t)\sin(k\omega t)\mathrm{d}t \tag{1.241}$$

berechnet. Näherungsweise werden sie numerisch mit dem Digitalrechner bestimmt. Das ist Gegenstand der harmonischen Analyse DFT (Diskrete Fourier Transform), bei der die Signale diskret abgetastet werden. Zu den gängigen Verfahren zählen die trigonometrische Interpolation oder auch die schnelle Fourier-Transformation FFT (Fast Fourier Transform). Alternativ lautet die Fourierreihe nach Gl. 1.239

$$f(t) = a_0 + \sum_{k=1}^{\infty} c_k \sin(k\omega t + \varphi_k)\ . \tag{1.242}$$

Die gesamte Amplitude c_k der k-ten Oberwelle und ihre Phasenlage φ_k werden mit

$$c_k = \sqrt{a_k^2 + b_k^2} \qquad \text{und} \qquad \tan\varphi_k = \frac{a_k}{b_k} \tag{1.243}$$

berechnet. Die Amplitude c_k der k-ten Oberschwingung in Gl. 1.242 entspricht bei den elektrischen Strömen und Spannungen den Amplituden $\hat{i}_k$ und $\hat{u}_k$. Werden diese über die Ordnungszahl k aufgetragen, ist das das Amplitudenspektrum der Funktion (Abb. 1.125 rechts).

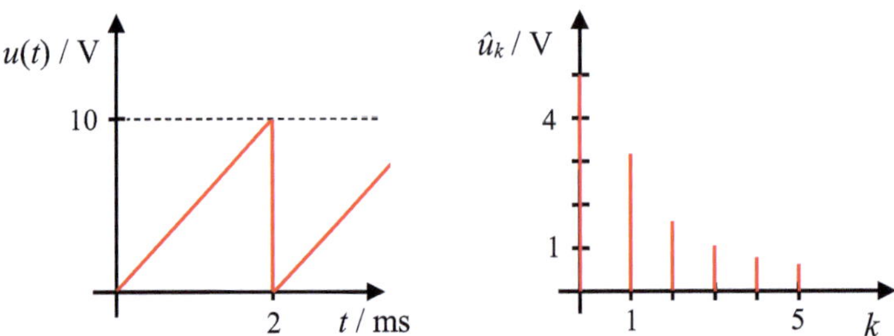

Abb. 1.125 Verlauf einer periodischen Spannung $u(t)$ mit dem zugehörigen Amplitudenspektrum nach [11]

Den Amplituden werden die Effektivwerte

$$I_k = \frac{\hat{i}_k}{\sqrt{2}} \qquad \text{und} \qquad U_k = \frac{\hat{u}_k}{\sqrt{2}} \tag{1.244}$$

zugeordnet und die Gleichanteile von Strom und Spannung, die dem Gleichanteil a_0 in Gl. 1.240 entsprechen, werden mit I_0 und U_0 bezeichnet. Aus den Definitionen der Effektivwerte für Strom und Spannung nach Gl. 1.165 und 1.167 folgt

$$I = \sqrt{\sum_{k=0}^{\infty} I_k^2} \qquad \text{und} \qquad U = \sqrt{\sum_{k=0}^{\infty} U_k^2}\,. \tag{1.245}$$

Messinstrumente, die die Beiträge der Oberschwingungen zu den Effektivwerten berücksichtigen, werden mit TRMS (True Root Mean Square) gekennzeichnet. Für periodische Größen ohne Gleichanteil ($I_0 = 0$ bzw. $U_0 = 0$) sind die Grundschwingungsgehalte als

$$g_i = \frac{I_1}{I} \qquad \text{und} \qquad g_u = \frac{U_1}{U} \tag{1.246}$$

definiert. Der Oberschwingungsgehalt oder Klirrfaktor der Wechselströme ist

$$k_i = I^{-1}\sqrt{\sum_{k=2}^{\infty} I_k^2} = \frac{\sqrt{I^2 - I_1^2}}{I} = \sqrt{1 - g_i^2}\,. \tag{1.247}$$

Er trägt das Kürzel THDC (Total Harmonic Distortion Current) und ist ein Maß für den gesamten Oberschwingungsgehalt. Entsprechend gilt für die Spannungen

$$k_u = U^{-1}\sqrt{\sum_{k=2}^{\infty} U_k^2} = \sqrt{1 - g_u^2}\,. \tag{1.248}$$

Für praktische Zwecke wird der Laufindex k auf 40 oder 50 begrenzt.

Elektrische Leistung

Bei den elektrischen Leistungen im Wechselstromkreis wurde bisher vorausgesetzt, dass Strom und Spannung idealen sinusförmigen Verlauf haben. Mit der momentanen Leistung $p(t)$ wurden die Wirk-, Blind- und Scheinleistung sowie der Leistungsfaktor erklärt. Wenn Oberschwingungen ins Spiel kommen, ändert sich die momentane Leistung und damit die abgeleiteten Größen.

Im ersten Schritt soll der Fall betrachtet werden, dass nur der Strom Oberwellen zeigt und die Spannung nicht. Das ist für viele praktische Belange ausreichend. Beide Größen sollen keine Gleichanteile haben. Damit sind die Wechselspannung

$$u(t) = \sqrt{2}\, U \sin(\omega t + \varphi_u) \tag{1.249}$$

und der Wechselstrom

$$i(t) = \sum_{k=1}^{\infty} \sqrt{2}\, I_k \cos(k\omega t + \varphi_{ik})\,. \tag{1.250}$$

Aus der Definition der Wirkleistung nach Gl. 1.216 folgt

$$P = UI_1 \cos\varphi_1 \qquad \text{mit} \qquad \varphi_1 = \varphi_u - \varphi_{i1} \,. \tag{1.251}$$

Die Scheinleistung ist

$$S = UI = U\sqrt{\sum_{k=1}^{\infty} I_k^2} \,. \tag{1.252}$$

Die Blindleistung wird in Analogie zur Gleichung 1.221 für den Wechselstromkreis ohne Oberschwingungen definiert.

$$Q = \pm\sqrt{S^2 - P^2} \tag{1.253}$$

Nach Einsetzen der Formeln für S und P werden die Terme für $k = 1$ separat geschrieben.

$$Q = \pm\sqrt{U^2 \sum_{k=1}^{\infty} I_k^2 - U^2 I_1^2 \cos^2\varphi_1} = \pm\sqrt{(UI_1 \sin\varphi_1)^2 + U^2 \sum_{k=2}^{\infty} I_k^2} \tag{1.254}$$

Es zeigen sich zwei Anteile der Blindleistung. Das ist zum einen die Grundschwingungsblindleistung oder Verschiebungsblindleistung Q_1.

$$Q_1 = UI \sin\varphi_1 \tag{1.255}$$

Der zweite Anteil ist die Verzerrungsblindleistung Q_d.

$$Q_\mathrm{d} = U\sqrt{\sum_{k=2}^{\infty} I_k^2} \tag{1.256}$$

Sie wird auch als Verzerrungsleistung, Oberschwingungsblindleistung oder Oberwellenblindleistung bezeichnet. In der Literatur wird für diese Größe auch der Formelbuchstabe D verwendet. Es gilt

$$Q = \pm\sqrt{Q_1^2 + Q_\mathrm{d}^2} \,. \tag{1.257}$$

Das alles kann gezeichnet werden (Abb. 1.126).

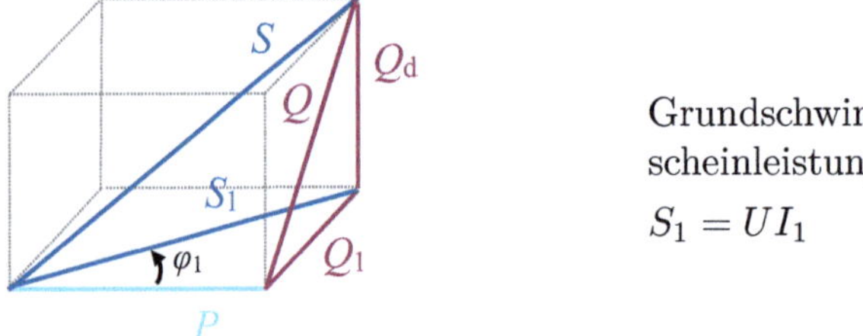

Abb. 1.126 Dreidimensionales Diagramm der Leistungen

Wenn auch die Spannung signifikante Oberwellen zeigt, muss die momentane Leistung nach Gl. 1.212 erneut ausgewertet werden. Mit $\varphi_k = \varphi_{uk} - \varphi_{ik}$ sind

$$u(t) = \sum_{k=1}^{\infty} \sqrt{2}\, U_k \cos(k\omega t + \varphi_{uk}) \tag{1.258}$$

und

$$i(t) = \sum_{k=1}^{\infty} \sqrt{2}\, I_k \cos(k\omega t + \varphi_{ik}) \; . \tag{1.259}$$

Daher ist die gesamte Wirkleistung

$$P = \sum_{k=1}^{\infty} P_k = \sum_{k=1}^{\infty} U_k I_k \cos\varphi_k \; . \tag{1.260}$$

Die Anteile heißen Grundschwingungswirkleistung P_1 und Oberschwingungswirkleistungen P_k ($k \geq 2$). Die Blindleistung ist nach Gl. 1.253 definiert. Die Grundschwingungsblindleistung und die Verzerrungsblindleistung existieren hier nicht.

Gefahren und Abhilfe

Oberschwingungsströme können innerhalb einer Anlage oder auch im Versorgungsnetz Probleme bereiten. Dazu zählen die

- Überbeanspruchung von Kompensationskondensatoren, die
- Überlastung von Neutralleitern, die
- Überhitzung von Transformatoren, eine
- Fehlauslösung oder Zerstörung von FI-Schaltern und
- Skineffekte.

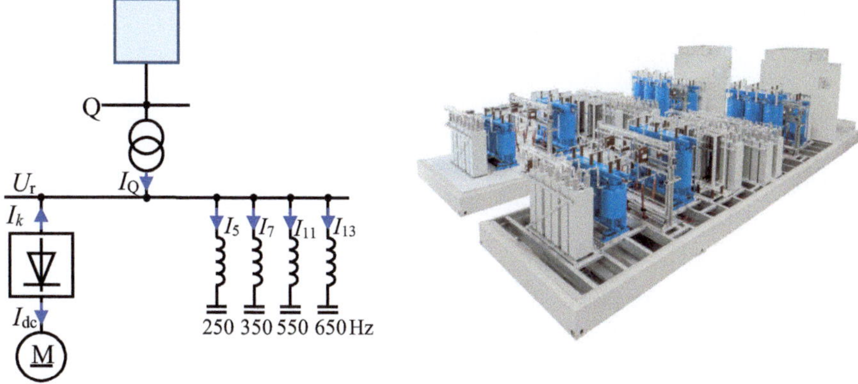

Abb. 1.127 Abgestimmte Filterkreise nach [113] (links) und Filterkreisanlagen in natura (Foto: Maschinenfabrik Reinhausen [114])

Durch Oberschwingungsspannungen können Überhitzung und Hochlaufschwierigkeiten von Drehfeldmotoren auftreten. Die Methoden zur Reduktion bzw. Begrenzung von Oberwellen lassen sich grob in drei Gruppen einteilen. Das sind

- passive Filter (Abb. 1.127 und 3.6),
- Trenntransformatoren, Oberschwingungs-Reduktionstransformatoren sowie
- aktive Filter.

Nun folgt der dreiphasige Wechselstrom.

1.5 Drehstrom

Für die Fortleitung von elektrischer Energie ist die Drehstromtechnik weltweit von großer Bedeutung und das wird auch mit der Energiewende so bleiben. Wechsel- und Drehstrom werden genauer als einphasiger und dreiphasiger Wechselstrom bezeichnet. In diesem Abschnitt werden zuerst die Drehstromleitungen und Verbraucher charakterisiert. Danach geht es um den symmetrischen Betrieb und die elektrischen Leistungen, die die Drehstromverbraucher dem Netz entnehmen.

1.5.1 Leitungen

Als Leitungen kommen Freileitungen oder Kabel in Frage.

Kennzeichnung der Leiter

Eine Drehstromleitung besteht aus drei Außenleitern, die vereinfachend als Leiter bezeichnet werden (Abb. 1.128).

Abb. 1.128 Freileitungen (Fotos: Süwag Energie [115], TEAG [116] und TransnetBW [85])

Sie werden mit L1, L2 und L3 gekennzeichnet und bilden ein Dreileitersystem. Die alte Kennzeichnung mit R, S und T ist heute kaum noch verbreitet. Ein einzelner Außenleitern wird im Handwerk oder bei Netzbetreibern gern als Phase bezeichnet. In der Niederspannungsebene kommt meistens ein vierter Leiter hinzu. Das ist der Neutralleiter N, der früher Mittelleiter genannt wurde, und es liegt ein Vierleitersystem vor. In allen anderen Spannungsebenen werden drei Leiter verwendet

(Tab. 1.11). Die Außenleiter und der Neutralleiter gehören zum Betriebsstromkreis. Für Schutzzwecke gibt es bei Freileitungen das Erdseil oder im Elektrokabel den PE-Leiter (Protective Earth). Werden Neutralleiter und PE-Leiter separat verlegt, liegt ein 5-Leiternetz vor. Werden Schutz- und Neutralleiterfunktionalität in einem Leiter kombiniert, heißt dieser PEN-Leiter (Protective Earth Neutral). Früher wurde der Nullleiter genannt. Schutzleiter haben je nach Einbauort noch unterschiedliche Namen (Abb. 1.129). Auf ihre Funktionsweise wird später noch genauer eingegangen.

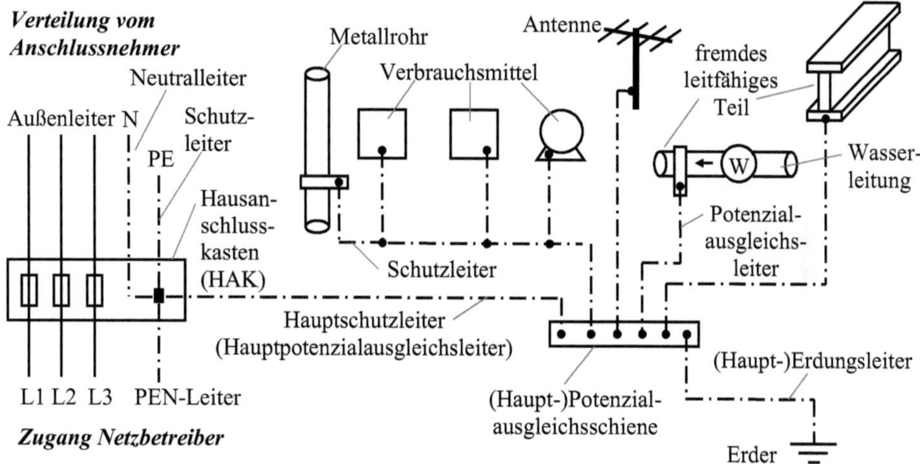

Abb. 1.129 Bezeichnungen für Leiter nach [117]

In Schaltplänen können statt der Kürzel unterschiedliche Schaltzeichen zur Kennzeichnung der verschiedenen Leiter verwendet werden (Tab. 1.10).

Tab. 1.10 Kennzeichnung der Leiter

Leiter	Kürzel	Schaltzeichen	Farbe der Isolation
Außenleiter	L1/L2/L3		alles außer: grün-gelb, grün, gelb, mehrfarbig
Neutralleiter (früher Mittelleiter)	N		in der Regel hellblau
Schutzleiter	PE		grün-gelb, zwingend
PEN-Leiter (früher Nullleiter)	PEN		grün-gelb, zwingend

Es macht Sinn, dass die Kunststoffisolationen der einzelnen Leiter im Niederspannungskabel unterschiedliche Farben haben (Abb. 1.130 mittig).

Abb. 1.130 Verkabelung einer 380-kV-Leitung, Niederspannungskabel mit Abzweigmuffe und Hausanschlusskasten (Foto links: Amprion [98])

Zunächst wird der Fokus auf die Leiter L1, L2 und L3 und N gelegt. Hier sind die Außenleiterspannungen und -ströme wichtige elektrische Größen.

Leitergrößen Spannung und Strom

Zwischen den drei Leitern L1, L2 und L3 liegen drei sinusförmige Wechselspannungen an (Abb. 1.131), die Außenleiterspannungen, Leiter-Leiter-Spannungen oder kurz Leiterspannungen genannt werden. Auch die Bezeichnungen verkettete Spannungen oder Dreieckspannungen sind verbreitet, da sie an den Strängen eines Drehstromverbrauchers in Dreieckschaltung abfallen. Ihre Indizierung richtet sich nach den Kennzeichnungen der Leiter. Beispielsweise ist $u_{\mathrm{L1L2}}(t)$ die Wechselspannung zwischen den Leitern L1 und L2. Solange keine Verwechselung möglich ist, kann zur Vereinfachung der Buchstabe L weggelassen werden.

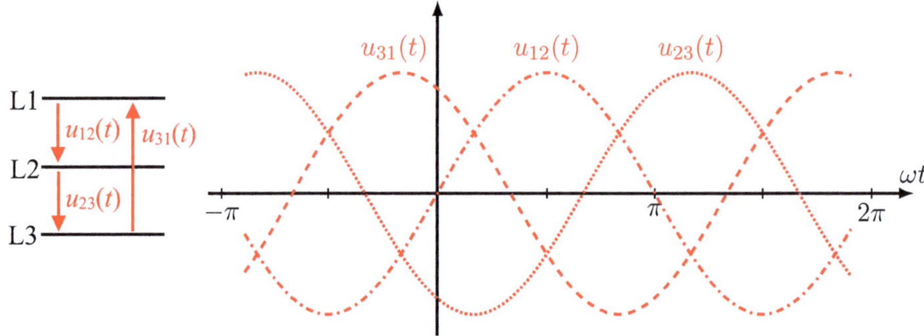

Abb. 1.131 Außenleiterspannungen und ihr zeitlicher Verlauf

Die drei Wechselspannungen sind wegen der gleichförmigen Drehbewegungen der Synchrongeneratoren in den Kraftwerken untereinander um $\frac{2}{3}\pi$ bzw. 120° phasenverschoben. Grundsätzlich sind beim Drehstrom zwei unterschiedliche Phasenfolgen möglich. Haben die Wechselspannungen ihre Maxima in der Reihenfolge wie in Abb. 1.131, liegt ein Rechtsdrehfeld vor. Die Bezeichnung Drehfeld rührt daher, dass mit den drei Wechselströmen in den Motoren und Generatoren ein magnetisches Drehfeld verbunden ist. Daher kommt auch der Name Drehstrom. Genaueres dazu wird später beim Drehstrom-Asynchronmotor und beim Drehstrom-

Synchrongenerator erklärt. Durch Vertauschen zweier beliebiger Anschlüsse wird aus dem Rechtsdrehfeld ein Linksdrehfeld. Die Momentwerte der drei Wechselspannung in Abb. 1.131 sind:

$$\begin{aligned} u_{12}(t) &= \hat{u}_{12}\ \sin(\omega t) \\ u_{23}(t) &= \hat{u}_{23}\ \sin(\omega t - \tfrac{2}{3}\pi) \\ u_{31}(t) &= \hat{u}_{31}\ \sin(\omega t - \tfrac{4}{3}\pi) \end{aligned} \tag{1.261}$$

Unter Verwendung von Additionstheoremen lässt sich zeigen, dass

$$u_{12}(t) + u_{23}(t) + u_{31}(t) = 0\ . \tag{1.262}$$

Das entspricht dem 2. Kirchhoffschen Gesetz (Maschenregel). Gewöhnlich werden die Außenleiterspannungen nicht mit ihren Amplituden sondern mit ihren Effektivwerten angegeben. Sie können als Zeiger in der komplexen Ebene dargestellt werden, entweder in Form eines Sterns oder eines Dreiecks (Abb. 1.132).

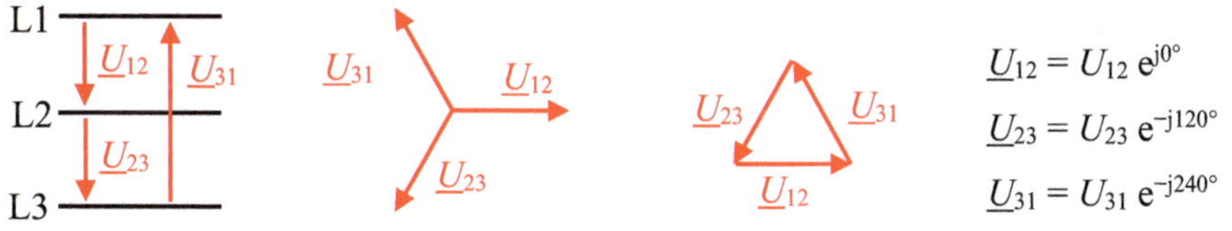

Abb. 1.132 Außenleiterspannungen und ihr Zeigerbild

Die Maschenregel kann auch mit den Zeigern formuliert werden.

$$\underline{U}_{12} + \underline{U}_{23} + \underline{U}_{31} = 0 \tag{1.263}$$

Bei den Leiterspannungen wird in Deutschland statt von der Bemessungsspannung U_r (rated value) von der Netznominalspannung U_n (nominal value) oder vereinfachend von der Nennspannung gesprochen. Als Spannungsband ist $\Delta U/U_\mathrm{n} < \pm 10\ \%$ zugelassen. Je nach Größe der Außenleiterspannungen werden die Drehstromnetze in vier Spannungsebenen unterteilt, die nach der DIN IEC 60038 europaweit harmonisiert sind (Tab. 1.11).

Tab. 1.11 Netznominalspannungen U_n und maximal zulässige Spannungen U_max

		U_n / kV	U_max / kV
Höchstspannung	HöS	380	420
Hochspannung	HS	110	123
Mittelspannung	MS	20	23
		10	12
Niederspannung	NS	0,4	-

Daneben gibt es die alte Höchstspannung von 220 kV, die aus historischen Gründen noch existiert und schrittweise zurückgebaut wird. Für Hochspannungsmotoren, Kraftwerkseigenbedarf, Öfen oder Elektrolyseanlagen gibt es Mittelspannungen von 6 kV, 30 kV und 60 kV. Manche motorische Verbraucher in der Industrie werden mit einer Niederspannung von 500 V betrieben.

Ortsnetzstationen sind das Bindeglied zwischen den MS- und NS-Netzen. In den Ortsnetztransformatoren sind die Wicklungen der Unterspannungsseite meistens im Stern verschaltet. Am Sternpunkt wird der Neutralleiter angeschlossen. In die drei Wicklungen werden drei Sternspannungen induziert. Sie heißen auch Leiter-Erd-Spannungen, da die Neutralleiter in den Ortsnetzstationen mit der Betriebserdung verbunden sind (Abb. 1.133 links). Ihre Indizierung folgt wieder der Bezeichnung der Leiter. Vereinfachend können die Buchstaben einzeln oder gemeinsam weggelassen werden, solange die Kennzeichnung eindeutig bleibt. Dann heißt die Wechselspannung zwischen L1 und N statt $\underline{U}_{\mathrm{L1N}}$ einfach $\underline{U}_{\mathrm{1N}}$ oder $\underline{U}_1$.

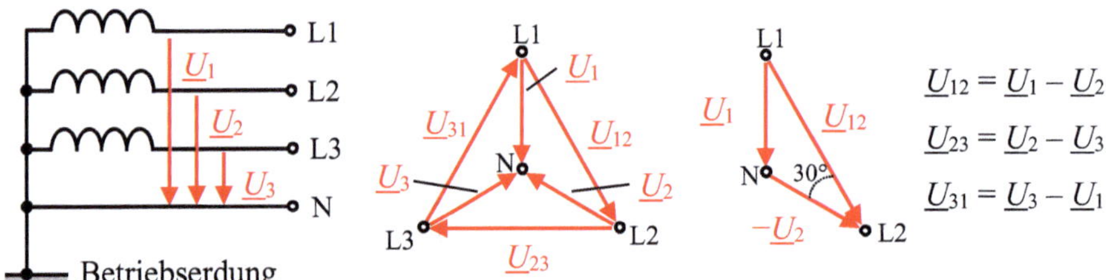

Abb. 1.133 Unterspannungsseite vom Ortsnetztransformator und Zeigerbilder der Dreiecks- und Sternspannungen

Die drei Leiter-Erd-Spannungen sind untereinander um ±120° phasenverschoben. Ihre Zeiger können im Stern gezeichnet werden, so dass die Leiterspannungen wegen der Kirchhoffschen Maschenregel ein gleichseitiges Dreieck bilden. Eine Leiterspannung und zwei Leiter-Erdspannungen bilden ein gleichschenkliges Dreieck (Abb. 1.133 rechts). Daher ist das Verhältnis von den Dreiecks- zu den Sternspannungen $U_{\Delta}/U_{\mathrm{Y}} = 2\cos 30° = \sqrt{3}$. In der Drehstromtechnik wird die Zahl $\sqrt{3}$ Verkettungsfaktor genannt. Durch den zusätzlichen Normalleiter in der NS-Ebene können die zahlreichen Wechselstromverbraucher angeschlossen werden.

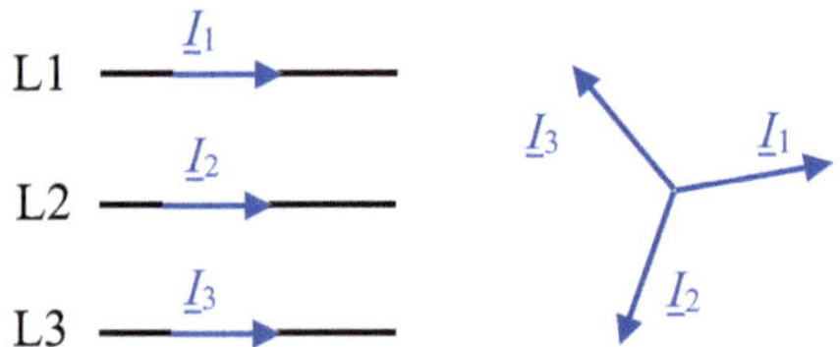

Abb. 1.134 Zeiger der Außenleiterströme bei gleichmäßiger Belastung

Die Wechselströme in den drei Leitern der Drehstromleitung heißen Außenleiterströme oder kurz Leiterströme (Abb. 1.134). Sie sind Sterngrößen und haben zu den Sternspannungen eine Phasenverschiebung, wenn $\lambda < 1$. Bei gleichmäßiger Belastung der Leitung sind die Außenleiterströme untereinander um ±120° phasenverschoben und ihre Effektivwerte sind gleich groß. Insbesondere in der NS-Ebene können sich die Effektivwerte der drei Leiterströme unterscheiden, wenn unterschiedliche einphasige Verbraucher und Erzeuger angeschlossen sind.

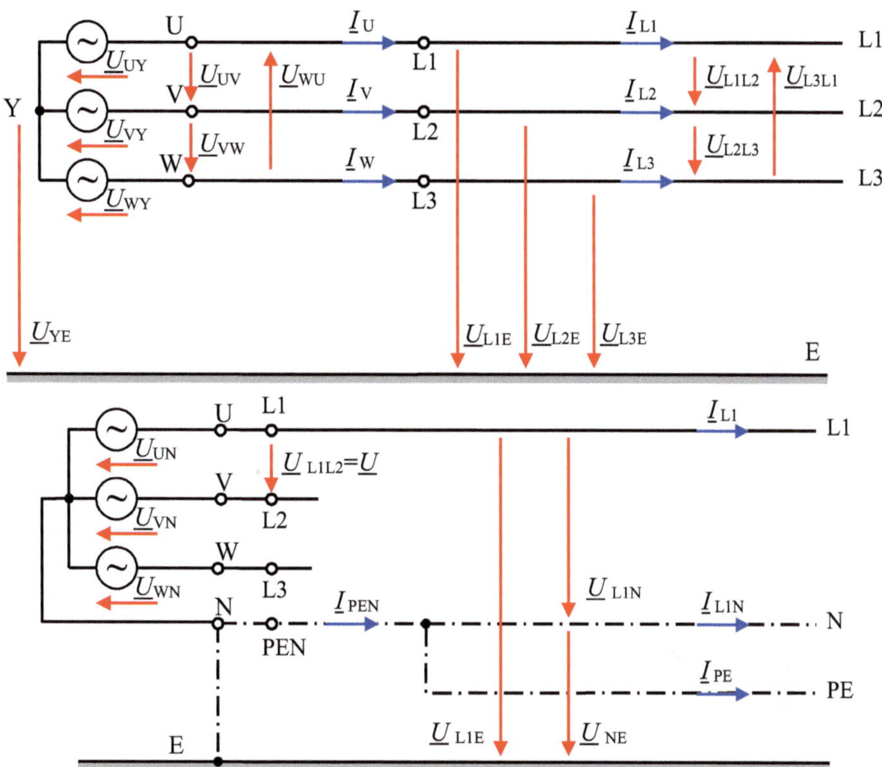

Abb. 1.135 Drehstromnetz mit drei Außenleitern (oben) und Einphasennetz gespeist aus einem Drehstromnetz (unten)

Die vollständigen Bezeichnungen der Leiterströme und -spannungen sind noch einmal in Abb. 1.135 dargestellt. Darin sind auch die Kennzeichnungen für Anschlüsse der Drehstromverbraucher angegeben, die sich nun anschließen.

1.5.2 Verbraucher

Beispiele für Drehstromverbraucher sind elektrische Durchlauferhitzer, Elektroherde oder Drehstrommotoren. Ihre Anschlusspunkte werden mit U, V, W oder N gekennzeichnet (Tab. 1.12). Die Drehstromverbraucher sind im einfachsten Fall aus drei Zweigen aufgebaut. Das können beim Drehstrom-Asynchronmotor drei Spulen im fest stehenden Gehäuse sein, deren Spulenachsen räumlich um ±120° gedreht sind (Abb. 2.36 links). Diese Zweige heißen Stränge. Folglich ist von Strangspannungen und -strömen die Rede.

Tab. 1.12 Kürzel für Außenleiter und Betriebsmittelanschlüsse

		Leiter	Anschlüsse
Wechselstrom	Außenleiter 1	L1	U
	Außenleiter 2	L2	V
	Außenleiter 3	L3	W
	Neutralleiter	N	N
Gleichstrom	positiver Leiter	C	L+
	negativer Leiter	D	L−
	Mittelleiter	M	M
Schutzleiter		PE	PE
PEN-Leiter		PEN	
Erde		E	E
fremdspannungsfreie Erde		TE	TE
Masse		MM	MM

Die Stränge werden im Dreieck oder Stern verschaltet (Abb. 1.136). Bei der Dreieckschaltung liegen die Außenleiterspannungen am Strang an. Bei der Sternschaltung fließen die Außenleiterströme durch die Stränge.

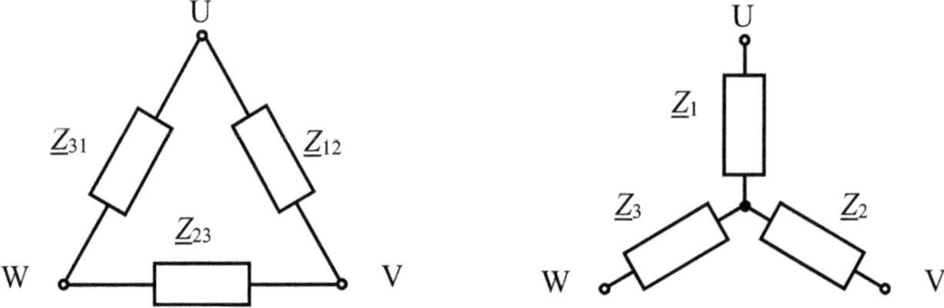

Abb. 1.136 Dreieck- und Sternschaltung mit den Impedanzen der Stränge

Sind die Impedanzen eines Verbrauchers in Dreieckschaltung gegeben, können diese in die Impedanzen einer äquivalenten Sternschaltung umgewandelt werden.

$$\underline{Z_1} = \frac{\underline{Z}_{12}\,\underline{Z}_{31}}{\underline{Z}_{12} + \underline{Z}_{23} + \underline{Z}_{31}} \quad \underline{Z_2} = \frac{\underline{Z}_{23}\,\underline{Z}_{12}}{\underline{Z}_{12} + \underline{Z}_{23} + \underline{Z}_{31}} \quad \underline{Z_3} = \frac{\underline{Z}_{31}\,\underline{Z}_{23}}{\underline{Z}_{12} + \underline{Z}_{23} + \underline{Z}_{31}} \tag{1.264}$$

Das geht auch umgekehrt.

$$\underline{Z}_{12} = \underline{Z}_1 + \underline{Z}_2 + \frac{\underline{Z}_1\underline{Z}_2}{\underline{Z}_3} \quad \underline{Z}_{23} = \underline{Z}_2 + \underline{Z}_3 + \frac{\underline{Z}_2\underline{Z}_3}{\underline{Z}_1} \quad \underline{Z}_{31} = \underline{Z}_3 + \underline{Z}_1 + \frac{\underline{Z}_3\underline{Z}_1}{\underline{Z}_2} \tag{1.265}$$

Im Anschluss werden drei einfache Versuchsaufbauten durchgespielt. Das sind zwei Sternschaltungen und eine Dreieckschaltung. Als Stränge in den Drehstromverbrauchern dienen je zwei Glühbirnen, die in Reihe geschaltet sind. Die Schaltungen werden am 400-V-Drehstromnetz angeschlossen, das sich starr verhält. Die Effektivwerte und Phasenlagen der drei Leiterspannungen und der drei Leiter-Erd-Spannungen bleiben in allen Fällen konstant, da die Bemessungsscheinleistung des Ortsnetztransformators sehr viel größer als die Anschlussleistung der wenigen Glühbirnen ist.

Sternschaltung mit isoliertem Sternpunkt

Zunächst werden die drei Stränge mit den Glühbirnen im Stern verschaltet. Der Sternpunkt Y ist isoliert. Mit dem Multimeter werden die drei Strangspannungen von 230 V und die drei Strangströme von etwa 123 mA gemessen (Abb. 1.137 links). Die Drehstromleitung wird gleichmäßig, d. h. symmetrisch belastet.

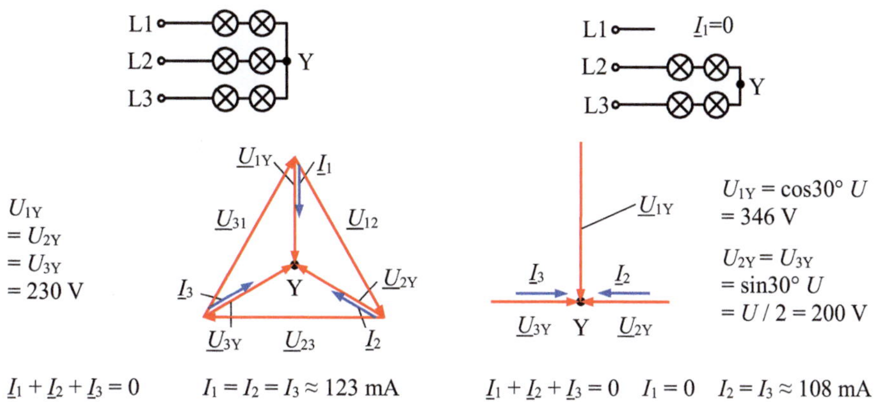

Abb. 1.137 Sternschaltung mit isoliertem Sternpunkt

Durch Herausdrehen einer Glühbirne wird nun der erste Strang unterbrochen, so dass dieser Strangstrom verschwindet ($I_1 = 0$). Die Leiterspannung U_{23} treibt einen Strom durch die Reihenschaltung der anderen beiden Stränge. Folglich fallen an diesen beiden Strängen je 200 V ab. Die drei Strangspannungen können in der komplexen Ebene gezeichnet werden und es wird offensichtlich, dass der Sternpunkt Y verschoben ist (Abb. 1.137 rechts). Wegen der Kirchhoffschen Maschenregel ist die erste Strangspannung 346 V. Dies ist ein deutliches Beispiel für eine asymmetrische Belastung einer symmetrischen Drehstromleitung.

Sternschaltung mit Neutralleiter

Nun wird ein Neutralleiter an dem Sternpunkt angeschlossen (Abb. 1.138). Bei symmetrischer Belastung werden die Messwerte von der Schaltung in Abb. 1.137 links reproduziert und der Neutralleiter ist stromlos. Wird in dieser Schaltung eine

Glühbirne im ersten Strang herausgedreht, bleiben alle drei Strangspannungen bei 230 V. Sie werden durch den Anschluss des Neutralleiters von der Ortsnetzstation vorgegeben. Daher bleiben die beiden anderen Strangströme bei 123 mA. Durch den Neutralleiter fließen jetzt wegen der Kirchhoffschen Knotenregel 123 mA.

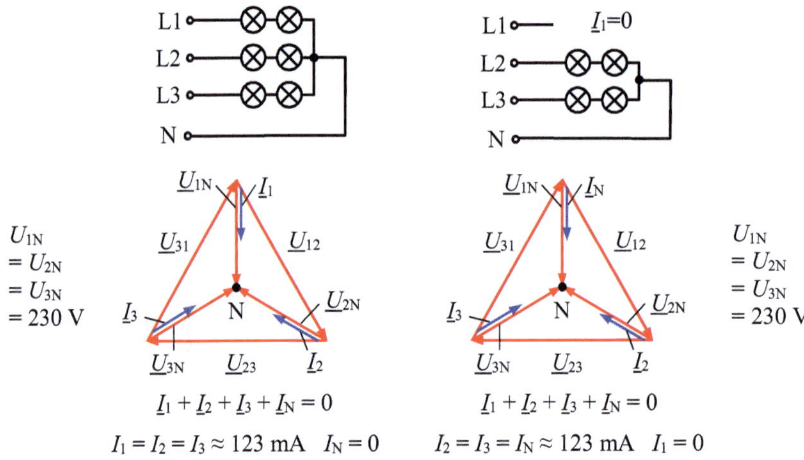

Abb. 1.138 Sternschaltung mit angeschlossenem Neutralleiter

Ein Neutralleiter muss zwingend mitgeführt werden, wenn einphasige Verbraucher am Drehstromnetz angeschlossen werden sollen und die Spannungen an den Steckdosen weitgehend konstant bleiben sollen.

Dreieckschaltung

Die Leitung wird zuerst symmetrisch belastet (Abb. 1.139 links).

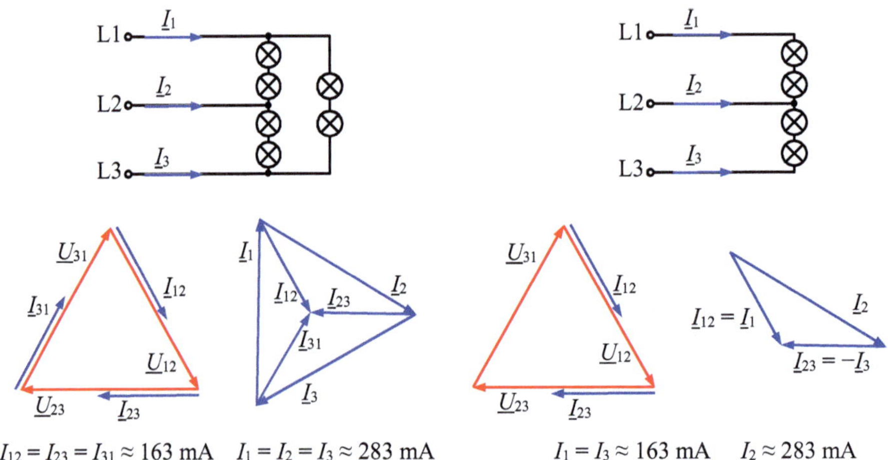

Abb. 1.139 Dreieckschaltung

Wegen der höheren Spannung sind hier die Strangströme größer als in der Sternschaltung. Zusätzlich zeigt sich, dass die Leiterströme größer als die Strangströme sind. Wegen der ersten Kirchhoffschen Knotenregel ist das Verhältnis vom Leiter- zum Strangstrom $I/I_{\text{str}} = 2\cos 30° = \sqrt{3}$. Nach dem Herausdrehen einer Glühbirne wird ein Strang unterbrochen und zwei Leiterströme gleichen den beiden verbleibenden Strangströmen.

1.5.3 Symmetrischer Betrieb und elektrische Leistung

Für den symmetrischen Betrieb wird ein einphasiges Ersatzschaltbild hergeleitet, was die Berechnung vereinfacht. Danach ist die elektrische Leistung im Fokus.

Ersatzschaltbild für den symmetrischen Betrieb

Es herrscht symmetrischer Betrieb, wenn zwei Bedingungen erfüllt sind.

- Es liegt ein symmetrisches Spannungssystem vor. Dann sind die Effektivwerte der drei Außenleiterspannungen gleich und ihre Phasenverschiebungen sind untereinander $\pm 120°$.
- Die Betriebsmittel im Netz wie Transformatoren oder Leitungen sowie die angeschlossenen Verbraucher haben symmetrischen Aufbau. Insbesondere sind die Impedanzen in den Strängen der Drehstromverbraucher gleich.

Im symmetrischem Betrieb gilt für die Spannungen

$$U_{12} = U_{23} = U_{31} = U \qquad U_1 = U_2 = U_3 = \frac{U}{\sqrt{3}} \tag{1.266}$$

und für die Leiterströme

$$I_1 = I_2 = I_3 = I \qquad I_{\text{N}} = 0\,. \tag{1.267}$$

Das stationäre Verhalten des Drehstromnetzes kann im symmetrischen Betrieb mit einem einphasigen Ersatzschaltbild dargestellt werden (Abb. 1.140).

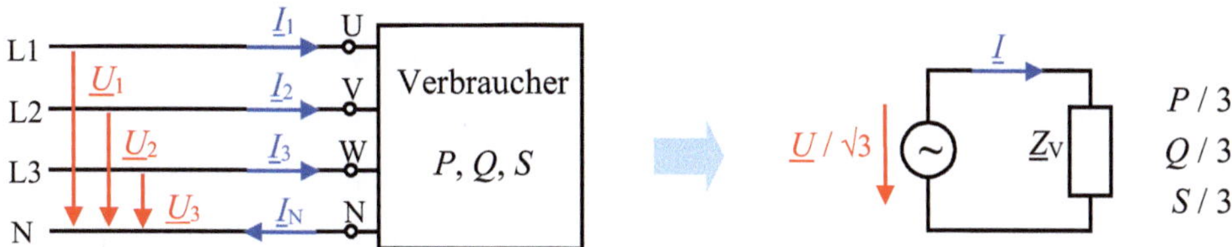

Abb. 1.140 Reduktion auf ein einphasiges Ersatzschaltbild

Der Strom $\underline{I}$ im einphasigen Ersatzschaltbild ist der Leiterstrom und die Spannung die Leiter-Erd-Spannung $\underline{U}/\sqrt{3}$. Entsprechend ist die eingezeichnete Impedanz $\underline{Z}_{\text{V}}$

die Impedanz des Verbrauchers in Sternschaltung (Abb. 1.136). Im einphasigen Ersatzschaltbild wird nur ein Drittel der gesamten Wirk-, Blind- und Scheinleistung umgesetzt. Wenn im Drehstromnetz keine Störung vorliegt, kann vom symmetrischen Betrieb ausgegangen werden. Ausnahme sind Niederspannungsnetze, die in den Leitern unterschiedliche Stromstärken haben. Auch bei einem Erdschluss im 10-kV-Kabelnetz liegt kein symmetrischer Betrieb mehr vor.

Wirk-, Blind- und Scheinleistung von Drehstromverbrauchern

Zunächst wird symmetrischer Betrieb vorausgesetzt. Die drei Stränge des Drehstromverbrauchers sind im Stern oder im Dreieck verschaltet. Jeder einzelne Strang ist ein einphasiger Wechselstromverbraucher (Abb. 1.141).

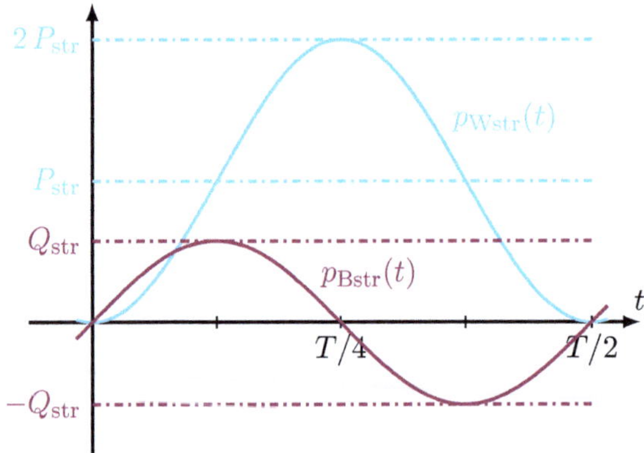

Abb. 1.141 Momentane Wirk- und Blindleistung für $\varphi_i = 0$ und $\varphi = \varphi_u = \pi/6$

Scine momentane Leistung $p_{\text{str}}(t)$ ist das Produkt von Strangspannung und -strom.

$$\begin{aligned} p_{\text{str}}(t) &= u_{\text{str}}(t)\; i_{\text{str}}(t) = \hat{u}_{\text{str}}\; \sin(\omega t + \varphi)\; \hat{i}_{\text{str}}\; \sin(\omega t) \\ &= \tfrac{1}{2}\; \hat{u}_{\text{str}}\; \hat{i}_{\text{str}}\, (\cos\varphi - \cos(2\omega t + \varphi)) \end{aligned} \tag{1.268}$$

Hier ist wieder zur Vereinfachung $\varphi_i = 0$ bzw. $\varphi_u = \varphi$ gesetzt. Die momentane Strangleistung setzt sich aus der momentanen Wirk- und Blindleistung zusammen.

$$\begin{aligned} p_{\text{str}}(t) &= p_{\text{Wstr}}(t) + p_{\text{Bstr}}(t) \\ &= U_{\text{str}}\, I_{\text{str}}\; \cos\varphi\; (1 - \cos(2\omega t)) + U_{\text{str}}\, I_{\text{str}}\; \sin\varphi\; \sin(2\omega t) \end{aligned} \tag{1.269}$$

Damit wird von jedem Strang die Wirkleistung $P_{\text{str}} = U_{\text{str}} I_{\text{str}} \cos\varphi$ aufgenommen und sein Bedarf an Blindleistung ist $Q_{\text{str}} = U_{\text{str}} I_{\text{str}} \sin\varphi$. Zur Berechnung der gesamten momentanen Leistung $p(t)$ des Drehstromverbrauchers müssen die Phasenverschiebungen der Strangspannungen und -ströme untereinander berücksichtigt werden (Abb. 1.142).

$$\begin{aligned} p_1(t) &= u_1(t)\, i_1(t) = \tfrac{1}{2}\, \hat{u}_{\text{str}}\, \hat{i}_{\text{str}}\, (\cos\varphi - \cos(2\omega t + \varphi)) \\ p_2(t) &= u_2(t)\, i_2(t) = \tfrac{1}{2}\, \hat{u}_{\text{str}}\, \hat{i}_{\text{str}}\, (\cos\varphi - \cos(2\omega t + \varphi - \tfrac{4}{3}\pi)) \\ p_3(t) &= u_3(t)\, i_3(t) = \tfrac{1}{2}\, \hat{u}_{\text{str}}\, \hat{i}_{\text{str}}\, (\cos\varphi - \cos(2\omega t + \varphi - \tfrac{8}{3}\pi)) \end{aligned} \tag{1.270}$$

Das gilt unabhängig davon, ob eine Stern- oder Dreieckschaltung vorliegt.

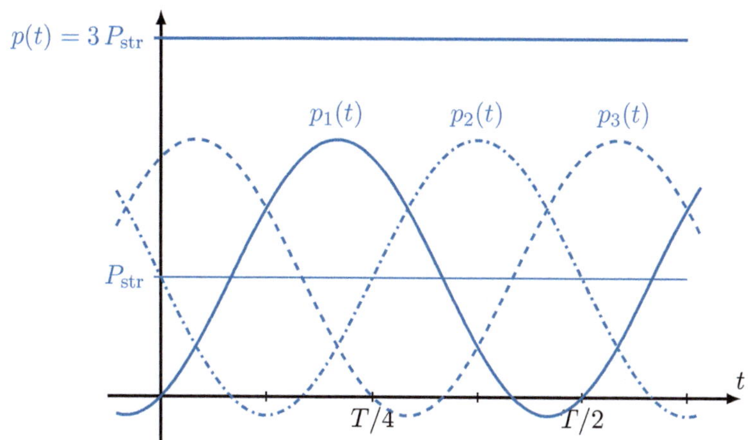

Abb. 1.142 Liniendiagramme der Strangleistungen und der gesamten Leistung für $\varphi = \pi/6$

Die gesamte Leistung $p(t)$ des Drehstromverbrauchers ist die Summe der drei einzelnen Strangleistungen.

$$p(t) = p_1(t) + p_2(t) + p_3(t) \tag{1.271}$$

Die drei momentanen Blindleistungen der Stränge heben sich zu jedem Zeitpunkt auf.

$$p_{\text{B1}}(t) + p_{\text{B2}}(t) + p_{\text{B3}}(t) = 0 \tag{1.272}$$

Daher ist die gesamte Leistung gleich der Summe der drei momentanen Wirkleistungen.

$$p(t) = p_{\text{W1}}(t) + p_{\text{W2}}(t) + p_{\text{W3}}(t) \tag{1.273}$$

Sie ist im symmetrischen Betrieb zu jedem Zeitpunkt konstant.

$$p(t) = \tfrac{3}{2}\, \hat{u}_{\text{str}}\, \hat{i}_{\text{str}}\, \cos\varphi \tag{1.274}$$

In diesem Punkt unterscheidet sich der symmetrische Drehstromverbraucher von einem einphasigen Wechselstromverbraucher, bei dem die über die Leitung transportierte Leistung mit der doppelten Netzfrequenz schwingt. Durch diese Leistungspendelung werden Wechselstromgeneratoren und ihre Turbinen wegen

$$p(t) = M\,\omega_{\mathrm{mech}} \tag{1.275}$$

mit Drehmomenten belastet, die sich periodisch ändern. Dagegen arbeiten Drehstrom-Synchrongeneratoren mit konstanten Drehmomenten, wenn gleichzeitig im Übertragungsnetz die Frequenz f_1 des Wechselstroms präzise auf 50 Hz eingeregelt wird. Die hängt wegen Gl. 2.10 direkt mit der mechanischen Winkelgeschwindigkeit ω_{mech} zusammen. Daher können in konventionellen Kraftwerken hoch effiziente Dampf- und Gasturbinen eingesetzt werden (Abb. 1.143). Das ist ein bedeutender Vorteil der Drehstromtechnik.

Abb. 1.143 Dampf- und Gasturbine (Fotos: Siemens Energy [118])

Die Wirkleistung ist das arithmetische Mittel der momentanen Leistung über eine Periodendauer. Daher steht in Gl. 1.274 schon die gesamte Wirkleistung P.

$$\tfrac{3}{2}\,\hat{u}_{\mathrm{str}}\,\hat{i}_{\mathrm{str}}\,\cos\varphi = 3\,U_{\mathrm{str}}\,I_{\mathrm{str}}\,\cos\varphi = 3\,P_{\mathrm{str}} = P \tag{1.276}$$

Diese wird meistens in Abhängigkeit der Leitergrößen I und U angegeben. Hier unterscheiden sich Stern- und die Dreieckschaltung. Für die Sternschaltung gilt

$$U_{\mathrm{str}} = \frac{U}{\sqrt{3}} \qquad \text{und} \qquad I_{\mathrm{str}} = I\,. \tag{1.277}$$

Dagegen ist bei der Dreieckschaltung

$$U_{\mathrm{str}} = U \qquad \text{und} \qquad I_{\mathrm{str}} = \frac{I}{\sqrt{3}}\,. \tag{1.278}$$

Für beide Schaltungen ist

$$P = \sqrt{3}\,U I\cos\varphi\,. \tag{1.279}$$

Befinden sich in den Strängen des Drehstromverbrauchers lineare Widerstände, kann das Verhältnis der gesamten Wirkleistung in Stern- und Dreieckschaltung $P_{\Delta}/P_{\mathrm{Y}}$ angeben werden. Wegen

$$P_{\Delta} = 3\,U_{\mathrm{str}\Delta}\,I_{\mathrm{str}\Delta}\,\cos\varphi = 3\,U\,\frac{U}{Z}\,\cos\varphi \tag{1.280}$$

und

$$P_{\mathrm{Y}} = 3\,U_{\mathrm{strY}}\,I_{\mathrm{strY}}\,\cos\varphi = 3\,\frac{U}{\sqrt{3}}\frac{U}{\sqrt{3}\,Z}\,\cos\varphi = U\,\frac{U}{Z}\,\cos\varphi \tag{1.281}$$

ist

$$\frac{P_{\Delta}}{P_{\mathrm{Y}}} = 3\,. \tag{1.282}$$

Die Summe der momentanen Blindleistungen der drei einzelnen Stränge verschwindet im symmetrischen Betrieb zu jedem Zeitpunkt (Gl. 1.272). Gleichzeitig schwingt in jedem Strang des Drehstromverbrauchers die momentane Blindleistung und damit auf jedem Leiter der Drehstromleitung (Abb. 1.144). Daher macht es Sinn, vom Blindleistungsbedarf des Drehstromverbrauchers zu sprechen.

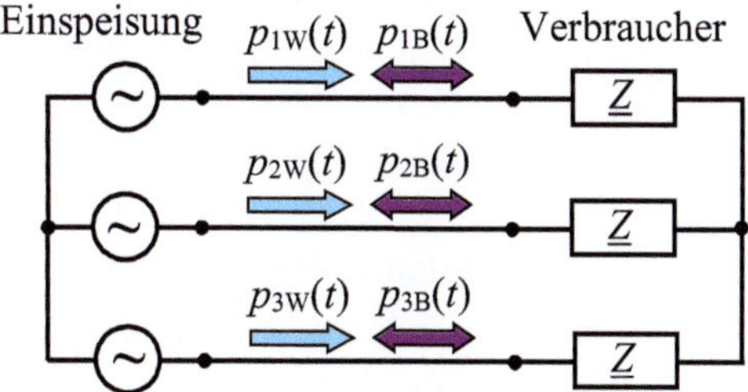

Abb. 1.144 Momentane Wirk- und Blindleistungen beim Drehstromverbraucher

Die gesamte Blindleistung des Verbrauchers setzt sich aus den drei Blindleistungen der Stränge Q_{str} zusammen.

$$Q = 3\,Q_{\mathrm{str}} = 3\,U_{\mathrm{str}}\,I_{\mathrm{str}}\,\sin\varphi \tag{1.283}$$

Analog zur Wirkleistung gilt

$$Q = \sqrt{3}\,UI\sin\varphi\,. \tag{1.284}$$

Die gesamte Scheinleistung ist schließlich

$$S = \sqrt{3}\,UI\,. \tag{1.285}$$

Genauso wie im Wechselstromkreis gilt hier

$$S^2 = P^2 + Q^2 \qquad \text{und} \qquad S = \sqrt{P^2 + Q^2}\,. \tag{1.286}$$

Die Wirk-, Blind- und Scheinleistung können wieder im Leistungsdreieck (Abb. 1.110) gezeichnet werden und auch hier gibt es eine komplexe Scheinleistung.

$$\underline{S} = P + \mathrm{j}Q \tag{1.287}$$

Bei einem asymmetrischen Verbraucher, der in den Zweigen unterschiedliche Impedanzen hat, müssen die Leistungen in den einzelnen Strängen addiert werden.

$$\begin{aligned}\underline{S} &= \underline{S}_1 + \underline{S}_2 + \underline{S}_3 = \underline{U}_1\,\underline{I}_1^* + \underline{U}_2\,\underline{I}_2^* + \underline{U}_3\,\underline{I}_3^* \\ &= (P_1 + P_2 + P_3) + \mathrm{j}\,(Q_1 + Q_2 + Q_3)\end{aligned} \tag{1.288}$$

Um eine komplizierte Leistungsflussrechnung zu vermeiden, wird gerne ein starres Drehstromnetz vorausgesetzt. Das ist praxisgerecht, wie es sich schon bei den einfachen Schaltungen mit den Glühbirnen gezeigt hat.

Literatur

[1] Manfred Albach. *Elektrotechnik.* 2., aktualisierte Auflage. München: Pearson Studium, Juli 2020. ISBN: 978-3-868-94398-6.

[2] Manfred Albach. *Grundlagen der Elektrotechnik 1: Erfahrungssätze, Bauelemente, Gleichstromschaltungen.* 4., aktualisierte Auflage. München: Pearson Studium, Juli 2020. ISBN: 978-3-868-94399-3.

[3] Manfred Albach. *Grundlagen der Elektrotechnik 2: Periodische und nicht periodische Signalformen.* 3., aktualisierte Auflage. München: Pearson Studium, September 2020. ISBN: 978-3-868-94400-6.

[4] Heinz-Josef Bauckholt. *Grundlagen und Bauelemente der Elektrotechnik.* 9. erweiterte Auflage. Lernbücher der Technik. München: Carl Hanser Verlag, 2022. ISBN: 978-3-446-47300-3.

[5] Dr.- Ing. Erich Boeck. *Lehrgang Elektrotechnik und Elektronik: Theoretische Grundlagen der Elektrotechnik und Elektronik mit ihren Anwendungen zur Analyse elektrotechnischer Prozesse.* Wiesbaden: Springer Fachmedien Wiesbaden, 2022. ISBN: 978-3-658-36954-5 978-3-658-36955-2. DOI: 10.1007/978-3-658-36955-2. URL: https://link.springer.com/10.1007/978-3-658-36955-2.

[6] Wolf-Ewald Büttner. *Grundlagen der Elektrotechnik. 1.* 3., verb. Aufl. München: Oldenbourg, 2012. 354 S. ISBN: 978-3-486-70706-9. DOI: 10.1524/9783486718683.

[7] Wolf-Ewald Büttner. *Grundlagen der Elektrotechnik. 2.* 3. Aufl. De Gruyter eBook-Paket Ingenieurswissenschaften. München: Oldenbourg, 2014. 357 S. ISBN: 978-3-11-037178-9 978-3-11-037179-6. DOI: 10.1524/9783110371796.

[8] Horst Clausert u. a. *Grundgebiete der Elektrotechnik. Bd. 1: Gleichstrom, elektrische und magnetische Felder.* München: Oldenbourg Wissenschaftsverlag, 2003. ISBN: 978-3-486-59719-6.

[9] Arnold Führer, Klaus Heidemann und Wolfgang Nerreter. *Grundgebiete der Elektrotechnik Band 1.* Leipzig: Carl Hanser Verlag, 2019. ISBN: 978-3-446-45953-3.

[10] Arnold Führer, Klaus Heidemann und Wolfgang Nerreter. *Grundgebiete der Elektrotechnik Band 2.* Leipzig: Carl Hanser Verlag, 2019. ISBN: 978-3-446-45954-0.

[11] Gert Hagmann. *Grundlagen der Elektrotechnik: das bewährte Lehrbuch für Studierende der Elektrotechnik und anderer technischer Studiengänge ab 1. Semester.* 18., durchgesehene und korrigierte Auflage. Elektrotechnik. Wiebelsheim: AULA-Verlag, 2020. 398 S. ISBN: 978-3-89104-830-6.

[12] Thomas Harriehausen und Dieter Schwarzenau. *Moeller Grundlagen der Elektrotechnik.* Wiesbaden: Springer Fachmedien Wiesbaden, 2025. ISBN: 978-3-658-49992-1 978-3-658-49993-8. DOI: `10.1007/978-3-658-49993-8`. URL: `https://link.springer.com/10.1007/978-3-658-49993-8`.

[13] Ekbert Hering, Julian Endres und Jürgen Gutekunst, Hrsg. *Elektronik für Ingenieure und Naturwissenschaftler.* Berlin, Heidelberg: Springer Berlin Heidelberg, 2021. ISBN: 978-3-662-62697-9 978-3-662-62698-6. DOI: `10.1007/978-3-662-62698-6`. URL: `https://link.springer.com/10.1007/978-3-662-62698-6`.

[14] Marika Höwing. *Einführung in die Elektrotechnik.* 2., durchgesehene Auflage. Rheinwerk Technik. Bonn: Rheinwerk Verlag, 2021. 551 S. ISBN: 978-3-8362-8417-2.

[15] Cihat Karaali. *Grundlagen der Elektrotechnik: elektrisches und magnetisches Feld, Gleichstrom- und Wechselstromkreis, Drehstrom in der Antriebstechnik, Einführung mit Übungen.* Wiesbaden [Heidelberg]: Springer Vieweg, 2021. ISBN: 978-3-658-31829-1 978-3-658-31828-4.

[16] Ralf Rüdiger Kories und Heinz Schmidt-Walter. *Taschenbuch der Elektrotechnik: Grundlagen und Elektronik.* 12. Auflage. Edition Harri Deutsch. Haan-Gruiten: Verlag Europa-Lehrmittel, 2022. 736 S. ISBN: 978-3-8085-5866-9.

[17] Christian Kral. *Grundlagen der Elektrotechnik 1: ein einführendes Lehrbuch.* 1. Auflage. Hanser eLibrary. München: Carl Hanser Verlag, 2024. ISBN: 978-3-446-47376-8 978-3-446-48127-5. DOI: `10.3139/9783446481275`.

[18] Marlene Marinescu und Nicolae Marinescu. *Elektrotechnik für Studium und Praxis: Gleich-, Wechsel- und Drehstrom, Schalt- und nichtsinusförmige Vorgänge.* 1. Auflage. Wiesbaden: Springer Vieweg, 28. Oktober 2016. ISBN: 978-3-658-14158-5.

[19] Uwe Meier und Oliver Stübbe. *Elektrotechnik zum Selbststudium: Grundlagen und Vertiefung.* Wiesbaden: Springer Fachmedien Wiesbaden, 2022. ISBN: 978-3-658-33869-5 978-3-658-33870-1. DOI: `10.1007/978-3-658-33870-1`. URL: `https://link.springer.com/10.1007/978-3-658-33870-1`.

[20] Dieter Nelles. *Grundlagen der Elektrotechnik zum Selbststudium. Band 1: Gleichstromkreise.* 2., neu bearbeitete Auflage. Grundlagen der Elektrotechnik zum Selbststudium. Berlin Offenbach: VDE Verlag, 2022. 280 S. ISBN: 978-3-8007-5640-7.

[21] Dieter Nelles und Oliver Nelles. *Grundlagen der Elektrotechnik zum Selbststudium. 2: Elektrische Felder.* 2., neu bearbeitete Auflage. Grundlagen der Elektrotechnik zum Selbststudium. Berlin Offenbach: VDE Verlag, 2022. 299 S. ISBN: 978-3-8007-5799-2.

[22] Dieter Nelles und Oliver Nelles. *Grundlagen der Elektrotechnik zum Selbststudium Band 3: Magnetische Felder.* 2., neu bearbeitete Auflage. Grundlagen der Elektrotechnik zum Selbststudium. Berlin: VDE Verlag, 2023. ISBN: 978-3-8007-5802-9.

[23] Dieter Nelles. *Grundlagen der Elektrotechnik zum Selbststudium. 4: Wechselstromkreise.* Grundlagen der Elektrotechnik zum Selbststudium. Berlin: VDE Verlag, 2003. 339 S. ISBN: 978-3-8007-2552-6.

[24] Wolfgang Nerreter. *Grundlagen der Elektrotechnik mit Micro-Cap und MATLAB.* 3. vollständig überarbeitete Auflage. Leipzig: Carl Hanser Verlag, Juni 2020. ISBN: 978-3-446-46456-8.

[25] Steffen Paul, Reinhold Paul und Steffen Paul. *Gleichstromnetzwerke und ihre Anwendungen.* 6. Auflage. Grundlagen der Elektrotechnik und Elektronik / Steffen Paul; Reinhold Paul 1. Berlin: Springer Vieweg, 2022. 475 S. ISBN: 978-3-662-66187-1.

[26] Steffen Paul, Reinhold Paul und Springer-Verlag GmbH. *Grundlagen der Elektrotechnik und Elektronik 2 Elektromagnetische Felder und ihre Anwendungen.* 2019. ISBN: 978-3-662-58220-6.

[27] Steffen Paul und Reinhold Paul. *Grundlagen der Elektrotechnik und Elektronik. 3: Dynamische Netzwerke: zeitabhängige Vorgänge, Transformationen, Systeme.* Lehrbuch. Berlin: Springer Vieweg, 2017. 1010 S. ISBN: 978-3-662-44977-6 978-3-662-44978-3.

[28] Eugen Philippow, Wolf J Becker und Karl W Bonfig. *Grundlagen der Elektrotechnik.* 10. durchgesehene und ergänzte Auflage. Berlin: Verlag Technik, 2000. ISBN: 978-3-341-01241-3.

[29] Reinhold Pregla. *Grundlagen der Elektrotechnik.* Unter Mitarb. von Hans-Georg Bergandt, Uwe Schulz und Volker Tulaja. 9., durchgesehene Auflage. Lehrbuch Studium. Berlin Offenbach: VDE Verlag, 2016. 520 S. ISBN: 978-3-8007-4205-9.

[30] Reinhard Scholz. *Grundlagen der Elektrotechnik: eine Einführung in die Gleich- und Wechselstromtechnik.* 2., aktualisierte und erweiterte Auflage. Hanser eLibrary. München: Carl Hanser Verlag, 2024. ISBN: 978-3-446-48121-3. DOI: 10.3139/9783446481213.

[31] Leonhard Stiny und Martin Poppe. *Grundwissen Elektrotechnik und Elektronik: Eine leicht verständliche Einführung.* Berlin, Heidelberg: Springer Berlin Heidelberg, 2024. ISBN: 978-3-662-68458-0 978-3-662-68459-7. DOI: 10.1007/978-3-662-68459-7. URL: https://link.springer.com/10.1007/978-3-662-68459-7.

[32] Leonhard Stiny. *Schnelleinführung Elektrotechnik: Zusammenfassung zur Vorbereitung auf eine Prüfung in Elektrotechnik.* Wiesbaden: Springer Fachmedien Wiesbaden, 2021. ISBN: 978-3-658-28966-9 978-3-658-28967-6. DOI: 10.1007/978-3-658-28967-6. URL: http://link.springer.com/10.1007/978-3-658-28967-6.

[33] Dieter Zastrow. *Elektrotechnik: ein Grundlagenlehrbuch mit 547 Abbildungen, 141 Beispielen und 224 Übungsaufgaben mit Lösungen sowie 27 Übersichten als Wissensspeicher.* 20., korrigierte Auflage. Lehrbuch. Wiesbaden: Springer Vieweg, 2018. ISBN: 978-3-658-19306-5 978-3-658-19307-2.

[34] Herbert Bernstein. *Elektrotechnik/Elektronik für Maschinenbauer: einfach und praxisgerecht.* 3., überarbeitete Auflage. Wiesbaden: Springer Fachmedien Wiesbaden GmbH, 2018. 422 S. ISBN: 978-3-658-20837-0 978-3-658-20838-7.

[35] Andreas Böker, Hartmuth Paerschke und Ekkehard Boggasch. *Elektrotechnik für Gebäudetechnik und Maschinenbau.* 2. Auflage. Wiesbaden: Springer Vieweg, 2019. ISBN: 978-3-658-20970-4.

[36] Rudolf Busch und Michael Beck. *Elektrotechnik und Elektronik: Für Maschinenbauer und Verfahrenstechniker.* Wiesbaden: Springer Fachmedien Wiesbaden, 2024. ISBN: 978-3-658-44405-1 978-3-658-44406-8. DOI: 10.1007/978-3-658-44406-8. URL: https://link.springer.com/10.1007/978-3-658-44406-8.

[37] Rolf Fischer. *Elektrotechnik: für Maschinenbauer sowie Studierende technischer Fächer.* 16., überarbeitete und neu gestaltete Auflage. Lehrbuch. Wiesbaden: Springer Vieweg, 2019. 461 S. ISBN: 978-3-658-25644-9 978-3-658-25643-2.

[38] Georg Flegel u. a. *Elektrotechnik für Maschinenbau und Mechatronik.* 11., aktualisierte Auflage. München: Carl Hanser Verlag, 2023. 349 S. ISBN: 978-3-446-47275-4.

[39] Ekbert Hering u. a., Hrsg. *Elektrotechnik und Elektronik in Maschinenbau und Mechatronik: Für Studierende und für die Praxis.* 5. Aufl. 2024. Berlin, Heidelberg: Springer Berlin Heidelberg, 2024. ISBN: 978-3-662-67537-3 978-3-662-67538-0. DOI: 10.1007/978-3-662-67538-0.

[40] Ismail Kasikci. *Elektrotechnik für Architekten, Bauingenieure und Gebäudetechniker: Grundlagen und Anwendung in der Gebäudeplanung.* 2., aktualisierte Auflage. Wiesbaden, Germany: Springer Vieweg, 2018. ISBN: 978-3-658-23762-2 978-3-658-23763-9.

[41] Rainer Ose. *Elektrotechnik für Ingenieur:innen: Grundlagen.* 7., überarbeitete und erweiterte Auflage. München: Carl Hanser Verlag, 2022. 414 S. ISBN: 978-3-446-47479-6.

[42] Reiner Johannes Schütt. *Elektrotechnische Grundlagen für Wirtschaftsingenieure*. Wiesbaden: Springer Fachmedien Wiesbaden, 2013. ISBN: 978-3-658-02762-9 978-3-658-02763-6. DOI: 10.1007/978-3-658-02763-6. URL: http://link.springer.com/10.1007/978-3-658-02763-6.

[43] Paul Waldner. *Kompendium der Elektrotechnik und Elektronik - umfassend, anwendungsbezogen, verständlich dargestellt*. 2. Auflage. München: Werner Verlag, 2000. ISBN: 978-3-804-14985-5.

[44] Horst Bumiller u. a. *Fachkunde Elektrotechnik*. 33. überarbeitete und erweiterte Auflage. Europa Fachbuchreihe für elektrotechnische Berufe. Haan-Gruiten: Verlag Europa-Lehrmittel, 2022. 704 S. ISBN: 978-3-8085-3823-4.

[45] Michael Felleisen. *Elektrotechnik für Dummies*. 2. Auflage. New York: John Wiley und Sons, 2019. ISBN: 978-3-527-71560-2.

[46] Marika Höwing. *Einführung in die Elektrotechnik*. 1. Auflage. Rheinwerk Computing, 2019. ISBN: 978-3-8362-6653-6.

[47] Markus Kemper und Kai-Uwe Zirk. *Elektrotechnik anschaulich und leicht verständlich*. Wiesbaden: Springer Vieweg, 2025. ISBN: 978-3-662-70405-9 978-3-662-70406-6.

[48] Karl-Dieter Tieste und Oliver Romberg. *Keine Panik vor Elektrotechnik! Erfolg und Spaß mit den Widerständen im Ingenieurstudium*. 1. Auflage. Berlin: Springer Vieweg, 2018. 303 S. ISBN: 978-3-662-56803-3.

[49] Tobias Tippelt. *Elektrotechnik einfach erklärt: Die Grundlagen im Handumdrehen verstehen*. CreateSpace Independent Publishing Platform (10. Mai 2018), 2018. ISBN: 978-1-976-28441-0.

[50] Paul Waldner. *Du und die Elektrizität*. 1. Auflage. Münster: Aschendorf Buchverlag Verlag, 2009. ISBN: 978-3-402-19210-8.

[51] Douglas C. Giancoli. *Physik: Lehr- und Übungsbuch*. 3. erweiterte Auflage. München: Pearson Studium, 2009. ISBN: 978-3-868-94023-7.

[52] Hans-Christoph Mertins und Markus Gilbert. *Prüfungstrainer Experimentalphysik*. Berlin, Heidelberg: Springer Berlin Heidelberg, 2016. ISBN: 978-3-662-49689-3 978-3-662-49690-9. DOI: 10.1007/978-3-662-49690-9. URL: http://link.springer.com/10.1007/978-3-662-49690-9.

[53] Stefan Roth und Achim Stahl. *Elektrizität und Magnetismus: Experimentalphysik - anschaulich erklärt*. Springer Spektrum. Berlin: Springer, 2018. ISBN: 978-3-662-54444-0 978-3-662-54445-7.

[54] Ekbert Hering und Gert Schönfelder. *Sensoren in Wissenschaft und Technik: Funktionsweise und Einsatzgebiete*. Praxis. Wiesbaden: Vieweg + Teubner, 2012. ISBN: 978-3-8348-0169-2.

[55] Georg Heyne. *Elektronische Meßtechnik: eine Einführung für angehende Wissenschaftler*. München Wien: Oldenbourg, 1999. 152 S. ISBN: 978-3-486-24976-7.

[56] Thomas Mühl. *Elektrische Messtechnik: Grundlagen, Messverfahren, Anwendungen.* Wiesbaden: Springer Fachmedien Wiesbaden, 2020. ISBN: 978-3-658-29115-0 978-3-658-29116-7. DOI: 10.1007/978-3-658-29116-7. URL: http://link.springer.com/10.1007/978-3-658-29116-7.

[57] Rainer Parthier. *Messtechnik: Grundlagen und Anwendungen der elektrischen Messtechnik.* 8., überarbeitete und erweiterte Auflage. Lehrbuch. Wiesbaden: Springer Vieweg, 2016. 283 S. ISBN: 978-3-658-13597-3 978-3-658-13598-0.

[58] Paul Profos, Hrsg. *Grundlagen der Meßtechnik.* 5. überarb. Auflage. München Wien: Oldenbourg, 1997. 367 S. ISBN: 978-3-486-24148-8.

[59] Fernando Puente León. *Messtechnik: Grundlagen, Methoden und Anwendungen.* Berlin, Heidelberg: Springer Berlin Heidelberg, 2019. ISBN: 978-3-662-59766-8 978-3-662-59767-5. DOI: 10.1007/978-3-662-59767-5. URL: https://link.springer.com/10.1007/978-3-662-59767-5.

[60] Elmar Schrüfer, Leonhard M. Reindl und Bernhard Zagar. *Elektrische Messtechnik: Messung elektrischer und nichtelektrischer Größen.* 13. vollständig überarbeitete Auflage. München: Carl Hanser Verlag, 2022. ISBN: 978-3-446-47164-1.

[61] Peter Wellmann. *Materialien der Elektronik und Energietechnik: Halbleiter, Graphen, Funktionale Materialien.* Wiesbaden: Springer Fachmedien Wiesbaden, 2019. ISBN: 978-3-658-26991-3 978-3-658-26992-0. DOI: 10.1007/978-3-658-26992-0. URL: http://link.springer.com/10.1007/978-3-658-26992-0.

[62] Hansgeorg Hofmann, Jürgen Spindler und Hans Fischer. *Werkstoffe in der Elektrotechnik: Grundlagen - Struktur - Eigenschaften - Prüfung - Anwendung - Technologie.* 8., aktualisierte Auflage. Lernbücher der Technik. München: Carl Hanser Verlag, 2018. 382 S. ISBN: 978-3-446-45853-6.

[63] E. Ivers-Tiffée und W. von Münch. *Werkstoffe der Elektrotechnik.* Wiesbaden: Vieweg+Teubner Verlag, 2007. ISBN: 978-3-835-10052-7.

[64] Manfred Albach und Janina Fischer. *Elektrotechnik Aufgabensammlung.* 2. aktualisierte Auflage. Elektrotechnik. München: Pearson, 2020. 388 S. ISBN: 978-3-86894-397-9.

[65] Michael Franke. *Meisterprüfung Elektrotechnik - Aufgaben mit Lösungen.* Berlin: VDE Verlag GmbH, 2021. 109 S. ISBN: 978-3-8007-5376-5 978-3-8007-5377-2.

[66] Arnold Führer, Klaus Heidemann und Wolfgang Nerreter. *Grundgebiete der Elektrotechnik. 3: Aufgaben.* 4. überarbeitete Auflage. München: Carl Hanser Verlag, 2022. ISBN: 978-3-446-47295-2.

[67] Oliver Haas und Christian Spieker. *Aufgaben zur Elektrotechnik 1.* 1. Auflage. Boston: De Gruyter, 2020. ISBN: 978-3-11-067248-0.

[68] Oliver Haas und Christian Spieker. *Aufgaben zur Elektrotechnik 2.* 1. Auflage. Boston: De Gruyter, 2020. ISBN: 978-3-11-067252-7.

[69] Gert Hagmann. *Aufgabensammlung zu den Grundlagen der Elektrotechnik mit Lösungen und ausführlichen Lösungswegen sowie 229 Abbildungen.* 18., durchgesehene Auflage. Wiebelsheim: AULA-Verlag, 2019. 394 S. ISBN: 978-3-89104-828-3.

[70] Jan Luiken Ter Haseborg, Christian Schuster und Manfred Kasper. *Fit für die Prüfung – Elektrotechnik: Effektives Lernen mit Beispielen und ausführlichen Lösungen.* 2., aktualisierte Auflage. München: Carl Hanser Verlag, 2023. 328 S. ISBN: 978-3-446-47871-8.

[71] Thorsten Janßen u. a. *Aufgaben und Lösungen Elektrotechnik: Fachbuch + E-Book.* 16. Auflage. Die Meisterprüfung. Würzburg: Vogel Communications Group, 2022. 456 S. ISBN: 978-3-8343-3513-5.

[72] Christian H. Kautz. *Tutorien zur Elektrotechnik.* 1. Aufl. München: Pearson Studium, 2010. 175 S. ISBN: 978-3-8273-7323-6.

[73] Helmut Lindner. *Elektro-Aufgaben Band 1 - Gleichstrom.* 31. aktualisierte Auflage. München: Carl Hanser Verlag, 2017. ISBN: 978-3-446-45221-3.

[74] Helmut Lindner. *Elektro-Aufgaben Band 2 - Wechselstrom.* 26., aktualisierte Auflage. München: Carl Hanser Verlag, 2018. ISBN: 978-3-446-45493-4.

[75] Rainer Ose. *Elektrotechnik für Ingenieure Übungsbuch.* Neuauflage. München: Carl Hanser Verlag, 2020. ISBN: 978-3-446-46444-5.

[76] Leonhard Stiny. *Aufgabensammlung zur Elektrotechnik und Elektronik - Übungsaufgaben mit ausführlichen Musterlösungen.* Berlin Heidelberg New York: Springer-Verlag, 2017. ISBN: 978-3-658-14381-7.

[77] Martin Vömel und Dieter Zastrow. *Aufgabensammlung Elektrotechnik 1: Gleichstrom, Netzwerke und elektrisches Feld.* 6., korr. und verb. Aufl. 2012. Wiesbaden: Springer Vieweg, 25. Oktober 2012. ISBN: 978-3-834-81702-0.

[78] Wilfried Weißgerber. *Elektrotechnik für Ingenieure - Klausurenrechnen: Aufgaben mit ausführlichen Lösungen.* 7., durchgesehene und korrigierte Auflage. Lehrbuch. Wiesbaden: Springer Vieweg, 2018. ISBN: 978-3-658-21818-8 978-3-658-21819-5.

[79] Wilfried Weißgerber. *Elektrotechnik für Ingenieure: ein Lehr- und Arbeitsbuch für das Grundstudium. Formelsammlung: Elektrotechnik kompakt.* 6., durchgesehene und korrigierte Auflage. Lehrbuch. Wiesbaden: Springer Vieweg, 2018. ISBN: 978-3-658-21817-1 978-3-658-21816-4.

[80] Uwe Maschmeyer und Gerhard Wesker. *Energietechnische Formeln.* 15. Auflage. Köln: Bildungsverlag EINS, 2021. 124 S. ISBN: 978-3-427-44522-7.

[81] Dieter Metz, Uwe Naundorf und Jürgen Schlabbach. *Kleine Formelsammlung Elektrotechnik.* 6., erweiterte Auflage. München: Fachbuchverlag Leipzig im Carl Hanser Verlag, 2014. 254 S. ISBN: 978-3-446-43977-1.

[82] Lew D. Landau und Jewgeni M. Lifschitz. *Quantenmechanik*. unveränderter Nachdruck der 9. Aufl. 1986. Lehrbuch der theoretischen Physik. Berlin: Akad.-Verlag, 2012. 644 S. ISBN: 978-3-8171-1328-6.

[83] Hermann Haken und Hans Christoph Wolf. *Atom- und Quantenphysik - Einführung in die experimentellen und theoretischen Grundlagen*. 8. aktualisierte u. erweiterte Auflage. Berlin Heidelberg New York: Springer-Verlag, 2004. ISBN: 978-3-540-02621-1.

[84] Fritz W. Bopp. *Kerne, Hadronen und Elementarteilchen: eine kurze Einführung*. 2. Auflage. Berlin Heidelberg: Springer-Spektrum, 2015. ISBN: 978-3-662-43666-0. DOI: 10.1007/978-3-662-43667-7.

[85] TransnetBW GmbH. *Internet Auftritt*. www.transnetbw.de. 2018 - heute.

[86] RWE AG. *Corporate Website*. www.rwe.com. 2001 - heute.

[87] Hitachi Energy Germany AG. *Pressestelle*. www.hitachienergy.com/de. Mannheim, 2020 - heute.

[88] Stadtwerke Kiel AG. *Internet Auftritt*. www.stadtwerke-kiel.de. 2019.

[89] Reinhold Kleiner und Werner Buckel. *Supraleitung: Grundlagen und Anwendungen*. 8. Auflage. Weinheim: Wiley-VCH, 2024. 473 S. ISBN: 978-3-527-41419-2.

[90] Wikipedia. *Die freie Enzyklopädie*. www.de.wikipedia.org. 2001 - heute.

[91] Martin Poppe. *Die Maxwell´sche Theorie. Für Ingenieure und Master-Studenten*. 1. Auflage. Berlin Heidelberg: Vieweg+Teubner Verlag, 2015. ISBN: 978-3-662-45592-0.

[92] Thomas Harriehausen und Dieter Schwarzenau. *Moeller Grundlagen der Elektrotechnik*. 2020. ISBN: 978-3-658-27839-7 978-3-658-27840-3. URL: http://link.springer.com/10.1007/978-3-658-27840-3.

[93] Frank Gustrau. *Electromagnetic Design: Theorie und Simulation elektromagnetischer Felder*. München: Carl Hanser Verlag, 2023. 330 S. ISBN: 978-3-446-47418-5.

[94] Hans-Jürgen Meckelburg. *Theorie der Elektromagnetischen Verträglichkeit: EMV-Anforderungen, Allgemeines EMV-Modell, Störquellen, Kopplungsmodelle, Maßnahmen und EMV-Nachweis*. Wiesbaden: Springer Fachmedien Wiesbaden, 2024. ISBN: 978-3-658-44724-3 978-3-658-44725-0. DOI: 10.1007/978-3-658-44725-0. URL: https://link.springer.com/10.1007/978-3-658-44725-0.

[95] Arnold Rodewald. *Elektromagnetische Verträglichkeit: Grundlagen - Praxis*. 2., verb. und erw. Aufl. Vieweg Praxiswissen. Braunschweig Wiesbaden: Vieweg, 2000. 281 S. ISBN: 978-3-528-14924-6 978-3-663-07951-4.

[96] Adolf J. Schwab und Wolfgang Kürner. *Elektromagnetische Verträglichkeit*. 5., aktualisierte und erg. Auflage. Berlin: Springer Verlag, 2007. 530 S. ISBN: 978-3-540-42004-0.

[97] Dieter Stotz. *Elektromagnetische Verträglichkeit in der Praxis: Design-Analyse - Interpretation der Normen - Bewertung der Prüfergebnisse.* Berlin, Heidelberg: Springer, 2021. ISBN: 978-3-662-62220-9 978-3-662-62221-6. DOI: 10.1007/978-3-662-62221-6. URL: http://link.springer.com/10.1007/978-3-662-62221-6.

[98] Amprion GmbH. *Pressebilder.* www.amprion.de und www.amprion.net. 2005 - heute.

[99] Eckhard Spring. *Elektrische Maschinen: eine Einführung.* 3. Auflage. Springer-Lehrbuch. Dordrecht Heidelberg: Springer, 2009. 435 S. ISBN: 978-3-642-00885-6 978-3-642-00884-9.

[100] Klaus Heuck, Klaus-Dieter Dettmann und Detlef Schulz. *Elektrische Energieversorgung - Erzeugung, Übertragung und Verteilung Elektrischer Energie.* 9. Auflage. Wiesbaden: Springer Vieweg Verlag, 2013. ISBN: 978-3-834-81699-3.

[101] Detlef Schulz. *Netzrückwirkungen - Theorie, Simulation, Messung und Bewertung.* 1. Auflage. Berlin, Offenbach: VDE Verlag, 2004. ISBN: 978-3-800-72757-5.

[102] Dirk Blume, Jürgen Schlabbach und Thomas Stephanblome. *Spannungsqualität in elektrischen Netzen: Ursachen, Messung, Bewertung von Netzrückwirkungen und Verbesserung der Spannungsqualität.* Berlin Offenbach: VDE-Verlag, 1999. 266 S. ISBN: 978-3-8007-2265-5.

[103] Math H. J. Bollen. *Understanding power quality problems: voltage sags and interruptions.* Unter Mitarb. von IEEE Industry Applications Society, IEEE Power Electronics Society und IEEE Power Engineering Society. IEEE Press series on power engineering. New York: IEEE Press, 2000. 543 S. ISBN: 978-0-7803-4713-7.

[104] Alwin Burgholte. *Schmutziger Strom: eine praktische Einführung in das Thema Power Quality.* de-Fachwissen. München Heidelberg: Hüthig, 2017. 114 S. ISBN: 978-3-8101-0431-1.

[105] Christian Dresel u. a. *Blindleistungskompensation und Energieversorgungsqualität - Anlagentechnik für elektrische Verteilungsnetze.* 3. Auflage. Berlin, Offenbach: VDE Verlag, 2017. ISBN: 978-3-800-74365-0.

[106] Walter Hormann, Wolfgang Just und Jürgen Schlabbach. *Netzrückwirkungen.* 2. Auflage. Berlin Offenbach: VDE Verlag, 2005. ISBN: 3-800-72923-7.

[107] Wolfgang Just und Wolfgang Hofmann. *Blindstromkompensation in der Betriebspraxis: Ausführung, Energieeinsparung, Oberschwingungen, Spannungsqualität.* 4., überarb. Aufl. Berlin Offenbach: VDE-Verlag, 2003. 490 S. ISBN: 978-3-8007-2651-6.

[108] Albert Kloss. *Oberschwingungen - Netzrückwirkungen der Leistungselektronik.* 2. Auflage. Berlin, Offenbach: VDE Verlag, 1996. ISBN: 978-3-800-72157-3.

[109] Harald Lautz und Thomas Kolb. *Power Quality verständlich: Ein komplexes Thema verständlich erklärt.* Neuerscheinung. Berlin: VDE Verlag, 2022. ISBN: 978-3-8007-5841-8.

[110] Wilhelm Mombauer. *Netzrückwirkungen von Niederspannungsgeräten: Spannungsschwankungen und Flicker.* VDE-Schriftenreihe Normen verständlich 111. Berlin: VDE-Verlag, 2006. 253 S. ISBN: 978-3-8007-2806-0.

[111] Jürgen Schlabbach und Wilhelm Mombauer. *Power Quality: Entstehung und Bewertung von Netzrückwirkungen, Netzanschluss erneuerbarer Energiequellen, Theorie, Normung und Anwendung.* VDE-Schriftenreihe - Normen verständlich 127. Berlin Offenbach: VDE-Verlag, 2008. 396 S. ISBN: 978-3-8007-2993-7 978-3-8007-3700-0.

[112] Höck, Günter. *Dirty Power - Oberschwingungen durch nichtlineare Verbraucher.* `www.gossenmetrawatt.com`. Nürnberg, 2006.

[113] Wilfried Knies, Klaus Schierack und Manfred Berger. *Elektrische Anlagentechnik: Kraftwerke, Netze, Schaltanlagen, Schutzeinrichtungen.* 8., aktualisierte Auflage. Lernbücher der Technik. München: Carl Hanser Verlag, 2023. 395 S. ISBN: 978-3-446-47715-5.

[114] Maschinenfabrik Reinhausen GmbH. *Internet Auftritt.* `www.reinhausen.com`. 2012 - heute.

[115] Süwag Energie AG. *Internet Auftritt.* `www.suewag.de`. 2012 - heute.

[116] TEAG Thüringer Energie AG. *Internet Auftritt.* `www.thueringerenergie.de`. 2013.

[117] Gerhard Kiefer, Herbert Schmolke und Karsten Callondann. *VDE 0100 und die Praxis: Wegweiser für Elektrofachkräfte.* ger. 18., neu bearbeitete Auflage. Berlin: VDE Verlag, 2024. ISBN: 978-3-8007-6229-3 978-3-8007-6230-9.

[118] Siemens Energy AG - Presseportal. *Press Pictures - Pressefotos.* `www.siemens-energy.com`. April 2020 - heute.

2 Elektrische Maschinen

In diesem Kapitel werden drei klassische Typen von elektrischen Maschinen vorgestellt. Zum einen sind es die Leistungstransformatoren, die zahlreich in den Drehstromnetzen zu finden sind. Die zählen zusammen mit den Drosselspulen zu den ruhenden elektrischen Maschinen. Zum Anderen geht es um zwei rotierende elektrische Maschinen. Das sind die Drehstrom-Asynchronmaschine und die Drehstrom-Synchronmaschine.

Abb. 2.1 Anwendungen von Elektromotoren (Fotos: ABB [1] und RWE [2])

Das alles hat eine Reihe von guten Gründen.

- Der Wirkungsgrad der Energieübertragung und -verteilung wird durch den Einsatz der Leistungstransformatoren verbessert. Die setzen die Betriebsspannungen hoch, so dass bei gleicher Scheinleistung die elektrischen Ströme verkleinert werden. Das senkt die Stromwärmeverluste $R\,I^2$ in den Leitungen.
- Mit Ausnahme der Photovoltaikgeneratoren wird die elektrische Energie ausschließlich mit rotierenden elektrischen Maschinen gewonnen. Das sind die Drehstrom-Asynchrongeneratoren und vor allem die Drehstrom-Synchrongeneratoren.
- Als Antriebe haben Elektromotoren in vielen Anwendungen Vorteile. Hohe Drehmomente aus dem Stillstand sind möglich, genauso wie eine Automation anspruchsvoller technischer Prozesse (Abb. 2.1). Besonders die Drehstrom-Asynchronmotoren sind weit verbreitet und stehen im Wettbewerb zu anderen Typen von Elektromotoren, auf die hier nicht weiter eingegangen wird.

In diesem Kapitel wird der Fokus auf die Anwendungen und weniger auf die Konstruktion und Auslegung der Maschinen liegen. Für die vielen offenen Fragen wird auf die Fachliteratur für Leistungstransformatoren [3–8], für elektrische Maschinen

© Der/die Autor(en), exklusiv lizenziert an
Springer-Verlag GmbH, DE, ein Teil von Springer Nature 2026
A. Böker, *Grundlagen der elektrischen Energietechnik*,
https://doi.org/10.1007/978-3-662-73170-3_2

und Antriebe [9–33] und auch Stromrichter [34–43] verwiesen. Nicht zuletzt sind die einschlägigen Normen zu beachten (Tab. 2.1 und Anhang A.2.1).

Tab. 2.1 Normen für elektrische Maschinen

DIN EN 60034	VDE 0530	*Umlaufende elektrische Maschinen*
DIN EN 60076	VDE 0532	*Transformatoren und Drosselspulen*

Einzelheiten zu Kühlverfahren, Bauformen und Schutz gegen Eindringen von Festkörpern oder Wasser sind mit Kürzeln festgelegt, die aus zwei Kennbuchstaben und ein oder zwei Kennziffern aufgebaut sind (Tab. 2.2).

Tab. 2.2 Auswahl von Kennzeichnungen nach DIN EN 50216

IC-Code	International Cooling	Kühlverfahren	Tab. A.12
IM-Code	International Mounting	Bauformen, Aufstellungsarten usw.	
IP-Code	International Protection	Schutz gegen Eindringen fester Körper und Wasser	Tab. A.13

Bei rotierenden elektrischen Maschinen gibt es drei besondere Betriebsarten. Das sind der Stillstand, der Leerlauf und der Bemessungsbetrieb (Tab. 2.3).

Tab. 2.3 Betriebsarten

	Eigenschaft		Index	Beispiel
Stillstand	$n = 0$	$P_{\text{zu}} = P_{\text{ab}} = 0$		
Leerlauf	$n \neq 0$	$P_{\text{ab}} = 0$	0	n_0 = Leerlaufdrehzahl
Bemessungsbetrieb			r	I_{r} = Bemessungsstrom

Im Leerlauf gibt ein Elektromotor keine mechanische Leistung an die Welle ab ($P_{\text{ab}} = 0$). Da er intern mechanische und elektrische Verluste hat, nimmt er etwas elektrische Wirkleistung auf ($P_{\text{zu}} \neq 0$).

Der Bemessungsbetrieb ist der Betriebszustand, in dem die elektrische Maschine mit der maximal zulässigen elektrischen Leistung beansprucht wird, ohne dass die Funktionalität beeinträchtigt wird. Das gilt auch für ruhende elektrische Maschinen. Der Bemessungsbetrieb wurde früher auch Nennbetrieb genannt, z. B. ist die Nennleistung die vom Hersteller angegebene (genannte) Leistung. Der Bemessungsbetrieb wird entweder mit dem Index N (früher DIN 1304 Teil 7 *Formelzeichen für elektrische Maschinen*) oder mit dem Index r (früher DIN 1304 Teil 3 *Formelzeichen für die elektrische Energieversorgung*) gekennzeichnet. Hier wird ausschließlich der

Index r (rated value) verwendet. Es gibt die zehn Bemessungsbetriebsarten S1 bis S10 (Abb. 2.2).

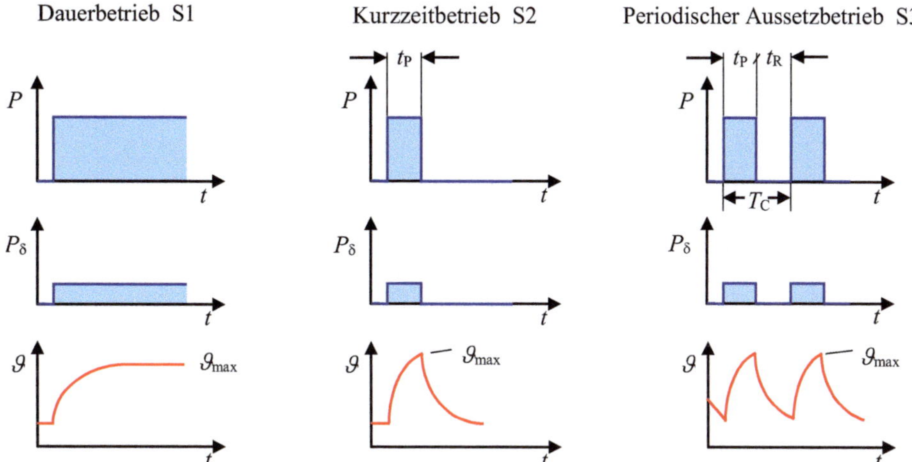

Abb. 2.2 Bemessungsbetriebsarten S1 bis S3 nach EN 60034-1

Die für den Bemessungsbetrieb charakteristischen Größen sind auf dem Leistungsschild zu finden, das auch Typenschild oder Typschild genannt wird (Abb. A.1). Bei Transformatoren ist die Bemessungsscheinleistung, die ans Netz abgegebene Scheinleistung. Bei Motoren ist die Bemessungsleistung die Wirkleistung, die mechanisch an der Welle abgegeben wird. Der positive Drehsinn ist die Drehung im Uhrzeigersinn, wenn auf das freie Wellenende geschaut wird. Das entspricht dem Rechtslauf.

Elektrische Maschinen sind elektromagnetische Energiewandler.

- Generatoren wandeln mechanische Leistung in elektrische Leistung um.
- Leistungstransformatoren übertragen elektrische Leistung von einer Spannungsebene im Drehstromnetz auf die andere.
- Motoren wandeln elektrische Leistung in mechanische Antriebsleistung um. Manchmal ist es möglich, beim Bremsen elektrische Leistung zurück zu speisen. Das wird Nutzbremsen oder Rekuperation genannt.

Diese technischen Prozesse sind mit Verlusten verbunden und der Wirkungsgrad liegt immer unter 100 %.

$$\eta = \frac{P_{\mathrm{ab}}}{P_{\mathrm{zu}}} = \frac{P_{\mathrm{ab}}}{P_{\mathrm{ab}} + P_{\delta}} \qquad [\eta] = 1 = 100\ \% \tag{2.1}$$

Die Verluste P_{δ} setzen sich aus den elektrischen und mechanischen Verlusten $P_{\delta\mathrm{e}}$ und $P_{\delta\mathrm{m}}$ zusammen.

$$P_{\delta} = P_{\delta\mathrm{e}} + P_{\delta\mathrm{m}} \qquad \text{mit} \qquad P_{\delta\mathrm{e}} = P_{\mathrm{Cu}} + P_{\mathrm{Fe}} + P_{\mathrm{Hl}} \tag{2.2}$$

Die Kupferverluste P_{Cu} werden auch joulsche Verluste, ohmsche Verluste oder Stromwärmeverluste genannt. Die Eisenverluste P_{Fe} bestehen aus den Hysterese- und den Wirbelstromverlusten. Die Verluste bei den Halbleitern P_{Hl} entstehen beim periodischen Schalten und beim Filtern. Lagerreibung, Lüfterverluste und möglicherweise ein Getriebe machen die mechanischen Verluste $P_{\delta \mathrm{m}}$ aus, die bei den ruhenden elektrischen Maschinen entfallen.

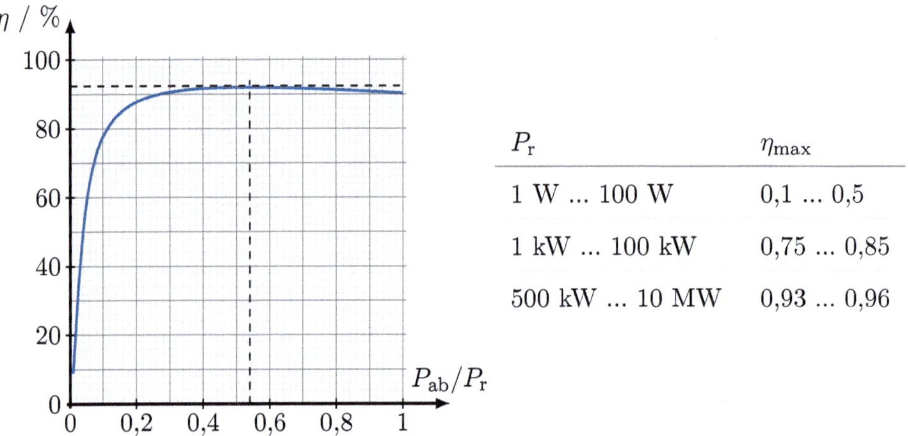

P_{r}	$\eta_{\max}$
1 W ... 100 W	0,1 ... 0,5
1 kW ... 100 kW	0,75 ... 0,85
500 kW ... 10 MW	0,93 ... 0,96

Abb. 2.3 Prinzipieller Verlauf vom Wirkungsgrad elektrischer Maschinen (links) und maximale Wirkungsgrade von Elektromotoren nach [15]

Grundsätzlich ist der Wirkungsgrad abhängig vom Betriebspunkt, d. h. $\eta = \eta\,(P_{\mathrm{ab}})$. Der maximale Wirkungsgrad liegt nicht im Bemessungsbetriebspunkt, sondern bei 50 bis 75 % der Bemessungsleistung [15]. Jedoch ist der Wirkungsgrad im Bemessungsbetrieb sehr nahe am maximalen Wirkungsgrad (Abb. 2.3 links). Es gelten die Wachstumsgesetze (Bild 2.3 rechts). Je größer die elektrische Maschine ist, desto besser ist ihr Wirkungsgrad. Nach der aktuellen Ökodesign-Verordnung der EU ist für Leistungstransformatoren oberhalb von 200 MVA der Wirkungsgrad oberhalb von 99,5 %. Für Mittelspannungstransformatoren liegt er etwas darunter.

2.1 Leistungstransformatoren

In der elektrischen Energietechnik werden die Leistungstransformatoren vielfach als Umspanner bezeichnet. Sie bilden die vertikalen Verbindungen zwischen den Spannungsebenen und sind an verschiedenen Punkten im Netz zu finden (Tab. 1.11 und 2.4). Ortsnetztransformatoren sind vielfach standardisiert. Ihre Bemessungsscheinleistungen reichen von 100 kVA bis über 2000 kVA. Blocktransformatoren gibt es bis Grenzleistungen von etwa 1500 MVA und Phasenschiebertransformatoren von über 2000 MVA. HGÜ-Transformatoren werden in Stationen eingesetzt, die das Drehstromnetz mit einer Gleichstromleitung verbinden (Abb. 2.4 rechts).

Tab. 2.4 Einsatzgebiete von Umspannern

Kraftwerke	Maschinen- bzw. Blocktransformator, Eigenbedarfs- und Anfahrtransformator
Umspannwerke	Regeltransformator, Phasenschiebertransformator, HGÜ-Transformator
Umspannstationen	Verteilertransformator
Netzstationen	Ortsnetztransformator

Abb. 2.4 Ortsnetztransformator 10/0,4 kV, Netzkuppler (Foto: TransnetBW [44]) und Prüffeld mit HGÜ-Transformator 1100 kV 535 t (Foto: Siemens Energy [45])

An die Umspanner wird eine Reihe von Anforderungen gestellt.

- Die Verluste sind möglichst klein.
- Es werden zeitweilige Überbeanspruchungen ohne eigenen Schaden toleriert.
- Der Wartungsaufwand und die Ausfallrate sind gering.
- Die Lebensdauer ist hoch. Tatsächlich liegt sie deutlich über 40 Jahre.
- Die Geräuschemissionen sind akzeptabel.
- HGÜ-Transformatoren können zusätzlich nennenswerte Gleich- und Oberschwingungsströme tragen.

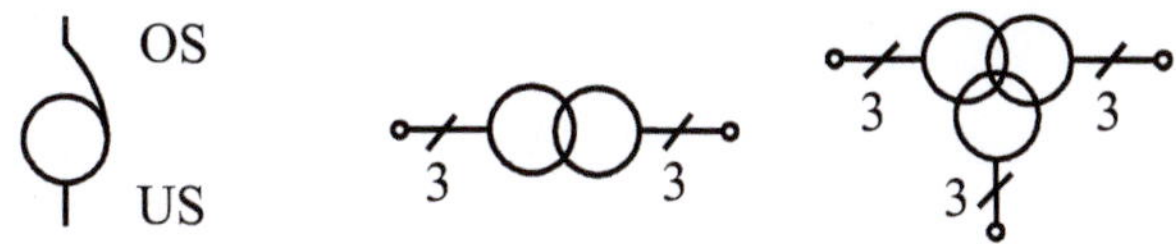

Abb. 2.5 Einpolige Schaltzeichen von Transformatoren nach EN 60617-6: Einphasiger Spartransformator mit zwei Wicklungen sowie dreiphasige Volltransformatoren mit zwei und drei Wicklungen

Es wird zwischen Voll- und Spartransformatoren unterteilt (Abb. 2.5). Bei Volltransformatoren sind die Wicklungen galvanisch getrennt. Bei Spartransformatoren weisen die Ober- und die Unterspannungswicklung einen gemeinsamen Wicklungsteil auf, der als Parallelwicklung bezeichnet wird (Abb. 2.6). Daher geht die gesamte Scheinleistung $U_1 I_1$ nur zum Teil über den magnetischen Kreis. Spartransformatoren sollten nur verwendet werden, wenn die beiden Spannungen nah beieinander liegen.

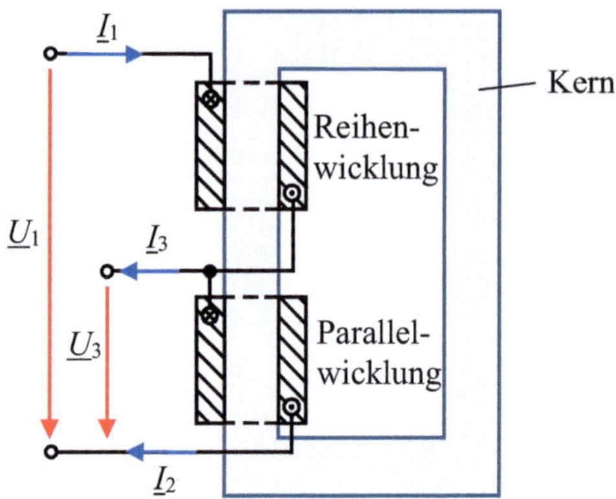

Abb. 2.6 Aufbau eines einphasigen Spartransformators

Einphasige Zweiwicklungstransformatoren sind bei der Deutschen Bahn oder zu dritt als HGÜ-Transformatoren im Einsatz. Im Drehstromnetz sind die Transformatoren dreiphasig und in vielen Fällen sind es Volltransformatoren. Bei sehr großen Leistungen werden drei einphasige Transformatoren, die entweder Voll- oder Spartransformatoren sind, zu einer Drehstrom-Transformatorbank zusammengeschaltet (Abb. 2.7). Dann sind die Ober- und Unterspannungswicklungen jeweils im Stern verschaltet.

Abb. 2.7 Transformatorbank 380/220 kV (links), einphasiger Spartransformator 210 MVA (mittig) und Anschluss der Tertiärwicklung 10 kV am Umspanner

Spartransformatoren können auch als Drehstromeinheit in einem Kessel eingesetzt sein. Für den Einsatz von Spartransformatoren spricht der geringere Materialaufwand und damit eine Gewichts- und Kostenersparnis. Jedoch werden auf den zentralen Plattformen von Offshore-Windparks Volltransformatoren installiert, wenn die Spannungsebenen weit auseinander liegen (z. B. 155 kV/33 kV). Bei Spartransformatoren ist nachteilig, dass sich Spannungsverlagerungen auf der OS-Seite, die bei einigen speziellen Störungen auftreten können, sich auf die US-Seite übertragen [46]. Daher dürfen Spartransformatoren nur zur Kupplung von Netzen mit niederohmiger Sternpunkterdung eingesetzt werden.

Bei Zweiwicklungstransformatoren können die Wicklungen nach der Spannungshöhe unterschieden werden. Die Oberspannungswicklung (OS-Wicklung) ist durch eine höhere Windungszahl mit kleinen Leiterquerschnitten gekennzeichnet. Dagegen weist die Unterspannungswicklung (US-Wicklung) eine kleine Windungszahl und größeren Querschnitte auf. Die Größen der OS-Seite werden mit dem Index 1 gekennzeichnet, die der US-Seite mit dem Index 2. Zusätzlich können Anfang und Ende eines Wicklungsstrangs durch eine nachfolgende Ziffer 1 oder 2 unterschieden werden, z. B. 1U1 oder 1U2.

Bei den dreiphasigen Dreiwicklungstransformatoren kommt noch eine dritte Wicklung dazu. Die kann zum

- Anschluss einer dritten Spannungsebene, als
- Eigenbedarf der Schaltanlage (Abb. 2.7 rechts), zum
- Anschluss einer Kompensationsdrosselspule oder als
- Ausgleichswicklung (im Dreieck verschaltete Tertiärwicklung)

dienen. Häufig steht das Vorzeichen der Wirkleistung fest. In konventionellen Kraftwerken nimmt der Blocktransformator auf der Unterspannungsseite Wirkleistung auf und gibt die auf der Oberspannungsseite ab. In solchen Fällen macht es Sinn, von der Primärwicklung, der die Wirkleistung zugeführt wird, und der Sekundärwicklung, die Wirkleistung abgibt, zu sprechen. Bei großen Netzkupplern in vermaschten Netzen oder auch bei Ortsnetztransformatoren mit vielen regenerativen Einspeisungen kann die Richtung vom Wirkleistungsfluss wechseln.

2.1.1 Aufbau

Zu den aktiven Teilen des Transformators zählen die isolierten Wicklungen aus Kupfer, der Kern aus Eisen und die Feststoffisolierung aus Zellulose. Die Wicklungen in kleineren Transformatoren sind manchmal aus Aluminium gefertigt. Bei Öltransformatoren ist das alles in einem Kessel aus Stahlblech untergebracht, in das Öl gefüllt wird. Es dient als Isolator und Kühlmittel. Die Wärme wird über passive und aktive Kühler abgeführt (Abb. 2.8). Bei großen Transformatoren sind dazu Ventilatoren und zum Teil Umwälzpumpen vorgesehen. Nebenbei bietet das Öl einen guten Korrosionsschutz. In den meisten Fällen wird hoch raffiniertes Mineralöl verwendet. Für kleinere Transformatoren wird auch dünnflüssiges Silikonöl eingesetzt und der Trend geht Richtung Ester. Silikonöl ist nicht brennbar und Ester nur schwer. Vollsynthetisches Öl auf Basis von Erdgas bietet eine verlängerte Öllebensdauer und ist seit ca. 10 Jahren auch bei vielen Großtransformatoren im Einsatz. Mitunter werden auch Isolieröle aus Raps, Soja oder Sonnenblumen verwendet. Die maximal zulässigen Temperaturen für Mineralöl liegen im Normalbetrieb bei 100 °C und in Überlast sind nach DIN EN 60076-7 bis zu 115 °C zulässig. Es macht Sinn, für eine lange Lebensdauer deutlich darunter zu bleiben. In der Höchst- und Hochspannungsebene werden ausschließlich Öltransformatoren eingesetzt. Dazu gibt es keine Alternative. In der Mittelspannungsebene gibt es besonders in brandgefährdeten Anlagen oder zum Umweltschutz Gießharz-Trockentransformatoren bis etwa 40 MVA oder seltener SF_6-Ausführungen [46].

Abb. 2.8 Kühlungen von Öltransformatoren (Fotos: EAM Netz Kassel [47] und E.ON Mitte [48]) sowie Trockentransformator (rechts)

Für ein gutes Isoliervermögen der Feststoffisolierung muss der Feuchtigkeitsgehalt klein gehalten werden. Daher gibt es Trockenöfen. In der Fertigung werden die aktiven Teile bis zu 2 Wochen im Vakuum getrocknet. Auch sind die Dichtungen bei Durchführungen, Armaturen, Rohrleitungsflansche usw. von Bedeutung.

Kern

Die Kerne werden aus bis zu 30 000 einzelnen Blechen zusammengesetzt. Die Dicke der Bleche liegt aktuell bei großen Leistungstransformatoren zwischen 0,2 und 0,23 mm. Zur Reduzierung der Wirbelstromverluste sind die einzelnen Bleche gegeneinander elektrisch isoliert. Das wurde früher mit Papier oder einer Lackschicht gemacht. Heute wird eine sehr dünne Silikat-Phosphatschicht bereits beim Auswalzen aufgebracht, so dass insgesamt bis zu 8000 Schichten übereinander gesetzt werden. Als Material werden weich magnetische Eisen-Silizium-Legierungen mit schmaler Hysterese gewählt, um die Ummagnetisierungsverluste zu verkleinern. Bei großen Transformatoren müssen Kühlkanäle vorgesehen werden. Die Bleche werden generell bandagiert, was auch der Geräuschminderung dient. Zusätzlich können bei Bedarf außen am Gehäuse akustische Dämmplatten angebracht werden.

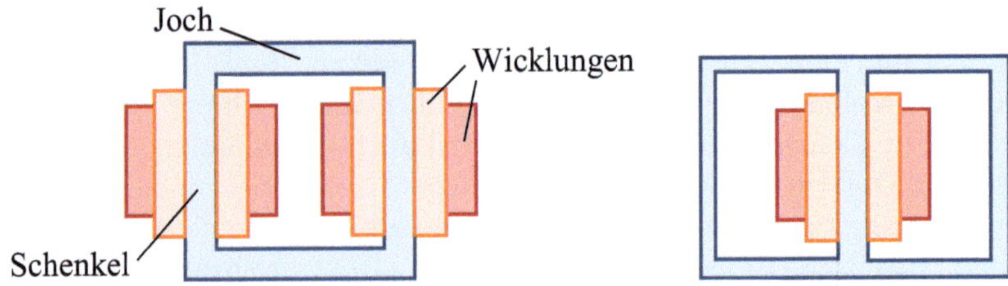

Abb. 2.9 Vertikale Querschnitte vom einphasigen Kerntransformator (links) und vom einphasigen Manteltransformator (rechts)

Die waagerechten Segmente des Eisenkerns werden als Joch, die senkrechten als Schenkel bezeichnet (Abb. 2.9). Bei Kerntransformatoren sind alle Schenkel bewickelt, bei Manteltransformatoren gibt es nicht bewickelte Schenkel. In seltenen Fällen sind Drehstromtransformatoren symmetrisch aufgebaut. Sonst sind sie unsymmetrisch (Abb. 2.10).

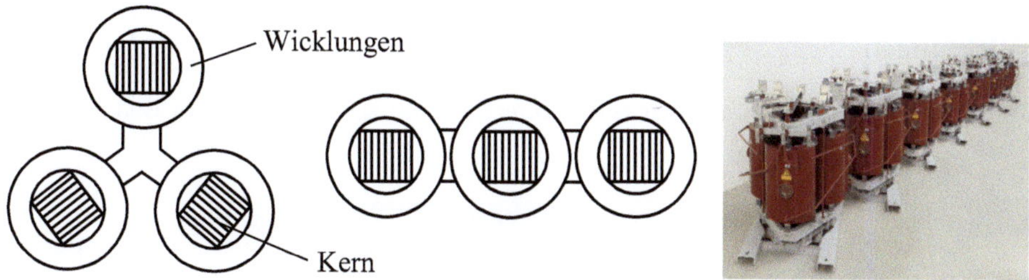

Abb. 2.10 Horizontale Querschnitte vom symmetrischen und unsymmetrischen Drehstromtransformator (links) sowie symmetrische Verteilnetztransformatoren in natura (Foto rechts: Hitachi Energy [49])

Bei kleineren Leistungen haben die unsymmetrischen Drehstromtransformatoren drei Schenkel (Abb. 2.11 links).

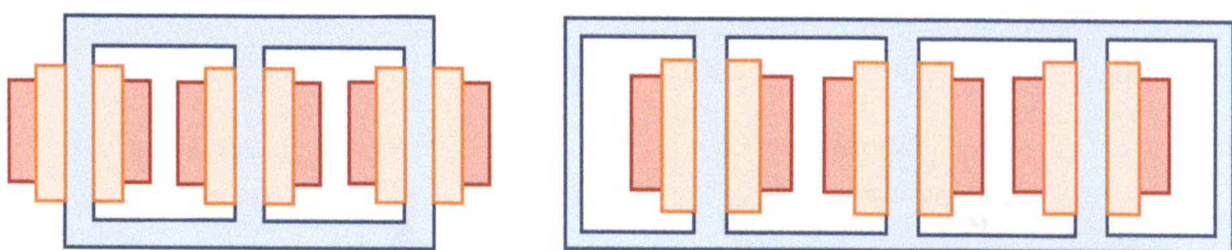

Abb. 2.11 Vertikale Querschnitte vom Drei- und Fünfschenkeltransformator

Bei größeren Leistungen werden sie mit fünf Schenkel gebaut, die Querschnitte der Joche kleiner ausgeführt werden können. So können beim Transport mit der Eisenbahn noch die zulässigen Höhen vom Bahnprofil eingehalten werden (Abb. 2.11 rechts). Bei der deutschen Bahn ist die Höhe des Lademaßes über Schienenoberkante 4,65 m.

Abb. 2.12 Transport von Umspannern 1927 (Foto: Hitachi Energy [49]) und heute (Foto: TenneT TSO [50])

Zusätzlich ist der Transport auf Massen von etwa 600 t ohne Öl begrenzt, welches erst am Aufstellungsort eingefüllt wird (Abb. 2.12). Die Massen der Kerne gehen bis 300 t und die der Wicklungen bis 70 t. Kompakte Drehstromtransformatoren werden bis ca. 1000 MVA gebaut. Bei noch höheren Leistungen werden drei einphasige Transformatoren ausgeliefert und vor Ort zu einer Drehstrombank verschaltet.

Wicklungen

Meistens wird eine Zylinderwicklung gefertigt, die konzentrisch um den Schenkel gewickelt ist (Abb. 2.13).

Abb. 2.13 Montage der Wicklungen (Fotos: Hitachi Energy [49])

Aus isolationstechnischen Gründen ist die OS-Wicklung außen angebracht, die US-Wicklung innen. In seltenen Fällen ist es umgekehrt.

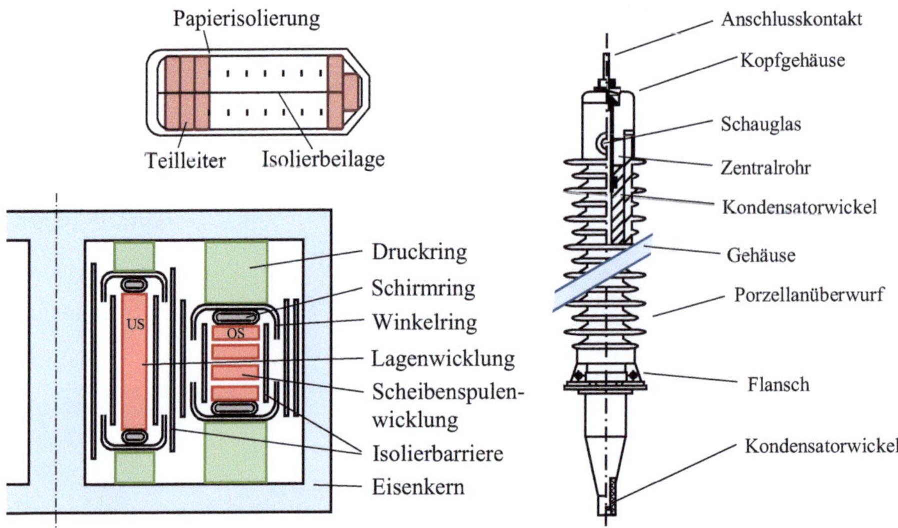

Abb. 2.14 Aufbau mit Wicklungen (links unten), Drillleiter (links oben) und Kondensatordurchführung nach [46]

Bei Öltransformatoren werden bis ca. 120 kV die preisgünstigen Lagenwicklungen eingesetzt, bei höheren Spannungen sind es Scheibenspulenwicklungen (Abb. 2.14). Bei kleineren Strömen werden papierisolierte Einfachleiter gewickelt. Bei größeren Strömen werden Drillleiter verwendet (Abb. 2.14 und 2.64). Diese sind aus lackisolierten Teilleitern aufgebaut, deren Positionen innerhalb des Bündels vertauscht werden. Dadurch werden die elektrische Stromstärken in den Teilleitern gemittelt und die Skineffekte reduziert. Die Wicklungen werden mit Druckringen zusammengepresst, da besonders bei Kurzschlussströmen bis zu deren Abschaltung starke Radialkräfte auftreten können. Die Scheiben und Lagen dürfen ihre Position nicht ändern.

Weiterhin ist die Auslegung der Isolation von Bedeutung. Zum Anschluss von Leitungen müssen Durchführungen durch das geerdete Gehäuse ausgelegt und gefertigt werden. Es werden Schirmringe eingebaut, die zur Führung des elektrischen Feldes dienen. Hohe elektrische Feldstärken, die Durchschläge verursachen können, müssen vermieden werden. Das elektrische Feld sollte möglichst homogen sein. In Abb. 2.14 rechts wird ölimprägniertes Papier OIP (Oil-Impregnated Paper) mit Porzellan als luftseitiges Gehäuse verwendet. Trockene ölfreie Isolationen sind im Betrieb sicherer. Dazu zählen mit harzimprägniertes Papier RIP (Resin-Impregnated Paper) oder harzimprägniertes Kunststoffvlies RIS (Resin Impregnated Syntetics), die mit Silikon-Verbundisolatoren kombiniert werden.

2.1.2 Drehstromtransformatoren - elektrische Eigenschaften

Zunächst werden die Schaltgruppen der Umspanner behandelt, mit denen eine Phasendrehung der Spannungen einher gehen kann. Das alles fließt in das Übersetzungsverhältnis ein. Es folgt ein einfaches Ersatzschaltbild, mit dem eine wichtige Kenngröße erklärt wird. Das ist die relative Kurzschlussspannung. Die bildet der Einstieg zum Thema Spannungs- und Wirkleistungssteuerung mit Regeltransformatoren.

Übersetzung und Schaltgruppen

Die Bemessungsübersetzung $\underline{ü}_\mathrm{r}$ eines Drehstromtransformators ist als Verhältnis der Außenleiterspannungen im Leerlauf definiert.

$$\underline{ü}_\mathrm{r} = \frac{\underline{U}_\mathrm{1UV}}{\underline{U}_\mathrm{2UV}} = \frac{\underline{U}_\mathrm{1VW}}{\underline{U}_\mathrm{2VW}} = \frac{\underline{U}_\mathrm{1WU}}{\underline{U}_\mathrm{2WU}} \tag{2.3}$$

Tatsächlich ist die Übersetzung vom Betriebspunkt abhängig. Später wird anhand des Ersatzschaltbildes für den technischen Transformator gezeigt, dass der Leistungstransformator unter Belastung einen internen Spannungsfall aufweist. Zur Vereinfachung wird jedoch in diesem Rahmen grundsätzlich eine konstante Übersetzung vorausgesetzt. Die ist von der Schaltgruppe abhängig, die nun erklärt wird.

Viele Drehstromtransformatoren haben auf der Ober- und Unterspannungsseite je eine Wicklung, die aus drei Wicklungssträngen besteht. Die können im Stern-,

Dreieck- oder Zickzack verschaltet werden (Abb. 1.50 und 2.15). Der Sternpunkt einer Stern- oder Zickzackschaltung kann als Anschluss herausgeführt werden, so dass er direkt oder über eine Drosselspule mit einem Erder verbunden werden kann. Die Zickzackschaltung kommt sehr selten vor.

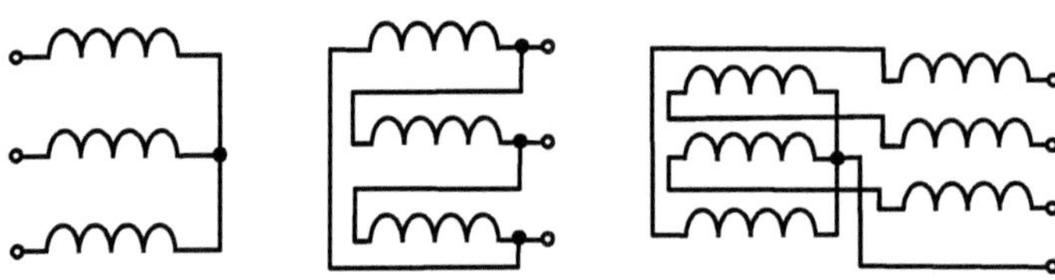

Abb. 2.15 Stern-, Dreieck- und Zickzackschaltung der Wicklungsstränge

Die Kombination der Schaltungsmöglichkeiten auf der Ober- und Unterspannungsseite wird als Schaltgruppe bezeichnet. Ihre Kennzeichnung ist nach EN 60076 (früher VDE 0532) standardisiert. Der erste Buchstabe wird groß geschrieben und beschreibt die Verschaltung der Oberspannungsseite. Es folgt ein kleiner Buchstabe für die Unterspannungsseite. Sinnvollerweise werden für die Stern-, Dreieck- und Zickzackschaltung jeweils die Buchstaben Y, y, D, d, Z oder z verwendet (Tab. 2.5). Unverschaltete Wicklungen werden mit III oder iii und ein angeschlossener Sternpunkt mit N oder n gekennzeichnet.

Tab. 2.5 Kennbuchstaben nach EN 60076-1

Y, y	Sternschaltung	D, d	Dreieckschaltung
Z, z	Zickzackschaltung	N, n	Sternpunkt herausgeführt
a	Spartransformator	III, iii	unverschaltet

Die Auswahl der Schaltungsart wird in erster Linie nach wirtschaftlichen Gesichtspunkten getroffen. Für hohe Spannungen wird die Sternschaltung bevorzugt, weil dort die Isolation im Gegensatz zur Dreieckschaltung nur für die $1/\sqrt{3}$-fache Außenleiterspannung ausgelegt werden muss. Bei hohen Strömen ist die Dreieckschaltung günstiger, da die Wicklungsstränge nur mit dem $1/\sqrt{3}$-fachen Außenleiterstrom belastet werden und damit kleinere Leiterquerschnitte gewählt werden können. Bei Nennspannungen unter 30 kV bringt eine Kupfereinsparung größere Kostenvorteile als eine Verminderung der Isolation.

Zur Schaltgruppe zählt auch eine Kennzahl bzw. Kennziffer $k \in \{0, 5, 6, 11\}$. Die gibt an, um welches Vielfache von 30° die Zeiger auf der Unterspannungsseite gegenüber die mit dem gleichen Kennbuchstaben auf der Oberspannungsseite nacheilen. Diese Phasendrehung wird mit den Faktoren $\mathrm{e}^{\mathrm{j}k30^\circ}$ berücksichtigt. Als Beispiel dazu soll der Drehstromtransformator in Abb. 2.16 betrachtet werden. Hier ist $k = 11$. Anfang A und Ende E auf der OS-Seite und Anfang a und Ende e auf der US-Seite der rechtssinnig gewickelten Spulen sind eingezeichnet. Je zwei Spulen, die sich im

Bild rechts und links gegenüber befinden, sind konzentrisch um einen gemeinsamen Eisenschenkel gewickelt. Aus der Definition der Bemessungsübersetzung nach Gl. 2.3 wird die komplexe Übersetzung berechnet.

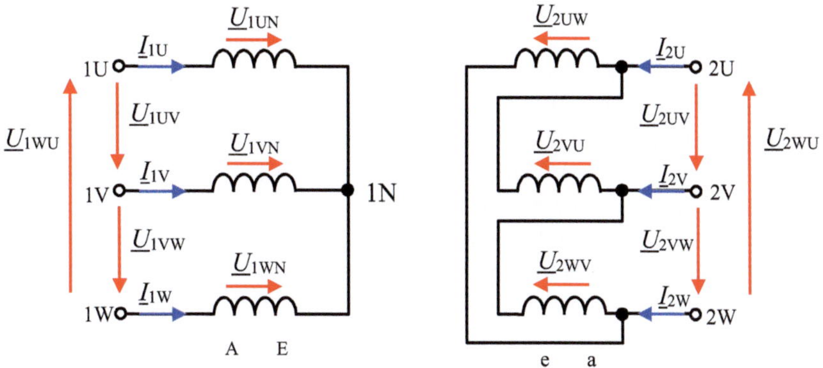

Abb. 2.16 Drehstromtransformator in Yd11-Schaltung nach [46]

Wird ein idealer Transformator vorausgesetzt, kann der Index r entfallen.

$$\underline{\ddot{u}} = \frac{\sqrt{3}\,N_1}{N_2}\,\mathrm{e}^{\,\mathrm{j}330^\circ} \tag{2.4}$$

Insgesamt gibt es 12 verschiedene Schaltgruppen (Tab. 2.6).

Tab. 2.6 Schaltgruppen von Zweiwicklungstransformatoren nach EN 60076-1

k	Schaltgruppe		
0	Dd0	Yy0	Dz0
5	Dy5	Yd5	Yz5
6	Dd6	Yy6	Dz6
11	Dy11	Yd11	Yz11

In Deutschland werden davon drei Schaltgruppen bevorzugt (Tab. 2.7).

- Blocktransformatoren haben die YNd5-Schaltung.
- Netzkupplungstransformatoren sind meistens in YNyn0-Schaltung.
- Bei Verteilertransformatoren sind die Schaltgruppen YNyn0 und YNd5.
- Bei den Ortsnetztransformatoren ist es meistens die Schaltgruppe Dyn5.

Auch ist auf eine Sternpunktbelastbarkeit zu achten. Das ist die Fähigkeit, den Bemessungsstrom der Wicklung dauerhaft im Sternpunkt zu führen [51]. Eine Sternpunktbelastbarkeit ist gefordert, wenn

- in der NS-Ebene einphasig eingespeist oder belastet wird,

- in Netzen eine Erdschlusslöschspule angeschlossen werden soll oder
- in Netze die Sternpunkte niederohmig geerdet werden müssen.

Insbesondere in Niederspannungsnetzen mit einer Vielzahl von zufällig eingeschalteten einphasigen Verbrauchern und fluktuierenden einphasigen Erzeugern können unsymmetrische Belastungen der vorgeschalteten Verteilertransformatoren vorkommen. In diesen Fällen sind nur solche Schaltgruppen zulässig, bei denen der sekundärseitige Sternpunkt herausgeführt ist und zu 100 % belastbar ist. Das sind die Schaltarten Dyn5, Dyn11, Dzn0, Yzn5 und YNzn5, von denen in Deutschland meistens die Schaltgruppen Yzn5 und Dyn5 eingesetzt wurden. Transformatoren mit der Schaltgruppe Yzn5 wurden in den 60er und Anfang der 70er Jahre des letzten Jahrhunderts verbaut und sind heute als Restbestand in den Netzen. Sie haben eine Bemessungsscheinleistung bis 200 kVA und waren für Außenbereiche mit einphasigen Verbrauchern gedacht. Landwirte haben heute eine größeren Strombedarf und werden dreiphasig angeschlossen. Da sie im Vergleich zu konventionellen Dyn5 Transformatoren teurer sind und ihre Verlustleistung größer ist, werden sie nicht mehr angeschafft.

Tab. 2.7 Schaltgruppen von Drehstromtransformatoren

	Schaltungen	Zeiger der Spulenspannungen	$\underline{ü}$
Yy0	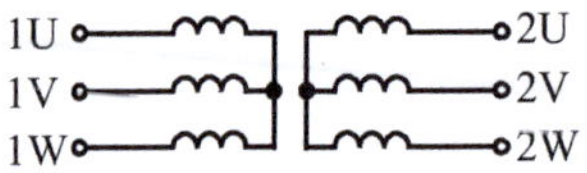 1U, 1V, 1W – 2U, 2V, 2W	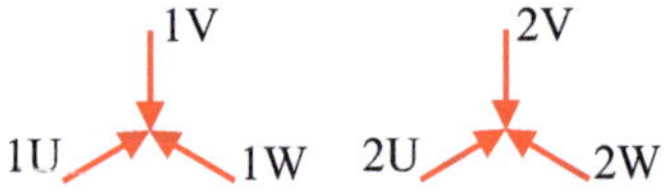 1V, 1U, 1W – 2V, 2U, 2W	N_1/N_2
Dy5	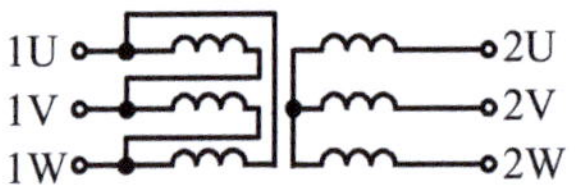 1U, 1V, 1W – 2U, 2V, 2W	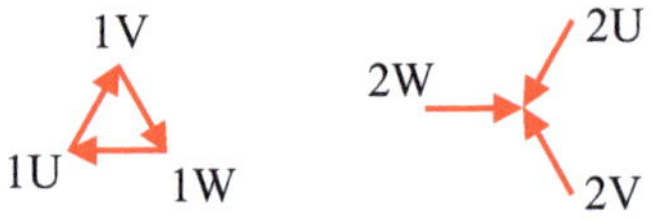 1V, 1U, 1W – 2U, 2W, 2V	$\frac{N_1}{\sqrt{3}\,N_2}\,e^{j150°}$
Yd5	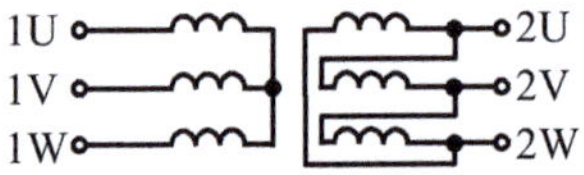 1U, 1V, 1W – 2U, 2V, 2W	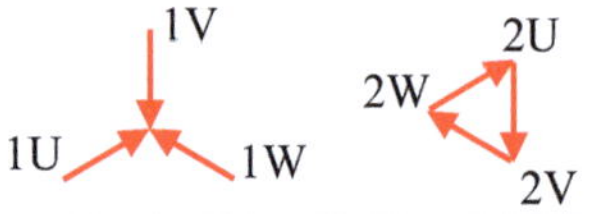 1V, 1U, 1W – 2U, 2W, 2V	$\frac{\sqrt{3}\,N_1}{N_2}\,e^{j150°}$
Yz5	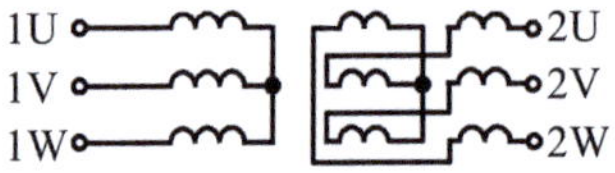 1U, 1V, 1W – 2U, 2V, 2W	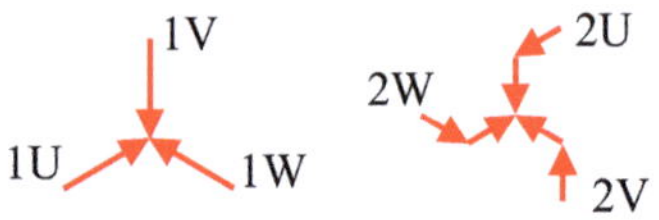 1V, 1U, 1W – 2U, 2W, 2V	$\frac{2\,N_1}{\sqrt{3}\,N_2}\,e^{j150°}$

Darüber hinaus gibt es noch Ausgleichswicklungen. Das sind im Dreieck verschaltete Tertiärwicklungen, deren Anschlüsse nicht herausgeführt werden. Die Schaltgruppe wird in diesem Fall mit dem Zusatz +d zu YNyn0+d ergänzt. Bei Ortnetztransformatoren ist das kaum zu finden. Im Bereich HS/MS verfügen viele Umspanner über eine Ausgleichswicklung. Dadurch können in erdschlusskompensierten Netzen größere E-Spulen eingebaut werden (Abschnitt 4.4). Ohne diese Ausgleichswicklung könnten die E-Spulen nur bis zu 30 % des Bemessungsstroms vom Umspanner führen. Ist die Tertiärwicklung eine Leistungswicklung, lautet die

Schaltgruppe z. B. YNyn0d5. Abb. 2.17 bietet einen schematischen Überblick über das Drehstromnetz mit seinen Spannungsebenen und den Umspannern.

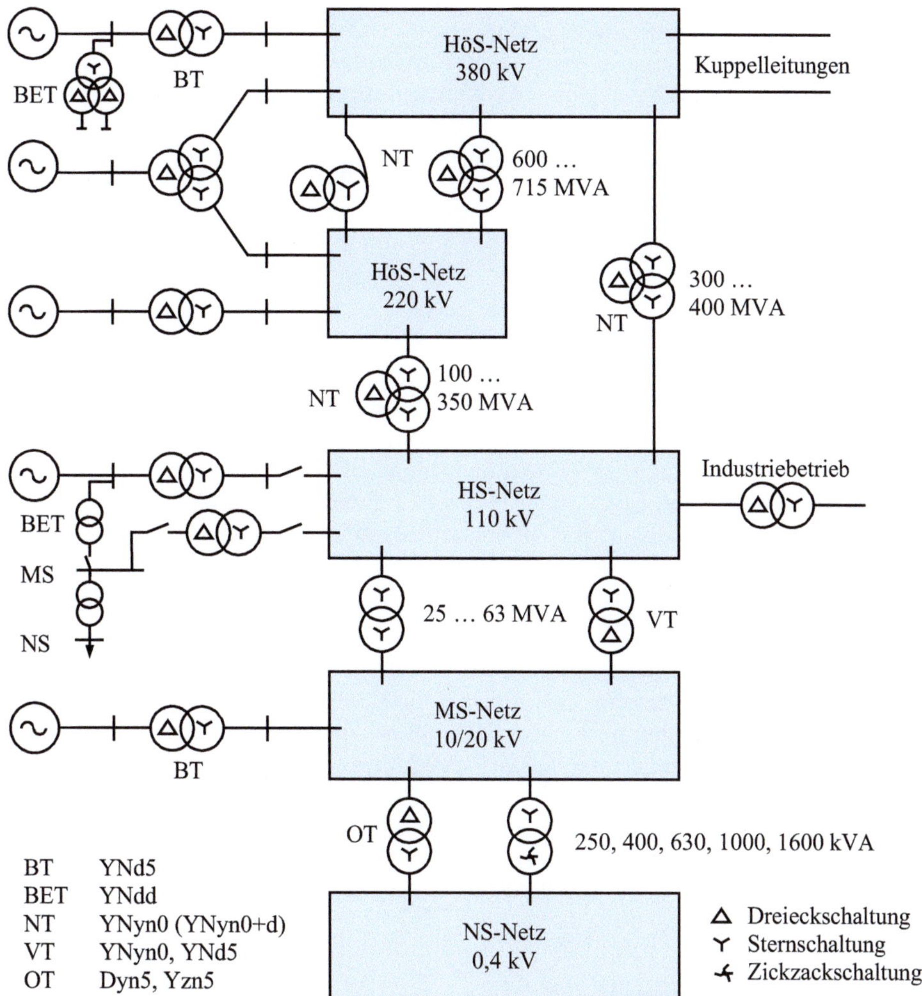

Abb. 2.17 Block- oder Maschinentransformator (BT), Blockeigenbedarfstransformator (BET), Netzkuppeltransformator (NT), Verteiltransformator (VT) und Ortsnetztransformator (OT) im Versorgungsnetz nach [52]

Sollen Umspanner parallel geschaltet werden, müssen eine Reihe von Bedingungen beachtet werden.

- Die Bemessungsspannungen und -frequenz und damit das Übersetzungsverhältnis müssen identisch sein.

- Die Schaltgruppen müssen gleich sein. Es kann bei den Kennzahlen 5 und 11 eine Ausnahme gemacht werden, wenn an einem Transformator zwei Anschlüsse vertauscht werden.
- Die relativen Kurzschlussspannungen sollten nicht mehr als 10 % vom arithmetischen Mittelwert abweichen. Bei größeren Abweichungen kann vor dem Transformator mit der kleineren Kurzschlussspannung eine Drosselspule geschaltet werden.
- Das Verhältnis der Bemessungsscheinleistungen sollte nicht größer als 3:1 sein.

Die Übersetzung und Schaltgruppe vom Umspanner gehen in das Ersatzschaltbild ein, das sich nun anschließt.

Ersatzschaltbild

Im Anhang A.4 wird gezeigt, wie für einen einphasigen Volltransformator aus dem Induktionsgesetz ein stationäres Ersatzschaltbild hergeleitet wird, das auch seine Streuung, seine Wirkleistungsverluste und seinen Blindleistungsbedarf berücksichtigt (Abb. A.14). In dem Ersatzschaltbild sind auf der rechten Seite die Größen von der Unterspannungsseite auf die Oberspannungsseite transformiert worden. Das wird mit einem Apostroph gekennzeichnet, z. B. $U_2^{'} = \ddot{u}\,U_2$. Im Anhang werden auch der Leerlauf- und Kurzschlussversuch beschrieben, mit denen die Elemente im Ersatzschaltbild ermittelt werden können.

Hier geht es um ein einfaches Ersatzschaltbild für den Drehstromtransformator mit zwei Wicklungen, das für Leistungsflussrechnungen unter Volllast und Kurzschlussstromberechnungen geeignet ist. Dabei ist zu beachten, dass das Übersetzungsverhältnis von Drehstromtransformatoren grundsätzlich komplex ist (Gl. 2.3 und Tab. 2.7).

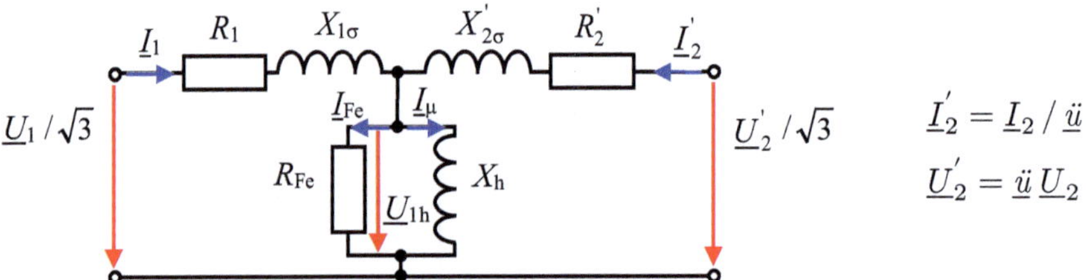

Abb. 2.18 Vollständiges T-Ersatzschaltbild vom dreiphasigen Zweiwicklungstransformator

In dem Zusammenhang muss auf zwei Aspekte eingegangen werden.

- Bei der Berechnung vom Leistungsfluss werden meistens symmetrische Verhältnisse vorausgesetzt, bei der Berechnung vom dreipoligen Kurzschlussstrom herrschen sie allemal. Daher ist für den Drehstromtransformator das einphasige Ersatzschaltbild in Abb. 2.18 hinreichend.

- Bei Leistungsflussrechnungen unter Volllast fließt maximaler Strom in den Transformator. Das ist sein Bemessungsstrom. Bis zur Abschaltung vom Kurzschluss ist es ein Vielfaches des Bemessungsstroms. Daher können die Ströme durch die Elemente R_{Fe} und X_{h} vernachlässigt werden, so dass R_{Fe} und X_{h} selbst entfallen. Analog zu Abb. A.19 werden die verbleibenden Wirk- und Blindwiderstände zusammengefasst.

Insgesamt führt das zum Kappschen Ersatzschaltbild für den Drehstromtransformator, das auch Kurzschlussersatzschaltbild genannt wird (Abb. 2.19).

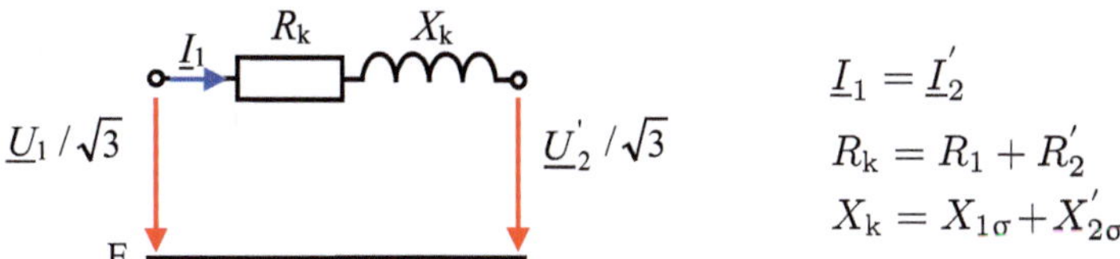

Abb. 2.19 Kurzschlussersatzschaltbild vom Drehstromtransformator

Der Kurzschlusswirkwiderstand R_{k} und die Kurzschlussreaktanz X_{k} sind Teil der Kurzschlussimpedanz $\underline{Z}_{\mathrm{k}}$.

$$\underline{Z}_{\mathrm{k}} = R_{\mathrm{k}} + \mathrm{j}X_{\mathrm{k}} \tag{2.5}$$

Eine wichtige Kenngröße des Transformators ist die relative Kurzschlussspannung u_{k}. Diese dimensionslose Größe ist ein relatives Maß für den maximalen internen Spannungsfall, der im Kurzschlussversuch gemessen werden kann.

$$u_{\mathrm{k}} = \frac{U_{1\mathrm{k}}}{U_{1\mathrm{r}}} \tag{2.6}$$

Wegen der Reihenschaltung im Kurzschlussersatzschaltbild gleicht u_{k} dem dimensionslosen Scheinwiderstand z_{k} (pu-Größe).

$$u_{\mathrm{k}} = \frac{U_{1\mathrm{k}}}{U_{1\mathrm{r}}} = \frac{\sqrt{3}\,Z_{\mathrm{k}}\,I_{1\mathrm{r}}}{U_{1\mathrm{r}}} = Z_{\mathrm{k}}\,\frac{\sqrt{3}\,I_{1\mathrm{r}}\,U_{1\mathrm{r}}}{U_{1\mathrm{r}}^2} = Z_{\mathrm{k}}\,\frac{S_{\mathrm{r}}}{U_{1\mathrm{r}}^2} = z_{\mathrm{k}} \tag{2.7}$$

Hier wurden für die Umrechnung in das Per-Unit-System als Bezugsgrößen die Bemessungsspannung auf der OS-Seite $U_{1\mathrm{r}}$ und die Bemessungsscheinleistung $S_{\mathrm{r}} = \sqrt{3}\,U_{1\mathrm{r}}I_{1\mathrm{r}}$ gewählt. Beide Größen u_{k} und z_{k} haben Wirk- und Blindanteile.

$$\begin{aligned} u_{\mathrm{k}} &= \sqrt{u_R^2 + u_X^2} = z_{\mathrm{k}} = \sqrt{r_{\mathrm{k}}^2 + x_{\mathrm{k}}^2} \qquad \text{mit} \\ u_R &= r_{\mathrm{k}} = R_{\mathrm{k}}\,S_{\mathrm{r}}/U_{1\mathrm{r}}^2 \qquad \text{und} \qquad u_X = x_{\mathrm{k}} = X_{\mathrm{k}}\,S_{\mathrm{r}}/U_{1\mathrm{r}}^2 \end{aligned} \tag{2.8}$$

Nach Tab. 2.8 sollte bei Kleintransformatoren der ohmsche Anteil berücksichtigt werden. Wegen $1\,\% \leq R_{\mathrm{k}}\,/\,X_{\mathrm{k}} \leq 8\,\%$ ist für große Umspanner der Wirkanteil vernachlässigbar [46], so dass

$$u_{\mathrm{k}} \approx x_{\mathrm{k}} = X_{\mathrm{k}}\,S_{\mathrm{r}}/U_{1\mathrm{r}}^2\,. \tag{2.9}$$

Tab. 2.8 Bemessungsscheinleistung S_r, relative Kurzschlussspannung u_k und Wirkanteil der Kurzschlussspannung u_R von Drehstromtransformatoren nach [53]

U_{1r} / kV	6 ... 20	30	60	110	220	400
S_r / MVA	0,1	0,5	1,25	3,15	10,0	31,5
u_k / %	3,5 ... 8,8	6 ... 8,8	7 ... 10	10 ... 12	11 ... 14	15 ... 17
u_R / %	2,1 ... 2,8	1,6 ... 1,8	1,4 ... 1,5	1,0 ... 1,2	0,72 .. 0,86	0,54 .. 0,66

In Übertragungsnetzen werden gerne Umspanner eingesetzt, deren relative Kurzschlussspannungen im oberen Wertebereich liegen, da dadurch die Kurzschlussströme kleiner werden. Damit ist der Nachteil verbunden, dass zwischen Leerlauf und Bemessungsbetrieb ein interner Spannungsfall von bis zu 20 % der Bemessungsspannung auftreten kann [46]. Abhilfe bieten Transformatoren, deren Übersetzung im laufenden Betrieb verstellt werden kann. Die werden nun näher charakterisiert.

Spannungsstellung und Leistungssteuerung

Bei Umspannern kann das Verhältnis der Windungszahlen N_1/N_2 verändert werden. Es wird sich zeigen, dass das nicht kontinuierlich sondern nur in diskreten Stufen möglich ist. Das ist auch in den Schaltzeichen angedeutet (Abb. 2.20).

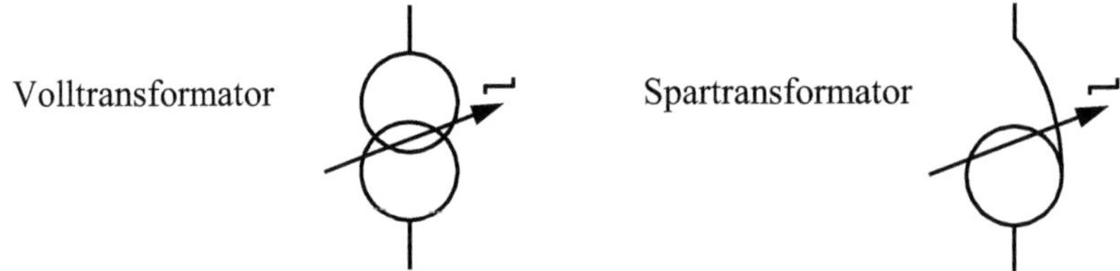

Abb. 2.20 Einphasige Schaltzeichen von Transformatoren mit einstellbarer Übersetzung

Die Unterspannungswicklung liegt innen und ihre Windungszahl N_2 wird einmal festgelegt und nicht weiter variiert (Abb. 2.21 oben). Die Oberspannungswicklung führt kleinere Ströme, liegt außen und ist daher leichter zugänglich. Sie wird in eine Stamm- und Feinwicklung unterteilt, die auch Regelwicklung genannt wird. Von der Feinwicklung werden Anzapfungen nach außen geführt, so dass über die Anschlüsse an den Anzapfungen die Oberspannungswicklungen zu einem Sternpunkt verschaltet werden. Der Sternpunkt kann gegenüber dem Erdreich isoliert sein. Alternativ kann er auch über eine E-Spule oder niederohmig mit Erdungsanlagen verbunden sein (Tab. 4.10). Im einfachsten Fall können die Anzapfungen mit einem Umsteller (off-circuit tap changer) angewählt werden. Das ist nur manuell und im spannungslosen Zustand möglich. Umsteller sind in konventionellen Ortsnetzstationen zu finden. Das Windungsverhältnis wird bei der Inbetriebnahme eingestellt und kann später bei Bedarf angepasst werden.

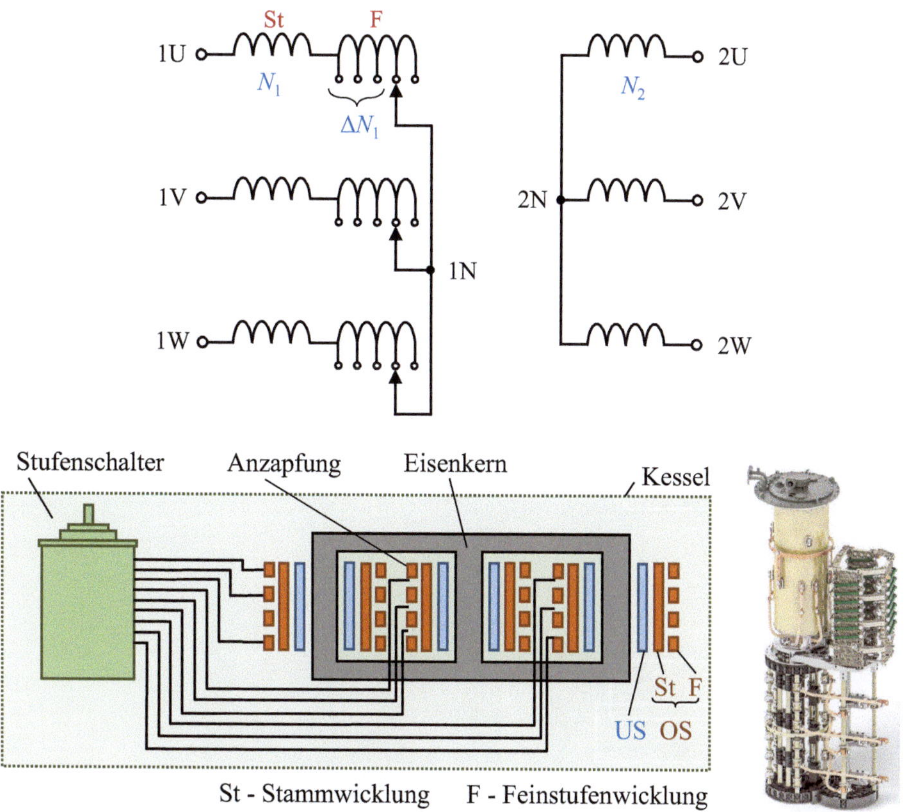

Abb. 2.21 40-MVA-Netztransformator 110 kV/20 kV der Schaltgruppe YNyn0 mit Stufenschaltern: Schaltplan der Wicklungen (oben) und prinzipieller Aufbau (unten links) nach [46] sowie Stufenschalter in natura (Foto rechts unten: Maschinenfabrik Reinhausen [54])

Die Windungszahl auf der Oberspannungsseite kann auch im laufenden Betrieb unter Last stufenweise verändert werden (Abb. 2.21 unten). Dazu dienen Laststufenschalter, die international das Kürzel OLTC (on-load tap changer) tragen. Sie können manuell oder auch automatisch von einer Regeleinrichtung betätigt werden und verändern das Windungsübersetzungsverhältnis gegenüber dem Verhältnis der Bemessungsspannungen um bis zu 22 % in beide Richtungen. Mit dem Umspanner nach Abb. 2.21 wird der Betrag der Zusatzspannung $\Delta\underline{U}$ verändert und ihre Phasenverschiebung ist 0° (Tab. 2.9 links). Daher wird das Längsregelung der Spannung oder der direkte Spannungsstellung genannt. Die verändert nur die Blindleistungen an den Netzknoten. Längsregeltransformatoren sind seit langer Zeit als Umspanner zwischen HS- und MS-Netzen etabliert.

Tab. 2.9 Längs-, Schräg- und Querregelung der Spannung

Längsregel-transformatoren	Schrägregel-transformatoren	Querregel-transformatoren
0°	±30° oder ±60°	±90°
Spannungssteuerung	Spannungs- und Wirkleistungssteuerung	Wirkleistungssteuerung

Bei Ortsnetztransformatoren gab es das früher nicht. In der Energiewende sind mit der Bestrebung nach intelligenten Netzen regelbare Ortsnetztransformatoren (RONT) zum Einsatz gekommen, bei denen mittels Vakuumschalter das Windungsverhältnis unter Last verändert wird (Abb. 2.22).

Abb. 2.22 Regelbare Ortsnetztransformatoren (Fotos: Maschinenfabrik Reinhausen [54] und EWE NETZ [55])

Durch Zusatztransformatoren, die im selben Gehäuse oder extern untergebracht sind, kann eine Phasendifferenz der Zusatzspannung eingestellt werden. Dabei gibt es prinzipiell zwei Möglichkeiten, für die jeweils unterschiedliche Bezeichnungen verbreitet sind (Abb. 2.23).

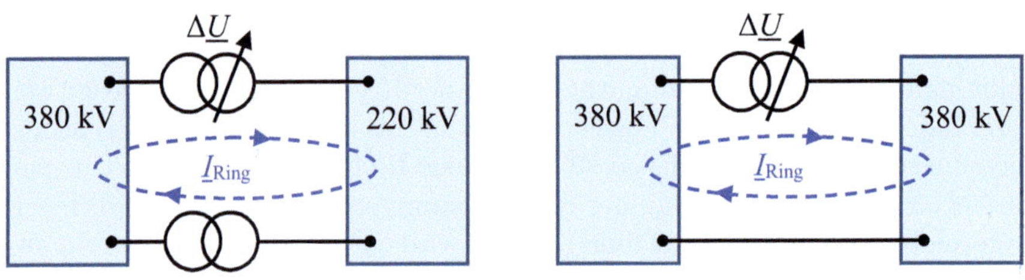

Abb. 2.23 Schräg- und Querregeltransformatoren

- Netzkuppeltransformatoren mit Regelmöglichkeit werden zwischen unterschiedlichen Spannungsebenen eingesetzt (Abb. 2.24 links). Sie werden auch Schrägregeltransformatoren genannt. Hier beträgt die Phasendifferenz entweder ±30° oder ±60° (Tab. 2.9 mittig). Diese Umspanner verändern gleichzeitig die Spannungen und Wirkleistungen an den Netzknoten, in dem sie im einfachsten Fall auf parallele Leitungen Ringströme treiben.
- Bei Phasenschiebertransformatoren hat die Zusatzspannung eine Phasendifferenz von ±90° (Tab. 2.9 rechts). Sie heißen auch Querregeltransformatoren und tragen international die Kürzel PST (Phase Shifting Transformer) oder PAR (Phase Angle Regulator). Sie werden seriell eingebunden. D. h. auf beiden Seiten des Querregeltransformators ist die gleiche Spannungsebene (Abb. 2.24 rechts). Mit einem Phasenschiebertransformator kann der Wirkleistungsfluss auf parallelen Leitungen flexibel gesteuert werden. Dadurch können Engpässe, Überlast oder Störfälle besser vermieden werden.

Abb. 2.24 Netzkuppler 380/220 kV 800 MVA (Foto: Swissgrid [56]) und Phasenschieber (Foto: Hitachi Energy [49])

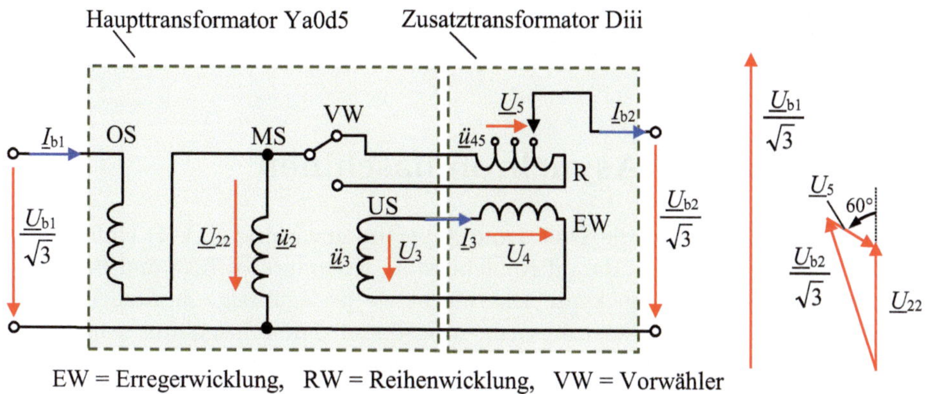

Abb. 2.25 Einphasige Darstellung eines Transformatorensatzes mit indirekter Spannungseinstellung (Schrägstellung) nach [46]

Abb. 2.25 zeigt beispielhaft den Aufbau eines Schrägregeltransformators. Hier handelt es sich um eine Transformatorbank, die aus drei einphasigen Spartransformatoren zusammengeschaltet ist. Zu dem Hauptransformator zählt auch eine Tertiärwicklung, die induktiv angekoppelt ist und im Dreieck verschaltet wird. Der einphasige Zusatztransformator ist ein Zweiwicklungstransformator mit einstellbarer Übersetzung. Mit Hilfe des Vorwählers kann die Zusatzspannung $\underline{U}_5$ um 180° gedreht werden, so dass der Phasendifferenzwinkel negativ wird.

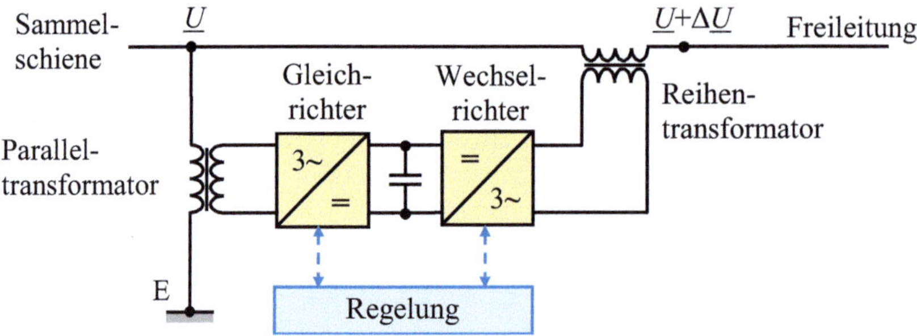

Abb. 2.26 Stromrichtergesteuerter Zusatztransformator in einer UPFC-Anlage

Der Aufbau eines Querregeltransformators kann sehr komplex sein und soll in diesem Rahmen nicht weiter betrachtet werden. Technisch interessant sind auch neuere Ausführungen, die statt eines gestuften Zusatztransformators Elemente der Leistungselektronik einsetzen, die in der Netzführung über eine leistungsfähige Regelung kontinuierlich verstellt werden können. Mit der UPFC-Anlage (Unified Power Flow Controller) nach Abb. 2.26 ist es möglich, ja nach Bedarf gleichzeitig eine parallele oder serielle Blindleistungskompensation und eine Wirkleistungssteuerung durchzuführen, ohne dass Kondensatoren oder Drosselspulen geschaltet werden müssen.

2.2 Drehstrom-Asynchronmaschinen

Es wird sich zeigen, dass die Drehstrom-Asynchronmaschine (DAM) einfach konstruiert und aufgebaut ist, da auf Kohlebürsten, Kommutatorringe und Positionssensoren verzichtet werden kann. Das macht sie preisgünstig. Zusätzlich ist die Maschine selbst laufend, wartungsarm, robust und damit insgesamt sehr erfolgreich. Vermutlich sind weltweit über 50 % aller elektrischen Antriebsmaschinen Drehstrom-Asynchronmotoren (Abb. 2.27). Überwiegend sind sie in drehzahlstarren Antrieben zu finden. Durch die Entwicklung leistungsfähiger und preisgünstiger Wechselrichter sind sie auch in drehzahlvariablen Antrieben im Einsatz. In der Versorgungs- und Gebäudetechnik wurden sie bei kleinen und mittleren Leistungen durch EC-Motoren verdrängt, die im Dauerbetrieb energieeffizienter sind.

Abb. 2.27 Fertigung und Betrieb von Drehstrom-Asynchronmotoren (Fotos: ABB [1])

Die Leistungen erstrecken sich von etwa 100 mW bis ungefähr 15 MW (Tab. 2.10).

Tab. 2.10 Leistungsklassen von Asynchronmotoren nach [16]

0,1 W bis 0,5 kW	ein Strang	230 V
0,5 kW bis 1 MW	drei Stränge	400 V, 500 V und 690 V
200 kW bis 15 MW	drei Stränge	400 V, 500 V, 690 V, 3 kV und 6 kV

Als Generator ist die DAM in kleinen Wasserkraftanlagen und mit Einzug der Energiewende in großer Zahl in Windkraftanlagen installiert (Abb. 2.28, 2.29 und 2.30). Dort steht sie in Konkurrenz zum Drehstrom-Synchrongenerator.

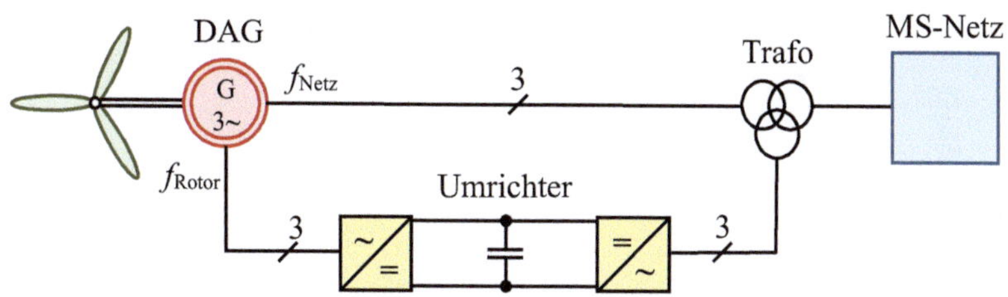

Abb. 2.28 Übersichtsschaltbild einer Windenergieanlage mit einem Drehstrom-Asynchrongenerator (DAG) mit Schleifringläufer

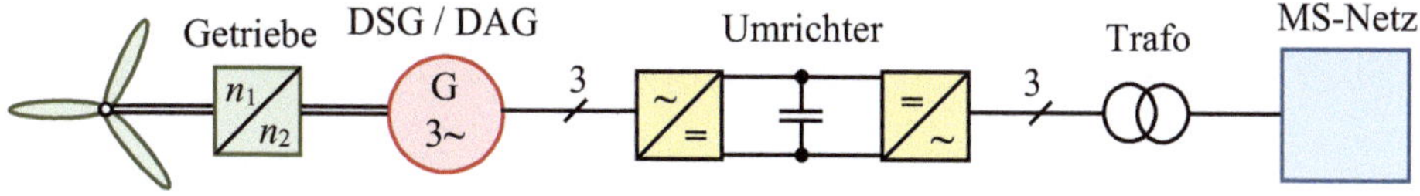

Abb. 2.29 Übersichtsschaltbild einer Windenergieanlage mit einem Drehstrom-Synchrongenerator (DSG) oder mit einem Drehstrom-Asynchrongenerator (DAG) mit Kurzschlussläufer

Abb. 2.30 Onshore- und Offshore-Windkraftanlagen (Fotos: Hitachi Energy [49], RWE [2] und Siemens Energy [45])

Zunächst wird der Aufbau der Maschinen genauer betrachtet. Auf Grundlage des magnetischen Drehfeldes wird es verständlich werden, warum der Motor ein Drehmoment entwickelt und warum der Asynchronmotor langsamer als das synchrone Drehfeld rotiert. Es schließen sich Verfahren zur Begrenzung der Anlaufströme an und die Drehzahlstellung bildet den Abschluss.

2.2.1 Aufbau

Der feststehende Teil der Maschine heißt Ständer oder Stator, das drehende Teil Läufer oder Rotor. Ständer wie Läufer sind aus Blechpaketen mit 0,3 bis 0,5 mm Dicke aufgebaut, die gegeneinander elektrisch isoliert sind, um die Wirbelstromverluste zu reduzieren (Abb. 2.31). Der Teil der elektrischen Maschine, in dem eine Spannung induziert wird, wird als Anker bezeichnet. Es wird sich später zeigen, dass bei Asynchronmaschinen der Rotor der Anker ist.

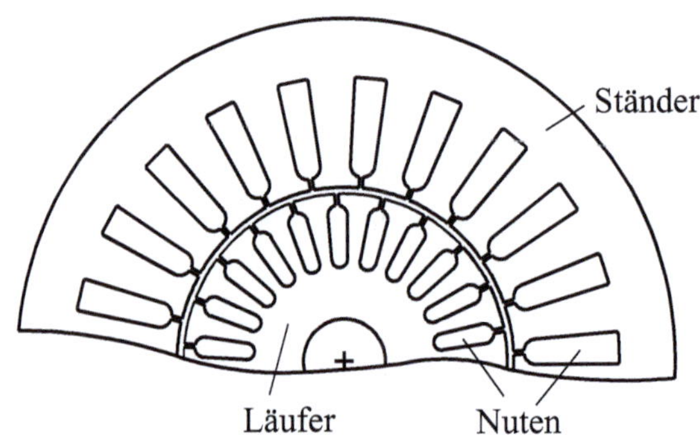

Abb. 2.31 Blechpakete im Ständer und Läufer

Rotor

Bei den Läufern gibt es zwei Typen. Das sind der Schleifring- und der Kurzschlussläufer, der auch Käfigläufer genannt wird (Abb. 2.32 und 2.34).

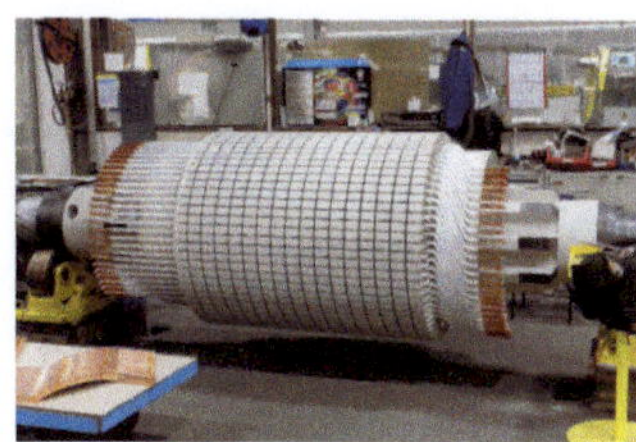

Abb. 2.32 Schleifringläufer und Schleifringe

Beim Schleifringläufer ist eine dreisträngige Wicklung aus Kupferdraht in die Nuten eingelegt. Die drei Stränge sind im Stern geschaltet und die Strangenden K, L und M werden über Schleifringe zum Klemmenkasten geführt (Abb. 2.37). Dadurch können Anlasswiderstände oder Wechselrichter (Abb. 2.28) dem Läuferkreis zugeschaltet werden. Das ist auch am Schaltzeichen zu erkennen (Abb. 2.33 rechts).

Drehstrom-Asynchronmotor mit Käfigläufer

Drehstrom-Asynchronmotor mit Schleifringläufer

Abb. 2.33 Schaltzeichen

Beim Kurzschlussläufer sind in die Nuten des Läuferblechpakets Stäbe aus Kupfer oder Leitbronze eingelegt, die an den Enden über Kurzschlussringe verbunden sind. Eine andere sehr verbreitete Variante sind Druckgusskäfige aus Aluminium in unterschiedlichsten Formen. Auch die haben auf beiden Seiten Kurzschlussringe (Abb. 2.34). Kupfer hat den Vorteil, das es eine bessere elektrische Leitfähigkeit als Aluminium hat. Daher sind die Verluste geringer und der Wirkungsgrad höher. Der Nachteil von Kupfer ist der höhere Preis, der auch wegen der höheren Schmelztemperatur in der Fertigung bedingt ist.

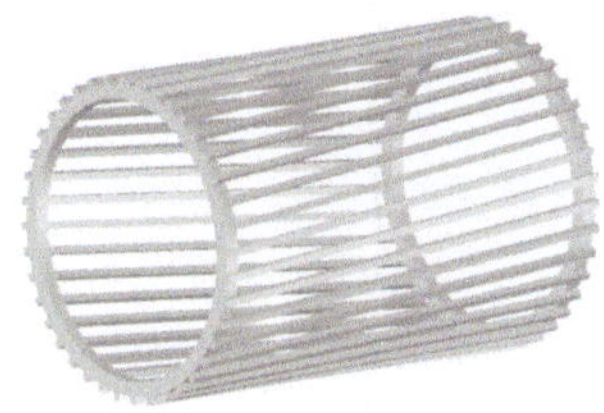

Abb. 2.34 Kurzschlussläufer, schematisch und in natura

Das Drehmomenten-Drehzahl-Verhalten hängt von der Geometrie und dem Material des Käfigläufers ab (Abb. 2.35). Insbesondere können die Anlaufmomente beeinflusst werden. Durch Schrägstellung der Längsnuten werden unerwünschte Einflüsse von Oberschwingungen auf das Drehmoment reduziert.

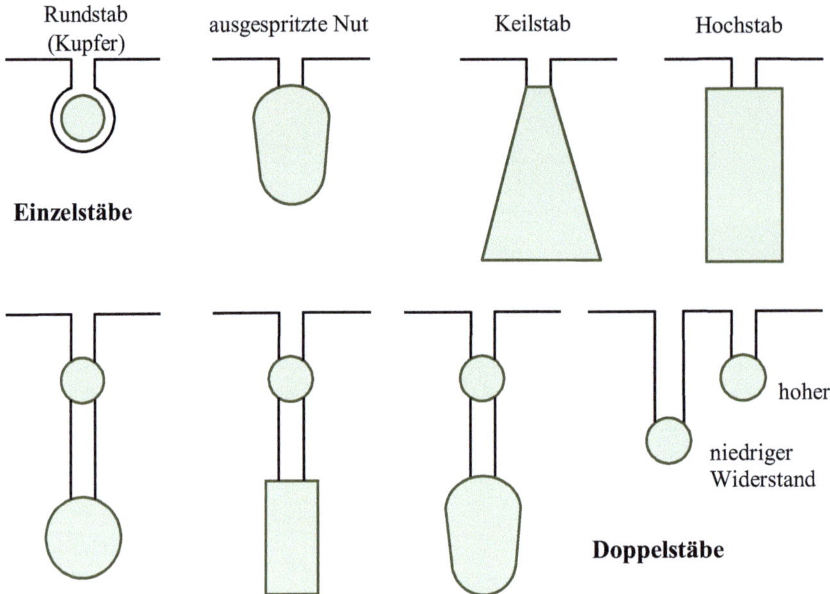

Abb. 2.35 Ausführungsformen von Käfigläuferstäben nach [57]

Stator

In den Längsnuten des Ständerblechpakets wird die Ständerwicklung aus Kupfer eingelegt. Im einfachsten Fall besteht die dreiphasige Ständerwicklung aus drei Strängen, deren Spulenachsen räumlich um 120° verdreht sind (Abb. 2.36 links).

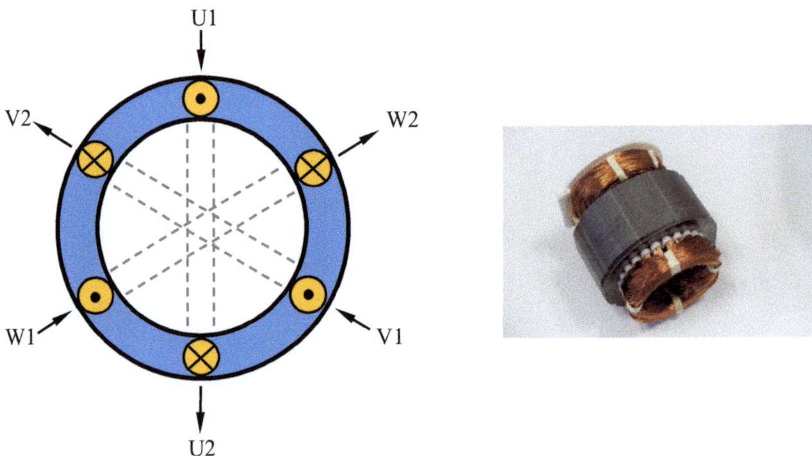

Abb. 2.36 Ständerwicklung, prinzipieller Aufbau und in natura

Die drei Stränge werden mit U, V und W gekennzeichnet. Ihre Anschlusspunkte heißen U1, U2, V1, V2, W1 und W2 und werden zum Klemmenkasten geführt (Abb. 2.37).

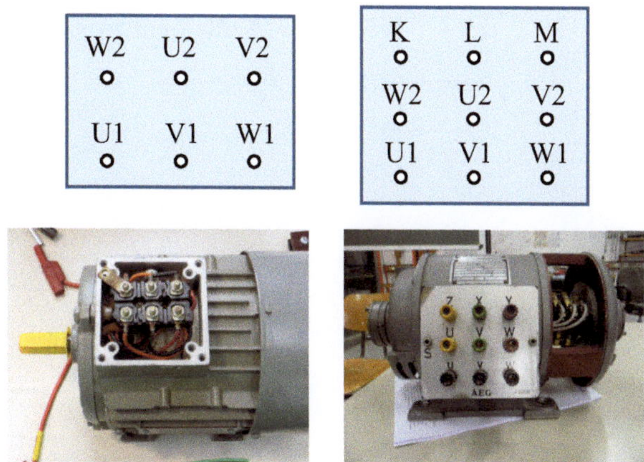

Abb. 2.37 Klemmenkästen vom Kurzschlussläufer und Schleifringläufer

Dort können die drei Ständerwicklungen zu einer Stern- oder Dreieckschaltung verbunden werden (Abb. 2.38).

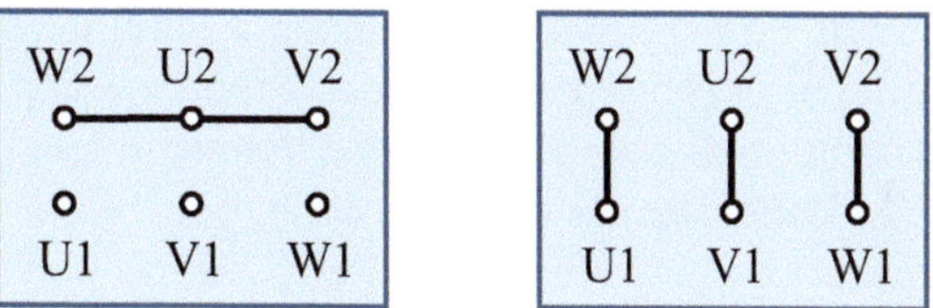

Abb. 2.38 Stern- und Dreieckschaltung der Ständerwicklungen

Unabhängig davon, ob eine Dreieck- oder Sternschaltung gewählt wird, entsteht in der Maschine nach dem Einschalten ein magnetisches Drehfeld. Darum geht es nun.

2.2.2 Wirkungsweise und Betriebsverhalten

Zunächst wird das Drehfeld erklärt. Danach ist die Polpaarzahl im Fokus. Sie legt die Frequenz des Drehfeldes fest. Damit wird es verständlich, warum im Motor ein Drehmoment entsteht und warum es sich hier eine Asynchronmaschine handelt.

Drehfeld

Nach dem Einschalten fließen in den drei Strängen Wechselströme, die untereinander um $\pm 120°$ phasenverschoben sind. Jeder dieser drei sinusförmigen Wechselströme ist mit einem magnetischen Wechselfeld verbunden, das mit der Netzfrequenz auf- und abgebaut wird. Die drei Wechselfelder sind wie die Spulenachsen der Stränge um ±120° räumlich gedreht. Es zeigt sich, dass sich die drei Wechselfelder zu einem gemeinsamen Drehfeld überlagern, wenn die Stränge um ±120° räumlich gedreht sind und gleichzeitig die Wechselströme um ±120° phasenverschoben sind.

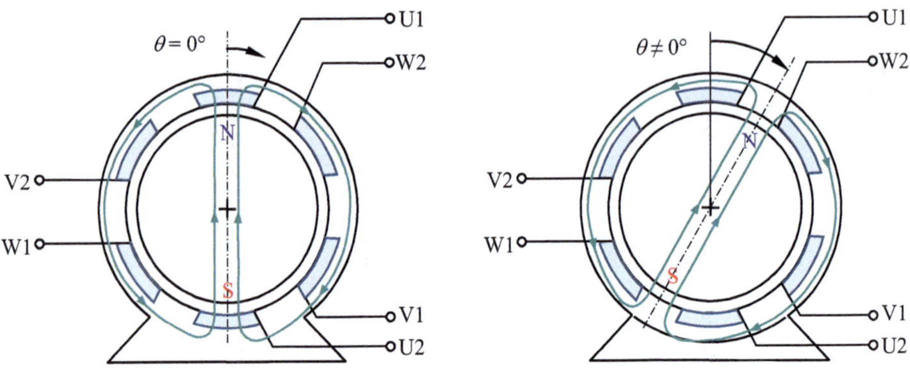

Abb. 2.39 Magnetisches Drehfeld an zwei Zeitpunkten nach [46]

Abb. 2.39 zeigt schematisch zwei Momentaufnahmen des Drehfeldes. An einer Stelle im Luftspalt tritt das Magnetfeld aus dem Stator aus, auf der gegenüber liegenden Seite tritt es ein. Ein rotierender Stabmagnet hat ein Magnetfeld mit der gleichen Form. Daher sind Nord- und Südpol eingezeichnet. Maximum und Minimum des Magnetfeldes im Luftspalt drehen sich mit der Frequenz des Wechselstroms. Im Bild ist die Drehrichtung im Uhrzeigersinn. Der Drehsinn des Drehfeldes lässt sich durch Tauschen zweier beliebiger Anschlüsse umkehren (Abb. 2.40).

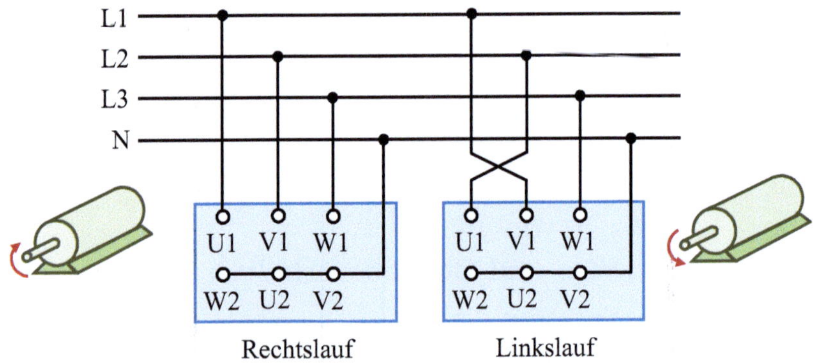

Abb. 2.40 Rechts- und Linkslauf einer DAM nach [25]

Sind die Achsen der Spule um 90° verdreht und werden zwei Spulen mit zeitlich 90° phasenverschobenen Strömen gespeist, entsteht auch ein Drehfeld. Das kommt bei Kleinmaschinen vor, die mit Wechselstrom betrieben werden.

Polpaarzahl

Ein magnetischer Dipol hat zwei Pole, den Nord- und Südpol. Die Anzahl der magnetischen Dipole ist die Polpaarzahl p. Bei $p = 1$ liegt eine zweipolige Maschine vor und im Luftspalt rotieren genau ein Nord- und Südpol. Dieser Fall wurde bisher betrachtet. In Abb. 2.41 sind noch einmal drei Momentaufnahmen dargestellt. Das magnetische Drehfeld rotiert hier mit 50 Hz = 3000 min^{-1}.

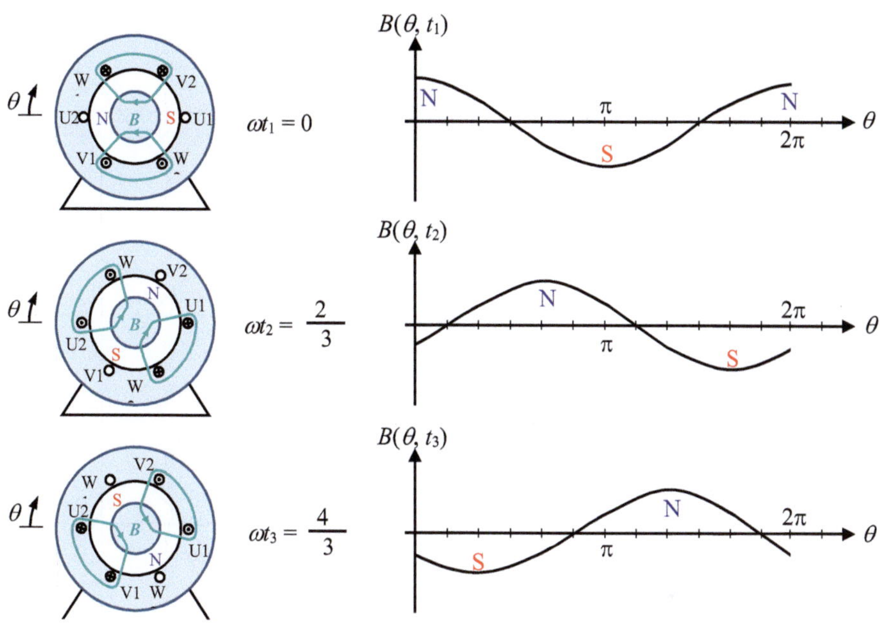

Abb. 2.41 Ständerdrehfeld für $p = 1$ nach [25]

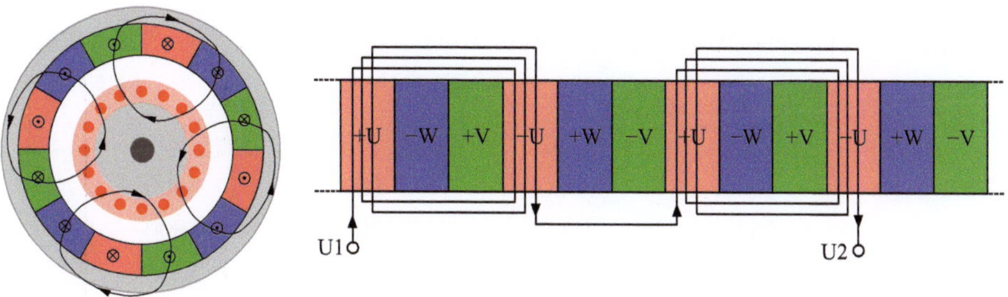

Abb. 2.42 Ständerwicklungen einer vierpoligen DAM nach [58]

Bei Drehstrommaschinen ist es auch möglich statt der drei Stränge sechs in die Ständernuten einzusetzen (Abb. 2.42). Je zwei dieser Stränge werden in Reihe geschaltet, so dass beispielsweise für den Strang U wieder die Anschlüsse U1 und U2 zum Klemmbrett geführt werden können. Das Klemmbrett bleibt insgesamt unverändert. Der wesentliche Unterschied besteht nun darin, dass nach Einschalten der drei Wechselströme im Luftspalt die doppelte Zahl der magnetischen Pole auftaucht. Statt einem Nord- und einem Südpol gibt es nun je zwei und die Polpaarzahl ist $p = 2$. Abb. 2.43 zeigt drei Momentaufnahmen. Hier macht das Drehfeld in einer Periodendauer des Wechselstroms nur eine halbe Umdrehung. Seine Drehfrequenz ist halbiert und es rotiert mit 25 Hz = 1500 min^{-1}.

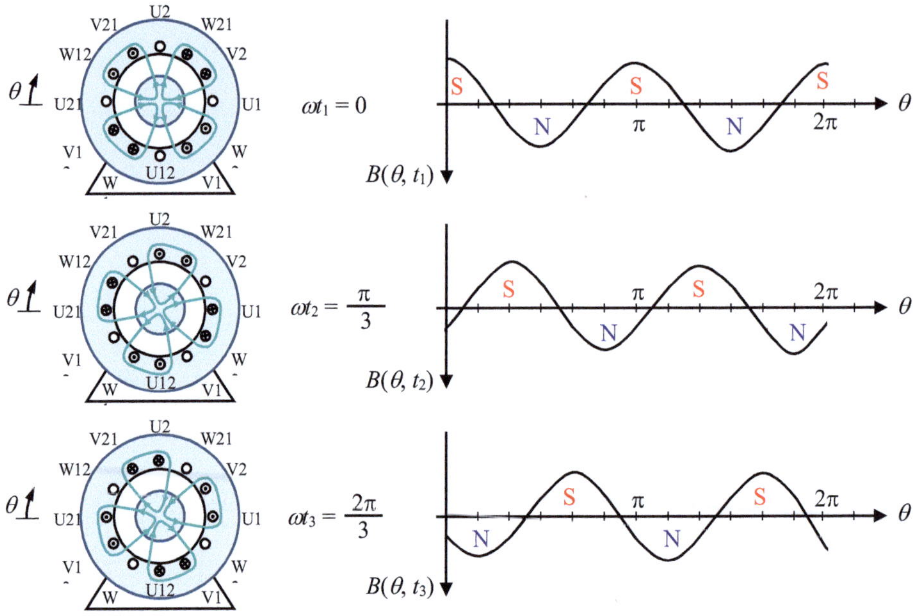

Abb. 2.43 Ständerdrehfeld für $p = 2$ nach [25]

Tab. 2.11 Typische Werte für die Drehfrequenz des Ständerfeldes f_s bzw. n_s

	$f_1 = 50$ Hz		$f_1 = 60$ Hz	
p	f_s / Hz	n_s / min^{-1}	f_s / Hz	n_s / min^{-1}
1	50	3000	60	3600
2	25	1500	30	1800
3	16 2/3	1000	20	1200
4	12,5	750	15	900

Die Polpaarzahl lässt sich noch weiter erhöhen. Allgemein hängt die synchrone Drehfrequenz f_s des Ständerfeldes mit der Frequenz f_1 des Dreiphasen-Wechselstroms und der Polpaarzahl p über der Formel

$$f_s = \frac{f_1}{p} \tag{2.10}$$

zusammen. Für Wechselstromfrequenzen von 50 und 60 Hz sind einige Werte für die synchronen Drehfrequenzen in der Tab. 2.11 aufgelistet. Das sind auch die Rotordrehzahlen der Drehstrom-Synchrongeneratoren.

Kennlinie

Im Rotor vom Asynchronmotor wird eine Spannung induziert, wenn dieser asynchron zum Drehfeld der Statorströme läuft. Das wird nun begründet, in dem zwei besondere Betriebszustände betrachtet werden. Das sind der

- Stillstand ($n = 0$) und der
- Synchronlauf ($n = n_s$).

Wenn der Motor aus dem Stillstand des Läufers heraus eingeschaltet wird, fließen die Wechselströme durch die Statorwicklungen und es entsteht augenblicklich das synchrone Drehfeld. Da der Läufer ruht, wird er von einem veränderlichen Magnetfeld durchsetzt und im Läufer wird eine Spannung induziert. Der Asynchronmotor ist ein Induktionsmotor und daher heißt er in der englischen Sprache Induction Motor. Die induzierte Spannung treibt elektrische Ströme in den Läuferwicklungen, die sich beim Kurzschlussläufer über die Kurzschlussringe schließen. Die Lorentzkräfte auf die Längsstäbe bilden Kräftepaare. Es entsteht insgesamt ein Antriebsdrehmoment auf den Läufer, das für jede Stellung des Läufers konstant ist.

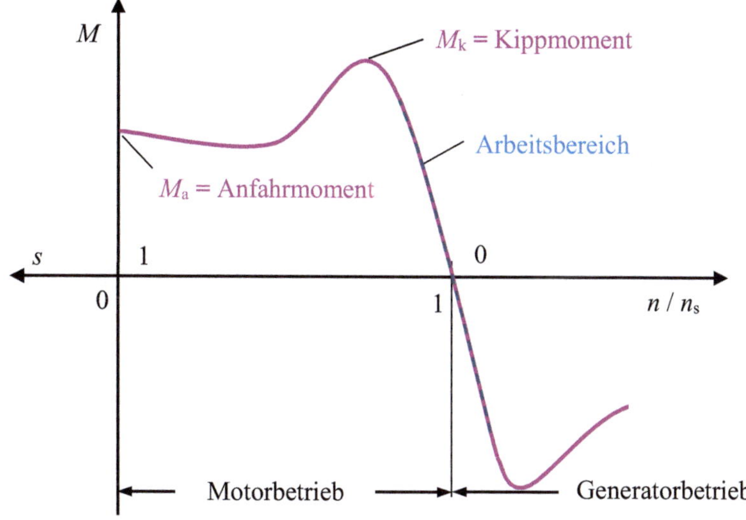

Abb. 2.44 Prinzipieller Verlauf der M-n-Kennlinie

Beim Synchronlauf wird keine Spannung induziert, da sich vom Läufer aus gesehen das Magnetfeld nicht ändert. Es entsteht insgesamt kein Drehmoment. Der Läufer muss langsamer drehen als das synchrone Drehfeld, damit ein antreibendes Drehmoment entsteht. Er muss asynchron laufen. Daher kommt der deutsche Name Asynchronmotor. Ein Maß für die relative Drehzahlabweichung von der synchronen Drehzahl n_s ist der Schlupf s.

$$s = \frac{n_s - n}{n_s} \qquad [s] = 1 = 100\ \% \tag{2.11}$$

Im Stillstand ist $s = 1$ und im Synchronlauf ist $s = 0$. Zwischen Leerlauf und Betrieb bei Volllast beträgt der Schlupf etwa 3 bis 5 %.

Insgesamt kann das stationäre Verhalten des Asynchronmotors anhand der Drehmomenten-Drehzahl-Kennlinie charakterisiert werden (Abb. 2.44). Ihr Verlauf kann aus den Spannungsgleichungen hergeleitet werden [25]. Der Arbeitsbereich ist im abfallenden Teil der Kurve. Nur hier ist ein stabiler Betrieb möglich.

2.2.3 Anlaufmethoden

Drehstrom-Asynchronmotoren haben kurzzeitige Anlaufströme (Abb. 2.45). Die Effektivwerte der Anlaufströme I_{an} können ein Mehrfaches des Bemessungsstroms I_r ausmachen ($I_{an}/I_r \approx 5 \ldots 7$).

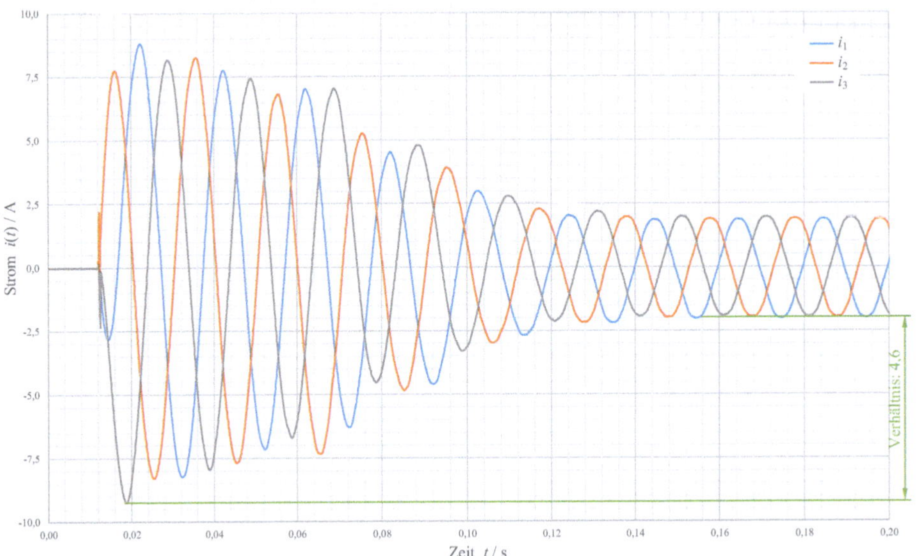

Abb. 2.45 Anlaufströme einer DAM 550 W (Quelle: Dimitri Stoll 16.07.14)

Mit den hohen Anlaufströmen sind im öffentlichen Netz kurzzeitige Spannungsabsenkungen verbunden, die zu Störungen oder Ausfällen führen können. Daher werden in den technischen Anschlussbedingungen (TAB) der Verteilnetzbetreiber Anlaufverfahren gefordert (Abb. 2.46).

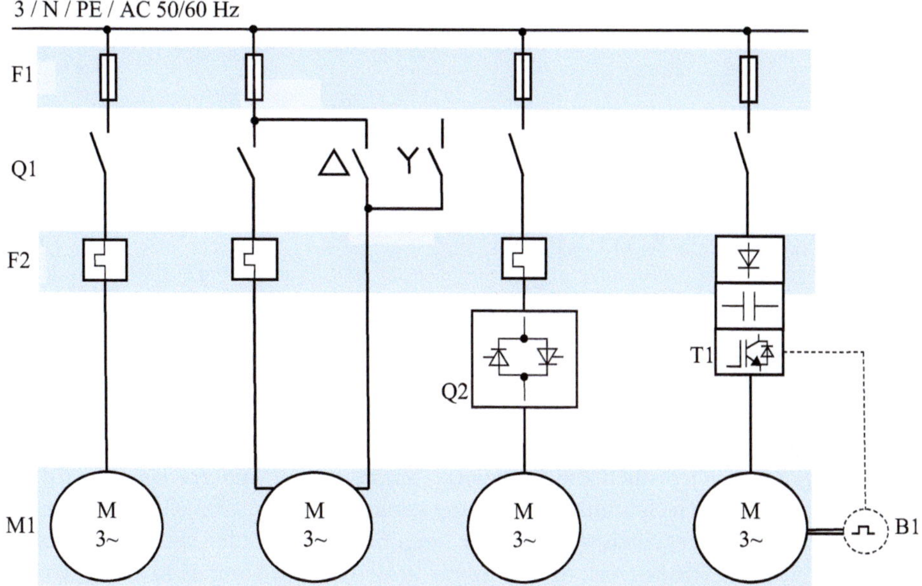

Abb. 2.46 Verfahren zum Motorstart mit den Abkürzungen F1 = Absicherung (Kurzschluss- und Leitungsschutz), Q1 = Schalten (Leistungsschütz, Motorschütz), F2 = Motorschutz (Schutz vor thermischer Überlast, Motorschutzrelais), Q2 = Softstarter, T1 = Frequenzumrichter und M1 = Drehstrom-Asynchronmotor

Das direkte Einschalten ist zulässig, wenn der gelegentlich anlaufende Drehstrommotor eine Scheinleistung von weniger als 5,2 kVA hat oder bei höheren Scheinleistungen der Anlaufstrom 60 A nicht überschreitet. Ist direktes Einschalten nicht mehr erlaubt, kann im einfachsten Fall ein Stern-Dreieck-Anlauf gemacht werden (Abb. A.2).

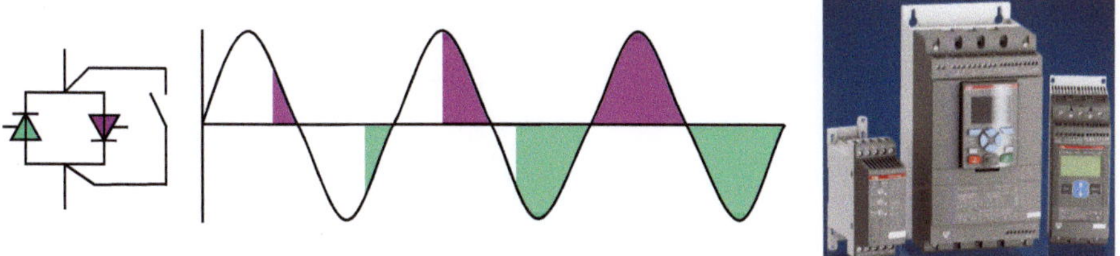

Abb. 2.47 Prinzip der Phasenanschnittsteuerung (links) und Softstarter in natura (Foto: ABB [1])

Darüber hinaus gibt es Sanftanlaufgeräte, die auch als Softstarter bezeichnet werden. Sie begrenzen die Einschaltströme per Phasenanschnitt der Wechselspannung (Abb. 2.47 links). Mit Frequenzumrichtern kann genauso ein Sanftanlauf durchgeführt werden. Ihre wesentliche Aufgabe ist jedoch die Drehzahlstellung, die nun erklärt wird.

2.2.4 Drehzahlstellung

Aus der Definition vom Schlupf nach Gl. 2.11 folgt

$$n = n_{\mathrm{s}}\,(1 - s) = \frac{f_1}{p}\,(1 - s)\;. \tag{2.12}$$

Offensichtlich gibt es drei Stellschrauben, um die Drehzahl n zu verändern, die

- Netzfrequenz f_1, die
- Polpaarzahl p und der
- Schlupf s.

Mit dem Schlupf wird auch die induzierte Spannung verändert. Daher wird die Schlupfsteuerung auch Spannungssteuerung genannt. Grundsätzlich kann über den Stator der DAM eingegriffen werden. Nur beim Schleifringläufer kann die Drehzahl zusätzlich über den Rotor verstellt werden. In dem Fall ist nur eine Schlupfsteuerung möglich.

Läuferwiderstände beim Schleifringläufer

Beim Schleifringläufer wird eine Drehzahlstellung klassischerweise mit Widerständen im Läuferkreis realisiert. Die können in Stufen zugeschaltet oder auch kontinuierlich verändert werden (Abb. 2.48).

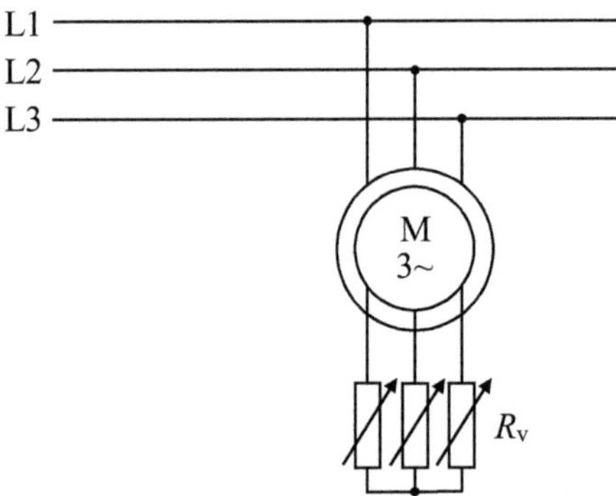

Abb. 2.48 Schleifringläufer mit Widerständen im Läuferkreis nach [25]

Ein Anlauf mit hohen Drehmomenten aus dem Stillstand ist möglich (Abb. 2.49).

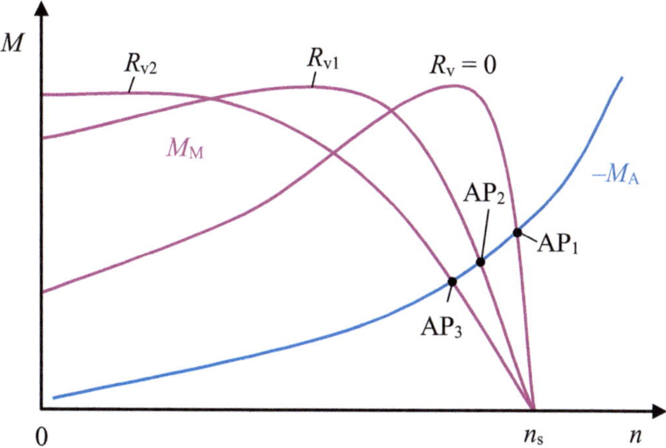

Abb. 2.49 Prinzip der Drehzahlstellung bei einem Schleifringläufer nach [25]

Diese Lösung hat den Nachteil, dass die Kennlinien weicher werden und durch die Widerstände höhere Verluste in Kauf genommen werden müssen. Daher ist die Drehzahlstellung mit einem Umrichter im Läuferkreis in vielen Fällen attraktiver.

Läuferspannungssteuerung mit Stromrichter

Im Läuferkreis werden verlustarme Umrichter eingebaut (Abb. 2.50). Die Stromrichter haben geringe Verluste und die aufgenommene Drehfeldleistung sP_δ wird fast vollständig ins Netz zurückgespeist. Im Läuferkreis wird eine Gegenspannung induziert, so dass die Läuferströme und damit das Drehmoment reduziert werden.

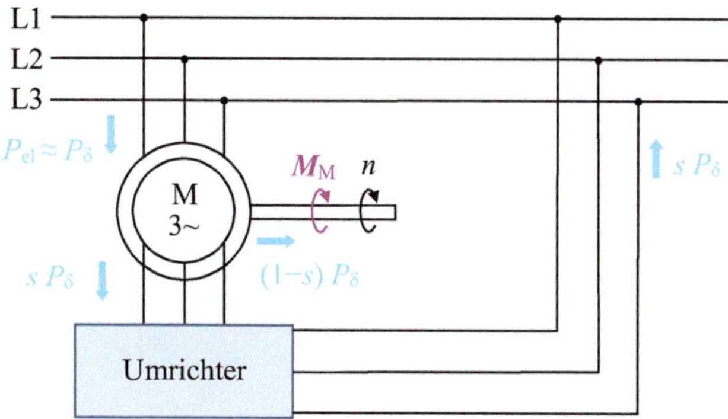

Abb. 2.50 DAM mit Umrichter im Ankerkreis nach [25]

Die Kennlinien haben die gleiche Form wie die natürliche Kennlinie und werden parallel verschoben, so dass der Arbeitspunkt (AP) kontinuierlich verstellt werden kann (Abb. 2.51).

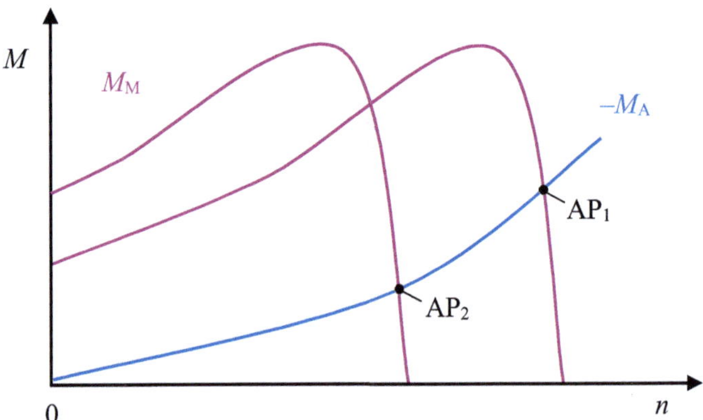

Abb. 2.51 Prinzipieller Verlauf der M-n-Kennlinien bei Drehzahlstellung mit Umrichter im Ankerkreis nach [25]

Polumschaltung

Vor der Etablierung der Leistungshalbleiter gab es für Motoren mit Käfigläufer zur Drehzahlstellung nur die Möglichkeit der Polumschaltung, bei der die Ständerwicklungen in Teilwicklungen zerlegt werden (Abb. 2.52). Durch Umschalten dieser Dahlander-Schaltungen wird die Polpaarzahl verändert.

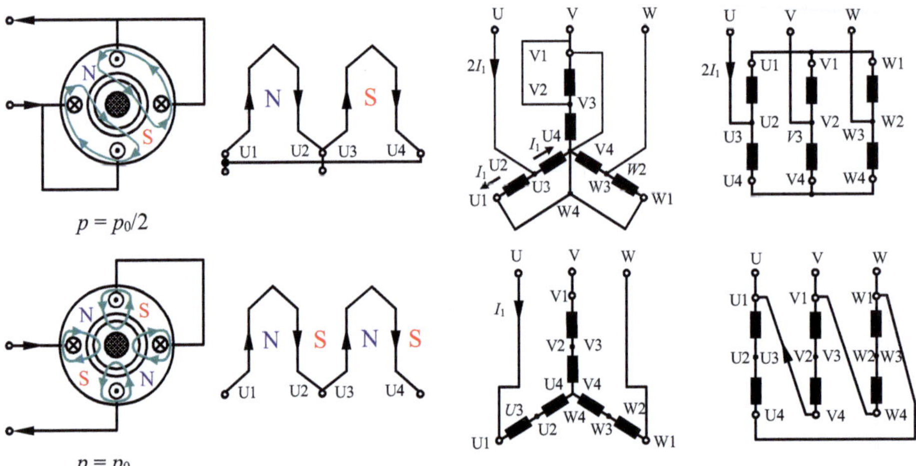

Abb. 2.52 Dahlander-Schaltungen

Mit den Dahlander-Schaltungen kann die Drehzahl nur in diskreten Stufen und nicht kontinuierlich eingestellt werden (Abb. 2.53).

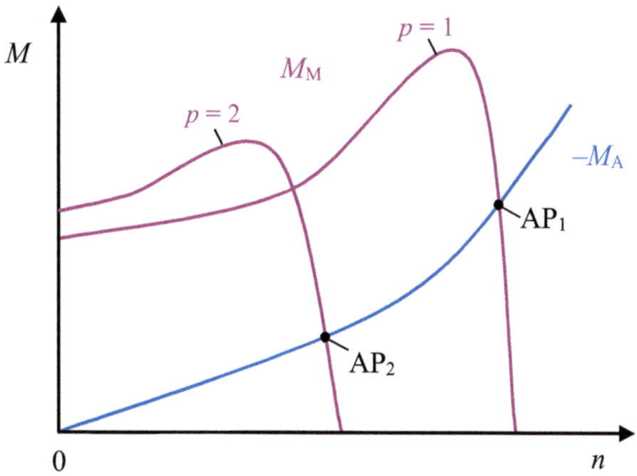

Abb. 2.53 Prinzip der Polumschaltung nach [25]

Der Aufwand in der Fertigung der Dahlander-Schaltungen macht die Motoren teuer und Reparaturen sind schwierig. Eine gute Alternative bieten Lösungen, die mit Umrichter arbeiten.

U-f-Steuerung

Zwischen dem Drehstromnetz und dem Drehstrommotor wird ein Umrichter geschaltet, der auch als Wechselstromumrichter oder AC/AC-Konverter bezeichnet wird. Der Umrichter kann die Spannung U_1 am Motor und die speisende Frequenz f_1 verstellen (Abb. 2.54). Motor und Umrichter zusammen bilden den Frequenz-Umrichter-Antrieb, kurz VFD (Variable Frequency Drive).

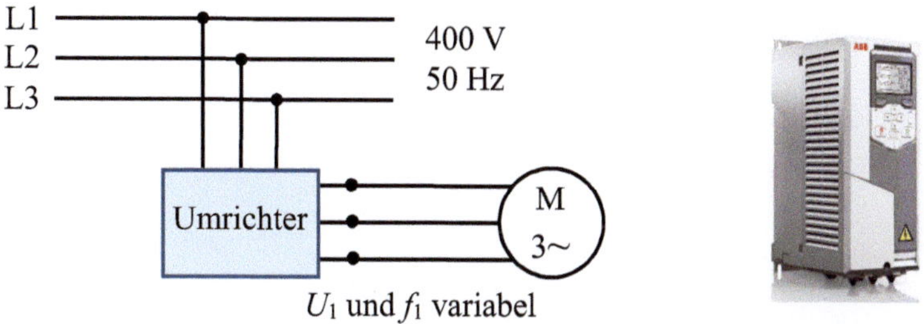

Abb. 2.54 DAM mit Umrichter (links) und Umrichter in natura (Foto: ABB [1])

Das Prinzip der Drehzahlsteuerung soll anhand der Funktion $U_1(f_1)$ erklärt werden (Abb. 2.55). Das Kennlinienfeld wird bezüglich der Frequenz in den Ankerstellbereich ($f_1 \leq 50$ Hz) und in den Feldstellbereich ($f_1 \geq 50$ Hz) unterteilt. Der Strom im Stator kann mit

$$I_1 \approx \frac{U_1}{\sqrt{3}\,X_1} = \frac{U_1}{\sqrt{3}\,2\pi f_1\,L} \tag{2.13}$$

grob abgeschätzt werden. Das Verkleinern der Frequenz f_1 im Ankerstellbereich führt zum Ansteigen des Stroms I_1, wenn gleichzeitig die Spannung U_1 konstant gehalten wird. Bei Halbierung der Frequenz auf 25 Hz würde der Strom auf seinen doppelten Bemessungswert ansteigen. Das ist dauerhaft keine gute Idee. Neben der Frequenz muss auch die Spannung verstellt werden, so dass das Verhältnis U_1/f_1 konstant bleibt. Daher kommt der Name Spannungsfrequenzsteuerung.

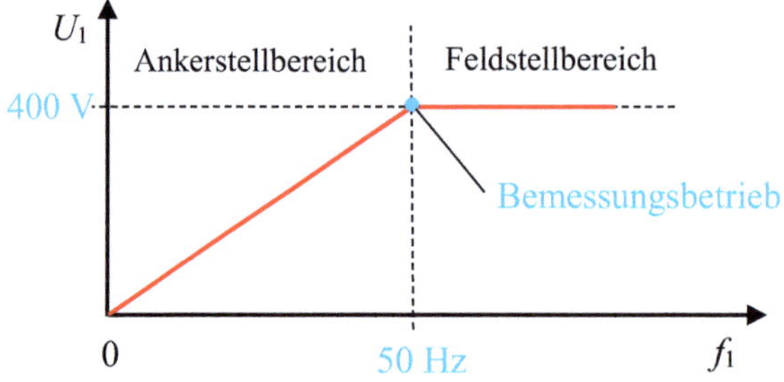

Abb. 2.55 Prinzip der Spannungsfrequenzsteuerung

Im Feldstellbereich müsste die Spannung über ihren Bemessungswert erhöht werden, damit weiterhin der Bemessungsstrom fließt. Das würde die Isolation irgendwann nicht mehr mitmachen. Hier bleibt man bei der Bemessungsspannung, während die Frequenz erhöht wird. Dadurch sinkt der Strom I_1 und damit das abgegebene mechanische Drehmoment (Abb. 2.56).

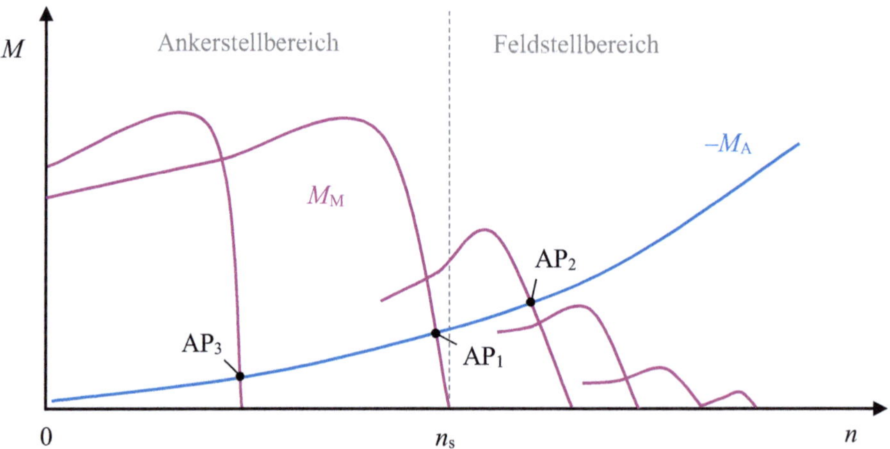

Abb. 2.56 Prinzipieller Verlauf der M-n-Kennlinien bei Drehzahlstellung mit Wechselstromumrichter nach [25]

Im Ankerstellbereich können die Kennlinien horizontal verschoben werden und der Antrieb kann in einem stabilen Arbeitspunkt laufen. Die Betriebspunkte können kontinuierlich verstellt werden. Im Feldstellbereich wird es schwieriger. Irgendwann macht es keinen Sinn mehr, die Frequenz zu erhöhen, da kein stabiler Betrieb mehr möglich ist und die Drehmomente zu klein sind.

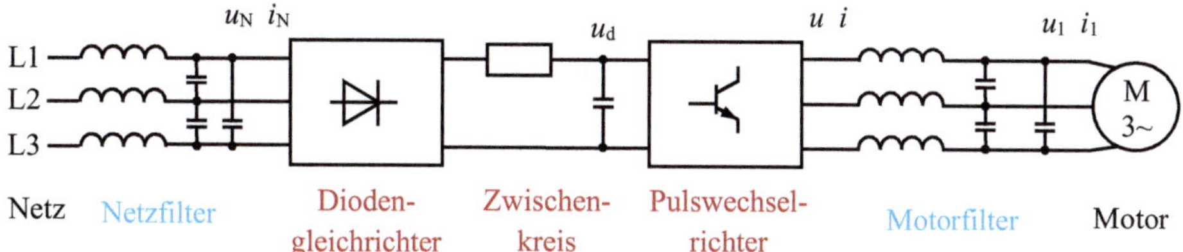

Abb. 2.57 Aufbau eines Wechselstromumrichters (rot) zur Drehzahlregelung eines Drehstrom-Asynchronmotors mit Entstörbeschaltungen (blau)

Wechselstromumrichter richten die Netzspannung gleich und wandeln diese anschließend in eine Spannung mit variabler Frequenz und Amplitude um. Sie sind aus drei Teilen aufgebaut, der Diodengleichrichter, der Zwischenkreis und der Pulswechselrichter (Abb. 2.57). Der Diodengleichrichter zieht periodische impulsförmige Netzströme $i_\mathrm{N}(t)$ zum Nachladen des Kondensators im Zwischenkreis. Dieser Netzstrom ist nicht sinusförmig und enthält Oberschwingungen. Falls erforderlich, können die dadurch verursachten Netzrückwirkungen durch speziell angepasste vorgeschaltete LC-Filter (Netzfilter) gemildert werden.

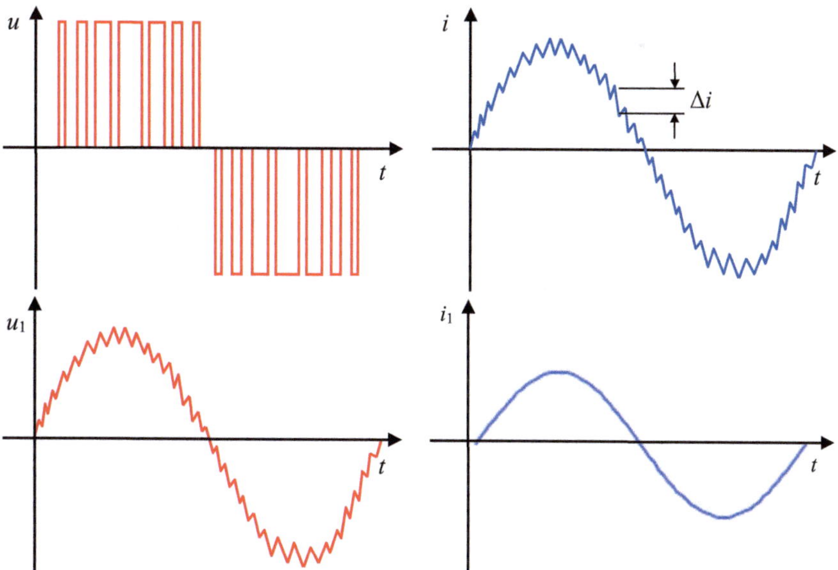

Abb. 2.58 Prinzipielle Spannungs- und Stromverläufe am Ausgang des Wechselstromumrichters ohne (oben) und mit LC-Filter (unten)

Die Verläufe von Ausgangsspannung und -strom des Wechselstromumrichters zeigt Abb. 2.58 oben. Der Pulswechselrichter wandelt die gleichgerichtete Spannung u_d im Zwischenkreis in sinusbewertete pulsweitenmodulierte Rechteckimpulse $u(t)$ um. Bei direktem Anschluss des Motors an diese Spannung wird der Strom $i(t)$ durch Induktivitäten der Motorspulen geglättet. Es ergibt sich ein annähernd sinusförmiger Strom. Die verbleibende Welligkeit Δi kann zu mechanischen Resonanzschwingungen und Störgeräuschen im Motor führen. Ein nachgeschalteter LC-Filter (Motorfilter) sorgt für geglättete nahezu sinusförmige Spannungs- und Stromverläufe $u_1(t)$ und $i_1(t)$. Motorgeräusche werden auf ein Minimum reduziert.

2.3 Drehstrom-Synchronmaschinen

Synchronmotoren sind im Einsatz, wenn eine konstante Drehfrequenz gefragt ist, beispielsweise in Uhren oder in Phonogeräten. Durch die Entwicklung von Frequenzumrichtern hat die Synchronmaschine als drehzahlregelbarer Antrieb vom Bereich der Servomotoren bis hin zu größten Leistungen an Bedeutung gewonnen. Als Generator spielt die Drehstrom-Synchronmaschine (DSM) seit über 100 Jahren eine herausragende Rolle bei der Stromerzeugung (Abb. 2.59). Der mit Abstand größte Teil der elektrischen Energie wird mit Drehstrom-Synchrongeneratoren (DSG) gewonnen. Daneben gibt es Wasser- und Windkraftanlagen mit Drehstrom-Asynchrongeneratoren, photovoltaische Solargeneratoren und Brennstoffzellen.

Abb. 2.59 Maschinenhalle im Wasserkraftwerk Schneller Graben und im GuD-Kraftwerk Lingen (Foto links: enercity [59])

Zweipolige Drehstrom-Synchrongeneratoren werden mit Scheinleistungen bis etwa 1200 MVA und vierpolige Generatoren sogar bis etwa 1700 MVA gefertigt. Die Bemessungsspannungen bewegen sich bis 27 kV und die Bemessungsströme bis etwa 26 kA (Tab. 2.12).

Tab. 2.12 Auszug vom Typschild des Drehstrom-Synchrongenerators im Braunkohle-Kraftwerk Niederaußem

Nennleistung	1 223 000 kVA	Ständergewicht	440 t
Nennspannung	27 000 V	Läufergewicht	102 t
Nennstrom	26 152 A	Kühlsystem	H_2O/H_2-Kühlung

Bei kleinen Leistungen kann das Magnetfeld durch Permanentmagnete gebildet werden. Spätestens bei den großen Leistungen in den Kraftwerken wird diese Aufgabe von Spulen übernommen, in denen Gleichströme bis etwa 10 kA fließen. Die werden als Erregerströme bezeichnet. Mit der Bezeichnung Erregung ist die Erzeugung des Magnetfeldes gemeint. Entsprechend wird von der Erregerwicklung bzw. vom Erregersystem gesprochen.

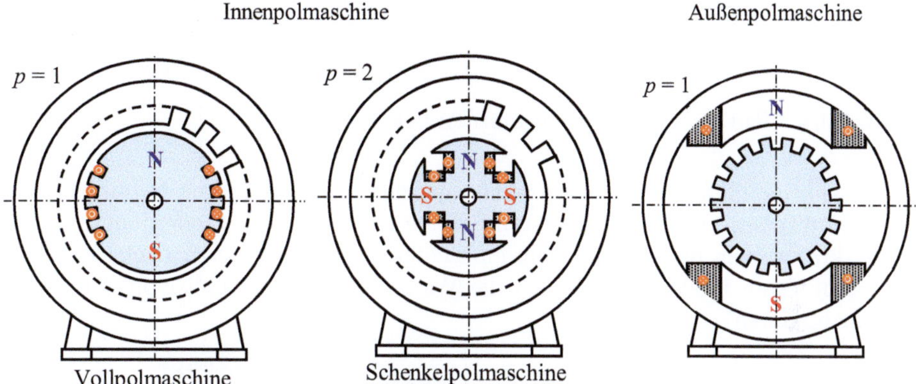

Abb. 2.60 Drehstrom-Synchronmaschinen im Querschnitt nach [57]

Es wird zwischen Innenpol- und Außenpolmaschinen unterschieden (Abb. 2.60). Bei den Außenpolmaschinen ist die Gleichstromwicklung im feststehenden Gehäuse untergebracht. In den Nuten des Rotors befinden sich drei in Stern verschaltete Wicklungen. Dieser Maschinentyp wird im Erregersystem von Kraftwerksgeneratoren eingesetzt, um kontaktlos den Erregergleichstrom auf die Welle zu bringen (Abb. 2.67). Die eigentlichen Drehstrom-Synchrongeneratoren im Kraftwerk sind Innenpolmaschinen, bei denen die Wicklungen für den Erregerstrom im Läufer untergebracht ist. Deren konstruktiver Aufbau wird nun genauer beleuchtet.

2.3.1 Aufbau

Zunächst wird der drehende Teil der Maschine dargestellt. Das ist der Läufer mit der Erregerwicklung, der auch Induktor genannt wird. Danach folgt der Stator bzw. Ständer. Später wird gezeigt, dass in dem Stator Wechselspannungen induziert werden. Daher ist der auch der Anker. Zuletzt geht es um das Erregersystem.

Läufer

Bei Vollpolmaschinen ist der Läufer aus einer massiven Stahlwalze gefertigt, in die Nuten eingefräst sind (Abb. 2.60 links und 2.61). Die Nuten nehmen die Erregerwicklung auf, die auf mehrere Spulen konzentrisch zur Polachse aufgeteilt wird. Diese Bauform wird mit Polpaarzahlen von 1 oder 2 ausgeführt. Es handelt sich um schnell drehende Rotoren mit horizontal gelagerter Welle, die mit Gas- oder

Dampfturbinen angetrieben werden. Sie werden auch Turboläufer genannt und haben eine Masse bis etwa 100 t.

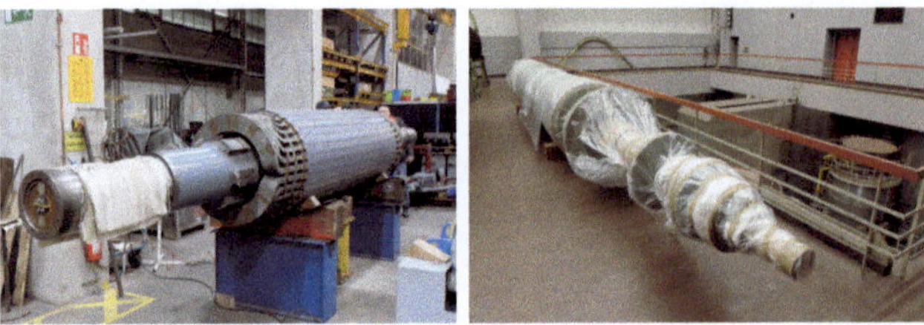

Abb. 2.61 Turboläufer (Foto rechts: RWE Power [2])

Bei Schenkelpolläufern sind die einzeln ausgeprägten Pole bewickelt (Abb. 2.60 mittig und 2.62 oben). Wegen der höheren Polpaarzahl drehen die Läufer langsamer. In Wasserkraftwerken haben Schenkelpolmaschinen bis zu 100 magnetische Pole. Bei einer senkrechte Welle befindet sich die Wasserturbine unterhalb vom Generator (Abb. 2.62 unten).

Abb. 2.62 Revision Pumpspeicherkraftwerk Herdecke (Fotos: RWE Power [2])

Bei größeren Synchronmaschinen sind im Läufer kurzgeschlossene Dämpferwicklungen eingebaut, die mechanische Pendeldrehmomente und damit subsynchrone Schwingungen bei den Wechselstromgrößen dämpfen sollen (Abb. 4.1 rechts). Bei Turbosätzen befinden sich die Dämpferwicklungen in den Nuten der Erregerwicklung und bei Schenkelpolmaschinen in gesonderten Dämpfernuten der Polschuhe.

Stator

Der Stator vom Drehstrom-Synchrongenerator hat Parallelen zum Stator der Drehstrom-Asynchronmaschine. Er ist bei großen Maschinen aus Segmenten von geschichteten Eisenblechpaketen mit schmaler Hysteresekurve aufgebaut. Dadurch werden die Eisenverluste reduziert. Die Masse der Statoren reicht bis etwa 440 t (Abb. 2.63).

Abb. 2.63 Fertigung von Statoren für eine WKA (Foto: Hitachi Energy [49]) und für ein Dampfkraftwerk (Foto: Siemens Energy [45]) sowie Revision im GuD-Kraftwerk Gersteinwerk (Foto: RWE Power [2])

In die Nuten werden bei großen Ständerströmen gegeneinander isolierte Teilleiter eingesetzt, die längs der horizontalen Drehachse verdrillt sind und Roebelstäbe genannt werden. Sie sorgen für eine gleichmäßigere Stromverteilung (Abb. 2.64).

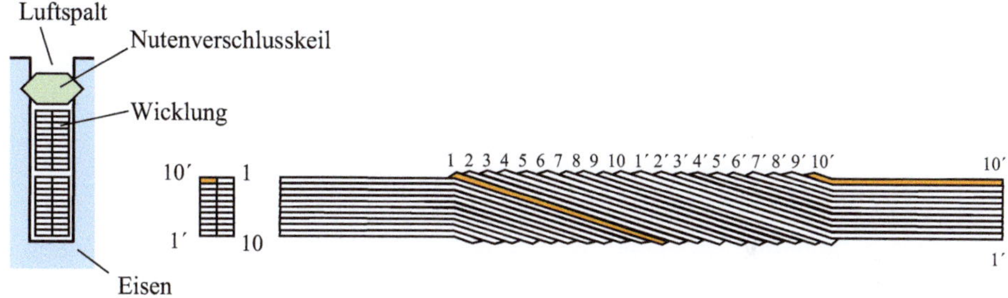

Abb. 2.64 Nutaufbau und Verdrillen der parallelen Teilleiter im Roebelstab nach [57]

Im Stator der Innenpolmaschinen sind die Wicklungen fast immer in einem Sternpunkt ohne Nullleiter verschaltet (Abb. 2.65). Das hat Gründe [60].

- Eine Sternschaltung zeigt besseres Oberschwingungsverhalten. In der Dreieckschaltung würde es Kreisströme bzw. Dauerkurzschlussströme geben.
- Der Sternpunkt bleibt isoliert, da in der Sternschaltung mit Neutralleiter die Generatorwicklungen und Verbraucherimpedanzen mit gleichphasigen Strömen belastet würden. Die würden Verlustwärme erzeugen, aber keinen Beitrag zum Drehfeld leisten.
- Der Schutz ist in Sternschaltung zweckmäßiger.

Im Rahmen des Generatorschutzes, speziell des Ständererdschlussschutzes, kann zur Fehlererfassung der Sternpunkt über eine hochohmige Wandlerwicklung geerdet sein.

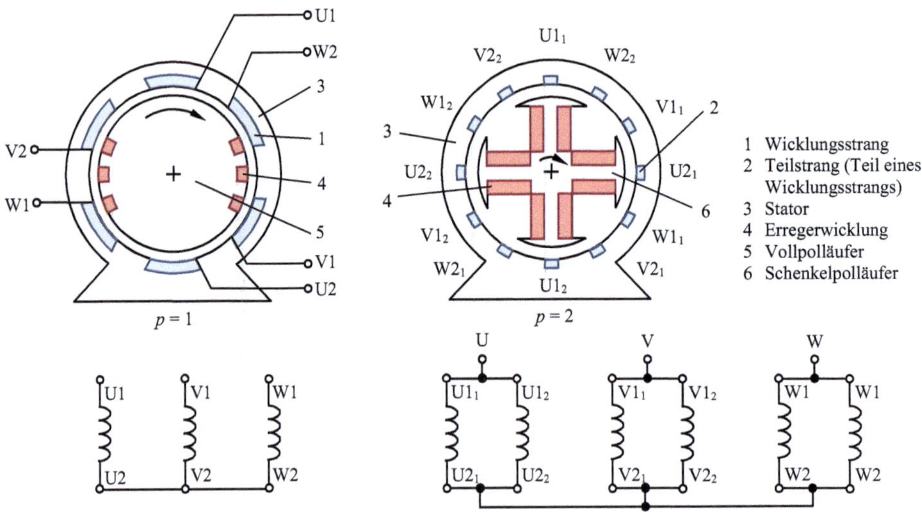

Abb. 2.65 Prinzipielle Schnittbilder einer zwei- und vierpoligen Synchronmaschine mit Schaltungen der Ständerwicklungen nach [46]

Erregersystem

Zur Spannungshaltung und Blindleistungssteuerung im Übertragungsnetz müssen die Gleichströme in den Erregerwicklungen verändert werden können. Das Erregersystem ist Stellglied dieser Regeleinrichtungen. Die erforderlichen Erregerleistungen liegen für zweipolige Turbogeneratoren ungefähr zwischen 3 kW bei 100 kVA und 4000 kW bei einem 1000-MVA-Generator [61]. Das hat einen nennenswerten Anteil am Eigenbedarf von Kraftwerken. Erregersysteme basieren auf Schaltungen der Leistungselektronik. Es werden hier zwei Typen vorgestellt, die

- statische Erregereinrichtung und die
- bürstenlose Erregereinrichtung.

Die statische Erregereinrichtung wird auch als Innenpol-Drehstrom-Erregergenerator mit Stromrichter bezeichnet (Abb. 2.66). Die Bezeichnung statisch kommt daher, dass die wesentlichen Bestandteile feststehend sind und sich nicht mit der Welle drehen. Die Stromrichteranlage ist aus netzgeführten Thyristoren oder aus selbstgeführten IGBTs aufgebaut und bezieht die elektrische Leistung vom dreiphasigen Erregertransformator. Der Erregerstrom wird mit Kohlebürsten und Schleifringen übertragen, deren Wartung im Betrieb möglich ist. Diese Lösung ist im Sinne der Spannungsregelung von Vorteil, da sie eine hohe Regeldynamik bietet. Demgegenüber stehen die Wartungskosten und das Risiko von Bürstenfeuer, so dass dieses Erregersystem im explosionsgeschützten Bereich nicht eingesetzt werden darf.

Eine Alternative zur statischen Erregereinrichtung bietet die bürstenlose Erregereinrichtung, die auch Außenpol-Drehstrom-Erregergenerator mit rotierenden Gleichrichter genannt wird (Abb. 2.67). Hier wird der Erregerstrom ohne Schleif-

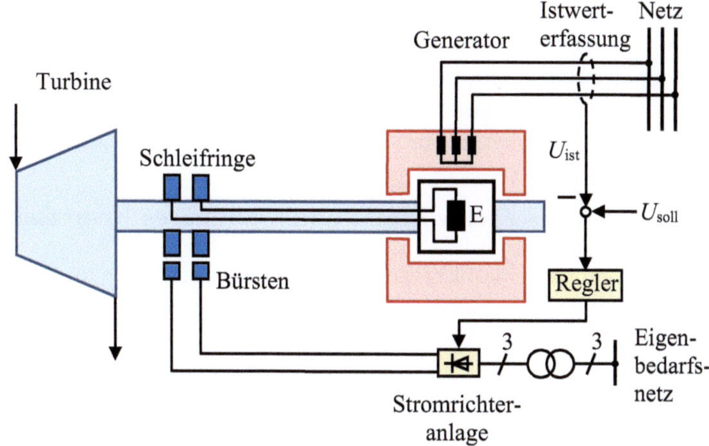

Abb. 2.66 Prinzipieller Aufbau einer statischen Erregereinrichtung nach [46]

ringe kontaktlos mit einem Wellengenerator auf die Welle gebracht. Der Wellengenerator ist eine spezielle Drehstrom-Synchronmaschine mit Außenpol (Abb. 2.60 rechts). Auf der Welle rotieren drei im Stern verschaltete Drehstromwicklungen, deren Wechselströme mit Thyristoren gleichgerichtet werden.

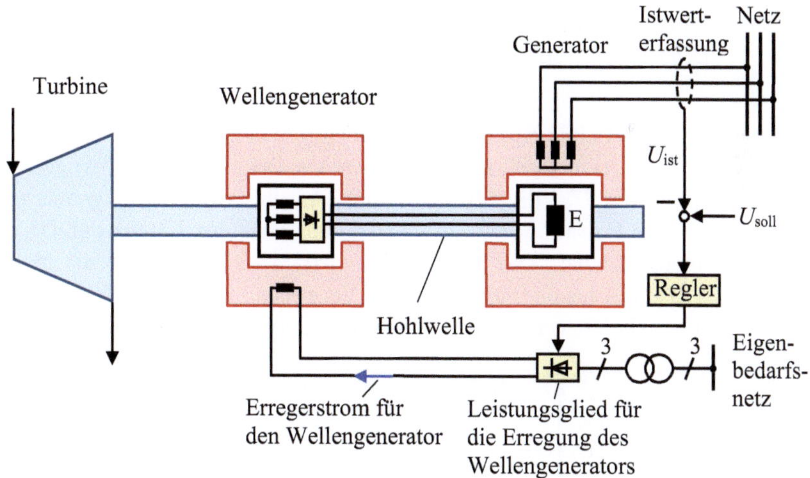

Abb. 2.67 Prinzipieller Aufbau eines bürstenlosen Erregersystems nach [46]

Dieser Aufbau macht die Spannungsregelung träge. Eine Wartung von Kohlebürsten und Schleifringen entfällt und eine Verwendung im explosionsgeschützten Bereich ist möglich. Die bürstenlose Erregung ist nur für hohe Drehzahlen geeignet, so dass in Wasserkraftwerken nur statische Erregersysteme zu finden sind.

2.3.2 Stationärer Betrieb

Zunächst werden der Betrieb im Leerlauf und die Ankerrückwirkung im Netzbetrieb beschrieben. Das dient dazu, das stationäre Ersatzschaltbild zu begründen, mit dem das Verhalten des Generators an einem Verbundnetz charakterisiert wird.

Polradspannung, Ankerrückwirkung und stationäres Ersatzschaltbild

Das Magnetfeld der rotierenden Erregerwicklung induziert in die im Stern verschalteten Ständerwicklungen des Generators drei Wechselspannungen (Abb. 2.68).

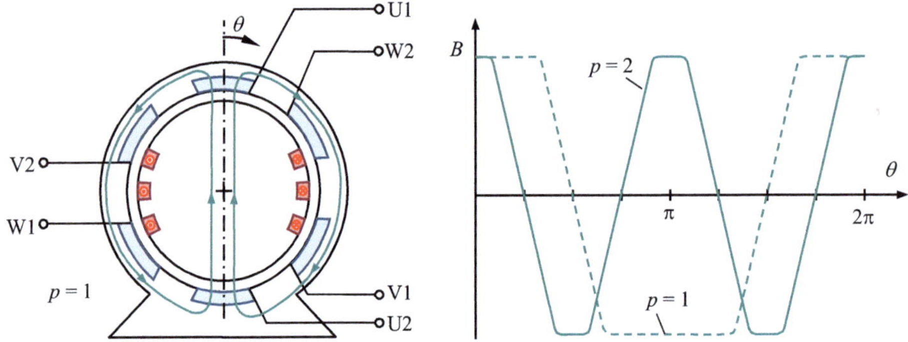

Abb. 2.68 Momentaufnahme vom Erregerhauptfeld (links) und die Verteilung $B(\theta)$ im Luftspalt zum Zeitpunkt der Momentaufnahme nach [46]

Da im Netz mit Leiter-Leiter-Spannungen gerechnet wird, macht es Sinn den Effektivwert dieser induzierten Wechselspannungen als Dreiecksgröße anzugeben. Das ist die Polradspannung U_p, die direkt an den Anschlussklemmen gemessen werden kann. Der Name Polradspannung rührt daher, dass der Läufer der DSM auch als Polrad bezeichnet wird. Die Sterngröße wird in der Literatur als synchrone Spannung $E = U_\mathrm{p}/\sqrt{3}$ bezeichnet [46]. Um Verwechslungen mit dem Betrag der elektrischen Feldstärke zu vermeiden, wird diese Größe nicht weiter verwendet.

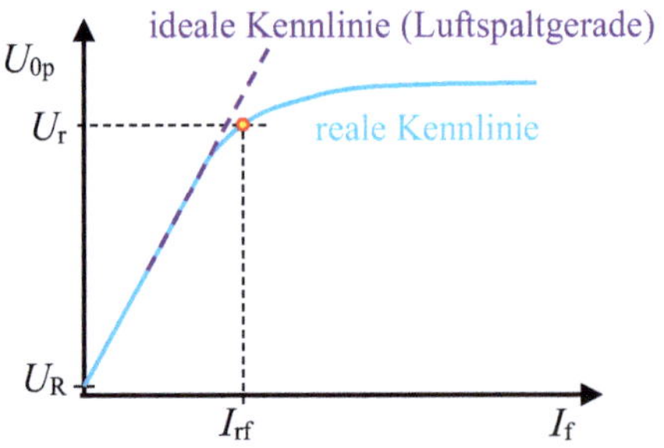

Abb. 2.69 Leerlaufkennlinie der Synchronmaschine

In einem Leerlaufversuch ($I = 0$) kann die Polradspannung in Abhängigkeit vom Erregerstrom I_f direkt an den Klemmen gemessen werden (Index f für field). Die Leerlaufkennlinie $U_{0p}(I_f)$ entspricht der Magnetisierungskennlinie der Maschine (Abb. 2.69). Sie beginnt wegen des remanenten magnetischen Flusses meistens nicht exakt bei Null. Die Remanenzspannung U_R, die bei nicht erregter Maschine im Leerlauf gemessen wird, beträgt wenige Prozent der Bemessungsspannung. Bei kleinen Erregerströmen verläuft die Kennlinie zunächst linear auf der sogenannten Luftspaltgeraden. Mit zunehmender Sättigung des Eisens flacht sie ab. Die Maschine wird so ausgelegt, dass die Bemessungsspannung sich im Knie der Kennlinie befindet [61].

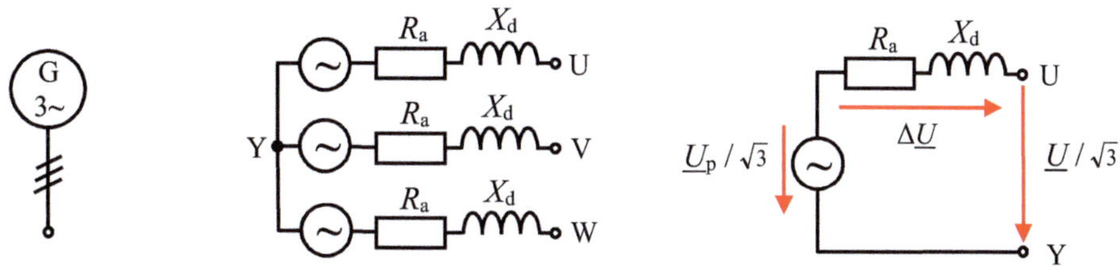

Abb. 2.70 Schaltzeichen (links) und stationäre Ersatzschaltbilder eines Synchrongenerators mit Turboläufer

Wird der Generator belastet, fließen in den Wicklungssträngen drei phasenverschobene Wechselströme. Jeder Wechselstrom ist mit einem magnetischen Wechselfeld verbunden. Die drei magnetischen Wechselfelder überlagern zu einem magnetischen Drehfeld. Nach der Lenzschen Regel ist dieses Statordrehfeld dem Läuferdrehfeld entgegen gerichtet, so dass dieses geschwächt wird. Gegenüber der Leerlaufspannung sinkt die Spannung an den Klemmen. Es tritt ein interner Spannungsfall auf. Das ist die Selbstinduktion des Synchrongenerators, die auch Ankerrückwirkung genannt wird. Für stationäre Verhältnisse wird dieser interne Spannungsfall mit der synchronen Reaktanz X_d angegeben (Abb. 2.70). Dazu kommt noch der Spannungsfall an den ohmschen Widerständen R_a der Statorwicklungen.

$$\Delta \underline{U} = (R_a + jX_d)\,\underline{I} \tag{2.14}$$

Für Schenkelpolgeneratoren ist das einphasige Ersatzschaltung in Abb. 2.70 rechts nur bedingt gültig, da noch eine synchrone Querreaktanz X_q ins Spiel kommt. Auf die wird hier nicht weiter eingegangen. Wird im Bemessungsbetrieb der interne Spannungsfall durch die Ankerrückwirkung auf die Klemmenspannung bezogen, ist das der maximale interne Spannungsfall in Prozent.

$$x_d = \frac{X_d\ I_r}{U_r/\sqrt{3}} \qquad [x_d] = 1 = 100\ \% \tag{2.15}$$

Die dimensionslose synchrone Reaktanz x_d liegt bei $120\ \% \leq x_d \leq 300\ \%$ [46]. Daher muss im Kraftwerk eine Spannungs-Blindleistung-Regelung mit dem Erregersystem gemacht werden.

Betrieb am starren Netz

Ausgangspunkt ist ein starres Netz. Die Netzspannung $\underline{U}_\mathrm{N}$ am Anschlusspunkt des Generators ist konstant und unabhängig davon, welche Leistung er ins Netz speist. Das trifft in guter Näherung auf Verbundnetze zu. Weiterhin werden die Wirkwiderstände R_a der Statorwicklungen vernachlässigt. Daher ist in der Ersatzschaltung in Abb. 2.71 links nur noch die synchrone Reaktanz X_d zu finden.

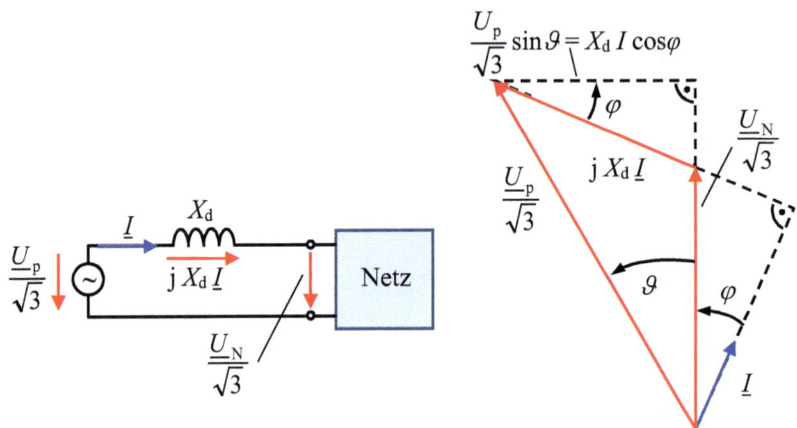

Abb. 2.71 Ersatzschaltbild einer Synchronmaschine mit ohmsch-induktiver Last im übererregten Betrieb ($U_\mathrm{p} > U_\mathrm{N}$) und zugehöriges Zeigerdiagramm nach [46]

Das Zeigerdiagramm im rechten Teil von Abb. 2.71 kann nun konstruiert werden. Die Spannung an den Klemmen $\underline{U}_\mathrm{N}$ ist vom Netz vorgegeben. In dem dargestellten Betriebspunkt speist der Generator einen Strom $\underline{I}$ ins Netz, der der Netzspannung um den Winkel φ nacheilt. Damit ist die Lage des Zeigers für den internen Spannungsfall $\mathrm{j}X_\mathrm{d}\underline{I}$ festgelegt. Die Multiplikation eines Zeigers mit der imaginären Einheit $\mathrm{j} = \mathrm{e}^{\mathrm{j}90^\circ}$ führt zu seiner Drehung in der komplexen Ebene um den eingezeichneten Winkel von 90°. Wegen der Maschenregel von Kirchhoff schließt der Zeiger der Polradspannung $\underline{U}_\mathrm{p}$ das Spannungsdreieck. Zwischen der Polradspannung und der Netzspannung taucht der Lastwinkel ϑ auf, der auch Polradwinkel genannt wird. Der beschreibt die Phasendifferenz zwischen der Polradspannung und der Netzspannung. Räumlich bzw. mechanisch dreht sich der Rotor um den Winkel ϑ/p gegenüber seiner Lage im Betrieb ohne Wirkleistung ($P = 0$).

In dem Betriebszustand nach Abb. 2.71 gibt der Generator Wirkleistung ans Netz ab. Gleichzeitig kompensiert er die induktive Blindleistung, die beispielsweise Drehstrom-Asynchronmotoren, Transformatoren oder gesteuerte Stromrichter aus dem Netz beziehen. Das ist der übererregte Betrieb, in dem der Generator wie ein Leistungskondensator zur Blindleistungskompensation arbeitet. Im übererregten Betrieb ist die Polradspannung größer als die Netzspannung. In seltenen Fällen ist der Generator im untererregten Betrieb. Diese Betriebsart kann in ländlichen Küstenregionen bei starker Windkrafteinspeisung oder nachts bei schwach belasteten städtischen Kabelnetzen vorkommen.

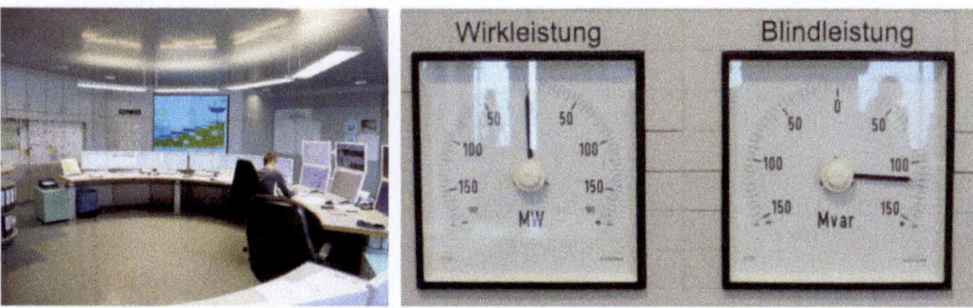

Abb. 2.72 Leitstand vom Pumpspeicherkraftwerk Herdecke im Phasenschieberbetrieb

Im sogenannten Phasenschieberbetrieb gibt der Generator keine Wirkleistung, sondern nur Blindleistung ab. Kraftwerksstandorte wie Pumpspeicherwerke oder Druckluftspeicher bieten so für Transportnetzbetreiber eine Systemdienstleistung zur Spannungssteuerung an (Abb. 2.72). Bei der Stilllegung von Kernkraftwerken kann der vorhandene Synchrongenerator für einen reinen Phasenschieberbetrieb umgerüstet wurden. Im Kernkraftwerk Biblis wurde dazu der Generator von Block A (1225 MW) von der Turbine getrennt, so dass er im Motorbetrieb eine Blindleistung im Bereich von –400 Mvar bis +900 Mvar einstellen konnte.

Tab. 2.13 Kennzeichnung bzw. Vorzeichen von Blindleistung

	VZS	EZS	Beispiel
übererregt	$Q < 0$	$Q > 0$	Kondensator
untererregt	$Q > 0$	$Q < 0$	Spule

Es werden nun Formeln für die Wirkleistung P und die Blindleistung Q des Generators abgeleitet. In diesem Zusammenhang wird das Erzeugerzählpfeilsystem (EZS) gewählt, so wie es vielfach in der Literatur zu finden ist. Daher ist hier die Wirkleistung P des Generators positiv, im Verbraucherzählpfeilsystem (VZS) ist sie negativ. Auch bei der Blindleistung gibt es ein Vorzeichenwechsel (Tab. 2.13). Im Erzeugerzählpfeilsystem ist im übererregten Betrieb $Q > 0$ und im untererregten Betrieb $Q < 0$.

Aus dem Zeigerdiagramm in Abb. 2.71 folgt

$$\frac{U_\mathrm{p}}{\sqrt{3}} \sin\vartheta = X_\mathrm{d}\, I \cos\varphi\,. \tag{2.16}$$

Damit ist die Wirkleistung

$$P = \sqrt{3}\, U_\mathrm{N}\, I \cos\varphi = \sqrt{3}\, U_\mathrm{N} \left(\frac{U_\mathrm{p}}{\sqrt{3}\, X_\mathrm{d}} \sin\vartheta \right) = \frac{U_\mathrm{p}\, U_\mathrm{N}}{X_\mathrm{d}} \sin\vartheta\,. \tag{2.17}$$

Im stationären Betrieb dreht der Synchrongenerator mit konstanter Drehzahl n, die wegen $n = f_1/p$ von der Frequenz f_1 des Wechselstroms vorgegeben ist. Das Bremsmoment des Generators $\boldsymbol{M}_\mathrm{G}$ ist so groß wie das antreibende Drehmoment $\boldsymbol{M}_\mathrm{T}$ der Turbine, nur entgegen gesetzt gerichtet (Abb. 2.73 links). Wegen $P = M_\mathrm{G}\,\omega_\mathrm{mech}$ ist der Betrag vom bremsenden Drehmoment des Generators

$$M_\mathrm{G} = \frac{U_\mathrm{p}\,U_\mathrm{N}}{\omega_\mathrm{mech}\,X_\mathrm{d}} \sin\vartheta \,. \tag{2.18}$$

Die Kennlinien $M_\mathrm{G}(\vartheta)$ für zwei verschiedene Netzspannungen sind in Abb. 2.73 rechts dargestellt. Sie sind auch von der Polradspannung U_p abhängig.

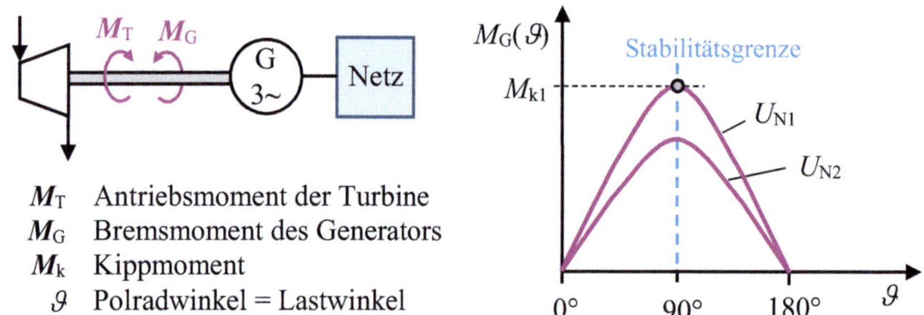

Abb. 2.73 Drehmomente auf der Welle (links) und Kennlinien $M_\mathrm{G}(\vartheta)$ nach [46]

Das maximale Drehmoment tritt bei $\vartheta_\mathrm{max} = 90°$ auf und wird Kippmoment M_k genannt. Damit ist die maximale Wirkleistung des Generators festgelegt. Der Lastwinkel ϑ_max bildet auch die Grenze für den stabilen Betrieb. Würde oberhalb von ϑ_max das Antriebsmoment der Turbine weiter erhöht, würde es das Bremsmoment des Generators übersteigen. Der Läufer des Generators samt Turbinensatz würden beschleunigen und außer Tritt geraten. Daher rührt auch die Bezeichnung Kippmoment. Das alles würde zu einer schweren Störung oder einem Totalschaden führen. Daher bleibt im Betrieb der Lastwinkel immer in einem sicheren Abstand unterhalb von ϑ_max.

Analog zur Gl. 2.16 folgt aus dem Zeigerdiagramm in Abb. 2.71

$$\frac{U_\mathrm{p}}{\sqrt{3}} \cos\vartheta = \frac{U_\mathrm{N}}{\sqrt{3}} + X_\mathrm{d}\,I\,\sin\varphi \,. \tag{2.19}$$

Multiplikation mit $\sqrt{3}\,U_\mathrm{N}$ und Division durch X_d ergibt

$$\frac{U_\mathrm{p}\,U_\mathrm{N}}{X_\mathrm{d}} \cos\vartheta = \frac{U_\mathrm{N}^2}{X_\mathrm{d}} + \sqrt{3}\,U_\mathrm{N}\,I\,\sin\varphi = Q_\mathrm{G} + Q \,. \tag{2.20}$$

Der Anteil $Q_\mathrm{G} = U_\mathrm{N}^2/X_\mathrm{d}$ ist der Eigenbedarf des Generators, der selbst induktive Blindleistung benötigt. Der Anteil $Q = \sqrt{3}\,U_\mathrm{N}\,I \sin\varphi$ wird dem Netz zur Verfügung gestellt.

Werden die Ausdrücke in Gl. 2.17 und 2.20 jeweils quadriert und anschließend addiert, folgt

$$\left(\frac{U_\mathrm{p}\,U_\mathrm{N}}{X_\mathrm{d}}\right)^2 = P^2 + (Q_\mathrm{G} + Q)^2 \ . \tag{2.21}$$

Dieser Sachverhalt wird durch das rot gezeichnete rechtwinkelige Leistungsdreieck in Abb. 2.74 veranschaulicht. Das berücksichtigt auch den Eigenbedarf an Blindleistung.

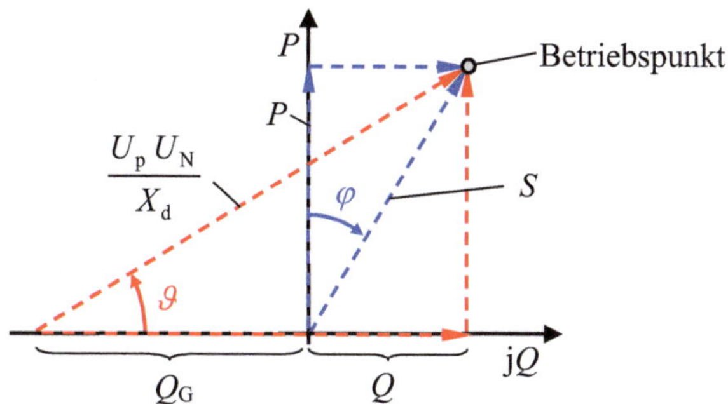

Abb. 2.74 Leistungsdreiecke für den übererregten Betrieb

Für die Schein-, Wirk- und Blindleistung, die netto ins Netz gespeist werden, gilt

$$S^2 = P^2 + Q^2 = (\sqrt{3}\,U_\mathrm{N}\,I)^2 \ . \tag{2.22}$$

Das entsprechende Leistungsdreieck ist in Abb. 2.74 blau gefärbt. Beide Leistungsdreiecke tauchen im Leistungsdiagramm des Kraftwerks wieder auf (Abb. 2.75).

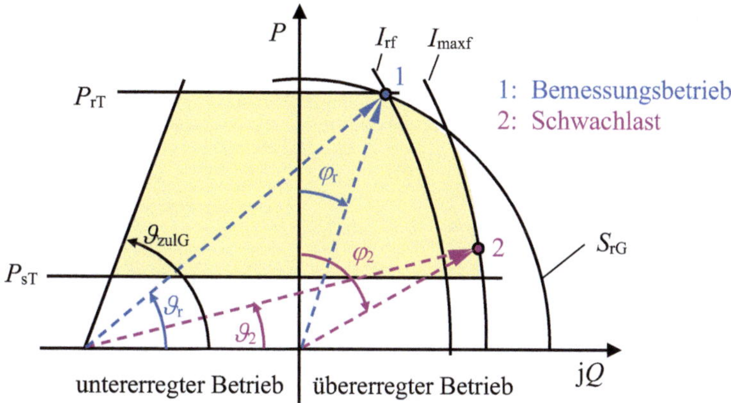

Abb. 2.75 Leistungsdiagramm einer Vollpolmaschine an einem starren Netz im Erzeugerzählpfeilsystem nach [46]

Ein Kraftwerk kann nicht beliebig Wirk- und Blindleistung zur Verfügung stellen. Zum einen setzt die Dampfturbine mit der

- Schwachlast P_{sT} (minimale Wirkleistung) und der
- Bemessungsleistung P_{rT} (maximale Wirkleistung)

Grenzen. Beim Generator sind der

- maximal zulässige Polradwinkel $\vartheta_{\mathrm{zulG}}$ (Stabilität), die
- Bemessungsscheinleistung S_{rG} (Stromwärmeverluste im Stator bei Bemessungsstrom I_{rG}) und der
- maximal zulässige Erregerstrom I_{maxf} (Stromwärmeverluste im Erregersystem).

zu beachten. Insgesamt führt das zu dem zulässigen Bereich im Leistungsdiagramm, der in Abb. 2.75 gelb eingefärbt ist.

Die Wirkleistung P wird nur über das antreibende Drehmoment der Turbine verändert. Das kann mit dem Ventil vom Kessel gemacht werden. Werden gleichzeitig die Dampfparameter konstant gehalten, ist das der Festdruckbetrieb. Vielfach bleiben die Ventile offen. Die Leistung auf die Turbine wird dann über den Dampfprozess beeinflusst, in dem der Massendurchsatz der Kohlemühlen verändert wird. Das ist der Gleitdruckbetrieb, bei dem die Frequenz-Wirkleistungs-Regelung mit dem Kessellastgeber zusammenarbeitet (Abb. 2.76). Dem sind ca. 150 Regelkreise untergeordnet. Es ist auch möglich, eine Kombination aus Festdruck- und Gleitdruckbetrieb zu fahren. Das ist der modifizierte Gleitdruckbetrieb [62].

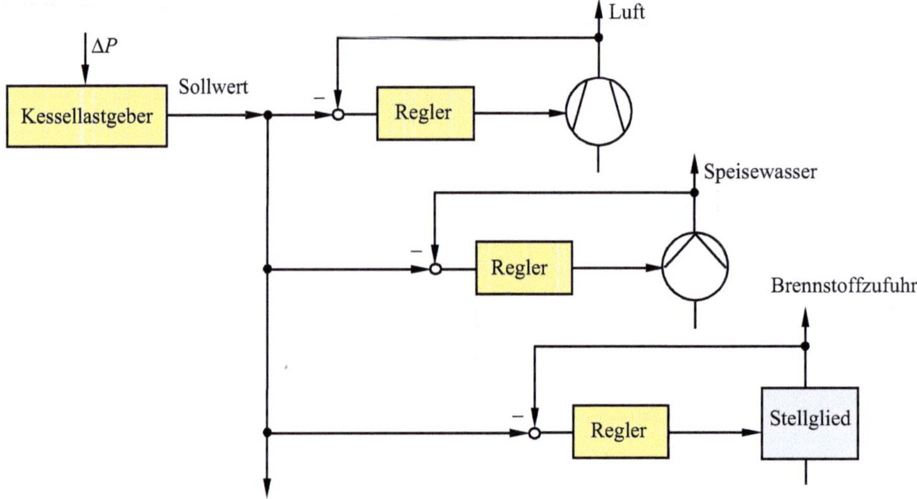

Abb. 2.76 Wirkung des Kessellastgebers nach [46]

Der Lastwinkel ϑ und der Phasendifferenzwinkel φ sind ein Maß für das Verhältnis von Wirk- und Blindleistung. Soll bei einer Änderung der Wirkleistung P die Blindleistung Q konstant bleiben, muss wegen $U_{\mathrm{p}} \sim I_{\mathrm{f}}$ gleichzeitig der Erregerstrom I_{f} verstellt werden.

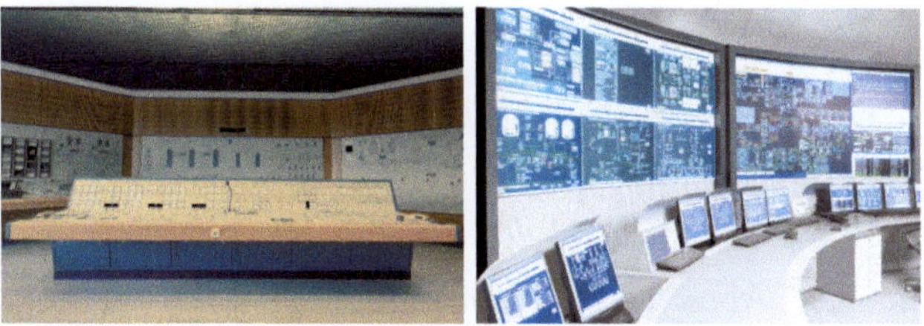

Abb. 2.77 Kraftwerksleitstände mit analoger und digitaler Leittechnik (Fotos: RWE Power [2] und Hitachi Energy [49])

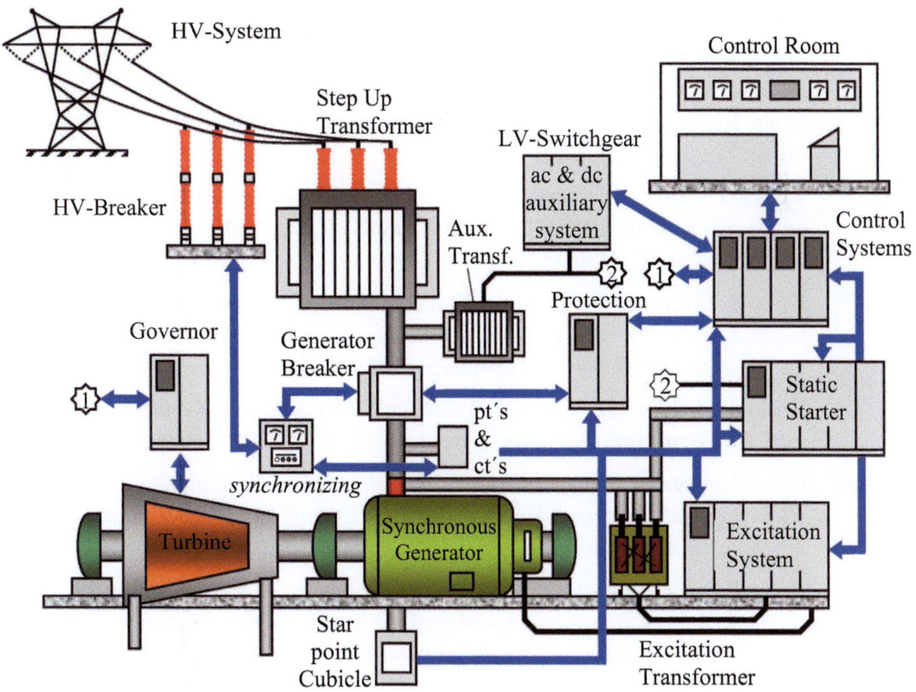

Abb. 2.78 Kraftwerksleittechnik, schematischer Überblick

Der Betrieb der Kraftwerksblöcke ist automatisiert (Abb. 2.77). Mit Hilfe der Kraftwerksleittechnik werden nicht nur die Wirk- und Blindleistung am Anschlusspunkt eingestellt (Abb. 2.78). Ihr unterliegt das An- und Abfahren der Blöcke inklusive der Synchronisation des Generators. Meldungen und Alarme vom Überstrom- und Überspannungsschutz sowie vom Kessel laufen ein. Durch Energiemanagementfunktionen können der Wirkungsgrad gesteigert und Kosten reduziert werden.

Literatur

[1] ABB Asea Brown Boveri Ltd. *Image Gallery - Pressebilder.* www.abb.com und www.abb.de. 2001 - heute.

[2] RWE AG. *Corporate Website.* www.rwe.com. 2001 - heute.

[3] Hermann J. Abts. *Verteil-Transformatoren - Distribution-Transformers.* 2., neu bearbeitete Auflage. Berlin: VDE Verlag, 2017. 206 S. ISBN: 978-3-8007-4019-2 978-3-8007-4023-9.

[4] Peter Baier. *Dreiphasen-Leistungstransformatoren: Magnetisierungserscheinungen, Harmonische, Betriebsvorgänge, Stell- und Stromrichtertransformatoren.* Berlin: VDE Verlag, 2010. 204 S. ISBN: 978-3-8007-3117-6.

[5] Robert M. Del Vecchio. *Transformer design principles.* Third edition. Boca Raton: CRC Press, Taylor & Francis GroupFehmel, 2018. 596 S. ISBN: 978-1-4987-8753-6.

[6] James H. Harlow, Hrsg. *Electric Power Transformer Engineering.* 3rd ed. Boca Raton: CRC Press, 2012. ISBN: 978-1-4398-5636-9 978-1-3152-1721-5. DOI: 10.1201/b12110.

[7] Rudolf Janus und Hermann Nagel. *Transformatoren.* 2. Auflage. Anlagentechnik für elektrische Verteilungsnetze. Berlin: VDE Verlag, 2005. 80 S. ISBN: 978-3-8007-2921-0 978-3-8022-0814-0.

[8] Rudolf Küchler. *Die Transformatoren - Grundlagen für ihre Berechnung und Konstruktion.* Springer Verlag, 2013. ISBN: 978-3-642-52496-7.

[9] Peter Behrends, Hrsg. *Jahrbuch für Elektromaschinenbau + Elektronik/ Elektromaschinen und Antriebe 2022.* Jahrbuch für Elektromaschinenbau + Elektronik. Heidelberg: Hüthig, 2021. 307 S. ISBN: 978-3-8101-0559-2.

[10] Peter Behrends. *Elektrische Maschinen.* Unter Mitarb. von Gerd Fehmel, Horst Flachmann und Otto Mai. 15., überarbeitete Auflage. Die Meisterprüfung. Würzburg: Vogel Communications Group, 2019. 278 S. ISBN: 978-3-8343-3441-1.

[11] Andreas Binder. *Elektrische Maschinen und Antriebe: Grundlagen, Betriebsverhalten.* 2., aktualisierte Auflage. Wiesbaden: Springer Vieweg, 2017. 1287 S. ISBN: 978-3-662-53240-9.

[12] Theodor Bödefeld und Heinrich Sequenz. *Elektrische Maschinen Eine Einführung in die Grundlagen.* 8., Aufl. 1971. Softcover reprint of the original 8th ed. 1971. Wien: Springer Wien, 2014. ISBN: 978-3-7091-7572-9.

[13] Walter Böning, Hrsg. *Elektrische Energietechnik. Band 1 Maschinen.* 29. Aufl. Berlin Heidelberg New York: Springer, 1978. 622 S. ISBN: 978-3-540-08585-0 978-0-387-08585-2.

[14] Ekkehard Bolte. *Elektrische Maschinen: Grundlagen, Magnetfelder, Erwärmung, Funktionsprinzipien, Betriebsarten, Einsatz, Entwurf, Wirtschaftlichkeit.* 2. Auflage. Berlin: Springer Vieweg, 2018. 700 S. ISBN: 978-3-662-54687-1 978-3-662-54688-8.

[15] Liviu Constantinescu-Simon, Alexandru Fransua und Karl Saal. *Elektrische Maschinen und Antriebssysteme: Komponenten, Systeme, Anwendungen.* Studium und Praxis. Braunschweig Wiesbaden: Vieweg, 1999. 702 S. ISBN: 978-3-528-06426-6.

[16] Ali Farschtschi. *Elektromaschinen in Theorie und Praxis: Aufbau, Wirkungsweisen, Anwendungen, Auswahl- und Auslegungskriterien.* 3., überarbeitete Auflage. Berlin Offenbach: VDE Verlag, 2016. 736 S. ISBN: 978-3-8007-4005-5 978-3-8007-4006-2.

[17] Rolf Fischer und Eugen Nolle. *Elektrische Maschinen: Aufbau, Wirkungsweise und Betriebsverhalten.* 18., neu bearbeitete Auflage. München: Carl Hanser Verlag, 2022. ISBN: 978-3-446-46912-9.

[18] Klaus Fuest und Peter Döring. *Elektrische Maschinen und Antriebe: Lehr- und Arbeitsbuch für Gleich-, Wechsel- und Drehstrommaschinen sowie elektronische Antriebstechnik.* 7., aktualisierte Auflage, unveränderter Nachdruck. Studium. Wiesbaden: Vieweg + Teubner, 2008. 223 S. ISBN: 978-3-8348-0098-5.

[19] Friedrich Wilhelm Garbrecht. *Auswahl von Elektromotoren – leicht gemacht: der Weg von der Anwendungsanalyse zum richtig dimensionierten Elektromotor.* 2., neu bearbeitete Auflage. Berlin Offenbach: VDE Verlag, 2020. ISBN: 978-3-8007-4863-1 978-3-8007-4864-8.

[20] Hans-Ulrich Giersch, Norbert Vogelsang und Klaus Wewer. *Elektrische Maschinen: Leistungselektronik, elektrische Antriebe.* 7. Auflage. Europa-Lehrmittel 46444. Haan-Gruiten: Verlag Europa-Lehrmittel, 2021. 480 S. ISBN: 978-3-8085-4646-8.

[21] Rainer Hagl. *Elektrische Antriebstechnik.* 4., aktualisierte Auflage. Hanser eLibrary. München: Carl Hanser Verlag, 2024. ISBN: 978-3-446-47911-1 978-3-446-48037-7. DOI: 10.3139/9783446480377.

[22] Wilfried Hofmann. *Elektrische Maschinen: Lehr und Übungsbuch.* München: Pearson, 2013. 458 S. ISBN: 978-3-86894-009-1 978-3-86894-338-2.

[23] Christian Kral. *Grundlagen der Antriebstechnik: ein einführendes Lehrbuch.* München: Carl Hanser Verlag, 2023. 415 S. ISBN: 978-3-446-47375-1.

[24] Andreas Kremser. *Elektrische Maschinen und Antriebe: Grundlagen, Motoren und Anwendungen.* 5., aktualisierte und erweiterte Auflage. Lehrbuch. Wiesbaden: Springer Vieweg, 2017. 239 S. ISBN: 978-3-658-15074-7 978-3-658-15075-4.

[25] Hermann Merz und Götz Lipphardt. *Elektrische Maschinen und Antriebe.* 3., überarbeitete und erweiterte Auflage. Berlin: VDE Verlag, 2014. ISBN: 978-3-800-73534-1.

[26] Germar Müller und Bernd Ponick. *Grundlagen elektrischer Maschinen.* 10., wesentlich überarb. und erw. Auflage. Elektrische Maschinen 1. Weinheim: Wiley-VCH, 2014. 716 S. ISBN: 978-3-527-41205-1.

[27] Germar Müller, Karl Vogt und Bernd Ponick. *Berechnung elektrischer Maschinen.* 6., völlig neu bearb. Auflage, Nachdruck. Elektrische Maschinen 2. Weinheim: Wiley-VCH, 2011. 664 S. ISBN: 978-3-527-40525-1.

[28] Germar Müller und Bernd Ponick. *Theorie elektrischer Maschinen.* 6., völlig neu bearb. Aufl. Elektrische Maschinen 3. Weinheim: Wiley-VCH, 2009. 706 S. ISBN: 978-3-527-40526-8.

[29] Werner Nürnberg und Rolf Hanitsch. *Die Prüfung elektrischer Maschinen.* 7. Auflage. Berlin, Heidelberg, 2001. ISBN: 978-3-642-56496-3.

[30] Dierk Schröder und Ralph Kennel. *Elektrische Antriebe - Grundlagen mit durchgerechneten Übungs- und Prüfungsaufgaben.* 7. Auflage. Lehrbuch. Berlin Heidelberg: Springer Vieweg, 2021. 885 S. ISBN: 978-3-662-63100-3.

[31] Eckhard Spring. *Elektrische Maschinen: eine Einführung.* 3. Auflage. Springer-Lehrbuch. Dordrecht Heidelberg: Springer, 2009. 435 S. ISBN: 978-3-642-00885-6 978-3-642-00884-9.

[32] Josef Uphaus. *Grundlagen der Drehstrom-Antriebstechnik: Betriebsverhalten, Auslegung und EMV-gerechte Antriebsprojektierung von Asynchronmotoren.* München: Fachbuchverlag Leipzig im Carl Hanser Verlag, 2019. ISBN: 978-3-446-45495-8.

[33] Jens Weidauer. *Elektrische Antriebstechnik: Grundlagen, Auslegung, Anwendungen, Lösungen.* Unter Mitarb. von Siemens Aktiengesellschaft. 4., überarbeitete und erweiterte Auflage. Erlangen: Publicis Publishing, 2019. 418 S. ISBN: 978-3-89578-483-5.

[34] Erwin Böhmer, Dietmar Ehrhardt und Wolfgang Oberschelp. *Elemente der angewandten Elektronik: Kompendium für Ausbildung und Beruf.* 17., korrigierte und verbesserte Auflage. Wiesbaden: Springer Vieweg, 2018. ISBN: 978-3-8348-2114-0 978-3-8348-1496-8.

[35] Robert W. Erickson und Dragan Maksimović. *Fundamentals of Power Electronics.* Cham: Springer International Publishing, 2020. ISBN: 978-3-030-43879-1 978-3-030-43881-4. DOI: `10.1007/978-3-030-43881-4`. URL: `http://link.springer.com/10.1007/978-3-030-43881-4`.

[36] Rainer Felderhoff, Udo Busch und Natascha Heet. *Leistungselektronik mit zahlreichen Beispielen, Übungen und Testaufgaben.* 4., neu bearb. Aufl. Lernbücher der Technik. München: Carl Hanser Verlag, 2006. 392 S. ISBN: 978-3-446-40261-4.

[37] Gert Hagmann. *Leistungselektronik: Grundlagen und Anwendungen in der elektrischen Antriebstechnik.* 6. überarbeitete Auflage. Wiebelsheim: AULA-Verlag, 2019. ISBN: 978-3-891-04827-6.

[38] Ekbert Hering, Julian Endres und Jürgen Gutekunst, Hrsg. *Elektronik für Ingenieure und Naturwissenschaftler.* Berlin, Heidelberg: Springer Berlin Heidelberg, 2021. ISBN: 978-3-662-62697-9 978-3-662-62698-6. DOI: 10.1007/978-3-662-62698-6. URL: https://link.springer.com/10.1007/978-3-662-62698-6.

[39] Florian Mahr u. a. *Elektrische Energiesysteme: Wissensvernetzung von Stromrichter, Netzbetrieb und Netzschutz.* Wiesbaden: Springer Fachmedien Wiesbaden, 2021. ISBN: 978-3-658-34907-3 978-3-658-34908-0. DOI: 10.1007/978-3-658-34908-0. URL: https://link.springer.com/10.1007/978-3-658-34908-0.

[40] Uwe Probst. *Leistungselektronik für Bachelors: Grundlagen und praktische Anwendungen.* 5., aktualisierte und erweiterte Auflage. München: Carl Hanser Verlag, 2022. ISBN: 978-3-446-47281-5.

[41] Dierk Schröder. *Leistungselektronische Schaltungen: Funktion, Auslegung und Anwendung.* 3. überarb. und erw. Aufl. Elektrische Antriebe. Heidelberg: Springer Vieweg, 2012. 1747 S. ISBN: 978-3-642-30103-2 978-3-642-30104-9.

[42] Joachim Specovius. *Grundkurs Leistungselektronik: Bauelemente, Schaltungen und Systeme.* Wiesbaden: Springer Fachmedien Wiesbaden, 2025. ISBN: 978-3-658-48784-3 978-3-658-48785-0. DOI: 10.1007/978-3-658-48785-0. URL: https://link.springer.com/10.1007/978-3-658-48785-0.

[43] Franz Zach. *Leistungselektronik: ein Handbuch. Band 1/2.* 6., überarbeitete und erweiterte Auflage. Wiesbaden Heidelberg: Springer Vieweg, 2022. 1620 S. ISBN: 978-3-658-31435-4.

[44] TransnetBW GmbH. *Internet Auftritt.* www.transnetbw.de. 2018 - heute.

[45] Siemens Energy AG - Presseportal. *Press Pictures - Pressefotos.* www.siemens-energy.com. April 2020 - heute.

[46] Klaus Heuck, Klaus-Dieter Dettmann und Detlef Schulz. *Elektrische Energieversorgung - Erzeugung, Übertragung und Verteilung Elektrischer Energie.* 9. Auflage. Wiesbaden: Springer Vieweg Verlag, 2013. ISBN: 978-3-834-81699-3.

[47] EAM Netz GmbH Kassel. *Presse Fotos.* www.eam-netz.de. 2022 - heute.

[48] E.ON SE. *Internet Auftritt.* www.eon.com. 2006 - heute.

[49] Hitachi Energy Germany AG. *Pressestelle.* www.hitachienergy.com/de. Mannheim, 2020 - heute.

[50] TenneT TSO GmbH. *Internet Auftritt.* www.tennet.eu. 2009 - heute.

[51] Jürgen Schlabbach. *Elektroenergieversorgung - Betriebsmittel, Netze, Kennzahlen und Auswirkungen der elektrischen Energieversorgung.* 3. aktualisierte und erweiterte Auflage. Berlin Offenbach: VDE Verlag, 2010. ISBN: 978-3-800-73108-4.

[52] Prof. Dr.-Ing. habil. B. R. Oswald. *Skript Grundlagen der elektrischen Energieversorgung.* www.iee.uni-hannover.de. Universität Hannover - Institut für Energieversorgung und Hochspannungstechnik. 2005. DOI: 10.15488/9874.

[53] René Flosdorff und Günther Hilgarth. *Elektrische Energieverteilung.* 9. Auflage. Wiesbaden: Vieweg+Teubner Verlag - Springer, 2005. ISBN: 978-3-519-36424-5.

[54] Maschinenfabrik Reinhausen GmbH. *Internet Auftritt.* www.reinhausen.com. 2012 - heute.

[55] EWE NETZ GmbH. *Internet Auftritt.* www.ewe-netz.de. 2014 - heute.

[56] Swissgrid. *Internet Auftritt.* www.swissgrid.ch. 2009 - heute.

[57] Liviu Constantinescu-Simon, Hrsg. *Handbuch Elektrische Energietechnik.* Wiesbaden: Vieweg+Teubner Verlag, 1997. ISBN: 978-3-322-85062-1 978-3-322-85061-4. DOI: 10.1007/978-3-322-85061-4. URL: http://link.springer.com/10.1007/978-3-322-85061-4.

[58] Wikipedia. *Die freie Enzyklopädie.* www.de.wikipedia.org. 2001 - heute.

[59] enercity AG. *Internet Auftritt.* www.enercity.de. 2018.

[60] Adolf J. Schwab. *Elektroenergiesysteme: Smarte Stromversorgung im Zeitalter der Energiewende.* Berlin, Heidelberg: Springer Berlin Heidelberg, 2022. ISBN: 978-3-662-64773-8 978-3-662-64774-5. DOI: 10.1007/978-3-662-64774-5. URL: https://link.springer.com/10.1007/978-3-662-64774-5.

[61] Rolf Fischer. *Elektrische Maschinen: mit 449 Bildern, 78 Beispielen, 60 Aufgaben mit Lösungen.* 17., aktualisierte Auflage. München: Carl Hanser Verlag, 2017. 491 S. ISBN: 978-3-446-45218-3 978-3-446-45295-4.

[62] Stefan aus der Wiesche und Franz Joos, Hrsg. *Handbuch Dampfturbinen: Grundlagen, Konstruktion, Betrieb.* Wiesbaden: Springer Fachmedien Wiesbaden, 2018. ISBN: 978-3-658-20629-1 978-3-658-20630-7. DOI: 10.1007/978-3-658-20630-7. URL: http://link.springer.com/10.1007/978-3-658-20630-7.

3 Elektrische Anlagen und Betriebsmittel

Im Zuge der Liberalisierung der Elektrizitätswirtschaft wurden die Rollen Erzeugung, Transport, Verteilung, Vertrieb und Handel von elektrischer Energie entflochten. Während Erzeugung, Handel und Vertrieb heute dem Wettbewerb geöffnet sind, ist die Planung, der Betrieb und das Asset Management der Elektroenergienetze exklusiv in der Verantwortung von Netzbetreibern, die sich unter der Aufsicht einer Regulierungsbehörde befinden. In Deutschland ist das Verbundnetz mit der HöS-Ebene unter vier Übertragungsnetzbetreiber (ÜNB) aufgeteilt (Abb. 3.1). Die unterlagerten HS-, MS- und NS-Netze liegen in der Hand von ca. 865 Verteilnetzbetreibern (VNB). International wird für den ÜNB das Akronym TSO (Transmission System Operator) und für den VNB das Akronym DSO (Distribution System Operator) verwendet.

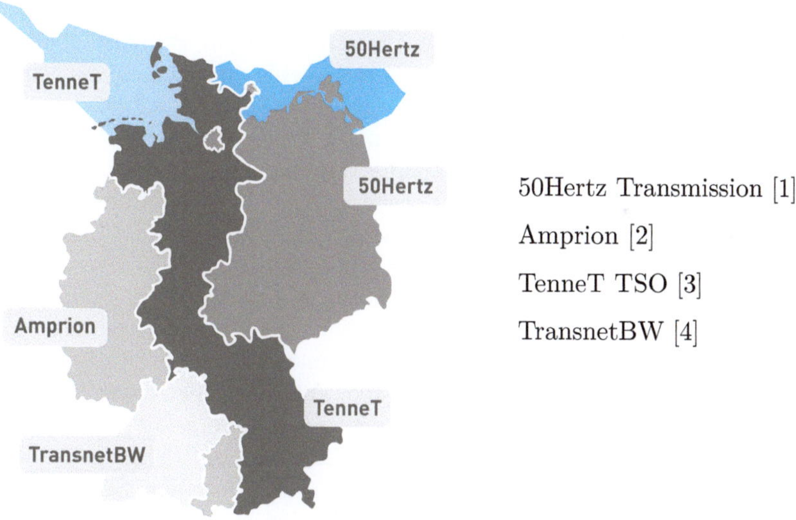

Abb. 3.1 Regelzonen der vier deutschen Übertragungsnetzbetreiber (Quelle: Netzentwicklungsplan Strom 2014 [5])

© Der/die Autor(en), exklusiv lizenziert an
Springer-Verlag GmbH, DE, ein Teil von Springer Nature 2026
A. Böker, *Grundlagen der elektrischen Energietechnik*,
https://doi.org/10.1007/978-3-662-73170-3_3

Es ist erfreulich, dass die Zuverlässigkeit der deutschen Drehstromnetze im internationalen Vergleich positiv zu bewerten ist (Tab. 3.1).

Tab. 3.1 Ländervergleich der durchschnittlichen Unterbrechungsdauern von Strom pro Kunde innerhalb eines Jahres nach VDE FNN [6] (Quellen: CEER, e-Control, eia, VDE FNN & World Bank)

Land	Jahr	Dauer
Südkorea	2018	5,4 min
Deutschland	2020	10,2 min
Niederlande	2016	20,9 min
Österreich	2019	25,1 min
Italien	2016	37,1 min
Frankreich	2016	48,7 min
Japan	2018	51,6 min
Spanien	2016	53,6 min
China	2018	54,0 min
Portugal	2016	64,1 min
USA	2019	92,0 min

In diesem Kapitel wird ein erster grober Überblick über die Primärtechnik gegeben, zu der auch die Leistungstransformatoren und Drehfeldmaschinen aus dem zweiten Kapitel zählen. Die Sekundärtechnik mit der Schutz- und Automatisierungstechnik sowie die Ideen und Ansätze für intelligente Stromnetze werden nur angedeutet. Auch die Hochspannungs-Gleichstrom-Übertragung (HGÜ), die im Transportnetz an Bedeutung gewinnt, wird nur kurz erwähnt [7, 8]. Das alles kann mit den Lehr- und Fachbüchern über elektrische Energietechnik vertieft werden [9–58], genauso wie die Hochspannungstechnik [59–68]. In jedem Fall ist die Fülle von Literatur zu nennen, deren Fokus auf die zahlreichen Herausforderungen in der Energiewende und Digitalisierung liegt. Zu den Themen zählen die regenerativen Energiequellen [69–82], insbesondere die Photovoltaik [83–91] und die Windkraftanlagen [92–104]. Dazu kommen die Speichertechnologien [105–114], die Elektromobilität [115–118] und die intelligenten Netze [119–130]. Auch die Strommärkte [131–133] mit der Sektorenkopplung [134] sind relevant. Zur Vorbereitung auf Prüfungen können Studierende auf Aufgabensammlungen wie [135–137] zurückgreifen. Selbstverständlich muss auf die internationalen und nationalen Normen hingewiesen werden (Tab. 3.2 und Anhang A.2.1).

Tab. 3.2 Vorschriften und Standards

IEC EN 60364	VDE 0100	Errichten von Starkstromanlagen mit Nennspannungen bis 1000 V
IEC EN 61936	VDE 0101	Errichten von Starkstromanlagen mit Nennspannungen über 1 kV

Abb. 3.2 Bau einer 110-kV-Freileitung von Karlsruhe nach Mannheim 1914 und Umspanner 1964 (Fotos: Hitachi Energy [138])

Im Jahr 1891 wurde die erste Drehstromübertragung vom Kraftwerk Lauffen am Neckar zur elektrotechnischen Ausstellung in Frankfurt am Main realisiert. Die Distanz ging über 175 km. Bei einer Spannung von 14 kV und einer Frequenz von 40 Hz lag die transportierte Wirkleistung bei 140 kW. Seither haben sich für die Fortleitung der elektrischen Energie über einige oder viele Kilometer der ein- bzw. dreiphasige Wechselstrom durchgesetzt (Abb. 3.2). Beide weisen gegenüber dem Gleichstrom zwei entscheidende Vorteile auf.

- Mit den Leistungstransformatoren können die Betriebsspannungen hoch gesetzt werden. Das verkleinert bei gleicher Scheinleistung die Betriebsströme, so dass die Stromwärmeverluste $R\,I^2$ gesenkt werden. Diese Stellschraube ist sehr effektiv, da die elektrischen Stromstärken quadratisch eingehen. Mit den kleineren Stromstärken können kleinere Leiterquerschnitte gewählt werden, was die Materialkosten senkt.
- Wechselströme können im Stromnulldurchgang mit verschiedenen Verfahren zur Lichtbogenlöschung zuverlässig unterbrochen werden (Abschnitt 3.4). Hohe Spannungen sind leichter zu schalten als hohe Ströme. Bei Gleichströmen ist das Schalten technisch sehr viel schwieriger.

Der Drehstrom hat im Vergleich zum Einphasen-Wechselstrom zusätzliche Pluspunkte zu verzeichnen.

- Die gesamte momentane Leistung $p(t)$ auf einer Drehstromleitung ist im symmetrischen Betrieb zeitlich konstant (Abschnitt 1.5.3). Auf einer Wechselstromleitung schwingt sie mit doppelter Frequenz. Das belastet die Turbinen und Generatoren mechanisch und kann auch für Lasten wie Elektromotoren oder Beleuchtung nachteilig sein.
- Beim Drehstrom gibt es pro Wechselspannung einen Leiter, während beim Einphasen-Wechselstrom Hin- und Rückleiter vorgesehen werden müssen. Bei den Stromkreislängen von über 1 800 000 km ist das durchaus von Bedeutung (Tab. 3.3).
- Es können aufgrund der magnetischen Drehfelder preisgünstige und robuste Motoren mit hohem Wirkungsgrad und konstantem Drehmoment eingesetzt werden. Das sind die Drehstrom-Asynchronmotoren.

Tab. 3.3 Deutsche Stromkreislängen in km (Quellen: VDN *Jahresbericht 2006* und BDEW *Energiemarkt 2023* [139])

	NS $U = 0{,}4\,\text{kV}$	MS $6\,\text{kV} \leq U \leq 60\,\text{kV}$	HS $60\,\text{kV} < U < 220\,\text{kV}$	HöS $U \geq 220\,\text{kV}$	gesamt
2006	1 067 100	493 000	75 200	36 000	1 671 300
2008	1 131 181	506 771	76 946	35 709	1 750 607
2022	1 570 100	530 200	95 200	36 400	2 231 900

Auch die Gleichstromtechnik bietet gegenüber der Wechselstromtechnik Vorteile.

- Auf einer DC-Leitung wird nur Wirkleistung übertragen. Alle deutschen Netzbetreiber kümmern sich um die Steuerung und Regulierung vom Blindleistungshaushalt, was mit technischem und wirtschaftlichen Aufwand verbunden ist (Abschnitt 3.1.2). Blindströme haben Stromwärmeverluste.
- Gleichstromleitungen haben weniger Verluste, die auf Wirbelstromeffekte zurückzuführen sind. Gleichzeitig müssen die Verluste durch Stromrichter und Transformatoren in den Stationen in Kauf genommen werden (Abb. 3.3).
- Radialfeldkabel müssen nicht kompensiert werden.
- Es kann mit sehr hohen Spannungen gearbeitet werden, ohne dass es Probleme bei der Stabilität der Leitungen gibt.

International ist für die HGÜ das Kürzel HVDC (High Voltage Direct Current) etabliert. Für Gleichspannungen oberhalb von 800 kV wird das Kürzel UHVDC (Ultra High Voltage Direct Current) verwendet.

Abb. 3.3 Konverterstationen Nemo Link (Foto links: Siemens Energy [140]) und Büttel (Foto rechts: TenneT TSO [3])

Die HGÜ ist bei großen Leistungen eine gute Wahl und hat drei klassische Anwendungsfelder.

- Bei großen Strecken über Land werden vielfach Gleichstromleitungen gewählt. Bei extremen Leistungen gibt es zu Freileitungen keine Alternative und manche Leitungslängen liegen oberhalb von 3000 km. Bei moderaten Leistungen können auch Kabel verwendet werden, die mit höheren Kosten verbunden sind. Kabel sind weitgehend unabhängig von Witterungseinflüssen.

- Bei Seeverbindungen müssen Kabel gewählt werden. Hier ist der Einsatz der HGÜ schon bei deutlich kürzeren Leitungslängen notwendig, da Drehstromkabel mit hohen kapazitiven Ladeströmen belastet sind. Beispielsweise gibt es ein Gleichstromkabel zwischen Belgien und Großbritannien (Abb. 3.3 links). Offshore-Windparks werden in fast allen Fällen über ein Gleichstromkabel an das Übertragungsnetz angeschlossen (Abb. 3.3 rechts).
- Mit einer Netzkurzkupplung kann zwischen asynchronen Verbundnetzen Wirkleistung übergeben werden, ohne dass sich die Frequenz-Wirkleistungs-Regelungen gegenseitig beeinflussen.

In diesen Fällen sind es einzelne Gleichstromleitungen, die eine Punkt-zu-Punkt-Verbindung innerhalb oder zwischen Drehstromnetzen bilden (Abb. 3.4 links). Sie werden auf der Drehstromseite mit konventionellen Wechselstrom-Leistungsschaltern ein- und ausgeschaltet.

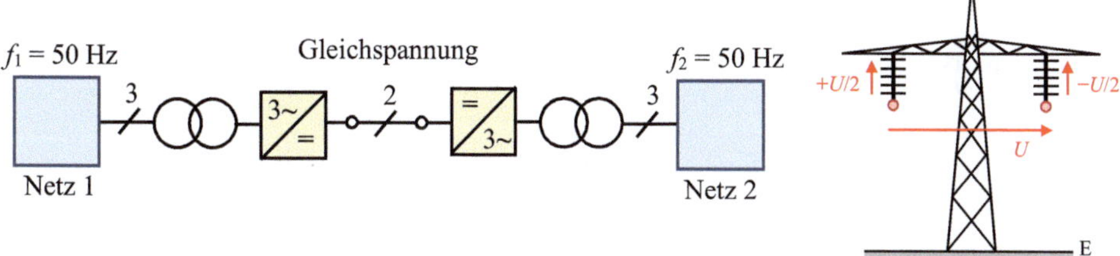

Abb. 3.4 Prinzip der Hochspannungs-Gleichstrom-Übertragung (links) und HGÜ-Freileitung nach [29]

Erste Pilot-Projekte zur Realisierung von Gleichstromnetzen sind gestartet und es gibt Ideen, die europäischen Windparks mit einem DC-Netz zu verbinden. Das wird als DC-Overlay-Netz bezeichnet. DC-Netze benötigen für eine selektive Abschaltung im Fehlerfall Gleichstrom-Leistungsschalter. Die moderne VSC-HVDC-Technik (Voltage Source Converter), bei der als Stromrichter IGBTs (Insulated-Gate Bipolar Transistor) eingesetzt werden, bietet weitere attraktive Anwendungen (Abb. 3.5). Es kann die Wirkleistung über die DC-Leitung verändert werden und in beiden Stationen am Anfang und Ende der DC-Leitung können die Blindleistungen unabhängig voneinander eingestellt werden [16].

Abb. 3.5 Ventile (Foto links: Hitachi Energy [138]) sowie Ventilhalle in Wilster (Fotos: TenneT TSO [3])

Wegen der Netzrückwirkungen der Stromrichterventile werden Oberschwingungsfilter installiert (Abb. 3.6). Auch bei kleineren Leistungen gibt es Anwendungen der Gleichstromtechnik. Manche elektrische Bahnen nutzen Gleichstrom. Bei Straßenbahnen ist ein typischer Spannungswert 600 V. In Kraftfahrzeugen wird Gleichstrom eingesetzt, egal ob der Antrieb mit einem Verbrennungs- oder Elektromotor ausgestattet ist. Ein Teil der Schutzkleinspannungen in der Gebäudetechnik arbeitet mit Gleichstrom (Abschnitt 5.1) und es wird darüber nachgedacht, auch hier Gleichstromnetzwerke zu errichten.

Abb. 3.6 Oberschwingungsfilter (Foto: Hitachi Energy [138])

In diesem Rahmen wird die Gleichstromtechnik keine weitere Rolle spielen und der Fokus ist auf die Anlagen und Betriebsmittel im Drehstromnetz gerichtet. Zunächst wird ein Überblick über den Aufbau und die Struktur der Netze mit den wesentlichen Aufgaben im Betrieb gegeben. Es folgen Abschnitte über Freileitungen und Kabel, an die sich die Messwandler anschließen. Im Abschnitt über die Schalter geht es um Leistungs-, Trenn- und Erdungsschalter. Den Abschluss bildet das Thema Schaltanlagen mit den Schaltungen, Bauweisen, Netzschutz und der Automation. Die Technik in ihrer gesamten Breite und Tiefe ist sehr komplex und wird ständig weiterentwickelt, so dass für offene Fragen und die vielen weiteren Informationen auf die Angaben der Hersteller, die Normen und die umfangreiche Literatur verwiesen werden muss.

3.1 Drehstromnetze

Die Drehstromnetze sind aus Leitungen aufgebaut, die über Knotenpunkte miteinander verbunden sind (Abb. 3.7). Die Knotenpunkte sind die Sammelschienen in den Schalt- und Umspannanlagen. Dort sind auch Leistungsschalter installiert, die am Anfang und Ende der Leitungen die Stromkreise unterbrechen oder schließen.

Das Netz ist in die vier Spannungsebenen Niederspannung (NS), Mittelspannung (MS), Hochspannung (HS) und Höchstspannung (HöS) unterteilt (Tab. 1.11). Die Werte für diese Normspannungen sind in DIN EN 60038 (VDE 0175) festgelegt. Außerhalb von Europa sind Spannungen oberhalb von 380 kV zu finden (Abb. 3.8). In Kanada und in den USA werden Spannungen bis zu 735 kV und 765 kV verwendet und in Russland existiert ein ausgedehntes 750-kV-Netz, von dem einzelne Leitungen auch nach Polen, Ungarn, Rumänien und Bulgarien führen. In China gibt es die Höchstspannungen 500 kV, 750 kV und 1000 kV und in Indien ist eine einzelne Leitung mit 1200 kV im Probebetrieb. Abb. 3.80 zeigt einen Pol vom Leistungsschalter. International sind für sehr hohe Spannungen die Kürzel EHV und UHV im Gebrauch (Tab. 3.4).

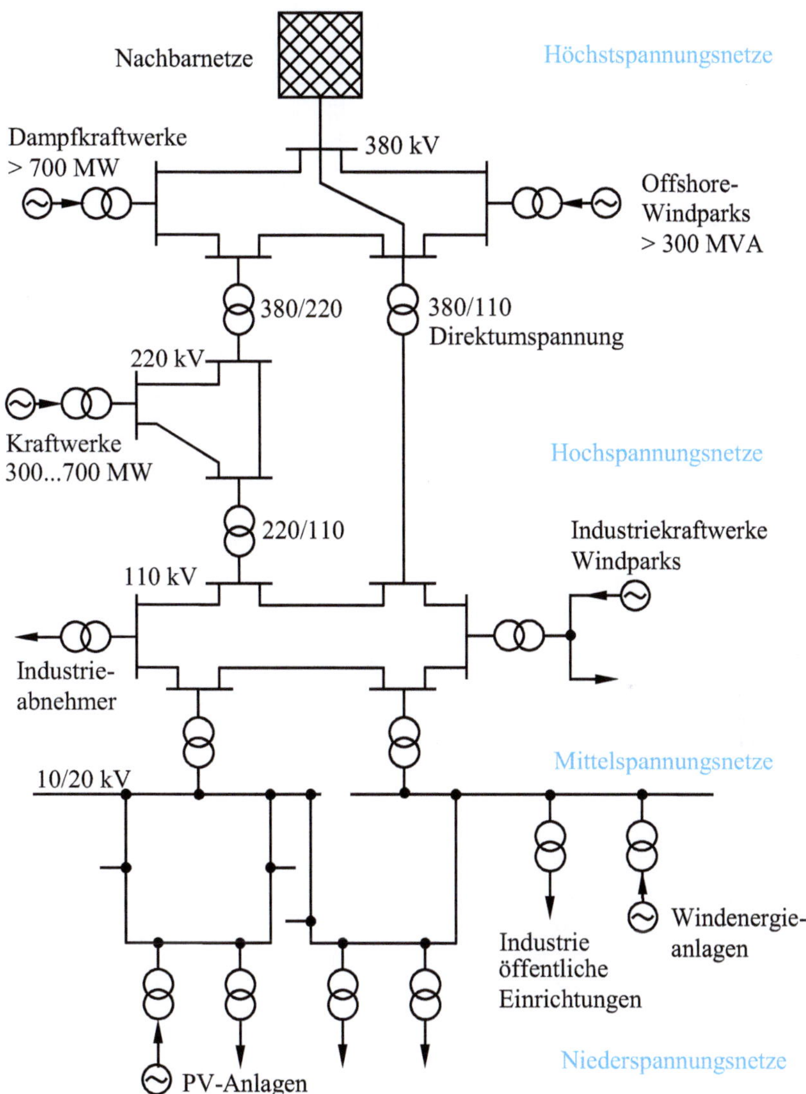

Abb. 3.7 Aufbau des elektrischen Energieversorgungsnetzes

Zwischen den Spannungsebenen befinden sich die Leistungstransformatoren. Die Anzahl dieser Umspanner ist in Deutschland beachtlich (Tab. 3.5).

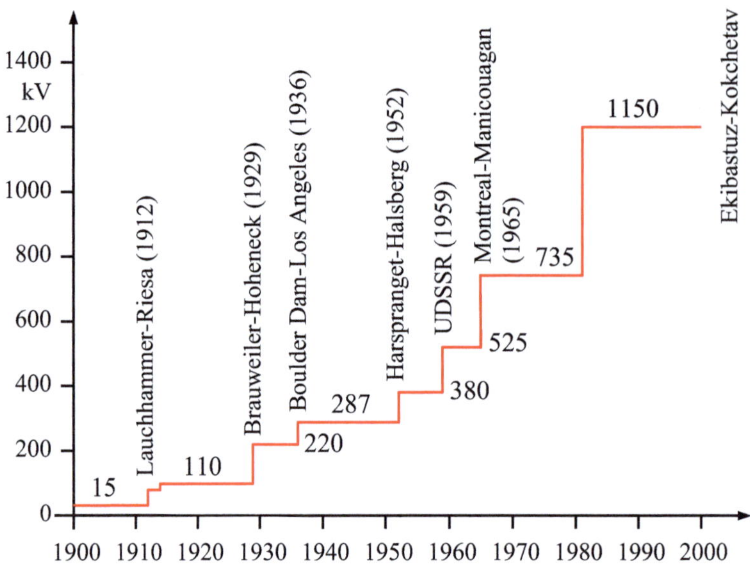

Abb. 3.8 Entwicklung der Übertragungsspannungen bei Freileitungen nach [141]

Tab. 3.4 Internationale Bezeichnungen der Spannungsebenen nach IEEE 1312

LV	low voltage	$50\text{ V} \leq U < 1\text{ kV}$
MV	medium voltage	$1\text{ kV} \leq U < 100\text{ kV}$
HV	high voltage	$100\text{ kV} \leq U < 345\text{ kV}$
EHV	extra-high voltage	$345\text{ kV} \leq U \leq 765\text{ kV}$
UHV	ultra-high voltage	$765\text{ kV} < U$

Tab. 3.5 Geschätzte Zahl der Transformatoren (Oberspannungsseite) in Deutschland (Quelle: VDN *Jahresbericht 2006*)

NS $U = 0{,}4\,\text{kV}$	MS $6\,\text{kV} \leq U \leq 60\,\text{kV}$	HS $60\,\text{kV} < U < 220\,\text{kV}$	HöS $U \geq 220\,\text{kV}$	gesamt
-	557 700	7 500	1 100	566 300

Als Leitungen kommen konventionelle Freileitungen und Kabel in Frage. Davon wird in wenigen Fällen eine Ausnahme gemacht.

- Es werden manchmal in der NS-Ebene und selten in der MS-Ebene isolierte Leiter auf Freileitungen aufgehängt (Abb. 3.9). Das wird als Luftkabel oder auch als selbsttragendes Kabel bezeichnet. Damit ist der Berührungsschutz gewährleistet und unter Umständen kann der Bewuchs einfacher ferngehalten werden, so dass die Störanfälligkeit sinkt.

Abb. 3.9 Luftkabel in der Niederspannungsebene

- In der Höchstspannungsebene gibt es vereinzelt gasisolierte Rohrleiter (GIL). Die sind aus zwei konzentrisch angeordneten Metallrohren aufgebaut, wobei der äußere Leiter geerdet ist und der innere Leiter den Betriebsstrom führt. Zwischen den Rohren befindet sich ein Isoliergas unter hohem Druck.
- In einzelnen Modell- und Forschungsprojekten wie AmpaCity in Essen sind supraleitende Kabel verlegt.

Die Leitungslängen in der NS-Ebene sind deutlich größer als in der HöS-Ebene (Tab. 3.6).

Tab. 3.6 Stromkreislängen von Freileitungen und Kabeln in Deutschland mit Kabelanteilen

Jahr	Gesamtlänge in km				Kabelanteil in %				
	NS	MS	HS	HöS	NS	MS	HS	HöS	
1992	903 413	470 321	73 516	40 127	72	59	5,8	0,23	[29]
2011	1 158 031	511 852	79 395	34 754	89	77	9,0	0,3	[29]
2024	1 119 000	520 000	94 000	37 000					[142]

Auch der Kabelanteil unterscheidet sich. In der NS-Ebene sinkt der Anteil der Freileitungen, während er in der HöS-Ebene nahe bei 100 % stagniert. Mit dem Ausbau der verkabelten DC-Links wird sich das ändern.

3.1.1 Aufbau und Struktur

Unabhängig von der Spannungsebene und Netzform wird das $(n-1)$-Ausfallkriterium eingehalten. Das besagt, dass die Versorgung durch einen einzelnen Fehler nicht unterbrochen wird. Erst ab dem gleichzeitigen Auftreten von einem zweiten Fehler kann es zu Abschaltungen bei den Kunden kommen (Tab. 3.7). Zur Einhaltung dieser Bedingungen haben sich in den einzelnen Spannungsebenen unterschiedliche Strukturen wie Strahlennetz, Ringnetz, vermaschtes Netz bzw. Maschennetze als zweckmäßig erwiesen. Die werden nun genauer dargestellt.

Tab. 3.7 Häufigkeit von Störungen im deutschen Drehstromnetz nach [143]

	MS	HS	HöS
Stromkreislänge in km	493 000	75 200	36 000
Zahl der Störungen pro Jahr	18 083	3 733	666
Störungen je 100 km Stromkreislänge	3,67	4,96	1,85
ein- und mehrpolige Erdfehler in %	85,5	86,9	61,8
ohne Unterbrechung der Energielieferung in %	46	94	99

Niederspannungsnetze

Öffentliche Niederspannungsnetze sind als Vierleitersysteme aufgebaut, damit die vielen einphasigen Wechselstromverbraucher angeschlossen werden können (Abschnitt 1.5.1). In allen anderen Spannungsebenen sind es drei Leiter. Die Niederspannungsnetze werden aus Netzstationen gespeist, die vertikalen Verbindungen zu den überlagerten Mittelspannungsnetzen herstellen (Abb. 3.10). Bei Neubauten reichen die typischen Bemessungsscheinleistungen der Netzstationen von 400 kVA, 630 kVA, 800 kVA bis etwa 3000 kVA. Leistungen von 250 kVA und darunter sind noch im Bestand zu finden.

Abb. 3.10 Kompaktstationen (Fotos oben: envia Mitteldeutsche Energie [144] und Stadtnetze Münster [145]) und Maststationen

Außerhalb von Gebäuden sind die Netze in der Hand von Verteilnetzbetreibern. Innerhalb der Gebäude ist der Anschlussnehmer für den sicheren Betrieb zuständig (Abb. 3.11). Die Grenze der Verantwortlichkeiten bilden die Hausanschlusssicherungen im Hausanschlusskasten (HAK). Alternativ zum HAK kann außerhalb vom Gebäude eine Hausanschlusssäule vorgesehen werden.

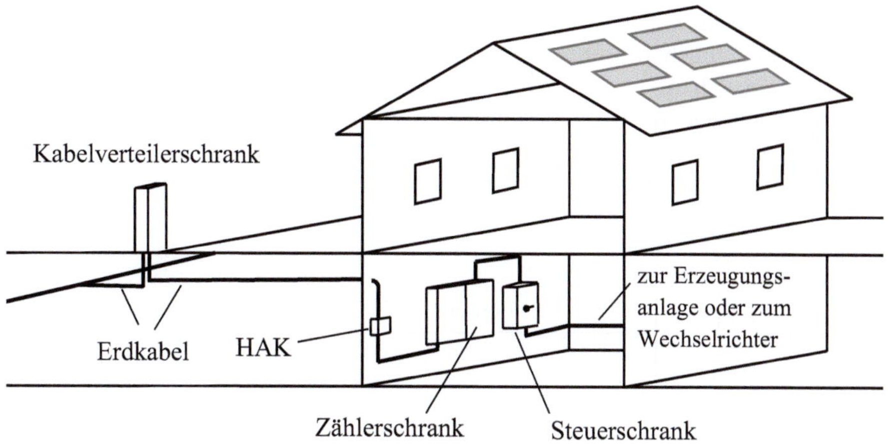

Abb. 3.11 Hausanschluss mit Anbindung einer PV-Anlage

Die Verteilnetzbetreiber nutzen Freileitungen und Kabel. Mitunter wird unter Spannung gearbeitet, so dass z. B. beim Setzen einer Hausanschlussmuffe die übrigen Haushaltskunden nicht abgeschaltet werden müssen (Abb. 3.12 rechts).

Abb. 3.12 Arbeiten unter Spannung an NS-Freileitungen und am NS-Erdkabel (Fotos: BSD [146], EnBW [147] und E.ON Mitte [148])

Bei geringen Lastdichten sind in ländlichen Gebieten Strahlennetze mit Freileitungen verbreitet, die von einer einzelnen Ortsnetzstation versorgt werden. Weiterverzweigungen sind möglich und auch üblich (Abb. 3.13).

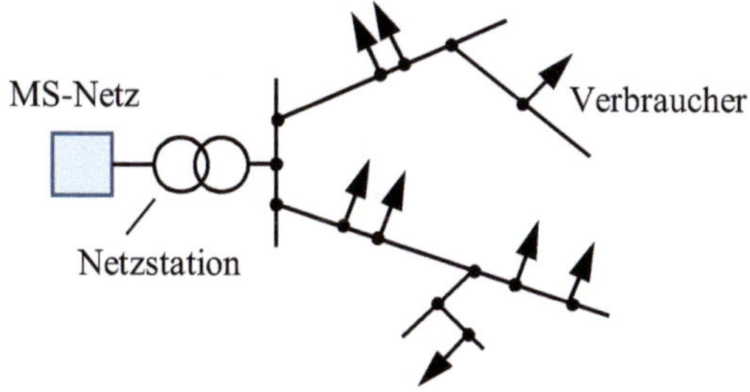

Abb. 3.13 Strahlennetz nach [29]

Das ist die einfachste Netzform, die sich durch einen einfachen und übersichtlichen Aufbau, einen einfachen Schutz, einen geringen Aufwand in der Planung und Wartung sowie überschaubaren Kosten bei der Errichtung und im Betrieb auszeichnet. Gleichzeitig müssen Nachteile in Kauf genommen werden. Beim Einschalten hoher Lasten kann es zu unzulässigen Spannungsabsenkungen kommen oder die Spannung kann durch regenerative Einspeisungen erhöht werden (Abb. 3.14).

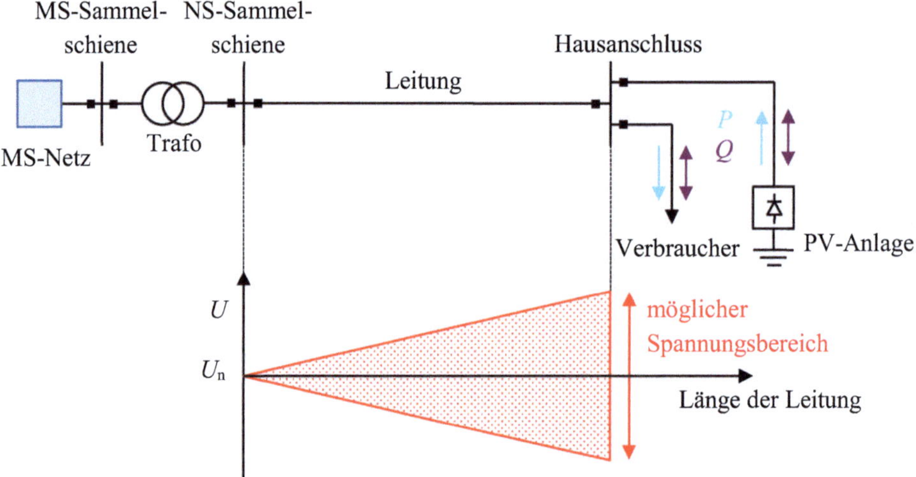

Abb. 3.14 Vereinfachte Darstellung der Spannung an einem Netzstrahl bei Einspeisung und Verbrauch nach [149]

Falls eine Leitung oder die Ortsnetzstation ausfällt, gibt es in reinen Strahlennetzen keine Reserve. In solchen Fällen können mobile Notstromaggregate eingesetzt werden, was mit längeren Stromunterbrechungen verbunden ist. Manchmal ist eine Verbindungsleitung zu Nachbarnetzen vorgesehen, die im Fehlerfall rückwärtig einspeisen kann.

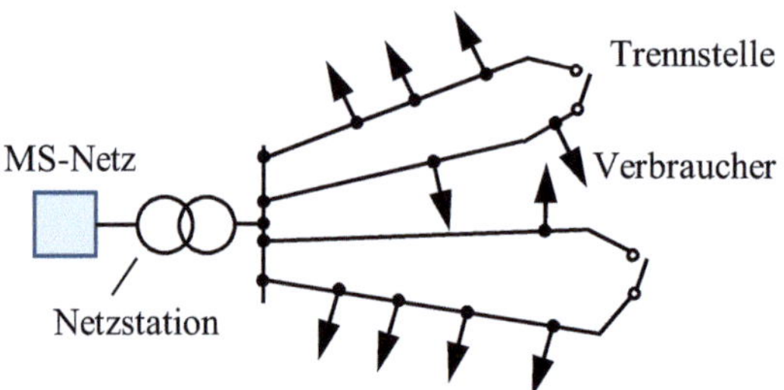

Abb. 3.15 Einfache Ringleitungen ohne Verzweigungen nach [29]

Tendenziell werden im ländlichen Raum die Freileitungen durch Kabel ersetzt, da diese vor Erntemaschinen sowie vor Witterungseinflüssen wie Sturm besser geschützt sind. Blitzeinschläge spielen eine untergeordnete Rolle. Zusätzlich sind wegen der höheren Leiterquerschnitte die Wirkwiderstände der Kabel kleiner und es sind höhere Stromstärken möglich. Vor allem bei höheren Lastdichten werden Kabel bevorzugt. Die werden unter Bürgersteige entlang der Straßen verlegt, so dass bei Bauarbeiten der Straßenverkehr nicht behindert wird. Falls sich die Kabel auf beiden Straßenseiten befinden, bietet es sich an, Ringleitungen zu bilden (Abb. 3.15). Das können einfache Ringe oder komplizierte Strukturen mit Verzweigungen sein. Manche Ringnetze haben eine Gegenstation, die zur Reserve dient oder auch einspeist [51]. Es gibt offene Trennstellen in den Ringen, so dass diese im ungestörten Betrieb de facto ein Strahlennetz bilden (Abb. 3.16).

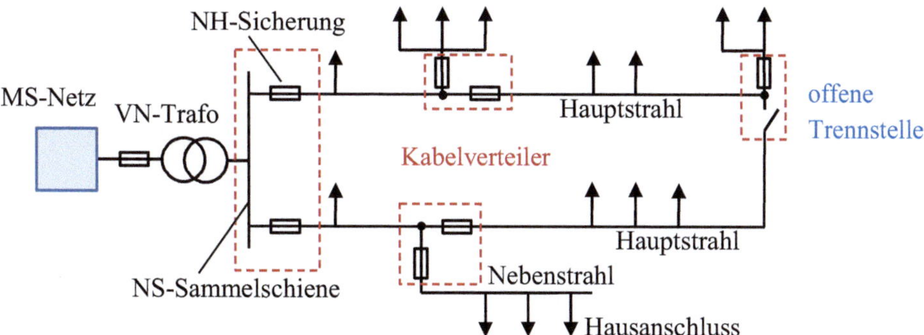

Abb. 3.16 Beispielhafter Aufbau eines NS-Netzes als offenes Ringnetz nach [149]

Im Kabelverteilerschrank (KVS) kann durch Einsetzen oder Ziehen der NH-Sicherungen eine Verbindung zwischen zwei Erdkabeln geschlossen oder getrennt werden (Abb. 3.17). Kabelverteilerschränke sind im öffentlichen Raum für das Personal vom Netzbetreiber leicht zugänglich.

Abb. 3.17 Kabelverteilerschränke (Fotos: Pauline Holla, envia Mitteldeutsche Energie [144] und MVV Energie [150])

Gegenüber den reinen Strahlennetzen haben die offen betriebenen Ringleitungen einen wichtigen Vorteil. Bei einem Fehler kann der betreffende Kabelabschnitt herausgetrennt werden und die Verbraucher hinter dem Fehler können rasch wieder versorgt werden, in dem die Trennstelle geschlossen wird. Das wird Rückwärtseinspeisung an der Fehlerstelle genannt.

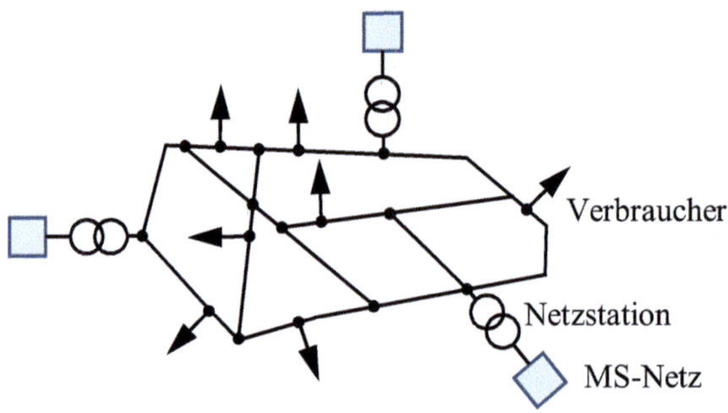

Abb. 3.18 Maschennetz nach [29]

Daneben gibt es in der NS-Ebene vermaschte Netze und Maschennetze (Abb. 3.18). In einzelnen Fällen werden Maschennetze von bis zu 16 Transformatoren gespeist. Sie zeichnen sich durch eine bessere Spannungshaltung aus und haben grundsätzlich weniger Verluste. Nach einem Totalausfall ist es jedoch schwierig, das Netz in Betrieb zu nehmen, da die Stationen nur per Hand zugeschaltet werden können und die erste Station wegen Überlastung sehr leicht wieder ausfällt. Auch ist die Fehlersuche in Maschennetzen herausfordernd. Aufgrund dieser Nachteile werden seit längerer Zeit Maschennetze bei Neubauten vermieden und es gibt bei Verteilnetzbetreibern Programme, bestehende Maschen wenn möglich zu entflechten.

Mittelspannungsnetze

Die MS-Netze sind an den überlagerten HS-Netzen über Umspannstationen angebunden, deren Bemessungsscheinleistungen häufig zwischen 20 und 50 MVA liegen (Abb. 3.19). Von dort verteilt sich die elektrische Energie über die Ortsnetzstationen in die unterlagerten NS-Netze. Der direkte Anschluss von Verbrauchern am MS-Netz kommt selten vor.

Abb. 3.19 Freileitung (Foto: Westenergie [151]), Umspannstation (Foto: BS|NETZ [152]) und MS-Schaltfelder (Foto: envia Mitteldeutsche Energie [144])

Im MS-Netz sind Freileitungen und zunehmend Kabel zu finden. In Städten werden fast ausschließlich Kabel verwendet und die Entfernungen zwischen den Netzstationen sind selten mehr als 500 m. Abb. 3.20 und A.5 im Anhang zeigen beispielhaft

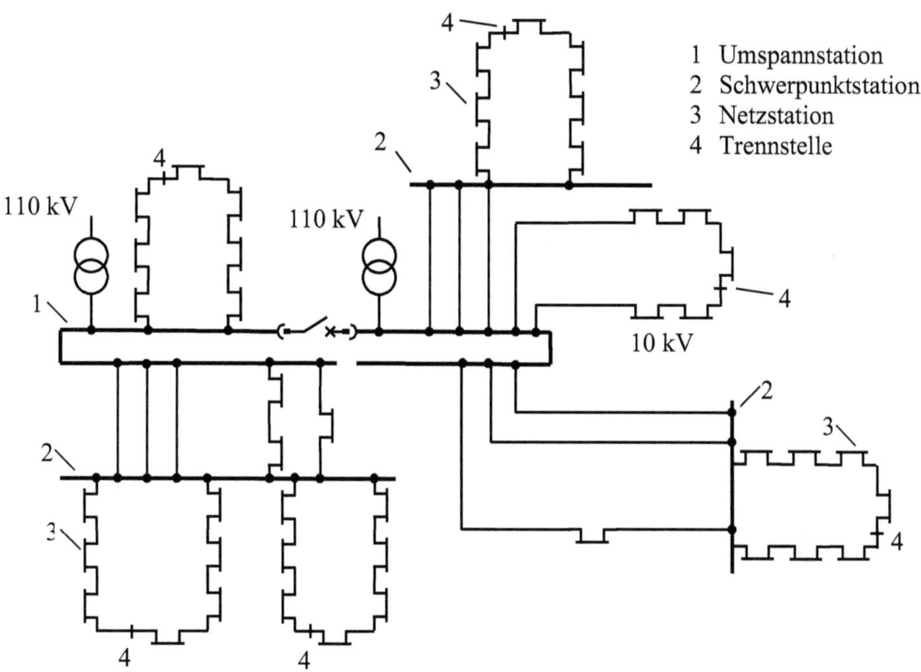

Abb. 3.20 MS-Netz aus offen betriebenen Ringleitungen nach [29]

zwei MS-Netze. Die eingezeichneten Ringleitungen werden offen betrieben und Verzweigungen sind zur besseren Übersichtlichkeit in Abb. 3.20 nicht eingezeichnet. Zur weiteren Verteilung sind Schwerpunktstationen ohne Umspanner vorgesehen. Die werden manchmal auch Schalthäuser genannt. In einem Ring sind 5 bis 10 Netzstationen angeordnet. Jede Netzstation ist so ausgerüstet, dass die Leitungen zwischen den Stationen freigeschaltet werden können. Damit kann im ungestörten Betrieb die offene Trennstelle gesetzt werden. Sollte in einer Leitung ein Fehler auftreten, kann dieser isoliert werden und durch Schließen der offenen Trennstelle ist eine Rückwärtseinspeisung möglich. Falls in der Netzstation eine Störung auftritt, sind nur die Verbraucher des unterlagerten NS-Netzes betroffen. Es ist üblich, in einer Umspannstation zur gegenseitigen Reservehaltung zwei Trafos vorzuhalten.

Hoch- und Höchstspannungsnetze

Die HS-Netze sind mit den überlagerten HöS-Netzen über Umspannwerke verbunden (Abb. 3.21). Die zugehörigen 380/110-kV-Transformatoren haben Bemessungsscheinleistungen von 300 bis 400 MVA. Während in der HS-Ebene Freileitungen und Kabel zu etwa gleich großen Anteilen zu finden sind, überwiegen in der HöS-Ebene die Freileitungen deutlich (Tab. 3.6). Das hat eine Reihe von Gründen.

- Der Bau einer Freileitungstrasse ist preisgünstiger.

Abb. 3.21 Umspannwerke (Fotos: Hitachi Energy [138] und Swissgrid [153])

- HöS-Kabel haben wegen ihrer hohen Betriebskapazitäten hohe kapazitive Ladeströme, die kompensiert werden müssen (Tab. 4.5).
- Nach einem Ausfall kann eine Freileitung einfacher repariert werden.

110-kV-Netze sind in Ballungsräumen überwiegend als Kabel ausgeführt und haben dann radiale Strukturen, die auch in MS-Netzen zu finden sind. Abb. A.4 zeigt beispielhaft ein 110-kV-Freileitungsnetz. HöS-Netze sind vermascht (Abb. A.3). Das verringert die Verluste und erleichtert die Spannungshaltung. Die unterbrechungsfreie Versorgung bei Ausfällen ist nach den Planungskriterien gesichert und auf geänderte Lastsituationen kann flexibel reagiert werden. Der Automatisierungsgrad ist exzellent. Aufgrund der redundanten Messwertausstattung kann in der Systemführung auf leistungsfähige Energiemanagement-Funktionen zurückgegriffen werden (Abschnitt 3.5.4). Das alles ist mit Aufwand bei Planung, Betrieb und Wartung verbunden.

Entwicklungen in der Energiewende

Das Drehstromnetz wird klassischerweise hinsichtlich seiner Funktion in drei verschiedene Teilnetze aufgeteilt.

- Das **Verbundnetz** umfasst weite Teile Europas. Es verbindet die großen Kraftwerke untereinander und dient zur gegenseitigen Aushilfe bei Kraftwerksausfällen. Wenige Kraftwerksblöcke können ohne das Verbundnetz anfahren. Alle anderen sind nicht schwarzstartfähig und können nach einer Revision oder einem Ausfall nur mit Hilfe des Verbundnetzes in Betrieb genommen werden. Das Verbundnetz dient auch zum Transport der elektrischen Energie, jedoch nicht über sehr weite Strecken von vielen hundert Kilometern. Offshore-Windparks sind direkt ans Verbundnetz angeschlossen.
- Das Transportnetz versorgt die **110-kV-Netzebene**. In großen Ballungsräumen dient es als Verteilnetz, in ländlichen Gebieten als regionales Transportnetz. Sonderabnehmer wie große Industriekunden sind direkt angeschlossen.
- **Verteilnetze** versorgen regional und lokal die Anschlussnehmer mit elektrischer Energie. Tarifkunden sind an der 0,4-kV-Ebene angeschlossen, Sondervertragskunden an die 10/20-kV-Ebene. Gleichzeitig speisen Windkraftanlagen und PV-Anlagen ein.

Vor der Energiewende zeigte der Leistungsfluss unidirektional von den Großkraftwerken bis zur Steckdose und die Netze waren auf Last ausgelegt. Das ist im Umbruch. Bei der Anbindung der neuen regenerativen Erzeugungsanlagen ist darauf zu achten, dass

- die Spannungen am Anschlusspunkt innerhalb zulässiger Grenzwerte sind (Einhaltung des Spannungsbandes), dass
- die Betriebsmittel genügend belastbar sind, um die erzeugte Leistung ins Netz zu speisen (Stromtragfähigkeit der Leitungen), dass
- die Kurzschlussströme nur zulässig erhöht oder erniedrigt werden und dass
- Störaussendungen und Netzrückwirkungen begrenzt sind.

Verteilnetzbetreiber sind besonders hinsichtlich der Einhaltung der Spannungsbänder und manchmal hinsichtlich der Stromtragfähigkeit der Leitungen herausgefordert. Die Zahl der volatilen regenerativen Einspeisungen wird weiter zunehmen. Das sind in der NS-Ebene zu über 90 % PV-Anlagen. Mit Einzug der Elektromobilität und den Wärmepumpen steigt gleichzeitig der Verbrauch an elektrischer Energie. Abhilfe bieten eine Netzverstärkung, bei der die Querschnitte der Leitungen erhöht werden, oder eine Verschiebung der Trennstellen. Zusätzlich kann über die Einstellung der Blindleistung am Anschlusspunkt der Erzeugungsanlagen Einfluss auf die Spannungen genommen werden. Auch gibt es Ansätze, in MS-Leitungen Längsregler zu integrieren, kurz MV-LVR (Medium Voltage Line Voltage Regulator) [154]. Die werden mit einer dynamischen und autonomen Spannungssteuerung ausgestattet. Genauso ist es möglich, NS-Strangregler, Maschenstromregler oder gar Speicher vorzusehen. Bei dem großen Mengengerüst in der Primär- und Sekundärtechnik (Tab. 3.3) ist das Verteilnetz nicht überall beobachtbar bzw. ferngemeldet. Daher werden heute bei Neubauten digitale Ortsnetztransformatoren installiert. Die Messwerte dienen in der Netzführung den Energy-Management-Funktionen oder dem Asset-Management. Auf regelbare Ortsnetztransformatoren wird meistens aus wirtschaftlichen Gründen verzichtet (Abb. 2.22).

Auch die Übertragungsnetzbetreiber haben keine Langeweile. Vor dem Anschluss von Windparks müssen in der Planungsphase umfangreiche Systemstudien durchgeführt werden, zu denen die Simulation vom Leistungsfluss, vom Kurzschlussstrom, von Oberschwingungen und der Stabilität zählen. Die wesentliche Herausforderung für die Übertragungsnetzbetreiber ist es, im Betrieb auf die zunehmenden volatilen Energieflüsse zu reagieren. Das macht viele Eingriffe notwendig. Während in den Verteilernetzen die Entwicklung in Richtung Dezentralisierung der Erzeugung geht, driften im Übertragungsnetz Erzeugung und Last auseinander, was tendenziell die Verluste im Netz erhöht. Die klassischen Kraftwerkstandorte sind früher in der Nähe der Lasten errichtet worden und die Offshore-Windparks befinden sich zentral Nord- und Ostsee. Gehen die großen Kraftwerke vom Netz, fehlen am Anschlusspunkt die Momentanreserve für die Frequenz-Wirkleistungs-Regelung und die Blindleistungskompensation (Abschnitt 3.1.2). Beide Aufgaben übernimmt in Zukunft das Netz. Verändern sich die rotierenden Massenträgheitsmomente, gibt es andere Kurzschlussströme, was Einfluss auf die Schutzsysteme hat.

Abb. 3.22 Traditionelles Netz (links) und Smart Grid (rechts) nach [138]

Seit einiger Zeit ist davon die Rede, dass die Entwicklung in Richtung eines aktiven Systems oder gar intelligenten Netzes weitergehen wird (Abb. 3.22). Auch künstliche Intelligenz (KI) wird bei der Integration erneuerbarer Energien in die bestehenden Systeme eine Rolle spielen. Dazu müssen Themen wie Cybersecurity, Regulierung und Haftung geklärt werden.

3.1.2 Steuerungs- und Regelungsaufgaben

Im Höchstspannungsnetz dominiert die Abhängigkeit der Frequenz von der Wirkleistung einerseits und der Spannung von der Blindleistung andererseits. Daher wird zwischen zwei Regelaufgaben unterteilt, das sind die

- Frequenz-Wirkleistungs-Regelung (f-P-Regelung) und die
- Spannungs-Blindleistungs-Regelung (U-Q-Regelung).

Beide zählen zu den vier Systemdienstleistungen Betriebsführung, Frequenzhaltung, Spannungshaltung und Versorgungswiederaufbau. Die Frequenz wird global und die Spannung lokal eingestellt.

Für die Frequenz-Wirkleistungs-Regelung wird international das Akronym AGC (Automated Generation Control) verwendet. Sie liegt ausschließlich in der Verantwortung der Übertragungsnetzbetreiber. Die Frequenz von 50 Hz im Drehstromnetz wird sehr genau eingehalten, so dass auch Uhren damit synchronisiert werden. Die Spannungs-Blindleistungs-Regelung findet sowohl im Übertragungs- als auch im Verteilungsnetz statt. Sie wird teils in der Netzführung zentral und teils dezentral mit einer lokalen Regelung in der Schaltanlage durchgeführt. Blindleistung sollte möglichst vor Ort kompensiert werden, da Blindleistungstransite mit Wärmeverlusten der Blindströme verbunden sind. Im Gegensatz zur Frequenz wird die Spannung weniger genau eingehalten. Ein Spannungsband von ±10 % der Netznominalspannung ist zulässig. In der HöS-Ebene werden es perspektivisch ±5 % sein.

Frequenz-Wirkleistungs-Regelung

Der Übertragungsnetzbetreiber (ÜNB) regelt die Frequenz zentral in der Systemführung durch die Ansteuerung von Erzeugungsanlagen innerhalb seiner Regelzone (Abb. 3.23). Zu diesen regelbaren Erzeugungsanlagen zählen mit Kohle oder Erdgas befeuerte Kraftwerke oder Wasserkraftwerke. Windkraft- und Photovoltaikanlagen können nur abgeregelt werden. Im liberalisierten Markt wird die Regelleistung ausgeschrieben [155].

Abb. 3.23 Systemführungen der Amprion und der Swissgrid (Fotos: Amprion [2] und Swissgrid [153])

Es gibt die Regelung im Insel- und Verbundnetz (Abb. 3.24). Im Inselnetz gibt es keine Leitungen zu Nachbarunternehmen. Im Verbundnetz koordinieren die Übertragungsnetzbetreiber die f-P-Regelung auf nationaler und europäischer Ebene untereinander, so dass die gemeinsame Frequenz und die Austauschleistungen $P_{Ü}$ auf den Verbindungsleitungen eingehalten werden.

Abb. 3.24 Frequenz-Wirkleistungs-Regelung nach [156]

In Europa ist jeder TSO (Transmission System Operator) Pflichtmitglied im Verband der Übertragungsnetzbetreiber ENTSO-E (European Network of Transmission System Operators for Electricity), um eine einheitliche Standardisierung voranzutreiben.

Spannungs-Blindleistungs-Regelung mit Erzeugungsanlagen

Grundsätzlich kann mit Erzeugungsanlagen die Blindleistung am Anschlusspunkt verändert werden (Abb. 3.25). Das erfordert eine Koordination zwischen Netzbetreiber und Energieerzeuger. Die Systemführung vom Übertragungsnetzbetreiber weist Kraftwerke telefonisch an, ob diese spannungssenkend oder spannungserhöhend gegenüber dem Übertragungsnetz fahren sollen. Es werden Sollwerte für die

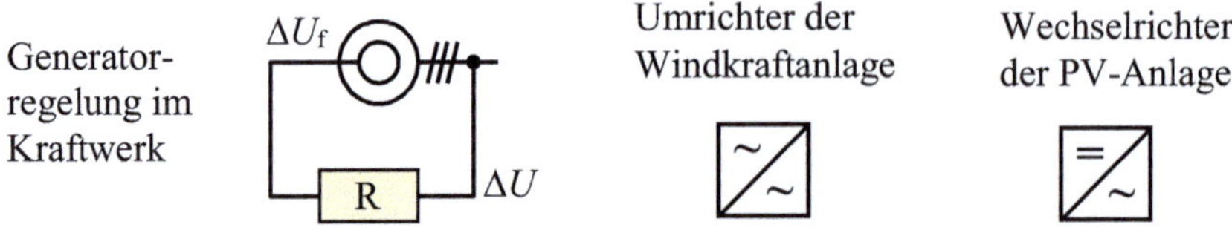

Abb. 3.25 Spannungs-Blindleistungs-Regelung mit Erzeugungsanlagen

Spannung am Anschlusspunkt rausgegeben. Das Kraftwerk kann die Stufenstellungen vom Maschinentransformator verändern und den Rest erledigt die Generatorregelung selbstständig über den Erregerstrom. Innerhalb des zulässigen Bereiches im P-Q-Diagramm des Kraftwerks gibt es einen größeren Stellbereich für die Blindleistung (Abb. 2.75). In manchen Fällen kann der ÜNB direkt auf die Trafostufen zugreifen. Alternativ können Pumpspeicher- oder Druckluftspeicherkraftwerke in den Phasenschieberbetrieb gehen ($P = 0$). Offshore-Windparks sind in den meisten Fällen über ein Gleichstromkabel an das Übertragungsnetz angeschlossen. Über die Ansteuerung der Halbleiterventile in den Wechselrichtern der Stationen kann auch hier die Blindleistung über einen weiten Bereich kontinuierlich verstellt werden kann.

Ein Verteilnetzbetreiber gibt dem Betreiber einer Erzeugungsanlage im Rahmen der Anschlussplanung einen Sollwert für die Blindleistung vor, der entweder fest ist oder über eine Fernwirkanlage variabel eingestellt werden kann. Dabei kommt eines der Verfahren

- Blindleistungs-Spannungskennlinie $Q(U)$,
- Kennlinie Blindleistung als Funktion der Wirkleistung $Q(P)$,
- Blindleistung mit Spannungsbegrenzungsfunktion oder
- fester Verschiebungsfaktor $\cos\varphi$

zur Anwendung. Netzbetreiber können auch mit eigenen Anlagen Blindleistung kompensieren. Darum geht es nun.

Blindleistungskompensation und Leistungsflusssteuerung mit konventionellen Netzbetriebsmitteln

Übertragungsnetzbetreiber setzen rotierende elektrische Maschinen zur reinen Blindleistungskompensation ein. Meistens sind es Drehstrom-Synchrongeneratoren, die ausschließlich im Phasenschieberbetrieb arbeiten. Die werden rotierende bzw. synchrone Phasenschieber genannt. In der englischen Sprache heißen sie Synchronous Condenser, SynCon, Synchronous Capacitor oder Synchronous Compensator. Die synchronen Phasenschieber können wegen der rotierenden Massenträgheitsmomente zusätzlich als Momentanreserve für die Leistungs-Frequenz-Regelung dienen und die Netzintegration von PV- und Windkraftwerken an Netzknoten mit geringen Kurzschlussströmen ermöglichen. Eine neuere Entwicklung ist der rotierende asynchrone Phasenschieber, kurz ARESS (Asynchronous Rotating Energy System Stabilizer). Wegen der großen rotierenden Massen sind die Verluste aufgrund der Lagerreibungen deutlich höher als bei den flexiblen Drehstrom-Übertragungssystemen, die mit Leistungshalbleitern arbeiten.

Mit Längs- Schräg- und Querregeltransformatoren können Netzbetreiber die Spannungen und Wirkleistungen an den Netzknoten in Stufen verstellen (Abb. 2.9). Genauso werden zur Blindleistungskompensation konventionelle Drosselspulen oder Leistungskondensatoren parallel zugeschaltet (Abb. 3.59). Leistungskondensatoren werden auch in Serie angeschlossen (Tab. 3.8 und Abb. 3.60). Ein prinzipiell denkbarer Einsatz von Reihendrosselspulen wird selten praktiziert. Die Serienelemente dienen der Wirkleistungssteuerung, die gleichbedeutend auch Leistungsflusssteuerung genannt wird, beispielsweise zur gleichmäßigen Aufteilung der Betriebsströme auf zwei parallele Strompfade.

Tab. 3.8 Mechanisch schaltbare Kondensatoren und Drosselspulen

parallel angeschlossen (Shunt Elements)	in Serie angeschlossen (Series Elements)
MSC (Mechanical Switched Condensator)	FSC (Fixed Series Capacitor)
MSCDN (MSC with Damping Network)	
MSR (Mechanical Switched Reactor)	
Blindleistungskompensation	Wirkleistungssteuerung

Kondensatoren können nur ein- und ausgeschaltet werden. Drosselspulen sind manchmal gestuft. Die Änderungszeiten der Erregereinrichtungen von den synchronen Phasenschiebern oder der mechanischen Stufenschalter liegen im Minutenbereich. Mit der kommerziellen Verfügbarkeit von Leistungselektronik nutzen vor allem Übertragungsnetzbetreiber zunehmend flexible Drehstrom-Übertragungssysteme, bei denen die Betriebsgrößen in Echtzeit stufenlos geregelt werden können. Die bestehenden Energieübertragungssysteme können durch eine schnelle Leistungsflussregelung, eine Vergrößerung der übertragbaren Leistung und eine schnelle Beeinflussung des Spannungsprofils besser ausgelastet und sicherer betrieben werden. Das erleichtert das Engpass-Management und langwierige und platzintensive Zubaumaßnahmen können vermieden werden.

Flexible Drehstrom-Übertragungssysteme

Für flexible Drehstrom-Übertragungssysteme wird das englische Akronym FACTS (Flexible AC Transmission Systems) verwendet. Kennzeichnend ist vor allem der Einsatz von Leistungshalbleitern. Es ist mitunter verwirrend, dass Hersteller die konventionellen Lösungen nach Tab. 3.8 oder gar rotierende Phasenschieber zu den FACTS zählen. In dem Sinne sind FACTS ein Synonym für alle Betriebsmittel, die zur Blindleistungskompensation und Leistungsflusssteuerung im Netz einsetzbar sind. Hier werden einige Typen von FACTS-Elementen knapp skizziert. Für detailliertere Informationen zum Aufbau und der Regelung der Anlagen wird auf die

Literatur wie [157–161] verwiesen. FACTS-Regler können parallel oder in Serie angeschlossen werden (Tab. 3.9). Manche FACTS sind aus einem Shunt- und einem Serienelement aufgebaut. Hier sind der Phasenschiebertransformator PAR (Phase Angle Regulator) oder auch der universale Leistungsflussregler UPFC (Unified Power Flow Controller) zu nennen (Abb. 2.26).

Tab. 3.9 Auswahl von FACTS

parallel angeschlossen (Shunt Elements)	in Reihe angeschlossen (Series Elements)
TSC (Thyristor Switched Capacitor)	TSSC (Thyristor-Switched Series Capacitor)
TCR (Thyristor Controlled Reactor)	TCSC (Thyristor Controlled Series Capacitor)
SVC (Static Var Compensator)	TCSR (Thyristor Controlled Series Reactor)
STATCOM (Static Synchronous Compensator)	SSSC (Static Synchronous Series Compensator)
Blindleistungskompensation	Wirkleistungssteuerung

Die parallel geschalteten FACTS-Elemente dienen im ungestörten Betrieb der Spannungsregelung und verbessern grundsätzlich die Stabilität der Übertragung. In der Energiewende können sie die Systemdienstleistung Spannungsregelung von einem konventionellen Kraftwerk ersetzen. Die Führungsgröße des Reglers ist die Leiter-Erd-Spannung am Anschlusspunkt. Die Shuntelemente werden über Drehstromtransformatoren angekoppelt, damit die Stromrichterventile nicht für die volle Spannung ausgelegt werden müssen (Abb. 3.26 und 3.29 links). Die Schaltgruppen der Transformatoren werden so gewählt, dass auf der Netzseite möglichst wenig Oberschwingungen auftreten. Unter Umständen müssen Filter vorgesehen werden.

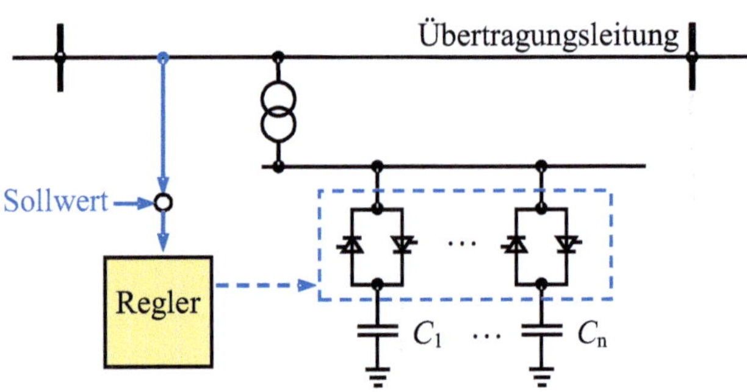

Abb. 3.26 TSC-Anlage

Abb. 3.27 MSCDN-System (links) und SVC-System (Foto rechts: Hitachi Energy [162])

Die Kombination von TCR- und TSC-Elementen bilden eine SVC-Anlage (Static Var Compensator). Hier bedeutet die Eigenschaft statisch, dass keine rotierenden elektrischen Maschinen involviert sind (Abb. 3.27 rechts). Mit dem SVC-Regler können durch eine koordinierte Steuerung der TCR- und TSC-Elemente sowohl induktive als auch kapazitive Blindleistung bereitgestellt werden (Abb. 3.28).

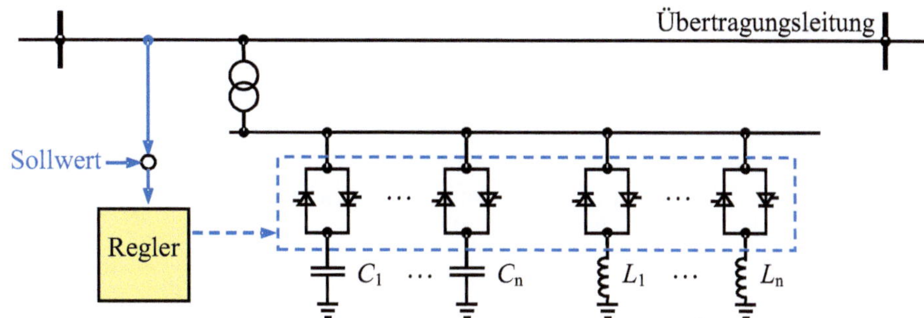

Abb. 3.28 SVC-Anlage

Eine neuere Entwicklung ist der statische Synchronkompensator STATCOM (Static Synchronous Compensator), der anstatt aus netzgeführten Thyristorventilen aus selbstgeführten Umrichtern wie beispielsweise GTOs (Gate Turn-Off), IGBTs (Insulated-Gate Bipolar Transistor) oder IGCTs (IGC-Thyristor) aufgebaut ist. Ein STATCOM kann auf Kondensatoren und Drosselspulen verzichten. Durch Integra-

Abb. 3.29 STATCOM: Transformator und Zuleitungen (links) und Ventilhalle (Foto rechts: Siemens Energy [140])

tion eines Superkondensators SCESS (Super Capacitor Energy Storage System) als Kurzzeitenergiespeicher wird aus dem STATCOM ein E-STATCOM (Energy Static Synchronous Compensator), so dass zusätzlich eine kurze Momentanreserve für die Frequenz-Wirkleistungs-Regelung bereitgestellt werden kann.

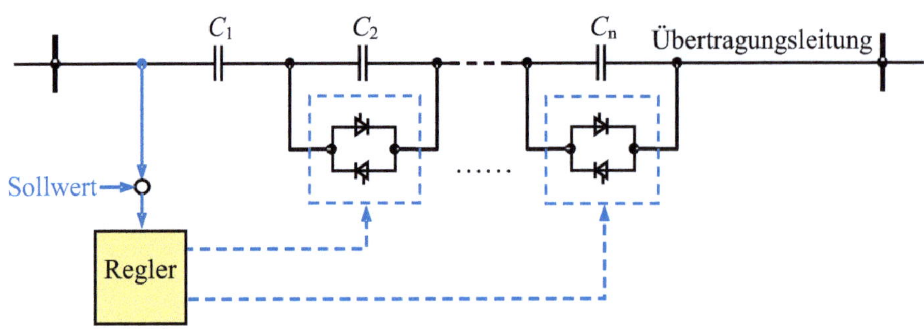

Abb. 3.30 TCSC-Anlage

Die FACTS-Serienelemente steuern grundsätzlich die Wirkleistung. Hier gibt es thyristorgeschaltete Serienkondensatoren TSSC (Thyristor-Switched Series Capacitor), thyristorgeregelte Serienkondensatoren TCSC (Thyristor Controlled Series Capacitor) und thyristorgeregelte Serienreaktanzen TCSR (Thyristor Controlled Series Reactor). Die Führungsgröße der Regeleinrichtungen ist der elektrische Strom in der Leitung. (Abb. 3.30 und 3.31).

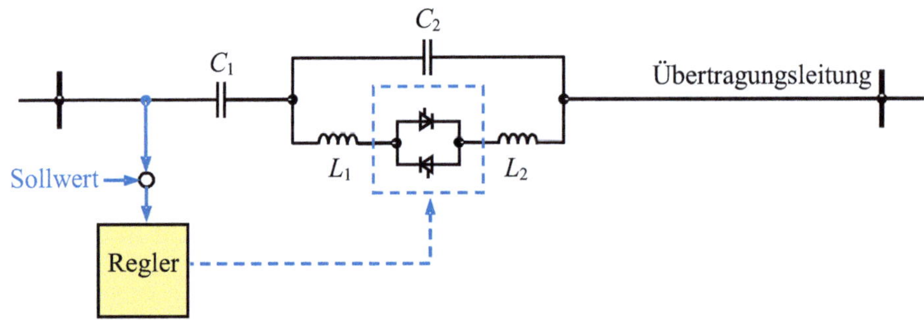

Abb. 3.31 TCSR-Anlage

Eine neuere Entwicklung ist der statische Serienkompensator SSSC (Static Synchronous Series Compensator), der wie eine in Serie geschaltete STATCOM aufgebaut ist. Gleichbedeutend wird dafür das Akronym ASC (Advanced Series Compensation) verwendet.

3.2 Freileitungen

In den Freileitungen werden die stromführenden elektrischen Leiter über Isolatoren an Masten aufgehängt. Bei Luftkabel sind das isolierte Leiter und das ist eher die Ausnahme (Abb. 3.9). In fast allen Fällen sind die metallischen Leiter blank und hängen frei im Wind. Die Luft dient als Isolationsmittel. Im Gegensatz zu Kunststoffkabeln oder gasisolierten Schaltanlagen müssen je nach Spannungsebene große Sicherheitsabstände eingehalten werden. Die Längen der Freileitungen reichen von wenigen bis zu zig Kilometer. Wenn die Lebensdauer der Leiter abgelaufen ist, werden die Freileitungen neu beseilt. Unter Umständen kann die Verlegung mit Hochtemperaturleiterseilen eine sinnvolle Alternative zum Neubau einer Trasse sein, da Genehmigungsverfahren aufwendig sind und dauern können.

Tab. 3.10 Internationale und nationale Vorschriften für Freileitungen

EN	VDE	
50182		Leiter für Freileitungen - Leiter aus konzentrisch verseilten runden Drähten
50341	0210	Freileitungen über AC 1 kV
	0211	Bau von Starkstrom-Freileitungen mit Nennspannungen bis 1000 V
	0212	Armaturen für Freileitungen
60433	0446	Isolatoren für Freileitungen mit einer Nennspannung über 1000 V (Keramik-Isolatoren für Wechselspannungssysteme)
60466	0674	Verbund-Kettenisolatoren für Freileitungen mit einer Nennspannung über 1000 V

Bei der Planung und dem Betrieb der Freileitungen muss eine Reihe von Anforderungen berücksichtigt werden.

- Es ist eine ausreichende Strombelastbarkeit zu gewährleisten.
- Die Stromwärme- und Koronaverluste sollen klein sein.
- Eine hohe Verfügbarkeit wird gewünscht. Die Ausfallrate sollte klein sein.
- Freileitungen sind über die wechselnden Jahreszeiten Wind und Wetter ausgesetzt. Masten, Isolatoren und Seile müssen die Temperaturschwankungen mitmachen und für Wind- oder gar Schneelasten mechanisch ausgelegt sein.
- Bis zur Abschaltung von Kurzschlüssen sind gefährliche Schritt- und Berührungsspannungen für Mensch und Tier zu vermeiden (Abb. 4.29).
- Gleichzeitig ist auf eine ausreichende elektromagnetische Verträglichkeit zu achten und unter Umständen müssen Koronageräusche reduziert werden.
- Blitzeinschläge sollen von den Leiterseilen ferngehalten und Blitzüberspannungen sicher ins Erdreich abgeleitet werden.

- Freilebende Vögel und andere Tiere sollten geschützt werden. Bei MS-Freileitungen gibt es Vogelschutzhauben (Abb. 3.40 rechts). In den höheren Spannungsebenen werden Markierungen am Erdseil angebracht (Abb. 3.47 rechts).
- Insgesamt sollten die Eingriffe ins Landschaftsbild milde ausfallen.

Zunächst wird in diesem Abschnitt ein Überblick über den konstruktiven Aufbau der Freileitungen gegeben. Es folgen die elektrischen Eigenschaften, die in den Ersatzschaltbildern wiedergegeben werden und die Grundlage für die Betriebsarten bilden. Für weitergehende Informationen wird auf die Literatur wie [163–170] und die einschlägigen Normen verwiesen (Tab. 3.2 und 3.10).

3.2.1 Aufbau

Eine Freileitung besteht aus den Stützpunkten. Das sind die Masten oder auch Dachständer. Dazu kommen die Erd- und Leiterseile sowie die Isolatoren und Armaturen (Abb. 3.32). Die waagerechten Elemente der Masten sind die Traversen, an denen die Isolatoren angebracht sind.

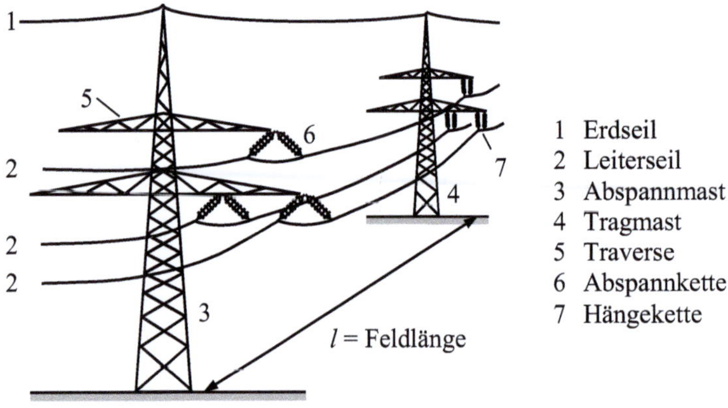

Abb. 3.32 Donaumast mit einseitiger Belegung nach [29]

Die Gesamtheit der Leiterseile heißt Beseilung und die drei Leiter L1, L2 und L3 werden zusammenfassend als Leitersystem bezeichnet. Der Bereich zwischen zwei Masten ist das Spannfeld. Die derzeit längste Spannweite beträgt 5376 m bei der Überquerung des Ameralik-Fjords in Grönland [171].

Abb. 3.33 Tragmasten (Fotos: EnBW [147] und Amprion [2])

Das Eigengewicht der Leiterseile führt zu einem merklichen Durchhang. Tragmasten nehmen das Gewicht der Leiterseile auf und müssen zusätzlich vertikalen und horizontalen Windkomponenten standhalten (Abb. 3.33).

Abb. 3.34 Abspann- und Winkelabspannmasten (Fotos: Amprion [2] und TransnetBW [4])

Abspannmasten müssen darüber hinaus die Leiterzugkräfte sicher aufnehmen und unterliegen damit höheren mechanischen Anforderungen (Abb. 3.34). Sie sind auch die Start- und Endpunkte der Leiterseile, die nur in begrenzter Länge auf die Baustelle transportiert werden können (Abb. 3.35). Auf einer Seiltrommel passt ein Seil mit einer Länge von bis zu 3,5 km. Die Leiterseile werden meistens in einer Stromschlaufe unterhalb der Masttraverse der Abspannmasten weitergeführt. Etwa jeder vierte oder fünfte Mast ist ein Abspannmast.

Abb. 3.35 Seilarbeiten (Fotos: 50Hertz Transmission [1])

Tragmasten werden in geraden Leitungsabschnitten eingesetzt und mit Winkeltragmasten können Winkel bis zu 160° realisiert werden Für größere Richtungsänderungen der Trasse gibt es Winkelabspannmasten (Abb. 3.34). Manchmal werden die Leitersysteme von einem Verteilungsmasten aus auf zwei verschiedene Trassen aufgesplittet.

Masten

Für die Masten werden unterschiedliche Materialien verwendet, die sich nach der Spannungsebene, den klimatischen Verhältnissen und den Kosten richten. In der NS- und MS-Ebene sind Masten aus Holz, Beton oder Stahlvollwänden zu finden (Abb. 3.36 und 3.40). Wenn das Klima es zulässt, werden auch in der HS-Ebene

Holzmasten verwendet. Spätestens in der HöS-Ebene gibt es ausschließlich Stahlgittermasten.

Abb. 3.36 NS- und MS-Freileitungen (Fotos: envia Mitteldeutsche Energie [144], Süwag Energie [172], EnBW [147] und Wiener Netze [173])

Auch die Mastbilder unterscheiden sich je nach Spannungsebene (Abb. 3.38). Bis 20 kV werden Stützisolatoren eingesetzt (Abb. 3.40 rechts). Darüber hinaus gibt es ausschließlich Hängeisolatoren. Für Einebenenmasten wird eine größere Trassenbreite benötigt. Daher hat sich in Deutschland der Donaumast durchgesetzt. Grundsätzlich können die Masten auch mehrere Leitersysteme tragen (Abb. 3.37 links). Bei sehr kalter Witterung mit Eislasten, auf Permafrostböden oder für höhere Betriebsspannungen gibt es weitere Mastbilder (Abb. 3.37 rechts).

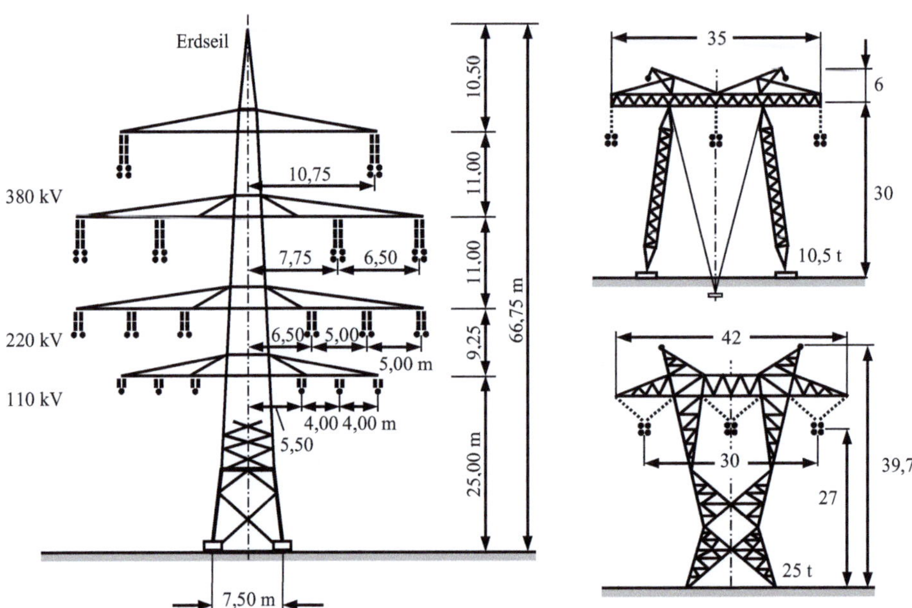

Abb. 3.37 Donaumast mit sechs Stromkreisen und Erdseil (links) sowie Einfachleitungen mit zwei Erdseilen: 735-kV-Leitung in Kanada (rechts unten) und 750-kV-Leitung in Russland (rechts oben) nach [44]

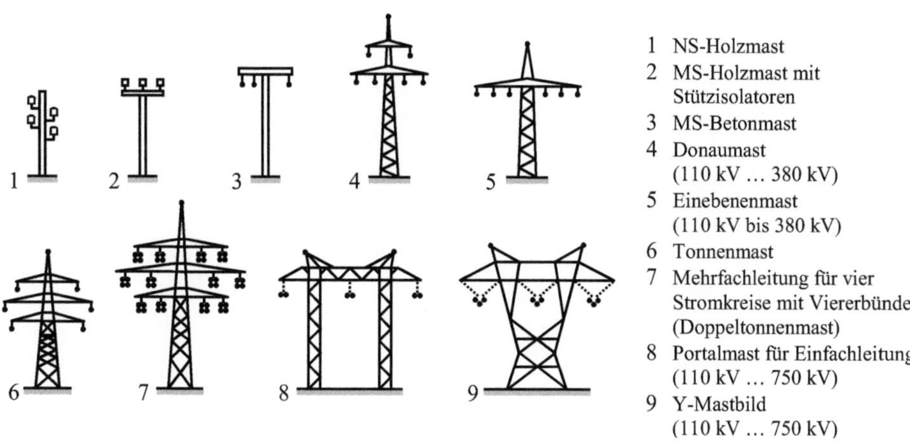

Abb. 3.38 Auswahl von Mastbilder von Drehstromfreileitungen nach [44]

Isolatoren und Armaturen

Zwischen der Masttraverse und den Leitern befinden sich die Isolatoren (Abb. 3.39). Sie sind ungünstigen Umwelteinflüssen wie Regen, Schnee, Staub oder in Meeresnähe auch Salz ausgesetzt. Auf der Oberfläche können sich Schmutzstoffe anlagern, die mit der Zeit einen elektrisch leitfähigen Film bilden. Das kann zu einem Kriechstrom führen, der in vielen Fällen mit einem unbedeutenden Übertragungsverlust einhergeht. In ungünstigen Fällen kommt es zu einem Überschlag, so dass die Freileitung möglicherweise ausfällt und unter Umständen beschädigt ist. Daher ist die Form der Isolatoren gerippt, so dass der Weg dieser Kriechströme verlängert wird. Ergänzend bleibt die waagerechte Unterseite der Schirme bei Regen trocken. Manchmal werden die Isolatoren per Helikopter gereinigt.

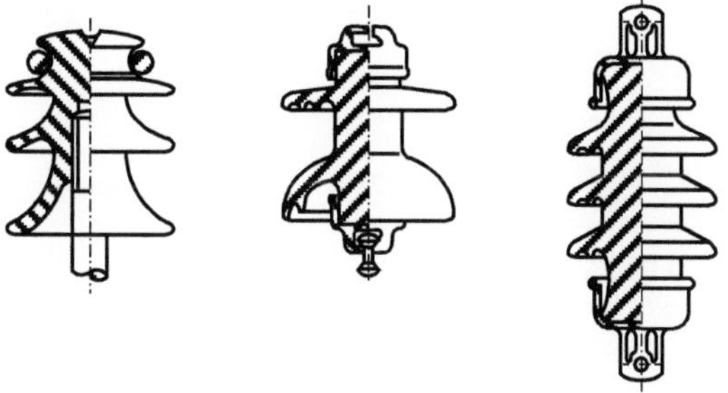

Abb. 3.39 Stütz-, Glaskappen- und Längsstabisolator nach [44]

Die Isolatoren sind vorwiegend aus braunem Porzellan gefertigt (Abb. 3.40). Oberhalb von 100 kV werden in Deutschland bei Neubauten ausschließlich Verbundisolatoren aus Silikon verwendet [174]. Im Ausland sind Glaskappenisolatoren zu finden, die wegen der hohen Spannungen in Ketten aufgehängt sind (Abb. 3.41 mittig).

Abb. 3.40 MS-Isolatoren (Fotos links und mittig: RWE [175] und envia Mitteldeutsche Energie [144])

Die Bruchsicherheit kann durch zwei parallele Isolatoren verbessert werden, beispielsweise bei der Überquerung von Autostraßen. Bei Höchstspannungsleitungen werden bei Porzellan und Glas mehrere Langstabisolatoren hinter einander gesetzt. Bei 220 kV sind es zwei und bei 380 kV drei oder vier Langstäbe (Abb. 3.41 rechts und 3.42 links). Bei Verbundisolatoren aus Silikon ist es ein einzelner Stab.

Abb. 3.41 HS- und HöS-Isolatoren (Fotos: TransnetBW [4] und Amprion [2])

Zur Verbindung zwischen Leiterseil und Isolator gibt es Trag- und Abspannklemmen. Neben diesen Verbindungselementen sind ab 110 kV Lichtbogenschutzarmaturen vorgesehen (Abb. 3.42 rechts). Sie dienen dazu, durch die Potenzialsteuerung eine Glimmentladung zu vermeiden und im Fall eines Isolatorüberschlags den Lichtbogen vom Isolator fernzuhalten.

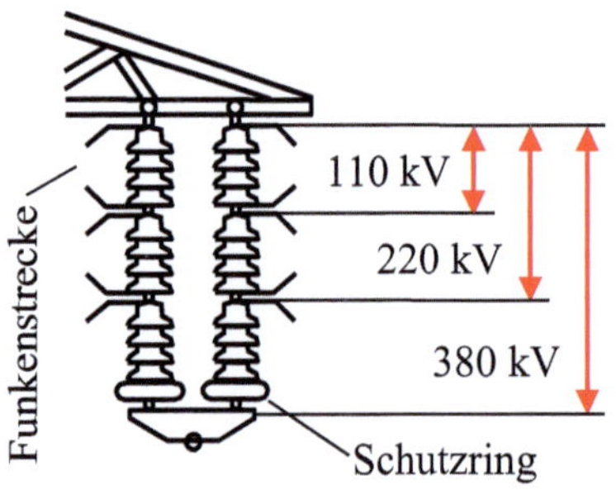

Abb. 3.42 Aufhängung bei einer 380-kV-Freileitung nach [29] (links) sowie Armaturen in natura

Leiterseile

Freileitungsseile sind grundsätzlich aus mindestens sieben Einzeldrähten aufgebaut, die alle den gleichen Durchmesser haben. Einzelne Massivleiter sind nicht zulässig. Als Werkstoff wird meistens Aluminium oder eine Aluminiumlegierung wie Aldrey (Al-Mg-Si) verwendet, selten auch Kupfer oder Bronze. Aluminium hat ein geringes Gewicht und die einzelnen Drähte sind mit einer Oxidschicht versehen, um eine weitere Korrosion zu verhindern. Durch die Oxidschicht sind die Drähte gegeneinander elektrisch isoliert, was die Wirbelstromverluste reduziert. Hinsichtlich des Aufbaus der Seile sind zwei Typen zu unterscheiden.

- Bei Einwerkstoffseilen sind alle Einzeldrähte aus demselben homogenen Material. Beispielsweise ist bei NS-Freileitungen die Beseilung aus Aluminium.
- Verbundseile sind mit inneren Lagen aus Stahl und äußeren Lagen aus Aluminium aufgebaut. Der Stahlkern wird auch als Seele bezeichnet. Die Drähte vom Stahlkern können mit Aluminium umhüllt sein. Verbundseile sind in Deutschland mindestens ab der 110-kV-Ebene Standard.

Um den Kern bzw. die Seele befinden sich Lagen von Einzeldrähten, wobei die Drehrichtung der Lagen abwechselnd geändert wird. Das wird als Seilschlag bezeichnet (Abb. 3.43). Der senkt auch die Wirbelstromverluste, verbessert die mechanischen Eigenschaften und verringert die Betriebsinduktivität (Abschnitt 3.2.2).

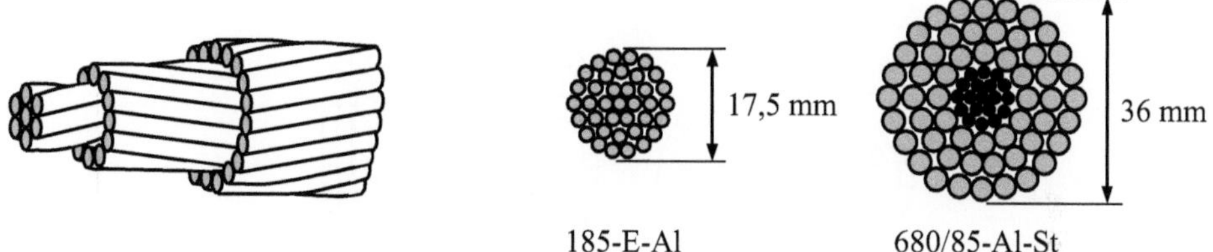

Abb. 3.43 Seilschlag (links) sowie Querschnitte durch ein einfaches Seil (mittig) und ein Verbundseil (rechts)

Besonders in der Nähe der Mastaufhängung werden die Leiterseile mechanisch stark beeinflusst. Die Zugfestigkeit von Aluminium ist eher bescheiden. Daher werden in der HS- und HöS-Ebene ausschließlich Verbundseile eingesetzt, um hinreichend große Spannweiten zwischen den Masten realisieren zu können. Die mechanische Festigkeit wird hauptsächlich durch die Stahldrähte und zusätzlich durch die Aluminiumdrähte erzielt, die den eigentlichen Leiter bilden. Auch Seile aus Aldrey bieten ohne Stahlkern eine hohe Zugfestigkeit. Manchmal kann schon ein stetiger Wind die Leiterseile zu mechanischen Schwingungen anregen, so dass sich stehende Wellen ausbilden, die zu Ermüdungsbrüchen führen können. Daher werden moderate Zugspannungen eingesetzt, da die Schwingungsanfälligkeit mit der Zugspannung steigt. Ergänzend wird gedämpft. Dazu dienen selbst dämpfende Feldabstandshalter oder Gewichte wie Stockbridge-Schwingungsdämpfer, die in unmittelbarer Nähe der Aufhängepunkte an den Leiterseilen angebracht werden. Phasenabstandshalter, die Lichtbogenkurzschlüsse zwischen den Leiterseilen vermeiden sollen, werden nur sehr ungern und niemals bei Neubauten installiert.

Die Betriebstemperatur konventioneller Leiterseile darf Werte von ca. 80 °C nicht übersteigen, weil gewöhnliche Aluminiumkomponenten bei höheren Temperaturen weich werden. Für Kupfer ist die Grenze bei ca. 70 °C und für Aldrey bei ca. 90 °C. Mit HTLS-Leitern (High Temperature Low Sag) gibt es die Möglichkeit, auch mit Temperaturen von über 200 °C zu arbeiten, da der Durchhang geringer ist. Die Leiterdrähte sind aus speziellem Aluminium. Der Kern kann aus einem Kohlefaserverbundkern oder einem Keramikfaser-Aluminium-Verbundkern aufgebaut sein [29]. Einfacher sind konventionelle Stahlkerne. Beim Einsatz von HTLS-Leitern ist zu bedenken, dass mit höheren Wirkwiderständen aufgrund der hohen Leitertemperaturen und vor allen Dingen mit höheren Stromstärken die unerwünschten Stromwärmeverluste $R\,I^2$ steigen. Auch variiert bei Hochtemperatur-Leiterseilen der Durchhang stärker, so dass unter Umständen höhere Masten vorgesehen werden müssen.

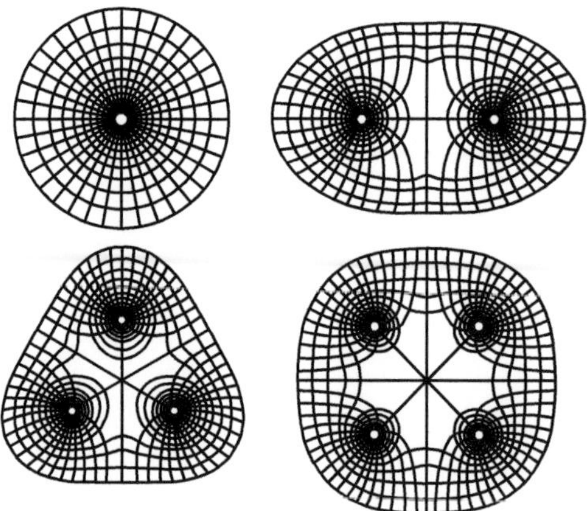

Abb. 3.44 Elektrische Feldbilder vom Einzelleiter im Vergleich mit Bündelleitern nach [44]

Die Querschnitte der Leiterseile werden in mm^2 angegeben, bei Verbundseilen die Querschnittsverhältnisse. Die Angabe 34-AL1/6-ST1A bedeutet einen Aluminiumquerschnitt von ca. 34 mm^2 und einen Stahlquerschnitt von ca. 6 mm^2. Bei der Bestimmung des Seilquerschnitts müssen zwei Kriterien eingehalten werden.

- Es muss eine ausreichende Stromtragfähigkeit gewährleistet sein, die von der maximal zulässigen Temperatur, der Umgebungstemperatur, der Windgeschwindigkeit und der Oberflächenbeschaffenheit abhängig ist.
- Ab Nominalspannungen von 110 kV muss die elektrische Oberflächenrandfeldstärke beachtet werden (Abb. 3.44). Oberhalb von ca. 21 kV/cm kommt es zu Glimm- bzw. Korona-Entladungen, die mit hörbaren Geräuschen verbunden sind und zu Störungen von Mittelwellensendern und Rundsteuerung führen können. Zusätzlich werden die Übertragungsverluste erhöht. Bleibt die Ober-

flächenrandfeldstärke unterhalb von 16 kV/cm bei Nominalspannung, sind die Störeffekte zu vernachlässigen [50].

Eine Vergrößerung der Querschnitte, um die geforderte elektrische Oberflächenrandfeldstärke einzuhalten, würde das Gewicht der Leiterseile deutlich erhöhen und ist am Ende unwirtschaftlich. Daher werden Bündelleiter verwendet, die aus mehreren Verbundseilen bestehen. Das reduziert die Koronaverluste und verbessert gleichzeitig die Wärmeabfuhr und die mechanischen Eigenschaften.

Abb. 3.45 Bündelleiter (Fotos: REE [176], Statnett [177] und Amprion [2])

Zwei, drei oder vier Teilleiter sind im europäischen Übertragungsnetz zu finden (Abb. 3.45). Wegen des Lärmschutzes werden in der deutschen HöS-Ebene nur noch Vierer-Bündel verbaut. Bei sehr hohen Spannungen kann die Zahl der Teilleiter bis zu acht betragen (Tab. 3.11).

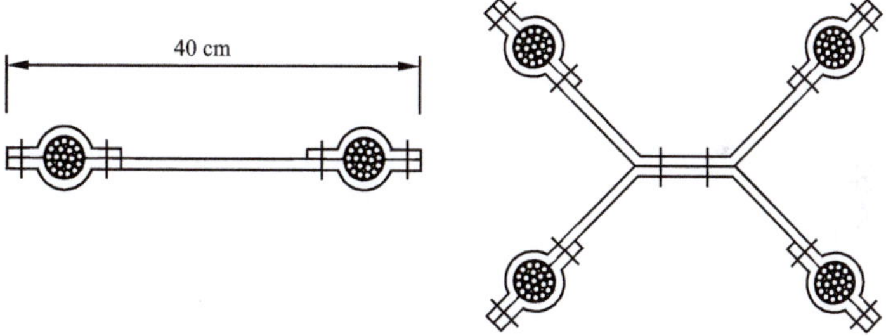

Abb. 3.46 Starre Abstandshalter beim Zwei- und Vierbündelleiter nach [44]

Im Abstand von 50 bis 80 m sind Distanzhalter montiert, um den gegenseitigen Abstand der Teilleiter auch bei Wind und anderen anregenden Kräften zu sichern (Abb. 3.46). Heute werden selbst dämpfende Abstandshalter verwendet.

Erdseile

Erdseile werden vorwiegend ab der 110-kV-Ebene verwendet. Sie befinden sich an der Spitze von den Masten und sind mit diesen galvanisch verbunden (Abb. 3.47 links). Manchmal sind zwei Erdseile angebracht. Früher wurden Verbundseile 94-AL1/15-ST1A oder bei Leitungen mit zwei Erdseilen 70-AL1/11-ST1A montiert [29]. Wegen der hohen Kurzschlussströme werden heute in der HöS-Ebene Verbundseile 265-AL1/35-ST1A eingesetzt.

Abb. 3.47 Arbeiten am Erdseil (Fotos: Westenergie [151], TransnetBW [4] und TenneT TSO [3])

Die Erdseile erfüllen drei wesentliche Aufgaben.

- Sie dienen dem Blitzschutz. Blitzüberspannungen werden meistens vom Erdseil eingefangen und über die Erdungsanlagen sicher ins Erdreich abgeführt. Etwa 1 bis 2 % der Blitze enden auf den Leiterseilen [29]. Daher sind in den Schaltanlagen Überspannungsableiter zum Schutz der Betriebsmittel installiert (Abschnitt 3.5.3).
- Die häufigsten Fehler in Freileitungsnetzen sind Erdkurzschlüsse. Bis zu deren Abschaltung geht der Lichtbogen über den Isolator auf den Masten und der Fehlerstromkreis schließt sich zum großen Teil über das Erdseil und den Sternpunkten der Drehstromtransformatoren. Dadurch wird verhindert, dass ein nennenswerter Fehlerstrom über das Erdreich in der Nähe der Masten geht.
- Erdseile können zur digitalen Nachrichtenübertragung verwendet werden. Dazu wird in die Seele der Erdseile ein Edelstahlröhrchen mit der Größe von einem der Stahldrähte eingebracht. Darin werden Glasfasern eingezogen. Bei Verlegung von neuen Erdseile ist das vielfach der Regelfall. Auch können Leiterseile mit Lichtwellenleitern zur Temperaturmessung ausgerüstet werden.

Erdseile werden nach den zu erwarteten Kurzschlussströmen ausgewählt. Die wirtschaftlichen Stromdichten und die Oberflächenrandfeldstärken haben keine Bedeutung, so dass ihre Seildurchmesser kleiner als die der Leiterseile sind.

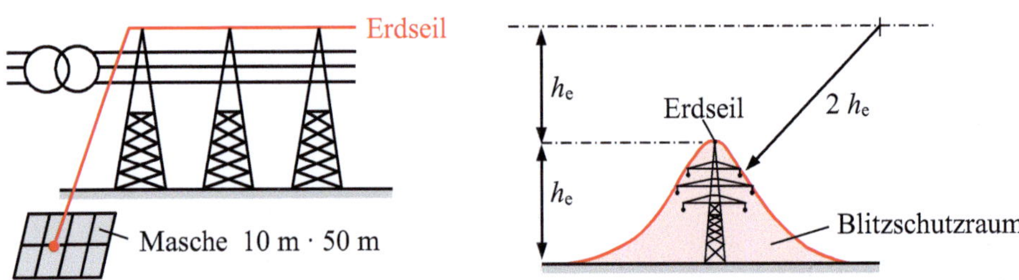

Abb. 3.48 Freileitung mit Erdseil (links) und Blitzschutzraum nach der Dissertation von Langrehr 1972 [29]

Nach der DIN VDE 0141 sind die leitfähigen Freileitungsmasten zu erden.

- Das Fundament von jedem Mast wird geerdet. Während der Bauphase wird der Erdungsübergangswiderstand gemessen. Liegt der oberhalb von einem Schwellwert, muss mit zusätzlichen Erdungsmaßnahmen nachgebessert werden.
- Am Anfang und Ende der Freileitungen wird das durchgehende Erdseil in den Schaltanlagen an Erdungsanlagen angeschlossen, die in der Regel eine Kombination aus Maschen- und Tiefenerdern sind (Abb. 3.48).

Es schließen sich nun die elektrischen Eigenschaften der Freileitungen an.

3.2.2 Elektrische Eigenschaften

Hier geht es um das elektrische Verhalten der Freileitungen, das mit Ersatzschaltbildern charakterisiert wird. Im ersten Schritt wird das Verdrillen der Leiterseile erklärt. Es folgen die kapazitiven, induktiven und resistiven Eigenschaften.

Verdrillen

Ein Freileitungsseil bildet mit den Masten, dem Erdreich und mit den anderen Freileitungsseilen je einen Kondensator. Fließen Wechselströme in den Leiterseilen, gibt es Selbst- und Gegeninduktionsvorgänge. Da sich die elektromagnetischen Felder in Luft ausbreiten, sind wegen $\epsilon_r \approx 1$ und $\mu_r \approx 1$ die kapazitiven und induktiven Eigenschaften der Leiter im Wesentlichen von der Geometrie abhängig. Die Positionen der einzelnen Leiterseile auf der Traverse und ihre Höhe über Grund haben Einfluss. Auch ist zwischen Einfachleitern und Bündelleitern zu unterscheiden. Weiterhin spielen die Erdseile sowie die Zahl und Lage anderer Leitersysteme, die möglicherweise auch auf den Masten angebracht sind, eine Rolle.

Abb. 3.49 Verdrillungspunkte an einer Wechselstrom-Freileitung (links) und an Drehstrom-Freileitungen (Foto rechts: Marius Lünterbusch)

Daher werden in der HS- und HöS-Ebene die Freileitungen verdrillt (Abb. 3.49). Dabei werden im einfachsten Fall an den Abspannmasten die Positionen der drei Leiter jeweils nach 1/3 und 2/3 der Trassenlänge vertauscht. Durch das Verdrillen wird erreicht, dass für jeden der drei Leiter L1, L2 und L3 die kapazitiven und induktiven Eigenschaften gleich sind und sich das Leitersystem weitgehend symmetrisch verhält. In diesem Fall können für die Freileitung eine Betriebskapazität, eine Betriebsinduktivität und eine Ableitung angegeben werden, die nun zusammen mit dem elektrischen Widerstand der Leiterseile genauer erklärt werden.

Erd- und Betriebskapazität

Es soll eine Freileitung ohne Erdseil mit drei Einfachleitern betrachtet werden, an denen symmetrische Leiterspannungen anliegen. Die einzelnen Leiter stellen gegenüber dem Erdreich Kondensatoren mit den Erdkapazitäten $C_{1\mathrm{E}}$, $C_{2\mathrm{E}}$ und $C_{3\mathrm{E}}$ dar. Deren Mittelwert ist die Erdkapazität C_{E}.

$$C_{\mathrm{E}} = \frac{C_{1\mathrm{E}} + C_{2\mathrm{E}} + C_{3\mathrm{E}}}{3} \tag{3.1}$$

Gleichzeitig bilden die drei Leiterseile untereinander die Koppelkapazitäten C_{12}, C_{23} und C_{31} aus. Auch hier kann ein Mittelwert angegeben werden.

$$C_{\mathrm{L}} = \frac{C_{12} + C_{23} + C_{31}}{3} \tag{3.2}$$

In den vielen Fällen ist die Freileitung verdrillt, so dass

$$C_{1\mathrm{E}} = C_{2\mathrm{E}} = C_{3\mathrm{E}} = C_{\mathrm{E}} \qquad \text{und} \qquad C_{12} = C_{23} = C_{31} = C_{\mathrm{L}}\,. \tag{3.3}$$

Abb. 3.50 zeigt die Anordnung.

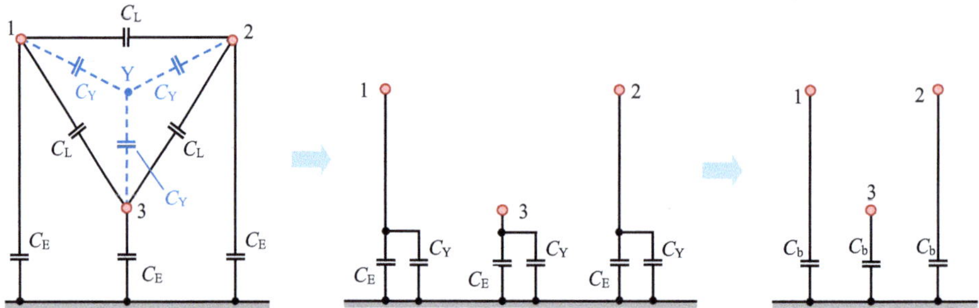

Abb. 3.50 Koppel- und Erdkapazitäten einer verdrillten Freileitung (links) und Umwandlung in die Betriebskapazität nach [29]

Wird die Dreieckschaltung mit den identischen Koppelkapazitäten C_{L} in eine äquivalente Sternschaltung umgewandelt, liegt der Sternpunkt Y auf Erdpotenzial und für jeden Leiter wird die Kapazität C_{Y} mit der Erdkapazitäten C_{E} zur Betriebskapazität C_{b} zusammengefasst.

$$C_{\mathrm{b}} = C_{\mathrm{E}} + C_{\mathrm{Y}} = C_{\mathrm{E}} + 3\,C_{\mathrm{L}} \tag{3.4}$$

Mit dem Leiterradius r und dem mittleren Leiterabstand $a = \sqrt[3]{d_{12}\,d_{23}\,d_{31}}$ ist

$$C_{\mathrm{b}} \approx \frac{2\pi\,\epsilon_0\,l}{\ln{(a/r)}}\,. \tag{3.5}$$

Das gilt in erster Näherung auch, wenn Erdseile berücksichtigt werden [17]. Freileitungen mit Bündelleiter haben wegen der größeren effektiven Leiterradien eine höhere Betriebskapazität, die grundsätzlich auch berechnet werden kann, wenn der Einfluss von anderen Drehstromsystemen vernachlässigbar ist [29]. Alternativ kann auf die gemessenen Leitungsbeläge C_b' und C_0' zurückgegriffen werden.

$$C_\mathrm{b}' = \frac{C_\mathrm{b}}{l} \qquad C_0' = \frac{C_\mathrm{E}}{l} \qquad [C_\mathrm{b}'] = [C_0'] = \mathrm{F/km} \tag{3.6}$$

Für Freileitungen und Kabel sind typische Größen in den Tabellen 3.11, 4.5 und 4.6 zu finden.

Betriebsinduktivität

Für ein System aus drei Einfachleitern ohne Erdseil können aus dem Induktionsgesetz die Induktivitäten L_1, L_2 und L_3 der drei Leiterseile berechnet werden. Abb. 3.51 zeigt links die Ersatzschaltung, in der die kapazitiven Kopplungen und alle Verluste vernachlässigt sind. Für Bündelleiter sind die Verhältnisse komplizierter.

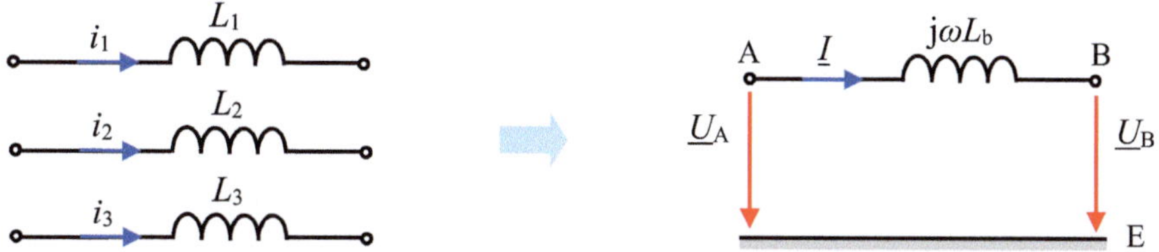

Abb. 3.51 Dreiphasiges Ersatzschaltbild eines unsymmetrisch angeordneten Dreileitersystems (links) und einphasiges Ersatzschaltbild einer verdrillten Freileitung

Die Betriebsinduktivität L_b ist der Mittelwert der drei Induktivitäten.

$$L_\mathrm{b} = \frac{L_1 + L_2 + L_3}{3} \tag{3.7}$$

Bei einem verdrillten Leitersystem ist für jedes Leiterseil die gleiche Betriebsinduktivität wirksam und es genügt ein einphasiges Ersatzschaltbild (Abb. 3.51 rechts). Für diesen Fall wird häufig die Formel

$$L_\mathrm{b} = \frac{\mu_0}{2\pi} \ln\left(a/r\right)\, l \tag{3.8}$$

angegeben [29]. Anstelle dieser Formel können die Angaben für die Leitungsbeläge

$$L_\mathrm{b}' = \frac{L_\mathrm{b}}{l} \qquad [L_\mathrm{b}'] = \mathrm{mH/km} \tag{3.9}$$

oder

$$X_{\mathrm{b}}^{'} = \omega L_{\mathrm{b}}^{'} \qquad [X_{\mathrm{b}}^{'}] = \Omega/\mathrm{km} \tag{3.10}$$

verwendet werden (Tab. 3.11 und 4.5).

Elektrischer Widerstand

Die Leiterseile haben einen elektrischen Widerstand, ihre Leitfähigkeit ist begrenzt und der Einsatz von Supraleitern auf Freileitungen ist nicht vorstellbar. Ausgangspunkt für die Berechnung des elektrischen Widerstands von Freileitungsseilen ist die Formel für Gleichstrom (Gl. 1.59).

$$R_{20} = \rho_{20}\,\frac{l}{A} = \frac{l}{\kappa_{20}\,A}$$

Der Index 20 besagt, dass die Referenz-Temperatur 20 °C ist. Auch für andere Temperaturen kann der Gleichstromwiderstand angegeben werden (Gl. 1.60). Bei Freileitungen ist die Berechnung des ohmschen Widerstands R_{b} mit der Formel für Gleichstrom zu ungenau, da zwei Aspekte nicht berücksichtigt sind.

- Durch den Seilschlag wird die Länge des Leiters um 6 bis 8 % erhöht, so dass der Gleichstromwiderstand mit einem Faktor von 1,06 bis 1,08 korrigiert werden muss [29]. Auch sollte der Durchhang beachtet werden.
- Bei Wechselstrom spielen je nach Frequenz und Querschnitt Stromverdrängungseffekte eine Rolle, die mit zusätzlichen Verlusten verbunden sind. Für einen einzelnen Draht kann ein resistiver Stromverdrängungsfaktor eingeführt werden, in den die Geometrie des Querschnitts und die Eindringtiefe des elektrischen Feldes eingehen [14]. Bei mehrdrähtigen Leitern wird die Stromverdrängung durch die Aufteilung des Querschnitts und durch die isolierende Oxydhaut abgeschwächt. Dazu kommen die Verluste im Stahlkern der Verbundseile.

Das alles lässt sich theoretisch schwer erfassen. Vielfach ist es geschickter, auf die Messwerte der Hersteller zurückzugreifen, die den Belag vom Wirkwiderstand

$$R_{\mathrm{b}}^{'} = \frac{R_{\mathrm{b}}}{l} \qquad [R_{\mathrm{b}}^{'}] = \Omega/\mathrm{km} \tag{3.11}$$

angeben (Tab. 3.11 und 4.5).

Ableitung

Bei Freileitungen treten Koronaverluste auf und durch Leckströme über die Isolatoren kommen weitere Verluste hinzu. Beide Anteile hängen immer von der Witterung ab. Meistens sind die Verluste durch die Kriechströme gegenüber den Koronaverlusten vernachlässigbar [17]. Die Koronaverluste treten sowohl zwischen zwei einzelnen Leitern als auch zwischen einem Leiter und dem Erdreich auf. Das wird mit den Wirkleitwerten G_{L} und G_{E} erfasst. Analog zur Betriebskapazität C_{b} wird für jeden Leiter einer verdrillten Einfachleitung der Wirkleitwert

$$G_\mathrm{b} = G_\mathrm{E} + 3\,G_\mathrm{L} \tag{3.12}$$

angegeben. Der wird als Ableitung bezeichnet und die Größe

$$G'_\mathrm{b} = \frac{G_\mathrm{b}}{l} \qquad [G'_\mathrm{b}] = \mathrm{S/km} \tag{3.13}$$

heißt Ableitungsbelag [55].

Zusammenfassung

In Tab. 3.11 sind für verschiedene Spannungsebenen Angaben für X'_b, R'_b und C'_b zu finden. Die natürliche Leistung P_nat wird später im Abschnitt 3.2.4 erklärt. Die Größe S_r ist die Bemessungsscheinleistung.

Tab. 3.11 Freileitungsparameter nach [178] (b = Zahl der Bündelleiter)

U_n / kV	b	X'_b / $\frac{\Omega}{\mathrm{km}}$	R'_b / $\frac{\Omega}{\mathrm{km}}$	C'_b / $\frac{\mathrm{nF}}{\mathrm{km}}$	P_nat / MW	S_r / MVA
110	1	0,4	0,12	9,5	33	$\leq$ 60
220	2	0,35	0,08	12,5	160	$\leq$ 250
380	3...4	0,32	0,02	14	600	$\leq$ 1000
500	4	0,3	0,018	15	1000	$\leq$ 2000
750	6	0,28	0,012	13,5	2300	$\leq$ 5000
1000	8	0,26	0,008	14	4100	$\leq$ 11000

Die elektrischen Parameter Betriebskapazität, Betriebsinduktivität, elektrischer Widerstand und Ableitung können grundsätzlich auch berechnet werden [179, 180].

3.2.3 Dynamisches Verhalten

Sollen dynamische Vorgänge wie die Ausbreitung von Wanderwellen simuliert werden, müssen die exakten Leitungsdifferenzialgleichungen zu Grunde gelegt werden. Die enthalten verteilte Parameter und gelten für elektrisch lange Leitungen (Abb. 3.52). Eine Leitung ist elektrisch kurz, wenn ihre Länge l sehr viel kleiner als die Wellenlänge λ des Signals ist.

$$l \ll \lambda \tag{3.14}$$

In der elektrischen Energietechnik ist bei einer elektrisch kurzen Leitung die komplexe Spannungsamplitude längs der Leitung konstant. Die Leitungslänge darf $\lambda/60$ nicht überschreiten, soll der Spannungsunterschied $\Delta U < 0{,}5$ % bleiben [55].

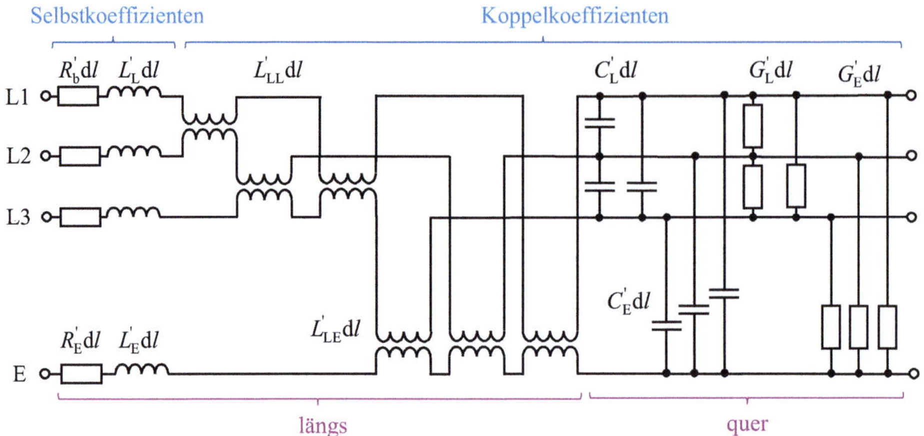

Abb. 3.52 Differentielles Teilstück einer homogenen Drehstromleitung

Wegen Gl. 1.99 und Gl. 1.100 gilt

$$\lambda = \frac{c}{f} = \frac{1}{\sqrt{\epsilon_r \mu_r}} \frac{c_0}{f} \,. \tag{3.15}$$

Damit können die maximalen Leitungslängen abgeschätzt werden (Tab. 3.12).

Tab. 3.12 Maximale Leitungslängen l_{max} bei $f = 50$ Hz nach [55]

	ϵ_r	μ_r	λ / km	l_{max} / km
Freileitung	1	1	6000	100
Kabel	1	4	3000	50

Für eine verdrillte Freileitung sind die vollständigen Differenzialgleichungen einer homogenen und elektrisch langen Wechselstromleitung hinreichend. Die enthalten die Beläge R_b', L_b', C_b' und G_b'.

$$\begin{aligned} \frac{\partial^2 u}{\partial x^2} &= L_b' C_b' \frac{\partial^2 u}{\partial t^2} + \left(R_b' C_b' + L_b' G_b'\right) \frac{\partial u}{\partial t} + R_b' G_b' \, u \\ \frac{\partial^2 i}{\partial x^2} &= L_b' C_b' \frac{\partial^2 i}{\partial t^2} + \left(R_b' C_b' + L_b' G_b'\right) \frac{\partial i}{\partial t} + R_b' G_b' \, i \end{aligned} \tag{3.16}$$

Diese Telegrafengleichungen werden aus der Netzwerktheorie abgeleitet [180–182]. Für Anfangsbedingungen wie ein Spannungssprung am Eingang oder für Randbedingungen wie eine Last am Ende werden die Funktionen $u(t, x)$ und $i(t, x)$ berechnet. Auf die mathematischen Lösungsverfahren soll hier nicht weiter eingegangen werden. Näheres dazu kann der Literatur wie [14, 55, 183, 184] entnommen werden.

3.2.4 Stationärer Betrieb

Quasistationäre und stationäre Zustände werden im Bildbereich mit Effektivwertzeigern für Strom und Spannung formuliert. Liegen elektrisch lange Leitungen vor, sind die Modelle Kettenschaltungen aus einzelnen Ersatzschaltbildern, die die Leitungsbeläge C_b', G_b', L_b' und R_b' enthalten [55]. Bei den üblichen Längen sind die Leitungen elektrisch kurz und es genügen einzelne T- oder Π-Ersatzschaltungen mit den konzentrierten Leitungsparametern C_b, G_b, L_b und R_b. Das Ersatzschaltbild in Abb. 3.53 ist grundsätzlich auch für Kabel gültig. Da besonders bei den Kabeln die Berechnung der Frequenzabhängigkeit der Leitungsparameter sehr kompliziert ist, werden besser die Angaben der Kabelhersteller herangezogen.

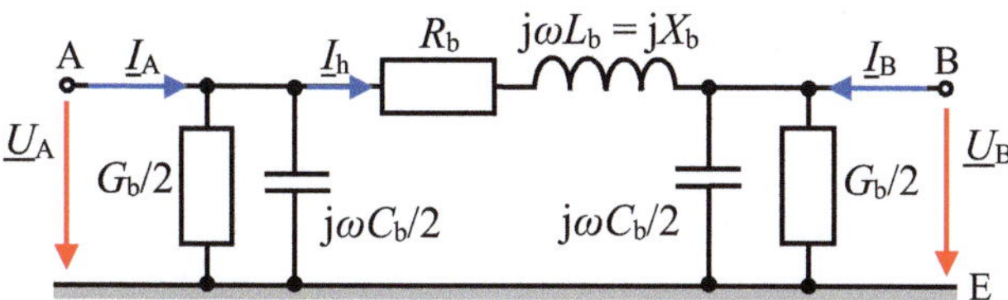

Abb. 3.53 Vollständige Π-Ersatzschaltung für eine elektrisch kurze verdrillte Drehstrom-Freileitung

Die Verluste der Leitung P_δ haben einen spannungs- und stromabhängigen Anteil.

$$P_\delta = \tfrac{3}{2}G_b(U_A^2 + U_B^2) + 3R_b I_h^2 \tag{3.17}$$

Das ist auch beim Blindleistungsbedarf Q der Fall.

$$Q = -\tfrac{3}{2}\omega C_b(U_A^2 + U_B^2) + 3X_b I_h^2 \tag{3.18}$$

Bei Freileitungen bewegt sich der Ableitungsbelag G_b' in der Größenordnung von 10^{-8} S/km, was im Rahmen von Leistungsfluss- und Kurzschlussstromberechnungen gegenüber $\omega C_b'$ vernachlässigbar ist [17]. Bei Kabeln treten anstelle der Koronaverluste dielektrische Verluste auf. Hier liegen die Werte von G_b' bei etwa 10^{-6} S/km [14]. Das fällt selbst bei Leerlauf im Vergleich zu $\omega C_b'$ nicht ins Gewicht. Daher werden die Ableitungen G_b in den Ersatzschaltbildern nur zur Berechnung der Verluste herangezogen und können entfallen, wenn nur die Ströme und Spannungen berechnet werden sollen (Abb. 3.54).

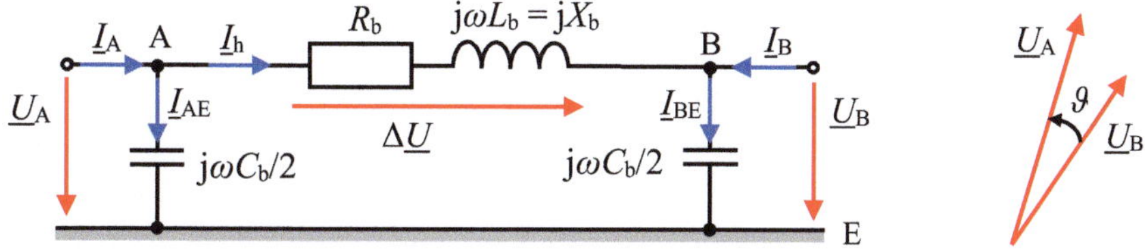

Abb. 3.54 Π-Ersatzschaltbild einer Freileitung ohne Ableitungen

Die Beträge der Leiter-Erd-Spannungen $\underline{U}_\mathrm{A}$ und $\underline{U}_\mathrm{B}$ sind grundsätzlich unterschiedlich. Ihre Phasendifferenz ϑ wird Übertragungswinkel oder Leitungswinkel genannt, für den in der Literatur auch der Formelbuchstabe δ_L verwendet wird. Die Längsimpedanz $R_\mathrm{b} + \mathrm{j}X_\mathrm{b}$ und auch der Strom $\underline{I}_\mathrm{h}$ zwischen den Knoten A und B bestimmen den Längsspannungsfall $\Delta\underline{U}$.

$$\Delta\underline{U} = \underline{U}_\mathrm{A} - \underline{U}_\mathrm{B} = (R_\mathrm{b} + \mathrm{j}X_\mathrm{b})\,\underline{I}_\mathrm{h} \tag{3.19}$$

Für die elektrischen Ströme an Ein- und Ausgang gelten die Knotenregeln

$$\underline{I}_\mathrm{A} = \underline{I}_\mathrm{AE} + \underline{I}_\mathrm{h} \qquad \text{und} \qquad \underline{I}_\mathrm{B} = \underline{I}_\mathrm{BE} - \underline{I}_\mathrm{h} \tag{3.20}$$

mit den kapazitiven Ladeströmen

$$\underline{I}_\mathrm{AE} = \mathrm{j}\omega\,(C_\mathrm{b}/2)\;\underline{U}_\mathrm{A} \qquad \text{und} \qquad \underline{I}_\mathrm{BE} = \mathrm{j}\omega\,(C_\mathrm{b}/2)\;\underline{U}_\mathrm{B}\,. \tag{3.21}$$

Die Gleichungen 3.17 bis 3.21 gelten grundsätzlich. Sie werden nun auf drei besondere Betriebszustände angewandt. Das sind der Leerlauf, der natürliche Betrieb und die Belastung mit einer ohmsch-induktiven Verbrauchergruppe.

Leerlauf

Im Leerlauf ist $\underline{I}_\mathrm{B} = 0$ und daher gilt $\underline{I}_\mathrm{h} = \underline{I}_\mathrm{BE}$. Der kapazitive Ladestrom $\underline{I}_\mathrm{BE}$ eilt der Spannung $\underline{U}_\mathrm{B}$ um 90° voraus und aus der Konstruktion der Spannungszeiger ist ersichtlich, dass die Spannung $\underline{U}_\mathrm{B}$ am Ende der Leitung größer als die Spannung am $\underline{U}_\mathrm{A}$ am Anfang ist (Abb. 3.55). Diese Spannungsanhebung wird Ferranti-Effekt genannt. Nach [29] beträgt die relative Erhöhung der Spannung ca. 100 % bei einer 1000 km langen Freileitung und bei deutschen Größenverhältnissen sind es maximal 10 bis 15 %.

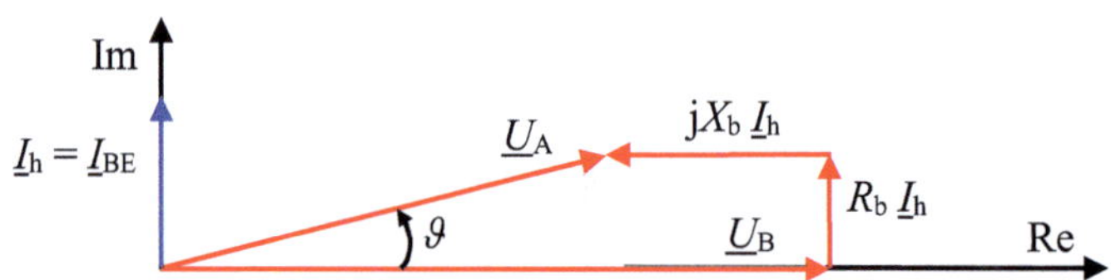

Abb. 3.55 Qualitatives Zeigerbild für den Leerlauf ($I_\mathrm{B} = 0$)

Der Leerlauf- bzw. Ladestrom am Anfang der Freileitung wird mit

$$\underline{I}_\mathrm{A} = \underline{I}_C = \underline{I}_\mathrm{AE} + \underline{I}_\mathrm{BE} = \mathrm{j}\omega\,(C_\mathrm{b}/2)\,(\underline{U}_\mathrm{A} + \underline{U}_\mathrm{B}) \tag{3.22}$$

angegeben. Ist der Ferranti-Effekt klein und liegt an beiden Seiten die Netznominalspannung an, sind wegen $U_\mathrm{A} \approx U_\mathrm{B} \approx U_\mathrm{n}/\sqrt{3}$ der Betrag vom Ladestrom

$$I_C = \omega C_\mathrm{b}\,U_\mathrm{n}/\sqrt{3} \tag{3.23}$$

und die Ladeleistung

$$Q_C = \sqrt{3}\,U_\mathrm{n} I_C = \omega C_\mathrm{b}\, U_\mathrm{n}^2 \,. \tag{3.24}$$

Ladestrom und Ladeleistung sind übliche Angaben, aus denen die Betriebskapazität C_b ermittelt werden kann.

Natürlicher Betrieb

Der natürliche Betrieb einer Freileitung zeichnet sich durch drei Merkmale aus.

- Es gibt keine Verluste ($R_\mathrm{b} = G_\mathrm{b} = 0$).
- Auf beiden Seiten der Freileitung liegt die Nennspannung an. ($U_\mathrm{A} = U_\mathrm{B} = U_\mathrm{n}/\sqrt{3}$).
- Die Freileitung hat keinen Bedarf an Blindleistung ($Q = 0$).

Unter diesen Bedingungen fließt der natürliche Strom $\underline{I}_\mathrm{nat}$ zwischen den Knoten A und B. Wegen $\underline{I}_\mathrm{h} = \underline{I}_\mathrm{nat}$ und $Q = 0$ folgt aus Gl. 3.18

$$I_\mathrm{nat} = \frac{U_\mathrm{n}}{\sqrt{3}}\sqrt{C_\mathrm{b}/L_\mathrm{b}} = \frac{U_\mathrm{n}}{\sqrt{3}\,Z_\mathrm{W}} \,. \tag{3.25}$$

Die reelle Größe Z_W ist der Wellenwiderstand der verlustlosen Leitung.

$$Z_\mathrm{W} = \sqrt{L_\mathrm{b}\,/\,C_\mathrm{b}} = \sqrt{L'_\mathrm{b}\,/\,C'_\mathrm{b}} \,. \tag{3.26}$$

Für eine verlustbehaftete Wechselstromleitung ist der Wellenwiderstand $\underline{Z}_\mathrm{W}$ eine komplexe Größe, die aus den Leitungsdifferenzialgleichungen 3.16 hergeleitet werden kann [55].

$$\underline{Z}_\mathrm{W} = \sqrt{(R'_\mathrm{b} + \mathrm{j}\omega L'_\mathrm{b})/(G'_\mathrm{b} + \mathrm{j}\omega C'_\mathrm{b})} \tag{3.27}$$

Im natürlichen Betrieb wird die Wirkleistung

$$P_\mathrm{nat} = \sqrt{3}\,U_\mathrm{n} I_\mathrm{nat} = U_\mathrm{n}^2 \;/\; Z_\mathrm{W} \tag{3.28}$$

übertragen und am Ein- und Ausgang sind die Spannung und der Strom in Phase (Abb. 3.56).

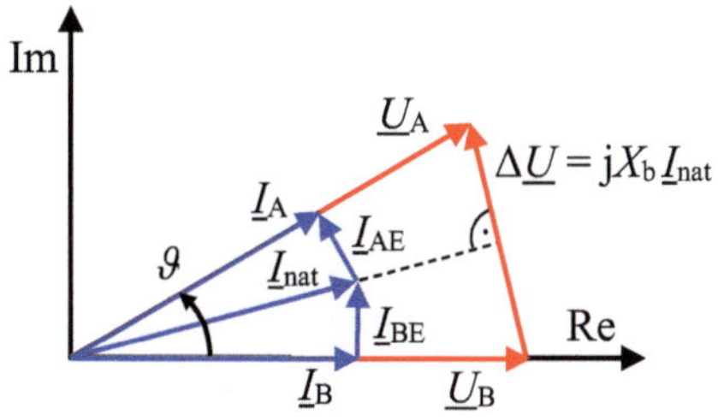

Abb. 3.56 Qualitatives Zeigerbild für den natürlichen Betrieb

Aus Gl. 3.28 folgt, dass sich der natürliche Betrieb einstellt, wenn die verlustlose Leitung bei Netznominalspannung mit ihrem Wellenwiderstand abgeschlossen wird (Abb. 3.57). Daher wird dieser Betriebszustand auch als Anpassung bezeichnet.

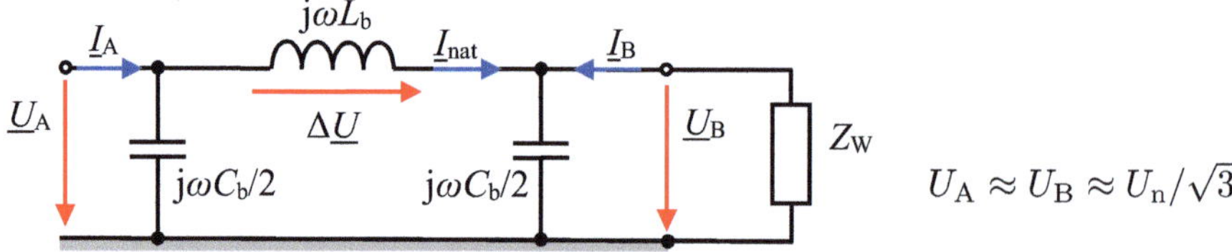

Abb. 3.57 Abschluss einer verlustlosen Freileitung mit ihrem Wellenwiderstand

Der natürliche Betrieb ist ein Idealfall und tritt in der Praxis nicht auf. Die natürliche Leistung P_{nat} ist eine fiktive Rechengröße und dient als Vergleichsmaß zur Beurteilung der Übertragungsleistung von Fernleitungen. Im unternatürlichen Betrieb ($P < P_{nat}$) dominiert das kapazitive Verhalten und im übernatürlichen Betrieb ($P > P_{nat}$) verringert sich die Ausgangsspannung im Vergleich zur Eingangsspannung, während Eingangs- und Ausgangsstrom annähernd gleich bleiben.

Tab. 3.13 Querschnittsanteile in mm^2, Wellenwiderstände, natürliche Leistungen, Übertragungsscheinleistungen, Verluste pro km von Hochspannungsfreileitungen und dauernd zulässige Scheinleistungen nach [44] (Angaben für S_1 und P'_δ bei einer Stromdichte von 1 A/mm^2)

U_n / kV	10	30	110	220	380	750
Al/St	50/8	120/20	240/40	2×240/40	4×240/40	4×680/85
Z_W / Ω	330	335	380	276	240	260
P_{nat} / MW	0,3	2,7	32	175	602	2160
S_1 / MVA	0,9	6,2	46	183	632	3530
P'_δ / (kW/km)	4,3	10,5	20,7	41,5	83,0	266
P'_δ/S_1 / (%/km)	0,50	0,17	0,045	0,023	0,013	0,0075
S_{max} / MVA	3	14,2	123	492	1700	5980

Bei Freileitungen ist die natürliche Leistung kleiner als die durch Stromwärmeverluste bedingte thermische Grenzleistung (Tab. 3.11 und 3.13). Sie ist auch kleiner als die maximalen Wirkleistungen, die durch Wirkleistungsstabilität und Spannungsstabilität (Black-Out bzw. Spannungskollaps) vorgegeben sind [55].

Kompensation

Die kapazitiven Ladeleistungen im Leerlauf oder zu Schwachlastzeiten können durch parallele Kompensationsdrosselspulen ausgeglichen werden (Abb. 3.58).

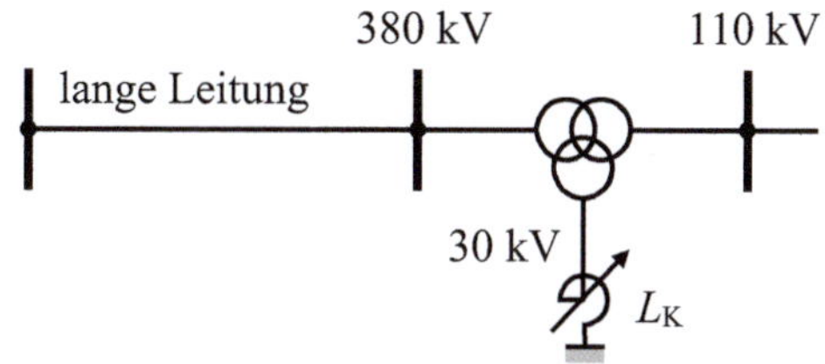

Abb. 3.58 Anschluss einer Drosselspule an einem Dreiwickler nach [29]

Früher wurden die am Anfang und Ende der Freileitung an den Tertiärwicklungen der Umspanner installiert [19]. Heute werden die Kompensationsdrosselspulen direkt angeschlossen (Abb. 3.59). Standardgrößen sind 120 MVar und 240 MVar.

Abb. 3.59 Ungestufte Kompensationsdrosselspulen 110 kV und 380 kV

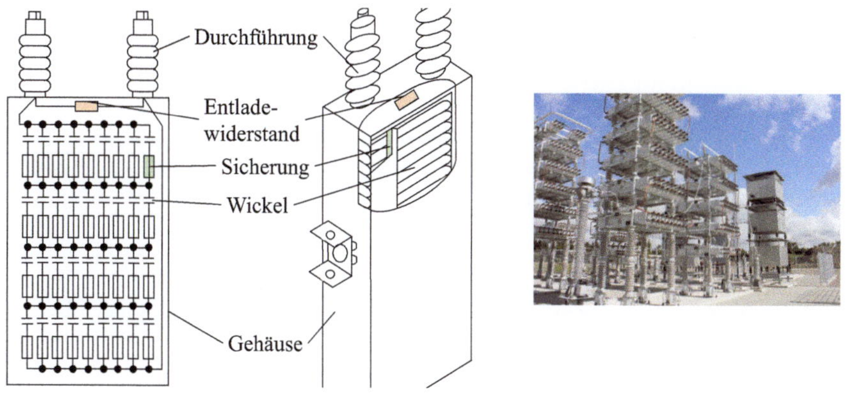

Abb. 3.60 Aufbau eines Leistungskondensators nach [29] und Kondensatoranlage im Umspannwerk (Foto rechts: TransnetBW [4])

Auf langen Hoch- und Höchstspannungsleitungen macht sich bei starker Belastung der Blindleistungsbedarf der induktiven Leitungsreaktanzen bemerkbar, die von hohen induktiven Spannungsabfällen längs der Leitungen begleitet ist. Dann kann eine Reihenkompensation mit einer Kondensatorbank zum Einsatz kommen, die die Wirkung der Leitungsinduktivität teilweise kompensiert und zusätzlich die Stabilität verbessert (Abb. 3.60). Andere Varianten zur Kompensation der Blindleistungen sind in Abschnitt 3.1.2 zusammengefasst.

Betrieb bei ohmsch-induktiver Belastung

Transformatoren, Asynchronmotoren und andere Verbraucher beziehen induktive Blindströme in Form ihres Magnetisierungsstroms. Daher soll hier der Fall betrachtet werden, dass die Freileitung am Knoten B von einem unterlagerten Netz mit einem Leistungsfaktor von $\cos\varphi$ ohmsch-induktiv belastet wird. Zunächst wird die Leiter-Erd-Spannung $\underline{U}_{\mathrm{B}}$ in die reelle Achse gelegt (Abb. 3.61).

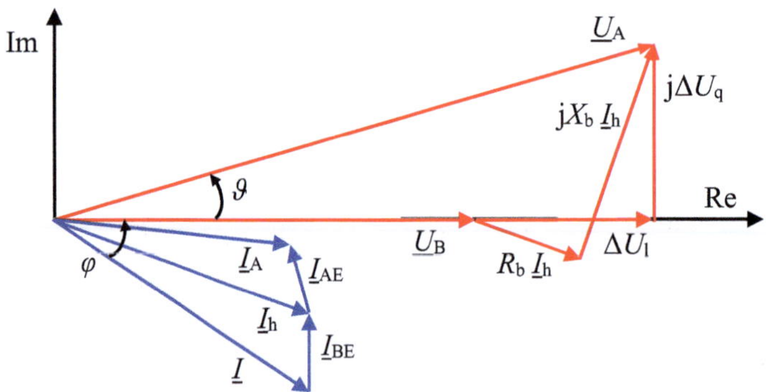

Abb. 3.61 Zeigerbild für eine ohmsch-induktive Last

Damit ist der Strom

$$\underline{I} = -\underline{I}_{\mathrm{B}} = I\,\mathrm{e}^{-\mathrm{j}\varphi}\;. \tag{3.29}$$

Real- und Imaginärteil vom Spannungsfall $\Delta\underline{U}$ werden als Längs- und Querspannungsfall ΔU_{l} und ΔU_{q} bezeichnet.

$$\Delta\underline{U} = \underline{U}_{\mathrm{A}} - \underline{U}_{\mathrm{B}} = \Delta U_{\mathrm{l}} + \mathrm{j}\Delta U_{\mathrm{q}} \tag{3.30}$$

Nach [29] gilt $R_{\mathrm{b}}^{'} \leq 0{,}3\,\omega L_{\mathrm{b}}^{'}$ in der Höchstspannungsebene 220/380 kV. Hier kann der Spannungsfall näherungsweise mit

$$\Delta U_{\mathrm{l}} \approx X_{\mathrm{b}}\,(I\sin\varphi - I_{\mathrm{BE}}) \qquad \text{und} \qquad \Delta U_{\mathrm{q}} \approx U_{\mathrm{A}}\sin\vartheta = X_{\mathrm{b}}\,I\cos\varphi \tag{3.31}$$

angegeben werden [45]. Der Spannungsfall wird hauptsächlich vom Blindstrom verursacht und der Wirkstrom bestimmt den Übertragungswinkel.

Freileitungen im Verteilnetz

In der MS- und NS-Ebene können wegen der kurzen Leitungslängen die Betriebskapazitäten C_b in der Ersatzschaltung entfallen (Abb. 3.62).

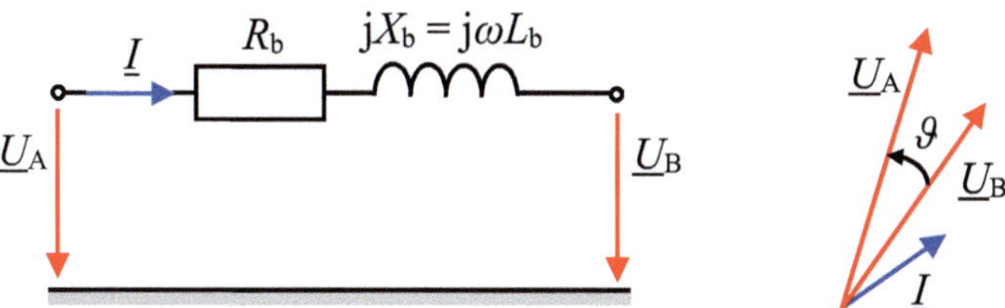

Abb. 3.62 Ersatzschaltbild für Freileitungen des Mittel- und Niederspannungsbereichs

Die maximal zu übertragende Leistung wird hier durch den zulässigen Spannungsfall und die zulässige Leitererwärmung begrenzt. Weder Wirkleistungs- noch Spannungsstabilität sind ein Thema.

3.3 Messwandler

In diesem Abschnitt wird ein grober Überblick über die Messwandler gegeben, die in den Schaltanlagen installiert sind. Die wesentlichen Informationen sind den Angaben der Hersteller den Quellen [9, 10, 29, 63, 64, 185–189] entnommen, auf die für detailliertere Angaben verwiesen wird.

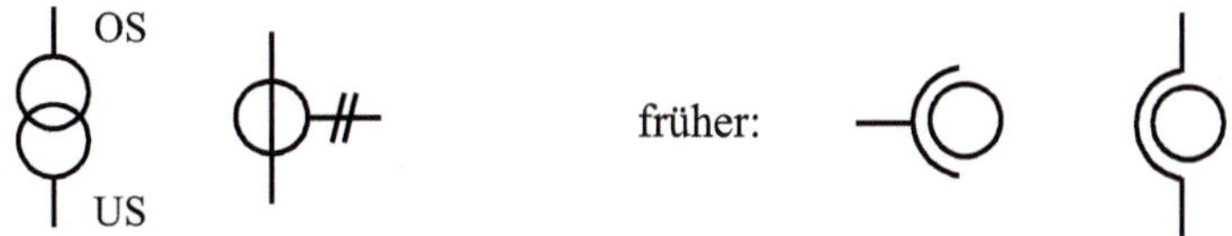

Abb. 3.63 Schaltzeichen vom Spannungs- und Stromwandler nach DIN EN 60617

Messwandler (Instrument Transformers) sind das Bindeglied zwischen den Leitern im Drehstromnetz und den angeschlossenen Geräten der Sekundärtechnik. Das können Messinstrumente, Elektrizitätszähler, Schutzrelais oder digitale Feldleitgeräte sein. Die Messwandler erfüllen zwei Aufgaben.

- Im ungestörten Betrieb erfassen sie die betriebsfrequenten Wechselströme und -spannungen. Damit sind Angaben über die Effektivwerte I und U sowie weitere Größen wie Phasendifferenz oder Wirkleistung möglich.
- Wandler sollen bei Störungen im Netz die Erd- und Kurzschlussströme bzw. die Über- und Unterspannungen erfassen, damit die nachgeschalteten Schutzeinrichtungen schnell und sicher auslösen.

Tab. 3.14 Anwendungsbereiche von Messwandlerklassen

	VDE	IEC	ANSI
hochpräzise Messungen	0,1	0,1	0,3
genaue Leistungsmessung & Verrechnungszwecke	0,2	0,2	0,3
Verrechnungszwecke & genaue Messinstrumente	0,5	0,5	0,6
Betriebsmessgeräte: U, I, Leistung, Zähler	1	1	1,2
I-, U-Messer, Überstrom- oder Spannungsrelais	3	3	1,2
Beispiele für Stromwandler-Schutzkerne	5P, 10P	5P, 10P	C, T
Spannungswandler-Schutzkerne	3P, 6P	3P, 6P	1, 2

Je nach Anwendung sind unterschiedliche Genauigkeitsklassen definiert (Tab. 3.14). In Deutschland benötigen Wandler für Verrechnungszwecke eine Konformitätserklärung der Physikalisch-Technischen Bundesanstalt (PTB). Die Messwandler sind in wenigen Fällen dreiphasig aufgebaut. Überwiegend sind sie einphasig, so dass im Drehstromnetz jeweils drei Einheiten benötigt werden. Ihre Schaltzeichen tragen der Tatsache Rechnung, dass es in nahezu allen Fällen induktive Messwandler sind (Abb. 3.63). Andere Wandlertypen (Sensoren) sind verfügbar und werden zunehmend eingesetzt.

Hauptstromkreis und Messkreis müssen galvanisch getrennt sein, so dass die hohen Spannungen von den Mess- und Schutzeinrichtungen ferngehalten werden. Als Dielektrikum sind mit Öl getränkte Papierisolationen verbreitet, die bis zu sehr hohen Spannungen zu finden sind. Wegen der Erwärmung muss ein Ausdehnungsgefäß vorgesehen werden.

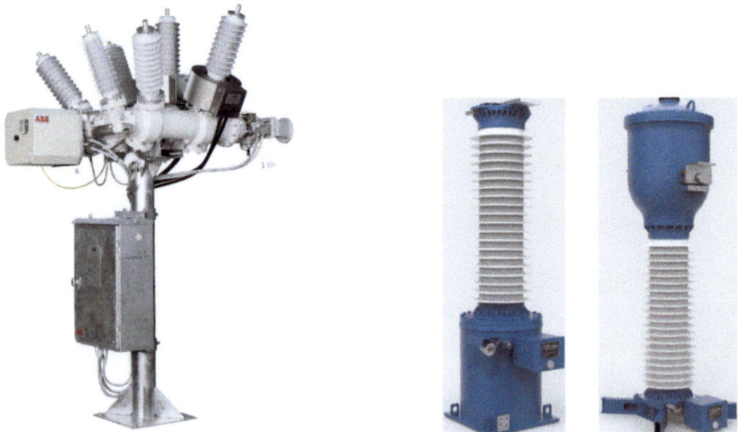

Abb. 3.64 Kombiwandler mit integriertem Schutz (Foto links: Hitachi Energy [138]) sowie SF_6-freie Spannungs- und Stromwandler 145 kV (Fotos rechts: Siemens Energy [140])

Eine Alternative bietet eine SF_6-Folienisolierung. Das Isoliergas SF_6 wird zunehmend durch andere Gase ersetzt, die als weniger klimaschädlich gelten (Abb. 3.64 rechts). In der MS-Ebene ist Gießharz verbreitet. Seit vielen Jahrzehnten werden bis heute keramische Isolatoren aus Porzellan verwendet. Einer der Nachteile von Porzellan besteht in seiner Brüchigkeit. Da die Explosion eines ölgefüllten Gerätes mit Porzellanisolator zu erheblichen Schäden führen kann, werden zunehmend Silikonschirm-Verbundisolatoren gewählt. Die bieten eine Reihe von Vorteilen, wie geringes Gewicht, fehlende Brüchigkeit und Explosionssicherheit.

Der Eigenverbrauch der nachgeschalteten Geräte und Anschlussleitungen wird bei Messwandlern Bürde genannt und lag zumindest früher zwischen 5 VA und 300 VA [29]. Bei modernen Stations- und Feldleitsystemen ist die Bürde klein und der Trend geht in Richtung LPIT-Sensoren (Low Power Instrument Transformer). Das sind zur Strommessung Rogowski-Spulen (IEC 61869-10/-8) und zur Spannungsmessung kapazitive Teiler (IEC 61869-11/-7).

3.3.1 Spannungswandler

Spannungswandler tragen international das Kürzel VT (Voltage Transformer). Zwei unterschiedliche Typen sind etabliert.

- In Europa sind induktive Spannungswandler vorherrschend. Das sind einphasige Transformatoren zu Mess- und Schutzzwecken.
- Weltweit sind in der Hoch- und Höchstspannungsebene mehr kapazitive Spannungswandler zu finden.

Induktive Spannungswandler werden bis 30 kV zweipolig ausgeführt, so dass die Leiter-Leiter-Spannung an der Primärwicklung anliegt (Abb. 3.65).

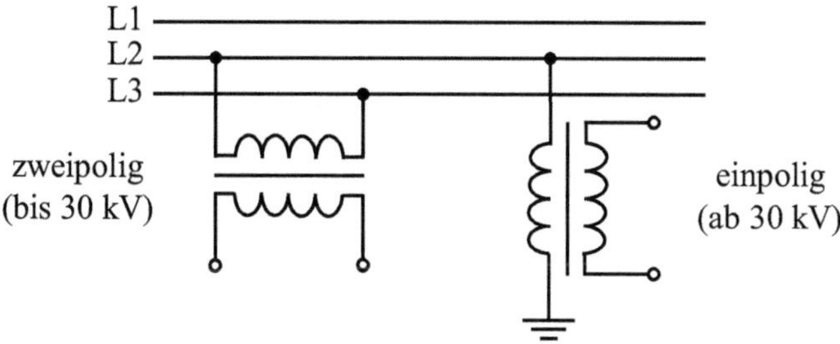

Abb. 3.65 Anschluss von einphasigen induktiven Spannungswandlern

Oberhalb von 30 kV sind die Wandler einpolig (Abb. 3.66 rechts). Ein Anschluss der Primärwicklung befindet sich am Außenleiter und der andere muss geerdet werden. Die Sekundärwicklung besteht nur aus zwei oder drei Lagen und wird idealerweise im Leerlauf betrieben. Ab 30 kV muss auch ein Anschluss geerdet werden. Im Spannungswandler kann noch eine Erdschlusswicklung (da-dn-Wicklung) eingebaut sein, die zur Erfassung von einpoligen Erdfehlern dient (Abb. 4.32).

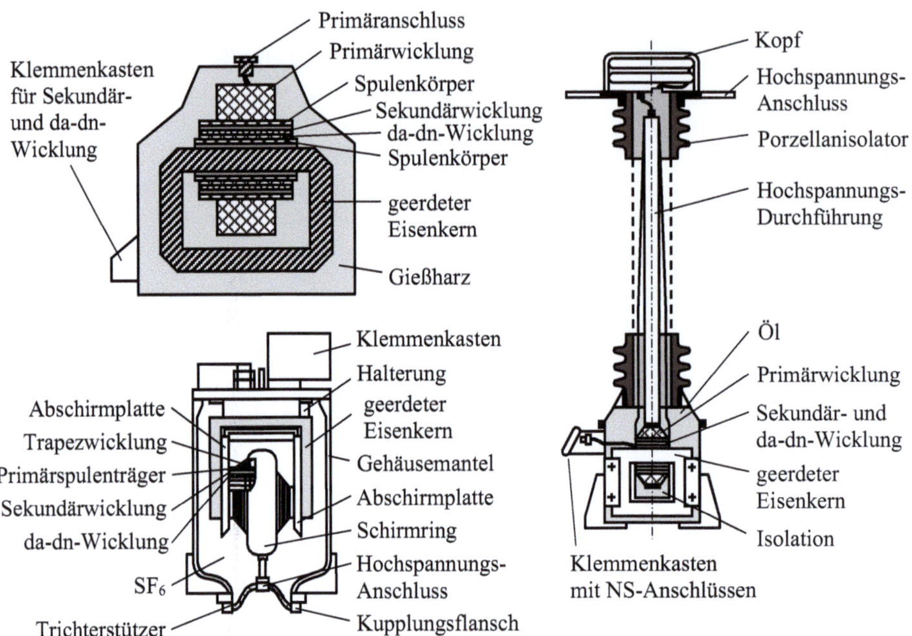

Abb. 3.66 Aufbau von Spannungswandlern: Gießharzwandler 24 kV (oben links), SF_6-Modul 123 kV (unten links) und Ölwandler 245 kV (rechts) nach [29, 63]

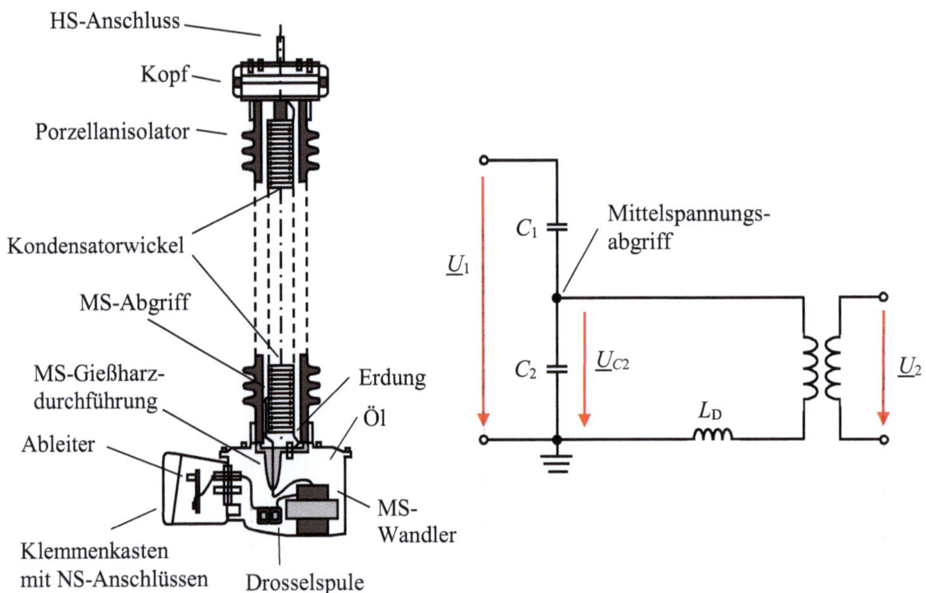

Abb. 3.67 Kapazitiver Spannungswandler nach [29, 63]

Bei sehr hohen Spannungen hat die Primärwicklung in induktiven Wandlern viele Windungen, was die Fertigung verteuert. Daher sind mindestens in der Höchstspannungsebene kapazitive Spannungswandler die wirtschaftlichere Lösung. Im Wesentlichen bestehen die aus einem Stapel von Kondensatorwicklungen, so dass eine Teilspannung U_{C2} vom kapazitiven Spannungsteiler einem induktiven Mittelspannungswandler zugeführt werden kann (Abb. 3.67).

3.3.2 Stromwandler

Konventionelle Stromwandler sind einphasige Transformatoren zu Mess- und Schutzzwecken. Für diese induktiven Stromwandler ist international das Kürzel CT (Current Transformer) etabliert. Durch ihre Primärwicklung fließt der Betriebsstrom eines Leiters im Drehstromnetz. Zusätzlich muss die Primärwicklung auch Kurzschlussströme tragen. Wird der Primärleiter gerade durch einen ringförmig geschlossenen Eisenkern geführt, hat die Primärwicklung nur eine Windung (Abb. 3.68).

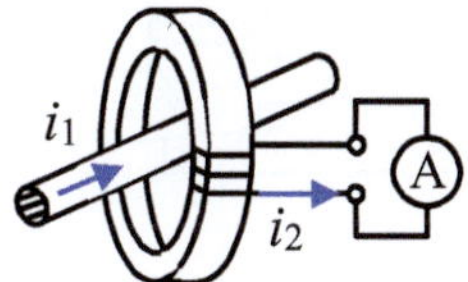

Abb. 3.68 Prinzip vom induktiven Stromwandler

Dagegen hat die Sekundärseite viele Windungen und wird idealerweise im Kurzschluss betrieben. Zur Vermeidung von Überspannungen darf der Sekundärkreis nicht unterbrochen werden und sollte daher mit Überspannungsableitern geschützt werden [64]. Wenn vorhersehbar ist, dass während der Lebensdauer des Stromwandlers weitere Strombereiche gemessen werden müssen, kann ein umschaltbarer Stromwandler angeschafft werden. Umschaltmöglichkeit an Primärseite, Sekundärseite oder einer Kombination aus beiden sind möglich. Bei der primären Umschaltung sind die Verhältnisse 1:2 oder 1:2:4 üblich [188]. Eine sekundäre Umschaltung kann mit zusätzlichen Anzapfungen realisiert werden.

Es werden unterschiedliche Sekundärkerne verbaut (Abb. 3.69).

- Die Mess- und Zählkerne müssen im Fehlerfall früh in Sättigung gehen, damit an der angeschlossenen Messtechnik möglichst keine Schäden auftreten.
- Die Schutzkerne sind für die schnell ansteigenden hohen Kurzschlussströme ausgelegt.

Mehrere Mess- und Schutzkerne können miteinander kombiniert werden. Es werden hochwertige Kernmaterialien aus Siliziumeisen und legiertem Nickeleisen verwendet. Stromwandler müssen in der Primärwicklung auch den Betriebs- und Überspannungen am Einsatzort standhalten. Je nach Spannungsebene haben sich unterschiedliche Isolationen und Bauformen bewährt (Tab. 3.15). Für höchste Nennspannungen ist die Ölpapierisolierung ohne Alternative.

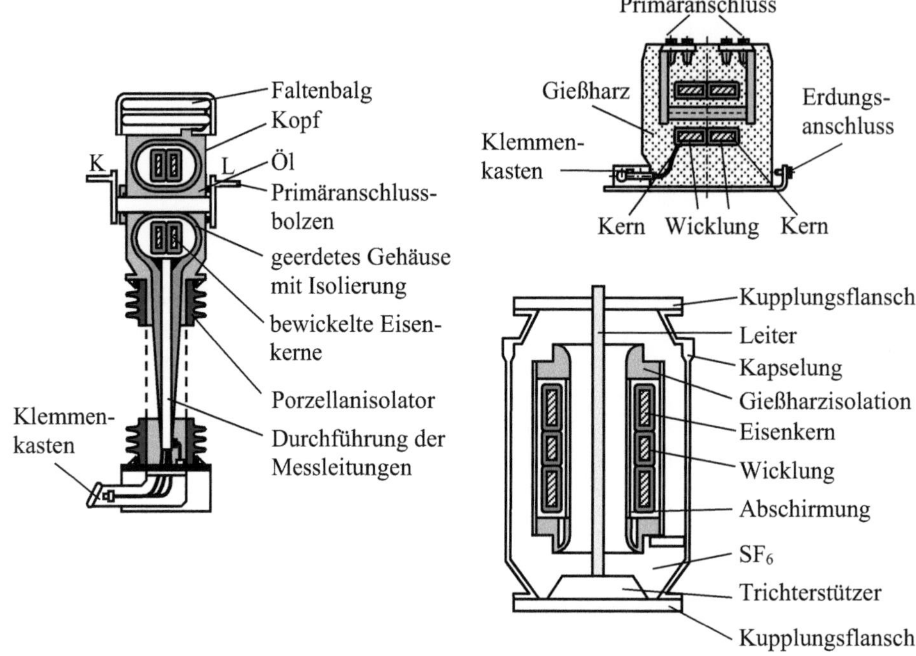

Abb. 3.69 Kopfstromwandler 123 kV Freiluft (links), Stromwandler 24 kV Innenraum (rechts oben) sowie SF_6-Modul (rechts unten) nach [29, 63]

Tab. 3.15 Ausführungen von induktiven Stromwandlern nach [9]

	Isolation	Bauweise	Anwendung
NS	trocken	Aufsteck-, Wickel- und Kabelumbauwandler	Innenraumanlagen
MS	Gießharz	Stützer- und Durchführungswandler	Innenraum- und SF_6-Anlagen
HS & HöS	Ölpapier & Porzellan	Kessel- und Kopfstromwandler	Freiluftschaltanlagen
	SF_6 & Verbund*)	Kopftstromwandler	

*) Verbundwerkstoff aus Glasfaser und Silikonkautschuk

In Freiluftschaltanlagen sind hinsichtlich ihrer Konstruktion Kopfstromwandler und Kesselstromwandler zu unterscheiden. Der Kesselstromwandler wird auch Kreuzringwandler genannt [64]. Hier wird der Primärleiter vom Hochspannungsanschluss hinunter zum geerdeten Gehäuse am Boden geführt, in dem sich auch die Sekundärkerne befinden (Abb. 3.70 rechts).

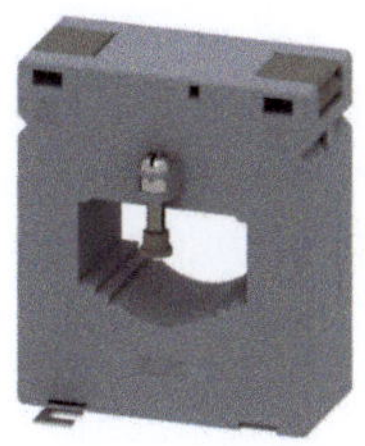

Abb. 3.70 Stromwandler 0,4 kV (Foto links: Siemens Industry [190]) sowie Kopfstrom- und Kesselstromwandler (Foto rechts: Hitachi Energy [138])

Daher wird in der englischen Sprache der Name Dead-tank Type verwendet (Abb. 3.71 links). Mitunter wird er dem Haarnadelstromwandler (Hair-pin Type) gleichgesetzt. Diese Konstruktionsform hat den Nachteil, dass der Primärleiter aufgrund seiner Länge höhere Verluste hat und die maximal zulässigen Kurzschlussströme begrenzt sind. Weiterhin ist die Isolation aufwendig und eher anfällig. Von Vorteil ist, dass sich der Schwerpunkt weiter unten befindet und der Isolator weniger Gewicht tragen muss. Das ist in Gegenden mit hoher Erdbebengefahr ein Pluspunkt.

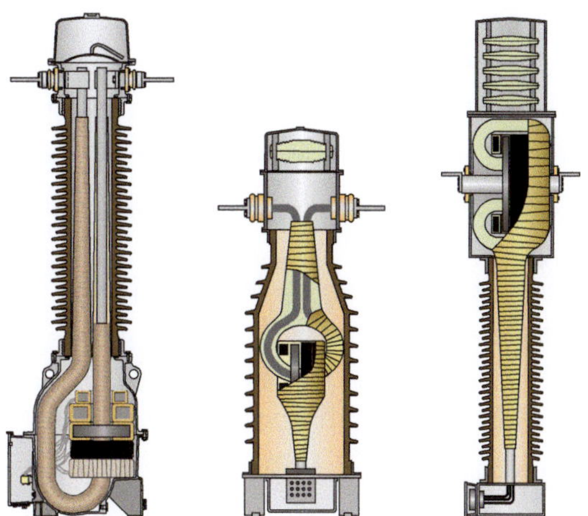

Abb. 3.71 Designs of Currenttransducers: Dead-tank/Hair-pin Type, Cascade/ Eye-bolt Type and Life-tank/Top-core/Inverted Type (Quelle: Hitachi Energy [138, 191])

Beim Kopfstromwandler sind die Sekundärkerne in luftiger Höhe am Hochspannungsanschluss untergebracht (Abb. 3.69 links und Abb. 3.70 mittig). Daher lautet die englische Bezeichnung Live-tank Type (Abb. 3.71 rechts). Hier ist der Primärleiter kurz, so dass die thermischen Verluste geringer sind und die Strom- und Kurzschlusstragfähigkeit höher ist. Die Isolation ist einfacher und robust, so dass dieser Typ auch für sehr hohe Wechselspannungen einsetzbar ist. Wenn bei einem Kopfstromwandler ein Hochspannungsanschluss nach unten zu einem Messkern geführt wird, können gleichzeitig Strom und Spannung erfasst werden (Abb. 3.64

links). Das sind sogenannte Kombiwandler und die bieten den Vorteil, dass der Platzbedarf geringer ist. Dem stehen eine geringere Flexibilität und ein begrenztes Volumen für die Kerne zur Strommessung gegenüber. Bei der Mischform aus Kopf- und Kesselstromwandler sind die Kerne auf etwa halber Höhe angeordnet. In der englischen Sprache heißen die Cascade oder Eye-bolt Type (Abb. 3.71 mittig).

3.4 Schalter

Im Gegensatz zu einer Sicherung dient ein Schalter zum mehrmaligen Unterbrechen und Schließen einer Strombahn. Dabei kommt der Schaltbefehl bzw. -impuls zum mechanischen Bewegen der Kontakte von außen, z. B. per Handsteuerung durch den Menschen oder automatisiert von einem digitalen Feldleitgerät. Im Drehstromnetz ist ein Schalter dreiphasig ausgeführt und das einzelne Schaltorgan im Leiter wird häufig als Pol bezeichnet. Die Schalter sollen folgende Aufgaben sicher und zuverlässig erfüllen.

- Im Schaltprozess wird die Leiterbahn geöffnet oder geschlossen, so dass der elektrische Strom aus- oder eingeschaltet wird.
- Im eingeschalteten Zustand werden Betriebsströme dauerhaft und hohe Fehlerströme über einen definierten Zeitraum getragen.
- Im ausgeschalteten Zustand werden hohe Spannung sicher isoliert.

Mit den Schaltern werden gewollte Schalthandlungen wie das

- Schalten von Stromkreisen (Leitungen, Umspanner, Lasten, Kompensationseinrichtungen usw.), die
- Isolation oder Erdung von Anlagenteilen sowie ein
- Sammelschienenwechsel

durchgeführt. Bei Störungen müssen die hohen Kurzschlussströme schnell unterbrochen werden. Der konstruktive Aufbau der Schaltgeräte richtet sich nach der

- Netznominalspannung (dielektrische Isolation), dem
- Bemessungsstrom (Querschnitte der Leiterbahnen), dem nötigen

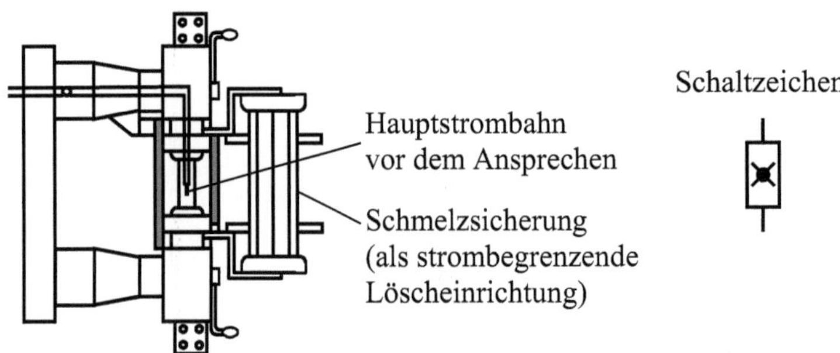

Abb. 3.72 Aufbau und Schaltzeichen eines I_s-Begrenzers nach [29]

- Schaltvermögen (Verfahren zur Lichtbogenlöschung) sowie den
- geologischen und klimatischen Verhältnissen (Temperaturen, Feuchtigkeit, Staub, Erdbebengefahr usw.).

In diesem Abschnitt werden zunächst ideale Schalter und die Anforderungen an technische Schalter betrachtet. Danach geht es um die unterschiedlichen Bauarten.

Tab. 3.16 Internationale und nationale Vorschriften für Schaltgeräte

IEC / DIN EN	VDE	
60947	0660	Niederspannungs-Schaltgeräte
60282	0670	Hochspannungssicherungen
62271	0671	HS-Schaltgeräte und -Schaltanlagen

Andere Themen wie

- I_s-Begrenzer in der MS-Ebene (Abb. 3.72),
- Laststufenschalter für Transformatoren (Abb. 2.21) und das
- das Schalten mit Leistungselektronik

werden ausgelassen. Das alles bietet nur einen ersten groben Überblick, so dass für weitergehende und detailliertere Informationen auf die Normen (Tab. 3.16), auf die Angaben der Hersteller und auf die Literatur wie [192–203] verwiesen wird.

3.4.1 Ideale und technische Schalter

Ideale Schalter öffnen und schließen die Strombahn augenblicklich und es verstreicht keine Zeit zwischen den Zustandsänderungen. Die Leiterbahn des geschlossenen idealen Schalters ist widerstandslos und er kann jede Stromstärke unterbrechen. Seine geöffnete Schaltstrecke ist perfekt isolierend, so dass Überspannungen nie zu einem Durchschlag führen. Die tatsächlich existierenden technischen Schalter weichen von diesen idealisierten Vorstellungen ab. Je nach den Anforderungen sind Leistungsschalter, Trennschalter, Erdungsschalter und Lastschalter zu unterscheiden. Ihre Ersatzschaltbilder sind aufwendig, so dass vereinfachend für ihre Schaltzeichen nur ideale Schaltern verwendet werden (Tab. 3.17).

Die höchsten Ansprüche erfüllen Leistungsschalter, die abhängig vom Einbauort verschiedene Schaltfälle beherrschen sollen. Dazu zählen in jedem Fall das

- Einschalten von Betriebsströmen und leerlaufenden Leitungen, das
- Ausschalten von Betriebsströmen bei jedem Leistungsfaktor sowie das
- Ausschalten von Kurzschlussströmen.

Besonders in Kraftwerken können sehr hohe Kurzschlussströme auftreten. Bei Generatorschaltern reichen die Effektivwerte der Nennausschaltströme bis zu 300 kA und der Einschaltströme bis 825 kA [9].

Tab. 3.17 Schaltzeichen für Schaltgeräte nach IEC / DIN EN 60617-7

idealer Schalter, offen und geschlossen

Leistungsschalter, heute und früher

Trennschalter, Erdungsschalter

Last- und Lasttrennschalter

Sicherung

Sicherungs-Lasttrennschalter

Optional kann das Schalten von

- Doppelerdschlüssen, von
- Phasenoppositionen, von
- Kondensatorbatterien oder von
- Kurzschlüssen mit einer automatischen Wiedereinschaltung (AWE)

gefordert sein.

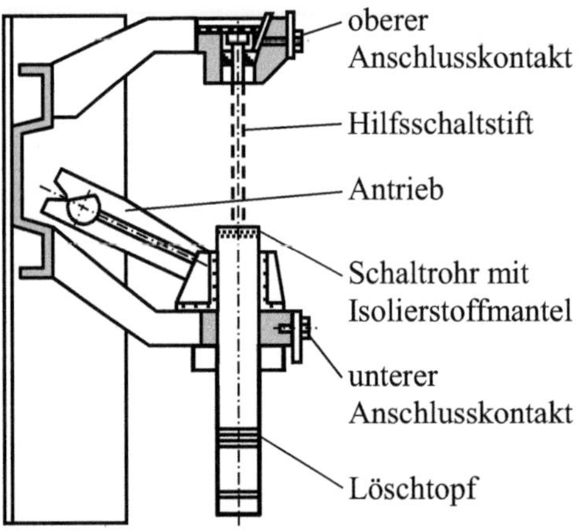

Abb. 3.73 Schublast-Trennschalter nach [29]

Trennschalter werden häufig auch als Trenner bezeichnet. In Reihe vor und hinter einem Leistungsschalter ist jeweils ein Trenner vorgesehen (Abb. 3.91). Wenn der Leistungsschalter und die beiden Trenner geöffnet sind, bilden die Trenner in Längsrichtung eine dielektrische Isolationsstrecke. Deren Isoliervermögen soll deutlich über dem der Leiter-Erde-Isolation liegen. Diese Längsisolation ist die wesentliche Aufgabe des Trennschalters. Die Anforderungen an die Lichtbogenlöschung sind gering, so dass Trenner nur kleine Restströme unterbrechen können. Im geschlossenen Zustand muss ein Trennschalter Betriebs- und auch Kurzschlussströme bis zu deren Abschaltung führen können. Auch bieten die preisgünstigeren Trennschalter die Möglichkeit, eine Leitung mit nur einem Leistungsschalter an zwei oder mehreren Sammelschienen anzuschließen oder eine Sammelschienenlängstrennung durchzuführen. Zum Erden oder Kurzschließen von ausgeschalteten Anlagenteilen dienen Erdungsschalter, die auch Erder genannt werden. Manche sind in der Lage, auf Kurzschlüsse zu schalten. Freiluft-Erdungsschalter in der HS/HöS-Ebene sind nicht einschaltfest verfügbar.

In der MS-Ebene gibt es preisgünstige Lastschalter, die nur Lastströme schalten können. Sie sind zum Ein- und Ausschalten von Kurzschlussströmen nicht geeignet. Dazu können vorgeschaltete Sicherungen dienen. Ein Lasttrennschalter ist eine Kombination von Last- und Trennschalter (Abb. 3.73). Er erfüllt die Anforderungen, die an beide Schalter gestellt werden. Sicherungs-Lasttrennschalter sind Lasttrennschalter, die zusätzlich mit Sicherungen ausgerüstet sind.

3.4.2 Leistungsschalter

In diesem Rahmen werden nur Wechselstromschalter betrachtet. Es wird sich zeigen, dass die den Lichtbogen in der Schaltkammer nur dann löschen können, wenn der sinusförmige Wechselstrom eine Nullstelle hat. Die Entwicklung und Konstruktion von Leistungsschaltern, die hohe Gleichströme zuverlässig unterbrechen können, ist technisch sehr viel schwieriger und gelingt nur, indem künstlich ein Stromnulldurchgang erzeugt wird. Ein hybrider HVDC-Leistungsschalter wurde erstmalig im Jahr 2012 der Öffentlichkeit präsentiert [204]. Mit seinen Weiterentwicklungen können Gleichstromnetzwerke geschaltet und selektiv geschützt werden.

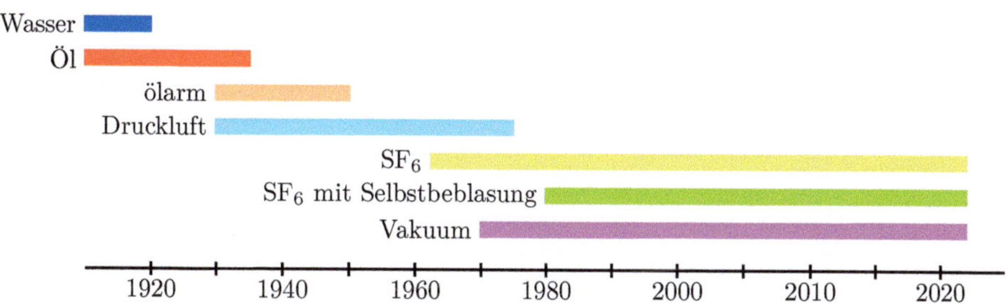

Abb. 3.74 Entwicklungsschritte der Löschmittel und Schaltprinzipien nach [205]

Um 1890 gab es den ersten wasser- und ölgefüllten Leistungsschalter (Abb. 3.74). Hatte ein ölgefüllter Leistungsschalter den Strom nicht unterbrochen, bestand erhebliche Explosions- und Brandgefahr. Die wurde mit den nachfolgenden ölarmen Leistungsschalter gemildert und mit den Druckluftschalter im Hoch- und Höchstspannungsbereich beseitigt. Beide Typen hatten Vor- und Nachteile. Druckluftschalter erforderten leistungsstarke Kompressoren und waren beim Schalten sehr laut. Andererseits konnte der hohe Druck zum Antrieb der Kontakte verwendet werden und Systeme mit Druckluft waren wesentlich sauberer und leichter zu warten als ihre ölgefüllten Gegenstücke. Dagegen war der ölgefüllte Schalter und besonders der mit Selbstblastechnik einfach aufgebaut und konnte mit geringer mechanischer Kraft angetrieben werden. Die Handhabung des Öls als Medium blieb problematisch und der Schalter erforderte einen hohen Wartungsaufwand. Auch die Drucklufttechnik war sehr wartungsaufwändig, da neben den Kompressoren gerade bei kalter Witterung häufig Undichtigkeiten an Kolben, Kupplungen und Dichtungen auftraten.

Abb. 3.75 Fertigung von Druckluftschaltern 1939, Schaltanlage 1950 (Fotos: Hitachi Energy [138]), Generatorschalter im GuD-Kraftwerk Gersteinwerk sowie Kesselschalter in Freiluftschaltanlage

Heute sind SF_6- und Vakuum-Leistungsschalter vorherrschend und es zeichnen sich zwei Trends ab. Da das Isoliergas Schwefelhexafluorid (SF_6) als klimaschädlich eingestuft ist, muss es in der Europäischen Union mittelfristig durch andere Gase ersetzt werden. Die Herstellern werden zukünftig in der Produktion der Gasschaltern für die Füllung der Löschkammern alternative Gase verwenden. Gleichzeitig wandern Vakuum-Leistungsschalter in die HS-Technik ein.

Gasschalter

Seit über 40 Jahren hat sich das Isoliergas SF_6 für Hochspannungs-Leistungsschalter bewährt. Es ist chemisch stabil, es ist wegen seiner hohen dielektrischen Festigkeit ein gutes Isoliermittel und es ist wegen seiner großen Wärmeleitfähigkeit ein gutes Löschmittel. Das macht es herausfordernd, besonders für sehr hohe Wechselspannungen Alternativen zum SF_6-Gas zu finden. Grundsätzlich wird statt der freien Atmosphäre eine geschlossene Schaltkammer verwendet, die mit einer für die gesamte Lebensdauer des Schalters ausreichende Menge SF_6-Gas gefüllt wird. In der Hochspannung sind Drücke zwischen 6 bis 8 bar üblich. Hersteller geben eine Undichtigkeitsrate von weniger als 0,1 %/Jahr an. Für sehr kalte Umgebungen müssen Heizungen vorgesehen werden, damit das Gas sich nicht verflüssigt.

Auch wenn beim Öffnen der Kontaktflächen die Leitung unterbrochen ist, kann der elektrische Strom weiter durch einen Lichtbogen fließen. Das ist nützlich. Ein Plasma aus ionisierten Gasen und verdampften Metallpartikeln bildet die leitenden Verbindung zwischen den geöffneten Kontakten. Es herrschen Temperaturen von etwa 20 000 K und es können Drücke von 10 MPa auftreten. Wenn der Wechselstrom seinen Nulldurchgang hat, gibt es einen sehr kurzen Zeitraum, in dem das Plasma keinen Strom führt. In dem Moment muss das Gas rasch gekühlt werden, so dass es zur Rekombination der Ionen kommt und die Leitfähigkeit vom Gas bzw. Plasma sinkt. Gleichzeitig werden die Kontakte sehr schnell auseinander bewegt. Beide Maßnahmen sollen eine Rückzündung verhindern.

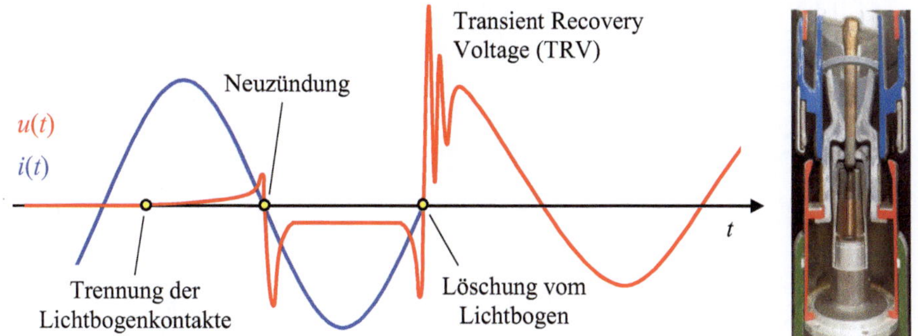

Abb. 3.76 Zeitlicher Verlauf von Strom und Spannung zwischen den Kontakten (qualitative Darstellung) sowie aufgeschnittene Schaltkammer

Abb. 3.76 zeigt beispielhaft das Ausschalten von einem Kurzschlussstrom. Nach der Trennung der Lichtbogenkontakte baut sich eine Lichtbogenspannung auf. Im ersten Stromnulldurchgang kommt es zur Neuzündung. Unmittelbar nach der erfolgreichen Löschung des Lichtbogens im zweiten Stromnulldurchgang entsteht eine transiente Einschwingspannung TRV (Transient Recovery Voltage). Die klingt sehr schnell ab und geht in die netzfrequente Wechselspannung über. Zum Löschen der Lichtbögen werden zwei unterschiedliche Techniken eingesetzt. In der Vergangenheit hat sich zuerst das Blaskolbenprinzip etabliert (Abb. 3.78 und 3.77 links). Das ist heute kaum noch verfügbar. Später kam das Selbstkompressionsprinzip hinzu, welches inzwischen selbst bei Bemessungsspannungen von 420 kV und Bemessungsströmen von 80 kA eingesetzt wird (Abb. 3.76 rechts und 3.79). Bei kleineren Strömen wird der erforderliche Löschdruck wie beim Blaskolbenschalter durch Verdichten des Gases im Kompressionsvolumen erreicht. Beim Unterbrechen von hohen Kurzschlussströmen wird die Lichtbogenenergie genutzt, um den Gasstrom zur Löschung zu verstärken. Die Selbstblastechnik kommt mit deutlich weniger Antriebsenergie bei gleichen Bemessungsdaten aus.

Abb. 3.77 Zerlegter Blaskolbenschalter und Federantrieb

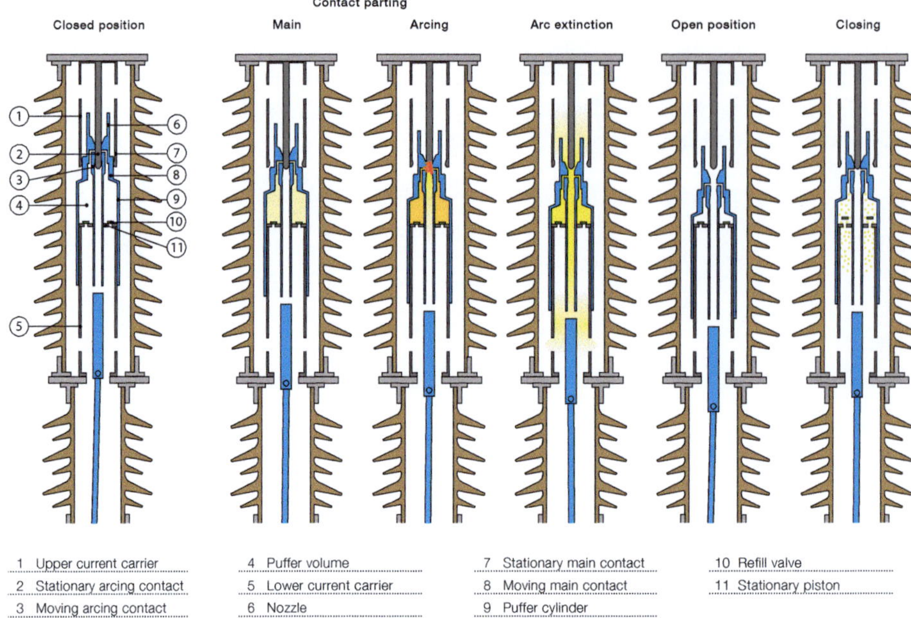

Abb. 3.78 Querschnitte Puffer™-Schalter (Quelle: Hitachi Energy [138, 206])

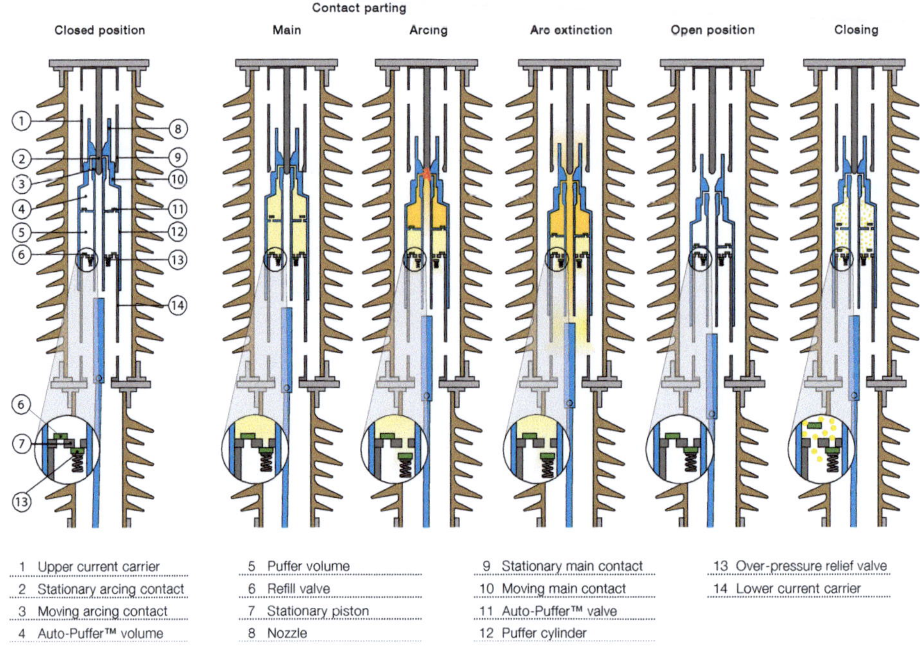

Abb. 3.79 Querschnitte Auto-Puffer™-Schalter (Quelle: Hitachi Energy [138, 206])

Auch die Antriebssysteme erfüllen hohe Anforderungen. Die Kontakte werden anfangs mit einer Beschleunigung in der Größenordnung von 100 g auseinander getrieben, um sofort wieder auf kurzer Distanz zum Stillstand zu kommen. Es sind zwei Typen verbreitet. Das sind die wirtschaftlichen Federspeicherantriebe und die elektrohydraulischen Antriebe. Letztere sind in der HS- und HöS-Spannungsebene bei Freiluftgeräten heute kaum noch auf dem Markt erhältlich. Die Federspeicherantriebe sind bei Bemessungsspannungen von 72,5 bis 800 kV zu finden. Dank ihrer unkomplizierten und robusten Konstruktion mit nur wenigen beweglichen Teilen zeichnen sie sich durch Langlebigkeit aus (Abb. 3.77 rechts). Eine Wartungsfreiheit für etwa 25 Jahre oder 6000 Schaltspiele wird garantiert. Eine automatische Wiedereinschaltung (AWE) mit mehrfachen Schaltzyklen ist möglich.

Abb. 3.80 Kompaktmodule 145 kV (Foto links: Siemens Energy [140]) und 420 kV (Foto in der Mitte: Hitachi Energy [138]) sowie einzelner Pol 1200 kV im Prüffeld (Foto rechts: Siemens Energy [140])

Beim konstruktiven Aufbau wird wie bei den Wandlern zwischen dem Life-Tank- und dem Dead-Tank-Design unterschieden. Auf dem amerikanischen Kontinent ist die Dead-Tank-Bauweise etabliert, die auf die früheren Ölkesselschalter zurückgeht. Die Schaltstrecken befinden sich in einem mit SF_6-Gas gefüllten und geerdeten Aluminiumtank, aus dem die Anschlüsse mit je zwei Durchführungen pro Pol nach außen geführt werden (Abb. 3.80).

Abb. 3.81 Einkammerschalter 145 kV (2. Foto von links: envia Mitteldeutsche Energie [144]) sowie 1000 kV in der Fertigung und im Prüffeld (Fotos rechts: Hitachi Energy [138])

In Europa wird die preisgünstigere Live-Tank-Bauweise bevorzugt, bei der sich die Schaltkammer auf Hochspannungspotenzial befindet. Die Live-Tank-Bauweise kommt mit einer geringeren SF_6-Gasfüllung aus und beansprucht weniger Platz.

Abb. 3.82 Zwei- und Mehrkammerschalter 420 kV (Foto rechts: Amprion [2])

Bei deutschen Netzbetreibern sind in Freilufttechnik Einkammer-Leistungsschalter bis etwa 300 kV üblich (Abb. 3.81). Bei höheren Spannungen sind Zwei- und Mehrkammerschalter zu finden, bei denen je Pol einzelne Kammern in Reihe geschaltet sind (Abb. 3.82). Parallel zu jeder dieser Unterbrechungseinheiten ist manchmal ein Steuerkondensator angeschlossen, um die Spannung gleichmäßig aufzuteilen.

Vakuumschalter

Schon in den Anfängen der elektrischen Energietechnik und der Hochspannungstechnik war klar, dass das Hochvakuum ein sehr gutes Isolier- und Schaltmedium sein müsste. In einem Raum, der nahezu frei von Ladungsträgern wie Elektronen, Protonen oder Ionen ist, kann elektrischer Strom kaum fließen. Ungefähr im Jahr 1926 wurden die ersten Vakuumschalter vorgestellt. Durch Fortschritte in der Hochvakuum-Technologie und durch die Entwicklung von geeigneten Geometrien und neuen Materialien für die Kontakte konnten sich die Vakuumröhren nach und nach in der Schalttechnik etablieren. Heute sind sie als Leistungsschalter in der MS-Ebene vorherrschend, so dass SF_6-Schalter oder gar ölarme Leistungsschalter kaum noch eine Rolle spielen. Vakuumschalter finden zunehmend Anwendung in der HS-Ebene als Alternative zum SF_6-Schalter (Abb. 3.83). Sie werden auch als Generatorschalter, als Schalter für Kondensatorbänke oder als Stufenschalter für Transformatoren eingesetzt. International wird für Vakuumröhren das Kürzel VIU (Vakuum Interrupter Unit) verwendet.

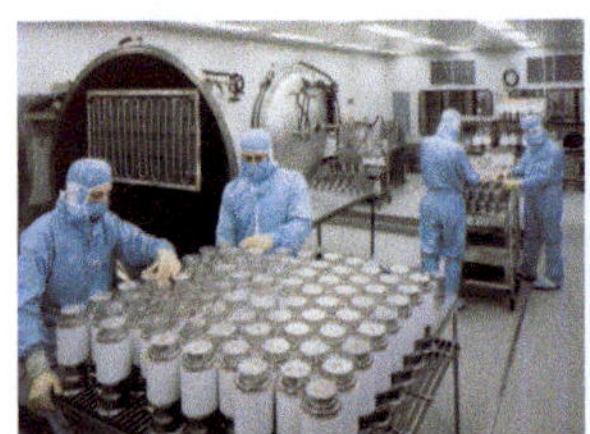

Abb. 3.83 Vakuumröhren in der Fertigung (Foto links: ABB [207]), Vakuumschalter 145 kV in Freiluftausführung sowie Generatorschalter 72 kA (Fotos rechts: Siemens Energy [140])

In der Schaltkammern befindet sich ein Vakuum mit einem Druck unterhalb von 10^{-7} hPa, das sich neben den guten Isolationseigenschaften auch durch eine schnelle Verfestigung der Schaltstrecke auszeichnet (Abb. 3.84). Schalter dieser Bauart können klein gehalten werden und sind sehr wartungsarm. Als Antriebe kommen Federspeicherantriebe oder permanent magnetische Antrieb in Frage. Die mechanische Lebensdauer wird mit 30 000 Schaltspielen (Close-Open) angegeben.

Abb. 3.84 Schnittbild eines Schalterpols nach [29] und in natura

Damit ein Lichtbogen entstehen kann, müssen Ladungsträger in der Schaltstrecke vorhanden sein. Die Teilchen für das Plasma entstehen durch Abbrand der Oberflächen. Beim Trennen der Kontaktflächen nimmt die Zahl der Kontaktpunkte rasch ab. Im letzten Berührungspunkt heizt sich unter Strombeanspruchung die verbleibende Oberfläche durch ohmsche Wärme auf und der Metalldampf emittiert in die sich öffnende Schaltstrecke. Darin brennt der Vakuumlichtbogen. Je nach Bemessungsausschaltstrom gibt es unterschiedliche Arten des Lichtbogens. Der kann diffus sein oder konrahiert. Daneben gibt es unterschiedliche Typen mit rotierenden Lichtbögen.

3.4.3 Trennschalter

Trennschalter werden auch als Trenner oder Leerschalter bezeichnet. Sie sollen die kleinen kapazitiven Restströme unterbrechen, nachdem der Leistungsschalter geöffnet hat. Nach DIN VDE 0671-102 dürfen 0,5 A bei Bemessungsspannnungen bis 420 kV nicht überschritten werden. Hinsichtlich ihrer Konstruktion der Trennschalter sind verschiedene Typen verbreitet. Dazu zählen die Drehtrenner, die Hebeltrenner und die Scherentrenner, die auch als Greifertrenner bezeichnet werden (Abb. 3.85 und 3.86). Erdungsschalter sind als Anbauerder an einem Trennschalter oder als freistehender Erdungsschalter ausgeführt.

Abb. 3.85 Drehtrenner 110 kV, Trenner 380 kV (Foto rechts: Amprion [2])

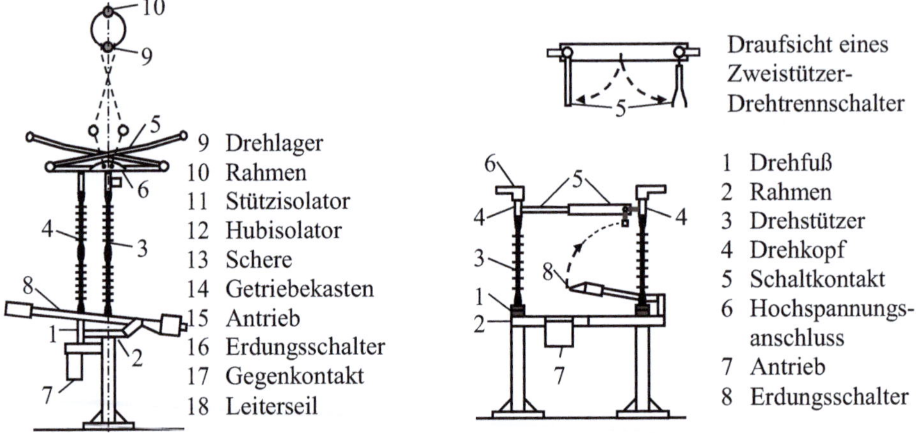

Abb. 3.86 Scherentrennschalter (links) und Drehtrennschalter (rechts) 110 kV bis 380 kV nach [29]

In luftisolierten Schaltanlagen sind die geöffneten Trennschalter oder die geschlossenen Erdungsschalter für das Personal gut sichtbar. In gasisolierten Schaltanlagen bei und Generatorleistungsschalter gibt es Sichtfenster, um die Schaltstellung von Trenn- und Erdungsschaltern mit dem Auge prüfen zu können (Abb. 3.87). Der Schaltzustand des Trenners wird auch mit Hilfe von Meldekontakten angegeben.

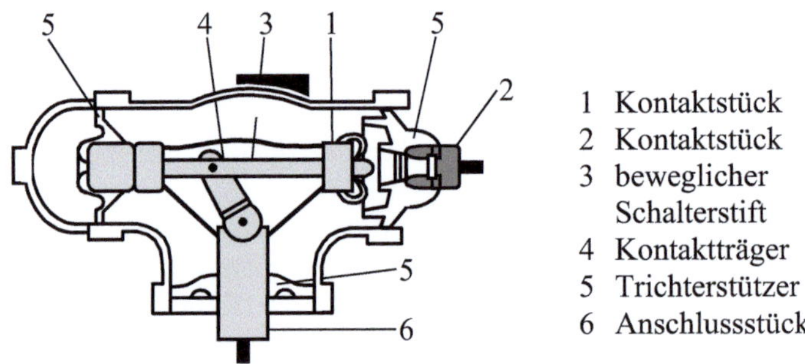

Abb. 3.87 SF_6-Trennschalter 110 kV nach [29]

3.5 Schaltanlagen

In den Schaltanlagen werden die Stromkreise geschlossen oder unterbrochen, wenn mit den Leistungsschaltern die Freileitungen und Kabel ein- oder ausgeschaltet werden. Dabei bilden die Sammelschienen in den Stationen die Knotenpunkte im Drehstromnetz. Sind Umspanner in der Schaltanlage vorhanden, wird von einer Umspannanlage gesprochen. Je nach Größe sind das Umspannwerke, Umspannstationen oder Ortsnetzstationen. In manchen Schaltanlagen gibt es Einrichtungen zur Steuerung der Spannungen und der Wirkleistungen an den Netzknoten. Ein prominentes Beispiel sind Umspanner mit Stufenschaltern (Abschnitt 2.1.2). Nicht zuletzt ist in den Schaltanlagen auch die gesamte Sekundärtechnik untergebracht, zu der die Schutztechnik sowie die Feld-, Stations- und Netzleittechnik gezählt werden.

Abb. 3.88 Luftisolierte Schaltanlage in Drehstromtechnik (Foto links: Hitachi Energy [138]) und Umspannanlage 110 kV / 15 kV der Deutschen Bahn

Früher wurde ausschließlich Luft als Isolierstoff verwendet und das ist auch heute noch in vielen Fällen eine gute Wahl (Abb. 3.88). Für die luftisolierten Schaltanlagen wird international das Akronym AIS (Air Isolated Switchgear) verwendet. Besonders im HS- und HöS-Bereich ist wegen der großen Isolationsabstände der Platzbedarf hoch.

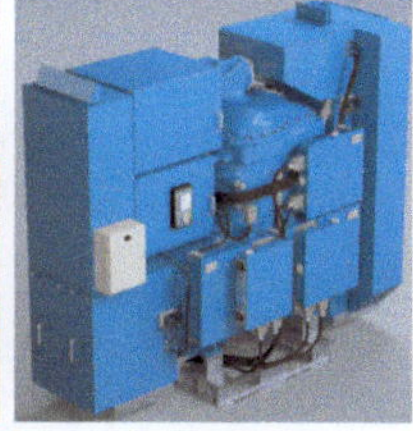

Abb. 3.89 Konventionelle GIS (Fotos: Hitachi Energy [138] und Swissgrid [153]) sowie SF_6-freie GIS (Foto rechts: Siemens Energy [140])

Seit 1967 gibt es metallgekapselte gasisolierte Schaltanlagen, die international das Kürzel GIS (Gas Isolated Switchgear) tragen. Sie finden Anwendung auf Offshore-Plattformen, in Kavernen von Wasserkraftanlagen oder in städtischer Umgebung, wenn kompakt gebaut werden muss. Bei extrem kalten oder heißen Außentemperaturen kann die GIS in einem geheizten oder gekühlten Gebäude untergebracht werden (Abb. 3.89). Im Vergleich zu AIS-Systemen ist je nach Spannungsebene die Platzersparnis beachtlich. Als Isoliergas ist Schwefelhexafluorid (SF_6) bewährt. In manchen Fällen macht es Sinn, in bestehenden luftisolierten Stationen gasisolierte Anlagenteile zu integrieren (Abb. 3.90). Für diese hybriden Schaltanlagen ist international das Kürzel MTS (Mixed Technology Substation) verbreitet. Daneben gibt es mobile Schaltfelder und mobile Stationen mit gasisolierten Komponenten.

Abb. 3.90 MTS-Systeme (Fotos: Swissgrid [153] und Hitachi Energy [138])

Die Sicherheit von Menschen hat höchste Priorität. Da in AIS-Stationen kein vollständiger Schutz gegen direktes Berühren möglich ist, werden diese als abgeschlossene elektrische Betriebsstätte mit Zugang nur für unterwiesene Personen errichtet. Für dieses Personal muss eine Begehung und Bedienung gefahrlos möglich sein. Daher sind geeignete Abstände, Kapselungen, Abschottungen und Abdeckungen von Hochspannung führenden Teilen vorgesehen. Bei Wartungs- und Instandsetzungsarbeiten sind die 5 Sicherheitsregeln nach Tab. 5.4 zu beachten. Über den Personenschutz hinaus werden an die Schaltanlagen weitere Anforderungen gestellt.

- Je nach Aufstellungsort sollen Schaltanlagen den erforderlichen Kriterien hinsichtlich Windlasten, Temperaturschwankungen, Luftdruck- und Luftfeuchte, Hochwasser, Tauwasserbildung, Erdbebenrisiko, Verschmutzungsgrad und Korrosion genügen.
- Die Betriebsmittel in den Freiluftschaltanlagen sollten leicht zu warten sein. Gekapselte Schaltanlagen sind praktisch wartungsfrei.
- Eine einfache Erweiterbarkeit ist wünschenswert und in vielen Fällen herausfordernd, da die Netze über Jahrzehnte historisch gewachsen sind.
- Falls infolge eines Isolationsversagens ein Störlichtbogen entsteht, kommt es im Innenraum der Schaltanlage zu einer explosionsartigen Drucksteigerung und extremen Hitzeentwicklung. Schaltanlagenwände sind daher mit Druckentlastungsklappen bzw. -kanälen versehen. Gekapselte gasisolierte Schaltanlagen sind mit Berstscheiben ausgerüstet.
- Überspannungen sind sicher ins Erdreich abzuleiten und die hohen Kurzschlussströme sollen schnellstmöglich und zuverlässig abgeschaltet werden (Abschnitt 3.5.3). Daher sind ein weitflächiges Erdungsnetz, Überspannungsableiter und falls erforderlich Blitzschutzeinrichtungen installiert.

- Bis zu dem Zeitpunkt, an dem die Kurzschlussströme erfolgreich ausgeschaltet sind, werden die Leiter hohen elektromagnetischen Kräften ausgesetzt. Die betroffenen Anlagenteile müssen auf eine ausreichende mechanische Festigkeit ausgelegt sein (Abschnitt 4.5). Genauso müssen die Betriebsmittel die kurzzeitigen Erwärmungen tolerieren können, die mit dem hohen Fehlerströmen einher gehen.
- Die erwarteten Kurzschlussströme müssen reduziert werden, wenn das Ausschaltvermögen der Leistungsschalter überschritten wird (Abschnitt 4.5). Abhilfe bieten eine Sammelschienentrennung oder eine Teilnetzbildung. Die erforderlichen Schaltungen müssen möglich sein.

Neben der Planung und der Netzführung ist für den Netzbetreiber die Instandhaltung von Bedeutung, für die auch der Begriff Asset Management in Gebrauch ist [208–212]. Ziel der Maßnahmen ist es, die Kosten bei gleichbleibender oder gar steigender Verfügbarkeit zu reduzieren. Es sind vier Strategien zu unterscheiden.

- Die ereignisorientierte Instandhaltung reagiert nur auf den Ausfalls eines Betriebsmittels, das im Nachgang repariert oder ersetzt wird. Das ist die elementarste Strategie, die bei geringen Stromausfallkosten angewendet werden kann.
- Die zeitorientierte Instandhaltung tauscht in zeitlich festgelegten Abständen typische Verschleißteile oder ein komplettes Betriebsmittel wie einen Umspanner präventiv aus. Das ist kostenintensiv und sorgt für eine sehr hohe Verfügbarkeit.
- Die zustandsorientierte Instandhaltung führt regelmäßige Inspektionen durch, um den Alterungszustand zu erfassen, so dass die Anlagenteile möglichste rechtzeitig vor Ausfall ausgetauscht werden können. Hier geht der Trend in Richtung Schaltanlagenmonitoring und digitalen Zwilling.
- Die zuverlässigkeitsorientierte Instandhaltung berücksichtigt neben den Alterungszustand auch die Bedeutung der einzelnen Komponenten für die Zuverlässigkeit.

Vermutlich werden in Zukunft Methoden der künstlichen Intelligenz bei der Entscheidung unterstützen, wann der Zeitpunkt für den Ersatz kostenoptimal ist.

In diesem Abschnitt geht es zunächst um die Schaltungsvarianten und den konstruktiven Aufbau der Schaltanlagen. Der Netzschutz schließt sich an, der in die Stations- und Netzleittechnik übergeht. Die Technik der Schaltanlagen ist insgesamt komplex und anspruchsvoll, so dass für genauere und weitergehende Informationen auf die Angaben der Hersteller, auf die Literatur wie [9, 36, 213, 214] sowie auf die Normen und Richtlinien verwiesen wird (Tab. 3.2, 3.10, 3.16 und 3.20).

3.5.1 Schaltungen

Wegen der besseren Übersichtlichkeit werden die Schaltungen im Drehstromnetz meistens einphasig dargestellt. In der tatsächlichen Schaltanlage selbst sind alle Komponenten dreimal vorhanden, beispielsweise die drei Pole vom Leistungsschalter. Die Kernstücke der Schaltanlagen sind die Sammelschienensysteme. Es gibt Einfach-, Doppel- und Dreifachsammelschienen. Durch den Einsatz mehrerer Sammelschienen und mehr als einen Leistungsschalter pro Feld werden die Versorgungssicherheit, die Verfügbarkeit und die Flexibilität bei Störungen und Revisionen erhöht.

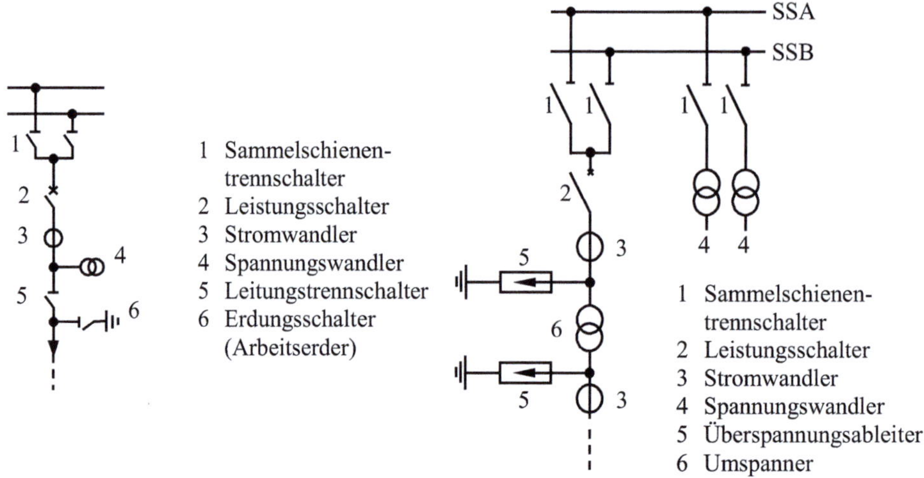

Abb. 3.91 Freileitungs- (links) und Transformatorfeld (rechts)

Der Anschluss einer Leitung an eine oder mehrere Sammelschienen wird Schaltfeld genannt. Andere sprechen auch von Abzweig. Das kann ein Freileitungsfeld sein (Abb. 3.91 links und 3.92). Zum Leistungsschalter sind auf einer Seite ein oder mehrere Sammelschienentrennschalter sowie auf der anderen Seite ein Längstrennschalter in Reihe angeordnet. Der Längstrennschalter kann ein Freiluft-Trennschalter (Freileitungstrenner) oder Innenraum-Trennschalter in einer GIS sein. Als Querelement kommt noch ein Erdungsschalter dazu, der bei Wartungsarbeiten an der Leitung als Schutz gegen kapazitive Restladungen, induktive Einstreuungen und einlaufende Überspannungen dient. Daher wird er auch als Arbeitserder bezeichnet. Für den Schutz und auch für Mess- und Verrechnungszwecke können ein Stromwandler und auch ein Spannungswandler installiert sein.

Abb. 3.92 Freileitungsfelder 132 kV (Foto links: Hitachi Energy [138]) und 380 kV (Foto rechts: Amprion [2])

Ist die Leitung mit der Sammelschiene galvanisch verbunden, sind der Leistungsschalter und die Längstrenner geschlossen, während der Erdungsschalter geöffnet ist. Soll die Leitung ausgeschaltet werden, muss zuerst der Leistungsschalter geöffnet werden, da nur dieser in der Lage ist, alle Betriebs- und auch Kurzschlussströme am Einbauort sicher und zuverlässig zu unterbrechen. Erst nachdem dieser Schaltvorgang erfolgreich beendet ist, werden die Sammelschienentrenner und der Längstrenner geöffnet, so dass der Abzweig auch gegen Überspannungen gesichert ist. Zuletzt wird der Erdungsschalter geschlossen. Soll die Leitung erneut eingeschaltet werden, müssen die Schalter in umgekehrter Reihenfolge betätigt werden. Aufwendige mechanische und logische Verriegelungen vermeiden Fehlschaltungen wie das Erden einer eingeschalteten Leitung. Für höchste Ansprüche an Sicherheit, Verfügbarkeit und Flexibilität kann für beide Sammelschienen je ein Sammelschienentrennschalter, ein Wandler, ein Leistungsschalter und ein Abgangstrennschalter vorgesehen werden [9].

Abb. 3.93 Transformatorfeld 110 kV und 380 kV (Foto links: EWE NETZ [215])

Die Verbindung zwischen der Sammelschiene und einem Umspanner ist der Transformatorabgang bzw. das Transformatorfeld (Abb. 3.91 rechts und 3.93). Hier sind in jedem Fall ein Leistungsschalter, ein oder mehrere Sammelschienentrennschalter sowie ein Stromwandler zu finden. Erdungsschalter sind nicht immer vorgesehen. Auf beiden Seiten des Umspanners befinden sich Überspannungsableiter.

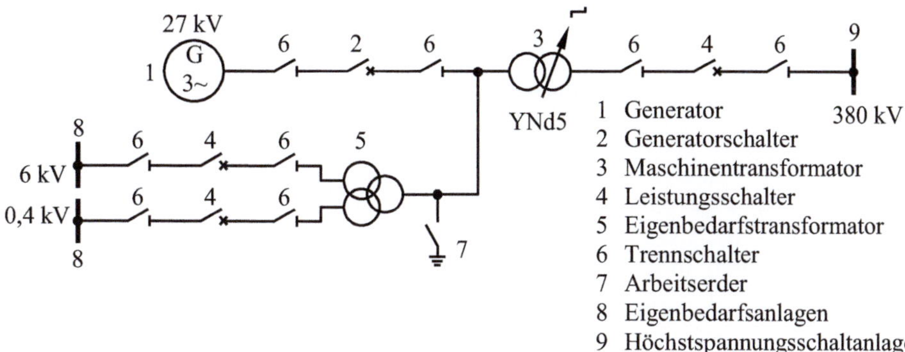

Abb. 3.94 Typische Kraftwerkseinspeisung nach [29]

Kraftwerkseinspeisungen sind vergleichsweise einfach aufgebaut (Abb. 3.94). Zwischen der Unterspannungsseite vom Maschinentransformator und dem Generator ist ein Leistungsschalter mit zwei Trennschaltern vorgesehen. Da sich die Spannungen auf dieser Generatorsammelschiene bis etwa 27 kV bewegen, sind die Betriebsströme besonders hoch. Die Generatorsammelschiene und das Eigenbedarfsnetz werden mit isoliertem Sternpunkt betrieben. Abb. 3.95 zeigt beispielhaft eine Höchstspannungsschaltanlage. Hier können auch während des Betriebs die Leistungsschalter und Wandler von jedem Abzweig freigeschaltet werden, in dem die betreffende Leitung über die Umgehungssammelschiene und den Leistungsschalter 11 an die Sammelschiene angeschlossen wird. Mit dem Leistungsschalter 11 können die Sammelschienen über die Querkupplung verbunden werden. Auch kann das Netz in galvanisch getrennte Bereiche aufgeteilt werden, um die Kurzschlussströme zu reduzieren (Abschnitt 4.5).

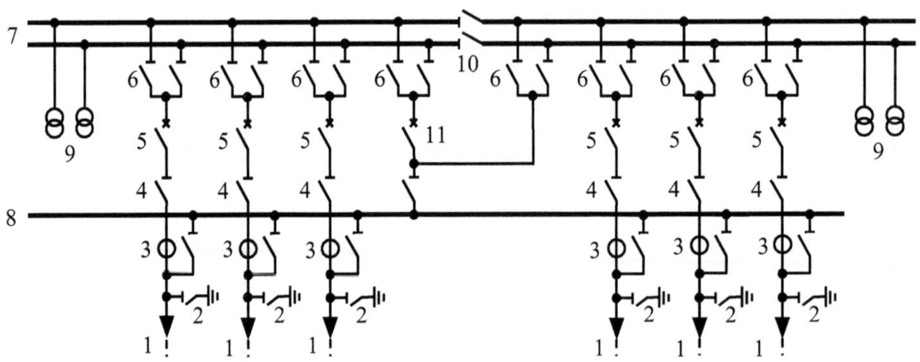

1 Freileitung
2 Arbeitserder
3 Stromwandler
4 Leitungstrennschalter
5 Abzweigleistungsschalter
6 Sammelschienentrennschalter
7 Doppelsammelschienensystem
8 Umgehungssammelschiene
9 Spannungswandler
10 Längstrennung
11 Querkupplung

Abb. 3.95 Höchstspannungsschaltanlage mit Umgehungssammelschiene, Querkupplung und Längstrennung nach [29]

In Abb. 3.96 ist eine typische Schaltung von einem 380/110-kV-Umspannwerk zu sehen. Zur besseren Übersichtlichkeit sind die Wandler und Überspannungsableiter nicht eingezeichnet. In der Umspannanlage sind auf der 380-kV- und auf der 110-kV-Seite je ein Doppelsammelschienensystem mit Querkupplung vorgesehen. Auf der Unterspannungsseite befindet sich zusätzlich eine Längstrennung, um mehr Flexibilität bei der Aufteilung des Netzes in galvanisch getrennte Netzbezirke zu erhalten. Aus Redundanzgründen sind zwei Umspanner vorhanden. In der Regel besitzen sie die Schaltgruppe YNyn0 sowie zusätzlich eine in Dreieck geschaltete Tertiärwicklung. Die wird auch als Ausgleichswicklung bezeichnet, wenn ihre Anschlüsse nicht herausgeführt sind (Abschnitt 2.1.2). Es ist auch möglich, an der Tertiärwicklung einen 20/0,4-kV-Eigenbedarfstransformator anzuschließen.

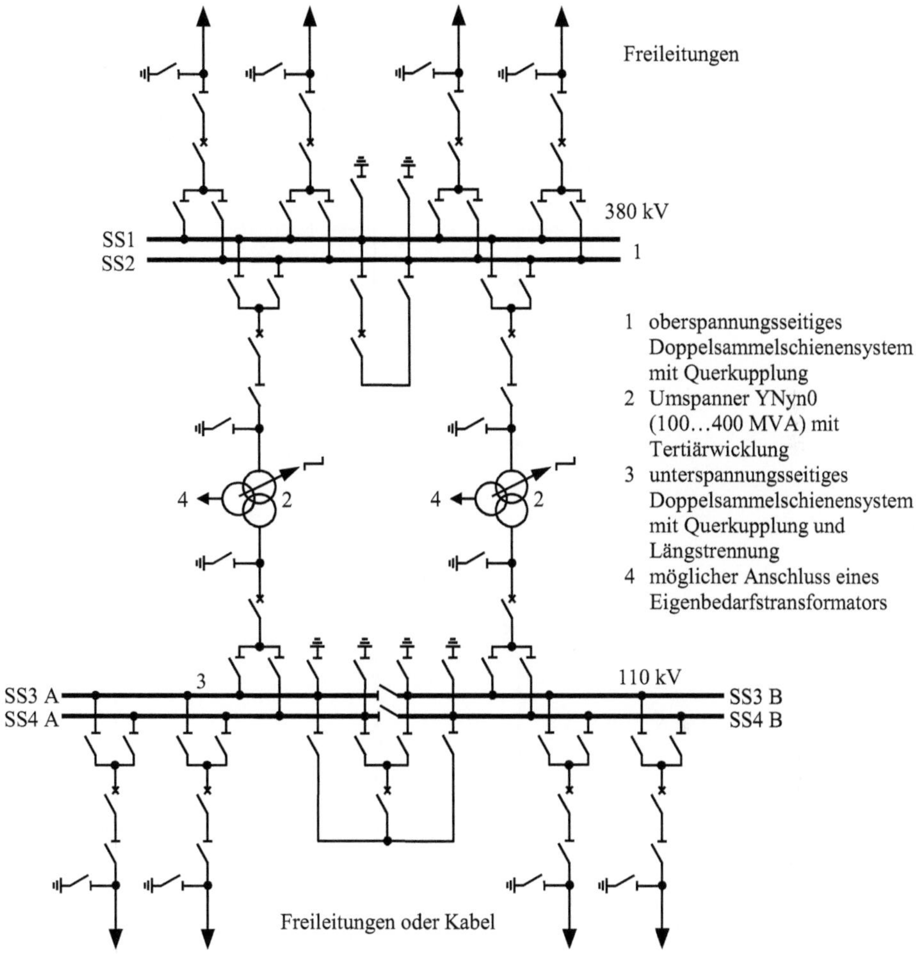

Abb. 3.96 380/110-kV-Umspannwerk nach [29]

Häufig sind 110-kV-Netze als Ring mit möglichen Verzweigungen aufgebaut, so dass eine Leitung mehrere Umspannstationen versorgt. Bei einem Fehler in einer Station soll diese herausgetrennt werden, ohne die Versorgung der dahinter folgenden Anlagen zu gefährden. Dazu hat sich eine H-Schaltung mit einer einzelnen Sammelschiene auf der 110-kV-Seite der Umspannstation bewährt, mit der die Station in den Ring eingeschleift wird (Abb. 3.97 oben). Auf der MS-Seite wird gerne ein Einfachsammelschienensystem mit Längskupplung verwendet. Die Trennung der Sammelschienen erfolgt über einen Leistungsschalter, so dass eine Schaltmaßnahme auch im Fehlerfall möglich ist. Die Bemessungsscheinleistungen der Umspanner bewegen sich selten über 50 MVA und als Schaltgruppe wird YNd5 oder YNd11 bevorzugt. Wird der oberspannungsseitige Sternpunkt herausgeführt, kann dort ein Überspannungsableiter angeschlossen werden. Hier ist an der MS-Sammelschiene ein 10/0,4-kV-Eigenbedarfstransformator mit der Schaltgruppe ZNyn5+d vorhanden. An seiner Zickzackschaltung auf der OS-Seite befindet sich eine Erdschlusslöschspule. Das muss nicht immer so sein. Die Erdschlusslöschspule kann auch am Umspanner HS/MS angeschlossen werden. In manchen Fällen wird auf die Erdschlusslöschspulen komplett verzichtet. Die Sternpunkte von MS-Netzen können isoliert oder direkt geerdet sein (Tab. 4.11).

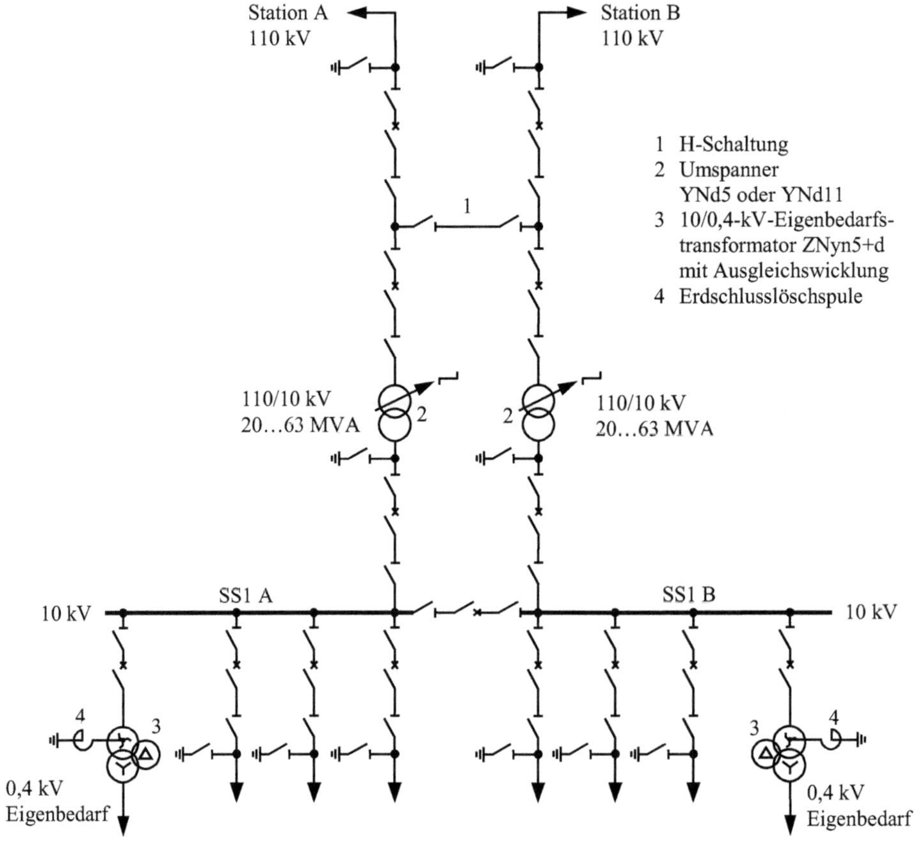

Abb. 3.97 Umspannstation 110/10 kV nach [29]

Die MS-Netze haben häufig ringförmige Struktur mit offenen Trennstellen und es kann Stichleitungen geben (Abb. 3.20). In die MS-Leitungen ist eine Kette von Ortsnetzstationen eingeschleift, deren Schaltungen in Abb. 3.98 angegeben sind. In diesem Fall werden die Schaltmaßnahmen mit Lasttrennschaltern ausgeführt und für den Kurzschlussschutz dienen HH-Sicherungen.

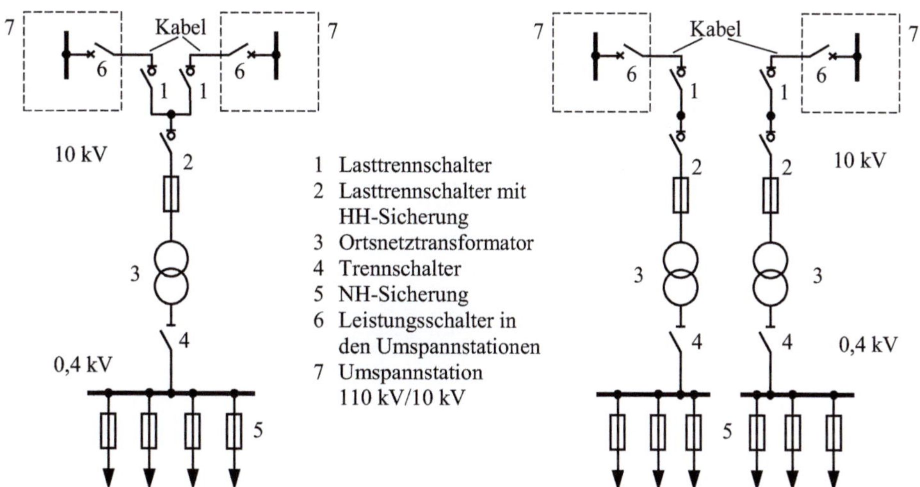

Abb. 3.98 Einzelne und doppelte Netzstation nach [29]

3.5.2 Bauweise

Unter Bauweise einer Schaltanlage ist die physikalische Anordnung von elektrischen Betriebsmitteln zur Realisierung einer Schaltung mit allen zusätzlich notwendigen Komponenten zu verstehen.

Konventionelle Freiluftschaltanlagen

Die Bezeichnung für die Bauweise von Freiluftanlagen wird von den Anordnungen der Sammelschienentrenner und Felder sowie von der Anzahl der Leistungsschalter pro Feld abgeleitet. Sammelschienen werden als Seil oder Rohr aufgebaut. Seile aus Einfach- oder Bündelleiter erfordern Portalkonstruktionen für Abspannketten (Abb. 3.88). Rohrleiter sind auf Stützisolatoren mit unterlagerten Stahlkonstruktionen ausgeführt (Abb. 3.99 und 3.103). Sammelschienen sind entweder oben oder unten angeordnet.

Abb. 3.99 Sammelschienen 380 kV (Fotos: TenneT TSO [3] und Amprion [2])

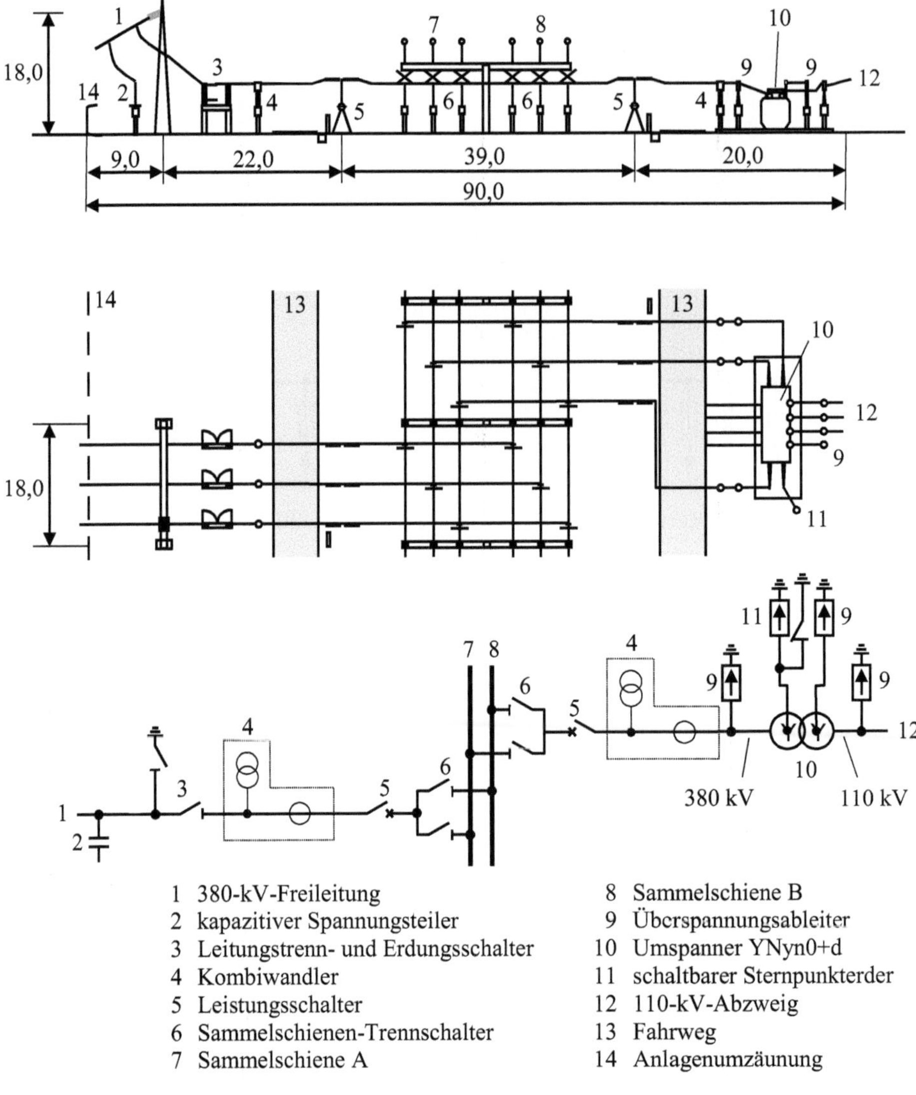

Abb. 3.100 Freiluft-Schaltanlage 380 kV mit Doppelsammelschiene in Diagonalbauweise nach [9, 29] (Längen in m)

Abb. 3.100 zeigt einen Ausschnitt aus einem konventionellen Umspannwerk. Links im Bild ist ein Portalmast zu sehen, der die Leiterseile der ankommenden Freileitung aufnimmt (Abb. 3.101). Am Portalmast ist ein kapazitiver Spannungsteiler für Power-Quality-Messungen vorgesehen. Es schließt sich ein Freileitungsfeld analog zu Abb. 3.91 an. In diesem Fall ist ein Kombiwandler 380 kV installiert. Das muss nicht so sein. Manche Übertragungsnetzbetreiber bevorzugen einzelne Stromwandler und messen die Spannungen an den Sammelschienen. Die Doppelsammelschiene

Abb. 3.101 Portalmasten 380 kV (Foto links: TransnetBW [4])

ist in der Diagonalbauweise disponiert, bei der die Sammelschienentrenner (Einsäulentrenner) diagonal unter den Sammelschienen stehen. Das ist häufig in 245-kV- und 420-kV-Anlagen zu finden. Die Sammelschienen sind oben angebracht. Das hat den Vorteil, dass bei ausgeschaltetem Abzweig auch die Sammelschienen-Trennschalter spannungsfrei und damit zugänglich sind. Rechts von der Sammelschiene ist ein Transformatorfeld entsprechend Abb. 3.91 angeordnet. Der Umspanner mit der Schaltgruppe YNyn0+d ist auf beiden Seiten unmittelbar an seinen Anschlüssen mit Überspannungsableiter geschützt. Auf der OS-Seite ist am Sternpunkt ein schaltbarer Sternpunkterder angeschlossen und am Sternpunkt auf der US-Seite schützt ein Überspannungsableiter die Wicklungen vor zu hohen Spannungen. Beide Maßnahmen stehen im Zusammenhang mit der Sternpunktbehandlung von Drehstromnetzen und dem Netzschutz bei einpoligen Erdfehlern (Abschnitt 4.4). Der restliche Teil des Umspannwerks mit den Sammelschienen und den Feldern in der Spannungsebene 110 kV ist nicht mehr eingezeichnet. Die Längenangaben geben einen Eindruck von der beachtlichen Größe der Anlage.

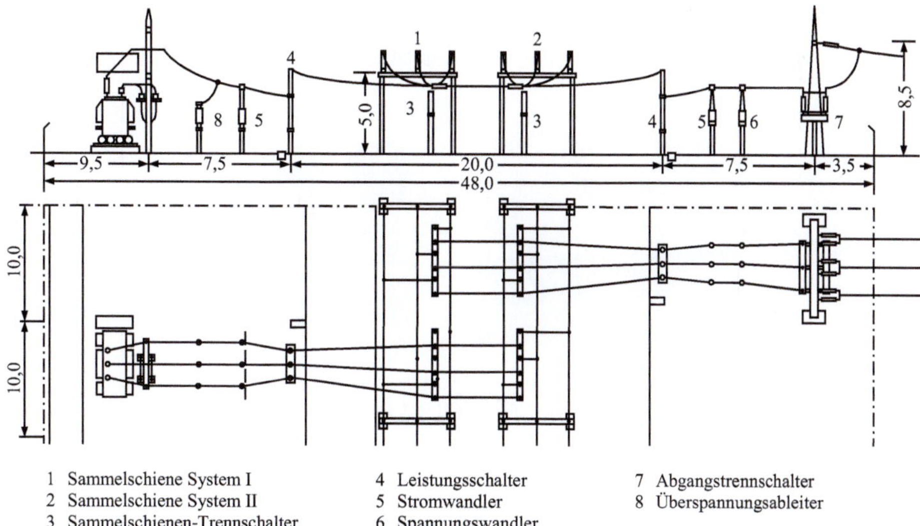

Abb. 3.102 123-kV-Freiluftschaltanlage mit Doppelsammelschienen in Reihenlängsbauweise nach [9] (Längen in m)

Abb. 3.103 Sammelschienen 110 kV (Foto: envia Mitteldeutsche Energie [144])

In Abb. 3.102 ist der Aufbau einer Reihen-Längsbauweise mit Rohrsammelschienen wiedergegeben, die Anwendung für Anlagen mit Sammelschienenströmen über 3 kA findet. Die Pole der Sammelschienen-Trennschalter sind in einer Reihe längs zu den Sammelschienen positioniert. Abspannportale werden nur für die abgehenden Freileitungen gebraucht. Daher ist der Aufwand an Gerüstkonstruktion bei dieser Ausführung am geringsten und die Anlage ist insgesamt sehr übersichtlich. Neben der Reihenlängsbauweise sind noch die Reihenquerbauweise und die halbhohe klassische Bauweise zu nennen [9]. Auf diese Varianten wird hier nicht weiter eingegangen.

Gasisolierte metallgekapselte Schaltanlagen

Gasisolierte Hochspannungs-Schaltanlagen finden breite Anwendungen, die von kleinen Schaltstationen bis zu sehr großen Umspannwerken reichen. Die Betriebsspannungen bewegen sich bis 1100 kV mit Ausschaltströmen bis 80 kA [9]. Neben dem geringeren Flächen- und Raumbedarf bietet eine GIS weitere Vorteile wie sicherer Berührungsschutz, geringer Wartungsaufwand und eine lange Lebensdauer von etwa vierzig Jahren. Wind, Wetter oder Staubbelastungen spielen kaum eine Rolle.

Abb. 3.104 Einphasige GIS älterer Bauart (Foto links: Hitachi Energy [138]) und dreiphasige SF_6-freie GIS 145 kV (Foto rechts: Siemens Energy [140])

Eine gasisolierte Schaltanlage wird in Modulbauweise gefertigt. Alle Anlagenteile wie Sammelschienen, Leistungsschalter, Trennschalter, Wandler, Kabelendverschlüsse und Verbindungselemente sind in geerdeten Kapselungen untergebracht, die jeweils mit dem Isoliergas gefüllt sind. Das macht eine weitgehende Vormontage und Prüfung größerer Einheiten oder kompletter Felder im Werk möglich, was die Zeiten für Aufbau und Inbetriebnahme auf der Baustelle verkürzt. Die Modulbauweise ermöglicht auch eine hohe Flexibilität bei der Zusammensetzung der Komponenten. Durch ständige Weiterentwicklungen der Hersteller haben moderne gasisolierte Schaltanlagen in der HS-Ebene nur noch etwa ein Drittel vom Flächenbedarf der frühen GIS [216]. Die metallischen Kapselungen bestehen in den meisten Fällen aus Aluminiumguss oder aus geschweißten Aluminiumblechen. Aluminium hat ein geringes Gewicht, ist korrosionsbeständig und lässt sich nicht magnetisieren, was die Wirbelstromverluste reduziert. Bis Bemessungsspannungen von 170 kV ist die GIS in der Regel dreiphasig gekapselt (Abb. 3.104 rechts). Bei höheren Spannungen gibt es einphasige, dreiphasige oder kombinierte Versionen.

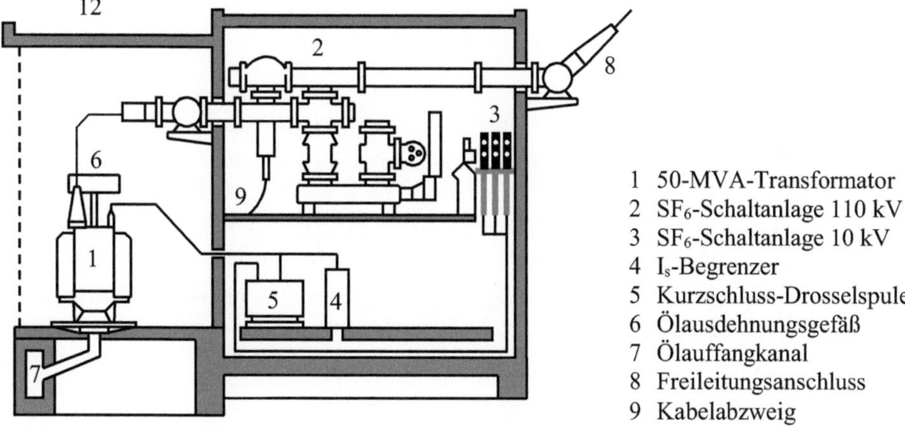

Abb. 3.105 SF_6-Umspannstation 110/10 kV nach [29]

In Abb. 3.105 ist beispielhaft eine mit SF_6 isolierte Umspannstation 110/10 kV dargestellt. Links im Bild befindet sich der Umspanner außerhalb vom Gebäude unter einer Überdachung an der freien Luft. An seiner OS-Seite sind massive Kupferleiter angeschlossen, die aus der SF_6-Schaltanlage 110 kV im oberen Teil des Gebäudes herausgeführt sind. An der 110-kV-Sammelschiene sind ein Freileitungs- und Kabelfeld angebunden. Von der US-Seite des Umspanners führen die angeschlossenen Kabel in die wiederum einpolig gekapselte 10-kV-SF_6-Schaltanlage. Die einadrigen Kabel, die von der 10-kV-Sammelschiene abgehen, sind nicht mehr eingezeichnet. Wegen der Überdachung des Umspanners sind Blitzeinschläge unwahrscheinlich, so auf Überspannungsableiter am Umspanner verzichtet werden kann. Am Eingang der 110-kV-Freileitung ist ein Überspannungsschutz ratsam.

Bisher wurde in der gesamten Anlage Schwefelhexafluorid (SF_6) als Gas zur Isolierung und im Leistungsschalter auch zur Lichtbogenlöschung eingesetzt. Es ist nicht brennbar, nicht giftig, geruchlos und chemisch inaktiv. Bei atmosphärischem Druck von 1 bar hat es eine fast 3 mal so hohe dielektrische Festigkeit als Luft [216]. Das Isoliergas wird mit einem Druck von 3 bis 6 bar aufgefüllt, was die Isolationseigenschaften zusätzlich verbessert. Dichtewächter messen den Druck. Nach der IEC Norm soll die Leckrate maximal 0,5 % pro Jahr betragen und viele Hersteller liegen unterhalb von 0,1 %. Seit einiger Zeit wird SF_6 ein sehr hohes Treibhauspotenzial (Global Warming Potential, GWP) zugeschrieben, wenn es in die Atmosphäre entweicht. Mit der EU Richtlinie 2024/573 "on fluorinated greenhouse gases" (F-Gas-Verordnung) gibt es Fristen bis zum vollständigen Verbot von SF_6. Wartung, Reparatur, Erweiterung und Versetzen bestehender SF_6-Schaltanlagen ist auch nach dem Verbotsdatum zulässig. Da das Gas technisch hervorragende Eigenschaften hat, ist es herausfordernd, weniger klimaschädliche Alternativen zu finden.

MS-Schaltanlagen

MS-Netze werden in primärer und sekundärer Verteilebene unterteilt.

- In der primären Verteilebene bewegen sich die Bemessungsströme bis 4 kA und die Kurzschlussströme bis 63 kA. Hier sind Leistungsschalter vorherrschend und die Feldkonfigurationen sind eher projektspezifisch.
- In der sekundären Verteilebene liegen die Bemessungsströme unterhalb von 1,25 kA und die Kurzschlussströme unterhalb von 25 kA. In den Feldern sind meistens Lasttrennschalter in Kombination mit HH-Sicherungen und teilweise auch Leistungsschalter verbaut. Es sind eher Standardlösungen verbreitet.

Bei der Auswahl einer MS-Schaltanlage müssen neben allgemeinen Anforderungen wie Sicherheit und Zuverlässigkeit auch Anforderungen für den Einsatzort wie

- Netznominalspannung und Kurzschlussstrom,
- Leitungsparameter (Kabel oder Freileitung),
- Sternpunktbehandlung sowie klimatische Verhältnisse

berücksichtigt werden. Es muss grundsätzlich eine Entscheidung zwischen luft- und gasisolierter Technik getroffen werden (Tab. 3.18).

Tab. 3.18 Vor- und Nachteile der Bauformen von MS-Schaltanlagen

	AIS	GIS
Herstellungskosten	+	−
Verwendung von standardisierten Wandlern	+	−
maximaler Betriebsstrom	+	−
Wartungsaufwand	−	+
Zugänglichkeit, Komponentenaustausch	+	−
Einfluss der Umgebung	−	+
Platzbedarf	−	+
Lebenszykluskosten (Life-Cycle-Costs)	−	+

Die frei wählbaren Parameter wie Einfach- oder Mehrfachsammelschienen, Hand- oder Motorbetätigung, Orts- oder Fernsteuerung sind festzulegen. Die Erfordernisse an die Betriebsverfügbarkeit müssen geklärt werden. Auch sind die LSC-Klassen (Loss of Service Continuity) zu bewerten, welche Teile der Schaltanlage beim Öffnen außer Betrieb zu setzen sind (Tab. 3.19).

Tab. 3.19 LSC-Klassen

LSC1	Bei Öffnung des Schaltraums eines Feldes muss im Vorfeld die gesamte Anlage vom Netz genommen und geerdet werden.
LSC2	Bei Öffnung des Schaltraums eines Feldes können benachbarte Felder weiter betrieben werden.
LSC2A	Bei Öffnung eines Schaltraums eines Feldes darf die Sammelschiene des Feldes weiter unter Spannung stehen.
LSC2B	Bei Öffnung eines Schaltraums eines Feldes kann die Sammelschiene und der Kabelanschluss des Feldes weiterhin unter Spannung stehen.

Metallgekapselte Schaltanlagen werden heute in der Regel aus Schaltfeldern errichtet, die nach DIN EN 62271-200 (VDE 0671 Teil 200) typgeprüft sind (Abb. 3.106).

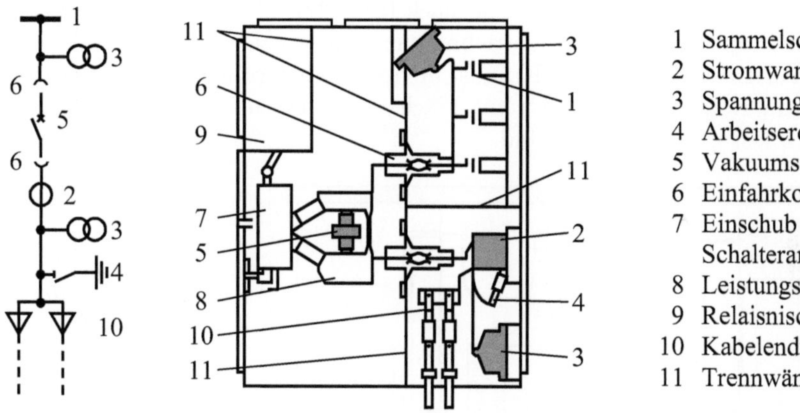

1 Sammelschiene
2 Stromwandler
3 Spannungswandler
4 Arbeitserder
5 Vakuumschaltröhre
6 Einfahrkontakte
7 Einschub mit Schalterantrieb
8 Leistungsschalter
9 Relaisnische
10 Kabelendverschlüsse
11 Trennwände

Abb. 3.106 Luftisoliertes MS-Schaltfeld: Schalt- und Schnittbild nach [29]

Neben den reinen Abgangsfeldern mit Leistungsschalter bzw. Lastschalter und zusätzlichen Sicherungen gibt es Einspeisefelder, Kuppelfelder für Sammelschienenabschnitte oder Doppelsammelschienen, Transformatorfelder, Motorschaltfelder, Verrechnungsfelder, Blindstromkompensationsfelder usw.

Ortsnetzstationen

Das Bindeglied zwischen dem MS- und NS-Netz sind die Netz- bzw. Ortsnetzstationen, die in unterschiedlichen Bauweisen verbreitet sind. Beim Einsatz von Freileitungen sind klassischerweise Maststation zu finden (Abb. 3.10 unten). Je nach Eigentums- und Platzverhältnissen gibt es Turmstationen oder andere gemauerte Gebäude, in denen die MS-Schaltanlage, der Transformator und die NS-Verteilungen untergebracht sind. In Sonderfällen sind die Netzstationen auch unterirdisch verbaut, beispielsweise unterhalb einer Fußgängerzone. Bei den MS-Schaltanlagen gibt es noch im Bestand die Bauweise, die im abgeschlossenen Gebäude offen zugänglich ist, oder luftisolierte metallgekapselte Mittelspannungsanlagen. Heute sind bei neuen Anlagen gasisolierte MS-Schaltanlagen Standard.

Abb. 3.107 Begehbare Station und Kompaktstationen (Fotos: Pauline Holla)

Aus Kostengründen sind fabrikfertige standardisierte Kompaktstationen entwickelt worden (Abb. 3.107 und 3.108). Die sind nach IEC 62271-202 typgeprüft, was den Aufwand für Projektierung und Inbetriebnahme reduziert. Der Transport mit dem LKW und das Aufstellen mit dem Kran ist in vielen Fällen problemlos. Vor Ort beanspruchen die Kompaktstationen wenig Fläche und müssen von außen zugänglich sein, da sie selbst nicht begehbar sind.

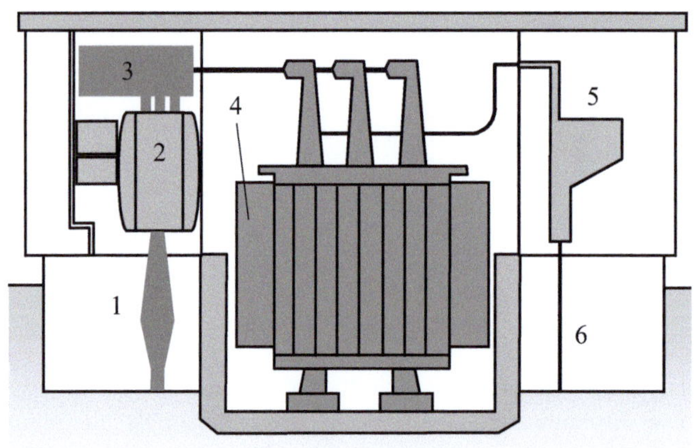

1 Kabelabzweige 10 kV
2 SF_6-Lastschaltanlage 10 kV
3 Einschübe mit HH-Sicherungen
4 Transformator
5 Schaltanlage 0,4 kV
6 Kabelabzweige 0,4 kV

Abb. 3.108 Kompaktstation 10/0,4 kV nach [29]

Im Zuge der Energiewende geht die Entwicklung in Richtung aktiver Verteilnetze. Auf dem Weg dorthin müssen Sensoren, Aktoren, Kommunikations- und IT-Systeme in die vorhandene Infrastruktur integriert werden. Das erfordert

- motorangetriebene und fernsteuerbare Lasttrennschalter,

- Messwertaufnehmer und Verarbeitung zur Leistungsflussüberwachung,
- Kurzschluss- und Erdschlussrichtungsschutzeinrichtungen,
- eigenversorgte Fernwirk- und Steuereinheiten mit wartungsfreier Batterie und kombiniertem Ladegleichrichter sowie
- Kommunikationseinheiten mit umfangreichen Gateway-Funktionen

Digitale Ortsnetzstationen und auch regelbare Ortsnetzstationen enthalten diese Komponenten (Abb. 2.22). Zusätzlich steigt der Platzbedarf durch die größer werdenden Scheinleistungen der Ortsnetztransformatoren. In vielen Fällen kann das alles nicht mehr in eine Kompaktstation integriert werden, so dass bei Neubauten immer häufiger begehbare Trafostationen errichtet werden.

3.5.3 Netzschutz

Der Netzschutz hat die Aufgabe, die Betriebsmittel und Anlagen der Primärtechnik vor Schäden oder Zerstörung zu bewahren. Er umfasst den Überspannungsschutz mit der Isolationskoordination sowie die Schutztechnik, die dem Schutz vor Überströmen dient. Neben dem Netzschutz ist der Personenschutz zu nennen, der verhindern soll, dass Mensch oder Tier durch einen elektrischen Schlag gefährdet oder gar getötet werden (Abschnitt 5.1).

Tab. 3.20 Normen für den Überspannungsschutz

IEC/DIN EN 60664 VDE 0110	Isolationskoordination für Betriebsmittel in Niederspannungs-Stromversorgungssystemen
IEC/DIN EN 60071 VDE 0111	Isolationskoordination für Nennspannungen über 1 kV

An dieser Stelle werden lediglich Überspannungsableiter und einige Grundlagen der Schutztechnik skizziert. Für alle weitergehende Informationen wird auf die relevanten Normen (Tab. 3.20 und 3.24), die Angaben der Hersteller und auch auf die Literatur wie [217–224] verwiesen.

Überspannungsableiter

An der Isolierung von Betriebsmitteln sollen auch unter sehr extremen Spannungsbeanspruchungen keine Durchschläge auftreten. Dazu wird in der Planung das Isoliervermögen der Anlagen in den einzelnen Spannungsebenen quantitativ formuliert und mit den Überspannungsableitern abgestimmt bzw. koordiniert. Das ist die sogenannte Isolationskoordination, die zur Primärtechnik zählt und später im laufenden Betrieb nicht mehr angepasst werden muss. Für Überspannungsableiter wird das Schaltzeichen in Abb. 3.109 links verwendet. Sie werden praktisch immer zwischen Leiter und Erde oder Sternpunkt und Erde installiert. Der Schutz der Ableiter gegen schnell ansteigende Überspannungen ist räumlich begrenzt. Das zu

Abb. 3.109 Schaltzeichen, Überspannungsableiter am MS-Anschluss, am Kabelendverschluss 380 kV sowie aufgeschnitten in einer Ausstellung

schützende Objekt sollte in der HöS-Ebene nicht weiter als 30 m, in der MS-Ebene maximal 15 m und bei Holzmastleitungen höchstens 3 m vom Überspannungsableiter entfernt sein [29].

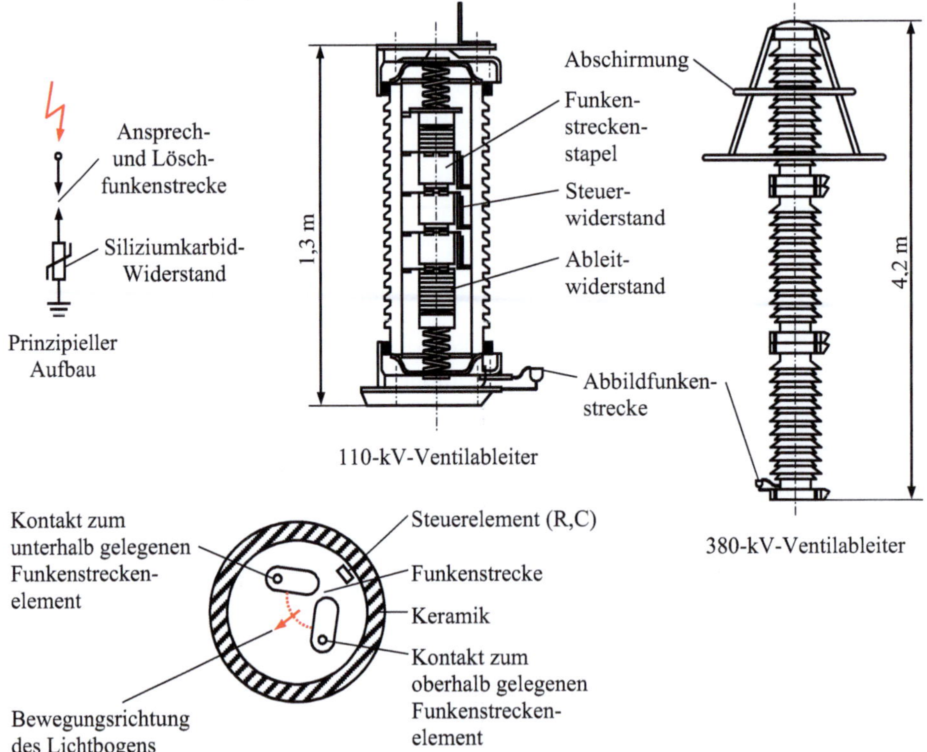

Abb. 3.110 Aufbau und Funktion von Ventilableitern nach [29]

Technisch gibt es zwei Varianten, die Ventilableiter und die Metalloxidableiter. Ein Ventilableiter besteht aus einer luftdicht gekapselten Funkenstrecke und einem nachfolgenden Widerstand aus Siliziumkarbid (Abb. 3.110 links oben). Die Funkenstrecke ist aus einer Reihenschaltung von Funkenstreckenelementen aufgebaut, die aus einem Keramikgehäuse mit zwei winklig angeordnete Flachelektroden bestehen. Um eine gleichmäßige Aufteilung der Spannung zu erreichen, werden R-C-Steuerelemente parallel zu den beiden Funkenstreckenelementen angebracht. In der HöS-Ebene sind die im Kopfbereich mit einer Abschirmung versehen, um die elektrische Feldverteilung zu steuern.

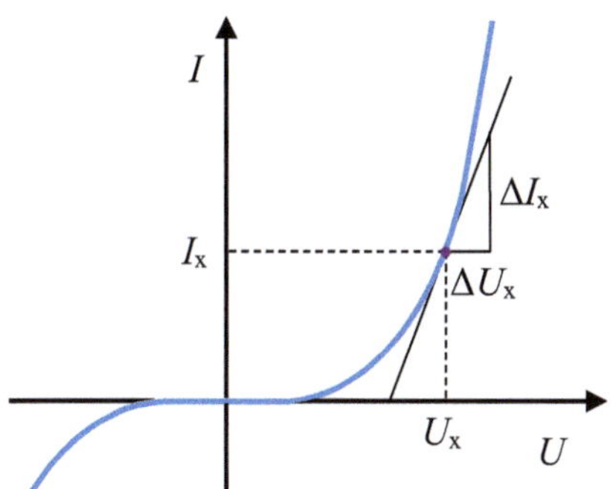

Abb. 3.111 Prinzipielle I-U-Kennlinie von Varistoren nach [225]

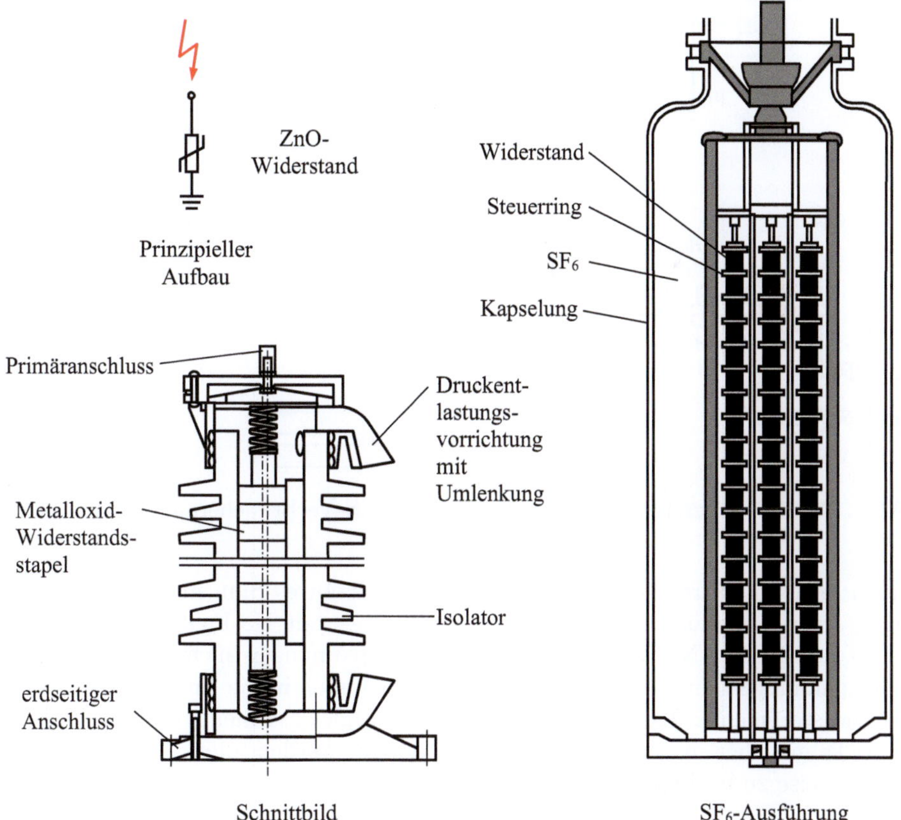

Abb. 3.112 Aufbau und Funktion von Metalloxidableitern nach [29]

In Metalloxidableitern werden spannungsabhängige Widerstände verwendet, die auch als Varistoren bezeichnet werden. Das ist ein Kofferwort, das aus dem englischen variable resistor abgeleitet ist. Das internationale Kürzel lautet VDR (Voltage Dependent Resistor). Varistoren bestehen aus halbleitenden Siliziumkarbid (SiC) oder Zinkoxid (ZnO). Bei Nennspannungen sind die Materialien isolierend. Wird die Spannung deutlich erhöht, steigt der Strom schlagartig an (Abb. 3.111). Der Aufbau von zwei Metalloxidableitern ist in Abb. 3.112 dargestellt. Es handelt sich um Widerstandssäulen in einem Porzellanüberwurf, die aus vielen Scheiben zusammengesetzt sind. Da die volle Leiter-Erd-Spannung am Stapel abfällt, fließt unter normalen Bedingungen ein kleiner Reststrom von etwa 1 mA [29]. Die Steuerringe dienen zur gleichmäßigen Aufteilung des elektrischen Feldes.

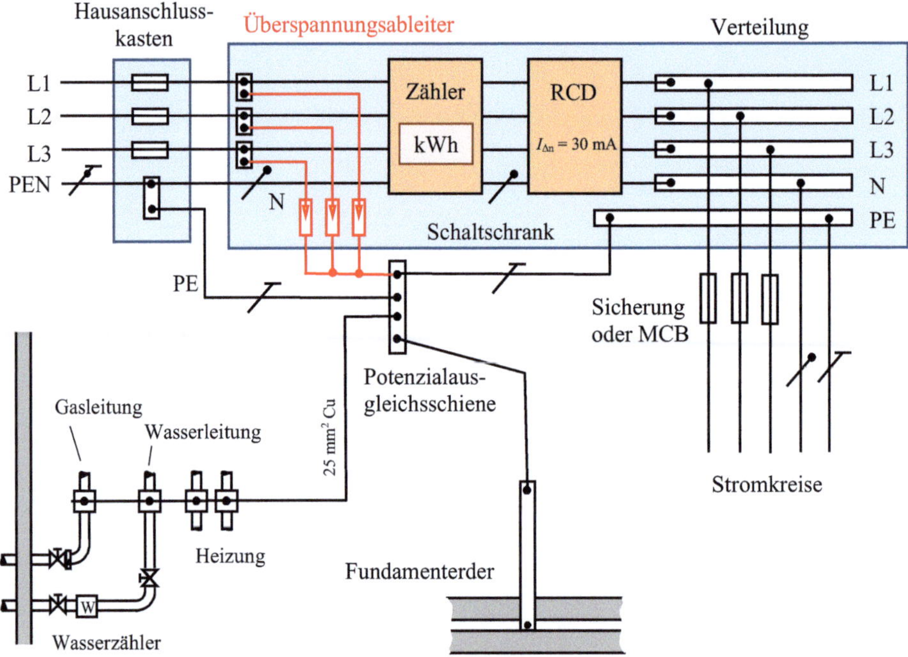

Abb. 3.113 Überspannungsableiter in einer NS-Verbraucheranlage nach [226]

Auch in der Elektroinstallation von Gebäuden kann es Sinn machen, Überspannungsableiter vorzusehen, wenn der Netzbetreiber mit NS-Freileitungen versorgt (Abb. 3.113). Bei NS-Kabeln treten Blitzüberspannungen nicht auf und Schaltüberspannungen sind selten. Sollte eine Überspannung in die Anlage laufen, bilden die Varistoren einen Kurzschluss zur Potenzialausgleichsschiene und die Überspannung kann sicher in den Fundamenterder geleitet werden, ohne die unterlagerten Stromkreise zu beeinflussen.

Schutztechnik

Die Schutztechnik hat zur Aufgabe, negative Auswirkungen von Überströmen zu verhindern. Dazu zählen Überlast-, Erdschluss- und Kurzschlussströme. Darüber hinaus gibt es Schutzeinrichtungen für Schieflast, Leistungspendelungen, Unterspannung, Unterfrequenz, Erwärmung oder Strömungsstillstand von Fluiden, auf die hier nicht weiter eingegangen wird. Ein kritischer Zustand wie eine zeitweise Überlastung, die zu einer Störung oder einem Schaden führen kann, veranlasst lediglich eine Meldung bzw. Warnung an die Netzführung. Das Betriebspersonal entscheidet, wie weiter verfahren wird. Erdschlussströme werden zumindest eine begrenzte Zeit toleriert, solange sich die Stromstärken im Rahmen halten (Abschnitt 4.4). Auch hier erfolgt zunächst nur eine Meldung. Tritt ein Folgefehler wie ein Doppelerdschluss auf, treten hohe Kurzschlussströme auf. Darauf reagiert die Schutztechnik ohne Beteiligung des Menschen autonom und vollautomatisch. Die Schutztechnik ist daher eine besondere Form der Automatisierungstechnik und wird der Sekundärtechnik zugeordnet. Generell sollen Kurzschlüsse **sensitiv**, **schnell**, **sicher**, **selektiv** und **wirtschaftlich** abgeschaltet werden.

- Die sensitive Abschaltung bedeutet, dass der Fehler zuverlässig erkannt wird. Es ist vorteilhaft, wenn sich die Stromstärken von Betriebs- und Kurzschlussströmen deutlich unterscheiden.
- Schnelligkeit ist ein wichtiges Schutzprinzip. Optimal sind Stromkreisunterbrechungen, bevor der Stoßkurschlussstrom seinen Maximalwert erreicht hat (Abb. 5.14).
- Der Kurzschluss soll sicher abgeschaltet werden. Es macht Sinn, den Schutz funktionsredundant auszuführen, so dass beim Ausfall eines Schutzgeräts die Schutzfunktion durch vorgelagerte Schaltgeräte oder parallel arbeitende Fehlererfassungseinrichtungen übernommen wird. Entsprechend wird zwischen Haupt- und Reserveschutz unterschieden.
- Die Schutzeinrichtungen sollen selektiv arbeiten. Es werden möglichst nur die fehlerbehafteten Komponenten des Netzes herausgetrennt, so dass der Rest des Netzes intakt bleibt und weiter versorgen kann.
- Die Frage nach der Wirtschaftlichkeit der technischen Lösungen steht immer im Raum.

Schutzeinrichtungen und Schutzgeräte messen und überwachen elektrische Ströme und auch andere physikalische Größen wie Spannung, Impedanz, Leistungsflussrichtung oder Temperatur (Tab. 3.21). Diese Größen werden unter dem Begriff Schutzkriterien zusammengefasst. Werden die einstellbaren Grenzwerte für die Schutzkriterien über- oder unterschritten, erfolgt eine Schutzanregung. In Niederspannungsnetzen sind Automaten mit Primärauslöser verbreitet (Abschnitt 5.2). Beispielsweise dienen im LS-Schalter als Überstromsensor ein Bimetall- und Magnetauslöser, welche vom Betriebsstrom durchflossen werden. Auch Sicherungen sind in der NS- und MS-Ebene zu finden. Spätestens in der Hochspannung gibt es keine Primärauslöser mehr und die Messung und Überwachung der Schutzkriterien erfolgt über Strom- und Spannungswandler, die zur weiteren Verarbeitung analoge

Tab. 3.21 Schutzkriterien

Überstromschutz	Sicherungen, I_S-Begrenzer, unabhängiges Maximalstrom-Zeitrelais (UMZ-Relais)
Vergleichsschutz Differenzialschutz	Vergleich von Messgrößen (bei Leitungen mit separater Signalleitung)
Distanzschutz	Distanz bzw. Impedanz zum Kurzschlussort
Erdschlussschutz	Leiter-Erd-Spannungen der gesunden Leiter

Signale zur Verfügung stellen. Die nachgeschalteten Einrichtungen geben bei Schutzanregung AUS-Befehle an die Leistungsschalter und es erfolgt ein Alarm in der Netzführung (Abb. 3.114). Der gesamte Zeitraum von der Detektion des Fehlers über die Generierung des Auslösebefehls bis zum Schaltvorgang im Leistungsschalter inklusive der Lichtbogenlöschung sollte möglichst kurz sein. Der Minimalwert liegt unter 100 ms (Abb. 3.116).

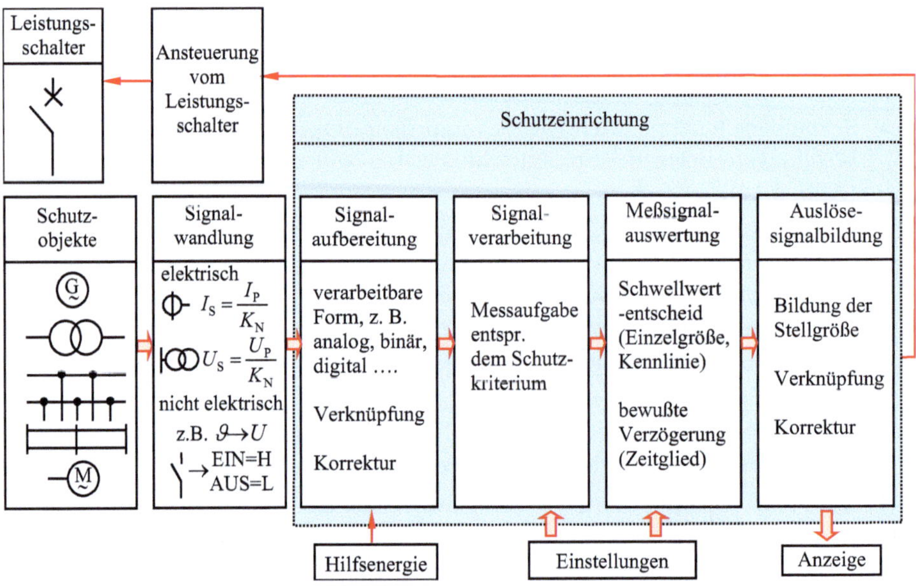

Abb. 3.114 Prinzipieller Aufbau eines Schutzsystems nach [218]

Anders als bei der Einteilung nach Schutzkriterien wird die Schutztechnik auch aus der Sicht der einzelnen Betriebsmittel strukturiert (Tab. 3.22). Generatoren dürfen bei Netzfehlern nur als allerletztes Betriebsmittel getrennt werden. Bei Fehlern am Generator selbst sollte die Abschaltung schnellstmöglich erfolgen. Der Generatorschutz wird mit dem Schutz von Turbine, Maschinentransformator und Eigenbedarfsnetz zum übergeordneten Blockschutz verknüpft. Zum Schutz von großen Umspannern ist die Kombination aus Überstrom-, Differenzial- und Buchholzschutz zu finden.

Tab. 3.22 Schutzobjekte

Generatorschutz	Schutz vor Überlast, Unter- bzw. Überfrequenz, Untererregung, Schieflast, Rückleistung, Erd- bzw. Kurzschlüsse
Transformatorschutz	Überstromschutz, Differenzialschutz, Buchholzschutz (erhöhter Öldruck durch Windungsschluss),
Leitungsschutz = Feldschutz	Überstrom-, Differenzial- oder Distanzschutz, Synchronüberwachung der Leistungsschalter
Sammelschienenschutz	Differenzialschutz

Der Leitungsschutz richtet sich nach der Netztopologie. In Strahlennetzen der NS-Ebene ist ein Überstromschutz ausreichend, bei dem die Selektivität mit einer Zeitstaffelung der Sicherungen gewährleistet ist (Abb. 3.115). In vermaschten Netzen kommen mehrere Schutzkriterien gleichzeitig zur Anwendung.

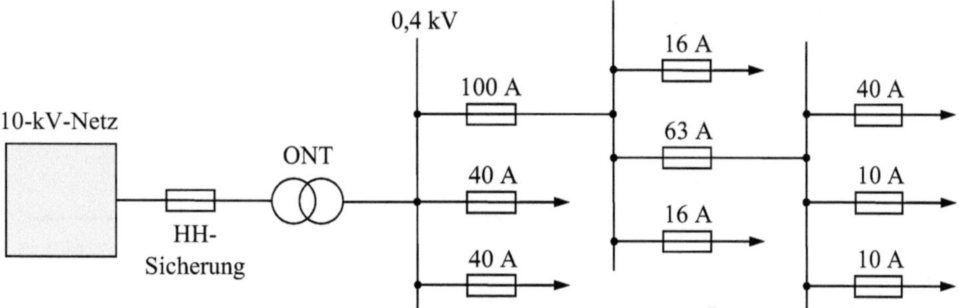

Abb. 3.115 Schutz eines Niederspannungsnetzes durch Staffelung von NH-Sicherungen nach [29]

Bei den Geräten der Schutztechnik gehören die elektromechanischen und elektronischen Schutzrelais heute der Vergangenheit an (Tab. 3.23). Die alten Messschal-

Tab. 3.23 Gerätegenerationen in der Schutztechnik

Elektromechanik	elektromechanische, elektromagnetische Wirkprinzipien
	Dreheisen-, Drehspulen-, Induktionsmesswerke, elektrodynamische Messwerke
Elektronik	analoge und analog-binäre Verarbeitungsprinzipien
	Addierer, Subtrahierer, Multiplizierer, Dividierer, Integrierer, Differenzierer, Komparatoren, Zähler
Digitaltechnik	algorithmische Verarbeitungsprinzipien
	Prozessbeschreibung mit Zustandsgrößen, numerische Verfahren, fehlerminimierende und adaptive Messverfahren

tungen sind durch algoritmische Verarbeitungsprinzipien in den digitalen Mikroprozessoren abgelöst. Das beansprucht deutlich weniger Platz in den Schaltschränken und eröffnet das Tor für Applikationen. Eine Einbindung in die digitale Stations- und Netzleittechnik ist über Bussysteme möglich. Die Hersteller haben sich auf international einheitliche Gerätefunktions-Codes nach dem USA Industriestandard ANSI C 37.2 geeinigt, mit denen in kompakter Form die Funktionalitäten des Schutzrelais projektiert und dokumentiert werden können.

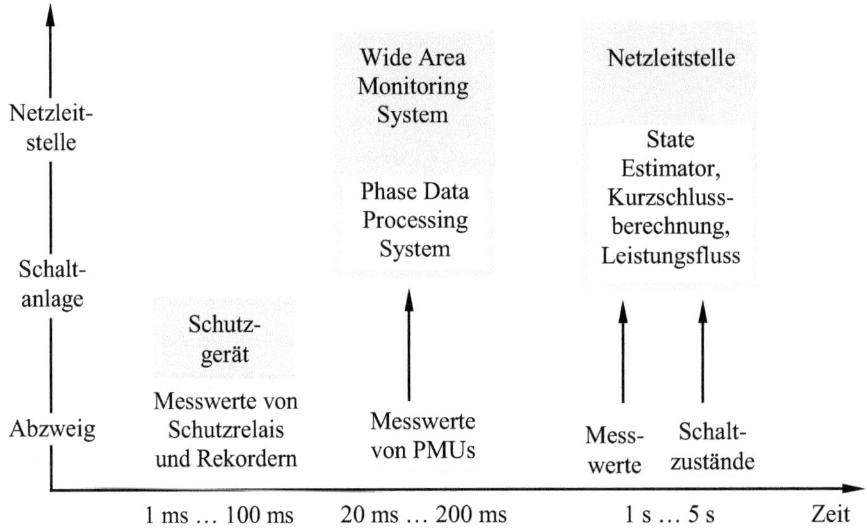

Abb. 3.116 Signalübertragungszeiten

Ausgelastete Netze mit knapper Redundanz der Schutzeinrichtungen laufen Gefahr, dass einzelne Fehler lokal noch sicher beherrscht werden und es anschließend zum kaskadenartigen Ansprechen weiterer Schutzeinrichtungen kommt. Eine kleine lokale Störung kann in ungünstigen Fällen einen regionalen oder gar totalen Stromausfall auslösen. Das Risiko eines Blackouts steigt mit der Zunahme von volatilen stromrichtergekoppelten Erzeugern ohne stabilisierende Schwungmasse [55]. Abhilfe zu diesem wachsenden Risiko bietet ein Wide Area Monitoring System (WAMS), das auch Synchronized Phase Measurement System (SPMS) oder kürzer Synchrophasor System (SPS) genannt wird [227]. An strategisch wichtigen bzw. neuralgischen Netzknoten werden von einem zeitsynchronisierten Zeigermessgerät kurz PMU (Phasor Measurement Unit) in Abständen von 20 ms die komplexen Amplitude von Strom und Spannung aufgezeichnet. Daraus werden Spannungs- und Stromzeiger nach Betrag und Phase, die Netzfrequenz, Frequenzänderung, Dämpfungsgrad etc. berechnet. Diese Werte werden mit einem GPS gesteuerten Zeitstempel versehen und an einen Datenkonzentrator einer Netzleitstelle übermittelt. Das dient als Frühwarmsystem bei sich anbahnenden Großstörungen oder zur Wiedersynchronisation von Inselnetzen nach einer Aufspaltung des Verbundnetzes.

3.5.4 Stationsautomatisierung und Netzleittechnik

Der Primärprozess ist mit umfangreicher Sekundärtechnik ausgestattet. Neben der Schutztechnik zählt dazu die Feld- bzw. Stationsautomatisierung sowie die Netzleittechnik. Das alles unterliegt internationalen Standards und ist in permanenter Weiterentwicklung (Tab. 3.24). Hier wird nur ein grober Überblick gegeben und für weitere Informationen wird auf die Angaben der Hersteller und die Literatur hingewiesen [16, 228–233].

Tab. 3.24 Auswahl von Normen für die digitale Schutz-, Stations- und Netzleittechnik

IEC/DIN EN 60255	VDE 0435	Measuring Relays and Protection Equipment
IEC/DIN EN 60834-1	VDE 0852	Teleprotection Equipment of Power Systems - Performance and Testing
IEC/DIN EN 60870-5-103		Telecontrol Equipment and Systems - Transmission Protocols
IEC/DIN EN 61850		Communication Networks and Systems for Power Utility Automation
IEC/DIN EN 61869	VDE 0414	Instrument Transformers

Die Netzleittechnik ist eine Sonderform der Leittechnik, die wiederum eine Teildisziplin der MSR-Technik ist (Mess-, Steuer- und Regelungstechnik). Kennzeichnend sind vor allem die

- relativ niedrigen Übertragungsbandbreiten, die
- Topologie der Anlage (besonders die Ausdehnung über viele Kilometer), die
- strenge hierarchische Struktur des Primärprozesses und die
- sehr leistungsfähigen Energiemanagement-Funktionen.

Das alles dient in der System- bzw. Netzführung zur Überwachung und Steuerung vom Primärprozess (Abb. 3.117). Trotz des hohen Automatisierungsgrads stellen die Netzleitanlagen keine Vollautomaten dar. Qualifiziertes Personal wird auch bei zunehmendem Einsatz von künstlicher Intelligenz (KI) als letzte Entscheidungsinstanz dienen. Die Netzbetreiber können durch den Einsatz der Netzleittechnik die **Zuverlässigkeit** und die **Sicherheit** erhöhen.

- Störungen können schneller erkannt, behoben und protokolliert werden.
- Schaltmaßnahmen werden zentral durchgeführt.
- Schalthandlungen können über regelbasierte Verriegelungen überprüft (zur Vermeidung von Schaltfehlern) oder simuliert (mit Grenzwertüberprüfungen) werden, bevor sie tatsächlich durchgeführt werden.

- Das (n–1)-Prinzip kann mit der Ausfallanalyse online überprüft werden. International sind für die Ausfallanalyse die Kürzel CA (Contingency Analysis) und SA (Security Analysis) verbreitet.
- Das Kurzschlussstromniveau kann online überwacht werden. Die Funktionalität trägt das Kürzel SCA (Short Circuit Analysis).
- Statistische Daten (z. B. die Zahl der Schaltspiele oder Daten für die BDEW-Störungsstatistik) werden gesammelt. Dazu werden Ereignisprotokolle, Alarmlisten oder Kurvengrafiken über den zeitlichen Verlauf von den relevanten physikalischen Größen generiert und archiviert.

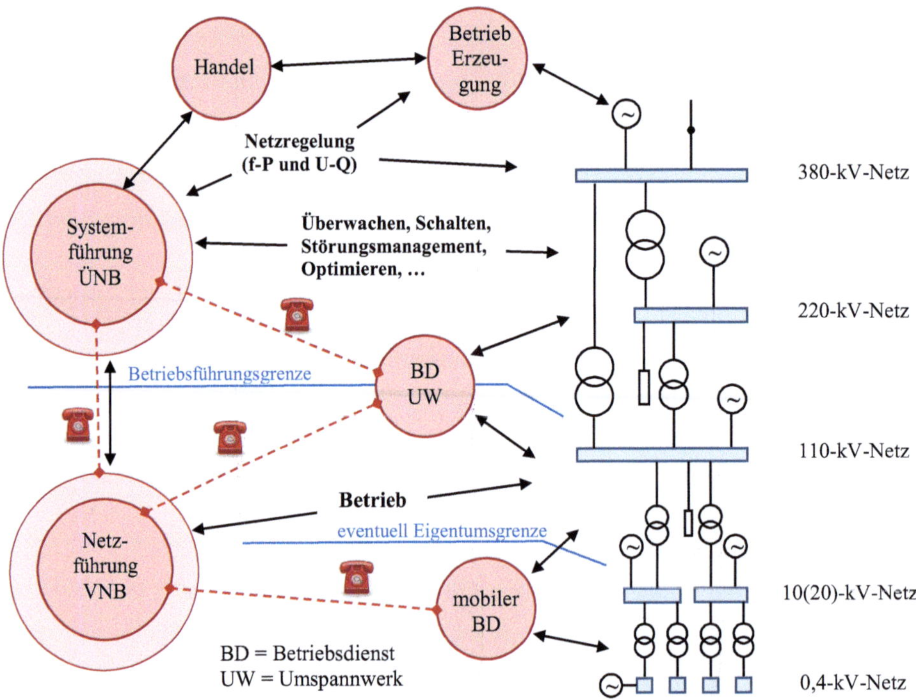

Abb. 3.117 Personelle und leittechnische Netzführung nach [231]

Neben den Kernprozessen in der Netzführung wie Schalthandlungen und Störungsmanagement sind weitere Aufgaben wie die Daten- und Systempflege relevant (Abb. 3.118).

Nicht zuletzt sollen die Netze mit möglichst geringem Personalaufwand und Lohnkosten betrieben werden. Die **Wirtschaftlichkeit** wird auch durch Energiemanagement-Funktionen verbessert, in dem beispielsweise die Netzverluste reduziert werden. Als aktuelle **Herausforderungen** und **Entwicklungen** sind die IT-Sicherheit (Cyber Security), der digitale Zwilling in der Schutztechnik und die neuen Möglichkeiten mit der künstlichen Intelligenz zu nennen. Die elektrischen Energienetze

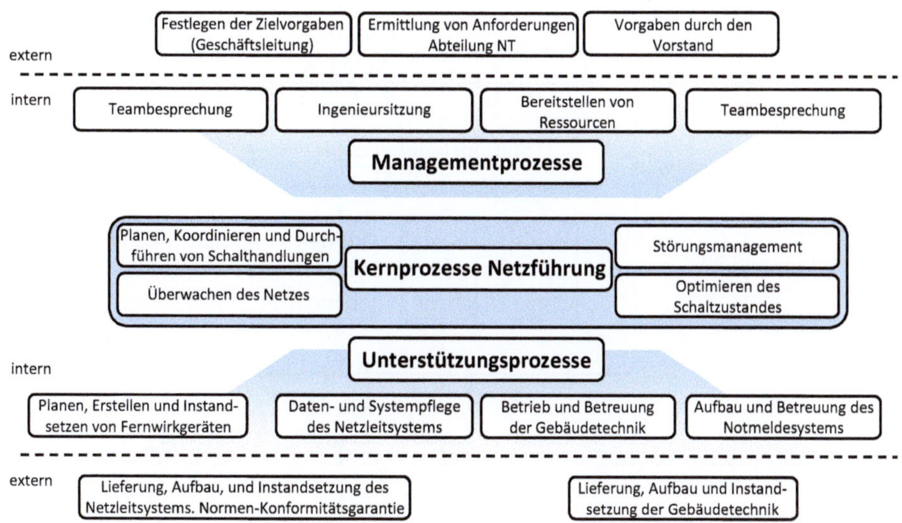

Abb. 3.118 Prozesslandschaften Netzführung Verteilnetz

sind Bestandteil der kritischen Infrastrukturen, deren ständige Verfügbarkeit für die öffentliche Versorgung und Sicherheit der Gesellschaft unverzichtbar ist. In der Energiewende ist mit Einführung der zahlreichen Erzeugungsanlagen und dem Ausbau der Netzautomatisierung in Richtung intelligenter Netze die Zahl der digitalen Kommunikations- und Steuersysteme deutlich angestiegen. Das bietet Angriffspunkte. Die Sicherheitsmaßnahmen sind in der ISO/IEC 27002 und ISO/IEC TR 27019 definiert. Meistens sind diese Maßnahmen in einem Informationssicherheits-Managementsystem (ISMS) nach ISO/IEC 27001 eingebettet.

Hierarchischer Aufbau

Netzleitsysteme haben einen strengen hierarchischen Aufbau und werden in die Feld-, Stations- und Netzleitebene unterteilt (Abb. 3.119). Die Netzleitebene wiederum besteht zum einen aus dem SCADA-System (Supervisory Control and Data Acquisition) und zum anderen aus der Schicht mit den Applikationsfunktionen. Die werden zusammenfassend für Übertragungsnetzbetreiber Energy Management System (EMS) und für den Verteilnetzbetreiber Distribution Management System (DMS) genannt.

Schaltanlagen bestehen aus zahlreichen Schaltfeldern wie Freileitungs-, Kabel- oder Transformatorfelder. Die unterste Schicht der Automatisierung ist die Feldleitebene, die einem Schaltfeld zugeordnet ist (Abb. 3.120). Bei einem hohem Automatisierungsgrad besitzt die Feldleitebene einen eigenen Feldrechner, der für den Prozessanschluss und die Realisierung der Schutzfunktionen zuständig ist. Es werden die Daten von den Wandlern und Meldekontakten erfasst und gespeichert. Nach einer Weiterverarbeitung durch die Applikationen des Stationsleitsystems werden die Daten über die Fernwirklinien an das überlagertes Netzleitsystem weitergereicht.

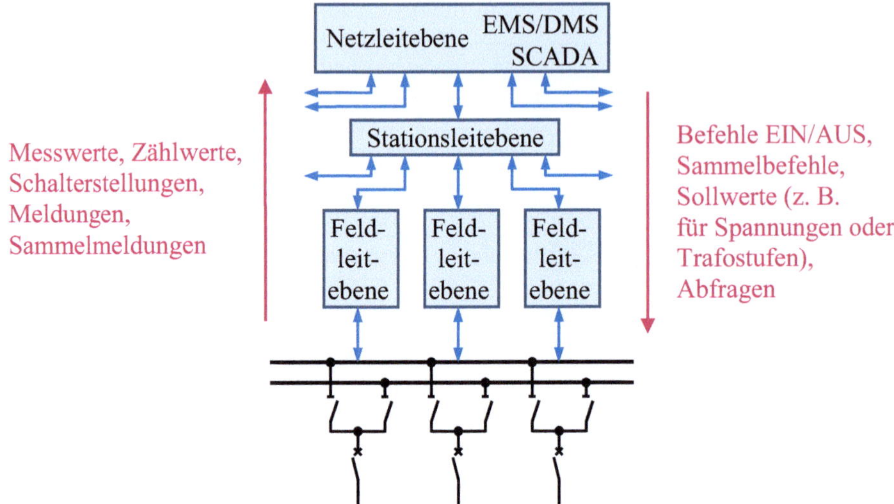

Abb. 3.119 Hierarchischer Struktur der Netzleittechnik

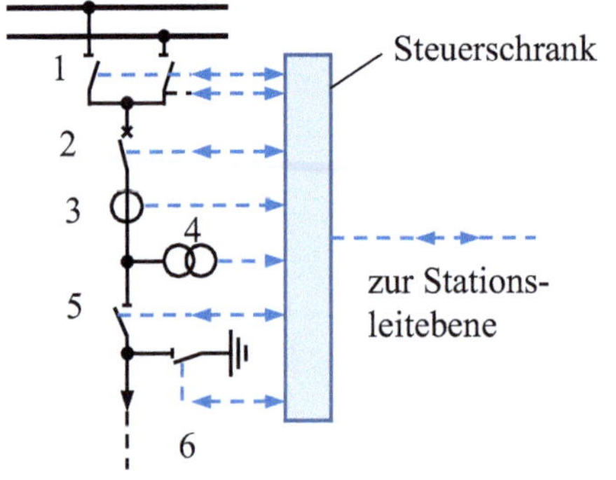

1 Sammelschienen-Trennschalter
2 Leistungsschalter
3 Stromwandler
4 Spannungswandler
5 Leitungstrennschalter
6 Erdungsschalter

Abb. 3.120 Schaltfeld mit Feldleitebene

Die vom Netzleitsystem empfangene Befehle müssen wiederum auf ihre Gültigkeit überprüft und an die jeweiligen Aktoren ausgegeben werden (Abb. 3.121). Die EIN/AUS-Befehle an die Leistungsschalter werden quittiert.

Abb. 3.121 Parametrierung in der Schutztechnik (links) und Leitstand eines Verteilnetzbetreibers (Fotos: EAM Netz Kassel [234])

Mit dem weiteren Bemühen nach Standards für die Kommunikation zwischen den digitalen Geräten wurde eine neue Normenreihe für die Leit- und Schutztechnik in Schaltanlagen entwickelt. Das ist der globale Standard nach IEC 61850. Der geht über die Standardisierung der Kommunikationsprotokolle hinaus. Die Substation Configuration Language (SCL) bietet eine XML-basierte Syntax und ermöglicht eine effiziente Beschreibung, Konfiguration und Verwaltung. Das verbessert die Interoperabilität, Effizienz und Zuverlässigkeit. Auch definiert die IEC 61850 ein objektorientiertes Datenmodel für die Beschreibung der elektrischen Betriebsmittel, das dem hierarchischen Aufbau folgt.

SCADA-System

Die grundlegenden Automatisierungsfunktionen in der Netzleitanlage oder auch in einem Stationsleitrechner werden SCADA-System genannt. Das verarbeitet unterschiedliche Datentypen.

- Messwerte, Analogwerte (U, I, P, Q, Stufenstellungen, ...)
- Meldungen, Binärwerte, Indication (Status vom Leistungsschalter, ...)
- Zählwerte aus Impulszählern
- Zustandsmerkmale, Status-Flag (nachgeführt, Datenerfassung blockiert, ...)
- berechnete oder nach geführte Ersatzwerte für nicht fern gemeldete Daten
- Befehle (Leistungsschalter öffnen/schließen, ...)
- Sollwerte (U_{soll} für eine lokale Spannungsregelung, ...)

Darüber hinaus können auch noch andere anwendungsabhängige Datentypen existieren. Jeder analoge Messwert wird vom SCADA-System vorrangig vor dem Abspeichern in die Prozessdatenbank verarbeitet. Das umfasst die Umwandlung in technische Einheiten, die Grenzwertüberprüfung, die Nullbereichsverarbeitung und die Gradientenüberwachung (Abb. 3.122).

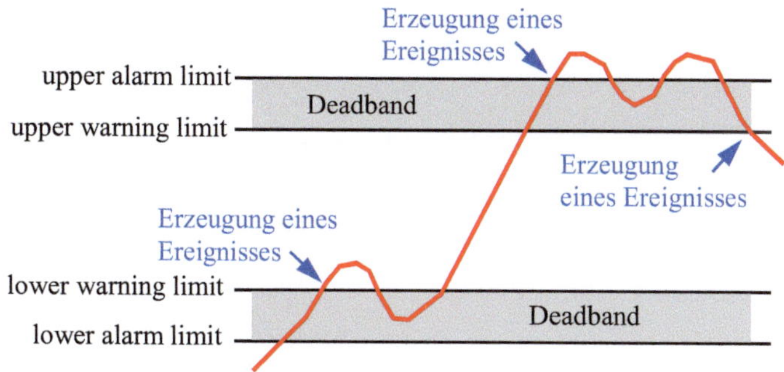

Abb. 3.122 Grenzwertüberwachungen nach [16]

Neben der **Messwertverarbeitung** existiert im SCADA-System eine umfangreiche **Ereignis- und Alarmbehandlung**. Alle Ereignisse, die von Schalt- und

Schutzgeräten erzeugt werden und für den Betrieb der Schaltanlage von Bedeutung sind, werden mit einem Zeitstempel versehen und protokolliert. Bestimmte Ereignisse können so definiert werden, dass sie als Warnmeldung (Alarm) behandelt werden. Warnmeldungen müssen explizit vom Bediener quittiert werden. Es kann ein akustischer Alarm ausgelöst werden oder es können weitere Funktionen angestoßen werden.

Schaltprogramme bzw. Schaltsequenzen ermöglichen die Steuerung einer Anzahl von Betriebsmitteln, die auch Sicherheitsüberprüfungen und Verzögerungszeiten enthalten können. Ein typisches Beispiel ist das Zu- und Abschalten von Kabeln oder Freileitungen auf eine Sammelschiene, die eine korrekte Reihenfolge beim Schalten der Trenner und Leistungsschalter im Abgangsfeld erfordert. **Verriegelungsfunktionen** schützen vor unerlaubten Befehlen und Nachführungen. Trifft eine Verriegelungsbedingung zu, wird der Befehl oder die Nachführung abgewiesen. Für Test- oder Notsituationen können die Verriegelungen umgangen werden. Viele der SCADA-Funktionalitäten lassen sich auf andere Primärprozesse wie z. B. eine Wasserversorgung, den Erdgas- bzw. Erdöltransport, ein Fernwärmenetz oder auf den Betrieb einer U-Bahn übertragen. Daher wurden im Zuge von Rationalisierungsmaßnahmen bei den Versorgungsunternehmen zunehmend Verbundleitwarten aufgebaut [235]. In dem Zusammenhang muss das Bedienpersonal spartenübergreifend ausgebildet sein.

Energiemanagement-System

Für die weiterführenden Funktionalitäten bzw. Applikationen in der Netzleitanlage für das Stromnetz sind unterschiedliche Bezeichnungen im Gebrauch.

- Energy Management System (EMS)
- Power Application Software (PAS)
- Höhere Entscheidungs- und Optimierungsfunktionen (HEO)

Die Applikationen sind immer vom Primärprozess abhängig. Ein Leckortungsverfahren für Erdölpipelines unterscheidet sich grundlegend von der Frequenz-Wirk-

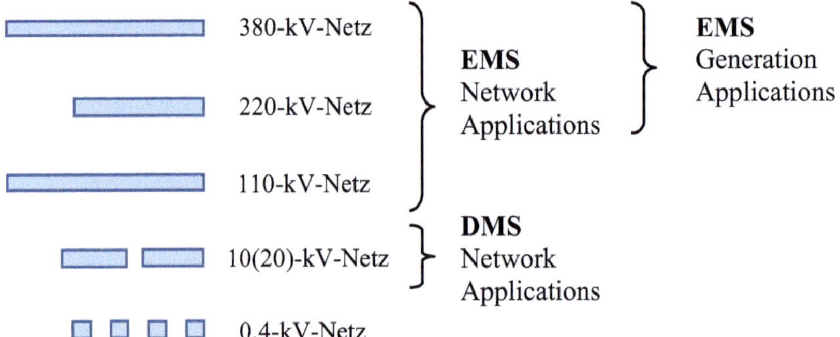

Abb. 3.123 Energiemanagementfunktionen in Netzleitanlagen

leistungs-Regelung im Verbundnetz. Obwohl die Hersteller diese Funktionalitäten der Netzleitanlagen zunehmend modularisieren und skalierbar gestalten, gibt es auch Lösungen, die für einen Netzbetreiber maßgeschneidert sind. Die Applikationen werden in drei Bereiche unterteilt (Abb. 3.123).

- Generation Management System (GMS) für die Einsatzplanung und den Betrieb der konventionellen Kraftwerke
- Energy Management System (EMS) zur Führung der Übertragungsnetze
- Distribution Management System (DMS) zur Führung der Verteilnetze

Die Funktionalitäten der Netz-Applikationen sind recht komplex (Abb. 4.18). Das zeigt sich nun im nächsten Kapitel, in dem es um die grundlegenden Berechnungsverfahren für das Drehstromnetz geht.

Literatur

[1] 50Hertz Transmission GmbH. *Internet Auftritt.* `www.50hertz.com`. 2007 - heute.

[2] Amprion GmbH. *Pressebilder.* `www.amprion.de` und `www.amprion.net`. 2005 - heute.

[3] TenneT TSO GmbH. *Internet Auftritt.* `www.tennet.eu`. 2009 - heute.

[4] TransnetBW GmbH. *Internet Auftritt.* `www.transnetbw.de`. 2018 - heute.

[5] Netzentwicklungsplan-Strom. `www.netzentwicklungsplan.de`. 2014 - heute.

[6] VDE - Verband der Elektrotechnik Elektronik Informationstechnik e.V. *Internet Auftritt.* `www.vde.com`. 2003 - heute.

[7] Dragan Jovcic. *High voltage direct current transmission: converters, systems and DC grids.* 2nd edition. Hoboken, NJ: John Wiley & Sons, 2020. ISBN: 978-1-119-56654-0.

[8] Muhammad H. Rashid. *Power electronics: devices, circuits, and applications.* Fourth edition. Upper Saddle River, NJ: Pearson, 2014. 998 S. ISBN: 978-0-13-312590-0.

[9] Stefan Kopatsch und Gerald Kopatsch, Hrsg. *ABB Schaltanlagen-Handbuch.* 13. Auflage. Mannheim: ABB Powergrids Germany AG, 2020.

[10] Walter Böning, Hrsg. *Elektrische Energietechnik. Band 2 Geräte.* 29. Auflage. Berlin Heidelberg New York: Springer Verlag, 1978. 401 S. ISBN: 978-3-540-08563-8 978-0-387-08563-0.

[11] Rolf Rüdiger Cichowski, Hrsg. *Anlagentechnik 2021: für elektrische Verteilungsnetze.* Berlin: VDE Verlag, 2022. ISBN: 978-3-8007-5492-2.

[12] Liviu Constantinescu-Simon, Hrsg. *Handbuch Elektrische Energietechnik.* Wiesbaden: Vieweg+Teubner Verlag, 1997. ISBN: 978-3-322-85062-1 978-3-322-85061-4. DOI: 10.1007/978-3-322-85061-4. URL: http://link.springer.com/10.1007/978-3-322-85061-4.

[13] Wolfgang Courtin. *Elektrische Energietechnik - Einführung für alle Studiengänge.* 1. Auflage. Wiesbaden: Vieweg Verlag, 1999. ISBN: 978-3-528-03856-4.

[14] Valentin Crastan. *Elektrische Energieversorgung. 1: Netzelemente, Modellierung, stationäres Verhalten, Bemessung, Schalt- und Schutztechnik.* 4., bearbeitete Auflage. Elektrische Energieversorgung. Heidelberg: Springer Vieweg, 2015. ISBN: 978-3-662-45984-3 978-3-662-45985-0.

[15] Valentin Crastan und Michael Höckel. *Elektrische Energieversorgung 2: Energiewirtschaft und Klimaschutz, Elektrizitätswirtschaft und Liberalisierung, Kraftwerktechnik und alternative Stromversorgung, chemische Energiespeicherung.* Berlin, Heidelberg: Springer Berlin Heidelberg, 2022. ISBN: 978-3-662-65104-9 978-3-662-65105-6. DOI: 10.1007/978-3-662-65105-6. URL: https://link.springer.com/10.1007/978-3-662-65105-6.

[16] Valentin Crastan und Dirk Westermann, Hrsg. *Elektrische Energieversorgung. 3: Dynamik, Regelung und Stabilität, Versorgungsqualität, Netzplanung, Betriebsplanung und -führung, Leit- und Informationstechnik, FACTS, HGÜ.* 2., aktualisierte Auflage. Elektrische Energieversorgung. Berlin: Springer Vieweg, 2018. 627 S. ISBN: 978-3-662-49020-4 978-3-662-49021-1.

[17] Paul Denzel. *Grundlagen der Übertragung elektrischer Energie.* Berlin: Springer Berlin Heidelberg, 2013. ISBN: 978-3-642-86899-3.

[18] Oliver D. Doleski und Monika Freunek, Hrsg. *Handbuch elektrische Energieversorgung: Energietechnik und Wirtschaft im Dialog.* De Gruyter, 2022. ISBN: 978-3-11-075358-5. DOI: 10.1515/9783110753585. URL: https://www.degruyter.com/document/doi/10.1515/9783110753585/html.

[19] René Flosdorff und Günther Hilgarth, Hrsg. *Elektrische Energieverteilung: mit 47 Tabellen und 95 Beispielen.* 9., durchges. u. aktualis. Aufl., unveränd. Nachdr. Leitfaden der Elektrotechnik / Moeller. Hrsg. von Hans Fricke. Wiesbaden: Vieweg + Teubner, 2008. 390 S. ISBN: 978-3-519-36424-5.

[20] Lothar Fendrich und Wolfgang Fengler, Hrsg. *Handbuch Eisenbahninfrastruktur.* Berlin, Heidelberg: Springer Berlin Heidelberg, 2019. ISBN: 978-3-662-56061-7 978-3-662-56062-4. DOI: 10.1007/978-3-662-56062-4. URL: http://link.springer.com/10.1007/978-3-662-56062-4.

[21] Gregor D. Häberle u. a. *Elektrische Antriebe und Energieverteilung: Fachwissen der Elektroniker/in für Maschinen- und Antriebstechnik sowie für Betriebstechnik.* 5., erw. und überarb. Aufl., Dr. 1. Bibliothek des technischen Wissens. Haan-Gruiten: Verl. Europa-Lehrmittel Nourney, Vollmer, 2006. 384 S. ISBN: 978-3-8085-5005-2.

[22] Gerhard Herold. *Grundlagen der elektrischen Energieversorgung.* Stuttgart: Teubner, 1997. 394 S. ISBN: 978-3-519-06187-8.

[23] Gerhard Herold. *Elektrische Energieversorgung: eine kleine Einführung.* Wilburgstetten: J. Schlembach Fachverlag, 2013. 156 S. ISBN: 978-3-935340-76-2.

[24] Gerhard Herold. *Elektrische Energieversorgung 1: Drehstromsysteme, Leistungen, Wirtschaftlichkeit.* 3., überarb. Auflage. Wilburgstetten: J. Schlembach Fachverlag, 2011. 384 S. ISBN: 978-3935340694.

[25] Gerhard Herold. *Elektrische Energieversorgung 2: Parameter elektrischer Stromkreise, Leitungen, Transformatoren.* 2., überarb. und stark erw. Auflage. Wilburgstetten: J. Schlembach Fachverlag, 2008. 564 S. ISBN: 978-3-935340-60-1.

[26] Gerhard Herold. *Elektrische Energieversorgung. 3: Drehstrommaschinen, Sternpunktbehandlung, Kurzschlußströme.* Wilburgstetten: J. Schlembach Fachverlag, 2002. 334 S. ISBN: 978-3-935340-12-0.

[27] Gerhard Herold. *Elektrische Energieversorgung. 4: Ein- und Ausschaltvorgänge, Überspannungen, Grundprinzipien des Selektivschutzes.* Wilburgstetten: J. Schlembach Fachverlag, 2003. 496 S. ISBN: 978-3-935340-32-8.

[28] Gerhard Herold. *Elektrische Energieversorgung 5: Stromrichter in Drehstromnetzen.* Wilburgstetten: J. Schlembach Fachverlag, 2009. 456 S. ISBN: 978-3935340656.

[29] Klaus Heuck, Klaus-Dieter Dettmann und Detlef Schulz. *Elektrische Energieversorgung - Erzeugung, Übertragung und Verteilung Elektrischer Energie.* 9. Auflage. Wiesbaden: Springer Vieweg Verlag, 2013. ISBN: 978-3-834-81699-3.

[30] Thomas Hiller, Mirko Bodach und Walter Castor. *Praxishandbuch Stromverteilungsnetze: technische und wirtschaftliche Betriebsführung.* 2. Auflage. Würzburg: Vogel Communications Group, 2021. 527 S. ISBN: 978-3-8343-3458-9.

[31] Wolfgang Hofmann, J. Schlabbach und Wolfgang Just. *Reactive Power Compensation: A Practical Guide.* Chichester, West Sussex, UK: Wiley, 2012. 276 S. ISBN: 978-0-470-97718-7.

[32] Lutz Hofmann. *Elektrische Energieversorgung (Band 1): Grundlagen, Systemaufbau und Methoden.* Berlin Boston: De Gruyter Oldenbourg, 2019. ISBN: 978-3-110-54853-2. URL: https://www.degruyter.com/view/product/489933.

[33] Lutz Hofmann. *Elektrische Energieversorgung (Band 2): Betriebsmittel und quasistationäre Modellierung.* Berlin Boston: De Gruyter Oldenbourg, 2019. ISBN: 978-3-110-54860-0. URL: https://www.degruyter.com/view/product/489939.

[34] Lutz Hofmann. *Elektrische Energieversorgung (Band 3): Systemverhalten und Berechnung von Drehstromsystemen.* Berlin Boston: De Gruyter Oldenbourg, 2019. ISBN: 978-3-110-60827-4. URL: https://www.degruyter.com/view/product/506483.

[35] Gerhard Hosemann und Wolfram Boeck. *Grundlagen der elektrischen Energietechnik: Versorgung, Betriebsmittel, Netzbetrieb, Überspannungen und Isolation, Sicherheit.* 4., überarb. Aufl. Hochschultext. Berlin Heidelberg: Springer, 1991. 262 S. ISBN: 978-3-540-53421-1 978-0-387-53421-3.

[36] Gerhard Hosemann, Hrsg. *Elektrische Energietechnik Band 3: Netze.* Berlin, Heidelberg: Springer Berlin Heidelberg, 2001. ISBN: 978-3-642-63146-7 978-3-642-56904-3. DOI: 10.1007/978-3-642-56904-3. URL: http://link.springer.com/10.1007/978-3-642-56904-3.

[37] Ismail Kasikci. *Planung von Elektroanlagen: Theorie, Vorschriften, Praxis.* 3., vollständig überarbeitete und erweiterte Auflage. Berlin Heidelberg: Springer Vieweg, 2018. ISBN: 978-3-662-56426-4.

[38] Ismail Kasikci. *Drehstromschaltungen: Analyse und Berechnung mit vielen Beispielen.* Berlin, Heidelberg: Springer Berlin Heidelberg, 2021. ISBN: 978-3-662-62279-7 978-3-662-62280-3. DOI: 10.1007/978-3-662-62280-3. URL: http://link.springer.com/10.1007/978-3-662-62280-3.

[39] Wilfried Knies, Klaus Schierack und Manfred Berger. *Elektrische Anlagentechnik: Kraftwerke, Netze, Schaltanlagen, Schutzeinrichtungen.* 8., aktualisierte Auflage. Lernbücher der Technik. München: Carl Hanser Verlag, 2023. 395 S. ISBN: 978-3-446-47715-5.

[40] Florian Mahr u. a. *Elektrische Energiesysteme: Wissensvernetzung von Stromrichter, Netzbetrieb und Netzschutz.* Wiesbaden: Springer Fachmedien Wiesbaden, 2021. ISBN: 978-3-658-34907-3 978-3-658-34908-0. DOI: 10.1007/978-3-658-34908-0. URL: https://link.springer.com/10.1007/978-3-658-34908-0.

[41] Richard Marenbach, Johann Jäger und Dieter Nelles. *Elektrische Energietechnik: Grundlagen, Energieversorgung, Antriebe und Leistungselektronik.* Wiesbaden: Springer Fachmedien Wiesbaden, 2020. ISBN: 978-3-658-29491-5 978-3-658-29492-2. DOI: 10.1007/978-3-658-29492-2. URL: http://link.springer.com/10.1007/978-3-658-29492-2.

[42] Hermann Nagel. *Systematische Netzplanung.* 2. Auflage. Anlagentechnik für elektrische Verteilungsnetze. Berlin: VDE-Verlag, 2008. 155 S. ISBN: 978-3-8022-0916-1 978-3-8007-3087-2.

[43] Friedhelm Noack. *Einführung in die elektrische Energietechnik.* München Wien: Fachbuchverlag Leipzig im Carl Hanser Verlag, 2003. ISBN: 978-3-446-21527-6 3-446-21527-1.

[44] Dietrich Oeding und Bernd R. Oswald. *Elektrische Kraftwerke und Netze.* 8. Auflage. Berlin: Springer Vieweg, 2016. ISBN: 978-3-662-52702-3 978-3-662-52703-0.

[45] Bernd R. Oswald. *Vorlesungsskript Elektrische Energieversorgung.* `www.repo.uni-hannover.de/handle/123456789/9971`. 2005. DOI: `10.15488/9913`.

[46] Konstantin O. Papailiou, Hrsg. *Springer Handbook of Power Systems.* Springer Handbooks. Singapore: Springer Singapore, 2021. ISBN: 978-981-329-937-5 978-981-329-938-2. DOI: `10.1007/978-981-32-9938-2`. URL: `https://link.springer.com/10.1007/978-981-32-9938-2`.

[47] H. Dorsch und P. Jacottet, Hrsg. *Rüdenberg Elektrische Schaltvorgänge.* Berlin Heidelberg New York: Springer Verlag, 1974. ISBN: 978-3-642-50334-4.

[48] *VDI-Lexikon Energietechnik.* Unter Mitarb. von Helmut Schaefer. Softcover reprint of the original 1st ed. 1994. Berlin: Springer Berlin, 2014. ISBN: 978-3-642-95749-9.

[49] Wolfgang Schellong. *Analyse und Optimierung von Energieverbundsystemen.* Berlin, Heidelberg: Springer Verlag, 2016. ISBN: 978-3-662-48527-9 978-3-662-49463-9. DOI: `10.1007/978-3-662-49463-9`. URL: `http://link.springer.com/10.1007/978-3-662-49463-9`.

[50] Jürgen Schlabbach. *Elektroenergieversorgung - Betriebsmittel, Netze, Kennzahlen und Auswirkungen der elektrischen Energieversorgung.* 3. aktualisierte und erweiterte Auflage. Berlin Offenbach: VDE Verlag, 2010. ISBN: 978-3-800-73108-4.

[51] Jürgen Schlabbach und Dieter Metz. *Netzsystemtechnik - Planung und Projektierung von Netzen und Anlagen der Elektroenergieversorgung.* 1. Auflage. Berlin Offenbach: VDE Verlag, 2005. ISBN: 978-3-800-72821-4.

[52] Jürgen Schlabbach und Karl-Heinz Rofalski. *Power System Engineering: Planning, Design and Operation of Power Systems and Equipment.* 2., updated and enlarged edition. Weinheim: Wiley-VCH, 2014. 379 S. ISBN: 978-3-527-41260-0 978-3-527-62280.

[53] Heinz-Helmut Schramm. *Schalten im Hochspannungsnetz.* Berlin Offenbach: VDE Verlag, 2015. 366 S. ISBN: 978-3-8007-3401-6.

[54] Wolfgang Schufft und Jürgen Backes, Hrsg. *Taschenbuch der elektrischen Energietechnik.* München: Fachbuchverlag Leipzig im Carl-Hanser-Verlag, 2007. 544 S. ISBN: 978-3-446-40475-5.

[55] Adolf J. Schwab. *Elektroenergiesysteme: Smarte Stromversorgung im Zeitalter der Energiewende*. Berlin, Heidelberg: Springer Berlin Heidelberg, 2022. ISBN: 978-3-662-64773-8 978-3-662-64774-5. DOI: 10.1007/978-3-662-64774-5. URL: https://link.springer.com/10.1007/978-3-662-64774-5.

[56] Alfons Sillaber. *Leitfaden zur Verteilnetzplanung und Systemgestaltung*. Wiesbaden: Springer Fachmedien Wiesbaden, 2016. ISBN: 978-3-658-14712-9 978-3-658-14713-6. DOI: 10.1007/978-3-658-14713-6. URL: http://link.springer.com/10.1007/978-3-658-14713-6.

[57] Eckhard Spring. *Elektrische Energienetze - Energieübertragung und -verteilung*. 1. Auflage. Berlin Offenbach: VDE Verlag, 2003. ISBN: 3-800-72523-1.

[58] Wilfried Zemke und Alexander Scherer. *Elektroenergietechnik: Grundlagen, Tabellen*. Lehrbuch Studium. Berlin Offenbach: VDE Verlag, 2016. 400 S. ISBN: 978-3-8007-3443-6.

[59] Manfred Beyer, Hrsg. *Hochspannungstechnik: theoretische und praktische Grundlagen*. Berlin Heidelberg New York London Paris Tokyo Hong Kong Barcelona Budapest: Springer, 1992. 362 S. ISBN: 978-3-642-64893-9 978-3-540-16014-4 978-0-387-16014-6.

[60] Peter Hasse und Johannes Wiesinger. *Handbuch für Blitzschutz und Erdung*. 3., vollst. überarb. und erw. Auflage. München, Bad Kissingen, Baden-Baden: Pflaum, 1989. 271 S. ISBN: 978-3-7905-0559-7 978-3-8007-1663-0.

[61] Günther Hilgarth. *Hochspannungstechnik (Leitfaden der Elektrotechnik)*. Berlin Heidelberg New York: Vieweg+Teubner Verlag, 1997. ISBN: 978-3-322-86789-6 978-3-322-86788-9. DOI: 10.1007/978-3-322-86788-9. URL: http://link.springer.com/10.1007/978-3-322-86788-9.

[62] Wolfgang Hauschild und Eberhard Lemke. *Hochspannungsprüf- und Messtechnik*. Springer International Publishing, 2023. ISBN: 978-3-031-33599-0 978-3-031-33600-3. DOI: 10.1007/978-3-031-33600-3. URL: https://link.springer.com/10.1007/978-3-031-33600-3.

[63] Dieter Kind und Herman Kärner. *Hochspannungs-Isoliertechnik*. Wiesbaden: Vieweg Verlag, 1999. ISBN: 3-528-03812-8.

[64] Andreas Küchler. *Hochspannungstechnik: Grundlagen - Technologie - Anwendungen*. 4. Auflage. VDI-Buch. Berlin: Springer Vieweg, 2017. 659 S. ISBN: 978-3-662-54699-4 978-3-662-54700-7.

[65] Andreas Küchler. *High Voltage Engineering: Fundamentals - Technology - Applications*. 1st ed. 2018. VDI-Buch. Berlin, Heidelberg: Springer Berlin Heidelberg : Imprint: Springer Vieweg, 2018. ISBN: 978-3-642-11993-4. DOI: 10.1007/978-3-642-11993-4.

[66] Klaus Schon. *Hochspannungsmesstechnik: Grundlagen – Messgeräte - Messverfahren.* Wiesbaden: Springer Vieweg, 2016. 484 S. ISBN: 978-3-658-15177-5 978-3-658-15178-2.

[67] Klaus Schon. *High Voltage Measurement Techniques: Fundamentals, Measuring Instruments, and Measuring Methods.* Power Systems. Springer International Publishing, 2019. ISBN: 978-3-030-21769-3 978-3-030-21770-9. DOI: 10.1007/978-3-030-21770-9. URL: http://link.springer.com/10.1007/978-3-030-21770-9.

[68] Adolf J. Schwab. *Hochspannungsmesstechnik: Messgeräte und Messverfahren.* 2. Aufl. 1981, Nachdr. 2011 in veränd. Ausstattung. 3. Aufl. Klassiker der Technik. Berlin: Springer, 2011. 278 S. ISBN: 978-3-642-19881-6 978-3-642-19882-3.

[69] Günther Brauner. *Energiesysteme: regenerativ und dezentral.* Wiesbaden: Springer Fachmedien Wiesbaden, 2016. ISBN: 978-3-658-12754-1 978-3-658-12755-8. DOI: 10.1007/978-3-658-12755-8. URL: http://link.springer.com/10.1007/978-3-658-12755-8.

[70] Günther Brauner. *Systemeffizienz bei regenerativer Stromerzeugung: Strategien für effiziente Energieversorgung bis 2050.* Wiesbaden: Springer Fachmedien Wiesbaden, 2019. ISBN: 978-3-658-24853-6 978-3-658-24854-3. DOI: 10.1007/978-3-658-24854-3. URL: http://link.springer.com/10.1007/978-3-658-24854-3.

[71] Frank Fischer. *Netzanschluss von Erneuerbare-Energien-Anlagen.* Hrsg. von Rolf Rüdiger Cichowski. 3., vollständig neu bearbeitete Auflage. Anlagentechnik für elektrische Verteilungsnetze. Berlin Offenbach: VDE Verlag, 2022. ISBN: 978-3-8007-5828-9 978-3-8007-5827-2.

[72] Martin Kaltschmitt, Wolfgang Streicher und Andreas Wiese, Hrsg. *Erneuerbare Energien: Systemtechnik, Wirtschaftlichkeit, Umweltaspekte.* 6., vollständig neu überarbeitete Auflage. Berlin, Heidelberg: Springer Vieweg, 2020. 1251 S. ISBN: 978-3-662-61189-0.

[73] Jürgen Karl. *Dezentrale Energiesysteme: erneuerbare Energien und Speichertechnologien für die Energiewende.* 4. Auflage. De Gruyter Studium. Berlin Boston: De Gruyter Oldenbourg, 2024. ISBN: 978-3-11-131801-1 978-3-11-131837-0. DOI: 10.1515/9783111318370.

[74] Wolfgang Noot. *Energiegewinnung ohne fossile Brennstoffe: Erzeugung, Transport und Speicherung anschaulich erklärt.* Neuerscheinung. Berlin: VDE Verlag, 2023. 120 S. ISBN: 978-3-8007-6045-9.

[75] Volker Quaschning. *Regenerative Energiesysteme: Technologie - Berechnung - Klimaschutz.* ger. 12., aktualisierte Auflage. München: Carl Hanser Verlag, 2024. ISBN: 978-3-446-47777-3.

[76] Gerhard Reich und Marcus Reppich. *Regenerative Energietechnik: Überblick über ausgewählte Technologien zur nachhaltigen Energieversorgung.* 2. Auflage. Lehrbuch. Wiesbaden: Springer Vieweg, 2018. 269 S. ISBN: 978-3-658-20607-9 978-3-658-20608-6.

[77] Karl Strauß. *Kraftwerkstechnik: zur Nutzung fossiler, nuklearer und regenerativer Energiequellen.* 7. Auflage. VDI-Buch. Berlin Heidelberg: Springer Vieweg, 2016. 548 S. ISBN: 978-3-662-53029-0 978-3-662-53030-6.

[78] Christian Synwoldt. *Dezentrale Energieversorgung mit regenerativen Energien: Technik, Märkte, kommunale Perspektiven.* 2., aktualisierte und überarbeitete Auflage. Lehrbuch. Wiesbaden, Heidelberg: Springer Vieweg, 2021. 430 S. ISBN: 978-3-658-33733-9 978-3-658-33732-2.

[79] Holger Watter. *Regenerative Energiesysteme: Grundlagen, Systemtechnik und Analysen ausgeführter Beispiele nachhaltiger Energiesysteme.* Wiesbaden: Springer Fachmedien Wiesbaden, 2022. ISBN: 978-3-658-35867-9 978-3-658-35868-6. DOI: 10.1007/978-3-658-35868-6. URL: https://link.springer.com/10.1007/978-3-658-35868-6.

[80] Viktor Wesselak u. a. *Handbuch Regenerative Energietechnik.* Berlin, Heidelberg: Springer Berlin Heidelberg, 2017. ISBN: 978-3-662-53072-6 978-3-662-53073-3. DOI: 10.1007/978-3-662-53073-3. URL: http://link.springer.com/10.1007/978-3-662-53073-3.

[81] Martin Wietschel u. a., Hrsg. *Energietechnologien der Zukunft: Erzeugung, Speicherung, Effizienz und Netze.* Wiesbaden: Springer Vieweg, 2015. ISBN: 978-3-658-07128-8 978-3-658-07129-5.

[82] Richard Zahoransky, Hrsg. *Energietechnik: Systeme zur konventionellen und erneuerbaren Energieumwandlung. Kompaktwissen für Studium und Beruf.* Wiesbaden: Springer Fachmedien Wiesbaden, 2019. ISBN: 978-3-658-21846-1 978-3-658-21847-8. DOI: 10.1007/978-3-658-21847-8. URL: https://link.springer.com/10.1007/978-3-658-21847-8.

[83] Yaman Abou Jieb und Eklas Hossain. *Photovoltaic Systems: Fundamentals and Applications.* Cham: Springer International Publishing, 2022. ISBN: 978-3-030-89779-6 978-3-030-89780-2. DOI: 10.1007/978-3-030-89780-2. URL: https://link.springer.com/10.1007/978-3-030-89780-2.

[84] Heinz-Dieter Fröse. *Regelkonforme Installation von PV-Anlagen.* 4. Auflage. de-Fachwissen. Heidelberg München: Hüthig Verlag, 2024. 252 S. ISBN: 978-3-8101-0615-5.

[85] Michael Kofler und Christian Ofenheusle. *Photovoltaik: Grundlagen, Planung, Betrieb.* 1. Auflage. Rheinwerk Computing 9439. Bonn: Rheinwerk Verlag, 2023. 214 S. ISBN: 978-3-8362-9439-3.

[86] Stefan C. W. Krauter. *Solar electric power generation - photovoltaic energy systems: modeling of optical and thermal performance, electrical yield, energy balance, effect on reduction of greenhouse gas emissions.* Berlin: Springer, 2006. 271 S. ISBN: 978-3-540-31345-8.

[87] Konrad Mertens. *Photovoltaik: Lehrbuch zu Grundlagen, Technologie und Praxis.* 6., aktualisierte und erweiterte Auflage. München: Carl Hanser Verlag, 2022. 409 S. ISBN: 978-3-446-47194-8.

[88] Jürgen Schlabbach. *Netzgekoppelte Photovoltaikanlagen.* Hrsg. von Rolf Rüdiger Chicowski. 2. Aufl. Anlagentechnik für elektrische Verteilungsnetze. Berlin Offenbach: VDE-Verlag, 2011. 240 S. ISBN: 978-3-8007-3340-8 978-3-8022-1052-5.

[89] Heiko Schwarzburger und Sven Ullrich. *Störungsfreier Betrieb von PV-Anlagen und Speichersystemen: Monitoring, Optimierung, Fehlererkennung.* 2., überarbeitete und erweiterte Auflage. Berlin: VDE Verlag, 2023. 246 S. ISBN: 978-3-8007-6060-2.

[90] Viktor Wesselak und Sebastian Voswinckel. *Photovoltaik.* Bd. 2. Technik im Fokus. Berlin, Heidelberg: Springer Berlin Heidelberg, 2012. ISBN: 978-3-642-24296-0 978-3-642-24297-7. DOI: `10.1007/978-3-642-24297-7`. URL: `http://link.springer.com/10.1007/978-3-642-24297-7`.

[91] Harry Wirth. *Photovoltaic Module Technology.* 2nd edition. De Gruyter. Berlin Boston: De Gruyter, 2021. 178 S. ISBN: 978-3-11-067697-6.

[92] Uwe Ahrens. *Höhenwindenergie: Neue Technologien und Konzepte für die Energiewende.* Cham: Springer Nature Switzerland, 2024. ISBN: 978-3-031-49526-7 978-3-031-49527-4. DOI: `10.1007/978-3-031-49527-4`. URL: `https://link.springer.com/10.1007/978-3-031-49527-4`.

[93] Arno Bergmann. *Windenergieanlagen: normgerecht errichten, betreiben, herstellen und konstruieren.* 2., neu bearb. u. erw. Auflage. VDE-Schriftenreihe - Normen verständlich 158. Berlin Offenbach: VDE-Verlag, 2015. 116 S. ISBN: 978-3-8007-4068-0 978-3-8007-4069-7.

[94] Jörg Böttcher, Hrsg. *Handbuch Windenergie: Onshore-Projekte: Realisierung, Finanzierung, Recht und Technik.* 2. Aufl. Boston: De Gruyter, 2019. ISBN: 978-3-11-058109-6.

[95] Harsh Dhiman und Dipankar Deb. *Entscheidung und Steuerung in hybriden Windparks.* Singapore: Springer Nature Singapore, 2025. ISBN: 978-981-97-8338-0 978-981-97-8339-7. DOI: `10.1007/978-981-97-8339-7`. URL: `https://link.springer.com/10.1007/978-981-97-8339-7`.

[96] Frank Fischer. *Onshore-Windenergieanlagen.* Hrsg. von Rolf Rüdiger Cichowski. Anlagentechnik für elektrische Verteilungsnetze. Berlin Offenbach: VDE Verlag, 2019. 228 S. ISBN: 978-3-8007-4964-5 978-3-8007-4965-2.

[97] Robert Gasch und Peter Bade, Hrsg. *Windkraftanlagen: Grundlagen, Entwurf, Planung und Betrieb.* 4., vollst. überarb. und erw. Aufl. Lehrbuch Maschinenbau. Wiesbaden: Teubner, 2005. 577 S. ISBN: 978-3-519-36334-7.

[98] Peter Bade, Wolfgang Conrad und Christoph Heilmann. *Windkraftanlagen: Grundlagen, Entwurf, Planung und Betrieb.* Hrsg. von Robert Gasch und Jochen Twele. 9., überarbeitete und erweiterte Auflage. Wiesbaden: Springer Vieweg, 2016. ISBN: 978-3-658-12360-4. DOI: `10.1007/978-3-658-12361-1`.

[99] Erich Hau. *Windkraftanlagen: Grundlagen. Technik. Einsatz. Wirtschaftlichkeit.* 6. Auflage. Berlin Heidelberg New York: Springer-Verlag, 2017. ISBN: 978-3-662-53153-2.

[100] Siegfried Heier. *Windkraftanlagen: Systemauslegung, Netzintegration und Regelung.* Wiesbaden: Springer Fachmedien Wiesbaden, 2022. ISBN: 978-3-658-36569-1 978-3-658-36570-7. DOI: 10.1007/978-3-658-36570-7. URL: https://link.springer.com/10.1007/978-3-658-36570-7.

[101] Lorenz Jarass, Gustav M. Obermair und Wilfried Voigt. *Windenergie.* Berlin, Heidelberg: Springer Berlin Heidelberg, 2009. ISBN: 978-3-540-85252-0 978-3-540-85253-7. DOI: 10.1007/978-3-540-85253-7. URL: http://link.springer.com/10.1007/978-3-540-85253-7.

[102] Arne Kusiek. *Windenergieanlagen: Technologie-Funktionsweise-Entwicklung.* München: Carl Hanser Verlag, 2022. 356 S. ISBN: 978-3-446-47161-0.

[103] Daniel Meier und Steffen Rietz, Hrsg. *Projektmanagement in der Windenergie: Strategien und Handlungsempfehlungen für die Praxis.* Wiesbaden: Springer Fachmedien Wiesbaden, 2019. ISBN: 978-3-658-27364-4 978-3-658-27365-1. DOI: 10.1007/978-3-658-27365-1. URL: http://link.springer.com/10.1007/978-3-658-27365-1.

[104] Alois Schaffarczyk, Hrsg. *Einführung in die Windenergietechnik.* 3., überarbeitete Auflage. München: Carl Hanser Verlag, 2022. 553 S. ISBN: 978-3-446-46576-3.

[105] Marc Fengel. *Speicher am Niederspannungsnetz: Planung, Errichtung und Betrieb von Batteriespeichern in elektrischen Anlagen.* de-Fachwissen. München Heidelberg: Hüthig Verlag, 2023. 240 S. ISBN: 978-3-8101-0537-0.

[106] Rudolf Holze. *Elektrische Energie: Speichern und Wandeln.* essentials. Wiesbaden: Springer Fachmedien Wiesbaden, 2019. ISBN: 978-3-658-26571-7 978-3-658-26572-4. DOI: 10.1007/978-3-658-26572-4. URL: http://link.springer.com/10.1007/978-3-658-26572-4.

[107] Reinhart Job. *Electrochemical Energy Storage.* Boston: DE GRUYTER, 2020. ISBN: 978-3-11-048437-3.

[108] Przemyslaw Komarnicki, Pio Lombardi und Zbigniew A. Styczynski. *Elektrische Energiespeichersysteme: Flexibilitätsoptionen für Smart Grids.* Berlin, Heidelberg: Springer Berlin Heidelberg, 2021. ISBN: 978-3-662-62801-0 978-3-662-62802-7. URL: http://link.springer.com/10.1007/978-3-662-62802-7.

[109] Peter Kurzweil und Otto K. Dietlmeier. *Elektrochemische Speicher: Superkondensatoren, Batterien, Elektrolyse-Wasserstoff, Rechtliche Rahmenbedingungen.* Wiesbaden: Springer Fachmedien Wiesbaden, 2018. ISBN: 978-3-658-21828-7 978-3-658-21829-4. DOI: 10.1007/978-3-658-21829-4. URL: http://link.springer.com/10.1007/978-3-658-21829-4.

[110] Stefanie Meilinger. *Nachhaltige Energiespeicher: Technologien - Anwendungen - Bewertung.* 1. Auflage. München: Carl Hanser Verlag, Mai 2021. ISBN: 978-3-446-45122-3.

[111] Armin U. Schmiegel. *Energiespeicher für die Energiewende: Auslegung und Betrieb von Speichersystemen.* 3., vollständig überarbeitete Auflage. München: Carl Hanser Verlag, 2023. 259 S. ISBN: 978-3-446-47582-3.

[112] Michael Sterner und Ingo Stadler, Hrsg. *Energiespeicher - Bedarf, Technologien, Integration.* 2., korrigierte und ergänzte Auflage. Wiesbaden: Springer Vieweg, 2017. ISBN: 978-3-662-48892-8 978-3-662-48893-5.

[113] Michael Sterner und Ingo Stadler, Hrsg. *Handbook of Energy Storage: Demand, Technologies, Integration.* Berlin, Heidelberg: Springer Berlin Heidelberg, 2019. ISBN: 978-3-662-55503-3 978-3-662-55504-0. DOI: 10.1007/978-3-662-55504-0. URL: http://link.springer.com/10.1007/978-3-662-55504-0.

[114] Martin Zapf. *Stromspeicher und Power-to-Gas im deutschen Energiesystem: Rahmenbedingungen, Bedarf und Einsatzmöglichkeiten.* Wiesbaden: Springer Fachmedien Wiesbaden, 2022. ISBN: 978-3-658-37128-9 978-3-658-37129-6. DOI: 10.1007/978-3-658-37129-6. URL: https://link.springer.com/10.1007/978-3-658-37129-6.

[115] Rolf Rüdiger Cichowski. *Elektroinstallation und Ladeinfrastruktur der Elektromobilität.* 2., überarbeitete Auflage. VDE-Schriftenreihe – Normen verständlich 175. Berlin Offenbach: VDE Verlag, 2023. 381 S. ISBN: 978-3-8007-6079-4.

[116] Martin Doppelbauer. *Grundlagen der Elektromobilität: Technik, Praxis, Energie und Umwelt.* Wiesbaden: Springer Fachmedien Wiesbaden, 2025. ISBN: 978-3-658-44827-1 978-3-658-44828-8. DOI: 10.1007/978-3-658-44828-8. URL: https://link.springer.com/10.1007/978-3-658-44828-8.

[117] Achim Kampker und Heiner Hans Heimes, Hrsg. *Elektromobilität: Grundlagen einer Fortschrittstechnologie.* Berlin, Heidelberg: Springer Berlin Heidelberg, 2024. ISBN: 978-3-662-65811-6 978-3-662-65812-3. DOI: 10.1007/978-3-662-65812-3. URL: https://link.springer.com/10.1007/978-3-662-65812-3.

[118] Anton Karle. *Elektromobilität: Grundlagen und Praxis.* 6., aktualisierte und erweiterte Auflage. München: Carl Hanser Verlag, 2022. 258 S. ISBN: 978-3-446-47508-3.

[119] Bernd Michael Buchholz und Zbigniew Styczynski. *Smart Grids - Grundlagen und Technologien der elektrischen Netze der Zukunft.* 2., neu bearbeitete und erweiterte Auflage. Berlin Offenbach: VDE Verlag, 2019. ISBN: 978-3-8007-4748-1 978-3-8007-4748-1.

[120] Johann Jäger, Christian Romeis und Edmond Petrossian. *Duale Netzplanung.* Wiesbaden: Springer Fachmedien Wiesbaden, 2016. ISBN: 978-3-658-12729-9 978-3-658-12730-5. DOI: 10.1007/978-3-658-12730-5. URL: http://link.springer.com/10.1007/978-3-658-12730-5.

[121] Klaus-Dieter Maubach. *Strom 4.0.* Wiesbaden: Springer Fachmedien Wiesbaden, 2015. ISBN: 978-3-658-08612-1 978-3-658-08613-8. DOI: 10.1007/978-3-658-08613-8. URL: http://link.springer.com/10.1007/978-3-658-08613-8.

[122] Herbert Niederhausen und Andreas Burkert. *Elektrischer Strom: Gestehung, Übertragung, Verteilung, Speicherung und Nutzung elektrischer Energie im Kontext der Energiewende.* Wiesbaden: Springer Vieweg, 2014. ISBN: 978-3-8348-2492-9 978-3-8348-2493-6.

[123] James Northcote-Green und Robert Wilson. *Control and automation of electrical power distribution systems.* Power engineering 28. Boca Raton, Fla.: CRC Taylor & Francis, 2007. 464 S. ISBN: 978-0-8247-2631-7. DOI: 10.1201/9781315221465.

[124] Jörg Scheffler. *Verteilnetze auf dem Weg zum Flächenkraftwerk.* Berlin, Heidelberg: Springer Berlin Heidelberg, 2016. ISBN: 978-3-642-55296-0 978-3-642-55297-7. DOI: 10.1007/978-3-642-55297-7. URL: http://link.springer.com/10.1007/978-3-642-55297-7.

[125] Hans-Gerd Servatius, Uwe Schneidewind und Dirk Rohlfing, Hrsg. *Smart Energy.* Berlin, Heidelberg: Springer Berlin Heidelberg, 2012. ISBN: 978-3-642-21819-4 978-3-642-21820-0. DOI: 10.1007/978-3-642-21820-0. URL: http://link.springer.com/10.1007/978-3-642-21820-0.

[126] Zbigniew A. Styczynski, Krzysztof Rudion und André Naumann. *Einführung in Expertensysteme: Grundlagen, Anwendungen und Beispiele aus der elektrischen Energieversorgung.* Berlin, Heidelberg: Springer Berlin Heidelberg, 2017. ISBN: 978-3-662-53171-6 978-3-662-53172-3. DOI: 10.1007/978-3-662-53172-3. URL: http://link.springer.com/10.1007/978-3-662-53172-3.

[127] Boris Valov. *Handbuch Netzintegration Erneuerbarer Energien: Netzanschluss, Stromerzeugungsanlagen und Regelung.* Wiesbaden: Springer Fachmedien Wiesbaden, 2022. ISBN: 978-3-658-37790-8 978-3-658-37791-5. DOI: 10.1007/978-3-658-37791-5. URL: https://link.springer.com/10.1007/978-3-658-37791-5.

[128] S. Vijayalakshmi u. a., Hrsg. *Smart Power Systems: Grid Modernization Using AI and IoT-Based Applications.* Power Systems. Cham: Springer Nature Switzerland, 2025. ISBN: 978-3-031-89458-9 978-3-031-89459-6. DOI: 10.1007/978-3-031-89459-6. URL: https://link.springer.com/10.1007/978-3-031-89459-6.

[129] Hans-Josef Vogel, Karlheinz Weißer und Wolf D.Hartmann. *Smart City: Digitalisierung in Stadt und Land.* Wiesbaden: Springer Fachmedien Wiesbaden, 2018. ISBN: 978-3-658-19045-3 978-3-658-19046-0. DOI: 10.1007/978-3-658-19046-0. URL: http://link.springer.com/10.1007/978-3-658-19046-0.

[130] Martin Zapf. *Energiemanagement in komplexen Stromversorgungssystemen: Technologien sowie ein Regulierungs- und Marktdesign für die Energiewende und Flexibilitäten in Smart Grids.* Wiesbaden: Springer Fachmedien Wiesbaden, 2025. ISBN: 978-3-658-45807-2 978-3-658-45808-9. DOI: 10.1007/978-3-658-45808-9. URL: https://link.springer.com/10.1007/978-3-658-45808-9.

[131] Dietmar Richard Graeber. *Handel mit Strom aus erneuerbaren Energien.* Aufl. 2014. essentials. Wiesbaden: Springer Fachmedien Wiesbaden, 2014. 47 S. ISBN: 978-3-658-05940-8.

[132] Marcel Linnemann. *Energiewirtschaft für (Quer-)Einsteiger: Einmaleins der Stromwirtschaft.* Wiesbaden [Heidelberg]: Springer Vieweg, 2021. 298 S. ISBN: 978-3-658-33143-6.

[133] Tim Wawer. *Elektrizitätswirtschaft: eine praxisorientierte Einführung in Strommärkte und Stromhandel.* Wiesbaden [Heidelberg]: Springer Gabler, 2022. 306 S. ISBN: 978-3-658-38417-3.

[134] Przemyslaw Komarnicki, Michael Kranhold und Zbigniew A. Styczynski. *Sektorenkopplung – Energetisch-nachhaltige Wirtschaft der Zukunft: Grundlagen, Modell und Planungsbeispiel eines Gesamtenergiesystems (GES).* Energie in Naturwissenschaft, Technik, Wirtschaft und Gesellschaft. Wiesbaden: Springer Fachmedien Wiesbaden, 2021. ISBN: 978-3-658-33558-8 978-3-658-33559-5. DOI: 10.1007/978-3-658-33559-5. URL: https://link.springer.com/10.1007/978-3-658-33559-5.

[135] John A. Harrison und John A. Harrison. *Elektrische Energieversorgung.* Im Klartext. München: Pearson Studium, 2004. 126 S. ISBN: 978-3-8273-7099-0.

[136] Wilfried Zemke und Alexander Scherer. *Übungen zur Elektroenergietechnik: Übungsaufgaben mit Lösungswegen.* Elektroenergietechnik / Wilfried Zemke, Alexander Scherer Band 2. Berlin Offenbach: VDE Verlag, 2017. 439 S. ISBN: 978-3-8007-4260-8.

[137] Manfred Zobel und Udo Markgraf. *Der Netzmeister: eine Aufgabensammlung für Prüfung und Praxis der elektrischen Energieversorgung.* 3. Aufl. Frankfurt am Main: VWEW Energieverlag, 2007. 378 S. ISBN: 978-3-8007-3037-7 978-3-8022-0785-3.

[138] Hitachi Energy Germany AG. *Pressestelle.* www.hitachienergy.com/de. Mannheim, 2020 - heute.

[139] BDEW - Bundesverband der Energie- und Wasserwirtschaft e. V. *Internet Auftritt.* www.bdew.de. 2007 - heute.

[140] Siemens Energy AG - Presseportal. *Press Pictures - Pressefotos.* www.siemens-energy.com. April 2020 - heute.

[141] Prof. Dr.-Ing. habil. B. R. Oswald. *Skript Elektrische Energieversorgung.* www.iee.uni-hannover.de. Universität Hannover - Institut für Energieversorgung und Hochspannungstechnik. 2005. DOI: 10.15488/9913.

[142] BMWK - Bundesministerium für Wirtschaft und Klimaschutz der Bundesrepublik Deutschland. *Internet Auftritt.* www.bmwk.de. 2024 - heute.

[143] Karl Friedrich Schäfer. *Netzberechnung: Verfahren zur Berechnung elektrischer Energieversorgungsnetze.* Wiesbaden: Springer Fachmedien Wiesbaden, 2023. ISBN: 978-3-658-40876-3 978-3-658-40877-0. DOI: 10.1007/978-3-658-40877-0. URL: https://link.springer.com/10.1007/978-3-658-40877-0.

[144] envia Mitteldeutsche Energie AG. *Internet Auftritt.* www.enviam.de. 2002 - heute.

[145] Thomas Oennigmann. *Analyse von Optimierungspotentialen eines Niederspannungsnetzes am Beispiel der münsterNETZ GmbH.* Steinfurt: FH Münster FB EGU Masterarbeit, 2016.

[146] BSD Bildungs- und Servicezentrum GmbH. *Internet Auftritt.* www.bsd-dresden.de. 2010 - heute.

[147] EnBW Energie Baden-Württemberg AG. *Internet Auftritt.* www.enbw.com. 2006 - heute.

[148] E.ON Mitte AG. *Internet Auftritt.* www.eon.de. 2005 - 2014.

[149] Georg Kerber. *Aufnahmefähigkeit von Niederspannungsverteilnetzen für die Einspeisung aus Photovoltaikkleinanlagen.* https://mediatum.ub.tum.de/doc/998003/998003.pdf, Dissertation. 2011.

[150] MVV Energie AG. *Internet Auftritt.* www.mvv-energie.de. Mannheim, 2014 - heute.

[151] Westenergie AG. *Pressefotos.* www.westenergie.de. Oktober 2020 - heute.

[152] BS|NETZ - Braunschweiger Netz GmbH. *Internet Auftritt.* www.bs-netz.de. 2020 - heute.

[153] Swissgrid. *Internet Auftritt.* www.swissgrid.ch. 2009 - heute.

[154] Frank Cornelius u. a. *Innovative approach to boosting DER hosting through a combination of distribution transformers, line voltage regulation and OT/IT integration.* CIRED 2025 Conference.

[155] regelleistung.net. *Internetplattform für Regelleistung der deutschen Übertragungsnetzbetreiber.* www.regelleistung.net. 2007 - heute.

[156] Prof. Dr.-Ing. habil. B. R. Oswald. *Skript Netzregelung.* www.iee.uni-hannover.de. Universität Hannover - Institut für Energieversorgung und Hochspannungstechnik. 2005.

[157] Narain G. Hingorani und Laszlo Gyugyi. *Understanding FACTS: concepts and technology of flexible AC transmission systems.* Nova Delhi: Wiley, 2000. ISBN: 978-81-265-3040-3.

[158] Xiao-Ping Zhang, Christian Rehtanz und Bikash Pal. *Flexible AC transmission systems: modelling and control.* Power systems. Berlin: Springer Verlag, 2006. 383 S. ISBN: 978-3-540-30606-1.

[159] Krishna Sarker. *FACTS Controllers: Performance of different types Flexible Alternating Current Transmission System (FACTS) Controllers.* S.l.: Scholars' Press, 2019. ISBN: 978-613-8-91213-2.

[160] Bjarne R. Andersen und Stig L. Nilsson, Hrsg. *Flexible AC Transmission Systems: FACTS.* CIGRE Green Books. Cham Switzerland: Springer International Publishing, 2020. ISBN: 978-3-030-35385-8 978-3-030-35386-5. DOI: 10.1007/978-3-030-35386-5. URL: http://link.springer.com/10.1007/978-3-030-35386-5.

[161] A. V. Sunil Kumar u. a. »Comprehensive Survey on Recent Trends in Optimization Methods and Different Facts Controllers-Based Power Quality Improvement System«. In: *Sustainable Technology and Advanced Computing in Electrical Engineering.* Hrsg. von Vasundhara Mahajan u. a. Springer Nature Singapore, 2022, S. 971–985. ISBN: 978-981-19-4364-5.

[162] Hitachi ABB Power Grids. *Mediacenter - Pressebilder.* www.hitachiabb-powergrids.com. 2020.

[163] Surajit Chattopadhyay und Arabinda Das. *Overhead electric power lines: theory and practice.* IET energy engineering 193. Stevenage: Institution of Engineering und Technology, 2021. 331 S. ISBN: 978-1-83953-311-2.

[164] Reinhard Fischer. *Freileitungen.* Springer-Verlag, 2012. ISBN: 978-3-642-97925-5.

[165] Andreas Grohs, Dirk Herweg und Rolf Rüdiger Cichowski. *Freileitungen.* VDE Verlag, 2019. ISBN: 978-3-8007-4825-9.

[166] Friedrich Kießling, Peter Nefzger und Ulf Kaintzyk. *Freileitungen: Planung, Berechnung, Ausführung [nach EN 50341].* 5., vollst. neu bearb. Aufl. Berlin: Springer, 2001. 611 S. ISBN: 978-3-540-42255-6.

[167] Peter Niemeyer und Andreas Grohs. *Freileitung.* 2. Aufl. Anlagentechnik für elektrische Verteilungsnetze. Berlin: VDE Verlag, 2008. 432 S. ISBN: 978-3-8007-3082-7 978-3-8022-0915-4.

[168] Gustav M. Obermair, Lorenz J. Jarass und Dieter Gröhn. *Hochspannungsleitungen: techn. u. wirtschaftl. Bewertung von Trassenführung u. Verkabelung.* Berlin: Springer, 1985. 190 S. ISBN: 978-3-540-13965-2 978-0-387-13965-4.

[169] Markus Palic u. a. *Freileitungen und Kabel in Hoch- und Höchstspannungsnetzen.* 2., überarbeitete und erweiterte Auflage. Tübingen: expert verlag, 2024. ISBN: 978-3-381-11331-6 978-3-381-11332-3. DOI: 10.24053/9783381113323.

[170] Prasad Yenumula. *Design of Electrical Transmission Lines: Structures and Foundations.* Routledge, 2021. ISBN: 978-1-03-209729-9.

[171] Wikipedia. *Die freie Enzyklopädie.* `www.de.wikipedia.org`. 2001 - heute.

[172] Süwag Energie AG. *Internet Auftritt.* `www.suewag.com`. 1999 - heute.

[173] Wiener Netze GmbH. *Internet Auftritt.* `www.wienernetze.at`. 2018 - heute.

[174] Konstantin O. Papailiou und Frank Schmuck. *Silikon-Verbundisolatoren: Werkstoffe, Dimensionierung, Anwendungen.* 2. vollständig überarbeitete Auflage. Berlin, Heidelberg: Springer Berlin Heidelberg, 2022. 946 S. ISBN: 978-3-662-64248-1 978-3-662-64249-8. DOI: `10.1007/978-3-662-64249-8`. URL: `https://link.springer.com/10.1007/978-3-662-64249-8`.

[175] RWE AG. *Corporate Website.* `www.rwe.com`. 2001 - heute.

[176] Red Eléctrica (Red Eléctrica de España). *Internet Auftritt.* `www.ree.es`. 2009 - heute.

[177] Statnett SF. *Internet Auftritt.* `www.statnett.no`. 2009 - heute.

[178] Bernd Buchholz und Zbigniew Styczynski. *Smart Grids - Grundlagen und Technologien der elektrischen Netze der Zukunft.* 1. Auflage. Berlin Offenbach: VDE Verlag, 2014. ISBN: 978-3-800-73562-4.

[179] Helmuth Hitzeroth. *Admittances of an overhead high voltage transmission line.* 2021. DOI: `10.13140/RG.2.2.28650.08647`.

[180] Martin Poppe. *Prüfungstrainer Elektrotechnik: Erst verstehen, dann bestehen.* Berlin, Heidelberg: Springer Berlin Heidelberg, 2022. ISBN: 978-3-662-65001-1 978-3-662-65002-8. DOI: `10.1007/978-3-662-65002-8`. URL: `https://link.springer.com/10.1007/978-3-662-65002-8`.

[181] Martin Poppe. *Grundkurs Theoretische Elektrotechnik: Q, E und B begründen alles.* 2. Auflage. Berlin, Heidelberg: Springer Berlin Heidelberg, 2024. ISBN: 978-3-662-68630-0 978-3-662-68631-7. DOI: `10.1007/978-3-662-68631-7`. URL: `https://link.springer.com/10.1007/978-3-662-68631-7`.

[182] Adolf J. Schwab. *Begriffswelt der Feldtheorie: elektromagnetische Felder, Maxwell-Gleichungen, Gradient, Rotation, Divergenz.* 7., bearbeitete und ergänzte Auflage. Springer-Lehrbuch. Berlin Heidelberg: Springer Vieweg, 2013. 368 S. ISBN: 978-3-642-34565-4 978-3-642-34566-1.

[183] Bernd R. Oswald. *Berechnung von Drehstromnetzen: Berechnung stationärer und nichtstationärer Vorgänge mit Symmetrischen Komponenten und Raumzeigern.* Wiesbaden: Springer Vieweg Wiesbaden, 2025. ISBN: 978-3-658-49002-7 978-3-658-49003-4. URL: `https://link.springer.com/book/9783658490027`.

[184] Dieter Heidorn. *Ein Beitrag zur Theorie transienter Leitungsnachbildungen.* Hamburg: Fachbereich Elektrotechnik der Universität der Bundeswehr Hamburg, 1988.

[185] Rudolf Bauer. *Die Messwandler. Grundlagen, Anwendung und Prüfung.* Softcover reprint of the original 1st ed. 1953. Berlin, Heidelberg: Springer-Verlag, 2013. ISBN: 978-3-662-11515-2.

[186] Ingmar Grambow, Hrsg. *Messwandler für Mittel- und Hochspannungsnetze.* 2. Aufl. Kontakt & Studium 554. Renningen: Expert-Verlag, 2003. 254 S. ISBN: 978-3-8169-2200-1.

[187] Helmut Karger. *Messungen in Netzen der elektrischen Energietechnik.* Nürnberg: Pia Verlagsgesellschaft, 1994. 149 S. ISBN: 978-3-928485-16-6.

[188] Ruthard Minkner und Joachim Schmid. *Technologie der Messwandler Strom- und Spannungsmessung und Isolationssysteme.* Wiesbaden: Springer Fachmedien Wiesbaden, 2020. ISBN: 978-3-658-30206-1 978-3-658-30207-8. DOI: 10.1007/978-3-658-30207-8. URL: https://doi.org/10.1007/978-3-658-30207-8.

[189] Ruthard Minkner und Joachim Schmid. *The Technology of Instrument Transformers: Current and Voltage Measurement and Insulation Systems.* Wiesbaden: Springer Fachmedien Wiesbaden, 2022. 246 S. ISBN: 978-3-658-34862-5 978-3-658-34865-6.

[190] Siemens AG Industry. *Bilddatenbank.* www.automation.siemens.com/bilddb. 2018.

[191] ABB AB High Voltage Products. *Instrument Transformers - Application Guide.* 4. Aufl. 2015.

[192] Günter Burkhard. *Schaltgeräte der Elektroenergietechnik: Grundlagen u. techn. Ausführungen.* 1. Aufl. Berlin: VDE Verlag, 1985. 312 S. ISBN: 978-3-8007-1393-6.

[193] A. Erk und M. Schmelzle. *Grundlagen der Schaltgerätetechnik - Kontaktglieder und Löscheinrichtungen elektrischer Schaltgeräte der Energietechnik.* Berlin: Springer, 1974. ISBN: 978-3-642-50340-5.

[194] R. D. Garzon. *High voltage circuit breakers: design and applications.* 2nd ed., rev. and expanded. Electrical and computer engineering 114. New York: Marcel Dekker, 2002. 432 S. ISBN: 978-0-8247-0799-6.

[195] James M. Lafferty, Hrsg. *Vacuum Arcs - Theory and Application.* first edition. Hoboken, New Jersey: John Wiley, 1980. ISBN: 978-0-471-06506-7.

[196] Manfred Lindmayer, Hrsg. *Schaltgeräte. Grundlagen, Aufbau, Wirkungsweise.* Berlin, Heidelberg, New York: Springer Verlag, 1987. ISBN: 978-3-642-52268-0.

[197] Hans Joachim Lippmann. *Schalten im Vakuum: Physik und Technik der Vakuumschalter.* 1. Auflage. Berlin Offenbach: VDE Verlag, 2003. ISBN: 978-3-800-72317-1.

[198] Zhiyuan Liu u. a. *Switching Arc Phenomena in Transmission Voltage Level Vacuum Circuit Breakers.* Springer International Publishing, 2021. ISBN: 978-981-16-1398-2.

[199] Kaveh Niayesh und Magne Runde. *Power Switching Components: Theory, Applications and Future Trends.* 1st edition. Power Systems. Springer International Publishing, 2017. ISBN: 978-3-319-51460-4. DOI: 10.1007/978-3-319-51460-4.

[200] Heinz-Helmut Schramm. *Schalten im Hochspannungsnetz.* Berlin Offenbach: VDE Verlag, 2015. 366 S. ISBN: 978-3-8007-3401-6.

[201] Paul G. Slade. *The vacuum interrupter: theory, design, and application.* 2. Aufl. Boca Raton: CRC Press, 2020. ISBN: 978-0-367-27505-1.

[202] René Smeets u. a. *Switching in Electrical Transmission and Distribution Systems.* Chichester, UK: John Wiley & Sons, Ltd, 2014. ISBN: 978-1-118-70361-8 978-1-118-38135-9. DOI: 10.1002/978-1-118-70361-8. URL: http://doi.wiley.com/10.1002/9781118703618.

[203] Eduard Vinaricky, Hrsg. *Elektrische Kontakte, Werkstoffe und Anwendungen.* Berlin, Heidelberg: Springer Berlin Heidelberg, 2016. ISBN: 978-3-642-45426-4 978-3-642-45427-1. DOI: 10.1007/978-3-642-45427-1. URL: http://link.springer.com/10.1007/978-3-642-45427-1.

[204] Magnus Callavik u. a. *The Hybrid HVDC Breaker - An innovation breakthrough enabling reliable HVDC grids.* 2021.

[205] Fritz Pinnekamp. *Der Leistungsschalter. Ein Musterbeispiel für industrielle Produktentwicklung.* ABB Technik 1/2007, 2021. 4 S. URL: https://library.e.abb.com/public/d7cfba766ca89a43c125728f0034b35d/75-78%201M720_GER72dpi.pdf.

[206] *Live Tank Circuit Breakers - Buyer's Guide and Product Information.* ABB AB High Voltage Products, 2014. URL: www.abb.com/highvoltage.

[207] ABB Asea Brown Boveri Ltd. *Image Gallery - Pressebilder.* www.abb.com und www.abb.de. 2001 - heute.

[208] Gerd Balzer und Christian Schorn. *Asset Management für Infrastrukturanlagen - Energie und Wasser.* 2. Auflage. Berlin: Springer Verlag, 30. September 2014. ISBN: 978-3-642-54938-0.

[209] Hubert Biedermann. *Lean Smart Maintenance: Agiles, Lern- und Wertschöpfungsorientiertes Instandhaltungsmanagement.* Unter Mitarb. von Alfred Kinz. Industrial Management Ser. Wiesbaden: Springer Fachmedien Wiesbaden GmbH, 2021. ISBN: 978-3-658-35472-5 978-3-658-35473-2.

[210] Adolf Rötzel und Iris Rötzel-Schwunk. *Instandhaltung: - eine betriebliche Herausforderung.* 5., überarbeitete und erweiterte Auflage. Berlin Offenbach: VDE Verlag, 2017. ISBN: 978-3-8007-4003-1 978-3-8007-4004-8.

[211] Michael Schenk, Hrsg. *Instandhaltung technischer Systeme: Methoden und Werkzeuge zur Gewährleistung eines sicheren und wirtschaftlichen Anlagenbetriebs.* Berlin: Springer, 2010. 328 S. ISBN: 978-3-642-03948-5 978-3-642-03949-2.

[212] Georg-Wilhelm Werner. *Instandhaltung am Beispiel stromführender Geräte und Anlagen*. 1. Neuerscheinung. Berlin: VDE Verlag, 2021. ISBN: 978-3-8007-5410-6.

[213] Peter Paul Smeets. *Handbook of Switchgears*. New York: McGraw-Hill, 2007. ISBN: 978-0-07-147696-6.

[214] Helmut Böhme. *Mittelspannungstechnik: Schaltanlagen berechnen und entwerfen*. 2., stark bearb. Aufl. Berlin: Huss-Medien GmbH Verlag Technik, 2005. 312 S. ISBN: 978-3-341-01495-0.

[215] EWE NETZ GmbH. *Internet Auftritt*. www.ewe-netz.de. 2014 - heute.

[216] Univ.-Prof. Dr-Ing. Albert Moser. *Seminar Hoch- und Mittelspannungsschaltgeräte und -anlagen*. www.iaew.rwth-aachen.de. Lehrstuhl für Elektrische Anlagen und Hochspannungstechnik. Aachen, 2024.

[217] Wolfgang Doemeland und Karsten Götz. *Handbuch Schutztechnik: Grundlagen, Schutzsysteme, Inbetriebsetzung*. 8., überarb. Aufl. Berlin: Huss-Medien, 2007. 440 S. ISBN: 978-3-341-01520-9 978-3-8007-2995-1.

[218] Hans-Joachim Hermann. *Digitale Schutztechnik - Grundlagen, Software und Ausführungsbeispiele*. 1. Auflage. Berlin Offenbach: VDE Verlag, 1997. ISBN: 3-800-71850-2.

[219] Wolfgang Hofheinz. *Schutztechnik mit Isolationsüberwachung*. 5., neu bearbeitete Auflage. VDE-Schriftenreihe – Normen verständlich 114. Berlin: VDE Verlag, 2020. 387 S. ISBN: 978-3-8007-5389-5 978-3-8007-5390-1.

[220] Helmut Hubensteiner. *Schutztechnik in elektrischen Netzen - Grundlagen und Ausführungsbeispiele*. 2. Auflage. Berlin Offenbach: VDE Verlag, 1. Januar 1993. ISBN: 978-3-800-71753-8.

[221] Helmut Hubensteiner. *Schutztechnik in elektrischen Netzen - Planung und Betrieb*. 1. Auflage. Berlin Offenbach: VDE Verlag, 1. Januar 1992. ISBN: 978-3-800-71833-7.

[222] Joachim Schimanski. *Überspannungsschutz: Theorie und Praxis*. 2., neu bearb. und erw. Aufl. Heidelberg: Hüthig, 2003. 166 S. ISBN: 978-3-7785-2898-3.

[223] Helmut Ungrad, Willibald Winkler und Andrzej Wiszniewski. *Schutztechnik in Elektroenergiesystemen: Grundlagen, Stand der Technik, Neuentwicklungen*. Zweite Auflage. Springer eBook Collection Computer Science and Engineering. Berlin, Heidelberg s.l: Springer Berlin Heidelberg, 1994. ISBN: 978-3-642-63409-3 978-3-642-57938-7. DOI: 10.1007/978-3-642-57938-7.

[224] Gerhard Ziegler. *Digitaler Differentialschutz: Grundlagen und Anwendungen*. 2., überarb. und erw. Aufl. EBL-Schweitzer. Erlangen, 2013. ISBN: 978-3-89578-416-3.

[225] E. Ivers-Tiffée und W. von Münch. *Werkstoffe der Elektrotechnik*. Wiesbaden: Vieweg+Teubner Verlag, 2007. ISBN: 978-3-835-10052-7.

[226] Gerhard Kiefer, Herbert Schmolke und Karsten Callondann. *VDE 0100 und die Praxis: Wegweiser für Elektrofachkräfte.* ger. 18., neu bearbeitete Auflage. Berlin: VDE Verlag, 2024. ISBN: 978-3-8007-6229-3 978-3-8007-6230-9.

[227] A. G. Phadke u. a., Hrsg. *Synchronized Phasor Measurements and Their Applications.* Power Electronics and Power Systems. Boston, MA: Springer US, 2008. ISBN: 978-0-387-76535-8 978-0-387-76537-2. DOI: 10.1007/978-0-387-76537-2.

[228] Berthold Bitzer. *Automatisierung in elektrischen Energieversorgungssystemen: eine Einführung in die Netzautomatisierung.* Heidelberg: Hüthig, 1991. 129 S. ISBN: 978-3-7785-1518-1.

[229] Edmund Handschin und Alexander Petroianu. *Energy Management Systems: Operation and Control of Electric Energy Transmission Systems.* Electric energy systems and engineering series. Berlin New York: Springer-Verlag, 1991. 183 S. ISBN: 978-3-540-52009-2 978-0-387-52009-4.

[230] Dieter Rumpel und Ji R. Sun. *Netzleittechnik: Informationstechnik für den Betrieb elektrischer Netze.* Berlin Heidelberg New York London Paris Tokyo: Springer-Verlag, 1989. 636 S. ISBN: 978-3-642-83514-8 978-3-540-19409-5 978-0-387-19409-7.

[231] Ernst-Günther Tietze. *Netzleittechnik Teil 2: Grundlagen.* 2. Auflage. Berlin Offenbach: VDE Verlag, 2006. ISBN: 3-800-72952-0.

[232] Ernst-Günther Tietze. *Netzleittechnik Teil 2: Systemtechnik.* 2. Auflage. Berlin Offenbach: VDE Verlag, 2006. ISBN: 3-800-72953-9.

[233] Vijay Vittal und James D. McCalley. *Power System Control and Stability.* Unter Mitarb. von Paul M. Anderson und Abdel-Aziz A. Fouad. Hoboken, New Jersey: Wiley-IEEE Press, 2020. ISBN: 978-1-119-43371-2 978-1-119-43370-5 978-1-119-43369-9.

[234] EAM Netz GmbH Kassel. *Presse Fotos.* www.eam-netz.de. 2022 - heute.

[235] Thomas Spoede und Verband der Netzbetreiber, Hrsg. *Netzleitstellen im Querverbund.* 1. Ausg. Frankfurt am Main Berlin Heidelberg: VWEW-Energieverlag, 2003. 69 S. ISBN: 978-3-8022-0748-8.

4 Modellierung und Berechnung

In diesem Kapitel geht es um die Simulation von ungestörten und gestörten Betriebszuständen. Zunächst werden einige wichtige Begriffe geklärt. Im Anschluss wird die Methode der symmetrischen Komponenten vorgestellt, die bei der Berechnung von asymmetrischen Fehlern nützlich ist. Es folgen die abstrakten Ersatzschaltbilder, die in die Netzgleichungssysteme eingehen. Ein zentrales Thema ist die Leistungsflussrechnung, mit der die Wirk-, Blind- und Scheinleistung an jeden Knoten berechnet werden. Der Umgang mit einpoligen Erdfehlern und die Berechnung von Kurzschlussströmen, die für die Auslegung der Anlagen herangezogen wird, schließen dieses Kapitel ab. Zur Klärung von offenen Fragen und zur Vertiefung können die Lehr- und Fachbücher [1–27] herangezogen werden.

Bezogene Größen

Vielfach werden bezogene Größen im Per-Unit-System verwendet. Diese Größen sind dimensionslos, was mit dem Kürzel pu (per unit) gekennzeichnet wird. Das Rechnen mit bezogenen Größen war früher wegen ihres engen Wertebereichs bei Analogrechnern und den ersten Digitalrechnern erforderlich. Heute bietet das immer noch eine Reihe von Vorteilen.

- Die Spannungswerte liegen in der Nähe von eins.
- Viele Größen bewegen sich in relativ engen Grenzen. Manche fehlerhafte Werte können leichter erkannt werden.
- Beim Rechnen über mehrere Spannungsebenen können die idealen Transformatoren im Ersatzschaltbild weggelassen werden.

Von den Bezugsgrößen sind zwei frei wählbar. Die anderen ergeben sich zwangsläufig. Werden beispielsweise die

- Bezugsspannung U_B (Leiter-Leiter-Spannung) und die
- Bezugsscheinleistung S_B (dreiphasige Leistung)

als Basis- bzw. Bezugsgröße gewählt, folgen daraus der Bezugsstrom I_B und der Bezugsscheinwiderstand Z_B.

$$I_\mathrm{B} = \frac{S_\mathrm{B}}{\sqrt{3}\,U_\mathrm{B}} \qquad \text{und} \qquad Z_\mathrm{B} = \frac{U_\mathrm{B}}{\sqrt{3}\,I_\mathrm{B}} = \frac{U_\mathrm{B}^2}{S_\mathrm{B}} \tag{4.1}$$

© Der/die Autor(en), exklusiv lizenziert an
Springer-Verlag GmbH, DE, ein Teil von Springer Nature 2026
A. Böker, *Grundlagen der elektrischen Energietechnik*,
https://doi.org/10.1007/978-3-662-73170-3_4

Damit ist die bezogene synchrone Längsreaktanz x_d vom Drehstrom-Synchrongenerator

$$x_\mathrm{d} = \frac{X_\mathrm{d}}{Z_\mathrm{B}} = X_\mathrm{d}\,\frac{S_\mathrm{B}}{U_\mathrm{B}^2} \qquad [X_\mathrm{d}] = [Z_\mathrm{B}] = \Omega \qquad [x_\mathrm{d}] = \mathrm{pu} = 1\;. \tag{4.2}$$

Werden als Bezugsgrößen die Bemessungswerte des Generators verwendet, ist

$$x_\mathrm{d} = X_\mathrm{d}\,\frac{S_\mathrm{r}}{U_\mathrm{r}^2} \tag{4.3}$$

mit der Bemessungsscheinleistung S_r (dreiphasige Leistung) und der Bemessungsspannung U_r (Leiter-Leiter-Spannung). Bezogene Größen werden mit kleinen Formelbuchstaben gekennzeichnet, absolute Größen mit großen Formelbuchstaben.

Stationäre und dynamische Zustände

Sind seit längerer Zeit keine Störungen aufgetreten, ist das Energieversorgungsnetz im stationären Zustand und die Betriebsgrößen sind eingeschwungen. Die Frequenz, die Amplituden und die Nullphasenwinkel von den Wechselströmen und -spannungen sind konstant (Abb. 4.1 links). Es ist Ruhe im Netz. Dieser stationäre Zustand wird in sehr vielen Fällen mathematisch im Bildbereich mit Effektivwertzeigern und stationären Ersatzschaltbildern formuliert (Abschnitt 1.4).

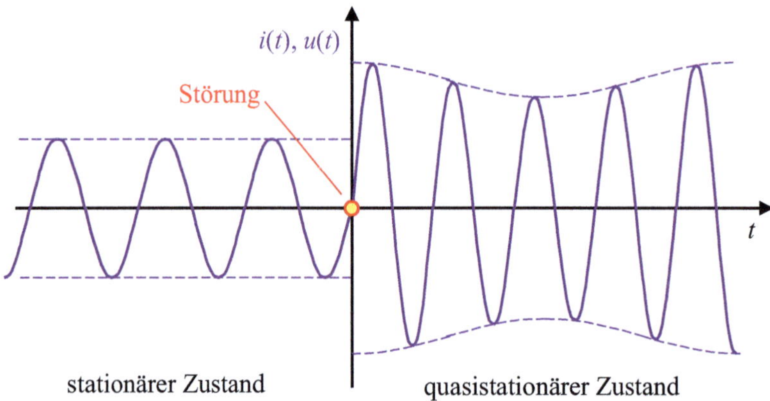

Abb. 4.1 Zeitverlauf der elektrischen Ströme und Spannungen vor und nach einer Störung

Schalthandlungen und Fehler wie Kurzschlüsse führen zu Störungen im Drehstromnetz. Bei Eintritt der Störung ändern sich die Phasenlagen und Amplituden der Ströme und Spannungen und niemals ihre Augenblickswerte. Die ändern sich stetig und nicht sprunghaft. Als Folge von Störungen können sich die Amplituden und Nullphasenwinkel langsam ändern. Das ist neben anderen auf die elektromechanischen Schwingungen der Polräder von den Synchronmaschinen am Netz zurückzuführen. Deren Frequenz liegt unterhalb von 50 Hz, so dass von subsynchronen

Schwingungen oder kurz SSR (Sub-Synchronous Resonance) gesprochen wird. Das Netz ist im quasistationären Zustand (Abb. 4.1 rechts).

Störungen können auch dazu führen, dass sich die Phasenlagen und Amplituden drastisch ändern und die elektrischen Größen dynamisches Verhalten zeigen. Wie diese Vorgänge im Zeitbereich berechnet werden kann, wird später in Abschnitt 4.5.3 am Beispiel eines Klemmenkurzschlusses an einem Drehstrom-Synchrongenerator skizziert (Abb. 4.47). Wenn die drastischen Änderungen der Größen nach kurzer Zeit abgeklungen sind, werden sie auch als transient oder subtransient bezeichnet. Ein bekanntes Beispiel ist die subtransiente Reaktanz X''_{d} des Drehstrom-Synchrongenerators (Abschnitt 4.5.1).

Fehlerarten

Fehler können jederzeit auftreten und sind kaum vorhersagbar. Die möglichen Ursachen sind sehr vielfältig. Die Betriebsmittel altern. Isoliermaterialien verändern sich im Laufe der Jahre oder können feucht werden. Genauso kann es in der Isolation zu einem Durchschlag in Folge von zu hohen Temperaturen kommen. Daneben sind Schalt- oder Blitzüberspannungen sowie Resonanzen zu nennen. Es gibt es Wettereinflüsse wie Wind-, Schnee- und Eislasten oder gar Nebel mit einem hohen Salzgehalt. Die Temperaturen schwanken übers Jahr. Fremdeinwirkungen von Tieren, Baggern oder Erntemaschinen kommen vor und auch Menschen machen mitunter etwas falsch.

In der Modellierung sind die unterschiedlichen Fehlerarten im Netz zu berücksichtigen. Grundsätzlich gibt es Kurzschlüsse, Erdfehler oder Unterbrechungen. Kurzschlüsse sind leitende Verbindungen zwischen den Leitern L1, L2, L3 oder N. Ein Kurzschluss ist metallisch, wenn im Fehlerstromkreis kein Übergangswiderstand vorhanden ist. Manche sprechen auch von satten, direkten, vollkommenen oder widerstandslosen Kurzschlüssen. Bei einem Erdfehler hat mindestens ein Leiter L1, L2 oder L3 Kontakt zum Erdreich. Aus Sicht der veränderten Netztopologie werden die Kurzschlüsse und Erdfehler als Querfehler und die Unterbrechungen als Längsfehler bezeichnet.

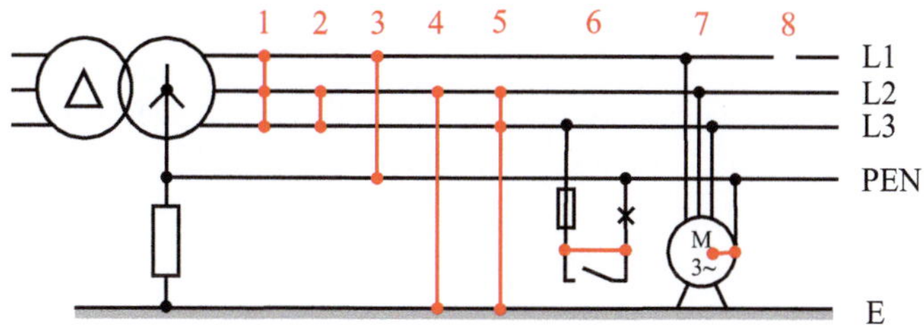

Abb. 4.2 Einfachfehler in Netzen mit geerdeten Sternpunkt (KS = Kurzschluss)

Ein dreipoliger Kurzschluss auf einer Drehstromleitung ist ein symmetrischer Fehler (Abb. 4.2 Fehler 1).

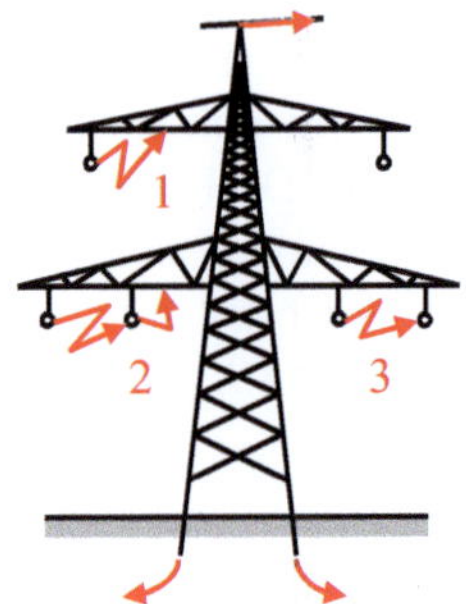

Abb. 4.3 Asymmetrische Fehler auf einer Freileitung

Alle anderen Kurzschlüsse, Leiterunterbrechungen und alle Erdfehler sind asymmetrisch (Abb. 4.3 und 4.4).

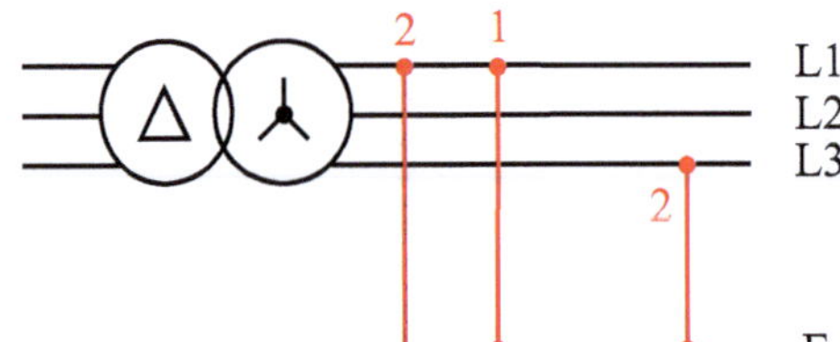

Abb. 4.4 Erdschlüsse in Netzen mit isolierten Sternpunkt

Ein einpoliger Kurzschluss ist ein Kurzschluss zwischen einem Außenleiter und dem Neutralleiter (Abb. 4.2 Fehler 3). Das kommt nur in der NS-Ebene bei TN- oder TT-Systemen vor (Abschnitt 5.3). Ein Isolationsfehler zwischen einem Außenleiter und der Erde ist ein einpoliger Erdfehler (Abschnitt 4.4) Davon gibt es zwei Varianten.

- Ein Erdschluss tritt in Netzen mit isolierten Transformatorsternpunkten oder bei Einsatz von Erdschlusslöschspulen auf (Abb. 4.4 Fehler 1). Der Fehlerstrom ist klein genug und kann zumindest eine Zeit lang toleriert werden.
- Ein Erdkurzschluss kommt in Netzen mit niederohmig geerdeten Transformatorsternpunkten vor (Abb. 4.2 Fehler 4). Der Fehlerstrom ist sehr hoch und muss schnellstmöglich abgeschaltet werden.

Die Störungs- und Verfügbarkeitsstatistik vom Forum Netzbetrieb/Netztechnik (FNN) zeigt, dass einpolige Fehler (einpolige Kurzschlüsse und einpolige Erdfehler) besonders häufig auftreten (Tab. 3.7 und 4.1).

Tab. 4.1 Aufteilung der Kurzschlussfehler in % von 2013 bis 2016 nach [1] (Quelle: FNN)

Fehlerart	MS	HS	HöS
einpolig	35,4	91,3	89,7
zweipolig	16,5	1,8	8,4
dreipolig	9,6	0,7	1,3
unbekannt	38,5	6,2	0,6

MS:	1 kV $< U_\mathrm{n} \leq$ 72,5 kV
HS:	72,5 kV $< U_\mathrm{n} \leq$ 125 kV
HöS:	125 kV $< U_\mathrm{n}$

Weitere asymmetrische Fehler sind ein

- zweipoliger Kurzschluss ohne Erdberührung (Abb. 4.2 Fehler 2), ein
- zweipoliger Kurzschluss mit Erdberührung (zwei Erdschlüsse am selben Ort und an verschiedenen Leitern, Abb. 4.2 Fehler 5), ein
- Leiterschluss (fehlerhafte Verbindung zwischen verschiedenen Leitern mit nennenswerten Widerstand im Fehlerstromkreis, Abb. 4.2 Fehler 6), ein
- Körperschluss (durch einen Fehler entstandene leitende Verbindung zwischen metallischen Körper und aktiven Teilen elektrischer Betriebsmittel, Abb. 4.2 Fehler 7), eine
- Leiterunterbrechung (Abb. 4.2 Fehler 8) sowie ein
- Doppelerdschluss (Abb. 4.4 Fehler 2).

Bei Mehrfachfehlern treten gleichzeitig mehrere Quer- oder Längsfehler auf. Ein typische Mehrfachfehler ist ein Doppelerdschluss.

Modellbildung und numerische Lösungsverfahren

Für die Netzberechnungen in Planung und Betrieb wird schon lange auf leistungsfähige Software zurückgegriffen, da die Anzahl der Betriebsmittel im Netz beachtlich sein kann (Tab. 4.2).

Tab. 4.2 Mengengerüst eines Netzleittechnik-Projekts für China Light and Power in Hongkong (Quelle: Hitachi Energy [28])

single line pictures	1 400	transformers:	357
main stations	120	switches:	66 000
substations	18 000	measurements:	33 000
transmission lines	30 000	indications:	58 000

Tab. 4.3 zeigt eine schematische Übersicht über die Simulationsmodelle. Aus der Sicht der Mathematik ist die Kurzschlussstromberechnung die numerische Lösung eines linearen Gleichungssystems, das spärlich besetzt ist.

Tab. 4.3 Netzberechnungen

stationär/quasistationär						**dynamisch**	
linear	nicht linear					linear im Kleinen	nicht linear
stetig				abschnitts-weise stetig	diskret	stetig	
bestimmt	über-bestimmt	bestimmt	unterbestimmt			bestimmt	
$\underline{\boldsymbol{U}}=\underline{\boldsymbol{Y}}^{-1}\cdot\underline{\boldsymbol{I}}$	$J=\boldsymbol{r}^{\mathrm{T}}\cdot\boldsymbol{R}^{-1}\cdot\boldsymbol{r} \rightarrow \mathrm{Min}$	$\Delta\boldsymbol{x}_{\nu+1}=-\boldsymbol{J}_{\nu}^{-1}\cdot\Delta\boldsymbol{y}_{\nu}$	$Z=\underline{\boldsymbol{f}}(\underline{\boldsymbol{u}}) \rightarrow \mathrm{Min}$		Enumeration	$\boldsymbol{A}-\lambda\boldsymbol{E}=0$	$\frac{\mathrm{d}}{\mathrm{d}t}\boldsymbol{x}=\boldsymbol{A}\cdot\boldsymbol{x}+\boldsymbol{b}$
Berechnung vom KS SCA	Zustands-estimation SE	Leistungs-flussbe-rechnung DPF	Leistungsflussoptimierung OPF		Optimierung Netzstruktur	statische Stabilität	transiente Stabilität, dynamische Ausgleichs-vorgänge
			momentane Optimie-rung f-P-Regelung AGC	Optimierung Plan Kraft-werkseinsatz UC			

Die Leistungsflussberechnung ist die iterative Lösung für ein quadratisches Gleichungssystem. Das alles wird sich nun nach und nach zeigen. Die Algorithmen der Zustandsestimation oder der Leistungsflussoptimierung sind anspruchsvoller und werden hier nicht dargestellt.

4.1 Symmetrische Komponenten

In der Regel befindet das Drehstromnetz im symmetrischen Betrieb. Anders ist es bei einem Erdschluss im Mittelspannungsnetz, der später bei der Sternpunktbehandlung im Abschnitt 4.4 genauer betrachtet wird. Zur Abschätzung solcher asymmetrischen Betriebszustände hat sich die Berechnung mit den symmetrischen Komponenten bewährt. Die Methode ist international standardisiert und bildet die Grundlage für Schutz- und Netzberechnungen. Daneben gibt es andere Komponentensysteme wie die Raumzeiger-, die Park- oder die Diagonalkomponenten [14]. Es wird sich zeigen, dass die Transformation in die symmetrischen Komponenten folgende Eigenschaften hat:

- Die Transformation ist linear, so dass ein linearer Zusammenhang zwischen Strom und Spannung erhalten bleibt.
- Die Gleichungssysteme sind für symmetrisch aufgebaute Betriebsmittel vollständig physikalisch entkoppelt.
- Bei symmetrischen Betrieb ist nur eine Komponente wirksam. Das ist das Mitsystem.

Dazu werden im ersten Schritt drei asymmetrische Stromzeiger in das Mit-, Gegen- und Nullsystem der symmetrischen Komponenten zerlegt. Die Methode wird danach auf das Beispiel einer Kompensationsdrosselspule angewendet. Es schließt sich die Messung der einzelnen Impedanzen in den Ersatzschaltbildern an und zum Ende wird kurz auf die elektrischen Leistungen eingegangen.

4.1.1 Elektrische Ströme

Die symmetrischen Komponenten sollen am Beispiel von drei unterschiedlichen Leiterströmen erklärt werden. Das kann ein Niederspannungskabel sein, das auf den Leitern L1, L2 und L3 unterschiedlich belastet wird. Das Netz soll sich im stationären Zustand befinden, so dass die drei Wechselströme mit ruhenden Effektivwertzeigern beschrieben werden können. Die Längen der Stromzeiger sollen sich unterscheiden und ihre Phasendifferenzen untereinander sollen deutlich von $\pm 120°$ abweichen. In Abb. 4.5 ist dargestellt, wie die drei Stromzeiger $\underline{I}_{\mathrm{L1}}$, $\underline{I}_{\mathrm{L2}}$ und $\underline{I}_{\mathrm{L3}}$ in ein Mit-, Gegen- und Nullsystem aufgespalten werden, die nach DIN 1304-3 mit den Indizes 1, 2 und 0 gekennzeichnet werden. Das Mitsystem ist ein symmetrisches Zeigersystem mit rechtsdrehender Phasenfolge. Das Gegensystem ist auch symmetrisch, jedoch mit entgegen gesetzter Phasenfolge (Linksdrehfeld). Die Zeiger im Nullsystem haben gleiche Phasenlage. Innerhalb des Mit-, Gegen-

und Nullsystems sind jeweils die Längen der drei Zeiger gleich. Zwischen diesen drei Systemen können sich die Längen und auch die Phasenlagen unterscheiden.

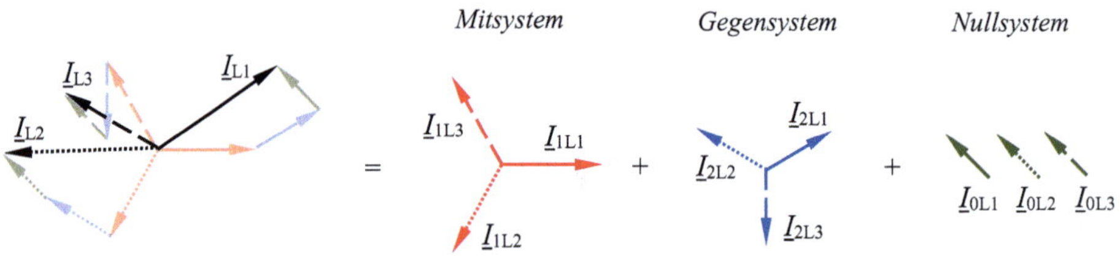

Abb. 4.5 Zerlegung der Leiterströme in symmetrische Komponenten

Unter diesen Voraussetzungen lassen sich die Zeiger $\underline{I}_{\mathrm{L2}}$ und $\underline{I}_{\mathrm{L3}}$ in den Gleichungen

$$\begin{aligned} \underline{I}_{\mathrm{L1}} &= \underline{I}_{\mathrm{1L1}} + \underline{I}_{\mathrm{2L1}} + \underline{I}_{\mathrm{0L1}} \\ \underline{I}_{\mathrm{L2}} &= \underline{I}_{\mathrm{1L2}} + \underline{I}_{\mathrm{2L2}} + \underline{I}_{\mathrm{0L2}} \\ \underline{I}_{\mathrm{L3}} &= \underline{I}_{\mathrm{1L3}} + \underline{I}_{\mathrm{2L3}} + \underline{I}_{\mathrm{0L3}} \end{aligned} \tag{4.4}$$

in Abhängigkeit von $\underline{I}_{\mathrm{1L1}}$, $\underline{I}_{\mathrm{2L1}}$ und $\underline{I}_{\mathrm{0L1}}$ darstellen. Dazu werden die Faktoren

$$\underline{a} = \mathrm{e}^{\mathrm{j}120^\circ} \qquad \text{und} \qquad \underline{a}^2 = \mathrm{e}^{\mathrm{j}240^\circ} \tag{4.5}$$

eingeführt. Werden die Stromzeigern mit $\underline{a}$ bzw. $\underline{a}^2$ multipliziert, werden sie in der komplexen Ebene um 120° bzw. 240° gedreht. Es gilt

$$\underline{a}^2 + \underline{a} + 1 = 0\ . \tag{4.6}$$

Aus dem Gleichungssystem 4.4 wird

$$\begin{aligned} \underline{I}_{\mathrm{L1}} &= \underline{I}_{\mathrm{1L1}} + \underline{I}_{\mathrm{2L1}} + \underline{I}_{\mathrm{0L1}} \\ \underline{I}_{\mathrm{L2}} &= \underline{a}^2\ \underline{I}_{\mathrm{1L1}} + \underline{a}\ \underline{I}_{\mathrm{2L1}} + \underline{I}_{\mathrm{0L1}} \\ \underline{I}_{\mathrm{L3}} &= \underline{a}\ \underline{I}_{\mathrm{1L1}} + \underline{a}^2\ \underline{I}_{\mathrm{2L1}} + \underline{I}_{\mathrm{0L1}} \end{aligned} \tag{4.7}$$

und das ist in Matrizenform

$$\begin{bmatrix} \underline{I}_{\mathrm{L1}} \\ \underline{I}_{\mathrm{L2}} \\ \underline{I}_{\mathrm{L3}} \end{bmatrix} = \begin{bmatrix} 1 & 1 & 1 \\ \underline{a}^2 & \underline{a} & 1 \\ \underline{a} & \underline{a}^2 & 1 \end{bmatrix} \cdot \begin{bmatrix} \underline{I}_{\mathrm{1L1}} \\ \underline{I}_{\mathrm{2L1}} \\ \underline{I}_{\mathrm{0L1}} \end{bmatrix}\ . \tag{4.8}$$

Mit

$$\underline{\boldsymbol{I}}_{\mathrm{L}} = \begin{bmatrix} \underline{I}_{\mathrm{L1}} \\ \underline{I}_{\mathrm{L2}} \\ \underline{I}_{\mathrm{L3}} \end{bmatrix}, \qquad \underline{\boldsymbol{T}}_{\mathrm{S}} = \begin{bmatrix} 1 & 1 & 1 \\ \underline{a}^2 & \underline{a} & 1 \\ \underline{a} & \underline{a}^2 & 1 \end{bmatrix} \qquad \text{und} \qquad \underline{\boldsymbol{I}}_{\mathrm{S}} = \begin{bmatrix} \underline{I}_{\mathrm{1L1}} \\ \underline{I}_{\mathrm{2L1}} \\ \underline{I}_{\mathrm{0L1}} \end{bmatrix} \tag{4.9}$$

werden die Gleichungen 4.8 kompakt formuliert.

$$\underline{\boldsymbol{I}}_{\mathrm{L}} = \underline{\boldsymbol{T}}_{\mathrm{S}} \cdot \underline{\boldsymbol{I}}_{\mathrm{S}} \tag{4.10}$$

Hier steht der Index L für die Leitergrößen und der Index S für die symmetrischen Komponenten. Die Transformationsmatrix $\underline{\boldsymbol{T}}_{\mathrm{S}}$ transformiert die Komponentenströme $\underline{\boldsymbol{I}}_{\mathrm{S}}$ in die tatsächlichen Leiterströme $\underline{\boldsymbol{I}}_{\mathrm{L}}$. Das geht auch umgekehrt. Durch einfaches Umformen der Gl. 4.10 folgt

$$\underline{\boldsymbol{I}}_{\mathrm{S}} = \underline{\boldsymbol{T}}_{\mathrm{S}}^{-1} \cdot \underline{\boldsymbol{I}}_{\mathrm{L}} \tag{4.11}$$

mit der inversen Transformationsmatrix

$$\underline{\boldsymbol{T}}_{\mathrm{S}}^{-1} = \frac{1}{3} \begin{bmatrix} 1 & \underline{a} & \underline{a}^2 \\ 1 & \underline{a}^2 & \underline{a} \\ 1 & 1 & 1 \end{bmatrix} . \tag{4.12}$$

Es gilt

$$\underline{\boldsymbol{T}}_{\mathrm{S}} \cdot \underline{\boldsymbol{T}}_{\mathrm{S}}^{-1} = \underline{\boldsymbol{T}}_{\mathrm{S}}^{-1} \cdot \underline{\boldsymbol{T}}_{\mathrm{S}} = \begin{bmatrix} 1 & 0 & 0 \\ 0 & 1 & 0 \\ 0 & 0 & 1 \end{bmatrix} = \boldsymbol{E} \tag{4.13}$$

mit der Einheitsmatrix $\boldsymbol{E}$. Grundsätzlich kann die Methode auch auf andere Größen wie beispielsweise die Spannungen im Drehstromsystem angewendet werden.

4.1.2 Impedanzen und elektrische Leistungen

Zunächst werden am Beispiel einer Kompensationsdrosselspule die Impedanzen in symmetrischen Komponenten eingeführt. Danach geht es um ihre Messung.

Spannungsgleichungen einer Kompensationsdrosselspule

Es wird eine Drosselspule betrachtet, die neben dem Anschlüssen für die drei Leiter einen Anschluss für den Neutralleiter hat (Abb. 4.6 links). Durch eine geeignete Dimensionierung der Luftspalte im Eisenkern soll die Drossel annähernd symmetrische elektrische Eigenschaften haben. Unter Vernachlässigung der Verluste und der kapazitiven Eigenschaften sind dann die Spannungsgleichungen

$$\begin{bmatrix} \underline{U}_{\mathrm{L1}} \\ \underline{U}_{\mathrm{L2}} \\ \underline{U}_{\mathrm{L3}} \end{bmatrix} = \mathrm{j}\omega \begin{bmatrix} L & -M & -M \\ -M & L & -M \\ -M & -M & L \end{bmatrix} \cdot \begin{bmatrix} \underline{I}_{\mathrm{L1}} \\ \underline{I}_{\mathrm{L2}} \\ \underline{I}_{\mathrm{L3}} \end{bmatrix} \tag{4.14}$$

mit der Selbstinduktivität L und der Gegeninduktivität M.

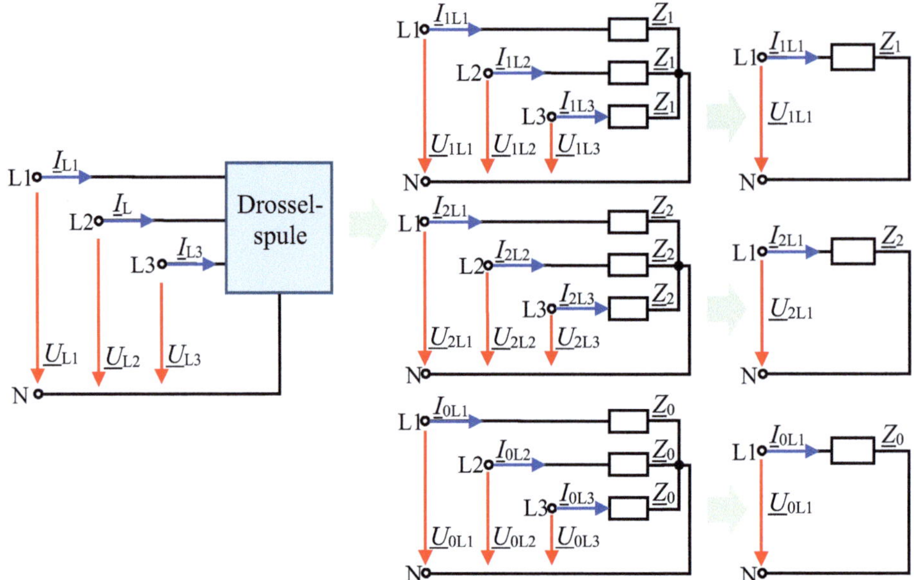

Abb. 4.6 Interpretation der Transformation von den Strom- und Spannungszeigern mit den symmetrischen Komponenten nach [6]

Das Gleichungssystem 4.14 kann kompakter aufgeschrieben werden. Dazu wird mit der Selbstimpedanz $\underline{Z}_\mathrm{s} = \mathrm{j}\omega L$ und der Gegenimpedanz $\underline{Z}_\mathrm{g} = -\mathrm{j}\omega M$ die diagonalsymmetrische Impedanzmatrix

$$\underline{\boldsymbol{Z}}_\mathrm{L} = \begin{bmatrix} \underline{Z}_\mathrm{s} & \underline{Z}_\mathrm{g} & \underline{Z}_\mathrm{g} \\ \underline{Z}_\mathrm{g} & \underline{Z}_\mathrm{s} & \underline{Z}_\mathrm{g} \\ \underline{Z}_\mathrm{g} & \underline{Z}_\mathrm{g} & \underline{Z}_\mathrm{s} \end{bmatrix} , \tag{4.15}$$

eingeführt, so dass

$$\underline{\boldsymbol{U}}_\mathrm{L} = \underline{\boldsymbol{Z}}_\mathrm{L} \cdot \underline{\boldsymbol{I}}_\mathrm{L} . \tag{4.16}$$

Im nächsten Schritt werden diese Spannungsgleichungen in die symmetrischen Komponenten überführt. Analog zur Gl. 4.11 wird der Vektor $\underline{\boldsymbol{U}}_\mathrm{L}$ von links mit der Matrix $\underline{\boldsymbol{T}}_\mathrm{S}^{-1}$ multipliziert.

$$\begin{aligned} \underline{\boldsymbol{U}}_\mathrm{S} &= \underline{\boldsymbol{T}}_\mathrm{S}^{-1} \cdot \underline{\boldsymbol{U}}_\mathrm{L} = \underline{\boldsymbol{T}}_\mathrm{S}^{-1} \cdot \underline{\boldsymbol{Z}}_\mathrm{L} \cdot \underline{\boldsymbol{I}}_\mathrm{L} \\ &= \underline{\boldsymbol{T}}_\mathrm{S}^{-1} \cdot \underline{\boldsymbol{Z}}_\mathrm{L} \cdot \boldsymbol{E} \cdot \underline{\boldsymbol{I}}_\mathrm{L} = \underline{\boldsymbol{T}}_\mathrm{S}^{-1} \cdot \underline{\boldsymbol{Z}}_\mathrm{L} \cdot \underline{\boldsymbol{T}}_\mathrm{S} \cdot \underline{\boldsymbol{T}}_\mathrm{S}^{-1} \cdot \underline{\boldsymbol{I}}_\mathrm{L} \end{aligned} \tag{4.17}$$

Mit

$$\underline{\boldsymbol{Z}}_\mathrm{S} = \underline{\boldsymbol{T}}_\mathrm{S}^{-1} \cdot \underline{\boldsymbol{Z}}_\mathrm{L} \cdot \underline{\boldsymbol{T}}_\mathrm{S} \quad \text{und} \quad \underline{\boldsymbol{I}}_\mathrm{S} = \underline{\boldsymbol{T}}_\mathrm{S}^{-1} \cdot \underline{\boldsymbol{I}}_\mathrm{L} \tag{4.18}$$

sind die transformierten Spannungsgleichungen

$$\underline{\boldsymbol{U}}_\mathrm{S} = \underline{\boldsymbol{Z}}_\mathrm{S} \cdot \underline{\boldsymbol{I}}_\mathrm{S} \,. \tag{4.19}$$

Wegen Gl. 4.6 hat die Matrix $\underline{\boldsymbol{Z}}_\mathrm{S}$ Diagonalform.

$$\underline{\boldsymbol{Z}}_\mathrm{S} = \begin{bmatrix} \underline{Z}_\mathrm{s} - \underline{Z}_\mathrm{g} & 0 & 0 \\ 0 & \underline{Z}_\mathrm{s} - \underline{Z}_\mathrm{g} & 0 \\ 0 & 0 & \underline{Z}_\mathrm{s} + 2\,\underline{Z}_\mathrm{g} \end{bmatrix} = \begin{bmatrix} \underline{Z}_1 & 0 & 0 \\ 0 & \underline{Z}_2 & 0 \\ 0 & 0 & \underline{Z}_0 \end{bmatrix} \tag{4.20}$$

Die Impedanzen $\underline{Z}_1$, $\underline{Z}_2$ und $\underline{Z}_0$ werden als Mit-, Gegen- und Nullimpedanz bezeichnet. Die Spannungsgleichungen 4.19 lauten damit

$$\begin{bmatrix} \underline{U}_\mathrm{1L1} \\ \underline{U}_\mathrm{2L1} \\ \underline{U}_\mathrm{0L1} \end{bmatrix} = \begin{bmatrix} \underline{Z}_1 & 0 & 0 \\ 0 & \underline{Z}_2 & 0 \\ 0 & 0 & \underline{Z}_0 \end{bmatrix} \cdot \begin{bmatrix} \underline{I}_\mathrm{1L1} \\ \underline{I}_\mathrm{2L1} \\ \underline{I}_\mathrm{0L1} \end{bmatrix} \,. \tag{4.21}$$

Mit-, Gegen- und Nullsystem sind für symmetrische Betriebsmittel entkoppelt (Abb. 4.6). Wegen Gl. 4.6 und 4.7 ist der Neutralleiterstrom

$$\underline{I}_\mathrm{N} = \underline{I}_\mathrm{L1} + \underline{I}_\mathrm{L2} + \underline{I}_\mathrm{L3} = 3\,\underline{I}_\mathrm{0L1} \,. \tag{4.22}$$

Ohne Neutralleiter ist $\underline{I}_\mathrm{L1}+\underline{I}_\mathrm{L2}+\underline{I}_\mathrm{L3} = 0$ und für symmetrisch aufgebaute Betriebsmittel entfällt das Nullsystem, so dass nur das Mit- und Gegensystem maßgebend sind.

Messung der Impedanzen der symmetrischen Komponenten

Die Impedanzen der Betriebsmittel im Mit-, Gegen- und Nullsystem können grundsätzlich berechnet werden. Hier soll nur ihre Messung betrachtet werden.

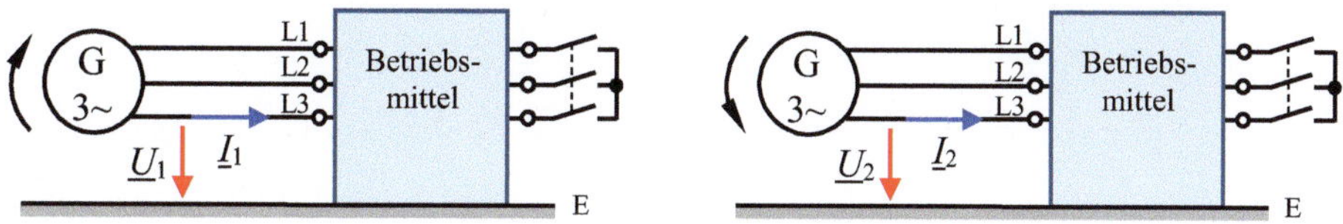

Abb. 4.7 Messung der Mit- und Gegenimpedanz

Die Messschaltungen für das Mit- und Gegensystem sind identisch (Abb. 4.7). Für die Mitimpedanz $\underline{Z}_1$ wird Rechtsdrehfeld und für die Gegenimpedanz $\underline{Z}_2$ ein Linksdrehfeld angelegt. Dazu wird nur die Drehrichtung des dreiphasigen Synchrongenerators gewechselt. Alternativ können die drei Wechselspannungen auch durch einen Drehstromtransformator zur Verfügung gestellt werden. In dem Fall müssen nur zwei Anschlüsse vertauscht werden. Zur Messung der Nullimpedanz $\underline{Z}_0$ wird eine Wechselspannung angelegt (Abb. 4.8).

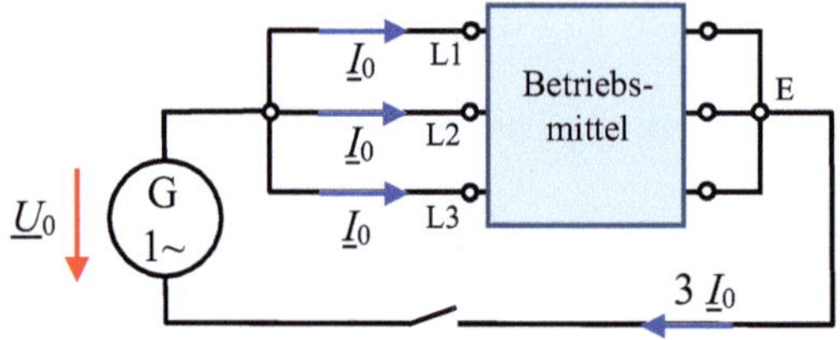

Abb. 4.8 Messung der Nullimpedanz

Die Mit- und Gegenimpedanz sind gleich und unterscheiden sich von der Nullimpedanz.

$$\underline{Z}_1 = \frac{\underline{U}_1}{\underline{I}_1} = \underline{Z}_2 = \frac{\underline{U}_2}{\underline{I}_2} \neq \underline{Z}_0 = \frac{\underline{U}_0}{\underline{I}_0} \tag{4.23}$$

Sollen die Parameter der Betriebsmittel für eine Kurzschluss- oder Leistungsflussrechnung gemessen werden, sind die Schaltungen in Abb. 4.7 und 4.8 im Kurzschluss, so dass die eingezeichneten Schalter geschlossen sind. Für die Beschreibung von Leerlaufvorgängen wie die Blindleistungsaufnahme eines Transformators werden die Messungen bei geöffneten Schaltern durchgeführt.

Komplexe Scheinleistungen

Die Form der symmetrischen Komponenten mit der Transformationsmatrix nach Gl. 4.12 ist leistungsvariant [16]. Die Drehstromleistung $\underline{S}_\mathrm{S}$ in symmetrischen Komponenten

$$\underline{S}_\mathrm{S} = \underline{U}_\mathrm{1L1}\underline{I}^*_\mathrm{1L1} + \underline{U}_\mathrm{2L1}\underline{I}^*_\mathrm{2L1} + \underline{U}_\mathrm{0L1}\underline{I}^*_\mathrm{0L1} \tag{4.24}$$

weicht von der tatsächlichen Leistung im Leitersystem $\underline{S}_\mathrm{L}$

$$\underline{S}_\mathrm{L} = \underline{U}_\mathrm{L1}\underline{I}^*_\mathrm{L1} + \underline{U}_\mathrm{L2}\underline{I}^*_\mathrm{L2} + \underline{U}_\mathrm{L3}\underline{I}^*_\mathrm{L3} \tag{4.25}$$

ab.

$$\underline{S}_\mathrm{S} = \frac{1}{3}\,\underline{S}_\mathrm{L} \tag{4.26}$$

Eine leistungsinvariante Form der symmetrischen Komponenten ist in [14] und DIN IEC 62428 *Elektrische Energietechnik - Modale Komponenten in Drehstromsystemen - Größen und Formelzeichen* zu finden. Es schließen sich nun die abstrakten Ersatzschaltbilder und die Netzgleichungssysteme an.

4.2 Abstrakte Ersatzschaltbilder und Netzgleichungssysteme

Zunächst geht es um zweipolige Ersatzschaltbilder für aktive Querelemente wie Generatoren, Motoren, Ersatznetze sowie für passive Querelemente wie Paralleldrosselspulen und -kondensatoren. Freileitungen, Kabel, Zweiwicklungstransformatoren, Längsdrosselspulen und Reihenkondensatoren werden mit Vierpolen nachgebildet. Bei den Freileitungen werden wir uns auf Einfachleitungen beschränken. Bei Zweiwicklungstransformatoren muss das komplexe Übersetzungsverhältnis $\underline{ü}$ für die Schaltgruppe berücksichtigt werden. Dieser Aspekt wird ausgelassen. Auch fehlen die Sechspole für Mehrfachleitungen und Dreiwicklungstransformatoren. Am Ende gehen die Knotengleichungen der Zwei- und Vierpole in das Knotenspannungsgleichungssystem für die Leistungsflussrechnung ein. Dieser Abschnitt beruht in weiten Teilen auf dem Standardwerk [16].

4.2.1 Zweipolige Ersatzschaltbilder

Die Spannungsgleichungen für aktive Zweipole lauten:

$$\begin{aligned} \underline{U}_1 &= (R_1 + \mathrm{j}X_1)\,\underline{I}_1 + \underline{U}_{1\mathrm{q}} = \underline{Z}_1\,\underline{I}_1 + \underline{U}_{1\mathrm{q}} \\ \underline{U}_2 &= (R_2 + \mathrm{j}X_2)\,\underline{I}_2 = \underline{Z}_2\,\underline{I}_2 \\ \underline{U}_0 &= (R_0 + \mathrm{j}X_0)\,\underline{I}_0 = \underline{Z}_0\,\underline{I}_0 \end{aligned} \tag{4.27}$$

In den zugehörigen Ersatzschaltbildern ist nur im Mitsystem eine Quellenspannung $\underline{U}_{1\mathrm{q}}$ vorhanden, da ein symmetrischer Aufbau der Drehstrommaschinen bzw. eine symmetrische Quelle vorausgesetzt wird (Abb. 4.9). Für unterschiedliche Betriebsmittel sind die Impedanzen $\underline{Z}_1 = R_1 + \mathrm{j}X_1$ sowie die wirksamen Quellenspannungen $\underline{U}_{1\mathrm{q}}$ in Tab. 4.4 aufgelistet.

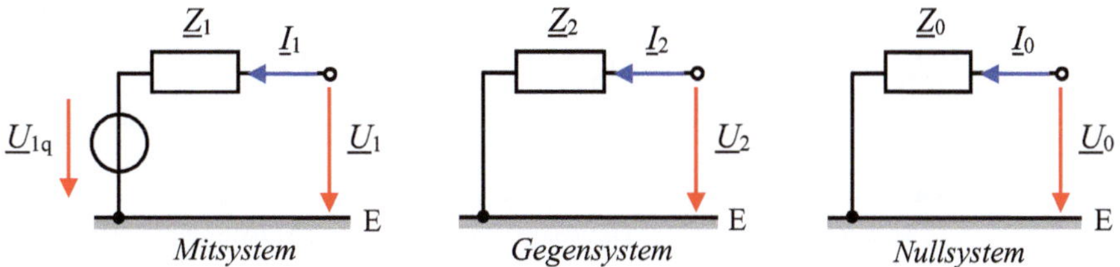

Abb. 4.9 Ersatzschaltungen für Generatoren, Motoren und Ersatznetze

Aus den Gl. 4.27 folgen mit der Ersatzstromquelle $\underline{I}_{1\mathrm{k}} = -\underline{Y}_1\,\underline{U}_{1\mathrm{q}}$ direkt:

$$\begin{aligned} \underline{I}_1 &= \underline{Z}_1^{-1}\,(\underline{U}_1 - \underline{U}_{1\mathrm{q}}) = \underline{Y}_1\,(\underline{U}_1 - \underline{U}_{1\mathrm{q}}) = \underline{Y}_1\,\underline{U}_1 + \underline{I}_{1\mathrm{k}} \\ \underline{I}_2 &= \underline{Z}_2^{-1}\,\underline{U}_2 = \underline{Y}_2\,\underline{U}_2 \\ \underline{I}_0 &= \underline{Z}_0^{-1}\,\underline{U}_0 = \underline{Y}_0\,\underline{U}_0 \end{aligned} \tag{4.28}$$

Diese Stromgleichungen werden später für das Knotenpunktverfahren benötigt. Die Ersatzstromquelle ist in den Ersatzschaltungen im Mitsystem enthalten (Abb. 4.10).

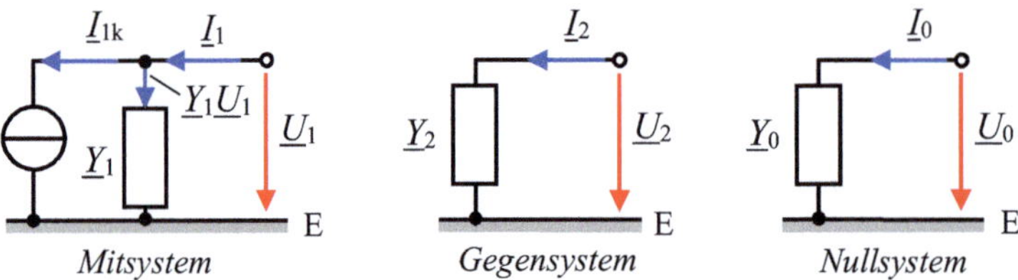

Abb. 4.10 Ersatzschaltungen mit Admittanzen und Stromquelle für Generatoren, Motoren und Ersatznetze

Tab. 4.4 Impedanzen $\underline{Z}_1$ und Quellenspannungen $\underline{U}_{1q}$ im Mitsystem

Betriebsmittel	Zustand	$\underline{Z}_1$	$\underline{U}_{1q}$
Synchron-generatoren und -motoren	quasi-stationär	$R_a + jX_d''$	$\underline{U}_1''$
		$R_a + jX_d'$	$\underline{U}_1'$
	stationär	$R_a + jX_d$	$\underline{U}_p(I_f)$
Asynchron-generatoren und -motoren	quasi-stationär	$R_s + jX_s'$	$\underline{U}_1'$
	stationär	$\underline{Z}_1(s)$	
Ersatznetze	quasi-stationär, stationär	$R_{1N} + jX_{1N}$	$\underline{U}_{1N} = \text{const.}$

Nichtmotorische Lasten, Paralleldrosselspulen und -kondensatoren werden als passive Zweipole mit Impedanzen und Admittanzen modelliert (Abb. 4.11).

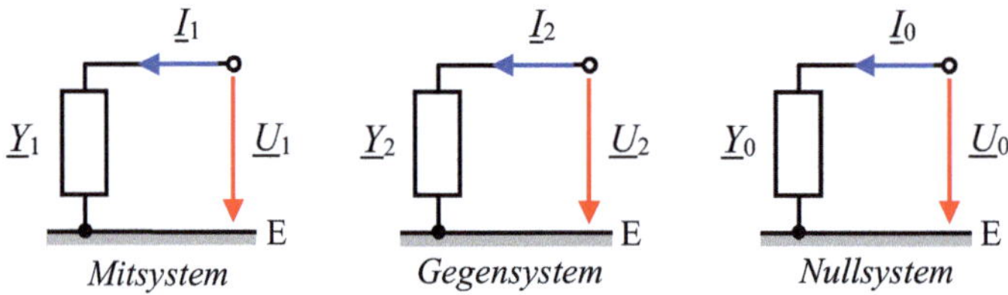

Abb. 4.11 Ersatzschaltungen mit Admittanzen für nichtmotorische Lasten

Für das Mitsystem kann die Spannungsabhängigkeit der Wirk- und Blindleistung durch Potenzfunktionen mit natürlichen oder reellen Exponenten angegeben werden. Das wird später im Rahmen der Leistungsflussrechnung in Abschnitt 4.3 erklärt. Für das Gegen- und Nullsystem sind kaum Angaben zu erhalten. Sie sind für die Leistungsflussrechnung ohnehin nicht relevant. In der Kurzschlussstromberechnung werden Lasten grundsätzlich vernachlässigt.

Für die Betriebsmittel, die mit einem Zweipol modelliert werden, lauten die Stromgleichungen in den symmetrischen Komponenten zusammenfassend

$$\begin{bmatrix} \underline{I}_1 \\ \underline{I}_2 \\ \underline{I}_0 \end{bmatrix} = \begin{bmatrix} \underline{Y}_1 & 0 & 0 \\ 0 & \underline{Y}_2 & 0 \\ 0 & 0 & \underline{Y}_0 \end{bmatrix} \cdot \begin{bmatrix} \underline{U}_1 \\ \underline{U}_2 \\ \underline{U}_0 \end{bmatrix} + \begin{bmatrix} \underline{I}_{1k} \\ 0 \\ 0 \end{bmatrix} \tag{4.29}$$

oder kürzer

$$\underline{\boldsymbol{I}}_{\mathrm{S}} = \underline{\boldsymbol{Y}}_{\mathrm{S}} \cdot \underline{\boldsymbol{U}}_{\mathrm{S}} + \underline{\boldsymbol{I}}_{\mathrm{Sk}} \,. \tag{4.30}$$

Die Quellenströme treten nur im Mitsystem der Generatoren, Motoren und Ersatznetze auf.

4.2.2 Vierpolige Ersatzschaltbilder

An dieser Stelle werden für Freileitungen und Kabel die abstrakten Stromgleichungen mit den Ersatzschaltungen formuliert. Es wird vorausgesetzt, dass beide Leitungsformen symmetrische Eigenschaften haben. Das wird bei Freileitungen durch Verdrillen und bei Kabeln durch Auskreuzen der Schirme erreicht. Bei den knotenorientierten Verfahren werden Π-Ersatzschaltbilder vorgezogen, da sie keinen inneren Knoten haben (Abb. 4.12).

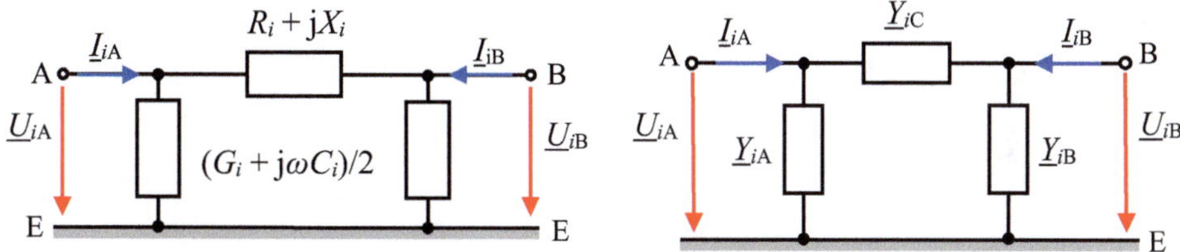

Abb. 4.12 Π-Ersatzschaltungen der verdrillten Einfachleitung mit konzentrierten Parametern in symmetrischen Komponenten ($i \in \{1,2,0\}$)

Die Leitungsparameter sind im Mit- und Gegensystem identisch und unterscheiden sich von den Parametern im Nullsystem. Im Mitsystem sind der Wirkwiderstand R_{b}, die Betriebsreaktanz $X_{\mathrm{b}} = \omega L_{\mathrm{b}}$, die Betriebskapazität C_{b} sowie die Ableitung G_{b} aus Abschnitt 3.2.2 zu finden. Die Kapazität C_0 im Nullsystem gleicht der Erdkapazität C_{E}.

$$\begin{aligned} R_1 &= R_2 = R_{\mathrm{b}} = R_{\mathrm{b}}^{'}\, l & R_0 &= R_0^{'}\, l \\ X_1 &= X_2 = X_{\mathrm{b}} = \omega L_{\mathrm{b}} = X_{\mathrm{b}}^{'}\, l = \omega L_{\mathrm{b}}^{'}\, l & X_0 &= X_0^{'}\, l \\ C_1 &= C_2 = C_{\mathrm{b}} = C_{\mathrm{b}}^{'}\, l & C_0 &= C_{\mathrm{E}} = C_0^{'}\, l \\ G_1 &= G_2 = G_{\mathrm{b}} = G_{\mathrm{b}}^{'}\, l & G_0 &= G_{\mathrm{E}} = C_0^{'}\, l \end{aligned} \tag{4.31}$$

Tab. 4.5 Leitungsparameter im Mit- und Gegensystem ($i \in \{1,2\}$) nach [10]

	$R_b' \,/\, \frac{\Omega}{\mathrm{km}}$	$X_b' \,/\, \frac{\Omega}{\mathrm{km}}$	$C_b' \,/\, \frac{\mathrm{nF}}{\mathrm{km}}$
Freileitung	0,03 ... 0,4	0,25 ... 0,4	9 ... 13
Kabel	0,03 ... 0,4	0,1 ... 0,2	250 ... 600

Typische Werte für Leitungsbeläge sind in Tab. 4.5 und 4.6 zu finden.

Tab. 4.6 Leitungsparameter im Nullsystem ($i = 0$) nach [10]

	R_0'	X_0'	C_0'
Freileitung	$(2 \ldots 9)\, R_b'$	$(3 \ldots 6)\, X_b'$	$(0{,}4 \ldots 0{,}6)\, C_b'$
Kabel	$(0{,}4 \ldots 2)\, \frac{\Omega}{\mathrm{km}}$	$(0{,}3 \ldots 0{,}7)\, \frac{\Omega}{\mathrm{km}}$	$(200 \ldots 300)\, \frac{\mathrm{nF}}{\mathrm{km}}$

Für die Admittanzen des Mit-, Gegen- und Nullsystems ($i \in \{1,2,0\}$) in Abb. 4.12 rechts gilt

$$\underline{Y}_{i\mathrm{A}} = \underline{Y}_{i\mathrm{B}} = \tfrac{1}{2}\,(G_i + \mathrm{j}\omega C_i) \qquad \text{und} \qquad \underline{Y}_{i\mathrm{C}} = \frac{1}{R_i + \mathrm{j}X_i}\,. \tag{4.32}$$

Bei symmetrischem Aufbau der Transformatoren und Leitungen sind die Vierpolgleichungen entkoppelt. Sie lauten

$$\begin{bmatrix} \underline{I}_{1\mathrm{A}} \\ \underline{I}_{2\mathrm{A}} \\ \underline{I}_{0\mathrm{A}} \\ \underline{I}_{1\mathrm{B}} \\ \underline{I}_{2\mathrm{B}} \\ \underline{I}_{0\mathrm{B}} \end{bmatrix} = \begin{bmatrix} \underline{Y}_{1\mathrm{AA}} & 0 & 0 & \underline{Y}_{1\mathrm{AB}} & 0 & 0 \\ 0 & \underline{Y}_{2\mathrm{AA}} & 0 & 0 & \underline{Y}_{2\mathrm{AB}} & 0 \\ 0 & 0 & \underline{Y}_{0\mathrm{AA}} & 0 & 0 & \underline{Y}_{0\mathrm{AB}} \\ \underline{Y}_{1\mathrm{BA}} & 0 & 0 & \underline{Y}_{1\mathrm{BB}} & 0 & 0 \\ 0 & \underline{Y}_{2\mathrm{BA}} & 0 & 0 & \underline{Y}_{2\mathrm{BB}} & 0 \\ 0 & 0 & \underline{Y}_{0\mathrm{BA}} & 0 & 0 & \underline{Y}_{0\mathrm{BB}} \end{bmatrix} \cdot \begin{bmatrix} \underline{U}_{1\mathrm{A}} \\ \underline{U}_{2\mathrm{A}} \\ \underline{U}_{0\mathrm{A}} \\ \underline{U}_{1\mathrm{B}} \\ \underline{U}_{2\mathrm{B}} \\ \underline{U}_{0\mathrm{B}} \end{bmatrix} \tag{4.33}$$

oder in Kurzform

$$\begin{bmatrix} \underline{\boldsymbol{I}}_{\mathrm{SA}} \\ \underline{\boldsymbol{I}}_{\mathrm{SB}} \end{bmatrix} = \begin{bmatrix} \underline{\boldsymbol{Y}}_{\mathrm{SAA}} & \underline{\boldsymbol{Y}}_{\mathrm{SAB}} \\ \underline{\boldsymbol{Y}}_{\mathrm{SBA}} & \underline{\boldsymbol{Y}}_{\mathrm{SBB}} \end{bmatrix} \cdot \begin{bmatrix} \underline{\boldsymbol{U}}_{\mathrm{SA}} \\ \underline{\boldsymbol{U}}_{\mathrm{SB}} \end{bmatrix}. \tag{4.34}$$

Für Freileitungen und Kabel gilt

$$\underline{Y}_{i\mathrm{AA}} = \underline{Y}_{i\mathrm{A}} + \underline{Y}_{i\mathrm{C}} = \underline{Y}_{i\mathrm{B}} + \underline{Y}_{i\mathrm{C}} = \underline{Y}_{i\mathrm{BB}} \tag{4.35}$$

und

$$\underline{Y}_{i\mathrm{AB}} = -\underline{Y}_{i\mathrm{C}} = \underline{Y}_{i\mathrm{BA}} \,. \tag{4.36}$$

Die Admittanzmatrix für Transformatoren ist nicht immer symmetrisch. In Verteilnetzen werden vielfach die Ableitungen und die Betriebskapazitäten vernachlässigt (Abb. 4.13).

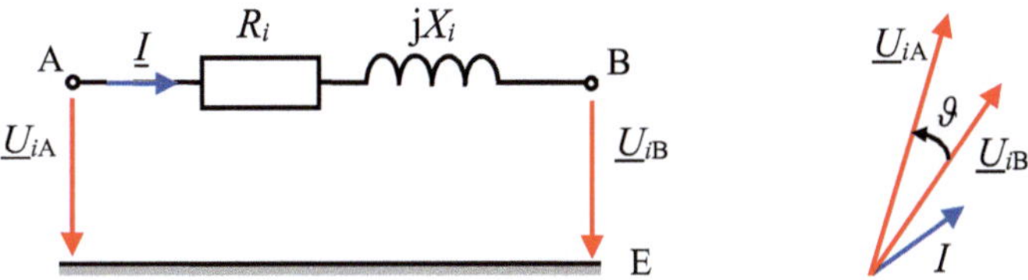

Abb. 4.13 Vereinfachtes Ersatzschaltbild ($i \in \{1,2,0\}$)

Die Stromgleichungen für die Leitungen gehen nun in die Netzgleichungen ein.

4.2.3 Knotenspannungs-Gleichungssysteme

In diesem Abschnitt wird die Knotenadmittanzdarstellung des Elektroenergienetzes behandelt. Daneben gibt es noch eine Maschenimpedanz- und Knotenimpedanzdarstellung, die hier außer Acht gelassen werden [10]. Die Knotenspannungs-Gleichungssysteme unterscheiden für die Berechnung von

- Leistungsflüssen aus den Effektivwerten der Leiter-Erd-Spannungen, von
- Quer- und Längsfehler (Kurzschlüsse und Unterbrechungen) sowie von
- Reaktionen auf Quer- und Längsfehler (Stabilitätsverhalten und Netzdynamik).

Dabei werden die Betriebsmittel, die im Ersatzschaltbild durch einen Zweipol nach Gl. 4.29 modelliert werden, unterschiedlich berücksichtigt.

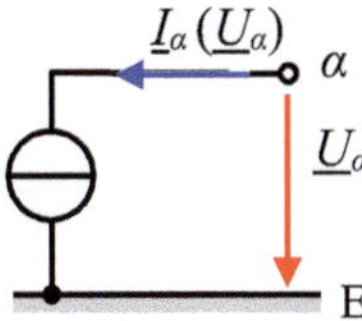

Abb. 4.14 Ersatzschaltung eines Zweipols für die Leistungsflussrechnung mit der Knotennummer α

Zur weiteren Vereinfachung wird ausschließlich das Gleichungssystem für die Leistungsflussrechnung in Abschnitt 4.3.3 formuliert. Da symmetrischer Betrieb vorausgesetzt wird, entfallen das Gegen- und Nullsystem. Das Drehstromnetz kann einphasig im Mitsystem berechnet werden und die Indizierungen 1, 2 und 0 für die symmetrischen Komponenten können verschwinden. Für die Leistungsflussrechnung werden aktiven und passive Querelemente durch spannungsabhängige Quellenströme ohne parallel geschaltete Admittanzen nachgebildet, da die Admittanzen bzw. die Impedanzen in der Regel schlicht nicht bekannt sind (Abb. 4.14). Bei Einspeisungen mit Synchrongeneratoren wäre es noch vorstellbar, an die Daten zu gelangen. Bei Netznachbildungen ist das sicherlich nicht mehr möglich. Wie später gezeigt wird, werden die Quellenströme aus den spannungsabhängigen Wirk- und Blindleistungen berechnet.

Die Zahl der Knoten ist n. Dazu kommt das Erdreich E in großer Entfernung von den Erdungsanlagen. Das ist der Referenzknoten mit dem elektrischen Potenzial von 0 V und der hat die Knotennummer 0. Eine Herleitung der Knotengleichungen mit den Knoten-Klemmen-Inzidenzmatrizen ist in [16, Seite 64-65] nachzulesen. Das Ergebnis lautet in Matrizenschreibweise

$$\underline{\boldsymbol{I}}_{\mathrm{K}} = \underline{\boldsymbol{Y}}_{\mathrm{K}} \cdot \underline{\boldsymbol{U}}_{\mathrm{K}} \,. \tag{4.37}$$

Darin ist der Vektor $\underline{\boldsymbol{U}}_{\mathrm{K}}$ mit den Knotenspannungen $\underline{U}_{\alpha}$ enthalten.

$$\underline{\boldsymbol{U}}_{\mathrm{K}} = \left[\underline{U}_1, \underline{U}_2, \ldots, \underline{U}_n\right]^{\mathrm{T}} \tag{4.38}$$

Die Knotenspannungen sind die Spannungen zwischen dem Knoten α und der Erde, kurz die Leiter-Erd-Spannungen. Im Vektor $\underline{\boldsymbol{I}}_{\mathrm{K}}$ sind die Knotenströme $\underline{I}_{\alpha}$ zu finden.

$$\underline{\boldsymbol{I}}_{\mathrm{K}} = \left[\underline{I}_1, \underline{I}_2, \ldots, \underline{I}_n\right]^{\mathrm{T}} \,. \tag{4.39}$$

Im Knotenstrom $\underline{I}_{\alpha}$ sind alle Ein- und Ausspeisungen zusammengefasst, die von Generatoren, Netzeinspeisungen, Lasten oder Kompensationsdrosselspulen hervorgerufen werden (Abb. 4.15 links).

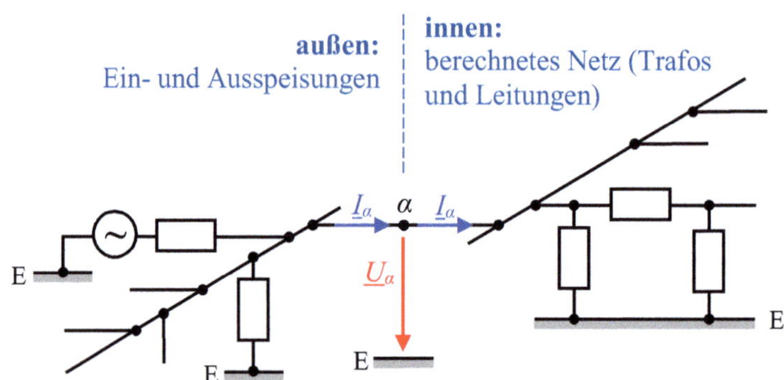

Abb. 4.15 Knotenstrom $\underline{I}_{\alpha}$ im Knoten α

Andererseits ist der Knotenstrom $\underline{I}_{\alpha}$ die Summe aller Ströme die vom Knoten α auf die Leitungen und Transformatoren im Netz gehen (Abb. 4.15 rechts). Das kommt durch die rechte Seite der Gl. 4.37 zum Ausdruck.

$$\underline{I}_\alpha = \sum_{j=1}^{n} \underline{Y}_{\alpha j}\, \underline{U}_j \tag{4.40}$$

Die Admittanzen $\underline{Y}_{ij}$ sind die Matrixelemente der Knotenadmittanzmatrix $\underline{\boldsymbol{Y}}_\mathrm{K}$.

$$\underline{\boldsymbol{Y}}_\mathrm{K} = \begin{bmatrix} \underline{Y}_{11} & \underline{Y}_{12} & \cdots & \underline{Y}_{1n} \\ \underline{Y}_{21} & \underline{Y}_{22} & \cdots & \underline{Y}_{2n} \\ \vdots & \vdots & \ddots & \vdots \\ \underline{Y}_{n1} & \underline{Y}_{n1} & \cdots & \underline{Y}_{nn} \end{bmatrix} \tag{4.41}$$

Sie ist von großer Bedeutungen für die Netzberechnung, weil ihre komplexen Elemente ohne Kenntnis der topologischen Matrizen direkt aus der Zweigliste bzw. dem Netzplan aufgebaut werden können. Das Bildungsgesetz dazu lautet:

- Die Diagonalelemente $\underline{Y}_{ii}$ sind die Summe aller Admittanzen, die am Knoten i angeschlossen sind.
- Die Nebendiagonalelemente sind die negative Summe der Admittanzen zwischen den Knoten i und j.

Die Knotenadmittanzmatrix $\underline{\boldsymbol{Y}}_\mathrm{K}$ hat besondere strukturellen Eigenschaften.

- $\underline{\boldsymbol{Y}}_\mathrm{K}$ ist quadratisch und von der Ordnung n. Bei Berücksichtigung von Mit-, Gegen- und Nullsystem ist die Ordnung $3n$.
- $\underline{\boldsymbol{Y}}_\mathrm{K}$ ist symmetrisch, solange keine Transformatoren mit phasendrehenden Schaltgruppen enthalten sind.
- $\underline{\boldsymbol{Y}}_\mathrm{K}$ ist singulär, wenn beide folgenden Bedingungen gleichzeitig erfüllt sind.
  - Alle Leitungs- und Transformatorquerglieder sind vernachlässigt.
  - Kein Betriebsmittel, das mit einem Zweipol nach Gl. 4.29 modelliert ist, ist mit einem Sternpunkt geerdet. Bei der Leistungsflussrechnung werden die Admittanzen der Ein- und Ausspeisungen in jedem Fall weggelassen.
- $\underline{\boldsymbol{Y}}_\mathrm{K}$ ist schwach besetzt. Bei l Leitungen ist die Zahl der Nicht-Nullelemente $n{+}2\,l$ [10].

So ist z. B. die Knotenadmittanzmatrix für ein 100-Knoten-Netz nur zu rund 3 % (Strahlennetz) bzw. 4,6 % (Quadratnetz) besetzt [10].

4.3 Leistungen an den Netzknoten

Das elektrische Energiesystem soll sich im ungestörten und stationären Zustand befinden. Unter diesen Voraussetzungen wird es in diesem Abschnitt um die Berechnung der komplexen Scheinleistungen an den Netzknoten. Die enthalten die Wirkleistungen, die

- Leitungen und Transformatoren aufnehmen bzw. abgeben,
- Erzeuger einspeisen oder
- Verbraucher beziehen.

Das wird vielfach Leistungsflussberechnung genannt. Leider ist die Bezeichnung Fluss in diesem Zusammenhang unglücklich. Die wird beispielsweise beim magnetischen Fluss $\Phi(t)$ verwendet, der von der Querschnittsfläche und häufig von der Zeit abhängig ist. Beides ist hier nicht der Fall. Während die momentanen Leistungen mit einer Frequenz von 100 Hz schwingen, sind im stationären Zustand die Wirk-, Blind- und Scheinleistung an den Netzknoten konstante Größen. Sie fließen nicht. Wie diese Größen sich entlang einer Leitung verändern, ist schlicht nicht bekannt und kann auch nicht so einfach ausgerechnet werden. Eine Querschnittsfläche spielt hier auf keinen Fall eine Rolle. Gleichzeitig ist auch die Bezeichnung Lastflussrechnung verbreitet, da vor der Energiewende die Wirkleistung unidirektional von den Großkraftwerken zur Steckdose gerichtet war. Diese Bezeichnung sollte nicht mehr verwendet werden. Trotz dieser Einwände wird hier meistens von der Leistungsflussberechnung gesprochen, da dieser Begriff stark verbreitet ist. Das heißt in der englischen Sprache Load Flow Calculation (LFC). Zu dem Thema gibt es im deutschen Sprachraum eine Fülle von Literatur wie [14, 16, 20, 23], auf die für weitere Informationen verwiesen wird.

Die Leistungsflussberechnung wird bei der Planung und dem Betrieb der Drehstromnetze durchgeführt. Für deutsche und europäische Verhältnisse kann von einem symmetrischen Betrieb ausgegangen werden, so dass nur die einphasigen Ersatzschaltbilder des Mitsystems berücksichtigt werden müssen. Anders ist es beispielsweise in nordamerikanischen Netzen, in denen die elektrische Energie einphasig verteilt wird. Dann muss die Leistungsflussberechnung dreiphasig für alle drei Leiter durchgeführt werden [16, 29]. Dieser Fall wird hier nicht weiter betrachtet.

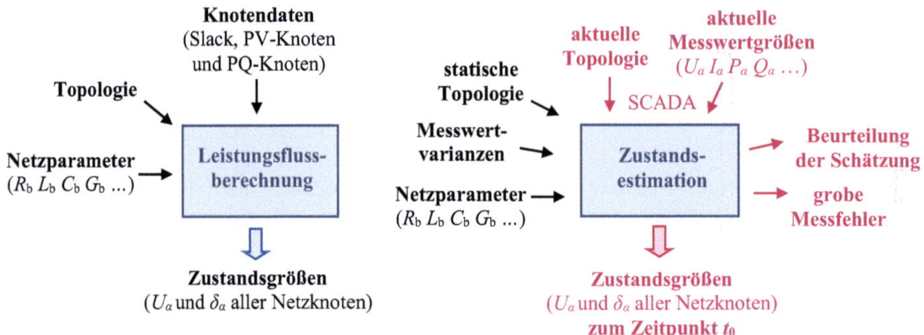

Abb. 4.16 Ein- und Ausgabedaten der Leistungsflussberechnung und der Netzzustandsestimation nach [30]

Mit der Leistungsflussberechnung werden die komplexen Knotenspannungen $\underline{U}_\alpha = U_\alpha \, e^{j\delta_\alpha}$ im Netz bestimmt (Abb. 4.16 links). Hier wird zur Vereinfachung die Nullphasenwinkel φ_u der komplexen Knotenspannungen $\underline{U}$ mit δ bezeichnet. Das erleichtert später die Indizierungen. In der Literatur wird für δ auch der Formelbuchstabe ϑ verwendet. Wie gewohnt ist der Phasendifferenzwinkel φ zwischen einer Wechselspannung und einem Wechselstrom $(\varphi = \varphi_u - \varphi_i)$. Sind die komplexen Knotenspannungen bekannt, können mit den Impedanzen bzw. Admittanzen der Netzelemente (Transformatoren, Freileitungen, Kabel usw.) die einzelnen Ströme in und aus diesen Netzelementen berechnet werden. Mit den komplexen Spannungen und Strömen sind die komplexen Leistungen und auch die Verluste bekannt. Austauschleistungen zwischen Netzgruppen oder Bilanzkreisen können angegeben werden.

In Netzleitanlagen für Übertragungsnetze gibt es eine Netzzustandsestimation, die auch als Netzzustandsschätzung bekannt ist (Abb. 4.16 rechts). International werden dafür die Kürzel SE (State Estimation oder State Estimator) und NSD (Network State Determination) verwendet. Die Netzzustandsestimation berechnet online auf dem aktuellen und redundanten Messwertsatz (Schalterstellungen, Strom- und Spannungsmesswerte usw. im eigenen Netz und von den Nachbarn) die Knotenspannungen mit hoher Genauigkeit. Für Verteilnetze sind modifizierte Verfahren zur Netzzustandsschätzung in Diskussion und Entwicklung, die Lösungen in Richtung intelligenter Netze eröffnen [31].

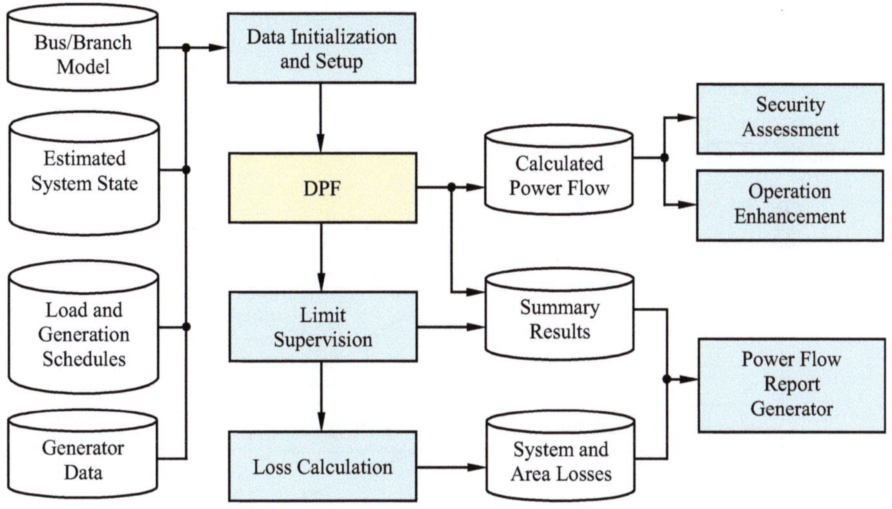

Abb. 4.17 Dispatcher Power Flow (DPF)

Die wesentlichen Anwendungsgebiete können wie folgt zusammengefasst werden.

- Für den störungsfreien Betrieb des Netzes wird in der Planung der **Grundleistungsfluss** berechnet. Das dient zur Überprüfung, ob die einzelnen Knotenspannungen innerhalb der zulässigen Spannungsbänder liegen und die Betriebsmittel thermisch überlastet werden.
- Weiterhin kann der Leistungsfluss für **Schaltmaßnahmen** berechnet werden. Das können betriebliche Abschaltungen aufgrund von Wartungen oder

störungsbedingte Abschaltungen sein. In Netzleitanlagen kann eine Schalthandlung im aktuellen Netz simuliert werden, bevor sie tatsächlich durchgeführt werden (Abb. 4.17).

- Es kann eine **Ausfallanalyse** durchgeführt werden. Damit wird der Ausfall einzelner Betriebsmittel im Netz simuliert werden. Das dient zur Überprüfung des (n − 1)-Ausfallprinzips. International sind dafür die Kürzel CA (Contingency Analysis) oder SA (Security Analysis) etabliert.
- Mit der Leistungsflussberechnung und der Netzzustandsschätzung wird der **stationäre Ausgangszustand** für eine nachgeschaltete Kurzschlussstromberechnung nach dem Überlagerungsverfahren oder für Stabilitätsrechnungen bestimmt (Abb. 4.18).
- Für Schulungszwecke gibt es mehr oder weniger aufwendige Trainingssimulatoren. Abseits vom Tagesgeschäfts kann im Rahmen von Schulungsmaßnahmen die Netzführung trainiert werden.
- Ein weites Anwendungsfeld sind **optimierende Leistungsflussverfahren**, kurz OPF (Optimal Power Flow). Sie dienen übergeordneten Optimierungszielen wie der Minimierung der Netzverluste oder die Einhaltung der Spannungsbänder an den Einspeise- und Lastknoten (Spannungs-Blindleistungs-Optimierung).

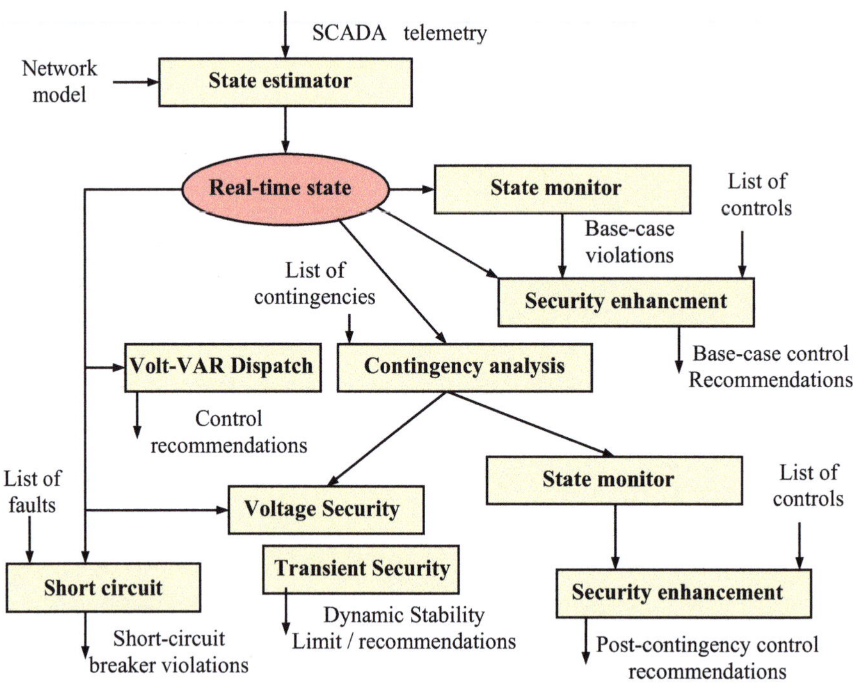

Abb. 4.18 Echtzeit-Netzapplikationen nach Areva T&D inc. E-terra*platform*

Zunächst wird es um den Spannungsfall längs einzelner Stichleitungen gehen. In diesen Fällen kann die Lösung noch mit Papier, Bleistift und Taschenrechner gefunden werden, da die Formeln einfach und überschaubar sind. Spätestens für vermaschte Netze ist das nicht mehr möglich, so dass dann die Knotenspannungen iterativ mit dem Newton-Verfahren berechnet werden.

4.3.1 Einzelner Verbraucher an einer Leitung

Es wird die einfachste Konfiguration betrachtet. Das ist eine einzelne Leitung, die am Ende mit einer ohmsch-induktiven Verbrauchergruppe belastet wird (Abb. 4.19). Das ist am Standardwerk [14] angelehnt.

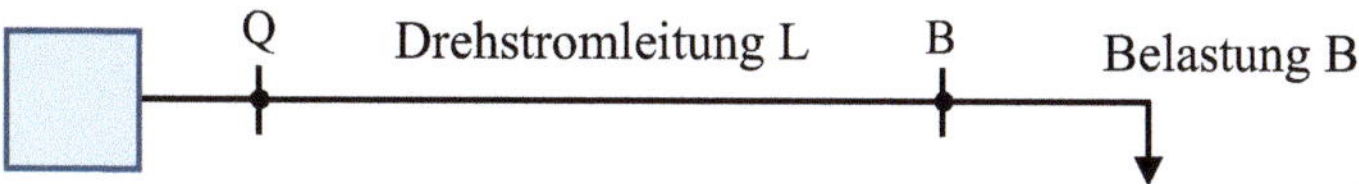

Abb. 4.19 Einzelne Leitung L mit einer Belastung B

Die Ersatzschaltung nach Abb. 4.20 soll hinreichend sein, so dass Eingangs- und Ausgangsstrom der Leitung gleich sind ($\underline{I}_Q = \underline{I}_B$). Zur Vereinfachung wird nur noch vom Strom $\underline{I} = I\,e^{j\varphi_i}$ gesprochen.

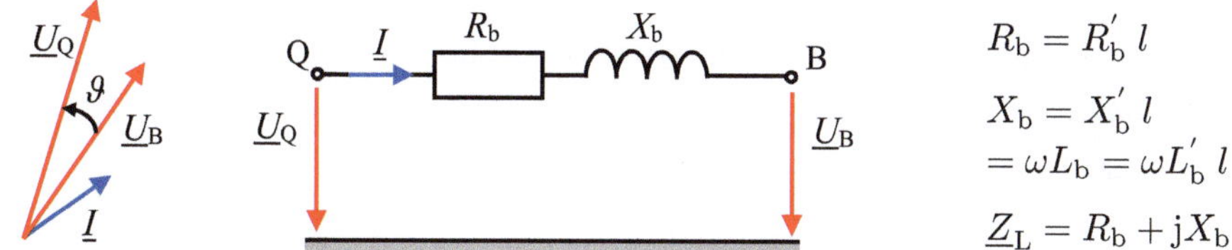

Abb. 4.20 Vereinfachtes Ersatzschaltbild einer Leitung im Mitsystem

Unabhängig von der Art der Belastung gelten die drei Beziehungen:

$$\underline{U}_Q = \underline{U}_B + \underline{Z}_L \, \underline{I} = \underline{U}_B + (R_b + jX_b) \, \underline{I} \tag{4.42}$$

$$\underline{S}_Q = 3 \, \underline{U}_Q \underline{I}^* = 3 \, U_Q I \, (\cos\varphi_Q + j \, \sin\varphi_Q) = P_Q + j \, Q_Q \tag{4.43}$$

$$\underline{S}_B = 3 \, \underline{U}_B \underline{I}^* = 3 \, U_B I \, (\cos\varphi_B + j \, \sin\varphi_B) = P_B + j \, Q_B \tag{4.44}$$

Gl. 4.42 beschreibt den Maschenumlauf nach Kirchhoff. $\underline{S}_Q$ ist die komplexe Scheinleistung, die die Quelle Q in die Leitung einspeist. Die Leitung wird am Ende mit $\underline{S}_B$ belastet. Damit lässt sich die komplexe Scheinleistung $\underline{S}_L$ angeben, die von der Leitung aufgenommen wird.

$$\underline{S}_L = \underline{S}_Q - \underline{S}_B = 3 \, (\underline{U}_Q - \underline{U}_B) \, \underline{I}^* = 3 \, \underline{Z}_L \, I^2 = P_L + j \, Q_L \tag{4.45}$$

$$\text{mit} \qquad P_\mathrm{L} = 3\,R_\mathrm{b}\,I^2 \qquad \text{und} \qquad Q_\mathrm{L} = 3\,X_\mathrm{b}\,I^2 \tag{4.46}$$

Auch das gilt unabhängig von der Art der Belastung. Bei den Verbrauchern werden drei Charakteristiken unterschieden. Das sind die

- Belastung mit konstanter Impedanz (elektrische Heizungen), die
- Belastung mit konstantem Strom (ungeregelte elektrische Antriebe) und die
- Belastung mit konstanter Leistung (geregelte elektrische Antriebe).

Diese drei Verbrauchertypen werden später bei den Lastknoten im Zusammenhang mit dem Newton-Verfahren in Gl. 4.69 auftauchen. Es werden nun diese drei Fälle durchgespielt, in dem die Spannung $\underline{U}_\mathrm{B}$ am Verbraucher berechnet wird, wenn die Eingangsspannung $\underline{U}_\mathrm{Q}$ vorgegeben ist. Dabei werden sich am Verbraucherknoten B unterschiedliche Abhängigkeiten der Leistung von der Knotenspannung $\underline{U}_\mathrm{B}$ zeigen.

Belastung mit konstanter Impedanz

Unter der Voraussetzung, dass die Verbrauchergruppe eine konstante Impedanz hat, kann die Spannung $\underline{U}_\mathrm{B}$ am Verbraucher mit einer Spannungsteilerregel berechnet werden.

$$\underline{U}_\mathrm{B} = \frac{\underline{Z}_\mathrm{B}}{\underline{Z}_\mathrm{L} + \underline{Z}_\mathrm{B}}\,\underline{U}_\mathrm{Q} \tag{4.47}$$

In vielen Fällen ist die Belastungsimpedanz nicht direkt gegeben. Sind beispielsweise Wirk- und Blindleistung bei Netznominalspannung U_n (Leiter-Leiter-Spannung) bekannt, kann die Impedanz mit

$$\underline{Z}_\mathrm{B} = \frac{U_\mathrm{n}^2}{\underline{S}_\mathrm{Bn}^*} = \frac{U_\mathrm{n}^2}{S_\mathrm{Bn}^2}\,(P_\mathrm{Bn} + \mathrm{j}Q_\mathrm{Bn}) \tag{4.48}$$

berechnet werden. Mit $\underline{U}_\mathrm{B}$ nach Gl. 4.47 und $\underline{I}^* = \underline{U}_\mathrm{B}^*/\underline{Z}_\mathrm{B}^*$ folgt für die Leistung, die der Verbraucher aufnimmt

$$\underline{S}_\mathrm{B} = 3\,\underline{U}_\mathrm{B}\underline{I}^* = 3\,\frac{U_\mathrm{B}^2}{\underline{Z}_\mathrm{B}^*} = 3\,\frac{R_\mathrm{B} + \mathrm{j}X_\mathrm{B}}{R_\mathrm{B}^2 + X_\mathrm{B}^2}\,U_\mathrm{B}^2\,. \tag{4.49}$$

Bei konstanter Impedanz hängt die komplexe Scheinleistung der Belastung quadratisch von der Spannung U_B ab.

Belastung durch konstanten Strom

In diesem Fall sind der Betrag vom konstanten Belastungsstroms I und der Verschiebungsfaktor $\cos\varphi_\mathrm{B}$ vorgegeben ($\varphi_\mathrm{B} = \varphi_{u\mathrm{B}} - \varphi_{i\mathrm{B}}$). Die Nullphasenwinkel von Spannung und Strom $\varphi_{u\mathrm{B}}$ und $\varphi_i = \varphi_{i\mathrm{B}}$ sind unbekannt. Daher kann die Spannung $\underline{U}_\mathrm{B}$ am Leitungsende nicht direkt aus der Spannungsbilanz 4.42 berechnet werden. Wird die Spannung $\underline{U}_\mathrm{Q}$ in die reelle Achse gelegt, folgt aus Gl. 4.42 eine Lösungsvariante per Iteration.

$$\underline{U}_{B(k+1)} = U_Q - \underline{Z}_L \, I \, \left[\cos(\varphi_{uBk} - \varphi_B) + \mathrm{j}\, \sin(\varphi_{uBk} - \varphi_B)\right] \tag{4.50}$$

Als Startwert ($k = 0$) wird $\varphi_{uB0} = 0$ gesetzt. Eine andere nicht-iterative Lösung ist in [14] zu finden, die modifiziert in Abschnitt 4.3.2 besprochen wird. Bei konstantem Strom ist die Scheinleistung der Belastung proportional zur Spannung U_B.

Belastung durch konstante Leistung

Die Vorgabe einer bestimmten Leistung $\underline{S}_B$ führt immer auf eine iterative Lösung der Leistungsgleichungen. Der Ausgangspunkt ist die Spannungsgleichung

$$\underline{U}_B = U_Q - \underline{Z}_L \, \underline{I} \tag{4.51}$$

mit der vorgegebenen Spannung U_Q. Der Strom wird durch die Leistungsgleichung 4.44 ersetzt.

$$\underline{U}_B = U_Q - \underline{Z}_L \, \frac{\underline{S}_B^*}{3\, \underline{U}_B^*} = U_Q - \underline{Z}_L \, \frac{P_B - \mathrm{j}Q_B}{3\, \underline{U}_B^*} \tag{4.52}$$

Das ist eine quadratische Gleichung für $\underline{U}_B$, die iterativ gelöst werden kann. Die Spannung $\underline{U}_{B(k+1)}$ vom (k+1)-ten Iterationszyklus kann aus der Spannung $\underline{U}_{Bk}$ vom k-ten Iterationszyklus berechnet werden.

$$\underline{U}_{B(k+1)} = U_Q - \underline{Z}_L \, \frac{P_B - \mathrm{j}Q_B}{3\, \underline{U}_{Bk}^*} \tag{4.53}$$

Als Startwert wird die Netznominalspannung $U_n/\sqrt{3}$ mit dem Winkel 0 gewählt. Für das Abbruchkriterium wird empfohlen, auf die Leistung $\underline{S}_{B(k+1)}$ zu prüfen, da die Leistungen sehr empfindlich auf Spannungsänderungen reagieren [14].

4.3.2 Mehrere Verbraucher an einer Leitung

Es sollen n Verbraucher wie auf einer Perlenschnur längs einer einzelnen Leitung angeordnet sein. Das können Ortsnetzstationen an einer MS-Leitung sein. Auch hier wird das vereinfachte Ersatzschaltbild der Leitung mit R_b und X_b zu Grunde gelegt. Es werden nun zwei Lastfälle untersucht. Das sind an den Anschlusspunkten einmal konstante Ströme und das andere Mal konstante Leistungen. Beide Varianten gehen auf das Standardwerk [6] zurück.

Konstante Stromabnahme

Längs einer Leitung ohne Verzweigungen sind n Verbraucher angeschlossen, die jeweils einen konstanten Strom aus der Leitung ziehen (Abb. 4.21).

$$\underline{I}_\alpha = I_\alpha \, \mathrm{e}^{\mathrm{j}\varphi_{i\alpha}} = I_\alpha \, (\cos\varphi_{i\alpha} + \mathrm{j}\sin\varphi_{i\alpha}) = \text{const} \qquad 1 \le \alpha \le n \tag{4.54}$$

Es ist zu beachten, dass $\varphi_{i\alpha}$ der Nullphasenwinkel vom Strom am Knoten α ist.

Der ist von der Phasendifferenz zwischen Spannung und Strom $\varphi_\alpha = \varphi_{u\alpha} - \varphi_{i\alpha}$ zu unterscheiden.

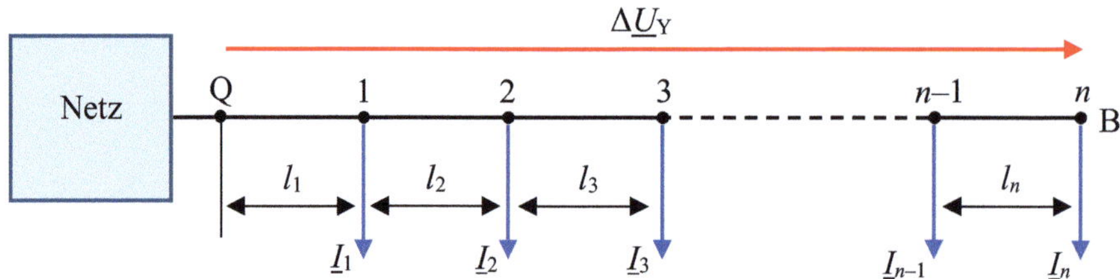

Abb. 4.21 Unverzweigte und einseitig gespeiste Leitung mit n Lasten

Die Leiter-Erd-Spannung $\underline{U}_\mathrm{Q}/\sqrt{3}$ am Anfang der Leitung wird in die reelle Achse gelegt. Da die anderen Leiter-Erd-Spannungen fast die gleiche Phasenlage haben, gilt für alle Nullphasenwinkel der Spannungen

$$\varphi_{u\alpha} \approx 0 \qquad \text{und daher} \qquad \varphi_\alpha \approx -\varphi_{i\alpha} \,. \tag{4.55}$$

Alle Verbraucher verhalten sich ohmsch-induktiv, so dass im Verbraucherzählpfeilsystem die Phasendifferenzen φ_α immer positiv sind. Damit sind wegen Gl. 4.55 die Nullphasenwinkel der Ströme $\varphi_{i\alpha}$ negativ.

Weiterhin wird vorausgesetzt, dass sich längs der Leitung die Parameter $R_\mathrm{b}^{'}$ und $L_\mathrm{b}^{'}$ nicht ändern. Querschnitte und Materialien bleiben gleich. Daher kann mit

$$R_\alpha = R_\mathrm{b}^{'}\, l_\alpha \qquad \text{und} \qquad X_\alpha = X_\mathrm{b}^{'}\, l_\alpha = \omega L_\mathrm{b}^{'}\, l_\alpha \tag{4.56}$$

der Spannungsfall $\Delta\underline{U}_\mathrm{Y}$ längs der Leitung angegeben werden.

$$\begin{aligned}\Delta\underline{U}_\mathrm{Y} &= \underline{U}_\mathrm{Q} - \underline{U}_\mathrm{B} = \sum_{\alpha=1}^{n} \Delta\underline{U}_\alpha \\ &= \left(\sum_{\alpha=1}^{n} \underline{I}_\alpha\right)(R_\mathrm{b}^{'} + \mathrm{j}X_\mathrm{b}^{'})\, l_1 + \left(\sum_{\alpha=2}^{n} \underline{I}_\alpha\right)(R_\mathrm{b}^{'} + \mathrm{j}X_\mathrm{b}^{'})\, l_2 + \ldots \\ &\quad + \left(\sum_{\alpha=n-1}^{n} \underline{I}_\alpha\right)(R_\mathrm{b}^{'} + \mathrm{j}X_\mathrm{b}^{'})\, l_{n-1} + \underline{I}_n\,(R_\mathrm{b}^{'} + \mathrm{j}X_\mathrm{b}^{'})\, l_n \\ &= \left(R_\mathrm{b}^{'} + \mathrm{j}X_\mathrm{b}^{'}\right)\left(\underline{I}_1 l_1 + \underline{I}_2\,(l_1 + l_2) + \ldots + \underline{I}_n\,(l_1 + l_2 + \ldots + l_n)\right)\end{aligned} \tag{4.57}$$

Werden nun die Ströme $\underline{I}_\alpha$ nach Gl. 4.54 eingesetzt und wird nach Real- und Imaginärteilen sortiert, folgt

$$\Delta\underline{U}_\mathrm{Y} = (R_\mathrm{b}^{'} + \mathrm{j}X_\mathrm{b}^{'})\,(M_\mathrm{W} + \mathrm{j}M_\mathrm{B})\,. \tag{4.58}$$

Das Stromwirkmoment M_W und das Stromblindmoment M_B sind durch

$$\begin{aligned} M_{\mathrm{W}} &= I_1 \cos\varphi_{i1} l_1 + I_2 \cos\varphi_{i2}(l_1 + l_2) \\ &\quad + ... + I_n \cos\varphi_{in}(l_1 + ... + l_n) > 0 \end{aligned} \tag{4.59}$$

und

$$\begin{aligned} M_{\mathrm{B}} &= I_1 \sin\varphi_{i1}\, l_1 + I_2 \sin\varphi_{i2}\,(l_1 + l_2) \\ &\quad + ... + I_n \sin\varphi_{in}\,(l_1 + ... + l_n) < 0 \end{aligned} \tag{4.60}$$

festgelegt. Das Stromblindmoment ist negativ, da die Nullphasenwinkel der Ströme negativ sind. Stromblind- und -wirkmoment werden in Anlehnung an die technische Mechanik so genannt, da sie Produkte von elektrischen Strömen und Längen sind.

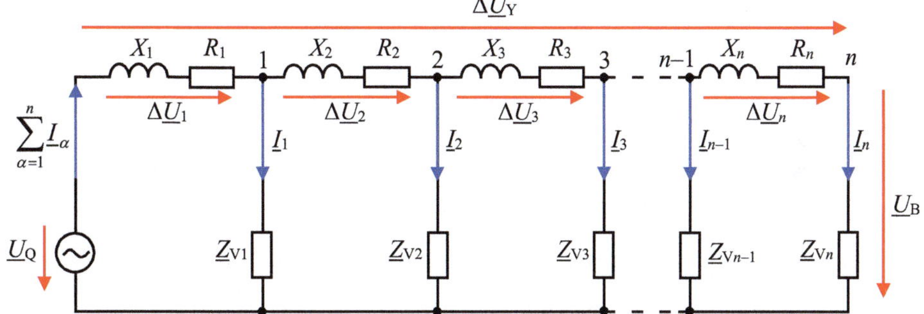

Abb. 4.22 Ersatzschaltung einer unverzweigten und einseitig gespeisten Leitung

Durch weiteres Umformen der Gl. 4.58 kommen der Längsspannungsfall ΔU_{lY} und den Querspannungsfall ΔU_{qY} zu Tage.

$$\begin{aligned} \Delta \underline{U}_{\mathrm{Y}} &= (R_{\mathrm{b}}^{'}\, M_{\mathrm{W}} - X_{\mathrm{b}}^{'}\, M_{\mathrm{B}}) + \mathrm{j}(X_{\mathrm{b}}^{'}\, M_{\mathrm{W}} + R_{\mathrm{b}}^{'}\, M_{\mathrm{B}}) \\ &= \Delta U_{\mathrm{lY}} + \mathrm{j}\Delta U_{\mathrm{qY}} \end{aligned} \tag{4.61}$$

Der Längsspannungsfall ist in Phase mit der treibenden Spannung $\underline{U}_{\mathrm{Q}}$ (Abb. 4.23).

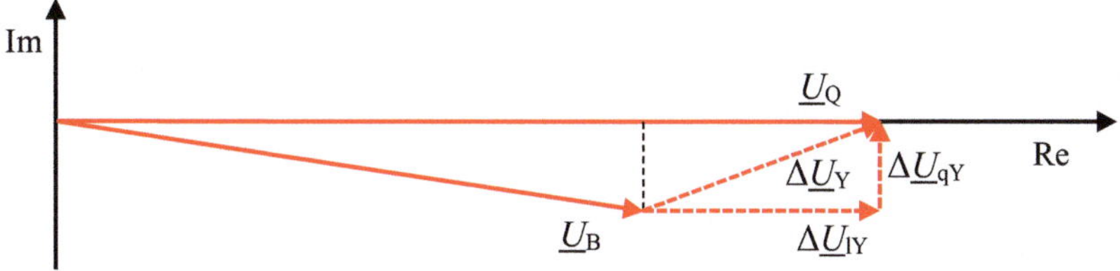

Abb. 4.23 Aufteilung des Spannungsabfalls in Längs- und Querspannungsfall

Schließlich ist der Betrag des Spannungsfalls

$$\Delta U_{\mathrm{Y}} = \sqrt{U_{\mathrm{lY}}^2 + U_{\mathrm{qY}}^2}\,. \tag{4.62}$$

Bisher wurden konstante Lastströme vorausgesetzt. Nun sollen die komplexen Leistungen an den Abnahmestellen konstant sein.

Konstante Leistungen

Es wird angenommen, dass die Wirk- und Blindleistungen der Verbraucher unabhängig von den Spannungen konstant sind.

$$P(U_\alpha) = P_\alpha = \text{const} \qquad \text{und} \qquad Q(U_\alpha) = Q_\alpha = \text{const} \tag{4.63}$$

Dazu wird im ersten Schritt der Laststrom $\underline{I}_\alpha$ mit

$$\cos\varphi_\alpha = \frac{P_\alpha}{\sqrt{P_\alpha^2 + Q_\alpha^2}} \qquad \text{und} \qquad I_\alpha = \frac{P_\alpha}{\sqrt{3}\, U_\alpha \cos\varphi_\alpha} \tag{4.64}$$

berechnet. Die Spannungen $\underline{U}_\alpha$ sind unbekannt. Sie werden zunächst an allen Knoten auf Netznominalspannung U_n gesetzt. Mit dem Strömen nach Gl. 4.64 folgt nach etwas Rechnerei aus Gl. 4.57 für den Spannungsfall

$$\Delta\underline{U}_\mathrm{Y} = \frac{R_\mathrm{b}' + \mathrm{j}X_\mathrm{b}'}{\sqrt{3}\, U_\mathrm{n}} \left(M_\mathrm{W}^* + \mathrm{j}M_\mathrm{B}^*\right) . \tag{4.65}$$

Das Leistungswirkmoment M_W^* und das Leistungsblindmoment M_B^* sind durch

$$M_\mathrm{W}^* = P_1 l_1 + P_2(l_1 + l_2) + ... + P_n(l_1 + ... + l_n) > 0 \tag{4.66}$$

und

$$\begin{aligned} M_\mathrm{B}^* = {} & P_1 l_1 \tan\varphi_{i1} + P_2(l_1 + l_2)\tan\varphi_{i2} \\ & + ... + P_n(l_1 + ... + l_n)\tan\varphi_{in} < 0 \end{aligned} \tag{4.67}$$

definiert. Die Aufteilung in einen Längs- und Querspannungsfall ist

$$\Delta\underline{U}_\mathrm{Y} = \frac{R_\mathrm{b}' M_\mathrm{W}^* - X_\mathrm{b}' M_\mathrm{B}^*}{\sqrt{3}\, U_\mathrm{n}} + \mathrm{j}\frac{X_\mathrm{b}' M_\mathrm{W}^* + R_\mathrm{b}' M_\mathrm{B}^*}{\sqrt{3}\, U_\mathrm{n}} = \Delta U_\mathrm{lY} + \mathrm{j}\Delta U_\mathrm{qY} . \tag{4.68}$$

Die Erweiterung des Verfahrens auf mehrere Verbraucher an einer Leitung mit Verzweigungen ist prinzipiell möglich [6].

4.3.3 Leistungsflussrechnung für vermaschte Netze

Abb. 4.24 bietet einen Überblick über die gängigen Verfahren zur Leistungsflussberechnung. Die gehen alle auf das Gleichungssystem für die Knotenspannungen 4.37 zurück. Werden die Lasten mit konstanten Strömen nachgebildet, ergeben sich lineare Systemgleichungen [16, 32]. Jedoch ist die Einbeziehung von Generatorknoten in das Knotenpunktverfahren umständlich. In diesem Rahmen wird nur die numerische Lösung der Leistungsgleichungen mit dem Newton-Verfahren vorgestellt, das auch als Newton-Raphson-Verfahren bekannt ist. Das wurde später zur schnellen entkoppelten Leistungsflussrechnung weiterentwickelt. Die findet Anwendung bei einer Ausfallsimulationen, bei der eine größere Anzahl von Varianten einer bestimmten Leistungsflusssituation durchgespielt werden. Damit kann Rechenzeit gespart werden.

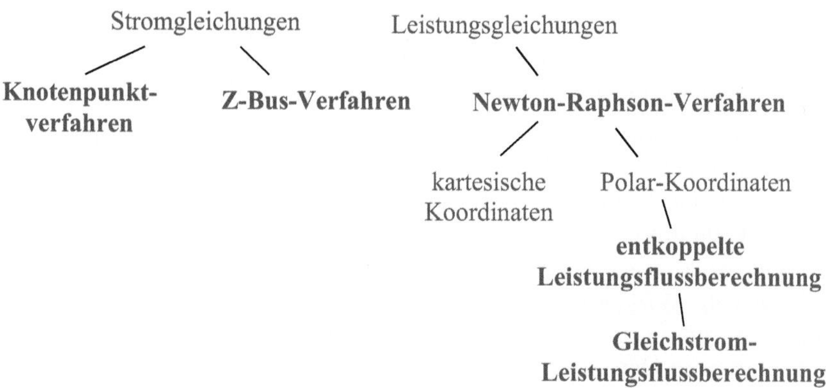

Abb. 4.24 Methoden der Leistungsflussberechnung nach [14]

Zur Vorbereitung des Newton-Verfahrens werden die Knotentypen und Lastprofile vorangestellt.

Knotentypen

Einfluss auf die Konvergenz, Schnelligkeit und Genauigkeit der Verfahren hat auch die Auswahl der drei Knotentypen (Tab. 4.7).

Tab. 4.7 Einteilung der Knoten

	gegeben	gesucht
Slack-Knoten = Bilanzknoten	U und δ	P und Q
PV-Knoten = Generatorknoten	P und U	Q und δ
PQ-Knoten = Lastknoten	$P(U)$ und $Q(U)$	U und δ

Die Berechnung des gesamten europäischen Drehstromnetzes ist Utopie. Die Größe vom Netz ist immer begrenzt und es gibt Ein- und Ausspeisungen zu Nachbarn. Daher muss mindestens ein Bezugsknoten vorhanden sein, der auch Slack-, Bilanz- oder Swingknoten genannt. Am Bezugsknoten wird die Spannung mit Betrag und Nullphasenwinkel festgelegt, praktischerweise auf $\underline{U} = U_\mathrm{n}/\sqrt{3}$ und $\delta = 0$. Seine Wirk- und Blindleistung werden berechnet. Nach [16] ist aus zwei Gründen ist mindestens ein Bilanzknoten notwendig.

- Er dient zum Ausgleich der Leistungsbilanz. Dort wird die sich bei der Aufsummierung von Einspeiseleistungen, Netzlasten und Verlusten ergebene Differenz bilanziert. Es ist darauf zu achten, dass dieser Knoten die berechnete Leistung auch aufnehmen oder einspeisen kann. Daher sollte als Slack-Knoten ein großes Kraftwerk oder eine Fremdnetzeinspeisung gewählt werden.

- Werden in den Ersatzschaltbildern der Leitungen und Transformatoren die Querelemente vernachlässigt, ist die Knotenadmittanzmatrix singulär (Gl. 4.41). Dann ermöglicht erst der Slack-Knoten eine Lösung.

Die meisten Berechnungsprogramme unterstützen eine Angabe von Teilnetz-Bilanzknoten (Zonen-Slack). Die Vorgabe mehrerer Bilanzknoten ist problematisch, da dem Netz Leistungsflüsse aufgezwungen werden können. Bei der Berechnung eines Inselnetzes kann auf den Bezugsknoten verzichtet werden.

Als Einspeiseknoten sind PV-Knoten üblich. Das entspricht eine Kraftwerkseinspeisung, bei der die Wirkleistung und die Spannung vom Kraftwerk geregelt werden. An den PV-Knoten werden die Blindleistung und die Phasenlage der Spannung berechnet. Sind beim Generator die Wirk- und Blindleistung vorgegeben, kann dieser auch als negativer PQ-Knoten nachgebildet werden [14].

Die Verbraucherknoten sind PQ-Knoten. Sie heißen auch Lastknoten und sind in der Regel in der Mehrzahl. Im Bereich zwischen 80 % und 120 % der Bemessungsspannung wird die Spannungsabhängigkeit der Lasten mit

$$P = P_0 \left(\frac{U}{U_0}\right)^p \qquad \text{und} \qquad Q = Q_0 \left(\frac{U}{U_0}\right)^q \tag{4.69}$$

hinreichen genau angegeben. Die Exponenten p und q liegen erfahrungsgemäß zwischen 1 und 2. Der Index 0 kennzeichnet hier den Arbeitspunkt, der häufig in den Bemessungsbetrieb gelegt wird (Abb. 4.25). Es lassen sich drei Sonderfälle angeben.

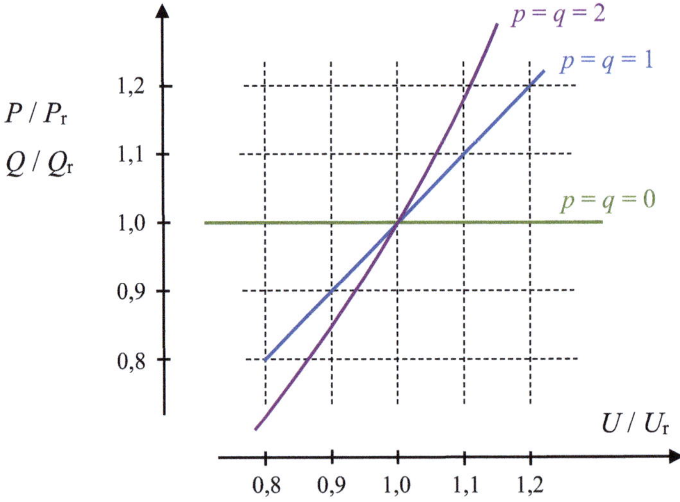

Abb. 4.25 Kennlinien $P(U)$ und $Q(U)$ für verschiedene Exponenten p und q

$p = q = 0$ konstante Abnehmerleistung von geregelten Antrieben

$p = q = 1$ konstanter Wirk- und Blindstrom von ungeregelten Antrieben

$p = q = 2$ konstante Impedanz bzw. Admittanz von elektrischen Heizungen

Mischformen wie

$$P(U) = g_0\, P_0 + g_1\, P_0\, \frac{U}{U_0} + g_2\, P_0 \left(\frac{U}{U_0}\right)^p \qquad 1 \leq p \leq 2 \tag{4.70}$$

mit den Gewichtungen

$$0 \leq g_i \leq 1 \qquad \text{und} \qquad g_0 + g_1 + g_2 = 1 \tag{4.71}$$

sind möglich. Die meisten Programme unterstützen die Änderung eines Knotentyps während eine Rechenlaufs [23]. Wird an einem PQ-Knoten ein Grenzwert verletzt, kann dieser Wert konstant gehalten werden und der Knoten wird zum PV-Knoten.

Lastprofile

In Netzleitanlagen können für die Netzzustandsestimation und auch für die Online-Leistungsflussrechnung aktuelle Messwerte für die Wirkleistung und die Blindleistung zu Grunde gelegt werden, die über das SCADA-System zur Verfügung gestellt werden. Liegen für die PQ-Knoten keine registrierende Leistungsmessungen vor, werden für Entnahmestellen Lastprofile zu Grunde gelegt. In vielen Fällen sind das Entnahmestellen, die unter 100.000 kWh pro Jahr liegen. Der Bundesverband der Energie- und Wasserwirtschaft (BDEW) stellt standardisierte Lastprofile zur Verfügung (Tab. 4.8 und Abb. 4.26).

Tab. 4.8 Standardlastprofile des BDEW [33]

H0	Haushalt
G0	Gewerbe allgemein, gewogener Mittelwert der Profile G1-G6
G1	Gewerbe werktags 8-18 Uhr, z. B. Büros, Arztpraxen, Werkstätten, Verwaltungseinrichtungen
G2	Gewerbe mit starkem bis überwiegendem Verbrauch in den Abendstunden, z. B. Sportvereine ...
G3	Gewerbe durchlaufend, z. B. Kühlhäuser, Pumpen, Kläranlagen
G4	Laden/Friseur
G5	Bäckerei mit Backstube
G6	Wochenendbetrieb, z. B. Kinos
G7	Mobilfunksendestation, durchgängiges Bandlastprofil
L0	Landwirtschaftsbetriebe allgemein, gewogener Mittelwert der Profile L1 und L2
L1	Landwirtschaftsbetriebe mit Milchwirtschaft/Nebenerwerbs-Tierzucht
L2	übrige Landwirtschaftsbetriebe

Die Lastprofile des BDEW unterscheiden sich nach Werktagen, Samstagen und Sonntagen. Dazu kommt noch die Differenzierung nach Sommer, Übergangszeit

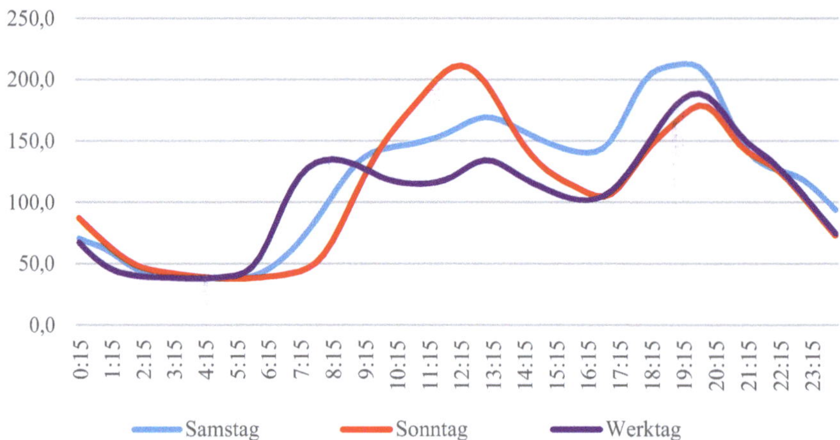

Abb. 4.26 BDEW-Standardlastprofil H0 in Watt für Wintertage nach [33]

und Winter. Manche Unternehmen verwenden eigens modifizierte Lastprofile, um zum Beispiel Temperaturabhängigkeiten zu berücksichtigen. Nur so ist eine Online-Leistungsflussberechnung in den Netzleitanlagen von Verteilnetzbetreibern möglich. Die synthetischen Lastprofilen sind auch Grundlage für eine Lastprognose.

Leistungsgleichungen und Newton-Verfahren

Abb. 4.27 zeigt die Ein- und Ausspeisungen am Knoten i. Die werden zur komplexen Scheinleistung $\underline{S}_{i\mathrm{K}}$ des Knotens zusammengefasst, die auch Nettoknotenleistung oder Knotenleistung genannt wird [34].

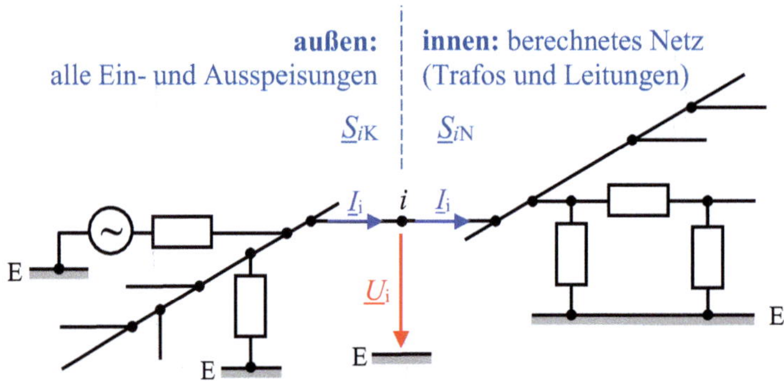

Abb. 4.27 Darstellung der komplexen Scheinleistungen vom Knoten i

Es gilt

$$\underline{S}_{i\mathrm{K}} = \sum_{\alpha} \underline{S}_{i\alpha} = \sum_{\alpha} (P_{i\alpha} + \mathrm{j}\, Q_{i\alpha}) \ . \tag{4.72}$$

Im Verbraucherzählpfeilsystem ist $P_{i\alpha} > 0$ für Ausspeisungen und $P_{i\alpha} < 0$ für Einspeisungen. Falls der Knoten i ein PQ-Knoten ist, ist die Abhängigkeit der Wirk- und Blindleistung von der Knotenspannung durch die Gl. 4.69 bzw. 4.70 vorgegeben.

$$\underline{S}_{i\mathrm{K}} = P_i(\underline{U}_i) + \mathrm{j}\, Q_i(\underline{U}_i) \tag{4.73}$$

Die komplexen Scheinleistungen der n Knoten bilden insgesamt den Vektor der Knotenleistungen $\underline{\boldsymbol{S}}_{\mathrm{K}}$.

$$\underline{\boldsymbol{S}}_{\mathrm{K}} = \boldsymbol{P}_{\mathrm{K}} + \mathrm{j}\, \boldsymbol{Q}_{\mathrm{K}} \tag{4.74}$$

Gleichzeitig geht der Knotenstrom $\underline{I}_i$ ins Netz und ist daher ein Bestandteil der Netzleistung $\underline{S}_{i\mathrm{N}}$. Wegen Gl. 4.40 gilt

$$\underline{S}_{i\mathrm{N}} = 3\, \underline{U}_i\, \underline{I}_i^* = 3\, \underline{U}_i \; (\sum_{j=1}^{n} \underline{Y}_{ij}^*\, \underline{U}_j^*) \; . \tag{4.75}$$

Mit der Diagonalmatrix der Knotenspannungen

$$\underline{\boldsymbol{U}}_{\mathrm{D}} = \mathrm{diag}\,(\underline{U}_1\, \underline{U}_2\, ...\, \underline{U}_n) \tag{4.76}$$

wird das zum Vektor $\underline{\boldsymbol{S}}_{\mathrm{N}}$ der Netzleistungen zusammengefasst.

$$\underline{\boldsymbol{S}}_{\mathrm{N}} = 3\, \underline{\boldsymbol{U}}_{\mathrm{D}} \cdot \underline{\boldsymbol{Y}}_{\mathrm{KK}}^* \cdot \underline{\boldsymbol{U}}_{\mathrm{K}}^* \tag{4.77}$$

Die Netzleistungen haben Real- und Imaginärteil, d. h.

$$\underline{\boldsymbol{S}}_{\mathrm{N}} = \boldsymbol{P}_{\mathrm{N}} + \mathrm{j}\, \boldsymbol{Q}_{\mathrm{N}} \qquad \text{mit} \tag{4.78}$$

$$\boldsymbol{P}_{\mathrm{N}} = \mathrm{Re}\,(\, 3\, \underline{\boldsymbol{U}}_{\mathrm{D}} \cdot \underline{\boldsymbol{Y}}_{\mathrm{KK}}^* \cdot \underline{\boldsymbol{U}}_{\mathrm{K}}^* \,) \qquad \text{und} \tag{4.79}$$

$$\boldsymbol{Q}_{\mathrm{N}} = \mathrm{Im}\,(\, 3\, \underline{\boldsymbol{U}}_{\mathrm{D}} \cdot \underline{\boldsymbol{Y}}_{\mathrm{KK}}^* \cdot \underline{\boldsymbol{U}}_{\mathrm{K}}^* \,) \; . \tag{4.80}$$

Die Knoten- und Netzleistungen $\boldsymbol{P}_{\mathrm{K}}$ und $\boldsymbol{P}_{\mathrm{N}}$ sind spannungsabhängig. Die Spannungen stellen sich so ein, dass Knoten- und Netzleistungen nach Wirk- und Blindanteilen ausbilanziert sind. Anders gesagt, die Knoten- und Netzleistungen müssen gleich sein.

$$\boldsymbol{P}_{\mathrm{K}} - \boldsymbol{P}_{\mathrm{N}} = \boldsymbol{0} \tag{4.81}$$

$$\boldsymbol{Q}_{\mathrm{K}} - \boldsymbol{Q}_{\mathrm{N}} = \boldsymbol{0} \tag{4.82}$$

Vor der Aufspaltung in Real- und Imaginärteil muss festgelegt werden, ob die komplexen Größen in kartesischer oder polarer Form dargestellt werden. In Polarkoordinaten sind die Knotenspannungen $\underline{U}_i = U_i\, \mathrm{e}^{\mathrm{j}\delta_i}$, den Differenzwinkeln $\delta_{ik} = \delta_i - \delta_k$ und den Admittanzen $\underline{Y}_{ik} = Y_{ik}\, \mathrm{e}^{\mathrm{j}\alpha_{ik}}$. Die Gleichungen (4.81) und (4.82) lauten ausformuliert:

$$\omega \quad \begin{bmatrix} U_1Y_{11}U_1\cos\alpha_{11} + \dots + U_1Y_{1i}U_i\cos(\delta_{1i}-\alpha_{1i}) + \dots + U_1Y_{1n}U_n\cos(\delta_{1n}-\alpha_{1n}) \\ \cdots \\ U_iY_{i1}U_1\cos(\delta_{i1}-\alpha_{i1}) + \dots + U_iY_{ii}U_i\cos(\alpha_{ii}) + \dots + U_iY_{in}U_n\cos(\delta_{in}-\alpha_{in}) \\ \cdots \\ U_nY_{n1}U_1\cos(\delta_{n1}-\alpha_{n1}) + \dots + U_nY_{ni}U_i\cos(\delta_{ni}-\alpha_{ni}) + \dots + U_nY_{nn}U_n\cos(\alpha_{nn}) \end{bmatrix} - \begin{bmatrix} P_1(U_1) \\ \cdots \\ P_i(U_i) \\ \cdots \\ P_n(U_n) \end{bmatrix} = \mathbf{0}$$

$$\omega \quad \begin{bmatrix} -U_1Y_{11}U_1\sin\alpha_{11} + \dots + U_1Y_{1i}U_i\sin(\delta_{1i}-\alpha_{1i}) + \dots + U_1Y_{1n}U_n\sin(\delta_{1n}-\alpha_{1n}) \\ \cdots \\ U_iY_{i1}U_1\sin(\delta_{i1}-\alpha_{i1}) + \dots - U_iY_{ii}U_i\sin(\alpha_{ii}) + \dots + U_iY_{in}U_n\sin(\delta_{in}-\alpha_{in}) \\ \cdots \\ U_nY_{n1}U_1\sin(\delta_{n1}-\alpha_{n1}) + \dots + U_nY_{ni}U_i\sin(\delta_{ni}-\alpha_{ni}) + \dots - U_nY_{nn}U_n\sin(\alpha_{nn}) \end{bmatrix} - \begin{bmatrix} Q_1(U_1) \\ \cdots \\ Q_i(U_i) \\ \cdots \\ Q_n(U_n) \end{bmatrix} = \mathbf{0}$$

Für eine kompakte Schreibweise ist es sinnvoll, die Nullphasenwinkel und Beträge der Knotenspannungen in Vektoren zusammenzufassen.

$$\boldsymbol{\delta} = \begin{bmatrix}\delta_1 \dots \delta_i \dots \delta_n\end{bmatrix}^{\mathrm{T}} \quad \text{und} \quad \boldsymbol{U} = \begin{bmatrix}U_1 \dots U_i \dots U_n\end{bmatrix}^{\mathrm{T}} \tag{4.83}$$

Die Nullstellen für die nichtlinearen Funktionen $\boldsymbol{P}$ und $\boldsymbol{Q}$ sind die komplexen Knotenspannungen mit ihren Beträgen und Nullphasenwinkeln. Daher werden die Gleichungen 4.81 und 4.82 in der Umgebung der Näherungswerte $\boldsymbol{\delta}_\nu$ und $\boldsymbol{U}_\nu$ durch eine Taylor-Entwicklung mit Abbruch nach dem ersten Glied linearisiert.

$$\begin{bmatrix} \frac{\partial \boldsymbol{P}}{\partial \boldsymbol{\delta}} & \frac{\partial \boldsymbol{P}}{\partial \boldsymbol{U}} \\ \frac{\partial \boldsymbol{Q}}{\partial \boldsymbol{\delta}} & \frac{\partial \boldsymbol{Q}}{\partial \boldsymbol{U}} \end{bmatrix}_\nu \cdot \begin{bmatrix} \Delta \boldsymbol{\delta} \\ \Delta \boldsymbol{U} \end{bmatrix}_{\nu+1} = - \begin{bmatrix} \Delta \boldsymbol{P} \\ \Delta \boldsymbol{Q} \end{bmatrix}_\nu \quad \text{mit} \tag{4.84}$$

$$\begin{bmatrix} \Delta \boldsymbol{\delta} \\ \Delta \boldsymbol{U} \end{bmatrix}_{\nu+1} = \begin{bmatrix} \boldsymbol{\delta}_{\nu+1} - \boldsymbol{\delta}_\nu \\ \boldsymbol{U}_{\nu+1} - \boldsymbol{U}_\nu \end{bmatrix} \quad \text{und} \tag{4.85}$$

$$\begin{bmatrix} \Delta \boldsymbol{P} \\ \Delta \boldsymbol{Q} \end{bmatrix}_\nu = \begin{bmatrix} \boldsymbol{P}_{\mathrm{N}}(\boldsymbol{\delta}_\nu, \boldsymbol{U}_\nu) - \boldsymbol{P}_{\mathrm{K}}(\boldsymbol{\delta}_\nu, \boldsymbol{U}_\nu) \\ \boldsymbol{Q}_{\mathrm{N}}(\boldsymbol{\delta}_\nu, \boldsymbol{U}_\nu) - \boldsymbol{Q}_{\mathrm{K}}(\boldsymbol{\delta}_\nu, \boldsymbol{U}_\nu) \end{bmatrix} \tag{4.86}$$

Mit dem Symbol $\boldsymbol{J}_\nu$ für die Jacobimatrix kann Gl. 4.84 kompakter formuliert werden.

$$\boldsymbol{J}_\nu \cdot \Delta \boldsymbol{x}_{\nu+1} = -\Delta \boldsymbol{y}_\nu \tag{4.87}$$

Im Vektor $\Delta \boldsymbol{y}_\nu$ sind die Differenzen der Wirk- und Blindleistungen vom ν-ten Iterationsschritt zusammengefasst. In Abb. 4.28 ist der Algorithmus schematisch dargestellt.

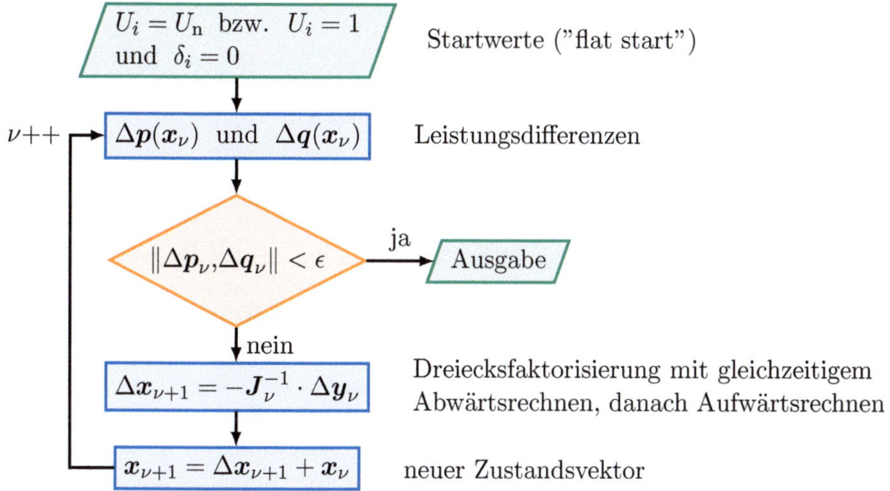

Abb. 4.28 Newton-Verfahren nach [10, 30]

Der Zustandsvektor $\boldsymbol{x}$ unterscheidet sich für kartesische und die Polarform (Tab. 4.9).

Tab. 4.9 Koordinatendarstellungen beim Newton-Verfahren nach [14]

	kartesische Koordinaten	Polarkoordinaten
$\underline{U}_i$	$E_i + \mathrm{j}F_i$	$U_i\,\mathrm{e}^{\mathrm{j}\delta_i}$
$\boldsymbol{x}$	$[E_1\,E_2\cdots E_n\,F_1\,F_2\cdots F_n]^{\mathrm{T}}$	$[\delta_1\,\delta_2\cdots\delta_n\,U_1\,U_2\cdots U_n]^{\mathrm{T}}$
$\underline{Y}_{ij}$	$G_{ij} + \mathrm{j}B_{ij}$	$Y_{ij}\,\mathrm{e}^{\mathrm{j}\alpha_{ij}}$

Der wesentliche Aufwand in diesem Verfahren ist, dass in jedem Iterationsschritt die Jacobimatrix neu aufgestellt werden muss und die Leistungsdifferenzen neu berechnet werden müssen. Gleichzeitig liegen spärlich besetzte Matrizen vor. Verfahren zur Steigerung der Recheneffizienz sind beispielsweise in [16, Seite 72] zu finden.

Die Leistungsflussiteration kann unter Umständen divergieren bzw. keine Lösung finden. In der Praxis sind Ursache für derartige Konvergenzprobleme meistens Eingabefehler (z. B. falsche Netzimpedanzen oder Leistungen) oder schwere Störungen, bei denen aufgrund der Annahme konstanter abgenommener Leistung die maximale Übertragungsfähigkeit überschritten wird. Dies entspricht in der Realität einer Spannungsinstabilität, die zum vollständigen oder teilweisen Netzzusammenbruch führt.

4.4 Sternpunktbehandlung und einpolige Erdfehler

Werden Wicklungen im Stern verschaltet, gibt es einen Sternpunkt und das kommt bei Generatoren, Transformatoren und Motoren vor. Solange das Drehstromnetz im ungestörten und symmetrischen Betrieb ist, fließen keine elektrischen Ströme außerhalb der isolierten Leiter L1, L2 und L3 und der Neutralleiter N in der NS-Ebene ist stromlos. Die Sternpunkte sind auf dem Potenzial der Bezugserde unabhängig davon, ob sie zum Erdreich eine leitende Verbindung haben oder nicht.

Bei einpoligen Erdfehlern fließen über Kabelmänteln, in den Erdseilen der Freileitungen oder im Erdreich Fehlerströme, die durch Spannungsquellen in Form von Drehstromgeneratoren, Drehstromtransformatoren oder Sternpunktbildner im MS-Netz getrieben werden. In diesem Rahmen wird die widerstandslose Strombahn in den Ersatzschaltbildern mit dem Buchstaben E für das Erdreich gekennzeichnet. Andere sprechen in dem Zusammenhang vom Rückleiter [10] oder vom Mittelpunkts- bzw. Neutralleiter [25]. In der Niederspannungsebene fließen in TN-Netzen bei einem Körperschluss die Fehlerströme über den PE- bzw. PEN-Leiter zurück zum Ortsnetztransformator (Abschnitt 5.3).

Die Statorwicklungen von Drehstrom-Synchrongeneratoren sind grundsätzlich in einem isolierten Sternpunkt verschaltet (Abb. 2.65). Ausnahmen bilden mobile Notstromaggregate oder USV-Anlagen. Solange Sternpunktbildner keine Rolle spielen,

Tab. 4.10 Sternpunkte im Drehstromnetz nach [35]

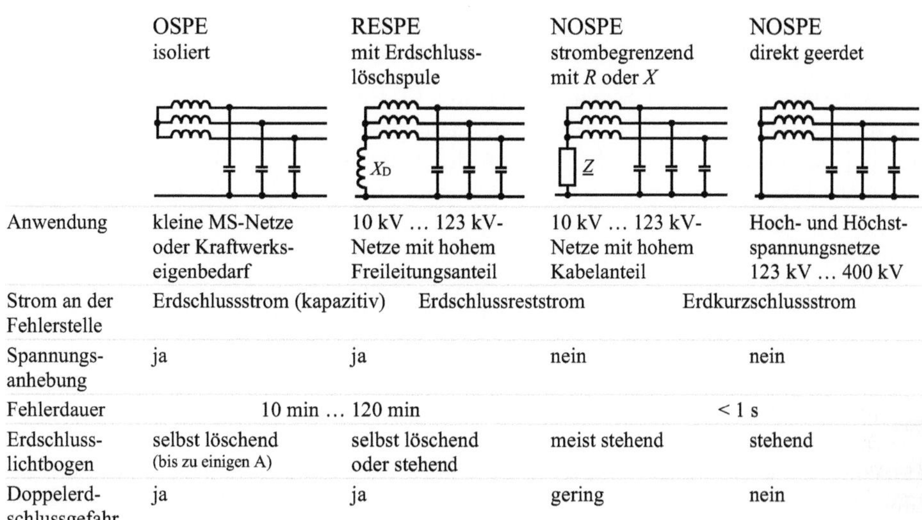

	OSPE isoliert	RESPE mit Erdschluss-löschspule	NOSPE strombegrenzend mit R oder X	NOSPE direkt geerdet
	(Schaltbild)	(Schaltbild, X_D)	(Schaltbild, $\underline{Z}$)	(Schaltbild)
Anwendung	kleine MS-Netze oder Kraftwerks-eigenbedarf	10 kV … 123 kV-Netze mit hohem Freileitungsanteil	10 kV … 123 kV-Netze mit hohem Kabelanteil	Hoch- und Höchst-spannungsnetze 123 kV … 400 kV
Strom an der Fehlerstelle	Erdschlussstrom (kapazitiv)	Erdschlussreststrom	Erdkurzschlussstrom	
Spannungs-anhebung	ja	ja	nein	nein
Fehlerdauer	10 min … 120 min		< 1 s	
Erdschluss-lichtbogen	selbst löschend (bis zu einigen A)	selbst löschend oder stehend	meist stehend	stehend
Doppelerd-schlussgefahr	ja	ja	gering	nein

geht es beim Thema der Sternpunktbehandlung um die Frage, ob und wie die Sternpunkte von Drehstromtransformatoren mit der Betriebserdung verbunden sind. Es gibt verschiedene Varianten, die

- ohne Sternpunkterdung (OSPE),
- hochohmige Sternpunkterdung (HOSPE),
- Resonanz-Sternpunkterdung (RESPE) und
- niederohmige Sternpunkterdung (NOSPE)

genannt werden. In der Betriebsweise ohne Sternpunkterdung sind alle Sternpunkte gegenüber dem Erdreich isoliert. Ausgenommen sind Verbindungen mit hoher Impedanz für Signal-, Mess- und Schutzzwecke. Eine hochohmige Sternpunkterdung wird in Netzen mit sehr kleinen kapazitiven Erdschlussstrom eingesetzt und soll hier nicht weiter betrachtet werden. Bei der Resonanz-Sternpunkterdung ist mindestens eine Erdschlusslöschspule zwischen dem Sternpunkt und der Erdungsanlage installiert. Die niederohmige Sternpunkterdung ist entweder mindestens eine Erdung mit einer strombegrenzenden niederohmigen Impedanz oder mindestens eine direkte Erdung (Tab. 4.10 rechts).

Tab. 4.11 Netzlängen in km im Jahr 2009 nach [30] (Quelle: FNN)

	10 kV	20 kV	110 kV	220/380 kV
OSPE, isoliert	9 465	152	0	0
RESPE, gelöscht	53 104	230 779	50 090	0
NOSPE	34 968	11 083	13 688	35 783

In Deutschland ist das ganze Spektrum der Möglichkeiten realisiert (Tab. 4.11). Auch in anderen Ländern wie Österreich, Schweiz oder Frankreich gibt es die Resonanz-Sternpunkterdung. In Großbritannien und den USA wurde von Beginn an der Einsatz der niederohmigen Sternpunkterdung favorisiert [36, 37].

Im Weiteren werden die Eigenschaften der OSPE, RESPE und NOSPE erklärt, die im unteren Teil von Tab. 4.10 zusammengefasst sind. Es wird sich zeigen, warum bei der OSPE und der RESPE an der Fehlerstelle eine Spannungsanhebung der nicht betroffenen Leiter auftritt und dass in diesen Netzen die Fehler länger toleriert werden können. Bei der NOSPE wird schnellstmöglich ausgeschaltet. Die Wahl der Sternpunktbehandlung hängt von der Netzgröße, der Spannungsebene, der Schutzphilosophie und den Anteilen von Freileitungen und Kabel ab. Für detailliertere Informationen wird auf die Literatur wie [38–42] verwiesen.

4.4.1 Grundsätzliche Aspekte

Bevor die Vor- und Nachteile der unterschiedlichen Sternpunktbehandlungen genauer dargelegt werden, werden allgemeine Eigenschaften von einpoligen Erdfehlern besprochen, die für alle Varianten gültig sind.

Schritt- und Berührungsspannungen

Solange ein einpoliger Erdfehler nicht abgeschaltet ist, kann ein elektrischer Strom über das Erdreich fließen. Sind die Sternpunkte mit der Betriebserdung leitend verbunden, schließt sich der Stromkreis im Erdreich über Erder mit der Erdungs-

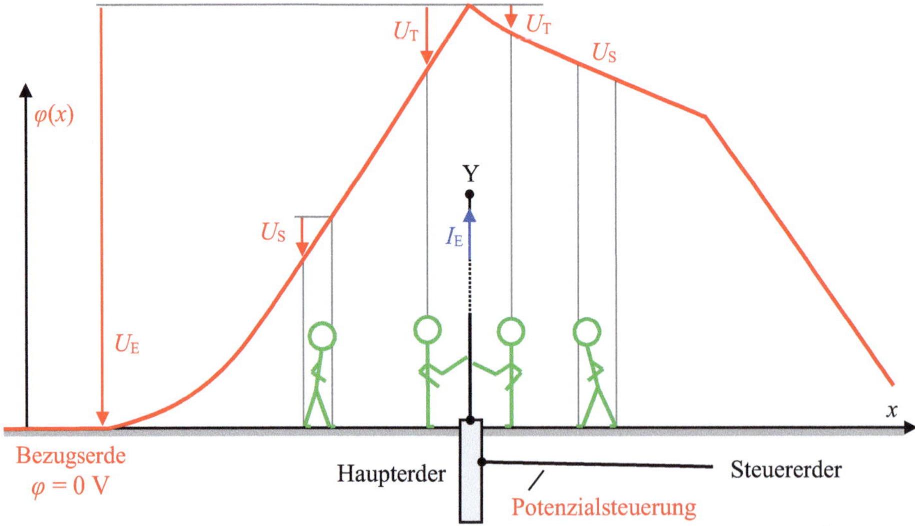

Abb. 4.29 Potenzialverteilung $\varphi(x)$ bei einem einpoligen Erdfehler mit Erderspannung U_{E}, Berührungsspannungen U_{T} und Schrittspannungen U_{S}

impedanz $\underline{Z}_{\mathrm{E}}$. Abb. 4.29 zeigt einen Haupterder, durch den der Erderstrom bzw. Erdungsstrom I_{E} zum Sternpunkt Y fließt. Längs der Strombahn verändert sich das elektrische Potenzial im Erdreich und um den Haupterder breitet sich in alle Richtungen ein Potenzialtrichter aus. Zwischen der Bezugserde und der Erdungsanlage liegt die Erderspannung U_{E} an, die auch Erdungsspannung oder kurz EPR (Earth Potential Rise) genannt wird. Der Erdungsstrom ist eine potenzialanhebende Fehlerstromkomponente. Es wird auch von Sternpunktverlagerung gesprochen.

Längs des Potenzialverlaufs $\varphi(x)$ treten Schritt- und Berührungsspannungen auf. Die Schrittspannung U_{S} ist die Spannung, die von einem Menschen mit einem Schritt von 1 m abgegriffen werden kann. Der Stromweg geht von Fuß zu Fuß. Die Berührungsspannung U_{T} tritt auf, wenn der Mensch ein beliebiges leitfähiges Bauteil berührt, das galvanisch mit der Erdungsanlage verbunden ist. Schritt- und Berührungsspannungen sind vom Standort des Menschen abhängig und können durch eine geschickte Kombination von Tiefen- und Steuererder gesenkt werden (Abb. 4.29 rechts). Tiefenerder sind Rohre oder Stäbe, die bis zu 40 m in die Tiefe getrieben sind. Steuererder sind Strahlen-, Ring- und Maschenerder (Abb. 5.22). Sie werden um den Haupterder so verteilt, dass sie von innen nach außen mit zunehmend größerer Tiefe verlegt sind. Alle Maßnahmen, die dazu dienen, dass Schritt- und Berührungsspannungen unterhalb der zulässigen Werte liegen, werden zusammenfassend als Potenzialsteuerung bezeichnet (Tab. 5.1). Zur Potenzialsteuerung zählen auch die Verwendung von Erdungsmatten und leitfähigen Bodenbeschichtungen, Schutzisolierungen und der Potenzialausgleich (Abb. 5.6).

Sternpunktverlagerung an der Fehlerstelle

Es wird ein Isolationsfehler zwischen dem Leiter L1 und dem Erdreich E betrachtet (Abb. 4.30). Dabei wird angenommen, dass an der Fehlerstelle F der Übergangswiderstand zwischen dem Leiter und dem Erdreich vernachlässigbar klein ist, so dass der einpolige Erdfehlerstrom $\underline{I}_{\mathrm{eF}}$ defensiv berechnet wird. Er wird zur sicheren Seite abgeschätzt. In vielen Fällen ist der Übergangswiderstand nicht bekannt.

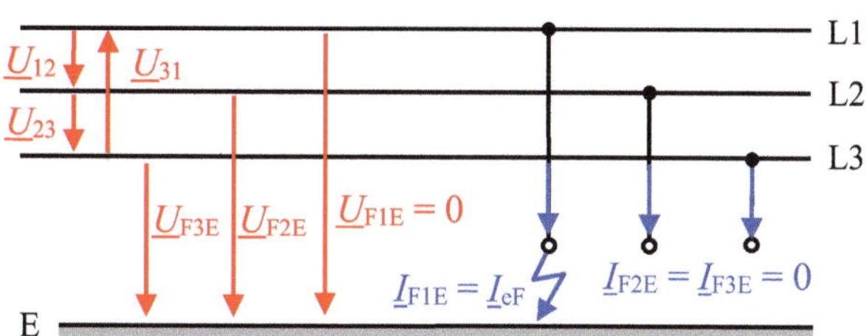

Abb. 4.30 Strom-Spannungs-Verhältnisse bei einem metallischen einpoligen Erdfehler

Bei einpoligen Erdfehlern ändern sich die drei Leiter-Leiter-Spannungen $\underline{U}_{12}$, $\underline{U}_{23}$ und $\underline{U}_{31}$ nicht. Das Spannungsdreieck dieser eingeprägten Spannungen bleibt erhalten. Ohne Übergangswiderstand ist $\underline{U}_{\mathrm{F1E}} = 0$. Daher vergrößern sich an der

Fehlerstelle die Leiter-Erd-Spannungen der beiden gesunden Leiter L2 und L3 um den Faktor $\sqrt{3}$ (Abb. 4.31 rechts). Das ist Ausdruck der Kirchhoffschen Maschenregel und hat Analogien zur Sternpunktverschiebung bei asymmetrischer Belastung von Drehstromleitungen (Abb. 1.137).

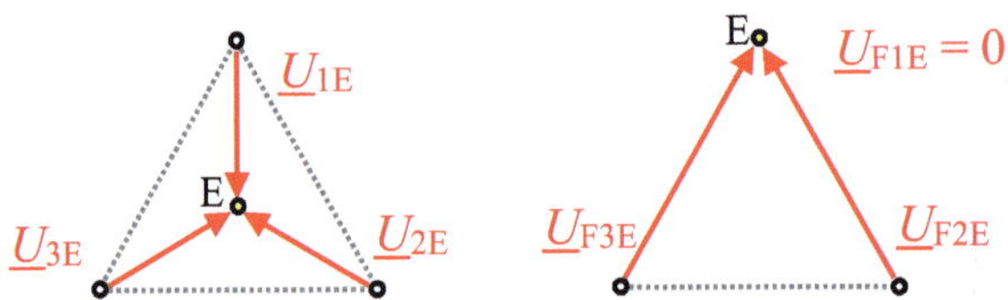

Abb. 4.31 Leiter-Erd-Spannungen im ungestörten symmetrischem Betrieb (links) und an der Fehlerstelle F bei einem metallischen einpoligem Erdfehler (rechts)

Nicht nur an der Fehlerstelle sondern auch im gesamten Netz wird die Isolation der nicht betroffenen Leiter während der Fehlerzeit mit einer Überspannung beansprucht. Zusätzlich zu dieser betriebsfrequenten Spannungserhöhung treten durch Ausgleichsvorgänge noch kurzzeitige Überspannungen bis zum 2,5-fachen der Netznominalspannung auf [25].

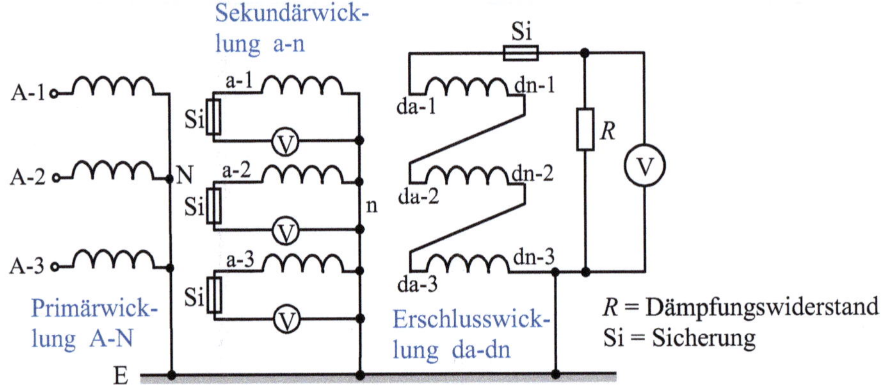

Abb. 4.32 Schaltbild von drei einpolig isolierten induktiven Spannungswandlern mit Primär-, Sekundär- und Erdschlusswicklung nach [43]

Mit der Sternpunktverlagerung nach Abb. 4.31 rechts kann die Existenz eines Erdschlusses in Netzen mit isolierten Sternpunkten oder Erdschlusskompensation nachgewiesen werden. Einpolig isolierte induktive Spannungswandler können mit einer Erdschlusswicklung (da-dn-Wicklung) ausgerüstet werden, die zusammen mit der Primär- und Sekundärwicklung auf dem Messkern gewickelt ist (Abb. 3.66 und 4.32). Bei einem Satz von drei Wandlern werden die drei Erdschlusswicklungen in Reihe geschaltet und bilden ein offenes Dreieck. Dadurch wird die geometrische Summe drei Leiter-Erd-Spannungen gemessen. Im ungestörten symmetrischem Betrieb gilt $\underline{U}_{1E} + \underline{U}_{2E} + \underline{U}_{3E} = 0$. Bei einem einpoligen Erdfehler ist diese Summe ungleich 0 und an der Erdschlusswicklung liegt die Nennspannung von 100 V an, wenn der Fehler metallisch ist. Bei niederohmiger Sternpunkterdung wird dieses Messverfahren nicht angewendet.

Darstellung mit symmetrischen Komponenten

Mit der Transformation nach Gl. 4.11 lauten die elektrischen Ströme an der Fehlerstelle F in symmetrischen Komponenten

$$\begin{bmatrix} \underline{I}_{1L1} \\ \underline{I}_{2L1} \\ \underline{I}_{0L1} \end{bmatrix} = \frac{1}{3} \begin{bmatrix} 1 & \underline{a} & \underline{a}^2 \\ 1 & \underline{a}^2 & \underline{a} \\ 1 & 1 & 1 \end{bmatrix} \cdot \begin{bmatrix} \underline{I}_{F1E} = \underline{I}_{eF} \\ \underline{I}_{F2E} = 0 \\ \underline{I}_{F3E} = 0 \end{bmatrix} . \tag{4.88}$$

Aufgrund der Fehlerbedingungen $\underline{I}_{F2E} = \underline{I}_{F3E} = 0$ nach Abb. 4.30 sind die drei Komponentenströme gleich.

$$\underline{I}_{1L1} = \underline{I}_{2L1} = \underline{I}_{0L1} = \underline{I}_{eF} \,/\, 3 \tag{4.89}$$

Aus der Fehlerbedingung $\underline{U}_{F1E} = 0$ folgt mit

$$\begin{bmatrix} \underline{U}_{F1E} = 0 \\ \underline{U}_{F2E} \\ \underline{U}_{F3E} \end{bmatrix} = \begin{bmatrix} 1 & 1 & 1 \\ \underline{a}^2 & \underline{a} & 1 \\ \underline{a} & \underline{a}^2 & 1 \end{bmatrix} \cdot \begin{bmatrix} \underline{U}_{1L1} \\ \underline{U}_{2L1} \\ \underline{U}_{0L1} \end{bmatrix} \tag{4.90}$$

für die transformierten Spannungen

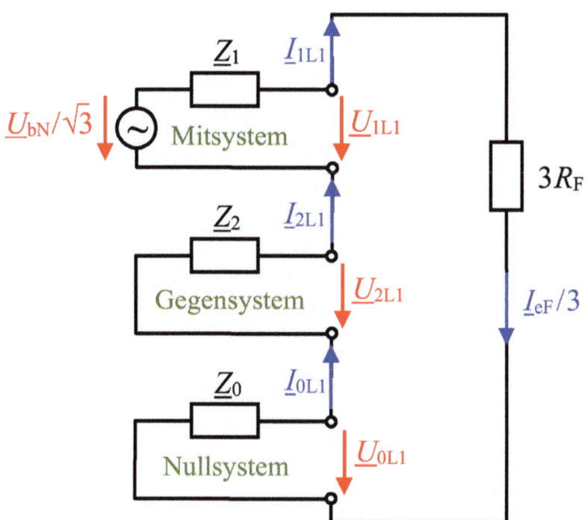

Abb. 4.33 Ersatzschaltung für einen einpoligen Erdfehler

$$\underline{U}_{1L1} + \underline{U}_{2L1} + \underline{U}_{0L1} = 0 \,. \tag{4.91}$$

Insgesamt zeigen die Gleichungen 4.89 und 4.91, dass für einen einpoligen Erdfehler die Ersatzschaltbilder von Mit-, Gegen- und Nullsystem in Reihe geschaltet werden müssen (Abb. 4.33). Da die unveränderten Leiter-Leiter-Spannungen den Fehlerstrom speisen, ist im Mitsystem die Spannung $\underline{U}_{bN}/\sqrt{3}$ eingezeichnet. Für einen metallischen Fehler ist

$$\underline{I}_{eF} = \frac{\sqrt{3}\,\underline{U}_{bN}}{\underline{Z}_1 + \underline{Z}_2 + \underline{Z}_3} \,. \tag{4.92}$$

Ein möglicher Übergangswiderstand R_F kann berücksichtigt werden.

Tab. 4.12 Varianten vom einpoligen Erdfehlerstrom

	I_{eF}	einpoliger Erdfehlerstrom
OSPE	I_{CE}	kapazitiver Erdschlussstrom
RESPE	I_{RES}	ohmsch-kapazitiver Erdschluss-Reststrom
NOSPE	I''_{k1}	einpoliger Anfangs-Kurzschlusswechselstrom

Der Strom, der vom Betriebsstromkreis zur Erde oder zu geerdeten Teilen an der Fehlerstelle fließt, unterscheidet sich nach Art der Sternpunkterdung (Tab. 4.12). Das wird nun genauer begründet.

4.4.2 Netze ohne Sternpunkterdung

Die Betriebsweise des Drehstromnetzes ohne Sternpunkterdung ist die älteste Form, die noch heute bei MS-Netzen kleinerer Ausdehnung zu finden ist. Das wird als Netz mit freiem Sternpunkt oder als sternpunktisoliertes Netz bezeichnet. Manche NS-Verteilungen im Gebäude sind IT-Systeme (Abb. 5.31). Bordnetze von Flugzeugen oder Schiffen und auch Netze für den Eigenbedarf von Kraftwerken werden immer mit einem isolierten Sternpunkt ausgeführt.

Im ungestörten Zustand können bei Freileitungen wegen verschiedener Positionen der Leiter deren Erdkapazitäten C_{1E}, C_{2E} und C_{3E} variieren. Asymmetrien lassen sich nicht immer vermeiden, so dass sich die elektrischen Potenziale vom isolierten Sternpunkt Y und dem Erdreich E unterscheiden können. Bei Radialfeldkabel ist das weniger der Fall. Zur Vereinfachung werden hier symmetrische Eigenschaften der Drehstromleitung vorausgesetzt, so dass $C_{1E} = C_{2E} = C_{3E} = C_E$.

Berechnung vom Erdfehlerstrom

Beispielhaft soll ein metallischer Erdschluss in der Mitte einer Leitung untersucht werden (Abb. 4.34). Zur Berechnung des Erdfehlerstroms $\underline{I}_{eF}$ wird die Reihenschal-

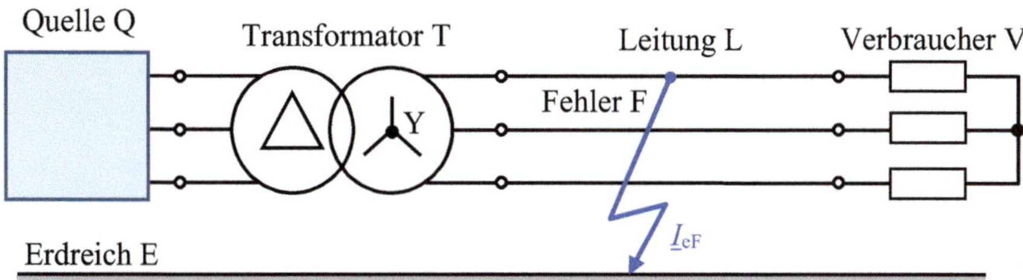

Abb. 4.34 Einpoliger Erdfehler in der Mitte der Leitung

tung der Ersatzschaltbilder nach Abb. 4.33 herangezogen. Das führt zur Ersatzschaltung in Abb. 4.35, in dem die Ableitungen und ohmschen Widerstände für die Stromwärmeverluste der Leitung vernachlässigt sind (Abb. 3.53). Genauso sind die Verluste vom Transformator und vom speisenden Netz nicht berücksichtigt. Zusätzlich wird angenommen, dass die Leitungskapazitäten C_b und C_E sehr viel größer als die Kapazitäten der anderen Betriebsmittel sind.

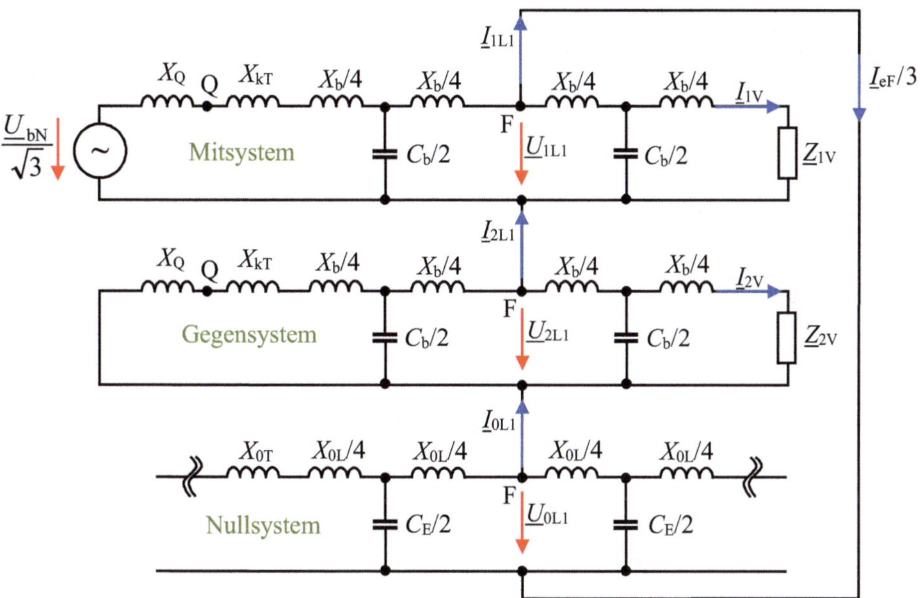

Abb. 4.35 Ersatzschaltbild für den Isolationsfehler in Bild 4.34

Der Erdfehlerstrom I_eF ist im Wesentlichen durch die Erdkapazität C_E im Nullsystem geprägt, da alle anderen Widerstände in der Strombahn vernachlässigbar sind. Aus Abb. 4.35 folgt

$$I_\mathrm{eF} \approx 3\,\frac{U_\mathrm{bN}}{\sqrt{3}}\,\omega C_\mathrm{E} = \sqrt{3}\,U_\mathrm{bN}\,\omega C_\mathrm{E}\,. \tag{4.93}$$

Da in der Planungsphase die tatsächliche Außenleiterspannung im Betrieb des Netzes nicht bekannt ist, wird diese mit einem Sicherheitsaufschlag von 10 % auf die Netznominalspannung U_{nN} abgeschätzt, so wie es auch bei der Kurzschlussstromberechnung nach EN 60909 üblich ist (Abschnitt 4.5).

$$U_{\mathrm{bN}} \approx 1{,}1\ U_{\mathrm{nN}} \tag{4.94}$$

In Netzen ohne Sternpunkterdung wird der Erdfehlerstrom als kapazitiver Erdschlussstrom I_{CE} bezeichnet. Der ist unabhängig vom Ort, an dem der Fehler auf der Leitung auftritt. Der Erdschlussstrom wächst mit der der Netznominalspannung und der Größe des Netzes, da die Erdkapazitäten mit der Länge der Leitungen zunehmen.

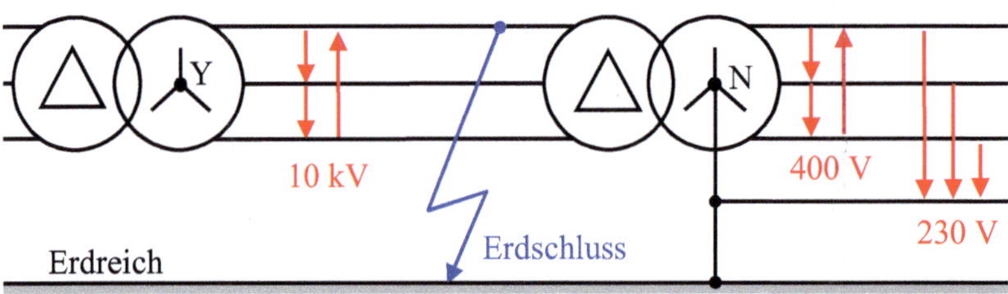

Abb. 4.36 Weiterversorgung bei anstehenden Erdschluss

Fazit

Netze mit isoliertem Sternpunkt bieten eine Reihe von Vorteilen.

- Bei stehenden Erdschluss bleiben die Leiter-Leiter-Spannungen erhalten. Da ein Ortsnetztransformator auf der OS-Seite eine Dreieckschaltung hat, kann ein unterlagertes NS-Netz weiter gespeist werden (Abb. 4.36). Es gibt keine Versorgungsunterbrechungen.
- Im Isolationsmedium Luft verlöschen Lichtbogenfehler bis zur Löschgrenze von selbst. Die Erdschlusswischer haben kaum Auswirkungen auf den Netzbetrieb.
- Wegen der kleinen Gefährdungsspannungen sind die Anforderungen an die Erdungsanlagen gering.

Dem stehen Nachteile gegenüber.

- Durch die erhöhten Leiter-Erd-Spannungen der gesunden Leiter besteht beim stehenden Erdschluss ein Risiko für Folgefehler wie ein zweipoliger Erdschluss. Daher sollte das fehlerbehaftete Betriebsmittel möglichst schnell gesucht und vom Netz getrennt werden.
- Wegen der geringen Fehlerströme ist die Fehlerortung schwierig.
- Netze ohne Sternpunkterdung beschränken sich auf kleine Netze im MS-Bereich. Durch den Zubau von Kabeln wird die Löschgrenze schnell erreicht.

- Wegen der Phasenverschiebung vom kapazitiven Erdschlussstrom und der treibenden Spannung liegt beim Stromnulldurchgang an der Fehlerstelle maximale Spannung an und es kann zu Rückzündungen kommen. Diese intermittierenden (regelmäßig oder unregelmäßig unterbrochene) Erdschlüsse sind mit hohen Spannungsbeanspruchungen verbunden.
- Der Erdschlussbetrieb ist wegen möglicher Personengefährdung begrenzt.

Wenn die Erdkapazitäten klein genug sind, ist der kapazitive Erdschlussstrom kleiner als die Betriebsströme, so dass sich beide überlagern. Bei großen Leitungslängen oder vielen Verzweigungen wird irgendwann der kapazitive Erdschlussstrom so groß, dass abgeschaltet werden muss. Eine Abhilfe bietet die Resonanz-Sternpunkterdung, die sich nun anschließt.

4.4.3 Netze mit Resonanz-Sternpunkterdung

Die Resonanz-Sternpunkterdung wird in 110-kV-Freileitungsnetzen oder in 10/20-kV-Netzen angewendet. Kennzeichnend ist der Einsatz einer Erdschlusslöschspule (Abb. 4.37). Für die sind auch andere Bezeichnungen wie Erdschlussspule, Erdschlussdrossel, Erdschluss-Kompensationsspule oder E-Spule verbreitet. Manchmal wird sie als Petersen-Spule nach ihrem Erfinder Waldemar Petersen bezeichnet.

Abb. 4.37 Erdschlusslöschspulen (3 Fotos links) sowie Eigenbedarfstransformator mit Sternpunktbildner (rechts)

Der Betrieb mit Resonanz-Sternpunkterdung wird auch Erdschlusskompensation genannt. Es wird insgesamt von einem gelöschten Netz, von einem erdschlusskompensierten Netz oder von einem Netz mit Erdschlussstromkompensation gesprochen. Wird mehr als eine Erdschlusslöschspule eingesetzt, ist die Resonanz-Sternpunkterdung dezentral und häufig wird eine regelbare Erdschlusslöschspule vorgesehen, während die anderen fest eingestellt sind.

Berechnung vom Erdfehlerstrom

Die wesentliche Funktionsweise soll am Beispiel des Erdfehlers in Abb. 4.38 erklärt werden. Die Erdschlusslöschspule ist zwischen dem Sternpunkt Y vom Transformator und der Erdungsanlage installiert. Der Erdfehlerstrom $\underline{I}_{\mathrm{eF}}$ kann mit der Ersatzschaltung in Abb. 4.39 berechnet werden. Analog zur Ersatzschaltung in Abb. 4.35 sind auch hier alle ohmschen Anteile vernachlässigt.

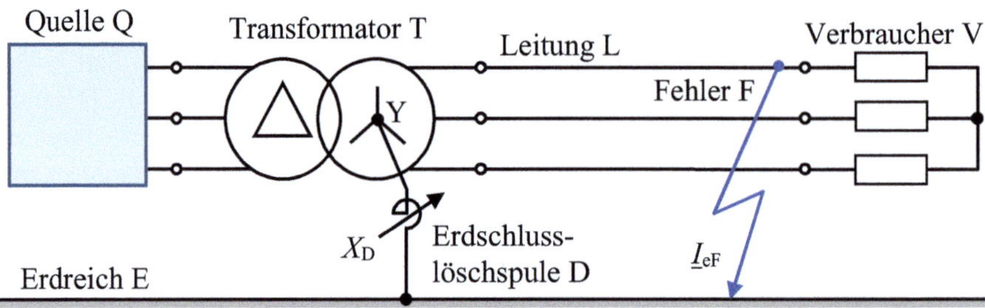

Abb. 4.38 Einpoliger Erdfehler am Ende einer Leitung

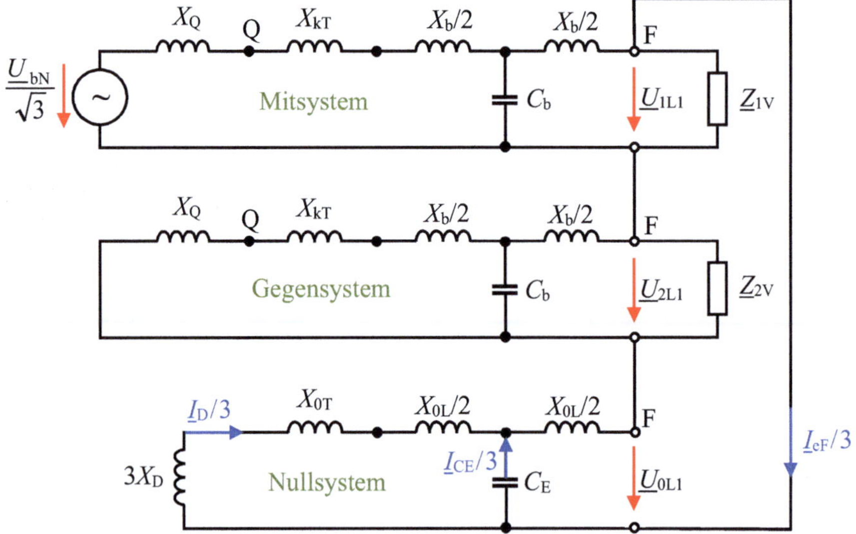

Abb. 4.39 Ersatzschaltbild für den Erdschluss in Bild 4.38

Wegen $3\,X_D \gg X_{0T} + X_{0L}/2$ ist für den Erdschlussstrom der Parallelschwingkreis im Nullsystem maßgebend, der aus dem Blindwiderstand $3X_D$ der Erdschlusslöschspule und der Erdkapazität C_E besteht. Mit dem Blindwiderstand dieses Parallelschwingkreises

$$X_0 = \frac{\frac{1}{\omega\,C_E}\,3\,X_D}{-\frac{1}{\omega\,C_E} + 3\,X_D} \tag{4.95}$$

ist der Erdfehlerstrom

$$\underline{I}_{eF} = \frac{\sqrt{3}\,\underline{U}_{bN}}{j\,X_0}\,. \tag{4.96}$$

Wird die Erdschlusslöschspule so eingestellt, dass

$$3\,X_\mathrm{D} = \frac{1}{\omega\,C_\mathrm{E}}\,, \tag{4.97}$$

ist der Blindwiderstand X_0 unendlich groß. Der Parallelschwingkreis im Nullsystem ist in Resonanz und löscht idealerweise den Strom an der Fehlerstelle vollständig ($I_\mathrm{eF} = 0$). Daher kommen die Bezeichnungen Resonanz-Sternpunkterdung und gelöschtes Netz. Die Erdkapazität C_E ist unabhängig vom Ort des Fehlers auf einer Leitung und sie ändert sich mit der Leitungslänge, der Größe des Netzes und dem Schaltzustand. Zur optimalen Abstimmung sind Erdschlusslöschspulen mit motorisch verstellbaren Tauchkernen ausgestattet, so dass ihr Blindwiderstand X_D mit einem Regler angepasst werden kann.

In Freileitungsnetzen brennt nach Fehlereintritt für kurze Zeit ein Lichtbogen bis zur Löschung. Ein Isolationsfehler kann wieder verschwinden, wenn z. B. ein Ast abgebrannt ist. In solchen Fällen zeigt das Netz selbstheilendes Verhalten. Bleibt die Isolation weiter beschädigt, kann die Versorgung trotzdem aufrecht erhalten werden, da die Leiter-Leiter-Spannungen auch hier erhalten bleiben (Abb. 4.40).

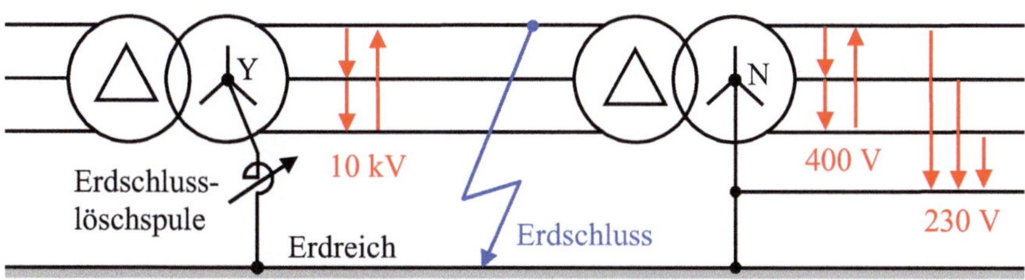

Abb. 4.40 Weiterversorgung bei einem stehenden Erdschluss

Bei perfekter Abstimmung des Resonanzkreises ist $\underline{I}_\mathrm{eF} = \underline{I}_\mathrm{D} + \underline{I}_\mathrm{CE} = 0$ und daher

$$I_\mathrm{D} = I_\mathrm{CE} = \sqrt{3}\,U_\mathrm{bN}\,\omega C_\mathrm{E} \approx 1{,}1\,\sqrt{3}\,U_\mathrm{nN}\,\omega C_\mathrm{E}\,. \tag{4.98}$$

Die Betriebsspannung U_bN ist wieder mit einem Sicherheitsaufschlag von 10 % auf die Netznominalspannung U_nN abgeschätzt. Während an der Fehlerstelle der Erdfehlerstrom idealerweise vollständig gelöscht ist, fließt ein nennenswerter Strom I_D durch die Erdschlusslöschspule (Abb. 4.41).

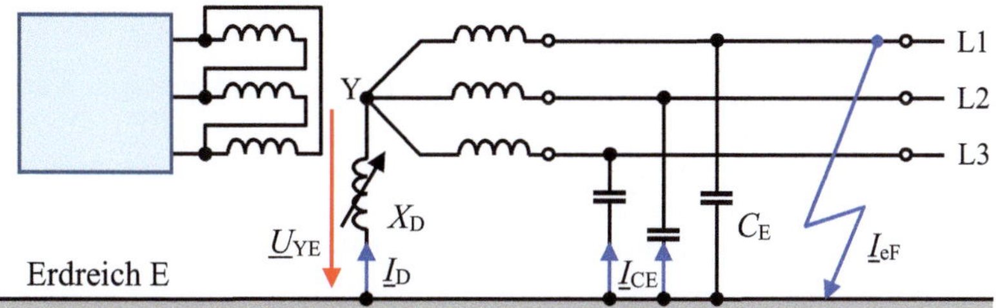

Abb. 4.41 Verteilung der Fehlerströme für den Erdschluss in Bild 4.38

Erdschlusslöschspulen haben thermische Grenzen. Die zulässigen Zeiträume, über die ein Erdschluss anstehen darf, sind auf etwa 1 bis 2 h begrenzt. Spätestens danach muss die Leitung ausgeschaltet werden.

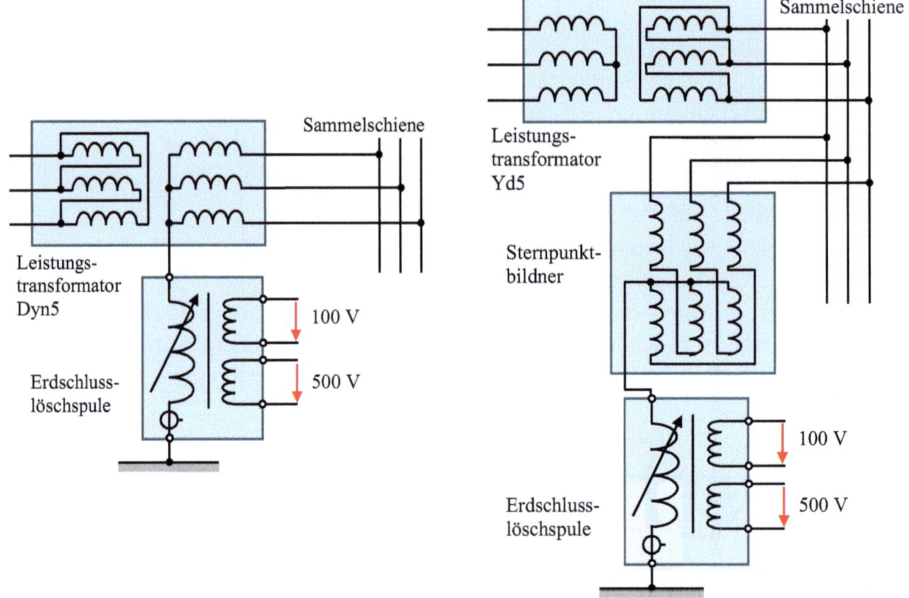

Abb. 4.42 Direkter Anschluss einer Erdschlusslöschspule (links) und Anschluss über einen Sternpunktbildner (rechts)

Die Existenz eines Erdfehlers kann mit Hilfswicklungen in der Erdschlussdrosselspule erfasst werden (Abb. 4.42). Überschreitet die Verlagerungsspannung U_{YE} einen Schwellwert, meldet das Störwerterfassungssystem einen Erdschluss [44, 45]. Dieses Messverfahren wird seltener als die Detektion über die Kurzschlusswicklungen der Spannungswandler angewendet (Abb. 4.32). Falls kein Sternpunkt von einem Transformator zur Verfügung steht oder der Sternpunkt nicht ausreichend belastbar ist, bieten Sternpunktbildner als künstlicher Netzsternpunkt eine Lösung (Abb. 4.37 rechts und 4.42 rechts). Sind infolge von unsymmetrischen Mastbildern die Erdkapazitäten der Außenleiter unterschiedlich, kann eine Verlagerungsspannung auftreten, ohne dass ein Erdfehler vorliegt. In solchen Fällen kann eine Verstimmung der Erdschlusslöschspulen eine Lösung bieten.

In Netzen mit isolierten Sternpunkten und in erdschlusskompensierten Kabelnetzen gibt es eine kurzzeitige niederohmige Sternpunkterdung (KNOSPE). Die wird auch als Kurzerdung (KE) bezeichnet (Abb. 4.43). Etwa 10 bis 15 s nach dem Auftreten eines Erdschlusses wird die Kurzerdung aktiviert, wenn nicht mehr zu erwarten ist, dass der Erdfehler selbstheilend ist. Meistens liegt die Aktivierungszeit der KNOSPE unterhalb der Auslösezeit der Schutzeinrichtungen des Mittelspannungsnetzes, so dass der Schutz nur angeregt wird. Das dient der Fehlerortung. Bei längerer Aktivierungszeit der KNOSPE wird selektiv abgeschaltet.

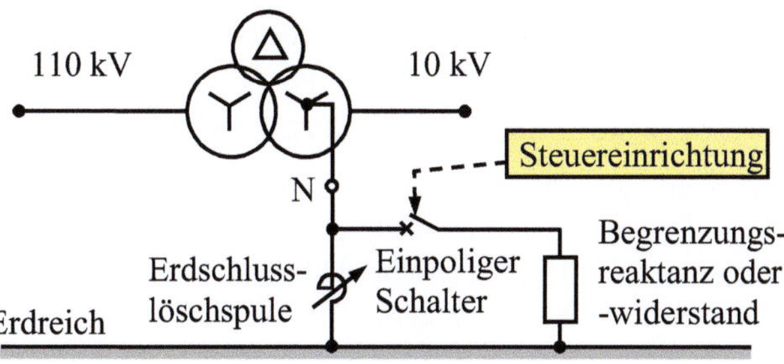

Abb. 4.43 Erdschlusskompensation mit Kurzerdung nach [6]

Tatsächlich gelingt es nicht immer den Erdfehlerstrom komplett zu löschen und es stellt sich ein ohmsch-kapazitiver Erdschluss-Reststrom I_{RES} ein. Der setzt sich aus drei Anteilen zusammen.

- Die Wirkwiderstände der Betriebsmittel im Nullsystem können nicht vernachlässigt werden, so dass eine ideale Abstimmung ($Z_0 \to \infty$) nicht möglich ist.
- Es können sich Oberschwingungsströme überlagern.
- Die Erdschlusslöschspule ist verstimmt.

Die Erfahrung zeigt

$$I_{\mathrm{RES}} \approx 0{,}1\, I_{\mathrm{CE}}\,. \tag{4.99}$$

Der Erdschluss-Reststrom I_{RES} vergrößert sich in dem gleichen Maße wie der Strom I_{CE}, der mit der Netznominalspannung und der Netzgröße wächst. Es stellt sich die Frage, ob die zulässigen Löschgrenzen der Lichtbögen eingehalten werden. Für Freileitungsnetze mit Netznominalspannungen von 10 bis 20 kV wird in der DIN VDE 0228-2 für Lichtbogen ein Wert von 60 A angegeben. In der 110-kV-Ebene gilt für den Erdschluss-Reststrom eine Beanspruchungsgrenze von 130 A.

Fazit

Netze mit Resonanz-Sternpunkterdung bieten insgesamt die Vorteile, die auch Netze mit isolierten Sternpunkten haben. Zusätzlich gibt es weitere Pluspunkte.

- Gelöschte Netze sind deutlich größer als Netze mit isolierten Sternpunkten.
- Der Erdschluss-Reststrom an der Fehlerstelle ist ohmsch-induktiv, da in der Praxis eine leichte Überkompensation gemacht wird. Die Gefahr von Rückzündungen ist geringer.

Dem stehen Nachteile gegenüber.

- Es bleibt das Risiko eines zweiten Erdschlusses.
- Durch Rückzündungen besteht eine Gefahr von intermittierenden Erdschlüssen mit hohen Spannungsbeanspruchungen.
- Die Fehlerortung ist schwierig und möglich.

- Die Netzgröße ist durch den Erdschluss-Reststrom begrenzt, so dass in manchen Fällen eine Netztrennung erforderlich ist.
- Es sind Investitionen in die Erdschlusslöschspulen nötig.

In weiträumigen Verteilnetzen ist vermehrt mit Dauererdschlüssen zu rechnen, so dass die Gefahr von Doppelerdschlüssen steigt. Die Vorteile der Erdschlusskompensation werden zunehmend infrage gestellt. Abhilfe bietet eine niederohmige Sternpunkterdung, um die es als Nächstes geht.

4.4.4 Netze mit niederohmiger Sternpunkterdung

Netze mit niederohmiger Sternpunkterdung werden auch wirksam geerdete Netze genannt. Diese ist in allen Spannungsebenen zu finden. In der Niederspannungsebene sind in TT- und TN-Systemen die Sternpunkte an der Einspeisung direkt geerdet. Manche sprechen auch von einer starren oder widerstandslosen Erdung. In Abschnitt 5.3 wird gezeigt, wie diese Netze mit Fehlerstrom-Schutzeinrichtungen oder Überstromschutzeinrichtungen schnellstmöglich spannungslos geschaltet werden, wenn z. B. ein Körperschluss auftritt. Auch manche Mittelspannungsnetze haben eine niederohmige Sternpunkterdung (Tab. 4.11). Oberhalb der Nennspannung von 125 kV sind die Sternpunkte mit einer niederohmigen Impedanz geerdet, wenn der Kabelanteil hoch ist oder reine Kabelnetze vorliegen. Ab der 220-kV-Ebene sind Freileitungsnetze immer direkt geerdet.

Mit der direkten Sternpunkterdung sollen die zeitweiligen Überspannungen verringert werden. Es wird sich nun zeigen, dass der Erdfehlerstrom sehr groß ist und daher schnellstmöglich abgeschaltet werden muss.

Berechnung vom Erdfehlerstrom

In Netzen mit niederohmiger Sternpunkterdung wird der Erdfehlerstrom als Erdkurzschlussstrom oder genauer als einpoliger Anfangs-Kurzschlusswechselstrom I''_{k1} bezeichnet. Damit soll angedeutet werden, dass der Erdfehlerstrom so hohe Werte wie der dreipolige Anfangs-Kurzschlusswechselstrom I''_{k3} annehmen kann (Abschnitt 4.5). In Freileitungsnetzen kann der Erdkurschlussstrom 80 kA betragen.

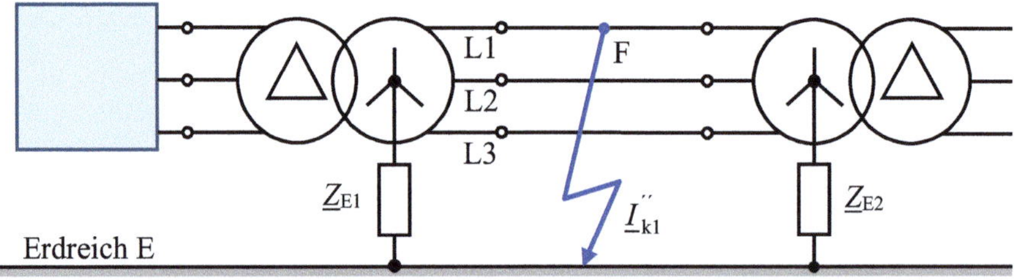

Abb. 4.44 Isolationsfehler in der Leitungsmitte bei niederohmiger Erdung der Sternpunkte

Abb. 4.44 zeigt beispielhaft einen Erdfehler in der Mitte einer Leitung. Eine Vorbelastung soll wie immer vernachlässigt werden. Für dieses Beispiel ist das Ersatzschaltbild 4.45 hinreichend. Hier können die Erdkapazitäten der Leitung vernachlässigt werden, da sich der Fehlerstromkreis im wesentlichen über die niederohmig geerdeten Sternpunkte der Transformatoren schließt. Die bisher vernachlässigten Leitungs- und Transformatorreaktanzen bestimmen die Größe des Fehlerstroms.

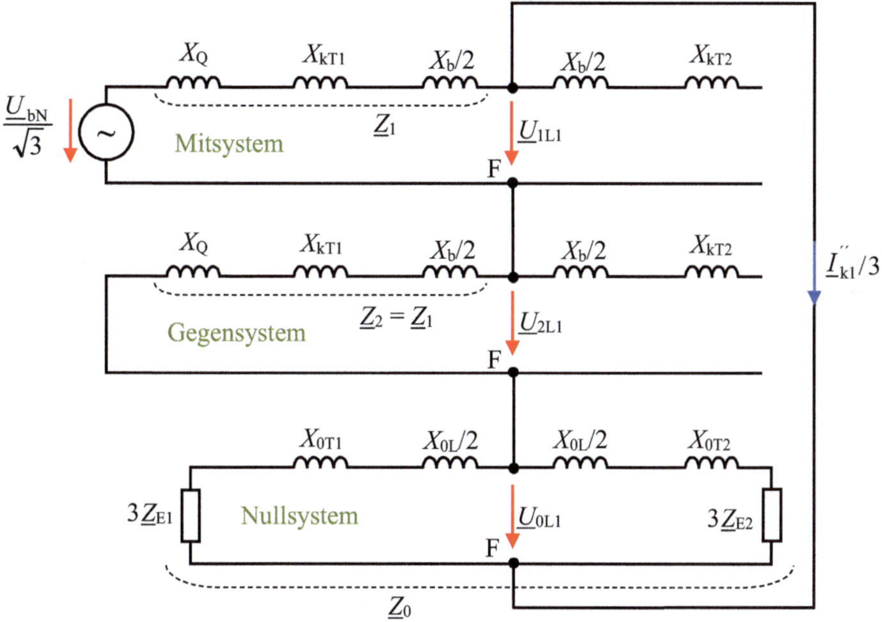

Abb. 4.45 Ersatzschaltbild für den Erdschluss in Abb. 4.44

Die Spannungsanhebung eines gesunden Leiters kann berechnet werden. Nach [6] ist sie beispielsweise für den Leiter L2 an der Fehlerstelle F

$$\underline{U}_{F2E} = \frac{\underline{U}_{bN}}{\sqrt{3}} \left(\underline{a}^2 + \frac{\underline{Z}_1 - \underline{Z}_0}{2\,\underline{Z}_1 + \underline{Z}_0} \right) \approx 1{,}1\, \frac{\underline{U}_{nN}}{\sqrt{3}} \left(\underline{a}^2 + \frac{X_1 - X_0}{2\,X_1 + X_0} \right) . \tag{4.100}$$

Die aktuelle Betriebsspannung $\underline{U}_{bN}$ ist wie üblich mit einem Aufschlag von 10 % auf der Netznominalspannung $\underline{U}_{nN}$ zur sicheren Seite abgeschätzt. Falls $X_0 < X_1$ gibt es sogar eine Spannungsabsenkung. Um die Spannungsverhältnisse im Rahmen der Isolationskoordination beurteilen zu können, wird der Erdfehlerfaktor δ_E eingeführt.

$$\delta_E = \frac{U_{FLE}}{U_{bF}/\sqrt{3}} \tag{4.101}$$

Hier ist die Größe U_{FLE} der Effektivwert der höchsten betriebsfrequenten Leiter-Erd-Spannung eines nicht fehlerbehafteten Leiters an der Fehlerstelle F und die

Größe U_{bF} ist der Effektivwert der betriebsfrequenten Leiter-Leiter-Spannung des Systems an der Fehlerstelle ohne Einfluss des Isolationsfehlers. Der Maximalwert vom Erdfehlerfaktor ist $\delta_{\mathrm{E}} = \sqrt{3} \approx 1{,}73$ in isolierten oder gelöschten Netzen. Unterhalb von $\delta_{\mathrm{E}} = 1{,}4$ ist das die wirksame Erdung in niederohmig geerdeten Netzen. Wenn die Nullimpedanz verschwindet, stellt sich sein Minimalwert von $\delta_{\mathrm{E}} = \sqrt{3}/2 \approx 0{,}87$ ein [6].

In Freileitungsnetzen mit Erdschlusskompensation oder mit einer niederohmigen Sternpunkterdung wird eine automatische Wiedereinschaltung (AWE) eingesetzt, die früher als Kurzunterbrechung (KU) bezeichnet wurde. Die Freileitung wird für ca. 500 ms ausgeschaltet, so dass die Luftstrecke entionisiert werden kann. Im günstigen Fall ist dadurch die Fehlerursache wie beispielsweise ein Blitzeinschlag oder ein Ast beseitigt und die Freileitung kann zugeschaltet bleiben. Da eine dreipolige Abschaltung zu Stabilitätsproblemen führen kann, wird zunächst eine einpolige Abschaltung versucht. Sollte die erfolglos bleiben, wird dreipolig unterbrochen. Bei Kabeln sollte eine AWE nicht durchgeführt werden. In seltenen Fällen wird von dieser Regel abgewichen.

Fazit

Netze mit starr geerdeten Sternpunkten bieten eine Reihe von Vorteilen.

- Der Schutz spricht schnell und sicher an.
- Die Fehlerortung ist einfach.
- Eine selektive Ausschaltung von einpoligen Fehlern ist möglich.
- Die Spannungsbeanspruchung der gesunden Leiter und des Transformatorsternpunktes ist niedriger als bei Netzen ohne Sternpunkterdung oder bei der Resonanz-Sternpunkterdung. Es kann bei der Isolation gespart werden.
- Es können Spartransformatoren eingesetzt werden.

Auch die Nachteile sind zu nennen.

- Die hohen Kurzschlussströme können bis zur Abschaltung Mensch und Tier gefährden. Es sind Investitionen in Erdungsanlagen erforderlich, damit keine gefährlichen Schritt- und Berührungsspannungen auftreten (Abb. 4.29).
- Die hohen Kurzschlussströme beanspruchen die Leistungsschalter und Betriebsmittel.
- Jeder Kurzschluss führt zu Schalthandlungen.
- Es kann zu EMV-Problemen kommen.

4.5 Dreipolige Kurzschlussstromberechnung

Kurzschlussströme und die dabei entstehenden Lichtbögen können erhebliche mechanische, thermische und elektrische Auswirkungen auf Menschen und Anlagen haben.

- Hohe elektromagnetische Kräfte zwischen den stromführenden Leitern führen zu starken mechanischen Beanspruchungen der elektrischen Betriebsmittel.
- Eine sehr schnell ansteigende und exzessive Erwärmung durch Lichtbögen ist mit einer explosionsartigen Druckerhöhung verbunden. Personen können betroffen sein und elektrische Anlagen können thermisch und mechanisch beschädigt oder zerstört werden.
- Bis zur Abschaltung der Fehlerströme können gefährliche Schritt- und Berührungsspannungen für Mensch und Tier auftreten (Abb. 4.29).
- Automations- und Nachrichtensysteme können elektromagnetisch beeinflusst werden.

Bei der Projektierung und Planung der elektrischen Energienetze wird eine Kurzschlussstromberechnung durchgeführt, die zur Auslegung und Auswahl der Betriebsmittel dient. Dazu wird ein vereinfachtes Rechenverfahren angewendet, das in der IEC 60909 und DIN EN 60909 (früher VDE 0102) festgelegt ist. Es beruht auf die Methode der Ersatzspannung an der Kurzschlussstelle (Abb. 4.46). Dieses Verfahren wird in den folgenden Abschnitten 4.5.1 und 4.5.2 genauer dargelegt.

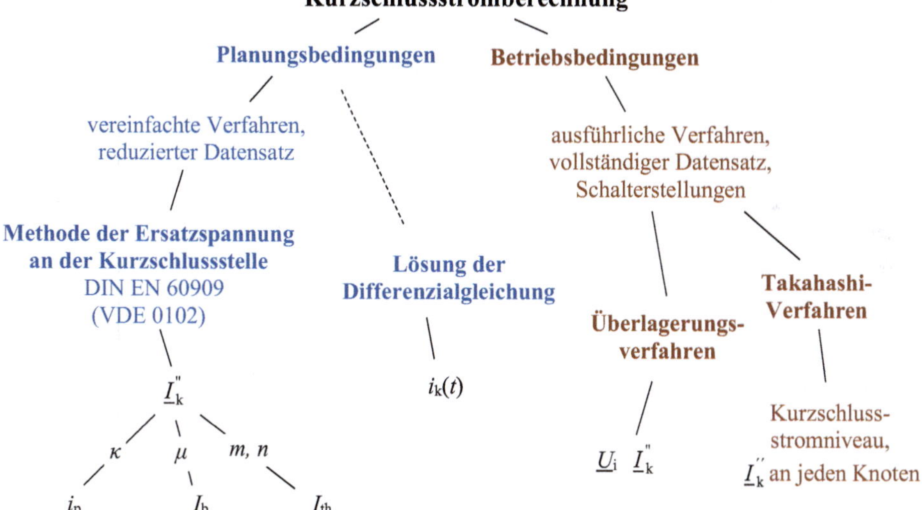

Abb. 4.46 Verfahren zur Kurzschlussstromberechnung nach [10]

Neben der Kurzschlussstromberechnung unter Planungsbedingungen werden in der Netzführung zwei Online-Berechnungsverfahren eingesetzt. Die beruhen auf die aktuellen Schalterstellungen und Messwerte für U, I, P und Q, die vom SCADA-System in der Netzleitanlage zur Verfügung gestellt werden.

- Beim Überlagerungsverfahren wird an einem ausgewählten Knoten ein dreipoliger Kurzschluss simuliert. Kurz zuvor sollten alle aktuellen Knotenspannungen entweder mit der State Estimation (SE) oder mit dem Dispatcher

Power Flow (DPF) online berechnet worden sein. Mit dem Überlagerungsverfahren können alle Fehlerströme im Netz berechnet werden. Die Simulationsergebnisse sind genauer als unter Planungsbedingungen.

- Mit dem Takahashi-Verfahren wird an allen Netzknoten der dreipolige Kurzschlussstrom berechnet. Der sehr schnelle Algorithmus liefert nur die Ströme an der Fehlerstelle und nicht im Rest des Netzes. Diese Applikation ermöglicht online eine kontinuierliche bzw. periodische Überwachung vom Kurzschlussstromniveau mit dem Netzleitsystem. Wird das Bemessungsausschaltvermögen eines Leistungsschalters überschritten, gibt es eine Meldung im Netzleitsystem. In solchen Fällen sollten Maßnahmen zur Verkleinerung der Kurzschlussströme getroffen werden.

Im letzten Abschnitte 4.5.3 wird auf ein Beispiel für die Simulation von dynamischen Vorgängen eingegangen. Detailliertere Informationen zum Thema Kurzschlussstromberechnung können den Vorschriften und der Literatur wie [1, 15, 20] entnommen werden.

4.5.1 Berechnung vom Anfangs-Kurzschlusswechselstrom

Im ersten Schritt werden die charakteristischen Kenngrößen anhand des Kurzschlussstromverlaufs erklärt. Darauf aufbauend wird das Prinzip vom Rechenverfahren vorgestellt und es folgen die Kurzschlussimpedanzen der verschiedenen elektrischen Betriebsmittel. Die Maßnahmen zur Beeinflussung der Kurzschlussströme runden diesen Abschnitt ab.

Kenngrößen

Ausgangspunkt ist ein metallischer Kurzschluss ohne Übergangswiderstände an der Fehlerstelle. Es wird angenommen, dass während der Kurzschlussdauer kein Übergang zu einer anderen Kurzschlussart erfolgt und dass keine Änderungen in der Netztopologie wie Schalthandlungen stattfinden. Die Zeitfunktion vom Kurzschlussstrom $i_\mathrm{k}(t)$ wird maßgeblich durch elektromagnetische Ausgleichsvorgänge in den Synchrongeneratoren bestimmt (Abb. 4.47). Das kann simuliert werden, in dem das zugrunde liegende Differenzialgleichungssystem numerisch gelöst wird (Abschnitt 4.5.3). Die Größe der abklingenden Gleichstromkomponente $i_\mathrm{dc}(t)$ hängt vom Zeitpunkt ab, in dem der Kurzschluss einsetzt. Die Anfangsbedingungen des Differenzialgleichungssystems bestimmen diesen Anteil. Falls die Gleichstromkomponente so groß ist, dass die Stromstärke $i_\mathrm{k}(t)$ keinen Nulldurchgang haben, wird es kritisch, weil die Leistungsschalter unter Umständen nicht unterbrechen können.

Wenn die Amplitude der Wechselstromkomponente $i_\mathrm{k}(t) - i_\mathrm{dc}(t)$ abklingt, ist das ein generatornaher Kurzschluss. Sie bleibt konstant, wenn sich an der Fehlerstelle keine Ausgleichsvorgänge bemerkbar machen. In diesem Fall wird von einem generatorfernen Kurzschluss gesprochen. Die Zielsetzung der Kurzschlussstromberechnung im Sinne der EN 60909 ist nicht die Berechnung der Zeitfunktion $i_\mathrm{k}(t)$, sondern die Bestimmung von Kurzschlussstromparametern, die für die Auslegung

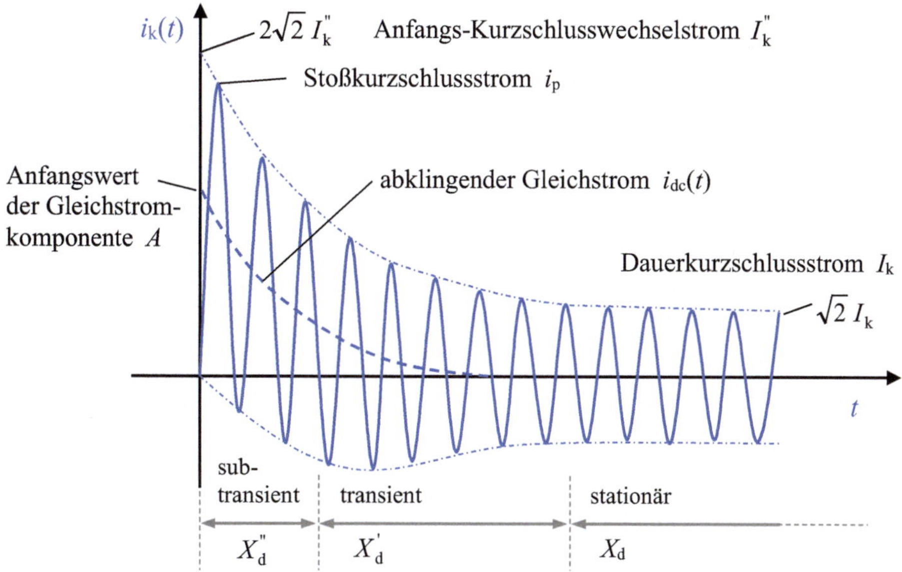

Abb. 4.47 Schematischer Verlauf des Stromes $i_k(t)$ bei einem generatornahen Kurzschluss nach DIN EN 60909

der Betriebsmittel maßgebend sind. Die wesentliche Größe ist der Anfangs-Kurzschlusswechselstrom I_k''. Das ist der Effektivwert von der Wechselstromkomponente, die bei Eintritt des Kurzschlusses zum Zeitpunkt $t = 0$ zu erwarten ist. Der Anfangs-Kurzschlusswechselstrom ist eine fiktive Größe, mit der stationär gerechnet werden kann. In Abschnitt 4.5.2 wird sich zeigen, dass mit I_k'' die weiteren Kenngrößen Stoßkurzschlussstrom i_p, Ausschaltwechselstrom I_b und thermisch gleichwertige Kurzschlussstrom I_{th} bestimmt werden. Der Dauerkurzschlussstrom I_k wird separat abgeschätzt.

- Der Stoßkurzschlussstrom i_p ist der größte Augenblickswert (Scheitelwert) des Kurzschlussstroms unmittelbar nach Eintritt des Fehlers.
- Der Ausschaltwechselstrom I_b ist der Effektivwert der Wechselstromkomponente zum Zeitpunkt der Kontakttrennung im Leistungsschalter. Der Wert von I_b ist bei einem generatornahen Kurzschluss kleiner als der von I_k'', da bis zu diesem Zeitpunkt die Amplitude vom Wechselstromanteil durch elektromagnetische Ausgleichsvorgänge abgenommen hat.
- Der thermisch gleichwertige Kurzschlussstrom I_{th} ist ein fiktiver Effektivwert, der über einen definierten Zeitraum die gleiche thermische Wirkung wie der tatsächliche Kurzschlussstrom hat.
- Nachdem alle Ausgleichsvorgänge angeklungen sind, stellt sich der Dauerkurzschlussstrom mit dem Effektivwert I_k ein. Bei einem generatornahen Kurzschluss gilt $I_k'' > I_k$ und bei einem generatorfernen Kurzschluss ist $I_k'' = I_k$.

In Abb. 4.47 ist der Verlauf vom generatornahen Kurzschlussstrom in drei Zeitintervalle unterteilt. Das sind der subtransiente, der transiente und der stationäre Zeitbereich. In jedem dieser Zeitintervalle wird dem Synchrongenerator zusammenfassend eine Reaktanz zugeordnet. Das sind die subtransiente Reaktanz $X_{\mathrm{d}}^{''}$, die transiente Reaktanz $X_{\mathrm{d}}^{'}$ und die synchrone Reaktanz X_{d} (Tab. 4.13). Diese Einteilung ermöglicht es, mit den gewohnten stationären Ersatzschaltbildern und Effektivwertzeigern im Bildbereich zu rechnen. Die numerische Lösung der Differenzialgleichungen kann entfallen.

Tab. 4.13 Reaktanzen von Synchronmaschinen in % nach [35]

	Turbo-Generator	Schenkelpol-Generatoren mit Dämpferwicklung	Schenkelpol-Generatoren ohne Dämpferwicklung
Anfangsreaktanz $x_{\mathrm{d}}^{''}$	9 ... 22	12 ... 30	20 ... 40
Übergangsreaktanz $x_{\mathrm{d}}^{'}$	14 ... 35	20 ... 45	20 ... 40
Synchronreaktanz x_{d}	140 ... 300	80 ... 180	80 ... 180
Gegenreaktanz x_2	9 ... 22	10 ... 25	30 ... 50
Nullreaktanz x_0	3 ... 10	5 ... 20	5 ... 25

Häufig wird für den Anfangs-Kurzschlusswechselstrom $I_{\mathrm{k}}^{''}$ die Anfangskurzschluss-Wechselstrom-Scheinleistung $S_{\mathrm{k}}^{''}$ angegeben, die abkürzend auch als Kurzschlussleistung bezeichnet wird.

$$S_{\mathrm{k}}^{''} = \sqrt{3}\, U_{\mathrm{n}}\, I_{\mathrm{k}}^{''} \tag{4.102}$$

Sie kann in der Netzplanung mit der Kurzschlussstromberechnung für jeden Netzknoten angegeben werden. Die Angaben für die MS- und HS-Ebene in Tab. 4.14 schwanken in der Praxis je nach Netzstruktur und EEG-Einspeisungen.

Tab. 4.14 Richtwerte für Kurzschlussströme und -leistungen nach [6]

U_{nN} / kV	10	110	220	380
$I_{\mathrm{k}}^{''}$ / kA	29	42	63	80
$S_{\mathrm{k}}^{''}$ / GVA	0,5	8	24	53

Es ist nützlich, auf die Anfangskurzschluss-Wechselstrom-Scheinleistung $S_{\mathrm{k}}^{''}$ zu verzichten [1]. Für die Auswahl der Betriebsmittel wie Leistungsschalter sind ausschließlich die Kurzschlussströme maßgebend. Die Kurzschlussleistung wird schlicht nicht gebraucht und ihre Interpretation scheint fragwürdig. Auch ist in der HöS-Ebene nicht immer bekannt, mit welcher Netznominalspannung die Kurzschlussleistung berechnet wurde.

Verfahren nach EN 60909

Die Methode der Ersatzspannungsquelle an der Fehlerstelle soll beispielhaft anhand des dreipoligen Kurzschlusses in Abb. 4.48 charakterisiert werden. In diesem symmetrischen Fehlerfall treten keine Ströme im Gegen- und Nullsystem auf, so dass nur das Mitsystem mit dem Index 1 zu berücksichtigen ist. Die Rotationsenergie der Turbinen und Synchrongeneratoren in den konventionellen Kraftwerken und auch in den Windkraftanlagen speisen auf den Kurzschluss. In der Ersatzschaltung ist das durch die treibende subtransiente Spannung $\underline{U}_1''$ im Mitsystem modelliert. Die Innenimpedanzen des Netzes haben ebenfalls einen Einfluss auf die Höhe des Kurzschlussstroms.

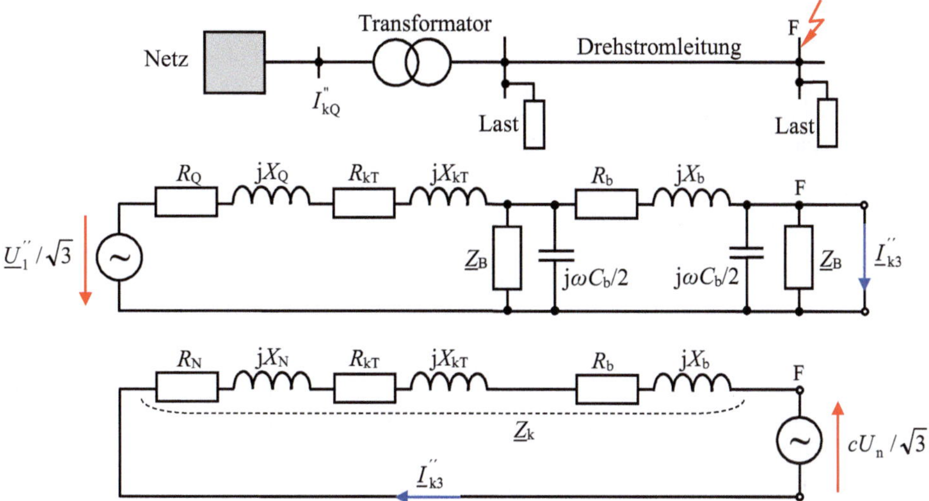

Abb. 4.48 Dreipoliger Kurzschluss auf einer Sammelschiene: Einphasiger Netzplan (oben), Ersatzschaltung (mittig) und Ersatzspannungsquelle an der Fehlerstelle (unten)

Das vereinfachte Rechenverfahren nach EN 60909 ist im unteren Teil von Abb. 4.48 dargestellt. Es beruht darauf, dass für den Zeitpunkt, an dem der Fehler eintritt, folgende Annahmen getroffen werden:

- Das Netz befindet sich im ungestörten und symmetrischen Betrieb.
- An allen Knoten im Netz liegt die Netznominalspannung U_n an.
- Das Netz ist im Leerlauf und es gibt keinerlei Betriebsströme.

Das hat den Vorteil, dass eine vorgeschaltete Leistungsflussrechnung nicht erforderlich ist. Damit auch bei Netznominalspannungen keine elektrischen Ströme fließen, müssen im Mitsystem alle Querelemente in den Ersatzschaltbildern der elektrischen Betriebsmittel eliminiert werden.

- Für Freileitungen und Kabel entfallen im vollständigen Π-Ersatzschaltbild die Betriebskapazität C_b und die Ableitung G_b, so dass keine Lade- oder Ableitströme auftreten (Abb. 3.53). Es wird mit der Ersatzschaltung nach Abb. 3.62 gerechnet.
- Im vollständigen T-Ersatzschaltbild von Zweiwicklungstransformatoren werden der Eisenverlustwiderstand R_Fe und die Hauptreaktanz X_h vernachlässigt (Abb. 2.18). Das vereinfachte Ersatzschaltbild in Abb. 2.19 ist für die Kurzschlussstromberechnung hinreichend. Zusätzlich entfallen die Phasendrehungen der Transformatoren und es wird angenommen, dass eventuell vorhandene Stufensteller in Mittelstellung sind.
- Lasten werden komplett außer acht gelassen.

Unter diesen Voraussetzungen kann nach dem Satz von Thevenin der Kurzschlussstrom so berechnet werden, dass im Ersatzschaltbild am Fehlerort F eine Spannungsquelle eingesetzt wird. Das ist die Rückwärtseinspeisung an der Fehlerstelle. Die Wirk- und Blindwiderstände in der Strombahn müssen lediglich zur Kurzschlussimpedanz $\underline{Z}_\mathrm{k}''$ oder $\underline{Z}_\mathrm{k}$ zusammengefasst werden und der Anfangs-Kurzschlusswechselstrom $\underline{I}_\mathrm{k}''$ wie auch der Dauerkurzschlussstrom I_k werden mit dem ohmschen Gesetz berechnet.

$$\underline{I}_\mathrm{k}'' = c\,\frac{\underline{U}_\mathrm{n}}{\sqrt{3}\,\underline{Z}_\mathrm{k}''} \qquad \underline{I}_\mathrm{k} = c\,\frac{\underline{U}_\mathrm{n}}{\sqrt{3}\,\underline{Z}_\mathrm{k}} \tag{4.103}$$

In Gl. 4.103 wird ein dimensionsloser Spannungsfaktor c eingeführt. Dieser dient als Sicherheitsaufschlag, da die oben genannten Vereinfachungen in das Rechenverfahren eingeflossen sind. Es wird zwischen Spannungsfaktoren zur Berechnung des größten Kurzschlussstroms c_max und des kleinsten Kurzschlussstroms c_min unterschieden. Der Spannungsfaktor c_max dient zur Dimensionierung von Schaltgeräten, Leitungen und Sammelschienen. Der Spannungsfaktor c_min hingegen wird zu Schutz- und Selektivitätsberechnungen herangezogen. Die Angaben in Tab. 4.15 sind bewährte Erfahrungswerte.

Tab. 4.15 Spannungsfaktoren nach EN 60909 zur Berechnung des kleinsten und des größten Kurzschlussstroms

Nennspannung U_n des Netzes	c_min	c_max
$U_\mathrm{n} \leq 1$ kV		
Spannungstoleranz 6 %	0,95	1,05
Spannungstoleranz 10 %	0,90	1,10
1 kV $< U_\mathrm{n} \leq$ 380 kV	1,00	1,10

Bisher wurde ein dreipoliger Kurzschluss betrachtet (Abb. 4.48). Jedoch können mit Gleichung 4.103 auch asymmetrische Fehler berechnet werden (Tab. 4.16). Bei solchen Fehlerarten fließen die Ströme nicht nur im Mit- sondern auch im Gegen-

Tab. 4.16 Formeln zur Berechnung vom Anfangs-Kurzschlusswechselstrom I_k''

dreipoliger Kurzschluss ohne oder mit Erdberührung	$I_{k3}'' = \dfrac{c\,U_n}{\sqrt{3}\,\lvert\underline{Z}_1\rvert}$
zweipoliger Kurzschluss ohne Erdberührung	$I_{k2}'' = \dfrac{c\,U_n}{\lvert\underline{Z}_1 + \underline{Z}_2\rvert}$
zweipoliger Kurzschluss mit Erdberührung	$I_{k2E}'' = \dfrac{\sqrt{3}\,c\,U_n}{\lvert\underline{Z}_1 + \underline{Z}_0 + \underline{Z}_0\,\underline{Z}_1/\underline{Z}_2\rvert}$
einpoliger Kurzschluss bzw. einpoliger Erdfehler	$I_{k1}'' = \dfrac{\sqrt{3}\,c\,U_n}{\lvert\underline{Z}_1 + \underline{Z}_2 + \underline{Z}_0\rvert}$

und Nullsystem. Die Kurzschlussimpedanz setzt sich aus den Impedanzen aller beteiligten Systeme zusammen. In Abschnitt 4.4 wurde gezeigt, dass zur Berechnung vom einpoligen Erdfehler das Mit-, Gegen- und Nullsystem in Reihe geschaltet werden müssen (Abb. 4.33). In diesem Fall ist die Kurzschlussimpedanz $\underline{Z}_{k1} = \underline{Z}_1 + \underline{Z}_2 + \underline{Z}_0$.

Kurzschlussimpedanzen der elektrischen Betriebsmittel

Die Impedanzen der einzelnen Betriebsmittel sollten vom Hersteller angegeben werden. Die hier angegebenen Formeln liefern lediglich grobe Richtwerte im Mitsystem (Tab. 4.17). Für Angaben zum Nullsystem wird auf die Literatur verwiesen [35].

Tab. 4.17 Kurzschlussimpedanzen im Mitsystem

Netzeinspeisung	$Z_Q = c\,U_n/(\sqrt{3}\,I_{kQ}'')$	
	$R_Q = 0{,}1\,X_Q$	$X_Q = 0{,}995\,Z_Q$
DSG	$R_G = 0{,}05...0{,}15 \cdot X_G$	$X_G = x_d''\,U_{rG}^2/S_{rG}$
		$X_G = x_d\,U_{rG}^2/S_{rG}$
Transformator	$Z_T = u_k\,U_{rT}^2/S_{rT}$	
	$R_T = u_R\,U_{rT}^2/S_{rT}$	$X_T = \sqrt{Z_T^2 - R_T^2}$
Drehstromleitung	$R_b = R_b'\,l$	$X_b = X_b'\,l$

Bei Netzeinspeisungen muss der Anfangs-Kurzschlusswechselstrom I_{kQ}'' am Anschlusspunkt bekannt sein, um daraus den Blind- und Wirkanteil der Kurzschlussimpedanz abzuschätzen. Bei den Drehstromgeneratoren ist die Modellierung aufwendiger [1]. Es wird unterschieden, ob ein Synchrongenerator direkt oder über einen Blocktransformator ins Netz speist. Zusätzlich wird differenziert, ob der Blocktransformator Stufenschalter hat oder nicht. Bei Asynchrongeneratoren unterscheiden sich die Formeln je nach Ausführung mit Kurzschluss- oder Schleifringläufer. Auf die detaillierte Modellierung dieser Varianten wie auch der Motoren und der selbstgeführten Umrichter wird hier nicht weiter eingegangen. Das kann anhand der Literatur nachvollzogen werden [1]. Bei den Umspannern müssen die relative Kurzschlussspannung u_k und ihr Wirkanteil u_R bekannt sein (Gl. 2.8). Bei den Drehstrom-Freileitungen und Drehstromkabel ist im Einzelfall zu prüfen, ob der Wirkwiderstand R_b im Mitsystem zu vernachlässigen ist. In der NS- und MS-Ebene ist eher davon abzuraten, da R_b und X_b meistens in der gleichen Größenordnung liegen. Im Nullsystem ist die Erdkapazität C_E bei Netzen mit isolierten Sternpunkten oder mit einer Erdschlusskompensation stets zu berücksichtigen (Abschnitt 4.4).

Maßnahmen zur Beeinflussung der Kurzschlussströme

Die Größe der Kurzschlussströme wird im Wesentlichen durch zwei Faktoren beeinflusst.

- Im Fehlerfall speisen die Rotationsenergien, die in konventionellen Kraftwerken in den Drehbewegungen der Turbinen und Synchrongeneratoren gespeichert sind, die Kurzschlussströme. Mit dem Rückgang solcher Anlagen im Zuge der Energiewende sinken die Kurzschlussströme. Der Zubau von Windkraftanlagen hat auch einen Einfluss auf die Höhe der Kurzschlussströme, nicht zuletzt durch die geänderten Einspeisepunkte.
- Die Impedanzen in der Fehlerstrombahn bestimmen ebenso die Höhe des Kurzschlussstroms. Hierzu zählen die subtransiente Reaktanz X_d'' der Drehstrom-Synchrongeneratoren sowie die Impedanzen der elektrischen Betriebsmittel wie Leitungen und Transformatoren.

Die Kurzschlussströme müssen hoch genug sein, um von den Schutzsystemen sicher erkannt zu werden. Gleichzeitig dürfen sie das Ausschaltvermögen der Leistungsschalter nicht überschreiten.

Abb. 4.49 Schaltzeichen einer Kurzschlussdrosselspule

Ob eine Maßnahme zur Beeinflussung der Kurzschlussströme für den Netzbetreiber sinnvoll ist, muss im Einzelfall technisch und wirtschaftlich bewertet werden. Grundsätzlich kann schon in der Planung eingegriffen werden.

- Der Kurzschlussstrom lässt sich mit Einführung einer höheren Spannungsebene reduzieren. Bei Synchrongeneratoren steigt wegen $X_\mathrm{d}'' = x_\mathrm{d}'' U_\mathrm{rG}^2/S\mathrm{rG}$ der Widerstand quadratisch mit der Spannung, während die treibende Spannung nur linear ansteigt. Das gleiche gilt für Transformatoren. Diese Maßnahme kommt jedoch nur theoretisch in Frage, da sie mit erheblichen Investitionskosten für die Großtransformatoren verbunden ist. Dazu kommen die sehr lange Lieferzeiten.

- Synchrongeneratoren mit einer hochohmigen subtransienten Reaktanz X_d'' bieten kaum eine Lösung, da sie ein schlechtes Stabilitätsverhalten haben.
- Drehstromtransformatoren mit einer hohen relativen Kurzschlussspannung u_k sind eine Option. Dabei muss ein höherer Blindleistungsbedarf sowie ein größerer Stellbereich der Stufenschalter in Kauf genommen werden.
- Die Schaltanlagen sollten so konfiguriert werden, dass im laufenden Betrieb Teilnetze gebildet werden können. Das ist gängige Praxis bei den Netzbetreibern.
- Es können Kurzschlussstrom-Begrenzungsdrosseln in der Strombahn eingesetzt werden (Abb. 4.49).
- Eine einzelne HGÜ-Leitung zwischen zwei entkoppelten Teilnetzen überträgt nur Wirkleistung. Da der Kurzschlussstrom im Übertragungsnetz im Wesentlichen ein Blindstrom ist, wirkt der sich nicht im anderen Netz aus.

Mit dem Anfangs-Kurzschlusswechselstrom I_k'' werden die Betriebsmittel ausgewählt und dimensioniert. Darum geht es jetzt.

4.5.2 Berechnung abgeleiteter Kurzschlussstromgrößen

Wie in Abschnitt 4.5.1 erwähnt wurde, können mit dem Anfangs-Kurzschlusswechselstrom I_k'' der Stoßkurzschlussstrom i_p, der Ausschaltwechselstrom I_b sowie der thermisch gleichwertige Kurzschlussstrom I_{th} berechnet werden (Abb. 4.50). Der Dauerkurzschlussstrom I_k wird separat abgeschätzt.

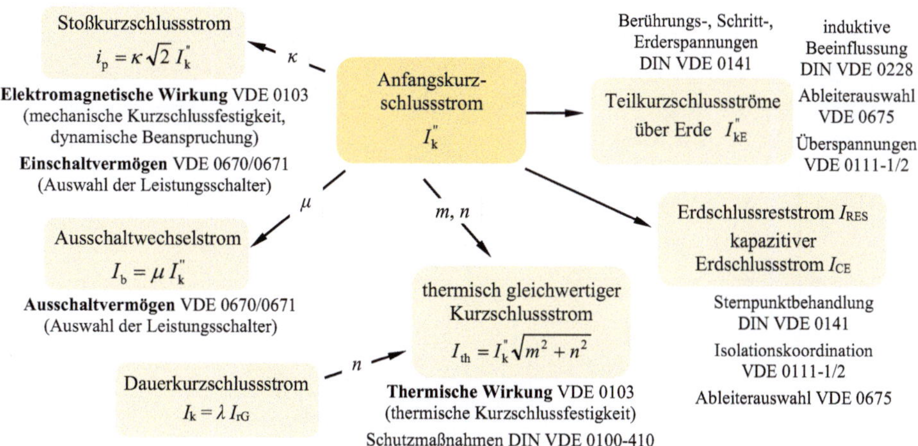

Abb. 4.50 Bedeutung des Anfangs-Kurzschlussstroms I_k''

Zu dem Zweck sind dimensionslose Faktoren eingeführt worden (Tab. 4.18).

Tab. 4.18 Faktoren in der Kurzschlussstromberechnung

κ	Faktor zur Berechnung des Stoßkurzschlussstroms, Stoßfaktor
μ	Faktor zur Berechnung des Ausschaltwechselstroms, Abklingfaktor
λ	Faktor zur Berechnung des Dauerkurzschlussstroms
m	Faktor für den Wärmeeffekt des Gleichstromanteils
n	Faktor für den Wärmeeffekt des Wechselstromanteils

Es wird nun skizziert, wie diese Faktoren in die Berechnung eingehen.

Stoßkurzschlussstrom

Der Stoßkurzschlussstrom dient zur mechanischen Auslegung der elektrischen Betriebsmittel. Es gibt verschiedene Verfahren, die je nach Netztopologie einen unterschiedlichen Rechenaufwand hervorrufen [1]. Bei einem einfach gespeisten Kurzschluss wird der Stoßkurzschlussstrom mit der Formel

$$i_{\mathrm{p}} = \kappa \sqrt{2}\, I_{\mathrm{k}}'' \tag{4.104}$$

berechnet. Der dimensionslose Stoßfaktor κ hängt vom Verhältnis R/X ab und kann in guter Näherung mit

$$\kappa = 1{,}02 \, + \, 0{,}98\, \mathrm{e}^{-3\,R/X} \qquad 1 < \kappa \leq 2 \tag{4.105}$$

angegeben werden. Bei $R/X = 0$ hat der Stoßfaktor sein Maximum von 2. Alternativ kann der Stoßfaktor aus einer Grafik abgelesen werden (Abb. 4.51).

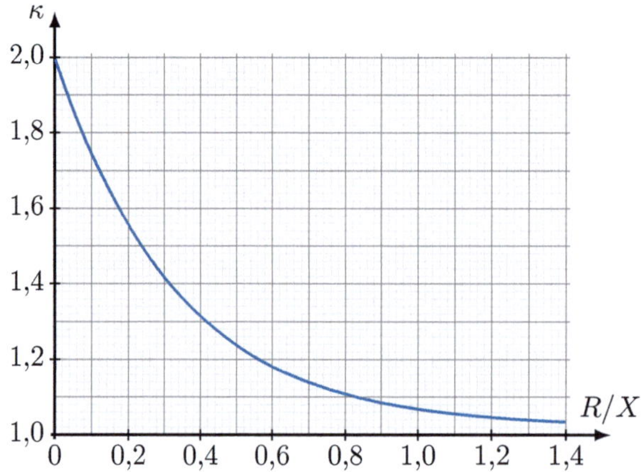

Abb. 4.51 Abhängigkeit des Stoßfaktors κ vom Verhältnis R/X

Ausschaltwechselstrom

Der Ausschaltstrom I_b ist für die Dimensionierung der Leistungsschalter notwendig. Da der Ausschaltvorgang erst nach einigen Millisekunden aktiviert wird, wird bei generatornahen Kurzschlüssen in einfach gespeisten Netzen der Einfluss der abklingenden Wechselstromkomponente auf den Ausschaltstrom mit dem dimensionslosen Abklingfaktor μ berücksichtigt.

$$I_\text{b} = \mu \, I''_\text{kG} \tag{4.106}$$

Das Schaltvermögen eines Schaltgerätes kann geringer ausfallen, als es durch den Anfangs-Kurzschlusswechselstrom vorgegeben ist. Der Abklingfaktor hängt vom Verhältnis $I''_\text{kG}/I_\text{rG}$ ab und kann durch Näherungsformeln berechnet werden, die vom Mindestschaltverzug t_min abhängen (Tab. 4.19). Das ist die kleinstmögliche Zeitspanne zwischen dem Einsetzen eines Kurzschlusses und der ersten mechanischen Trennung der Kontakte eines Schaltgeräts.

Tab. 4.19 Formeln zur Berechnung der Abklingfaktoren nach [40]

$t_\text{min} = 0{,}02$ s	$\mu = 0{,}84 + 0{,}26\ \text{e}^{-0{,}26\ I''_\text{kG}/I_\text{rG}}$
$t_\text{min} = 0{,}05$ s	$\mu = 0{,}71 + 0{,}51\ \text{e}^{-0{,}30\ I''_\text{kG}/I_\text{rG}}$
$t_\text{min} = 0{,}1$ s	$\mu = 0{,}62 + 0{,}72\ \text{e}^{-0{,}32\ I''_\text{kG}/I_\text{rG}}$
$t_\text{min} \geq 0{,}25$ s	$\mu = 0{,}56 + 0{,}94\ \text{e}^{-0{,}38\ I''_\text{kG}/I_\text{rG}}$

Abb. 4.52 zeigt die entsprechenden Kurvenverläufe. Bei generatornahen Kurzschlüssen in vermaschten Netzen oder auch im Zweifelsfall sollte $\mu = 1$ gesetzt werden.

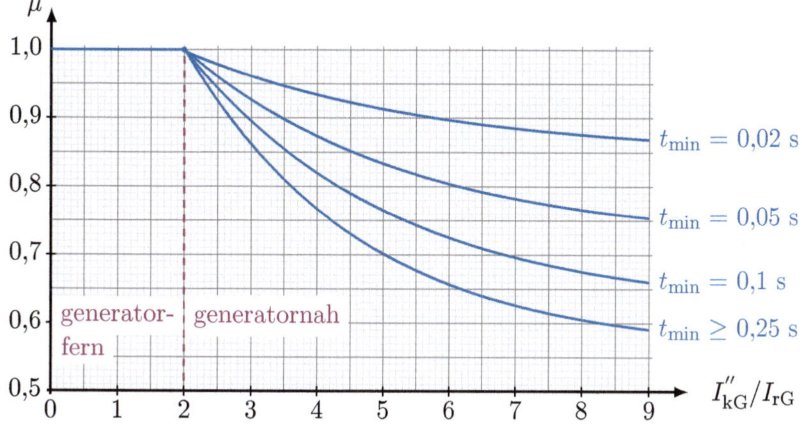

Abb. 4.52 Abhängigkeit des Abklingfaktors μ vom Verhältnis $I''_\text{kG}/I_\text{rG}$

Dauerkurzschlussstrom

Mit dem Dauerkurzschlussstrom I_k wird der Faktor n für den Wärmeeffekt des Wechselstromanteils vom thermisch gleichwertigen Kurzschlussstrom I_th berechnet. Der Dauerkurzschlussstrom ist auch ein wesentlicher Wert für die Einstellungen des Netzschutzes. Im Gegensatz zum Anfangs-Kurzschlusswechselstrom $I_\mathrm{k}^{''}$ kann der Dauerkurzschlussstrom bei generatornahen Kurzschlüssen nur relativ ungenau bestimmt werden. Sättigungseinflüsse und auch die Änderung des Schaltzustandes durch Auslösen der Schutzeinrichtungen sind kaum zu quantifizieren. Für den Fall, dass eine einzelne Synchronmaschine auf den Kurzschluss speist, wird eine obere und untere Grenze angegeben [40].

$$I_\mathrm{kmax} = \lambda_\mathrm{max}\, I_\mathrm{rG} \qquad \text{und} \qquad I_\mathrm{kmin} = \lambda_\mathrm{min}\, I_\mathrm{rG} \tag{4.107}$$

Die Werte für die Faktoren λ_max und λ_min werden aus Kurven abgelesen.

Thermisch gleichwertiger Kurzschlussstrom

Die hohen Kurzschlussströme belasten die Betriebsmittel auch thermisch sehr stark. Während der Kurzschlussdauer T_k muss die erzeugte Wärmemenge ΔQ unterhalb der zulässigen Werte bleiben. Für ein Betriebsmittel mit dem Widerstand R_B gilt vereinfachend

$$\Delta Q = R_\mathrm{B} \int_0^{T_\mathrm{k}} i_\mathrm{k}^2(t)\,\mathrm{d}t\,, \tag{4.108}$$

wenn es vom Kurzschlussstrom $i_\mathrm{k}(t)$ durchflossen wird. Dabei sind der Einfluss der Temperatur ϑ auf den elektrischen Widerstand $R_\mathrm{B}(\vartheta)$ sowie die Erwärmung durch Wirbelstromeffekte nicht berücksichtigt. Dieser systematische Fehler wird durch die Annahme aufgefangen, dass die Wärme vollständig im Betriebsmittel bleibt (adiabate Erwärmung). Damit werden die Ergebnisse zur sicheren Seite abgeschätzt. Die Wirbelstromeffekte müssen jedoch bei Kabelquerschnitten oberhalb von 600 mm^2 berücksichtigt werden.

Zur weiteren Vereinfachung wird das Joule-Integral in Gl. 4.108 durch das Produkt von der Kurzschlussdauer T_k und dem thermisch gleichwertigen Kurzschlussstrom I_th ersetzt.

$$\Delta Q = R_\mathrm{B}\, I_\mathrm{th}^2\, T_\mathrm{k} \tag{4.109}$$

Damit geht es um die Fragestellung, ob der thermisch gleichwertige Kurzschlussstrom unterhalb seiner zulässigen Werte liegt. Das ist ein entscheidender Parameter für die Auslegung von Kabelquerschnitten. Durch eine Netzreduktion, bei der ein Netz mit mehreren Generatoren auf eine Reihenersatzschaltung mit einem einzigen Generator und einer Impedanz zusammengefasst wird, kann gezeigt werden, dass I_th mit den dimensionslosen Parametern m und n berechnet werden kann [6].

$$I_\mathrm{th} = \sqrt{m+n}\, I_\mathrm{k}^{''} \tag{4.110}$$

Der Faktor m berücksichtigt den Wärmeeffekt des aperiodischen Gleichstromanteils vom Kurzschlussstrom und hängt vom Stoßfaktor κ sowie der Kurzschlussdauer T_k ab. Der Wärmeeffekt des Wechselstromanteils wird mit den Faktor n ins Kalkül gezogen. In dem gehen der Anfangs-Kurzschlusswechselstrom $I_\mathrm{k}^{''}$, der Dauerkurzschlussstrom I_k und auch die Kurzschlussdauer ein.

$$m = m(\kappa, T_\mathrm{k}) \qquad n = (I_\mathrm{k}^{''}, I_\mathrm{k}, T_\mathrm{k}) \tag{4.111}$$

Die Formeln zur Berechnung von m und n sind aufwendig [1]. Alternativ können m und n aus Diagrammen entnommen werden.

4.5.3 Numerische Lösung der Differenzialgleichungen

An dieser Stelle wird ein überschaubares Beispiel für ein Differenzialgleichungssystem zur Berechnung transienter Vorgänge im Drehstromnetz vorgestellt. Das ist der dreipolige Kurzschluss an den Klemmen eines einzelnen Drehstrom-Synchrongenerators. Zur Vertiefung zum Thema Berechnung der Netzdynamik sind die deutschsprachigen Fachbücher [9, 13, 46] zu empfehlen.

Dreipoliger Klemmenkurzschluss am Drehstrom-Synchrongenerator

Ausgangspunkt sind die vollständigen Spannungsgleichungen für die netzwerktheoretische Behandlung der Synchronmaschine [47, 48]. Diese gehen ihrerseits auf die Parkschen Gleichungen zurück [49, 50]. Die Theorie gilt für eine dreisträngige symmetrisch aufgebaute Synchronmaschine, deren kurzgeschlossene Dämpferwicklungen durch zwei horizontale Wicklungen in der Längs- und Querachse wiedergegeben wird. Es wird angenommen, dass die Permeabilität vom Eisen konstant ist. Das vereinfacht die Modellierung erheblich, da die Sättigungseffekte im Eisenkern,

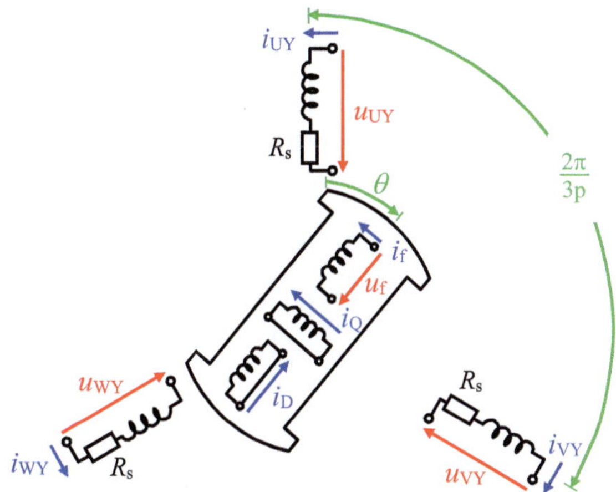

Abb. 4.53 Schematischer Aufbau der Synchronmaschine

die bei hohen Stromstärken auftreten können, keine Rolle spielen. Stromverdrängungseffekte und Eisenverluste werden ebenfalls vernachlässigt. In Abb. 4.53 ist der Aufbau einer Schenkelpolmaschine vereinfachend dargestellt. Die Statorwicklungen sind zu einem isolierten Sternpunkt Y verschaltet. Zur besseren Darstellung sind alle Wirkwiderstände im Läufer nicht explizit eingezeichnet. Das betrifft den Widerstand R_f für die Stromwärmeverluste der Erregerwicklung sowie die Widerstände der Dämpferwicklungen R_D und R_Q. Die Wirkwiderstand der Statorwicklungen R_s sind hingegen angedeutet.

Die 6 Spannungsgleichungen lauten in kompakter Matrizenschreibweise

$$[\boldsymbol{u}(t)] = \frac{\mathrm{d}}{\mathrm{d}t}\Big([\boldsymbol{L}(t)]\cdot[\boldsymbol{i}(t)]\Big) + [\boldsymbol{R}]\cdot[\boldsymbol{i}(t)]\ . \tag{4.112}$$

Der Vektor $[\boldsymbol{u}(t)]$ mit den elektrischen Spannungen enthält Stator- und Rotorgrößen. Es wird angenommen, dass sich während der Fehlerdauer die Spannung an der Erregerwicklung nicht ändert ($u_\mathrm{f}(t) = u_\mathrm{f} = \mathrm{const}$).

$$[\boldsymbol{u}(t)] = \Big[u_\mathrm{UY}(t)\ \ u_\mathrm{VY}(t)\ \ u_\mathrm{WY}(t)\ \ u_\mathrm{f}\ \ 0\ \ 0\Big]^\mathrm{T} \tag{4.113}$$

Der Vektor $[\boldsymbol{i}(t)]$ mit den elektrischen Ströme lautet

$$[\boldsymbol{i}(t)] = \Big[i_\mathrm{UY}(t)\ \ i_\mathrm{VY}(t)\ \ i_\mathrm{WY}(t)\ \ i_\mathrm{f}(t)\ \ i_\mathrm{D}(t)\ \ i_\mathrm{Q}(t)\Big]^\mathrm{T}\ . \tag{4.114}$$

Aus der Sicht der Mathematik liegt hier ein lineares System von 6 gewöhnlichen Differenzialgleichungen vor. Die Lösung ist herausfordernd, da ein Teil der Elemente in der Matrix $[\boldsymbol{L}(t)]$ periodisch von der Zeit abhängig ist. Das zeigt sich nun bei den Gleichungen zur Berechnung des dreipoligen Klemmenkurzschlusses, für den die Fehlerbedingungen

$$i_\mathrm{UY}(t) + i_\mathrm{VY}(t) + i_\mathrm{WY}(t) = 0 \qquad \text{und} \tag{4.115}$$

$$u_\mathrm{UV}(t) = u_\mathrm{VW}(t) = u_\mathrm{WU}(t) = 0 \tag{4.116}$$

zu beachten sind. Nach einer $0\alpha\beta$-Koordinatentransformation der Statorgrößen sind fünf Spannungsgleichungen übrig [51].

$$\begin{bmatrix} 0 \\ 0 \\ u_\mathrm{f} \\ 0 \\ 0 \end{bmatrix} = \begin{bmatrix} R_\mathrm{s} & 0 & 0 & 0 & 0 \\ 0 & R_\mathrm{s} & 0 & 0 & 0 \\ 0 & 0 & R_\mathrm{f} & 0 & 0 \\ 0 & 0 & 0 & R_\mathrm{D} & 0 \\ 0 & 0 & 0 & 0 & R_\mathrm{Q} \end{bmatrix} \cdot \begin{bmatrix} i_\alpha(t) \\ i_\beta(t) \\ i_\mathrm{f}(t) \\ i_\mathrm{D}(t) \\ i_\mathrm{Q}(t) \end{bmatrix} + \frac{\mathrm{d}}{\mathrm{d}t}\left(\begin{bmatrix} [L_\mathrm{SS}^\mathrm{3P}(t)] & [L_\mathrm{SL}^\mathrm{3P}(t)] \\ [L_\mathrm{SL}^\mathrm{3P}(t)]^\mathrm{T} & [L_\mathrm{LL}] \end{bmatrix} \cdot \begin{bmatrix} i_\alpha(t) \\ i_\beta(t) \\ i_\mathrm{f}(t) \\ i_\mathrm{D}(t) \\ i_\mathrm{Q}(t) \end{bmatrix} \right)$$

Darin sind die Matrizen mit den Selbst- und Gegeninduktivitäten enthalten.

$$[L_{\mathrm{LL}}] = \begin{bmatrix} L_{\mathrm{ff}} & M_{\mathrm{fD}} & 0 \\ M_{\mathrm{Df}} & L_{\mathrm{DD}} & 0 \\ 0 & 0 & L_{\mathrm{QQ}} \end{bmatrix}$$

$$[L_{\mathrm{SS}}^{\mathrm{3P}}(t)] = \begin{bmatrix} L_{\mathrm{s}} & 0 \\ 0 & L_{\mathrm{s}} \end{bmatrix} + \Delta L_{\mathrm{s}} \begin{bmatrix} \cos(2p\theta(t)) & \sin(2p\theta(t)) \\ \sin(2p\theta(t)) & -\cos(2p\theta(t)) \end{bmatrix} \tag{4.117}$$

$$[L_{\mathrm{SL}}^{\mathrm{3P}}(t)] = \begin{bmatrix} M_{\mathrm{df}}\cos(p\theta(t)) & M_{\mathrm{dD}}\cos(p\theta(t)) & -M_{\mathrm{qQ}}\sin(p\theta(t)) \\ M_{\mathrm{df}}\sin(p\theta(t)) & M_{\mathrm{dD}}\sin(p\theta(t)) & M_{\mathrm{qQ}}\cos(p\theta(t)) \end{bmatrix}$$

Für den Drehwinkel bzw. für die Stellung des Polrades $\theta(t)$ gilt

$$p\theta(t) = \omega t + p\theta_0 = \omega t + \vartheta + \alpha - \pi/2 \tag{4.118}$$

mit der Polpaarzahl p, dem Lastwinkel ϑ und dem Schaltwinkel α. Vereinfachend wird angenommen, dass sich in den ersten Perioden des Stromverlaufs die Kreisfrequenz $\omega = 2\pi f$ und der Lastwinkel ϑ nicht ändern. Andernfalls muss die Bewegungsdifferenzialgleichung

$$J\,\frac{\mathrm{d}^2}{\mathrm{d}t^2}\theta(t) = M \tag{4.119}$$

mit dem Massenträgheitsmoment J von Generator und Turbine berücksichtigt werden. Eine Lösung diese Systems ist bei gegebenen Anfangswerten numerisch möglich. Grundsätzlich kommen das explizite und implizite Eulerverfahren, die Trapezregel und das Runge-Kutta-Verfahren in Frage [52]. Der zeitliche Verlauf des berechneten Kurzschlussstroms $i_{\mathrm{k}}(t)$ in natürlichen Koordinaten ist in Abb. 4.47 dargestellt.

Mehrmaschinenproblem

Sollen dynamische Vorgänge in einem Drehstrommetz mit mehreren Drehstrom-Synchrongeneratoren simuliert werden, ist die Modellbildung deutlich aufwendiger. Zur Lösung wurde ein modifiziertes Trapezverfahren entwickelt, das im Netzdynamikprogramm Electromagnetic Transients Program (EMTP) eingesetzt wird (Tab. 4.20).

Tab. 4.20 Programme bzw. Produkte zur Berechnung der Netzdynamik

EMTP®	Hermann W. Dommel 1969 [53]	`www.emtp.com`
ATP-EMTP	EMTP-ATP Users Group e. V.	`www.emtp.org`
PSS®NETOMAC	Bernd Kulicke 1975 [54]	`www.siemens.com`

Es eignet sich für die Lösung der Differenzialgleichungen eines Netzes mit seinen RLC-Elementen in Kombination mit den Parkschen Gleichungen. Dieses Differenzenleitwertverfahren wurde auch im Programm Network Torsion Machine Control (NETOMAC) implementiert. Problematisch an dem Differenzenleitwertverfahren sind die Kopplung von Netz und Synchronmaschinen sowie die Verschmelzung von Netzmodell und Integrationsalgorithmus [9]. Es wurden Verfahren entwickelt, die diese Mängel zumindest teilweise umgehen [9, 13, 51]. Sie konnten sich gegenüber den etablierten Programmsystemen nicht durchsetzen.

Literatur

[1] Gerd Balzer. *Kurzschlussströme in Drehstromnetzen.* Wiesbaden: Springer Fachmedien Wiesbaden, 2024. ISBN: 978-3-658-43552-3 978-3-658-43553-0. DOI: `10.1007/978-3-658-43553-0`. URL: `https://link.springer.com/10.1007/978-3-658-43553-0`.

[2] Gerd Balzer und Claus Neumann. *Schalt- und Ausgleichsvorgänge in elektrischen Netzen.* Berlin, Heidelberg: Springer Berlin Heidelberg, 2016. ISBN: 978-3-662-44546-4 978-3-662-44547-1. DOI: `10.1007/978-3-662-44547-1`. URL: `http://link.springer.com/10.1007/978-3-662-44547-1`.

[3] Bernd Michael Buchholz und Zbigniew Styczynski. *Smart Grids - Grundlagen und Technologien der elektrischen Netze der Zukunft.* 2., neu bearbeitete und erweiterte Auflage. Berlin Offenbach: VDE Verlag, 2019. ISBN: 978-3-8007-4748-1 978-3-8007-4748-1.

[4] Edmund Handschin. *Elektrische Energieübertragungssysteme.* 2. Auflage. Heidelberg: Dr. Alfred Hüthig Verlag, 1987. ISBN: 978-3-778-51401-6.

[5] Andreas Heier. *Praxishandbuch Netzlastberechnung.* 1. Auflage. Würzburg: Vogel Communications Group, 2021. 164 S. ISBN: 978-3-8343-3468-8.

[6] Klaus Heuck, Klaus-Dieter Dettmann und Detlef Schulz. *Elektrische Energieversorgung - Erzeugung, Übertragung und Verteilung Elektrischer Energie.* 9. Auflage. Wiesbaden: Springer Vieweg Verlag, 2013. ISBN: 978-3-834-81699-3.

[7] Ismail Kasikci. *Kurzschlussstromberechnung in elektrischen Anlagen: nach DIN EN 60909-0 (VDE 0102): Theorie, Vorschriften, Praxis ; Betriebsmittelparameter und Rechenbeispiele.* 6., durchgesehene Auflage. Tübingen: Narr Francke Attempto Verlag, 2019. 336 S. ISBN: 978-3-8169-3492-9 978-3-8169-8492-4.

[8] H. Koettnitz und H. Pundt. *Berechnung elektrischer Energieversorgungsnetze: Mathematische Grundlagen und Netzparameter.* Deutscher Verlag für Grundstoffindustrie, 1968.

[9] Dieter Nelles. *Netzdynamik - Elektromechanische Ausgleichsvorgänge in elektrischen Energieversorgungsnetzen.* Neuerscheinung. Berlin: VDE Verlag, 2009. ISBN: 978-3-800-73016-2.

[10] Bernd Oswald. *Netzberechnung - Berechnung stationärer und quasistationärer Betriebszustände in Elektroenergieversorgungsnetzen.* 1. Auflage. Berlin Offenbach: VDE Verlag, 1992. ISBN: 3-800-71718-2.

[11] Bernd R. Oswald. *Netzberechnung 2: Berechnung transienter Vorgänge in Elektroenergieversorgungsnetzen.* Berlin: VDE Verlag, 1996. ISBN: 978-3-8007-2020-0.

[12] Bernd R. Oswald. *Berechnung von beliebigen Fehlerkonstellationen in Elektroenergieversorgungsnetzen mit dem Fehlermatrizenverfahren.* Leipzig: Leipziger Universitäts-Verlag, 2009. ISBN: 978-3-86583-346-4.

[13] Bernd Oswald und Dietmar Siegmund. *Berechnung von Ausgleichsvorgängen in Elektroenergiesystemen.* New York: Wiley, 2003. ISBN: 978-3-527-30943-6.

[14] Dietrich Oeding und Bernd R. Oswald. *Elektrische Kraftwerke und Netze.* 8. Auflage. Berlin: Springer Vieweg, 2016. ISBN: 978-3-662-52702-3 978-3-662-52703-0.

[15] Bernd R. Oswald. *Berechnung der Kurzschlussströme in Elektroenergieversorgungsnetzen mit Bezug auf die Normen IEC 60909-0 und DIN EN 60909-0 (VDE 0102).* Leipzig: Leipziger Universitätsverlag, 2018. ISBN: 978-3-96023-170-7.

[16] Bernd R. Oswald. *Berechnung von Drehstromnetzen: Berechnung stationärer und nichtstationärer Vorgänge mit Symmetrischen Komponenten und Raumzeigern.* Wiesbaden: Springer Vieweg Wiesbaden, 2025. ISBN: 978-3-658-49002-7 978-3-658-49003-4. URL: `https://link.springer.com/book/9783658490027`.

[17] Bernd R. Oswald. *Berechnung der Kurzschlussstromverläufe in elektrischen Energieversorgungsnetzen mit dem Erweiterten Knotenpunktverfahren.* Leipzig: Leipziger Universitätsverlag, 2021. ISBN: 978-3-96023-407-4.

[18] Gunter Pistora. *Berechnung des einpoligen Kurzschlußstroms: nach DIN VDE 0102-2 mit Excel 5.* 2. Aufl. Berlin Offenbach: VDE-Verlag, 1999. 186 S. ISBN: 978-3-8007-2407-9 978-3-8007-2097-2.

[19] Gunter Pistora. *Berechnung von Kurzschlussströmen und Spannungsfällen: Überstromschutzeinrichtungen, Selektivität, Schutz bei Kurzschluss, Berechnungen für die Praxis mit Calckus.* 5., überarbeitete Auflage. VDE-Schriftenreihe – Normen verständlich 118. Berlin: VDE Verlag, 2025. ISBN: 978-3-8007-5434-2 978-3-8007-5435-9.

[20] Karl Friedrich Schäfer. *Netzberechnung: Verfahren zur Berechnung elektrischer Energieversorgungsnetze.* Wiesbaden: Springer Fachmedien Wiesbaden, 2023. ISBN: 978-3-658-40876-3 978-3-658-40877-0. DOI: 10.1007/978-3-658-40877-0. URL: https://link.springer.com/10.1007/978-3-658-40877-0.

[21] Karl Friedrich Schäfer. *Systemführung: Betrieb elektrischer Energieübertragungsnetze.* Wiesbaden: Springer Fachmedien Wiesbaden, 2025. ISBN: 978-3-658-47005-0 978-3-658-47006-7. DOI: 10.1007/978-3-658-47006-7. URL: https://link.springer.com/10.1007/978-3-658-47006-7.

[22] Wolfgang Schellong. *Analyse und Optimierung von Energieverbundsystemen.* Berlin, Heidelberg: Springer Verlag, 2016. ISBN: 978-3-662-48527-9 978-3-662-49463-9. DOI: 10.1007/978-3-662-49463-9. URL: http://link.springer.com/10.1007/978-3-662-49463-9.

[23] Jürgen Schlabbach und Dieter Metz. *Netzsystemtechnik - Planung und Projektierung von Netzen und Anlagen der Elektroenergieversorgung.* 1. Auflage. Berlin Offenbach: VDE Verlag, 2005. ISBN: 978-3-800-72821-4.

[24] Jürgen Schlabbach. *Kurzschlussstromberechnung: Anlagentechnik für elektrische Verteilungsnetze.* Hrsg. von Rolf Rüdiger Cichowski. 2. Auflage. Anlagentechnik für elektrische Verteilungsnetze 27. Berlin Offenbach: VDE-Verlag, 2014. 194 S. ISBN: 978-3-8007-3567-9 978-3-8022-1123-2.

[25] Adolf J. Schwab. *Elektroenergiesysteme: Smarte Stromversorgung im Zeitalter der Energiewende.* Berlin, Heidelberg: Springer Berlin Heidelberg, 2022. ISBN: 978-3-662-64773-8 978-3-662-64774-5. DOI: 10.1007/978-3-662-64774-5. URL: https://link.springer.com/10.1007/978-3-662-64774-5.

[26] Zbigniew A. Styczynski, Krzysztof Rudion und André Naumann. *Einführung in Expertensysteme: Grundlagen, Anwendungen und Beispiele aus der elektrischen Energieversorgung.* Berlin, Heidelberg: Springer Berlin Heidelberg, 2017. ISBN: 978-3-662-53171-6 978-3-662-53172-3. DOI: 10.1007/978-3-662-53172-3. URL: http://link.springer.com/10.1007/978-3-662-53172-3.

[27] Hans-Josef Vogel, Karlheinz Weißer und Wolf D.Hartmann. *Smart City: Digitalisierung in Stadt und Land.* Wiesbaden: Springer Fachmedien Wiesbaden, 2018. ISBN: 978-3-658-19045-3 978-3-658-19046-0. DOI: 10.1007/978-3-658-19046-0. URL: http://link.springer.com/10.1007/978-3-658-19046-0.

[28] Per Tannlund und Gunnar Björkman. *An Advanced Distribution Automation System Experience from Application Development and Project Implementation.* POWERCON 2000 PAPER NUMBER: PC-B6-04. URL: www.library.e.abb.com/public.

[29] Rolf Apel. *Ein Programmsystem für Unsymmetrie- und Oberschwingungslasten.* Düsseldorf: VDI Verlag, 1996. ISBN: 3-18-319921-1.

[30] FGH - Forschungsgemeinschaft für elektrische Anlagen und Stromwirtschaft e. V. *AKEI-Seminar Lastfluss- und Kurzschlussberechnungen in Theorie und Praxis.* Deidesheim, 4. bis 6. Februar 2014.

[31] Rajeev Kumar Jha. »State estimation for active distribution networks«. Zugl.: Aachen, Techn. Hochsch., Diss., 2015. Dr. Aachen: Techn. Hochsch., 2015, VIII, 177 S. : Ill., graph. Darst. ISBN: 978-3-941704-53-4. URL: https://publications.rwth-aachen.de/record/658728.

[32] Karl Friedrich Schäfer. *Netzberechnung - Verfahren zur Berechnung elektrischer Energieversorgungsnetze.* Wiesbaden: Springer Fachmedien, 2019. ISBN: 978-3-658-26732-2 978-3-658-26733-9.

[33] BDEW - Bundesverband der Energie- und Wasserwirtschaft e. V. *Internet Auftritt.* www.bdew.de. 2007 - heute.

[34] Prof. Dr.-Ing. Christian Rehtanz. *Einführung in die Elektrische Energietechnik - Lastflussrechnung.* www.e-technik.tu-dortmund.de. Technische Universität Dortmund - Institut für Energiesysteme, Energieeffizienz und Energiewirtschaft. 2014.

[35] Stefan Kopatsch und Gerald Kopatsch, Hrsg. *ABB Schaltanlagen-Handbuch.* 13. Auflage. Mannheim: ABB Powergrids Germany AG, 2020.

[36] R. Willheim. *Das Erdschlußproblem in Hochspannungsnetzen.* Berlin Heidelberg: Springer-Verlag, 1936. ISBN: 978-3-540-01239-9.

[37] R. Willheim und M. Waters. *Neutral grounding in high voltage transmission.* New York, Amsterdam, London, Princeton: Elsevier Publishing Company, 1956.

[38] Thomas Niemand und Andreas Schröder. *Erdungsanlagen.* Hrsg. von Rolf Rüdiger Cichowski. 2. vollständig überarbeitete Auflage. Anlagentechnik für elektrische Verteilungsnetze 6. Berlin Offenbach: VDE Verlag, 2016. 256 S. ISBN: 978-3-8007-3566-2 978-3-8007-4188-5.

[39] Prof. Dr.-Ing. habil. B. R. Oswald. *Skript Stabilität.* www.iee.uni-hannover.de. Universität Hannover - Institut für Energieversorgung und Hochspannungstechnik. 2005.

[40] Jürgen Schlabbach. *Elektroenergieversorgung - Betriebsmittel, Netze, Kennzahlen und Auswirkungen der elektrischen Energieversorgung.* 3. aktualisierte und erweiterte Auflage. Berlin Offenbach: VDE Verlag, 2010. ISBN: 978-3-800-73108-4.

[41] Jürgen Schlabbach. *Anlagentechnik Bd.15 Sternpunktbehandlung.* Hrsg. von Rolf Rüdiger Cichowski. Berlin: VDE Verlag, 2002. ISBN: 978-3-800-72705-6.

[42] *ETG-Fb. 167: Leitfaden zur Sternpunktbehandlung in Netzen bis 110 kV (D-A-CH): Gängige Verfahren der Sternpunkterdung, Impulse zur Beschreibung der theoretischen Grundlagen, praktische Hilfestellungen zum Einsatz und zum Netzbetrieb.* Neuerscheinung. ETG-Fachberichte. Berlin: VDE Verlag, 2022. ISBN: 978-3-8007-5970-5 978-3-8007-5971-2.

[43] Dieter Kind und Herman Kärner. *Hochspannungs-Isoliertechnik.* Wiesbaden: Vieweg Verlag, 1999. ISBN: 3-528-03812-8.

[44] Helmut Hubensteiner. *Schutztechnik in elektrischen Netzen - Grundlagen und Ausführungsbeispiele.* 2. Auflage. Berlin Offenbach: VDE Verlag, 1. Januar 1993. ISBN: 978-3-800-71753-8.

[45] Helmut Hubensteiner. *Schutztechnik in elektrischen Netzen - Planung und Betrieb.* 1. Auflage. Berlin Offenbach: VDE Verlag, 1. Januar 1992. ISBN: 978-3-800-71833-7.

[46] Valentin Crastan und Dirk Westermann, Hrsg. *Elektrische Energieversorgung. 3: Dynamik, Regelung und Stabilität, Versorgungsqualität, Netzplanung, Betriebsplanung und -führung, Leit- und Informationstechnik, FACTS, HGÜ.* 2., aktualisierte Auflage. Elektrische Energieversorgung. Berlin: Springer Vieweg, 2018. 627 S. ISBN: 978-3-662-49020-4 978-3-662-49021-1.

[47] F. Taegen und E. Hommes. *Einführung in die netzwerkanalytische Behandlung der Synchronmaschine Teil II.* Scriptum. Universität der Bundeswehr Hamburg. 1974.

[48] F. Taegen und E. Hommes. »Die Gleichungen der Synchronmaschine und ihr mathematisches Model«. In: *Archiv für Elektrotechnik* 56 (1974), S. 194–204.

[49] R. H. Park. »Two Reaction Theory of Synchronous Machines. Generalized Method of Analysis Part I.« In: *Trans. Amer. Inst. Electr. Engrs.* 48 (1929), S. 716.

[50] R. H. Park. »Two Reaction Theory of Synchronous Machines. Generalized Method of Analysis Part II.« In: *Trans. Amer. Inst. Electr. Engrs.* 52 (1933), S. 352.

[51] Andreas Böker. *Analytische Berechnung von symmetrischen und asymmetrischen Kurzschlussströmen in Drehstromnetzen mit Generator- und Netzeinspeisungen.* Dissertation. Hamburg, 1996.

[52] Richard Marenbach, Johann Jäger und Dieter Nelles. *Elektrische Energietechnik: Grundlagen, Energieversorgung, Antriebe und Leistungselektronik.* Wiesbaden: Springer Fachmedien Wiesbaden, 2020. ISBN: 978-3-658-29491-5 978-3-658-29492-2. DOI: 10.1007/978-3-658-29492-2. URL: http://link.springer.com/10.1007/978-3-658-29492-2.

[53] Herman W. Dommel. »Digital computer solution of elektromagnetic transients in single and multiphase networks«. In: *IEEE on Power Apparatus and Systems (PAS)* 88 (1969), S. 388–399.

[54] Bernd Kulicke. *Numerische Berechnung der Momentanwerte elektromechanischer Ausgleichsvorgänge von Drehfeldmaschinen im Verbundbetrieb.* Dissertation. Erlangen, 1975.

5 Niederspannungsnetze im Gebäude

Der Betrieb der Niederspannungsnetze außerhalb der Gebäude liegt in der Verantwortung von Verteilnetzbetreibern. Diese NS-Netze sind über Ortsnetzstationen mit dem überlagerten Mittelspannungsnetz verbunden (Abb. 3.10 und 5.1).

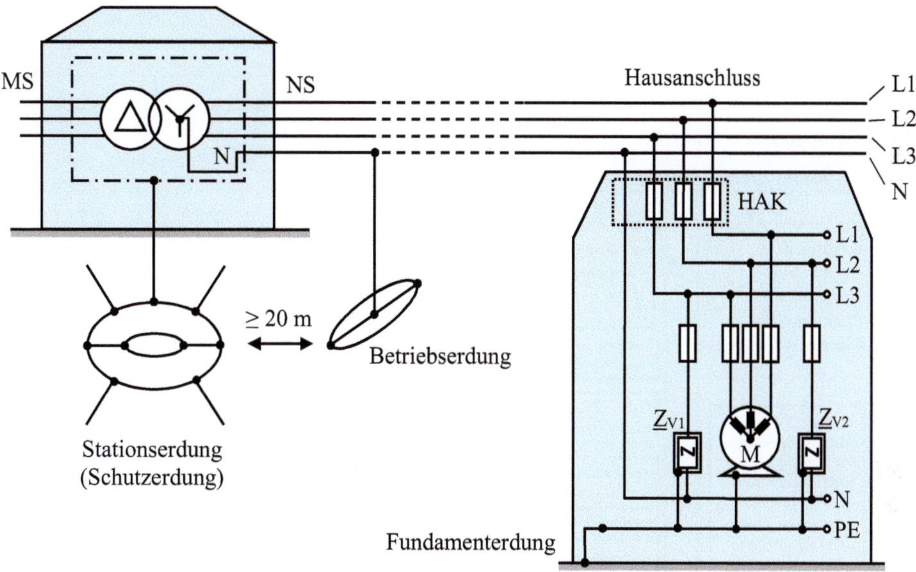

Abb. 5.1 Netzstation mit Niederspannungsversorgung nach [1]

Jenseits der Hausanschlusssicherungen im Hausanschlusskasten (HAK) ist das Netz in der Obhut des Anschlussnehmers. Einzige Ausnahme ist der Zähler, der in der Hand des Messstellenbetreibers ist. Zähler und HAK sind verplombt. Viele Industrieunternehmen oder große Liegenschaften sind direkt am Mittelspannungsnetz angebunden. Sie betreiben die Transformatoren und die kompletten Niederspannungsnetze in eigener Regie.

In diesem Kapitel geht es um Niederspannungsverteilungen in der Gebäudetechnik unterhalb vom HAK. Dabei liegt der Fokus auf die Schutzmaßnahmen

- Schutz gegen gefährliche Körperströme (Personenschutz) und

© Der/die Autor(en), exklusiv lizenziert an
Springer-Verlag GmbH, DE, ein Teil von Springer Nature 2026
A. Böker, *Grundlagen der elektrischen Energietechnik*,
https://doi.org/10.1007/978-3-662-73170-3_5

- Schutz gegen thermische Einflüsse (Brandschutz).

In dem Zusammenhang sind die Niederspannungs-Schaltgeräte und auch die Netzsysteme mit den Erdungsanlagen von Bedeutung. Dem Ganzen liegt das Regelwerk die DIN VDE 0100 zu Grunde (Abb. 5.2). Für alle weiteren Themen wie Brandschutz, Planung, Auswahl der Betriebsmittel, Prüfung und Sonderformen wird auf die Lehr- und Fachbücher wie [2–27] verwiesen. Auch sind die Ansätze für DC-Netze in der NS-Ebene zu nennen [28].

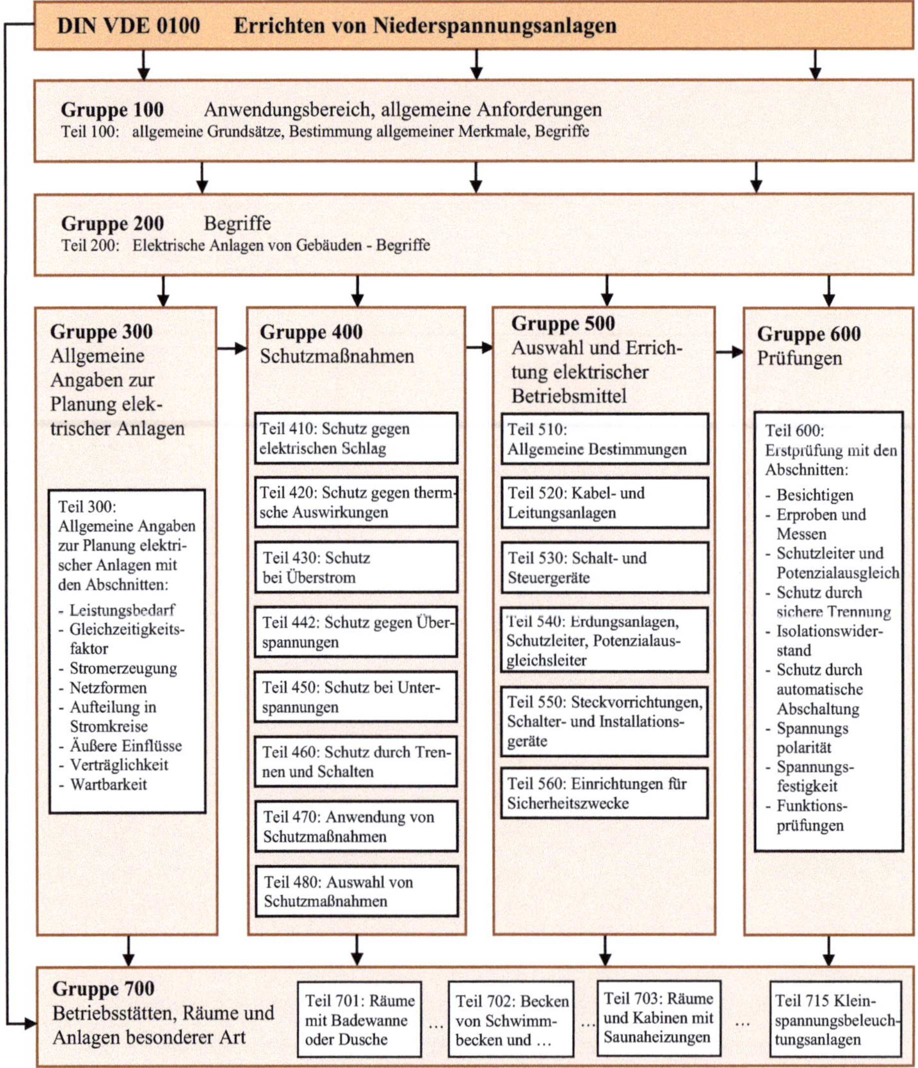

Abb. 5.2 Überblick über die DIN VDE 0100

5.1 Schutz gegen elektrischen Schlag

Fließt elektrischer Strom durch Mensch oder Tier, wird die physiologische Wirkung als elektrischer Schlag bezeichnet. Hier wird es um Maßnahmen gehen, die das Risiko eines elektrischen Schlags mindern oder minimieren. Pathophysiologische (schädigende) Effekte sollen möglichst nicht auftreten.

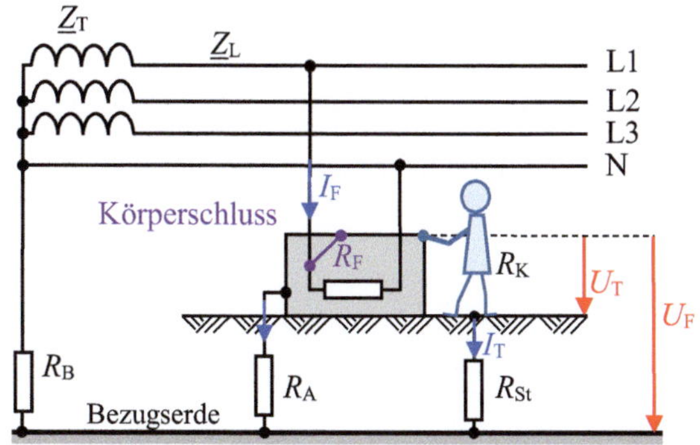

$\underline{Z}_T$ Transformatorimpedanz
$\underline{Z}_L$ Leitungsimpedanz
R_F Fehlerwiderstand
R_K Körperwiderstand
R_{St} Standortwiderstand
R_A Anlagenerdungswiderstand
R_B Betriebserdungswiderstand vom Transformator
I_F Fehlerstrom
I_T Berührungsstrom
U_T Berührungsspannung
U_F Fehlerspannung

Abb. 5.3 Körperschluss mit Fehler- und Berührungsspannung

Es wird ein einfacher Körperschluss betrachtet (Abb. 5.3). Zwischen dem leitfähigem Gehäuse, das hier als Körper bezeichnet wird, und einem Leiter vom Betriebsstromkreis gibt es einen Isolationsfehler, über den der Fehlerstrom I_F fließt. Dessen Größe ist von den unterschiedlichen Impedanzen in der Strombahn abhängig. Die werden zusammengefasst als Schleifenimpedanz bezeichnet [12].

Hinsichtlich der Berührungsspannung, die am Körper von Mensch oder Tier abfällt, werden zwei Fälle unterschieden.

- Solange es keinen Kontakt mit der Anlage gibt und durch den Körper kein Strom fließt, liegt die prospektive oder unbeeinflusste Berührungsspannung U_{PT} an. Das ist der maximale Wert bei einem bestimmten Fehler.
- Fließt Strom durch den Körper, ist der Körperwiderstand parallel zu anderen Widerständen, so dass die Berührungsspannung U_T sinkt ($U_T < U_{PT}$). Die wird auch Berührungsspannung über den Körper genannt.

Die vereinbarten Grenzwerte für die höchstzulässige Berührungsspannung sind nach DIN IEC TS 60479-1 festgelegt (Tab. 5.1).

Tab. 5.1 Maximale dauerhaft zulässige Berührungsspannungen

	Erwachsener	Kind oder Tier
DC	120 V	60 V
AC	50 V	25 V

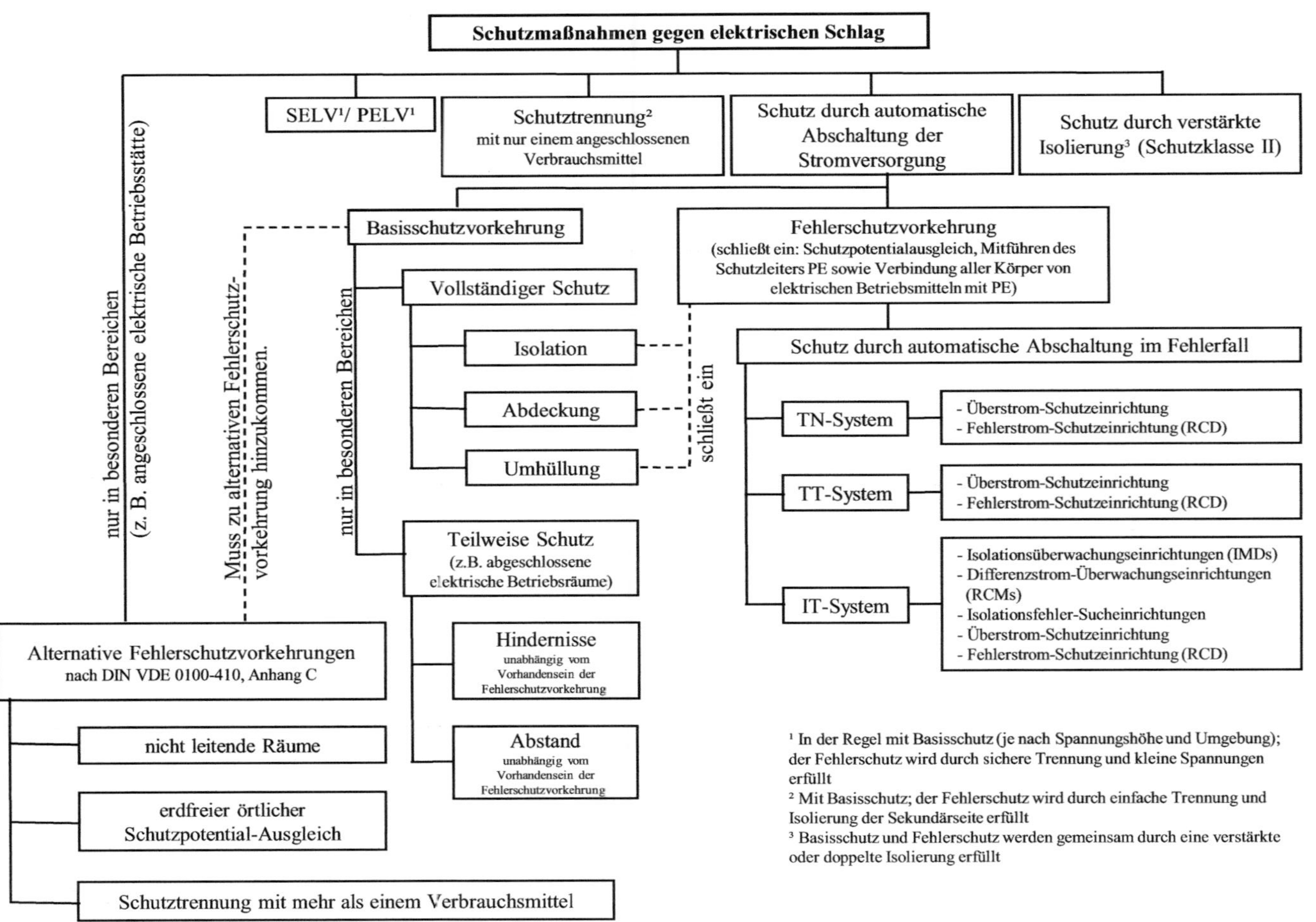

Abb. 5.4 Schutzmaßnahmen nach DIN VDE 0100-410

Grundsätzlich wird das Berühren durch Mensch und Tier in zwei Kategorien eingeteilt, das direkte Berühren und das indirekte Berühren.

- Das direkte Berühren ist das Berühren von aktiven Teilen. Das sind Leiter oder leitfähige Bereiche, die im üblichen Betrieb unter Spannung stehen sollen. Das schließt den Neutralleiter ein, jedoch nicht den PEN-, PEL- und PEM-Leiter [16]. Die Schutzmaßnahmen werden unter dem Begriff **Basisschutzvorkehrung** zusammengefasst, für den gleichbedeutend auch die Bezeichnungen Basisschutz, Schutz gegen direktes Berühren oder Schutz gegen elektrischen Schlag unter normalen Bedingungen verwendet werden (Abb. 5.4).
- Beim indirektem Berühren kommt es zum Kontakt zu metallischen Körpern, die durch einen Fehler unter Spannung stehen (Abb. 5.3). Für diese Schutzmaßnahmen wird die Überschrift **Fehlerschutzvorkehrung** gewählt, der auch Fehlerschutz, Schutz bei indirekten Berühren oder Schutz gegen elektrischen Schlag unter Fehlerbedingungen genannt wird.

Die Maßnahmen Basis- und Fehlerschutzvorkehrung werden nun für einen Einzelfehler genauer beleuchtet.

5.1.1 Basis- und Fehlerschutzvorkehrungen

Nach DIN VDE 0100-410 wird für Niederspannungsanlagen der **Basisschutz** in Vorkehrungen für normale Bedingungen und für besondere Bedingungen unterteilt. Die Vorkehrungen für besondere Bedingungen gelten nur für Anlagen, die von Elektrofachkräften oder elektrotechnisch unterwiesenen Personen betrieben und überwacht werden.

Abb. 5.5 Isolierung, Hindernis und Abstand (Foto links: Siemens Industry [29])

Die Basisisolierung soll das Berühren von Leitern oder leitfähigen Teilen verhindern, die im üblichen Betrieb unter Spannung stehen (Abb. 5.5). Das bietet den grundsätzlichen Schutz gegen gefährliche Körperströme. Dazu zählen neben der Isolierung, eine Umhüllung, eine Abdeckung und ein Hindernis. Die Isolierung darf nur durch Zerstörung entfernbar sein. Abdeckungen und Umhüllungen müssen bestimmte Schutzarten erfüllen (IP-Code in Tab. 5.9). Bei besonderen Bedingungen sind auch Hindernisse oder die Anordnung außerhalb des Handbereichs hinreichend. Hindernisse sollen nur vor unbeabsichtigten Berühren von Leitern oder leitfähigen Teilen schützen, nicht jedoch vor einem absichtlichen Kontakt. Bei der Anordnung außerhalb des Handbereichs sollen leitfähige Teile mindestens 2,5 m voneinander angeordnet werden, wenn Sie unterschiedliches elektrisches Potenzial haben. Dadurch sind sie nicht gleichzeitig berührbar.

Zu den **Fehlerschutzvorkehrungen** zählen nach [16] die Maßnahmen

- automatische Abschaltung der Stromversorgung und Potenzialausgleich,
- Kleinspannungen,
- Schutzisolierung (zusätzliche, doppelte oder verstärkte Isolierung),
- Schutztrennung (sichere Trennung eines Stromkreises gegen andere Stromkreise oder gegen Erde) sowie
- Schutz durch nicht leitende Umgebung.

Es wird sich später in Abschnitt 5.3 zeigen, dass in TN- und TT-Netzen die Niederspannungs-Schaltgeräte die Anlage schnellstmöglich spannungslos schalten, wenn ein Fehler erkannt wird. Wesentlicher Bestandteil dieser Maßnahmen ist der Potenzialausgleich. bei dem alle leitenden Teile, die nicht zum Betriebsstromkreis gehören, über die Potenzialausgleichsschiene galvanisch verbunden sind (Abb. 5.6). Diese Schutzmaßnahme wurde früher Nulllung genannt, jedoch ist dieser Begriff inzwischen aus den Normen weitestgehend entfernt.

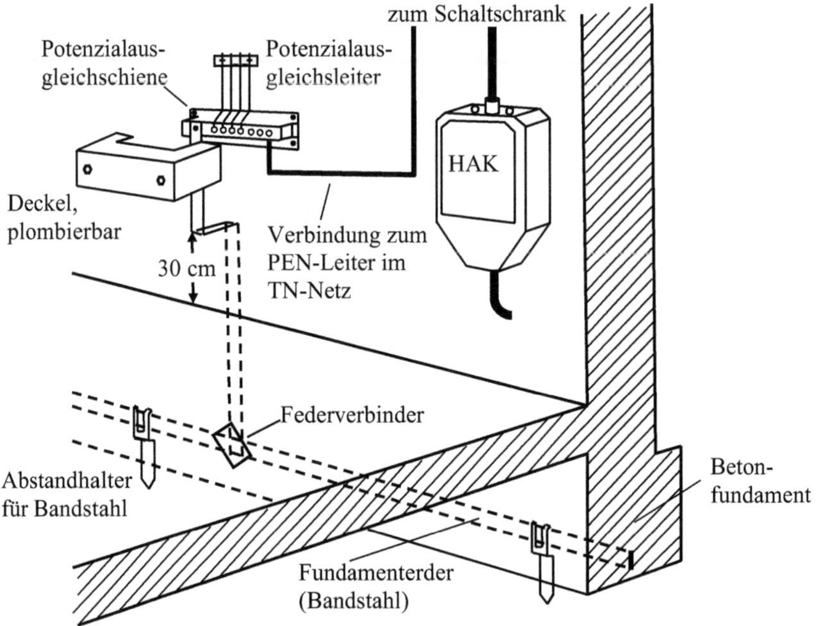

Abb. 5.6 Potenzialausgleich nach [2]

Kleinspannungen tragen das Kürzel ELV (Extra Low Voltage). In der Umgangssprache wird auch von Niedervolt- oder Schwachstrom gesprochen. Der nach IEC 60449 festgelegte Spannungsbereich von

AC $U \leq 50$ V Leiter-Leiter-Spannung

DC $U \leq 120$ V Spannung zwischen Leiter L+ und L–

darf nicht überschritten werden. Das gilt für geerdete, isolierte und nicht wirksam geerdete Netze. Es gibt die zwei Varianten SELV- und PELV-System.

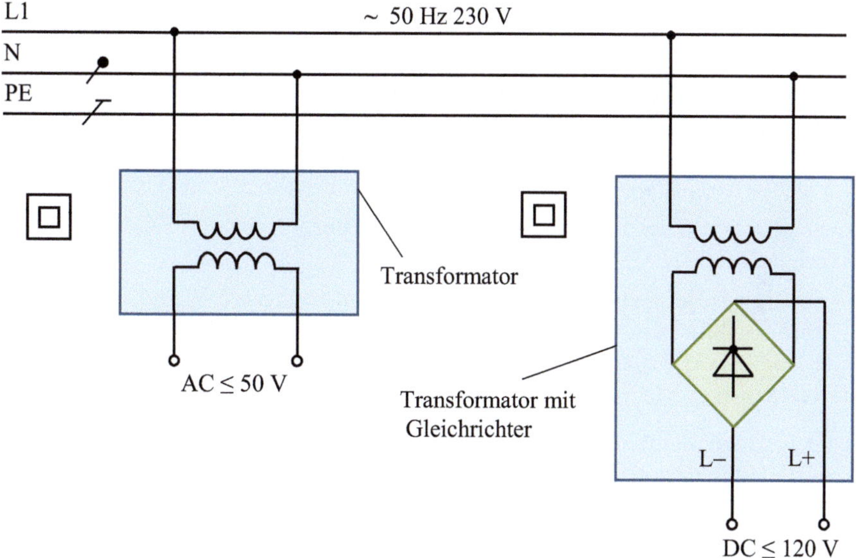

Abb. 5.7 Kleinspannung SELV

Die Kennung SELV (Safety Extra Low Voltage) steht für Sicherheitskleinspannung in einem nicht geerdeten System (Abb. 5.7). Spannungsquellen sind beispielsweise Batterien, Klingeltransformatoren, Trafos für Modelleisenbahnen und Netzteile in

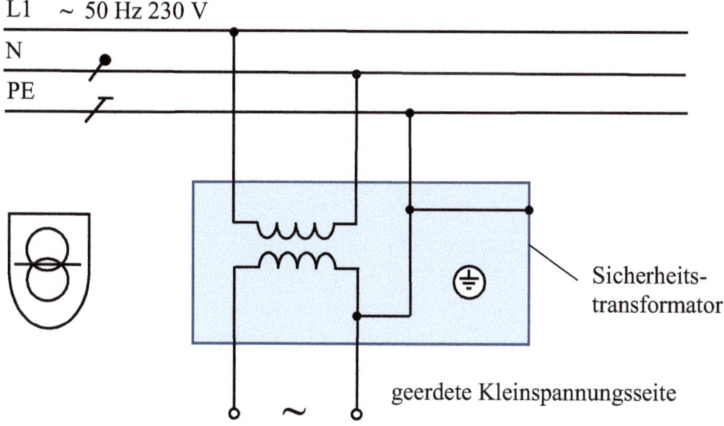

Abb. 5.8 Kleinspannung PELV

Geräten der Schutzklasse III wie Steckernetzteile oder Ladegeräte. PELV (Protective Extra Low Voltage) ist die Abkürzung für Funktionskleinspannung, die früher Funktionskleinspannung mit sicherer Trennung genannt wurde (Abb. 5.8). Wenn aus betrieblichen Gründen aktive Leiter der Kleinspannung oder die Körper der Betriebsmittel geerdet werden müssen, wird PELV eingesetzt. Ein Beispiel dazu sind explosionsgefährdete Räume, bei denen zur Vermeidung von Funkenbildung in Behältern einen Potenzialausgleich realisiert wird.

5.1.2 Schutzarten und Schutzklassen

Für Gehäuse der elektrischen Betriebsmittel sind **Schutzarten** definiert, die in DIN VDE 0470-1, EN 60525 und IEC 60529 veröffentlicht sind. Damit werden der

- Schutz von Personen gegen direktes Berühren aktiver Teile (Berührungsschutz), der
- Schutz des Betriebsmittels gegen Eindringen von festen Fremdkörpern (Fremdkörperschutz) und der
- Schutz der Betriebsmittel gegen schädliche Einwirkungen durch das Eindringen von Wasser (Wasserschutz)

festgelegt. Dazu dient die IP-Kennzeichnung bzw. der IP-Code, der neben dem Kürzel IP (International Protection) aus mindestens zwei Kennziffern aufgebaut ist (Abb. 5.9).

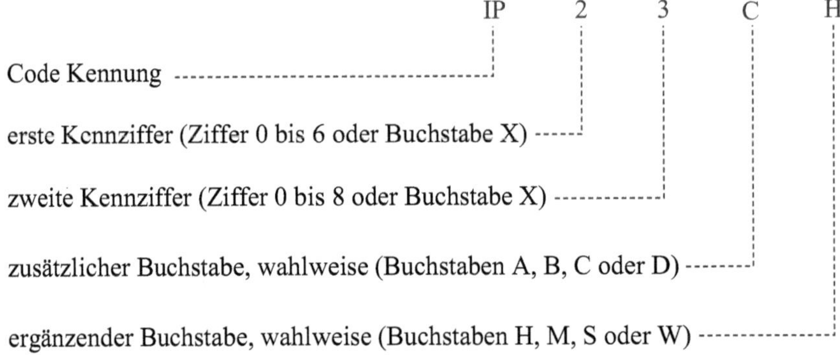

Abb. 5.9 Aufbau vom IP-Code

Die erste Kennziffer charakterisiert den Berührungs- und Fremdkörperschutz, die zweite den Wasserschutz (Tab. A.13). Wenn die erste oder zweite Kennziffer nicht angegeben werden muss, ist sie durch den Buchstaben X zu ersetzen. Die zusätzlichen Buchstaben A, B, C und D können optional benutzt werden. Dieser Kennbuchstabe unterscheidet den Zugang zu gefährlichen aktiven Teilen mit den Handrücken (A), mit einem Finger (B), mit einem Werkzeug (C) und mit einem Draht (D). Die ergänzenden Buchstaben H, M, S und W sind auch optional. Sie betreffen Hochspannungsgeräte (H), die Wasserprüfung während des Betriebs (M), die Wasserprüfung bei Stillstand (S) und die Wetterbedingungen (W). Die zusätzlichen oder ergänzenden Buchstaben dürfen ersatzlos entfallen, wenn Sie nicht zutreffen.

Tab. 5.2 Erste und zweite Kennziffer der IP-Schutzarten nach EN 60529

	erste Ziffer		zweite Ziffer
	Schutz gegen Berühren von Personen	Schutz gegen Eindringen von festen Fremdkörpern	Wasserschutz gegen
0	kein Schutz	kein Schutz	kein Schutz
1	mit Handrücken	≥ 50 mm Durchmesser	senkrecht tropfendes Wasser
2	mit Fingern	≥ 12,5 mm Durchmesser	gegen schräg (15°) tropfendes Wasser
3	mit Werkzeugen	≥ 2,5 mm Durchmesser	gegen Sprühwasser schräg bis 60°
4	mit einem Draht	≥ 1,0 mm Durchmesser	Spritzwasser aus allen Richtungen
5	mit einem Draht	staubgeschützt	Strahlwasser
6	mit einem Draht	staubdicht	starkes Strahlwasser
7	-	-	zeitweiliges Untertauchen in Wasser
8	-	-	dauerndes Untertauchen in Wasser 5 bar

Die elektrische **Schutzklasse** nach DIN EN 61140 beschreibt Maßnahmen gegen gefährliche Spannungen an berührbaren leitfähigen Teilen von Betriebsmitteln. Es gibt die Schutzklassen I, II und III (Tab. 5.3).

Tab. 5.3 Schutzklassen mit den Symbolen nach DIN EN 60601

I		Schutzleiteranschluss	keine Berührungsspannung bei Versagen der Basisisolierung
II		Schutzisolierung	doppelte oder verstärkte Isolierung
III	III	Kleinspannung	Anwendung einer Kleinspannung (ELV)

Bei Arbeiten an elektrischen Anlagen ist die richtige Reihenfolge der fünf Sicherheitsregeln nach Tab. 5.4 zu beachten. Nach Beendigung der Arbeiten sollten die

Tab. 5.4 Sicherheitsregeln bei Arbeiten im spannungsfreien Zustand nach EN 50110-1 bzw. DIN VDE 0105 Teil 1

1. Freischalten von allen Einspeisungen	Hauptschalter betätigen, Schmelzeinsätze entfernen, LS-Schalter betätigen, Trennstrecke in Luft oder durch gleichwertige Isolation herstellen, Teile der Anlage z. B. Kondensatoren oder Kabel, die nach dem Freischalten noch unter Spannung stehen, entladen
2. Gegen Wiedereinschalten sichern	Sperren des Betätigungsmechanismus, Steuersicherung entfernen, Schmelzeinsätze sicher verwahren, LS-Schalter z. B. mit Klebeband absichern, Hilfsenergie der Schaltgeräte unwirksam machen
3. Spannungsfreiheit feststellen	Allpolige Spannungsfreiheit an der Arbeitsstelle mit der Hilfe eines zweipoligen Spannungsprüfers bzw. eines Messgerät feststellen, Spannungssucher kurz vor der Benutzung auf Funktion prüfen
4. Erden und kurzschließen	Zuerst erden, dann kurzschließen, die Erdung und Kurzschließung sichtbar vom Arbeitsplatz aus machen, bei aufgetrennten Leitungen an beiden Seiten erden und kurzschließen, bei Arbeiten an Freileitungen mit Nennspannungen unter 1000 V möglichst alle Leiter erden und in jedem Fall kurzschließen
5. Benachbarte unter Spannung stehende Teile abdecken oder abschranken	Abdeckung mit Tüchern, Schläuche (< 1 kV) und zusätzlich Abschranken mit Absperrtafeln, Seilen usw. (> 1 kV)

Maßnahmen in umgekehrter Reihenfolge zurückgenommen werden. Die Erfahrung zeigt, dass bei Stromunfällen mindestens eine Regel verletzt wurde.

5.2 Niederspannungs-Schaltgeräte

In diesem Abschnitt werden zwei Kategorien von Niederspannungs-Schaltgeräten vorgestellt. Das sind die Überstrom-Schutzeinrichtungen und Fehlerstrom-Schutzeinrichtungen.

5.2.1 Überstrom-Schutzeinrichtungen

Überstrom-Schutzeinrichtungen werden in die Strombahn eingebaut und sollen Überströme unterbrechen. Das sind entweder

- Kurzschlussströme, die sehr schnell ausgeschaltet werden müssen, oder
- Überlastströme, die eine ausreichend lange Zeitdauer fließen müssen.

Dadurch soll eine unzulässige Erwärmung von Leitungen und Verbrauchern verhindert werden. Die Maßnahmen dienen den Brandschutzvorkehrungen. Zusätzlich sollen Überstrom-Schutzeinrichtungen unter üblichen Bedingungen Stromkreise ein- und ausschalten können.

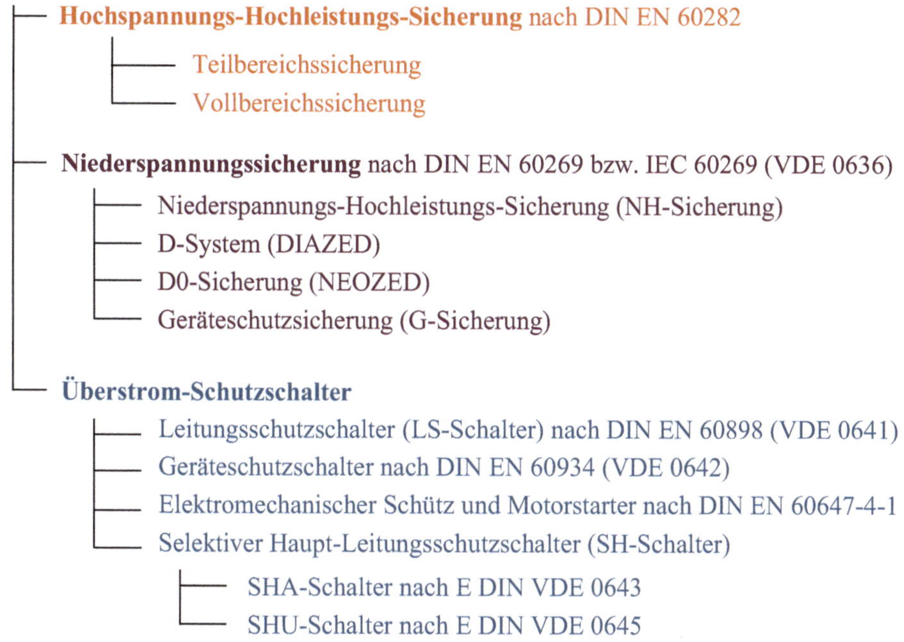

Abb. 5.10 Einteilung der Überstrom-Schutzeinrichtungen

Es wird zwischen Sicherungen und Überstrom-Schutzschaltern unterschieden (Abb. 5.10). Sicherungen unterbrechen durch Abschmelzen einer definierten Stelle in der

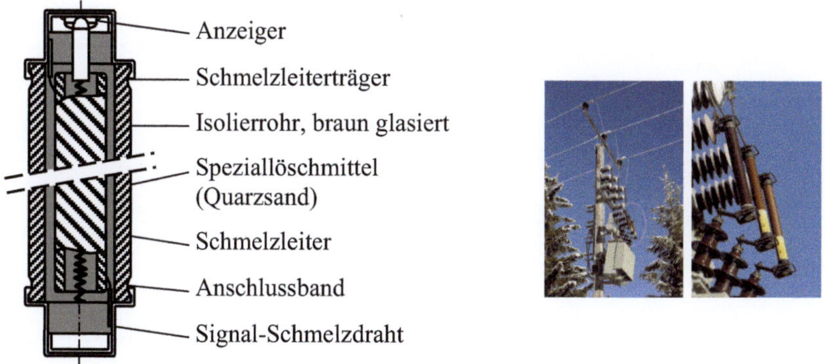

Abb. 5.11 Prinzipieller Aufbau einer HH-Sicherung nach [1] (links) und HH-Sicherung an einer Ortsnetzstation

Leiterbahn. Sie sind preisgünstig und müssen nach Auslösung ausgetauscht werden, so dass eine Vorratshaltung ratsam ist. Überstrom-Schutzschalter können nach der Behebung der Fehlerursache erneut eingeschaltet werden. Oberhalb von 1 kV und bis 36 kV sind HH-Sicherungen (Hochspannungs-Hochleistungs-Sicherungen) verbreitet (Abb. 5.11). Im Weiteren liegt der Fokus auf Niederspannungs-Hochleistungs-Sicherungen (NH-Sicherungen) und Leitungsschutzschalter (LS-Schalter) in der NS-Ebene.

NH-Sicherungen

In Ortsnetzstationen oder Kabelverteilschränken der Verteilnetzbetreiber sowie in Niederspannungs-Hauptverteilungen im Gebäude der Anschlussnehmer sind NH-Sicherungen häufig zu finden (Abb. 5.12).

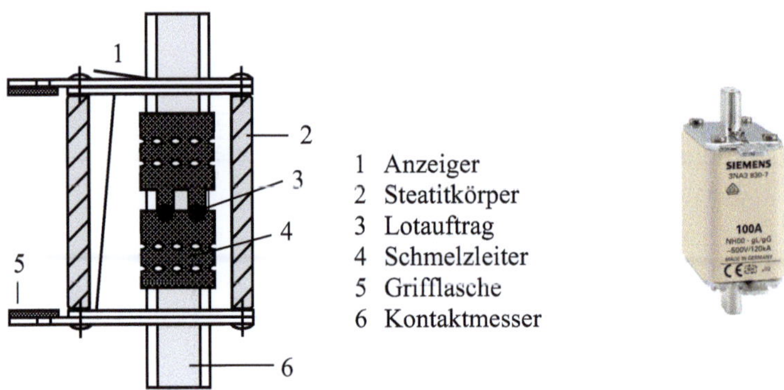

Abb. 5.12 Prinzipieller Aufbau einer NH-Sicherungen nach [1] (links) und ein Beispiel in natura (Foto: Siemens Industry [29])

Sicherungen sind nach ihrer Bemessungsspannung ausgelegt und werden auch damit bezeichnet (Tab. 5.5).

Tab. 5.5 Genormte Bemessungsspannungen in V nach [16] (**fett** dargestellte Werte nach IEC 60038)

AC	Reihe 1			**230**		**400**	500	**690**		
	Reihe 2	**120**	208	**240**	**277**	415	**480**	600		
DC		**110**	125	**220**	250	**440**	460	500	600	**750**

Ein wichtiges Kriterium zur Auswahl der Sicherung ist der Bemessungsstrom I_n. Das ist der Strom, den die Sicherung dauerhaft tragen kann, ohne dass ihre Funktionalität beeinträchtigt wird (Tab. 5.6). Weitere Kenngrößen sind die Leistungsabgabe (Verlustleistung) und das Bemessungsausschaltvermögen (Ausschaltstrom).

Tab. 5.6 Genormte Bemessungsströme in A nach [16]

D, D0	2 4 6 8 10 13 16 20 25 32 40 50 63 80 100
NH 00	6 8 10 16 20 25 32 40 50 63 80 100
NH 1	80 100 125 160 200 250
NH 2	125 160 200 250 315 400
NH 3	315 400 500 630
NH 4	500 630 800 1000
NH 4a	500 630 800 1000 1250

Für die Arbeitsweise sind der Strom-Zeit-Bereich und die Strom-Zeit-Kennlinie bedeutend, die von den Herstellern angegeben werden (Abb. 5.13 links). Sie beschreiben für die verschiedenen Bemessungsströme die Schmelzzeit bzw. Ausschaltzeit als Funktion des unbeeinflussten Kurzschlussstroms I_k. Das ist der Effektivwert vom prospektiven Kurzschlussstrom (Abb. 5.14). Der Streubereich bzw. das Toleranzband liegt bei etwa ±10 % [16]. Der Durchlassstrom i_D ist der höchste Augenblickswert beim Schaltvorgang der Sicherung. Die Funktion $i_D(I_k)$ wird für verschiedene Bemessungsströme in einer Durchlass-Kennlinie dargestellt (Abb. 5.13 rechts).

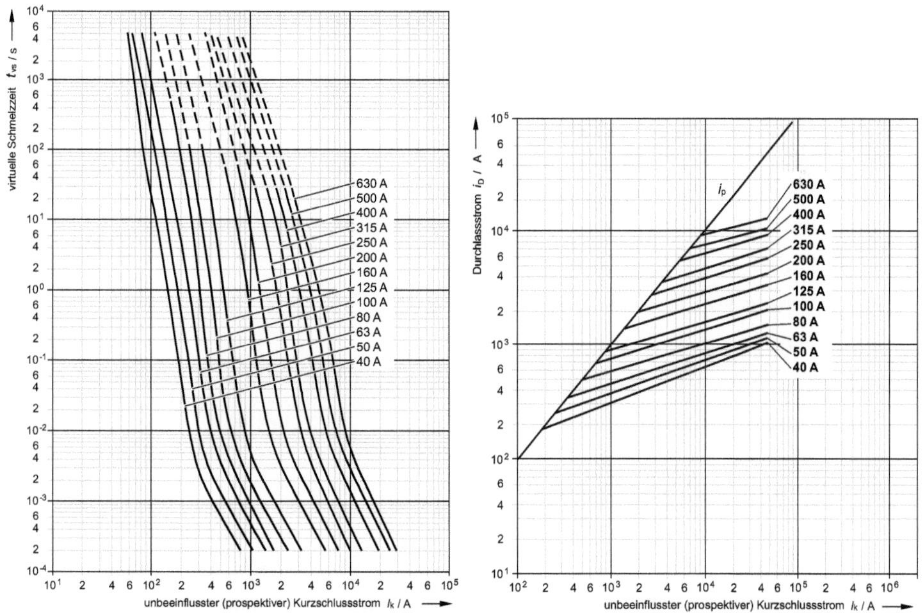

Abb. 5.13 Zeit-Strom-Kennlinien (links) und Durchlass-Kennlinien (rechts) von NH-Sicherungen AC (Quelle: Siemens Industry [29])

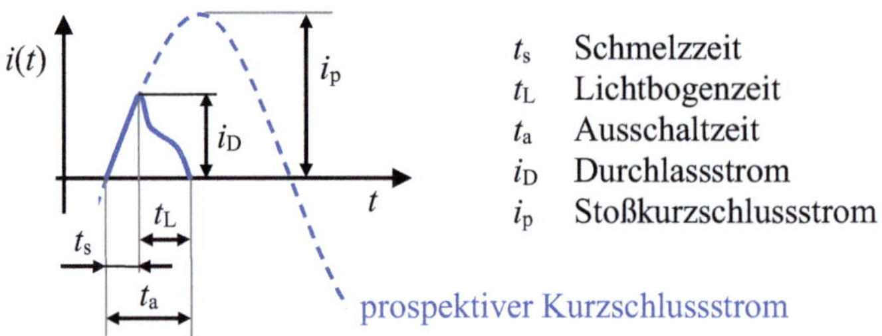

Abb. 5.14 Stromverlauf der Sicherung bei Unterbrechung eines Kurzschlussstroms nach [16]

Die Betriebsklasse einer Sicherung wird durch zwei Buchstaben gekennzeichnet. Der erste Buchstabe legt die Funktionsklasse fest. Davon gibt zwei Typen g und a.

- g Ganzbereichssicherungen (**g**eneral purpose fuse) unterbrechen sicher zwischen dem kleinsten Schmelzstrom und dem Bemessungsausschaltstrom.
- a Teilbereichssicherungen (begleitende Sicherung, **a**ccompanied fuse) schalten oberhalb eines Vielfachen des Bemessungsstroms bis zum Bemessungsausschaltstrom aus.

Beide Typen führen dauerhaft Ströme bis zum Bemessungsstrom. Der zweite Kennbuchstabe der Betriebsklasse definiert das Schutzobjekt (Tab. 5.7).

Tab. 5.7 Schutzobjekte

B	Bergbauanlagenschutz
G	Schutz für allgemeine Zwecke (General Application), hauptsächlich Kabel- und Leitungsschutz
L	Kabel- und Leitungsschutz (veraltet)
M	Schutz von Motorstromkreisen
PV	Schutz von PV-Anlagen
R	Schutz von Halbleiterbauelementen (Rectifier), flinker als S
S	Schutz von Halbleiterbauelementen oder für erhöhte Leitungsauslastung
Tr	Transformatorenschutz

Kombiniert sind das die gebräuchlichen Betriebsklassen (Tab. 5.8). Wenn sich die Bemessungsströme der NH-Sicherungen um mindestens den Faktor von 1,6 unterscheiden, verhalten sich hinter einander geschaltete NH-Sicherungen selektiv [1]. Das heißt, bei einem Kurzschluss schaltet die nächstgelegene Sicherung vor allen Anderen aus, so dass eine Staffelung der Sicherungen im Strahlennetz möglich ist (Abb. 3.115).

Tab. 5.8 Betriebsklassen und Anwendungen

aM	Teilbereichssicherung für den Kurzschlussschutz von Motorstromkreisen
aR	Teilbereichssicherung für den Kurzschlussschutz von Halbleiterbauelementen
gB	Ganzbereichs-Bergbauanlagenschutz
gG	Ganzbereichsschutz für allgemeine Zwecke, hauptsächlich Kabel- und Leitungsschutz
gL	veraltet, ersetzt durch gG
gM	Ganzbereichs-Schaltgeräteschutz
gPV	Ganzbereichssicherung für den Schutz von PV-Anlagen
gR, gS	Ganzbereichs-Halbleiterschutz
gTr	Ganzbereichs-Transformatorenschutz

Leitungsschutzschalter

Zur Absicherung von einzelnen Stromkreisen werden D0-Sicherungen oder gar D-Systeme kaum mehr eingesetzt (Abb. 5.15 links). An Stelle der Sicherungen werden Leitungsschutzschalter eingebaut (Abb. 5.15 rechts).

Abb. 5.15 D0-Sicherung und Sockel (links) sowie LS-Schalter (Fotos: Siemens Industry [29])

Der Leitungsschutzschalter oder kurz LS-Schalter trägt international das Kürzel MCB (Miniature Circuit Breaker). In der Umgangssprache heißt er auch Sicherungsautomat, kurz Automat oder fälschlicherweise Sicherung. Hier werden ausschließlich LS-Schalter für Wechselspannungen betrachtet, die in der Normenreihe DIN EN 60898 (VDE 0641-11) beschrieben sind. Zur Abschaltung gibt es zwei unterschiedliche Auslöser.

- Zum Schutz bei Kurzschluss dient der zeitlich nahezu unverzögerte Elektromagnetauslöser, der nur von der Stromstärke abhängig ist.

- Der Thermo-Bimetall-Auslöser schützt vor Überlast. Er reagiert auf Erwärmung, die durch Stromstärke und Zeit bedingt ist.

Die einzelnen Auslösekennlinien von Elektromagnetauslöser und Thermo-Bimetall-Auslöser bilden zusammen eine gemeinsame Auslösekennlinie für den Überlastschutz. Sie stellt das Zeit- und Stromverhalten des Sicherungsautomaten dar (Abb. 5.16). Zum einem gibt es den Wunsch nach größtmöglichem Schutz, was höchste Empfindlichkeit der Sicherungsautomaten bedeutet. Dem stehen unter-

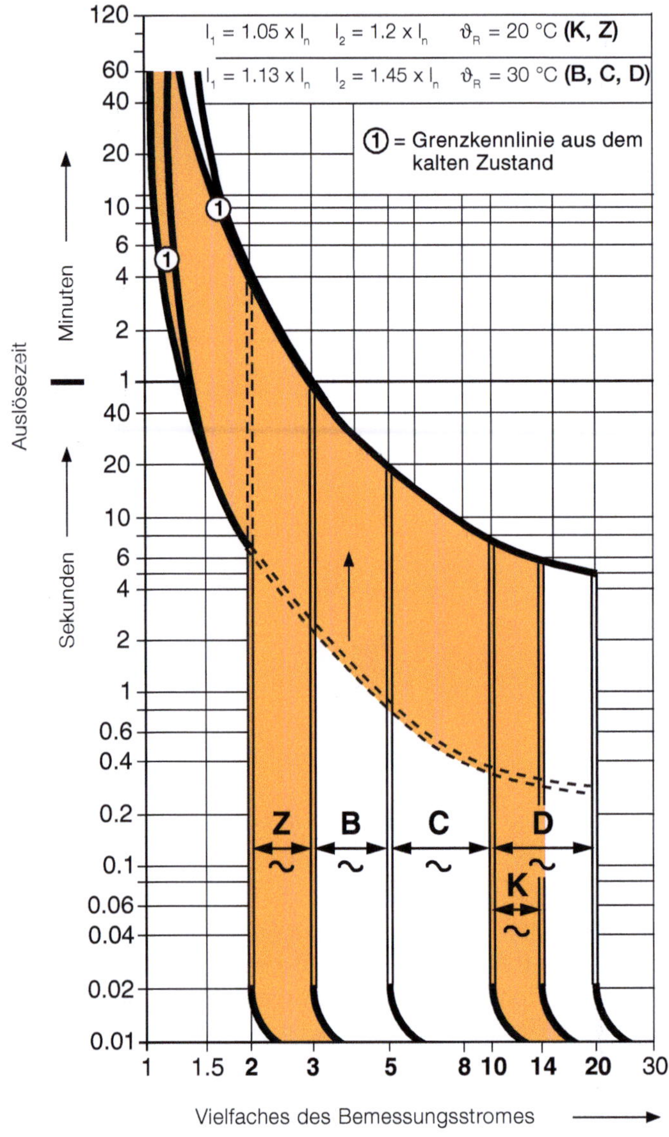

Abb. 5.16 Auslöse-Charakteristiken (Quelle: ABB [30])

schiedliche Betriebseigenschaften der zu schützenden Verbrauchsgeräte gegenüber. Stromspitzen sollen ungehindert passieren können. Bei verhältnismäßig niedrigen, länger anstehenden Überströmen muss jedoch abgeschaltet werden. Deshalb sind je nach Art des zu schützenden Betriebsmittels Sicherungsautomaten mit verschiedenen Auslösecharakteristiken erhältlich.

Tab. 5.9 Auslösecharakteristiken von Leitungsschutzschaltern

		I_2 / I_n	I_5 / I_n
B	Standard		3 ... 5
C	höherer Einschaltstrom: Maschinen, Lampengruppen, ...	1,13 ... 1,45 (30 °C 1 h)	5 ... 10
D	stark induktive oder kapazitive Last: Transformatoren, Kondensatoren, Schaltnetzteile, ...		10 ... 20
E	Selektiver Leitungsschutzschalter (SLS-Schalter)	1,05 ... 1,2 (30 °C 2 h)	5 ... 6,25
Z	Halbleiterschutz, hohe Netzimpedanz	1,05 ... 1,2 (30 °C 2 h)	2 ... 3
K	hoher Einschaltstrom, sensible Überlastauslösung	1,05 ... 1,3 (30 °C 1 h)	8 ... 14

Aktuell genormt sind die Auslösecharakteristiken mit den Bezeichnungen B, C, D, E, Z und K. In der Tab. 5.9 sind die Verhältnisse I_2/I_n und I_5/I_n zum Bemessungsstrom I_n angegeben. I_2 ist der Strom, bei dem der Leitungsschutzschalter bei einer Umgebungstemperatur von 30 °C innerhalb von 1 h oder 2 h über den Thermo-Bimetall-Mechanismus sicher abschaltet (Überlastschutz). I_5 ist der Strom, bei dessen Überschreitung der elektromagnetische Auslöser in kürzester Zeit (ca. 40 ms) für eine Unterbrechung sorgt (Kurzschlussschutz). Bei den unteren Werten von I_2/I_n und I_5/I_n löst der Automat noch nicht aus. Die oberen Werte geben den maximalen Strom an, der noch unterbrochen werden kann.

5.2.2 Fehlerstrom-Schutzeinrichtungen

Fehlerstrom-Schutzeinrichtungen werden auch als Differenzstrom-Schutzeinrichtungen oder kurz FI-Schutzeinrichtungen bezeichnet. Hier stehen die Buchstaben F für Fehler und das I für die elektrische Stromstärke. International wird das Kürzel RCD (Residual Current protective Device) verwendet. Häufig wird vom Fehlerstrom-Schutzschalter gesprochen. Sie dienen dem Personenschutz. Ein typischer Fehler, der zur Auslösung führt, ist ein Körperschluss (Abb. 5.3).

RCD ist der Oberbegriff für unterschiedliche Ausführungen. Zwei davon haben die Kurzbezeichnungen RCCB und RCBO.

- RCCB (Residual Current operated Circuit-Breaker without overcurrent protection) ist die internationale Kennung für den Fehlerstrom-Schutzschalter oder kurz FI-Schutzschalter (Abb. 5.17 und 5.18). Diese Geräte haben keine eingebaute Überstrom-Schutzeinrichtung.

- RCBOs (Residual current operated Circuit-Breaker with Overcurrent protection) bieten neben dem Schutz vor Fehlerströmen einen Schutz vor Überlast- und Kurzschlussströmen. (Abb. 5.17). Im deutschen Sprachraum ist das der FI/LS-Schalter.

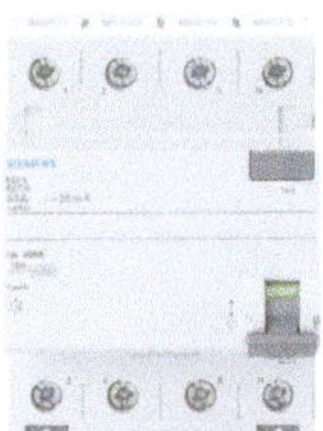
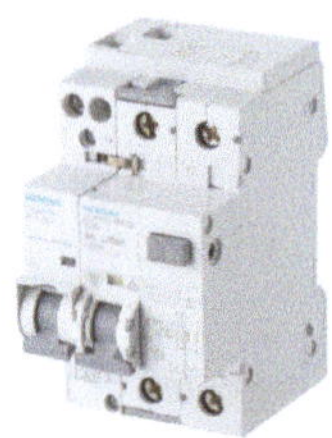
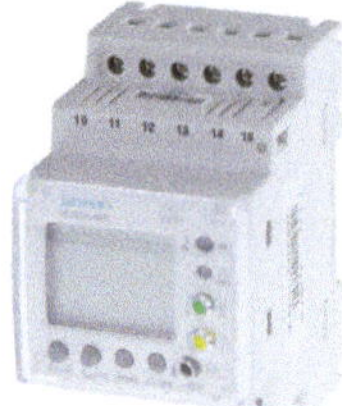
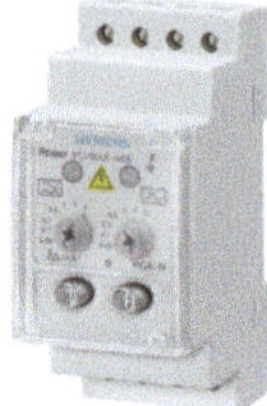

Abb. 5.17 Varianten vom RCD: RCCB, RCBO, MRCD und analoges RCM (Fotos: Siemens Industry [29])

Insbesondere für Anwendungen mit Bemessungsströmen oberhalb von 125 A gibt es noch andere RCDs in Kombination mit Leistungsschaltern.

- CBRs (Circuit-Breaker incorporating Residual current protection) sind Leistungsschalter mit Fehlerstromschutzfunktion. Die Fehlerstromerfassung ist fest an dem Leistungsschalter angebaut.
- MRCDs (Modular Residual Current protective Device) bzw. RCMs (Residual Current Monitor) sind modulare Fehlerstrom-Schutzgeräte ohne integrierte Abschaltvorrichtung (Abb. 5.17). Sie heißen auch Differenzstrom-Überwachungsgeräte. Die Fehlerstromerfassung über Wandler sowie die Auswertung und Auslösung über Leistungsschalter sind in getrennten Baugruppen untergebracht.

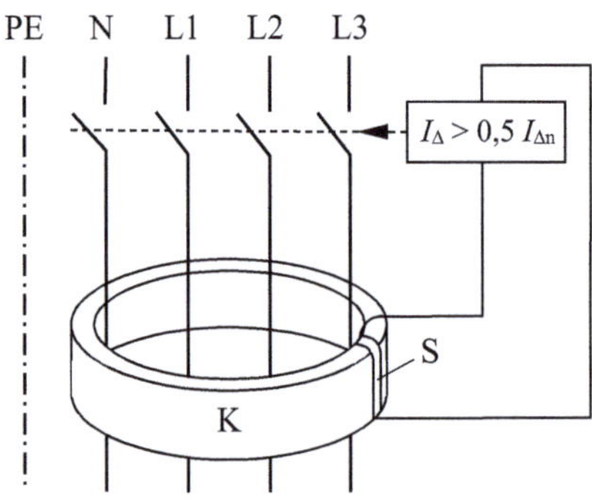

K = Eisenkern

S = Sekundärwicklung des Stromwandlers

Abb. 5.18 Prinzipieller Aufbau eines dreipoligen FI-Schutzschalters (links) und ein Exemplar ältere Bauart mit $I_{\Delta n} = 1$ A

Die grundsätzliche Funktionsweise kann am Beispiel des FI-Schutzschalters in Abb. 5.18 erklärt werden. Der Stromwandler (auch Ringkernwandler genannt) überwacht die Stromsumme I_Δ in den vier Leitern L1, L2, L3 und N. Liegt kein Isolationsfehler vor, heben sich zu jedem Zeitpunkt die Magnetfelder der ein- und ausfließenden elektrischen Ströme nahezu auf. Bei einem Körperschluss schließt sich der Fehlerstromkreis außerhalb dieser vier isolierten Leiter über den PE-Leiter oder über das Erdreich zurück zum speisenden Ortsnetztransformator. Das Magnetfeld der verbleibenden Ströme in den Leitern L1, L2, L3 und N ist nun so intensiv, dass in der Sekundärwicklung eine merkliche Spannung induziert und die unterlagerte Verteilung schnellstmöglich ausgeschaltet wird (Abb. 5.19).

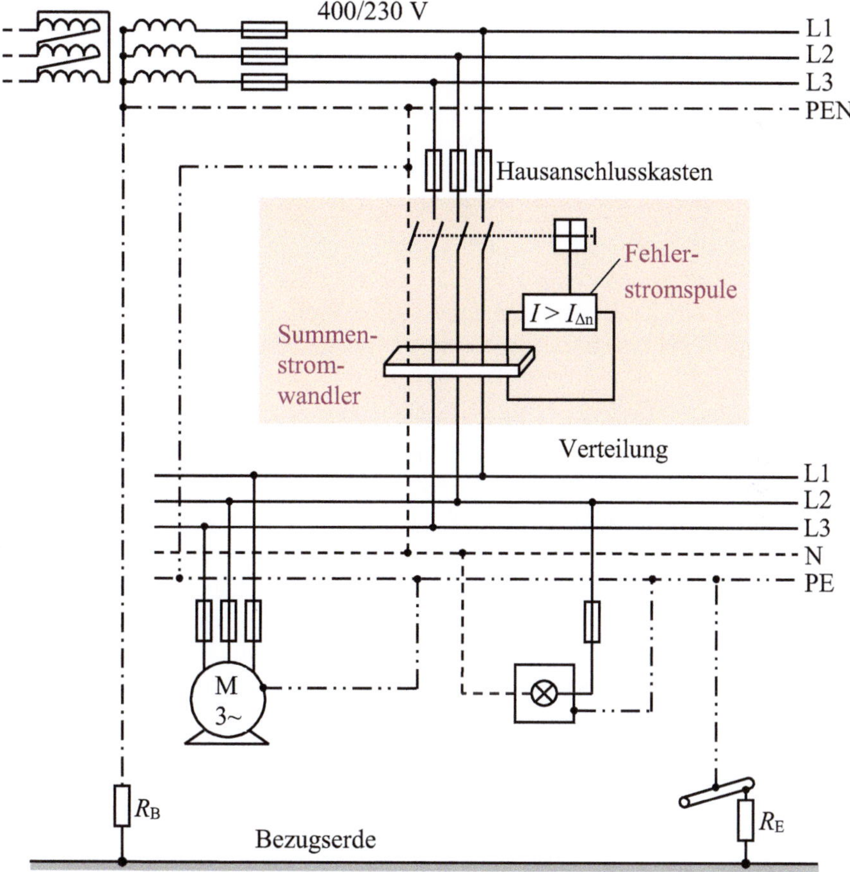

Abb. 5.19 Einbau eines Fehlerstrom-Schutzschalters nach [31]

Eine wichtige Kenngröße vom RCD ist der Bemessungsdifferenzstrom $I_{\Delta n}$. Der wird auch Bemessungsfehlerstrom genannt. Eine Abschaltung erfolgt spätestens, wenn der Bemessungsdifferenzstrom erreicht wird. Unterhalb vom Bemessungsnichtauslösefehlerstrom $I_{\Delta no}$ darf nicht ausgelöst werden. Den gibt der Hersteller an und sein Normwert beträgt $I_{\Delta\mathrm{no}} = 0{,}5\, I_{\Delta\mathrm{n}}$. Ein RCCB oder RCBO darf nur auslösen, wenn $I_{\Delta\mathrm{no}} \leq I_{\Delta} \leq I_{\Delta\mathrm{n}}$. Nach [16] liegt der übliche Wert bei $I_{\Delta} \approx 0{,}8\, I_{\Delta\mathrm{n}}$.

Tab. 5.10 Einteilung der Fehlerstrom-Schutzeinrichtungen mit den möglichen Einsatzbereichen (Quelle: ZVEI [32])

Stromart	Stromform	ordnungsgemäße Funktion AC	A	B / B+ (kHz)	Auslösestrom
Wechselfehlerstrom	∿	•	•	•	0,5 bis 1,0 $I_{\Delta n}$
Pulsierende Gleichfehlerströme (pos. oder neg. Halbwellen)		–	•	•	0,35 bis 1,4 $I_{\Delta n}$
angeschnittene Halbwellenströme Anschnittwinkel 90°el		–	•	•	Anschnittwinkel 90°: 0,25 bis 1,4 $I_{\Delta n}$
Anschnittwinkel 135°el			•	•	Anschnittwinkel 135°: 0,11 bis 1,4 $I_{\Delta n}$
Halbwellenstrom bei Überlagerung mit glattem Gleichstrom von 6 mA		–	•	•	max. 1,4 $I_{\Delta n}$ + 6 mA
glatter Gleichstrom		–	–	•	0,5 bis 2,0 $I_{\Delta n}$

Ein RCCB und ein RCBO werden hinsichtlich ihrer Eignung zur Erfassung von unterschiedlichen Fehlerstromformen charakterisiert. Das sind die Typen AC, A, B und B+ (Tab. 5.10).

- Der Typ AC kann nur sinusförmige Wechselfehlerströme erkennen, er ist **wechselstromsensitiv**. Dieser Typ ist in Deutschland entsprechend DIN VDE 0100-530 nicht zur Realisierung der in der Norm definierten Schutzmaßnahmen mit Fehlerstrom-Schutzeinrichtungen zugelassen. Er darf kein VDE-Zeichen tragen.
- Der Typ A erfasst neben sinusförmigen Wechselfehlerströmen auch pulsierende Gleichfehlerströme, er ist **pulsstromsensitiv**. Damit werden auch die Fehlerstromformen bei einphasigen Verbrauchern mit elektronischen Bauteilen im Netzteil wie EVG oder Dimmer beherrscht. Glatte Gleichfehlerströme bis 6 mA führen zu einer sicheren Auslösung.
- Der Typ B ist für alle Fehlerstromarten wie Typ A geeignet. Zusätzlich führen Fehlerströme, die aus einem Frequenzgemisch von Frequenzen bis 2 kHz zusammengesetzt sind oder glatte Gleichfehlerströme bis 10 mA zur sicheren Auslösung. Dieser Typ ist **allstromsensitiv**. Damit werden auch die möglichen Fehlerstromformen auf der Ausgangsseite von einphasig angeschlossenen Frequenzumrichtern wie in Waschmaschinen oder Pumpen beherrscht.
- Der Typ B+ erfüllt alle Anforderung vom Typ B. Auch er ist **allstromsensitiv**. Zusätzlich sind Auslösebedingungen bis 20 kHz definiert. Das dient dem gehobenen vorbeugenden Brandschutz bei Erdfehlerströmen. In diesem Frequenzbereich ist der Anstieg des Auslösestroms auf maximal 420 mA begrenzt.

Um eine hohe Zuverlässigkeit in der Geräteschutzfunktion zu erzielen, ist die Erfassung, Auswertung und Abschaltung unabhängig von der Netz- oder einer Hilfsspannung. Lediglich für die Erfassung von glatten Gleichfehlerströmen erfolgt beim Typ B eine Spannungsversorgung aus dem Netz. Für Wechsel- und pulsierende Gleichfehlerströme ist das nicht notwendig. Die Funktionsfähigkeit der Fehlerstrom-Schutzeinrichtung kann bei jedem Gerät über eine vorhandene Prüftaste kontrolliert werden. Beim Betätigen der Prüftaste wird ein künstlicher Fehlerstrom erzeugt, bei dem die Fehlerstrom-Schutzeinrichtung auslösen muss.

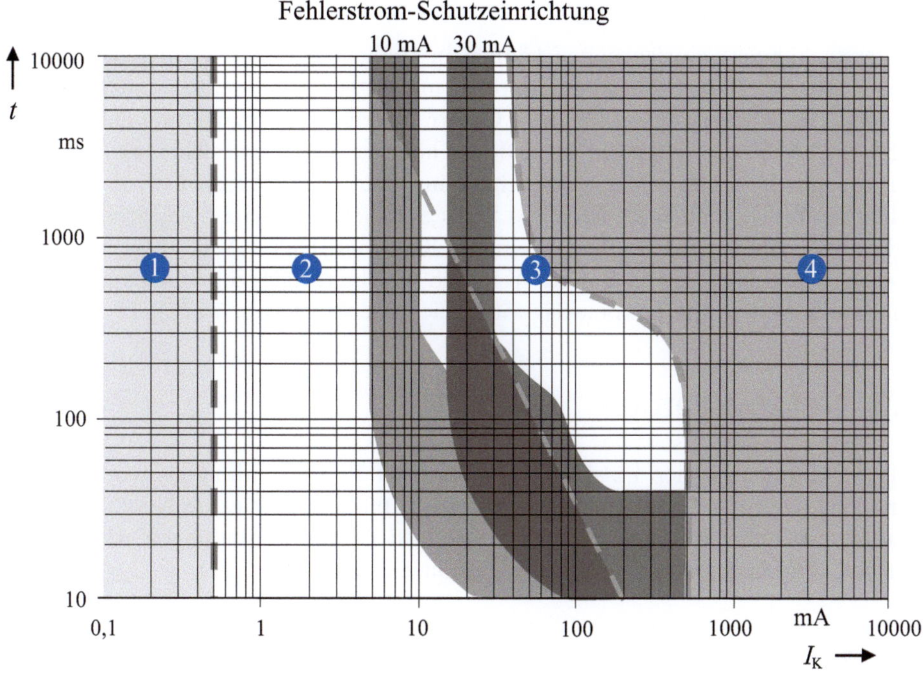

Abb. 5.20 Vier Wirkungsbereiche von Wechselströmen im Körper mit den Zeit-Strom-Kennlinien von zwei Fehlerstrom-Schutzschalter (Quelle: ZVEI [32])

Abb. 5.20 zeigt die Wirkung von Wechselstrom auf den menschlichen Körper in Abhängigkeit von der Durchströmdauer t und dem Körperstrom I_K. Es sind vier durch gestrichelte Linien getrennte Bereiche zu unterscheiden.

1 Normalerweise sind keine Wirkungen spürbar.

2 Der Strom ist wahrnehmbar. Medizinisch schädliche Einwirkungen und Muskelverkrampfungen treten üblicherweise nicht auf.

3 Blutdrucksteigerungen, Muskelverkrampfungen und Atemnot können auftreten. Die Gefahr des Herzkammerflimmerns besteht üblicherweise nicht.

4 Herzkammerflimmern kann vorkommen. Pathophysiologische Wirkungen wie Herzstillstand, Atemstillstand und Brandverletzungen werden immer wahrscheinlicher.

Zusätzlich sind in Abb. 5.20 die Toleranzbänder der Zeit-Strom-Kennlinien von zwei Fehlerstrom-Schutzschaltern mit den Bemessungsdifferenzströmen von 10 mA und 30 mA eingezeichnet. Es wird nicht die Höhe des Fehlerstroms begrenzt. Die gewünschte Schutzwirkung wird durch eine schnelle Abschaltung erzielt. Sie muss entsprechend der Gerätebestimmung DIN EN 61008-1 (VDE 0664-10) beim Bemessungsfehlerstrom innerhalb von 300 ms erfolgen. Nur für stromstoßfeste selektive Schalter sind 0,5 s zulässig [16].

Fehlerstrom-Schutzeinrichtungen können in Reihe geschaltet werden. Dazu müssen Geräte des Typs S eingebaut werden, um im Fehlerfall selektiv abzuschalten. In der VDE 0664-Serie sind für diese Geräte Abschaltzeitverzögerung definiert. Es wird empfohlen, dass ein mindestens 3-fach höherer Bemessungsfehlerstrom $I_{\Delta n}$ für die nach geschalteten Fehlerstrom-Schutzeinrichtungen vorgesehen wird. Selektive Fehlerstrom-Schutzeinrichtungen des Typs S haben eine sehr hohe Stoßstromfestigkeit von mindestens 3 kA. Bei einem CBR nach DIN EN 60947-2 sind keine selektiven Ausführungen definiert. Wenn die Abschaltzeitverzögerungen einstellbar sind, kann die gewünschte Selektivität erreicht werden (Abb. 5.17).

5.3 Netzsysteme

Alle Netzformen können hinsichtlich der Art der Erdverbindung eingeordnet werden. Nach DIN EN 61293 (früher DIN VDE 0100-300) gibt es im Netz mit Nennspannungen unterhalb von 1 kV drei verschiedene Erdverbindungen. Die werden mit den Kennbuchstaben T, N und I gekennzeichnet (Tab. 5.11).

Tab. 5.11 Kennzeichnung der Erdverbindungen, erster und zweiter Kennbuchstabe

T	terre	Erde	direkte Erdung von Spannungsquelle oder Körper
N	neutral		direkte Verbindung mit der Betriebserde
I	isolated	isoliert	Isolierung aller aktiven Teile

Zwei dieser Kennbuchstaben legen das Netzsystem fest.

- Der erste Buchstabe bezeichnet die Erdungsverhältnisse der Spannungsquelle. Die ist häufig der Ortsnetztransformator oder manchmal ein Generator.
- Der zweite Buchstabe charakterisiert die Erdungsverhältnisse leitfähiger Körper (wie beispielsweise metallische Gehäuse) in einer elektrischen Anlage, die nicht zum Betriebsstromkreis gehören.

Grundsätzlich sind drei Typen etabliert, das TN-, das TT- und das IT-System. Bei TN-Netzen gibt es wiederum drei unterschiedliche Varianten, das TN-C-, das TN-C-S- und das TN-S-System. Bevor auf die Einzelheiten dieser Netzformen eingegangen wird, sollen zunächst die Erdungen betrachtet werden.

5.3.1 Erdungen und Erdverbindungen

Erdungen spielen eine bedeutende Rolle beim Betrieb elektrischer Anlagen und bei den Schutzmaßnahmen (Abb. 5.21). Sie sind die Gesamtheit aller Maßnahmen zum Erden. Erden ist die elektrische Verbindung eines Punktes der Anlage mit dem Erdreich. Der Punkt ist geerdet.

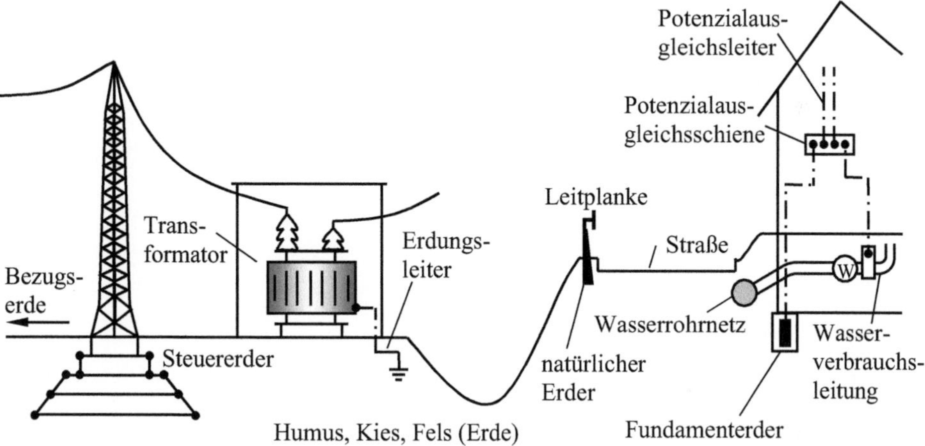

Abb. 5.21 Begriffe bei Erdungen nach [16]

Der Begriff Erde ist mehrdeutig. Zum einen ist damit unser Planet oder eine Bodenart wie Lehm, Sand oder Kies gemeint. Zum anderen wird damit ein Bereich in der Erde bezeichnet, in dem auch bei Erdfehlerströmen überall das gleiche elektrische Potenzial herrscht. Zwischen zwei beliebigen Punkten dürfen keine merklichen Spannungen auftreten, die von Erdungsströmen herrühren. Dieser Bereich wird Bezugserde oder neutrale Erde genannt und sein elektrisches Potenzial ist auf 0 V festgelegt. Zur Verbindung des geerdeten Punktes mit der Erde dient ein Erder. Erder können als Oberflächenerder (z. B. Banderder oder Seilerder) oder als Tiefenerder (z. B. Staberder oder Rohrerder) ausgeführt sein (Abb. 5.22). In Gebäuden gibt es Fundamenterder (Abb. 5.6). Erder werden hinsichtlich ihrer Funktion unterteilt.

- Die **Netzbetriebserdung** dient zur Erdung eines oder mehrerer aktiver Teile im elektrischen Energienetz (Tab. 4.10).
- Die **Schutzerdung** (PE, Protective Earth) dient der elektrischen Sicherheit zum Schutz gegen den elektrischen Schlag. Das wird auch Schutzpotenzialaus-

gleich genannt. Die elektrisch leitfähigen und berührbaren Gehäuse von Betriebsmitteln, die auch als Körper bezeichnet werden, sind mit einem Schutzleiter an die Potenzialausgleichsschiene angeschlossen, die wiederum mit dem Fundamenterder verbunden ist.

- Die **Funktionserdung** (FE, Functional Earth) erdet einen oder mehrere Punkte zu anderen Zwecken. Kann beispielsweise die Schutzerdung die EMV nicht gewährleisten, muss zusätzlich eine Funktionserdung angeschlossen werden.

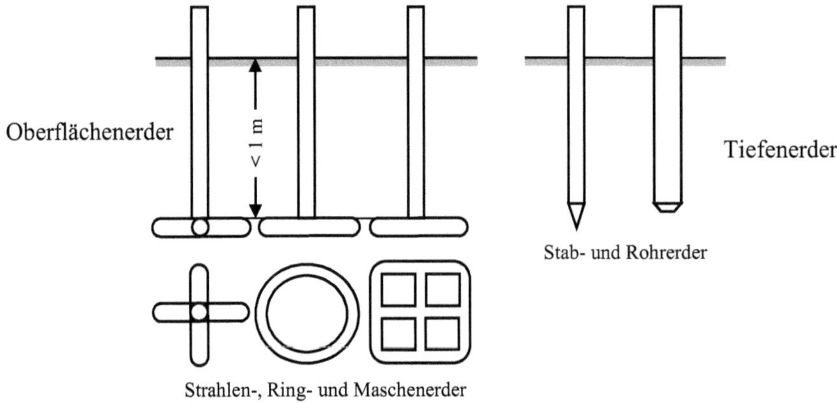

Abb. 5.22 Oberflächen- und Tiefenerder für Schaltanlagen nach [2]

Die Impedanz zwischen einem Punkt im Netz und der Bezugserde wird als Impedanz gegen Bezugserde bezeichnet. Ihr ohmscher Anteil heißt Wirkwiderstand gegen Bezugserde. Der Erdungswiderstand einer Anlage ist der Widerstand zwischen der Bezugserde und der Potenzialausgleichsschiene, die auch Haupterdungsschiene genannt wird. Er setzt sich aus zwei Anteilen zusammen. Das eine ist der Ausbreitungswiderstand des Erders oder der Erdungsanlage. Dazu kommt der Widerstand des Erdungsleiters zum Anschluss des Erders.

5.3.2 TN-Netze

Bei TN-Systemen gibt es im Gegensatz zu den TT- und IT-Systemen noch zwei weitere Kennbuchstaben, die die Funktionalitäten Neutralleiter und Schutzleiter charakterisieren (Tab. 5.12).

Tab. 5.12 Kennzeichnung der Erdverbindungen, dritter Kennbuchstabe

C	combined	zusammen, kombiniert
S	separated	getrennt

Es sind drei Varianten verbreitet. Das sind das TN-C-, TN-C-S- und TN-S-System, die nun nacheinander vorgestellt werden.

TN-C-Systeme

Hier sind im gesamten System die Funktionen des Neutral- und Schutzleiters in einem einzigen Leiter zusammengefasst. Das ist der PEN-Leiter (Abb. 5.23).

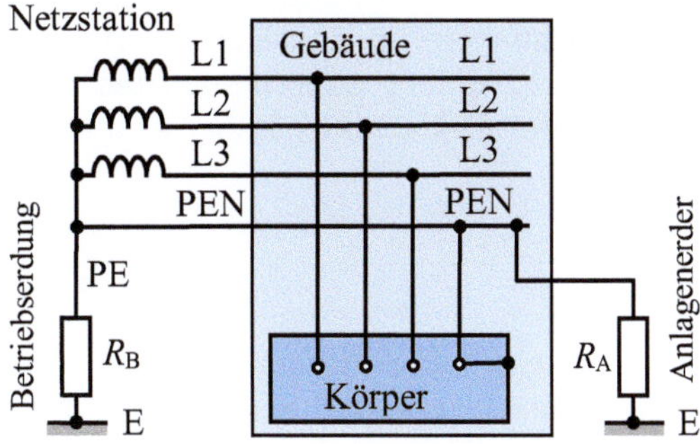

Abb. 5.23 TN-C-Netz

Die leitfähigen Körper der elektrischen Anlage sind direkt mit der Betriebserdung verbunden. Vor Ort kann es über die Potenzialausgleichsschiene eine Verbindung zu Erde geben.

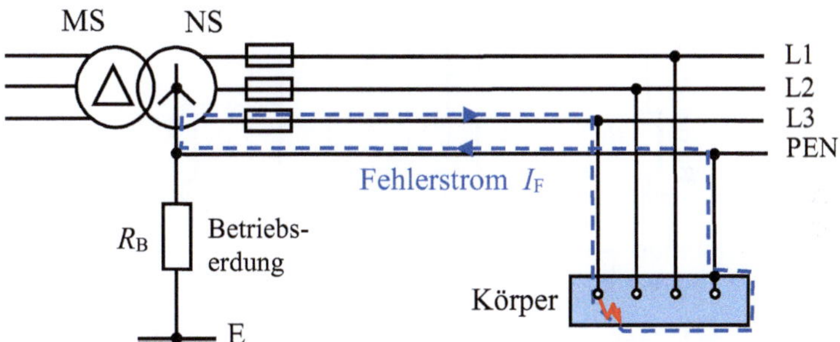

Abb. 5.24 Schutzfunktion im TN-C-System

Bei einem Körperschluss wird durch das Auslösen der Überstrom-Schutzeinrichtung die Verbraucheranlage spannungslos geschaltet (Abb. 5.24).

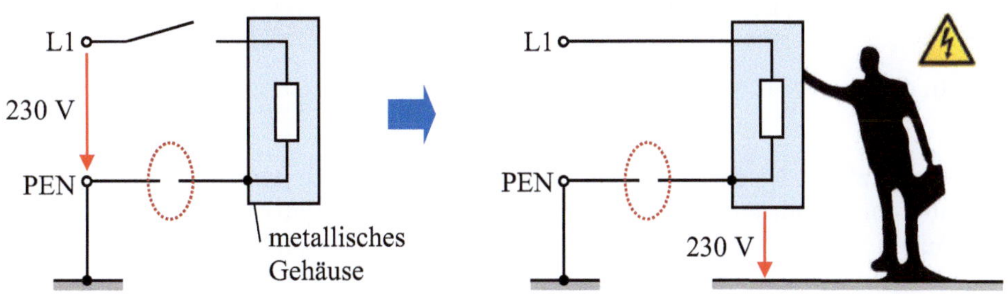

Abb. 5.25 Lebensgefahr aufgrund einer Unterbrechung des PEN-Leiters

Ein Einsatz von Fehlerstrom-Schutzeinrichtungen macht keinen Sinn. Der entscheidende Nachteil dieser Bauform ist, dass bei Leiterunterbrechung vom PEN-Leiter das „geschützte“ Metallgehäuse unter voller Spannung gegen Erde gesetzt wird, wenn der Schalter für das Gerät geschlossen ist (Abb. 5.25). Damit besteht Lebensgefahr. Diese Netze waren bis zur Einführung der FI-Schutzschalter Mitte der 60-er Jahre des letzten Jahrhunderts in Haushalten verbreitet. Früher wurde von klassischer Nulllung oder von Nulllung ohne besonderen Schutzleiter gesprochen. Die Netze bestechen durch ihre Einfachheit. Daher sind sie heute noch in der Industrie zu finden.

TN-C-S-Systeme

Andere Verhältnisse liegen in TN-C-S-Systemen vor. In einem Teil des Systems sind die Funktionen des Neutralleiters und Schutzleiters in einem einzigen Leiter kombiniert, im anderen Teil des Systems sind sie getrennt (Abb. 3.113 und 5.26).

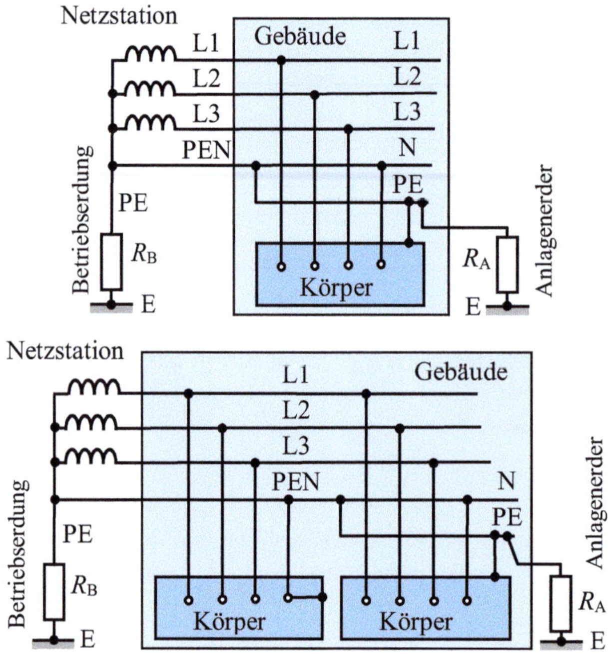

Abb. 5.26 TN-C-S-Netze

Diese Netzform ist für Neuinstallationen der Standard. Vom 0,4-kV-Verteilnetz kommt ein vieradriges Kabel ins Gebäude. In der Verteilung sind dann fünf Leiter zu finden. Der Punkt, an dem der PEN-Leiter in PE- und N-Leiter aufgetrennt wird, sollte sich nach den Vorschriften im Hausanschlusskasten befinden. Mitunter wird die Trennung auch im Schaltschrank gemacht. Beim Einsatz eines Fehlerstrom-Schutzschalters wird durch eine niedrige Schleifenimpedanz eine sehr schnelle Abschaltung ermöglicht (Abb. 5.19). Sollte ein RCD im Laufe der Jahre eine Fehlfunktion aufweisen, ist in TN-C-S-Netzen bei Einhalten der Abschaltbedingungen für Überstrom-Schutzeinrichtungen noch ein zusätzlicher Schutz vorhanden. Auch Verteilnetzbetreiber haben mit der Einführung von TN-C-S-Netzen Vorteile. Durch das Einbeziehen der einzelnen Fundamenterder der Kundenanlagen wird ein großflächiges Erdungssystem möglich, das auch globales Erdungssystem genannt wird. Daher kann die Zahl der geerdeten Kabelverteilerschränke, die sich außerhalb der Gebäude befinden, reduziert werden (Abb. 3.17).

TN-S-Systeme

Im gesamten System wird ein getrennter Schutzleiter verlegt. Es darf dabei nur einen zentralen Verbindungspunkt zwischen dem PE und N geben. Das ist der zentrale Erdungspunkt (ZEP) auf der US-Seite des Transformators (Abb. 5.27).

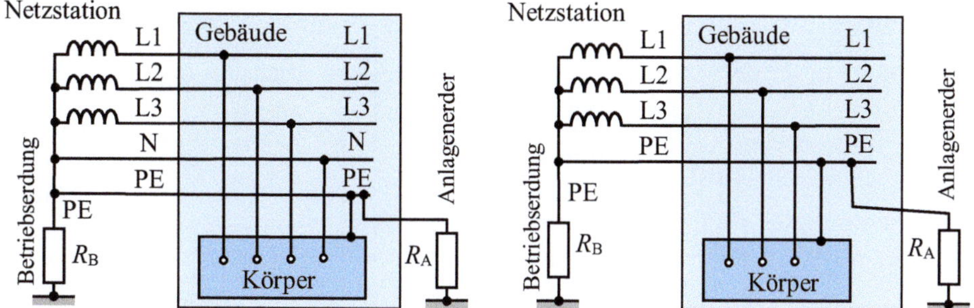

Abb. 5.27 TN-S-Netze, mit und ohne Neutralleiter

Diese Netzform ist in Rechenzentren zu finden. Dann ist der Betrieb der Transformatoren in der Hand des Anschlussnehmers und es wird auf FI-Schutzschalter verzichtet, um eine möglichst hohe Verfügbarkeit zu erreichen. Verteilnetzbetreiber betreiben keine TN-S-Netze.

5.3.3 TT-Netze

Wie bei den TN-Systemen wird hier auf der Unterspannungsseite der speisenden Transformatoren der Sternpunkt geerdet. An dem wird meistens ein Neutralleiter N angeschlossen. Im Gegensatz zum TN-System wird hier jedoch der Schutzleiter PE nicht über den Neutralleiter geerdet (Abb. 5.1 und 5.28). Er wird vor Ort mit dem Anlagenerder verbunden und ist im gesamten System vom Neutralleiter getrennt (Abb. 5.29). Wegen der unterschiedlichen Erdungswiderstände R_A und R_B kann eine kleine Spannung von etwa 1 V zwischen PE und N anliegen.

Die vollständige Trennung von dem N- und PE-Leiter hat einen Vorteil. Eine Blitzüberspannung, die von einer Freileitung über den Leiter N ins Gebäude läuft, gelangt nicht über die Potenzialausgleichsschiene auf metallische Gehäuse oder Rohr-

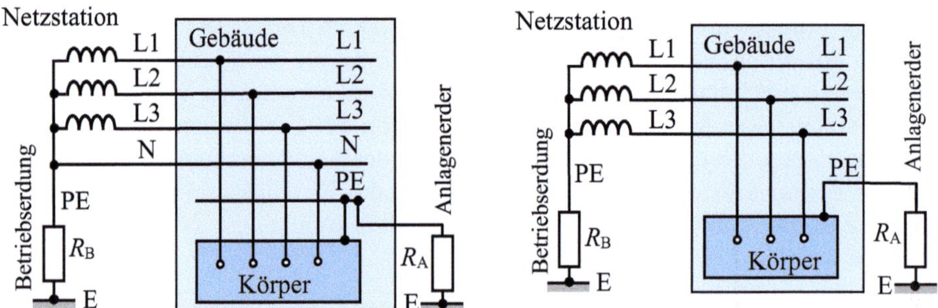

Abb. 5.28 TT-Netze, mit und ohne Neutralleiter

leitungen. So werden lebensgefährliche Berührungsspannungen vermieden. Mit zunehmender Verkabelung der öffentlichen NS-Netze verliert dieser Vorteil jedoch an Gewicht.

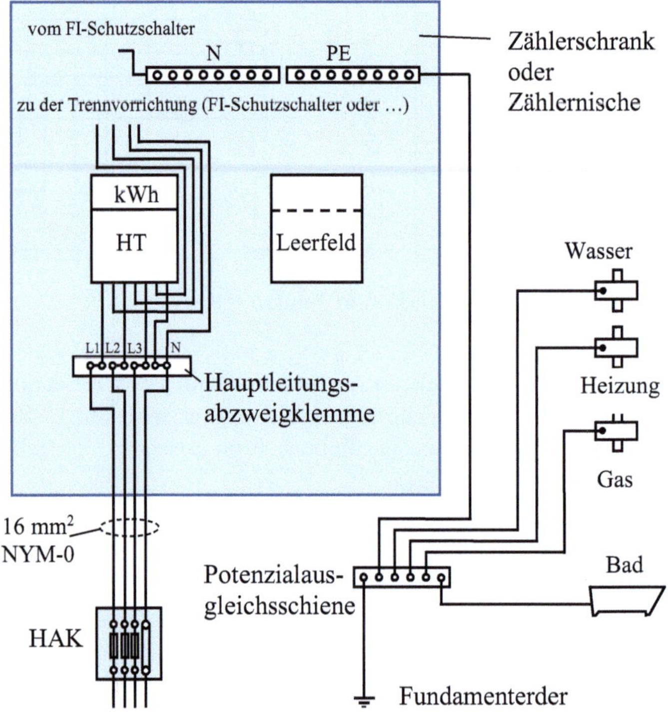

Abb. 5.29 Anschluss eines Einfamilienhauses im TT-System

Gegenüber dem TN-C-S-System hat das TT-System einen Nachteil. Die Schutzmaßnahme Schutzerdung ist problematisch, da zum schnellen Ansprechen der Überstrom-Schutzeinrichtung sehr hohe Ströme nötig sind (Abb. 5.30). Die treten nur bei niedrigsten Erdungswiderständen auf, was in der Praxis kaum realisierbar ist.

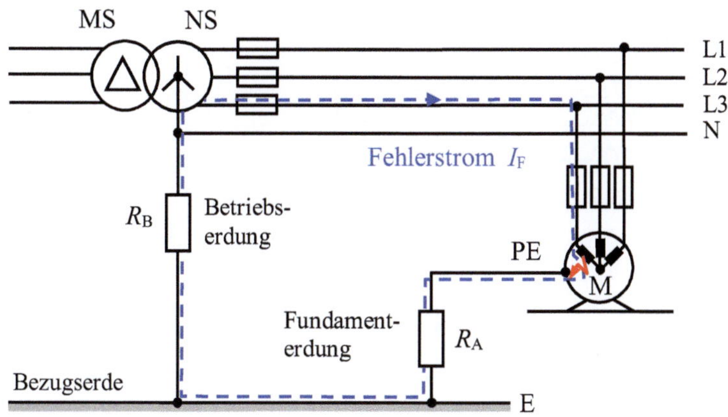

Abb. 5.30 Schutzerdung im TT-System

Der Aufwand zur Sanierung einer bestehenden Fundamenterdung ist in der Regel nicht vertretbar, so dass meistens auf die Fehlerstrom-Schutzschaltung zurückgegriffen wird. TT-Systeme sind noch in vielen deutschen Verteilnetzen oder auch in anderen europäischen Ländern zu finden. Oft werden TT- und TN-C-S-Systeme nebeneinander betrieben.

5.3.4 IT- und I-Netze

Hier ist der Sternpunkt des Trafos isoliert und seine hochohmige Erdung ist zulässig. Bei IT-Netzen gibt keine direkte Verbindung zwischen den aktiven Leitern und geerdeten Teilen (Abb. 5.31).

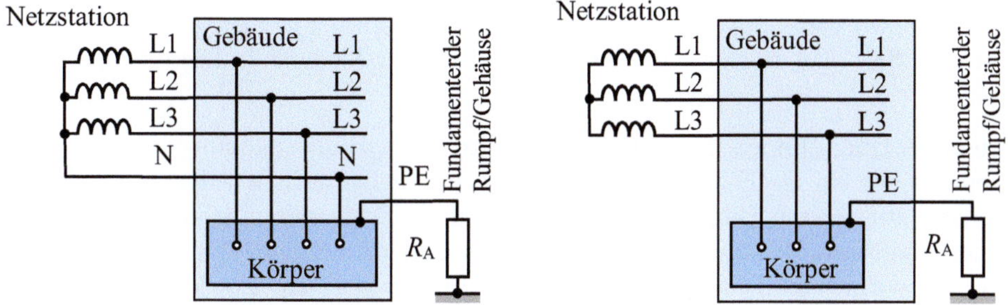

Abb. 5.31 IT-Netze, mit und ohne Neutralleiter

Bei einem einfachen Körper- oder Erdschluss schließt sich der Fehlerstrom über die Erdkapazitäten und Isolationswiderstände der gesunden Leiter. In Abb. 5.32 sind nur die Erdkapazitäten C_E eingezeichnet. Die Kapazität vom Zylinderkondensator $C = 2\pi\,\epsilon\, l\,/\,\ln(r_2/r_1)$ nimmt mit seiner Länge l zu (Tab. A.24). Analog dazu sind bei hinreichend kurzen NS-Leitungen deren Erdkapazitäten C_E klein und die

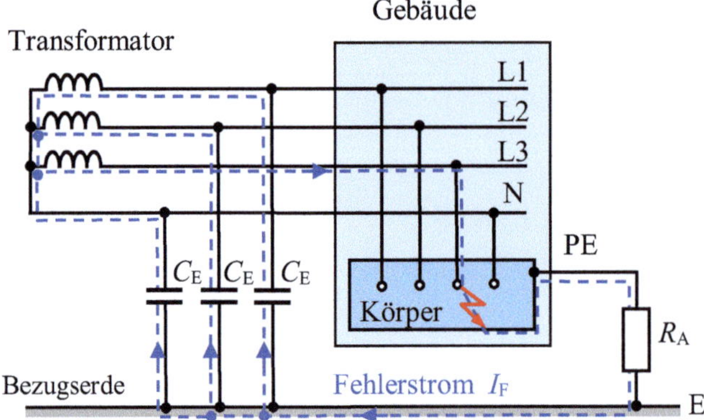

Abb. 5.32 Verteilung der Fehlerströme bei einem Körperschluss im IT-System

Scheinwiderstände $Z_E = (\omega C_E)^{-1}$ groß. Damit sind diese Fehlerströme niedrig. Die Schritt- und Berührungsspannungen sind klein, so dass Mensch und Tier kaum gefährdet sind. Daher können bei diesem Fehler IT-Netze noch einige Zeit weiter betrieben werden, ganz im Gegensatz zu TN- oder TT-Systemen. Es erfolgt lediglich eine Meldung bzw. ein Alarm vom Isolationsüberwachungsgerät, das auch Isolationswächter genannt wird (Abb. 5.33).

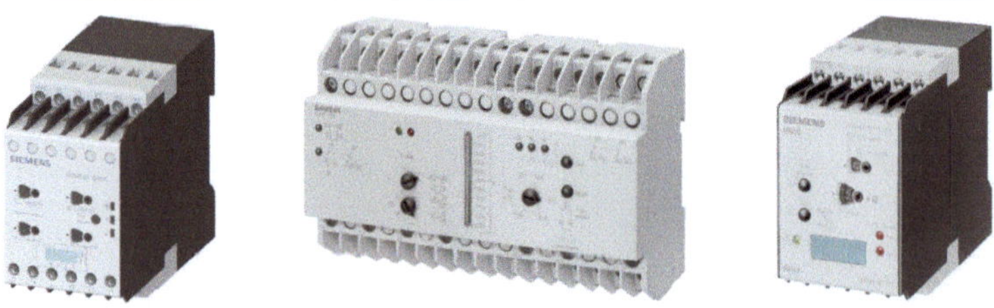

Abb. 5.33 Isolationswächter AC und DC (Fotos: Siemens Industry [29])

Auch bei Überströmen in den Leitungen wird nicht sofort spannungslos geschaltet, wenn es der einzige Fehler ist. Falls ein zweiter Fehler auftritt, der elektrisch ungünstig zum ersten Fehler liegt, wird mit einem Fehlerstrom-Schutzschalter oder einer Überstrom-Schutzeinrichtung (Sicherung oder LS-Schalter) abgeschaltet. Solche Netzformen sind immer dann zu finden, wenn trotz eines elektrischen Fehlers weiter versorgt werden soll. Das ist insbesondere in Operationsräumen von Krankenhäusern oder in Flugzeugen und U-Booten der Fall. Mobile Bordnetze zählen zu den I-Systeme, da sie keine Erdverbindung haben.

Literatur

[1] Klaus Heuck, Klaus-Dieter Dettmann und Detlef Schulz. *Elektrische Energieversorgung - Erzeugung, Übertragung und Verteilung Elektrischer*

Energie. 9. Auflage. Wiesbaden: Springer Vieweg Verlag, 2013. ISBN: 978-3-834-81699-3.

[2] Hans-Günter Boy u. a. *Elektro-Installationstechnik: die Meisterprüfung*. 14., neu bearbeitete und erweiterte Auflage. Die Meisterprüfung. Würzburg: Vogel Business Media, 2020. 496 S. ISBN: 978-3-8343-3434-3.

[3] Rudolf Cater u. a. *Niederspannungs-Schaltgerätekombinationen: Erläuterungen zu DIN EN IEC 61439-1 (VDE 0660-600-1)*. 6., vollständig neu bearbeitete und erweiterte Auflage. VDE-Schriftenreihe Normen verständlich 28. Berlin Offenbach: VDE Verlag, 2022. 369 S. ISBN: 978-3-8007-5512-7.

[4] Rolf Rüdiger Cichowski. *Elektroinstallation und Ladeinfrastruktur der Elektromobilität: Errichten von Niederspannungsanlagen im Zeitalter von E-Mobility*. VDE-Schriftenreihe Normen verständlich 175. Berlin Offenbach: VDE Verlag, 2021. 375 S. ISBN: 978-3-8007-5489-2.

[5] Rolf Rüdiger Cichowski. *Elektroinstallation und Ladeinfrastruktur der Elektromobilität*. 2., überarbeitete Auflage. VDE-Schriftenreihe – Normen verständlich 175. Berlin Offenbach: VDE Verlag, 2023. 381 S. ISBN: 978-3-8007-6079-4.

[6] Deutsches Institut für Normung DIN e.V. und Zentralverband der Deutschen Elektro- und Informationstechnischen Handwerke ZVEH, Hrsg. *Elektrotechniker-Handwerk: DIN-Normen und Technische Regeln für die Elektroinstallation*. 12., aktualisierte Ausgabe. Normen-Handbuch. Berlin: Beuth Verlag, 2023. 900 S. ISBN: 978-3-410-31775-3.

[7] Heinz-Dieter Fröse. *Brandschutz für Kabel und Leitungen*. 4. neu überarbeitete Auflage. München: Hüthig, 2017. ISBN: 978-3-810-10400-7.

[8] Heinz O. Häberle und Gregor D. Häberle. *Einführung in die Elektroinstallation*. 10., neu bearbeitete und erweiterte Auflage. München Heidelberg: Hüthig-Verlag, 2020. 451 S. ISBN: 978-3-8101-0518-9.

[9] Wolfgang Hofheinz. *Schutztechnik mit Isolationsüberwachung: Grundlagen, Anwendungen und Wirkungsweisen ungeerdeter IT-Systeme*. 5., neu bearbeitete Auflage. VDE-Schriftenreihe - Normen verständlich 114. Berlin Offenbach: VDE Verlag, 2020. 387 S. ISBN: 978-3-8007-5389-5 978-3-8007-5390-1.

[10] Alfred Hösl, Roland Ayx und Hans Werner Busch. *Die vorschriftsmäßige Elektroinstallation - Wohnungsbau · Gewerbe · Industrie*. 23., neu bearbeitete und erweiterte Auflage. VDE Verlag, 2022. ISBN: 978-3-8007-5751-0.

[11] Ismail Kasikci. *Projektierung von Niederspannungs- und Sicherheitsanlagen: Betriebsmittel, Vorschriften, Praxisbeispiele, Softwareanwendung*. 2., neu bearb. und erw. Aufl. de-Fachwissen. München Heidelberg: Hüthig & Pflaum, 2003. 721 S. ISBN: 978-3-8101-0161-7.

[12] Ismail Kasikci. *Elektrotechnik für Architekten, Bauingenieure und Gebäudetechniker: Grundlagen und Anwendung in der Gebäudeplanung.* 2., aktualisierte Auflage. Wiesbaden, Germany: Springer Vieweg, 2018. ISBN: 978-3-658-23762-2 978-3-658-23763-9.

[13] Ismail Kasikci. *Planung von Elektroanlagen: Theorie, Vorschriften, Praxis.* 3., vollständig überarbeitete und erweiterte Auflage. Berlin Heidelberg: Springer Vieweg, 2018. ISBN: 978-3-662-56426-4.

[14] Ismail Kasikci. *Beiblatt 5 der DIN VDE 0100.* 2., überarbeitete Auflage. VDE-Schriftenreihe Normen verständlich 159. Berlin Offenbach: VDE Verlag, 2023. 179 S. ISBN: 978-3-8007-6210-1.

[15] Ismail Kasikci. *Projektierungshilfe elektrischer Anlagen in Gebäuden: Praxiseinführung und Berechnungsmethoden.* 9., überarbeitete Auflage. VDE-Schriftenreihe – Normen verständlich 148. Berlin: VDE Verlag, 2024. 313 S. ISBN: 978-3-8007-6222-4.

[16] Gerhard Kiefer, Herbert Schmolke und Karsten Callondann. *VDE 0100 und die Praxis: Wegweiser für Elektrofachkräfte.* ger. 18., neu bearbeitete Auflage. Berlin: VDE Verlag, 2024. ISBN: 978-3-8007-6229-3 978-3-8007-6230-9.

[17] Dieter Müller und Wolfgang Winkler. *Elektro-Installationen planen und kalkulieren.* 2. Auflage. Vogel-Fachbuch. Würzburg: Vogel, 2006. 336 S. ISBN: 978-3-8343-3054-3.

[18] Siegfried Rudnik. *Prüfung elektrischer Anlagen und Ausrüstungen.* 2., überarbeitete Auflage. VDE-Schriftenreihe – Normen verständlich 163. Berlin: VDE Verlag, 2022. 509 S. ISBN: 978-3-8007-5743-5.

[19] Herbert Schmolke. *DIN VDE 0100: Daten und Fakten für das Errichten von Niederspannungsanlagen.* 4., neu bearbeitete Auflage. VDE-Schriftenreihe Normen verständlich 105. Berlin Offenbach: VDE Verlag GmbH, 2018. 290 S. ISBN: 978-3-8007-4497-8 978-3-8007-4498-5.

[20] Herbert Schmolke und Karsten Callondann. *Elektroinstallation in Wohngebäuden: Handbuch für die Elekro-Installationspraxis.* 10., neu bearbeitete und erweiterte Auflage. VDE-Schriftenreihe - Normen verständlich 45. Berlin Offenbach: VDE Verlag, 2021. 704 S. ISBN: 978-3-8007-5478-6.

[21] Herbert Schmolke. *Auswahl und Bemessung von Kabeln und Leitungen.* 8. bearbeitete Auflage. de-Kompakt. München Heidelberg: Hüthig Verlag, 2021. ISBN: 978-3-8101-0556-1.

[22] Herbert Schmolke und Karsten Callondann. *DIN VDE 0100 richtig angewandt: Errichten von Niederspannungsanlagen übersichtlich dargestellt.* 8., neu bearbeitete und erweiterte Auflage. VDE-Schriftenreihe Normen verständlich 106. Berlin Offenbach: VDE-Verlag GmbH, 2022. 651 S. ISBN: 978-3-8007-5633-9 978-3-8007-5634-6.

[23] Hans Schultke und Michael Fuchs. *ABC der Elektroinstallation.* Frankfurt: EW Medien und Kongresse, 2012. ISBN: 978-3-802-21055-6.

[24] Günter G. Seip, Hrsg. *Elektrische Installationstechnik.* 3., wesentlich überarb. Aufl. Berlin: Siemens-Aktiengesellschaft, 1993. ISBN: 978-3-8009-4138-4.

[25] Werner Sturm, Bernd Adam und Siemens-Aktiengesellschaft, Hrsg. *Schalten, Schützen, Verteilen in Niederspannungsnetzen: Handbuch mit Auswahlkriterien und Projektierungshinweisen für Schaltgeräte, Steuerungen und Schaltanlagen.* 4., wesentlich überarb. und erw. Aufl. Erlangen, München: Publicis-MCD-Verlag, 1997. 779 S. ISBN: 978-3-89578-041-7.

[26] Klaus W. Usemann. *Brandschutz in der Gebäudetechnik - Grundlagen Gesetzgebung Bauteile Anwendungen.* 2. ed. Berlin Heidelberg New York: Springer-Verlag, 2013. ISBN: 978-3-642-19001-8.

[27] Paul Waldner. *Kompendium der elektrotechnischen und elektronischen Gebäudetechnik: umfassend, anwendungsbezogen, verständlich dargestellt.* 2. Aufl. Werner-Ingenieur-Texte. Düsseldorf: Werner Verlag, 2003. 353 S. ISBN: 978-3-804-14984-7.

[28] Andreas F. X. Welsch. *Mobile und stationäre Niederspannungs-Gleichstromnetze: Aufbau - Schalten - Dimensionierung - Schutz.* 1. Auflage. Hanser eLibrary. München: Carl Hanser Verlag, 2024. ISBN: 978-3-446-47997-5 978-3-446-48039-1. DOI: 10.3139/9783446480391.

[29] Siemens AG Industry. *Bilddatenbank.* www.automation.siemens.com/bilddb. 2018.

[30] ABB Stotz-Kontakt GmbH. *Auslöse-Charakteristiken für Sicherungsautomaten im Vergleich.* www.abb.de/stotzkontakt - Druckschrift Nummer 2CDC 400 002 D0104 gedruckt in Deutschland (11.11-10-ZVD). 2018.

[31] Jürgen Schlabbach. *Elektroenergieversorgung - Betriebsmittel, Netze, Kennzahlen und Auswirkungen der elektrischen Energieversorgung.* 3. aktualisierte und erweiterte Auflage. Berlin Offenbach: VDE Verlag, 2010. ISBN: 978-3-800-73108-4.

[32] ZVEI - Zentralverband Elektrotechnik- und Elektronikindustrie e.V. *Leitfaden für Fehlerstrom-Schutzeinrichtungen und elektrische Antriebe.* www.zvei.org - 2. Auflage, Oktober 2009. 2009.

Anhang

Hier ist das eine oder andere ausgelagert, was beim ersten Lesen eher stören könnte. In den ersten beiden Abschnitten sind die Festlegungen für die Schreibweisen genauso wie zahlreiche Tabellen und größere Abbildungen zu finden. Im dritten Abschnitt wird begründet, warum auf die dielektrische Verschiebung $\boldsymbol{D}$ und auf die magnetische Feldstärke $\boldsymbol{H}$ verzichtet werden kann und im letzten Abschnitt wird das Ersatzschaltbild für einen technischen Transformator aus dem Induktions- und Durchflutungsgesetz detailliert hergeleitet.

A.1 Schreibweisen

Zunächst werden Bemerkungen zu den SI-Einheiten gemacht und es wird erklärt, wie Formelbuchstaben und Indizes verwendet werden. Ergänzend sind alle verwendeten Abkürzungen aufgelistet. Wer tiefer einsteigen möchte, kann auf die Literatur über die Durchführung und Gestaltung technischer Berichte zurückgreifen [1].

A.1.1 SI-Einheiten

Das internationale Einheitensystem oder kurz SI-System (französisch Système International d'unités) wurde in das deutsche Recht mit dem Gesetz über Einheiten im Meßwesen vom 2. Juli 1969 und der Ausführungsverordnung zum Gesetz vom 26. Juni 1970 übernommen.

Tab. A.1 Auswahl von DIN-Normen

DIN 1301 Teil 1	Einheiten: Einheitennamen, Einheitenzeichen
DIN 1304 Teil 1	Allgemeine Formelzeichen
DIN 1304 Teil 3	Formelzeichen für die elektrische Energieversorgung
DIN 1304 Teil 7	Formelzeichen für elektrische Maschinen
DIN 40108	Stromsysteme: Begriffe, Größen, Formelzeichen
DIN 40110	Wechselstromgrößen
EN 61082 (DIN 40717)	Dokumente der Elektrotechnik

© Der/die Herausgeber bzw. der/die Autor(en), exklusiv lizenziert an Springer-Verlag GmbH, DE, ein Teil von Springer Nature 2026
A. Böker, *Grundlagen der elektrischen Energietechnik*,
https://doi.org/10.1007/978-3-662-73170-3

Im Gesetz sind die SI-Basiseinheiten mit ihren Definitionen und die Vorsätze für die dezimalen Vielfachen und Teile von Einheiten aufgeführt. Aufgrund einer EG-Richtlinie von 1981 wurde das Gesetz und die Ausführungsverordnung im Jahr 1985 novelliert. Die SI-Definitionen wurden entfernt und es wird nun auf die DIN 1301-1 in der Ausgabe Dezember 1985 verwiesen (Tab. A.1).

Mit dem Weltmetrologietag am 20. Mai 2019 sind neue Definitionen im SI-System in Kraft getreten. Sieben Naturkonstante haben nun festgelegte Werte (Tab. A.2). Diese „definierenden Konstanten“ entstammen den Ausgleichsrechnungen von CODATA (Committee on Data of the International Council for Science) im Sommer 2017 [2].

Tab. A.2 Festgelegte Naturkonstante

$\Delta\nu = 9\,192\,631\,770\ \mathrm{s}^{-1}$	Frequenz des Hyperfeinstrukturübergangs des Grundzustands im ^{133}Cs-Atom
$c_0 = 299\,792\,458\ \mathrm{m\ s}^{-1}$	Lichtgeschwindigkeit im Vakuum
$h = 6{,}626\,070\,15 \cdot 10^{-34}\ \mathrm{J\ s}$	Planck-Konstante
$e = 1{,}602\,176\,634 \cdot 10^{-19}\ \mathrm{C}$	Elementarladung
$k = 1{,}380\,649 \cdot 10^{-23}\ \mathrm{J\ K}^{-1}$	Boltzmann-Konstante
$N_\mathrm{A} = 6{,}022\,140\,76 \cdot 10^{23}\ \mathrm{mol}^{-1}$	Avogadro-Konstante
$K_\mathrm{cd} = 683\ \mathrm{cd\ sr\ kg}^{-1}\ \mathrm{m}^{-2}\ \mathrm{s}^{3}$	photometrisches Strahlungsäquivalent monochromatischer Strahlung von $540 \cdot 10^{12}$ Hz

Diese festgelegten Naturkonstanten definieren die sieben SI-Basiseinheiten (Tab. A.3). Meter, Sekunde und Candela lassen sich bereits seit Jahrzehnten aus Naturkonstanten ableiten. Nun ist es auch für alle anderen möglich.

Tab. A.3 SI-Basiseinheiten

Basisgröße	Basiseinheit		Definition
	Name	Zeichen	
Zeit	Sekunde	s	$1\ \mathrm{s} = 9\,192\,631\,770\ /\ \Delta\nu$
Länge	Meter	m	$1\ \mathrm{m} = (c_0\ /\ 299\,792\,458)\ \mathrm{s}$
Masse	Kilogramm	kg	$1\ \mathrm{kg} = (h\ /\ 6{,}626\,070\,15)\ 10^{34}\ \mathrm{m}^{-2}\ \mathrm{s}$
Stromstärke	Ampere	A	$1\ \mathrm{A} = (e\ /\ 1{,}602\,176\,634)\ 10^{19}\ \mathrm{s}^{-1}$
Temperatur	Kelvin	K	$1\ \mathrm{K} = (1{,}380\,649\ /\ k)\ 10^{-23}\ \mathrm{kg\ m}^{2}\ \mathrm{s}^{-2}$
Stoffmenge	Mol	mol	$1\ \mathrm{mol} = 6{,}022\,140\,76 \cdot 10^{23}\ /\ N_\mathrm{A}$
Lichtstärke	Candela	cd	$1\ \mathrm{cd} = (K_\mathrm{cd}\ /\ 683)\ \mathrm{kg\ m}^{2}\ \mathrm{s}^{-3}\ \mathrm{sr}^{-1}$

Damit hat das Urkilogramm in Paris ausgedient. Der 130 Jahre alte Platin-Iridium-Zylinder schien langsam an Masse zu verlieren. Ein Kilogramm wird zukünftig mit dem Plankschen Wirkungsqantum h festgelegt. Alle anderen Einheiten sind von den Basiseinheiten abgeleitet. Sie sind ein Produkt von Zehnerpotenzen der Basiseinheiten ohne zusätzliche numerische Faktoren.

Es sind zu einer Größe mehrere Einheiten erlaubt, die sich um ganzzahlige Zehnerpotenzen unterscheiden. Sie werden durch SI-Präfixe gekennzeichnet (Tab. A.4). Das hat praktische Gründe. Die Länge einer Freileitung kann in km und der Luftspalt in einer Turbine in mm angegeben werden. Ist der numerische Faktor gleich Eins, heißt die SI-Einheit kohärent.

Tab. A.4 SI-Vorsätze

Potenz	Name	Zeichen	Potenz	Name	Zeichen
10^{30}	Quetta	Q	10^{-1}	Dezi	d
10^{27}	Ronna	R	10^{-2}	Zenti	c
10^{24}	Yotta	Y	10^{-3}	Milli	m
10^{21}	Zetta	Z	10^{-6}	Mikro	µ
10^{18}	Exa	E	10^{-9}	Nano	n
10^{15}	Peta	P	10^{-12}	Piko	p
10^{12}	Tera	T	10^{-15}	Femto	f
10^{9}	Giga	G	10^{-18}	Atto	a
10^{6}	Mega	M	10^{-21}	Zepto	z
10^{3}	Kilo	k	10^{-24}	Yocto	y
10^{2}	Hekto	h	10^{-27}	Ronto	r
10^{1}	Deka	da	10^{-30}	Quekto	q

Die SI-Einheiten dürfen nur so geschrieben werden, wie sie in Gesetz und Norm angegeben sind. Zusätzliche Kennzeichen wie Indizes sind nicht gestattet. Weitergehende Informationen zu den SI-Einheiten können den Veröffentlichungen der Physikalisch-Technischen Bundesanstalt (PTB) entnommen werden [3].

A.1.2 Konventionen

Abkürzungen, Kennzeichnungen, Zahlen, mathematische Funktionen und physikalische Einheiten werden in Steilschrift gesetzt.

Bsp.: α-Teilchen, $\mathrm{e} = 2{,}71828...$, $\pi = 3{,}14159....$, $\sin(\pi/2) = 1$ oder 7 µm

Skalare Größen werden grundsätzlich *kursiv* gesetzt, ob sie dimensionslos sind oder nicht.

Bsp.: der Winkel φ, die Windungszahl N und die Gleichspannung U

Vektoren werden zusätzlich mit ***fetter*** Schreibweise gekennzeichnet, Pfeile werden nicht verwendet. Für die Kraft wird statt $\vec{F}$ der Formelbuchstabe $\boldsymbol{F}$ verwendet. Das hat den Vorteil, dass Vektoren im Fließtext besser lesbar sind.

Bsp.: die Kraft $\boldsymbol{F} = \begin{pmatrix} 1 \\ 0 \\ 4 \end{pmatrix}$ N

Tensoren kommen nicht vor. Die Beträge von Vektoren sind skalare physikalische Größen.

Bsp.: Der Betrag von $\boldsymbol{F}$ ist $F = \sqrt{1^2 + 0^2 + 4^2}$ N $\approx$ 3,9 N

Die physikalische Einheit einer Größe G wird mit eckigen Klammern und der Zahlenwert mit geschweiften Klammern ausgedrückt, $G = \{G\}\ [G]$.

Bsp.: Energie $W = 3$ J, $[W] = \text{Joule} = \text{J}$ und $\{W\} = 3$

Differenzen von physikalischen Größen werden mit dem Buchstaben Δ gekennzeichnet.

Bsp.: die mittlere Leistung $P = \Delta W / \Delta t = (W_1 - W_2)/(t_1 - t_2)$

Die Muliplikation von physikalischen Einheiten oder skalaren Größen kann ohne ein besonderes Zeichen dargestellt werden.

Bsp.: 1 J = 1 Nm oder $F_\mathrm{C} = \dfrac{1}{4\pi\,\epsilon_0} \dfrac{Q_1\,Q_2}{r^2}$ (Coulombsches Gesetz)

Nur bei Zahlen in Kombination mit Zehnerpotenzen wird das Multiplikationszeichen $\cdot$ gesetzt, um auch wirklich alle Missverständnisse auszuschließen.

Bsp.: $e = 1{,}602\,176\,634 \cdot 10^{-19}$ C statt $e = 1{,}602\,176\,634\ 10^{-19}$ C

Dagegen wird das Skalarprodukt grundsätzlich mit dem Multiplikationszeichen $\cdot$ formuliert.

Bsp.: Potenzielle Energie $W(\boldsymbol{r}) = \int_\infty^{r} \boldsymbol{F} \cdot \mathrm{d}\boldsymbol{r}$

Für das Vektor- bzw. Kreuzprodukt lautet das Multiplikationszeichen $\times$.

Bsp.: Drehmoment $\boldsymbol{M} = \boldsymbol{r} \times \boldsymbol{F}$

Für die Ableitung einer Größe wird meistens die Leibnitz Schreibweise verwendet.

Bsp.: differentieller Widerstand $r = \mathrm{d}U/\mathrm{d}I$

Nach Tabelle 1 DIN 1338:1996-08 soll d gerade in der Integrationsvariablen $\mathrm{d}t$ stehen. Die internationale Schreibweise dt wird nicht verwendet. Für zeitabhängige Größen kann die erste oder die zweite Ableitung mit einem bzw. zwei Punkten gekennzeichnet werden.

Bsp.: die Beschleunigung $a(t) = \mathrm{d}^2/\mathrm{d}t^2 s(t) = \ddot{s}(t) = \mathrm{d}/\mathrm{d}t\ v(t) = \dot{v}(t)$.

Laufindizes werden kursiv gesetzt.

Bsp.: $y = \sum_{i=0}^{k} x_i$

Bei numerischen Iterationsverfahren wird der k-te Schritt auch kursiv und nach rechts unten gesetzt.

Bsp.: Newton Verfahren: $x_{k+1} = x_k - \dfrac{f(x_k)}{\mathrm{d}f(x_k)/\mathrm{d}x}$

Ein linearer Zusammenhang zwischen zwei physikalischen Größen wird mit dem Zeichen $\sim$ dargestellt.

Bsp.: Das ohmsche Gesetz lautet $I \sim U$ bzw. $U \sim I$.

Zählpfeilgrößen sind skalare Größen, bei denen ein Vorzeichen angegeben werden muss. Das wird durch die Reihenfolge der Indizes festgelegt.

Bsp.: Die Spannung zwischen zwei Punkten 1 und 2 mit ihren elektrischen Potenzialen φ_1 und φ_2 ist
$u_{12} = \varphi_1 - \varphi_2 = -u_{12} = \int_{\boldsymbol{r}_1}^{\boldsymbol{r}_2} \boldsymbol{E} \cdot \mathrm{d}\boldsymbol{s} = -\int_{\boldsymbol{r}_2}^{\boldsymbol{r}_1} \boldsymbol{E} \cdot \mathrm{d}\boldsymbol{s}$.

Die Amplituden von Wechselgrößen werden mit einem Zirkumflex ^ versehen.

Bsp.: Amplitude der Wechselspannung $u(t) = \hat{u}\ \sin(\omega t + \varphi_u)$ ist $\hat{u} = \sqrt{2}\, U$.

Komplexe Größen werden unterstrichen. Dagegen wird der Betrag einer komplexen Zahl bzw. die Länge ihres Zeigers nicht unterstrichen.

Bsp.: Mit dem Nullphasenwinkel φ_u und dem Effektivwert U ist der Zeiger der harmonischen einfrequenten Wechselspannung $\underline{U} = U\mathrm{e}^{\mathrm{j}\varphi_u}$.

Konjugiert komplexe Größen sind mit dem Zeichen * versehen.

Bsp.: $\underline{U}^* = U\mathrm{e}^{-\mathrm{j}\varphi_u}$

Der arithmetische Mittelwert einer zeitabhängigen Größe x wird mit $\overline{x}$ kenntlich gemacht.

Bsp.: Die mittlere Leistung eines Wechselstromverbrauchers ist
$\overline{p} = \frac{2}{T} \int_0^{T/2} p(t)\mathrm{d}t$

An den obigen Beispielen für die elektrische Spannung und den elektrischen Widerstand ist erkennbar, dass in vielen Fällen allgemeine zeitabhängige bzw. variable Größen kleingeschrieben. Dagegen sind zeitunabhängige bzw. konstante Größen groß geschrieben. In der elektrischen Energietechnik dienen Groß- und Kleinschreibung zur Unterscheidung von absoluten und dimensionslosen Größen. Letztere werden auch pu-Größen (per unit) genannt.

Bsp.: Die synchrone Reaktanz des Synchrongenerators ist $x_\mathrm{d} = 1{,}2$ pu oder $X_\mathrm{d} = 5\ \Omega$. Mit der Bemessungsscheinleistung S_r und der Bemessungsspannung U_r gilt $x_\mathrm{d} = (S_\mathrm{r}/U_\mathrm{r}^2)\ X_\mathrm{d}$.

In der Höchstspannungsebene (380-kV-Ebene) ist die Nominalspannung 380 000 V.

A.1.3 Formelzeichen

Ein Teil der verwendeten Formelzeichen sind griechische Buchstaben (Tab. A.5).

Tab. A.5 Griechisches Alphabet

A	α	alpha	I	ι	jota	P	ρ	rho
B	β	beta	K	κ	kappa	Σ	σ	sigma
Γ	γ	gamma	Λ	λ	lamda	T	τ	tau
Δ	δ	delta	M	μ	my	Υ	υ	ypsilon
E	ϵ	epsilon	N	ν	ny	Φ	ϕ/φ	phi
Z	ζ	zeta	Ξ	ξ	xi	X	χ	chi
H	η	eta	O	o	omikron	Ψ	ψ	psi
Θ	θ/ϑ	theta	Π	π	pi	Ω	ω	omega

Die nun folgende Liste enthält das Formelzeichen, den Namen und die SI-Einheit der verschiedenen physikalischen Größen.

α	Winkel, Phasenanschnittswinkel, Schaltwinkel DSG	rad
α_{n}	linearer Widerstandskoeffizient	K^{-1}
β_{n}	quadratischer Widerstandskoeffizient	K^{-2}
δ	Länge des Luftspaltes bei einer EM	m
	Verlustwinkel	rad
	Nullphasenwinkel der Wechselspannung, $\delta = \varphi_u$	rad
δ_{E}	Erdfehlerfaktor	1
Δ	Differenz, Änderung	
ε	Permittivität	As/(Vm)
ε_0	elektrische Feldkonstante	F/m
	$\varepsilon_0 \approx 8{,}854 \cdot 10^{-12}$ As/(Vm)	
ε_{r}	Dielektrizitätszahl	1
η	Wirkungsgrad	100 %
ϑ	Temperatur	°C
	Lastwinkel vom DSG	rad
	Übertragungswinkel einer Drehstromleitung	rad
θ	Winkel, Stellung vom Polrad des DSG	rad
Θ	elektrische Durchflutung	A
κ	Faktor zur Berechnung des Stoßkurzschlussstroms	1
	spezifischer elektrischer Leitwert	Sm
λ	Wellenlänge	m

	Leistungsfaktor	1
	Faktor zur Berechnung des Dauerkurzschlussstroms	1
	Eigenwert	s^{-1}
Λ_m	magnetischer Leitwert	$Vs/A = H$
μ	Faktor zur Berechnung des Ausschaltwechselstroms	1
	Permeabilität	$Vs/(Am)$
μ_0	magnetische Feldkonstante	H/m
	$\mu_0 = 4\pi\ 10^{-7}\ Vs/(Am)$	
μ_r	Permeabilitätszahl	1
σ	Oberflächenladungsdichte	As/m^2
τ	Zeitkonstante	s
φ	elektrisches Potenzial	V
	Phasendifferenz, $\varphi = \varphi_u - \varphi_i$	rad
φ_i	Nullphasenwinkel vom Wechselstrom	rad
φ_u	Nullphasenwinkel von der Wechselspannung	rad
Φ	magnetischer Fluss = Induktionsfluss	$Wb = Vs$
χ_e	elektrische Suszeptibilität	1
χ_m	magnetische Suszeptibilität	1
ω	Kreisfrequenz = Winkelgeschwindigkeit	s^{-1}
a	Abstand, mittlerer Leiterabstand	m
$\boldsymbol{a}$	Beschleunigung	m/s^2
$\underline{a}$, $\underline{a}^2$	Drehoperatoren	1
A	Fläche, Querschnittsfläche	m^2
b	Zahl der Bündelleiter	1
B	Blindleitwert = Suszeptanz	S
	Materialkonstante bei einem NTC-Widerstand	K
$\boldsymbol{B}$	magnetische Flussdichte	$T = Vs/m^2$
c	Ausbreitungsgeschwindigkeit von Licht	m/s
	Spannungsfaktor = Spannungsbeiwert	1
c_0	Vakuumlichtgeschwindigkeit	m/s
C	elektrische Kapazität	$F = As/V$
$\cos\varphi$	Verschiebungsfaktor	1
D	Verzerrungsblindleistung, $D = Q_d$	Var
$\boldsymbol{D}$	elektrische Erregung = dielektrische Verschiebung	As/m^2
e	Elementarladung, $e \approx 1{,}602 \cdot 10^{-19}$ C	$C = As$
	relative Bestrahlungsstärke	100 %
E	Bestrahlungsstärke = Strahlungsflussdichte	W/m^2
$\underline{E}$	synchrone Spannung, $\underline{E} = \underline{U}_p/\sqrt{3}$	V

$\boldsymbol{E}$	elektrische Feldstärke	V/m
	Einheitsmatrix	
f	Frequenz	Hz
$\boldsymbol{F}$	Kraft	N
g	Fallbeschleunigung, $g \approx 9{,}81$ m/s^2	m/s^2
	Gleichzeitigkeitsfaktor	1
g_i	Grundschwingungsgehalt vom Strom	1
g_u	Grundschwingungsgehalt von der Spannung	1
G	Wirkleitwert = Konduktanz	S = Ω^{-1}
h	Höhe	m
	Planksches Wirkungsquantum = Planck-Konstante	Js
$\boldsymbol{H}$	magnetische Feldstärke	A/m
$i = i(t)$	elektrischer Strom (allgemein)	A
i	Übersetzungsverhältnis vom Getriebe	1
I	Gleichstromstärke, Effektivwert vom Wechselstrom	A
$\underline{I}$	komplexer Effektivwert	A
j	imaginäre Einheit, $\mathrm{j} = \sqrt{-1}$	1
$\boldsymbol{j}$	elektrische Stromdichte	A/mm^2
J	Betrag vom Massenträgheitsmoment	kg m^2
	mittlere Stromdichte	A/mm^2
k	Boltzmann-Konstante	J/K
	K-Faktor bei Dehnungsmessstreifen	1
	Zahl der Knoten in einem Netzwerk	1
	Kopplungsgrad beim Transformator, $0 \leq k \leq 1$	1
k_i	Klirrfaktor vom Strom	1
k_u	Klirrfaktor von der Spannung	1
K_{M}	Maschinenleistungszahl	Ws
K_{N}	Netzleistungszahl	Ws
l	Länge	m
L	Induktivität, Selbstinduktivität	H = Vs/A
m	Masse	kg
	Zahl der Maschen in einem Netzwerk	1
	Phasenzahl, Strangzahl	1
	Faktor für den Wärmeeffekt des DC-Anteils	1
M	Gegeninduktivität	H = Vs/A
$\boldsymbol{M}$	Drehmoment, $\boldsymbol{M} = \boldsymbol{r} \times \boldsymbol{F}$	Nm
	Magnetisierung	A/m
n	Drehzahl = Drehfrequenz = Umdrehungsfrequenz	min^{-1}

	Faktor für den Wärmeeffekt des AC-Anteils	1
N	Windungszahl	1
$p = p(t)$	momentane Leistung	W
p	Polpaarzahl = Anzahl der magnetischen Dipole	1
$p_{\mathrm{B}}(t)$	momentane Blindleistung	W
$p_{\mathrm{W}}(t)$	momentane Wirkleistung	W
$\boldsymbol{p}_{\mathrm{e}}$	elektrisches Dipolmoment	Cm
$\boldsymbol{p}_{\mathrm{m}}$	magnetisches Dipolmoment	Am^2
P	elektrische Leistung bei Gleichstrom, Wirkleistung	W
$\boldsymbol{P}$	elektrische Polarisation	$\mathrm{As/m}^2$
Q	elektrische Ladung	C = As
	Güte (engl. quality factor)	1
	Blindleistung	Var
Q_{d}	Verzerrungsblindleistung, $Q_{\mathrm{d}} = D$	Var
r	Radius	m
	differenzieller Widerstand	Ω
R	elektrischer Widerstand, Wirkwiderstand	Ω
R_{H}	Hall-Konstante	m^3/C
R_{m}	magnetischer Widerstand	$\mathrm{H}^{-1} = \mathrm{A/(Vs)}$
s	Schlupf der Asynchronmaschine	1
s_{M}	Statik einer Synchronmaschine	1
S	Scheinleistung	VA
$\underline{S}$	komplexe Scheinleistung	VA
t	Zeit	s
T	Temperatur	K
	Zeitkonstante	s^{-1}
$\boldsymbol{T}$	Drehmoment (engl. torque)	Nm
$\underline{\boldsymbol{T}}_{\mathrm{S}}$	Transformationsmatrix symmetrischen Komp.	
$\underline{\boldsymbol{T}}_{\mathrm{S}}^{-1}$	inverse Transformationsmatrix	
$\tan\delta$	Verlustfaktor	1
$u = u(t)$	elektrischen Spannung (allgemein)	V
u_{k}	relative Kurzschlussspannung	pu
U	Gleichspannung, Effektivwert der Wechselspannung	V
$\underline{U}$	komplexer Effektivwert	V
$\underline{U}_{\mathrm{p}}$	Polradspannung	V
$\underline{\ddot{u}}$	komplexes Übersetzungsverhältnis	1
$\boldsymbol{v}$	Geschwindigkeit	m/s
V	Volumen	m^3

W	Energie, Arbeit	J
x_d	bezogene synchrone Reaktanz	pu
X	Reaktanz = Blindwiderstand	Ω
X_d	synchrone Reaktanz	Ω
Y	Scheinleitwert	S
$\underline{Y}$	Admittanz = komplexer Leitwert	S
Z	Scheinwiderstand	Ω
$\underline{Z}$	Impedanz = komplexer Widerstand	Ω

A.1.4 Indizes

Tiefer gestellte Indizes, die sich auf eine physikalische Größe beziehen, werden *kursiv* geschrieben (Tab. A.7 oben). Das gilt auch für Laufindizes und Iterationszähler. Alle anderen Indizes sind in Steilschrift.

Tab. A.7 Tiefergestellte Indizes

Bedeutung	Indizes	Beispiele
physikalische Größen	C, i, L, R, u	u_R, φ_u
Zustand	a, an, b, e, ist, k, n, nat, p, r, u	P_nat, I_r, U_n
Betriebsmittel	D, G, L, M, N, T	U_N
Bezugs- oder Fehlerstelle	E, F, N, OS, US, U, V, W	U_OS
Teil einer EM	1, 2, 3, a, d, f, l, p, q, s	I_a, I_f

In der elektrischen Energietechnik symbolisiert ein kleiner Index den Zustand. Ein großer Index steht entweder für ein Betriebsmittel oder für eine Bezugs- bzw. Fehlerstelle. Die Kennzeichnung des Bemessungsbetriebs mit dem Index N, wie es für elektrische Maschinen nach DIN 1304 Teil 7 üblich ist, wird hier nicht angewendet. Solange keine Verwechslungsgefahr mit dem Zustand besteht, wird ein kleiner Index auch für ein Teil einer elektrischen Maschine verwendet. Zusätze wie σ oder h sind möglich. Der Rotor einer elektrischen Maschine wird nicht wie in der DIN 1304 Teil 7 mit dem Index r gekennzeichnet, damit es keine Verwechslungsgefahr mit der Kennzeichnung des Bemessungsbetriebs gibt. Der Stator der Synchronmaschine trägt den Index a und der Stator der Asynchronmaschine den Index s.

0	Anfangswert	$i_0 = i(t = 0)$
	Leerlaufbetrieb	n_0 = Leerlaufdrehfrequenz
		U_0 = Leerlaufspannung einer Batterie
	Nullsystem	$\underline{Z}_0$ = Nullimpedanz
	Vakuum	c_0 = Lichtgeschwindigkeit im Vakuum

1	OS-Seite des Transformators	$I_1 = ...$
	Mitsystem	X_{1k} = Kurzschlussreaktanz Mitsystem
2	US-Seite des Transformators	$I_2 = ...$
	Gegensystem	I_{2k} = Kurzschlussstrom Gegensystem
3	Tertiärseite des Dreiwicklers	U_{3rT} = Bemessungstertiärspannung
35	Wert einer Größe	R_{35} = Widerstand bei 35 °C
δ	Verluste	$P_\delta = P_{zu} - P_{ab}$ = Leistungsverluste
Δ	Dreiecksgröße	U_Δ = Dreiecksspannung
	Differenz	$I_{\Delta n}$ = Nennfehlerstrom vom RCD
μ	Eisen, Magnetisierung	I_μ = Magnetisierungsstrom
σ	Streuung	$X_{1\sigma}$ = Streureaktanz
a	beim Anfahren der EM	M_a = Anfahrdrehmoment
	Anker	I_a = Ankerstrom
	Ausschaltwert	I_a = Ausschaltwechselstrom
A	Amperemeter	R_{iA} = Innenwiderstand Amperemeter
	Anlage	R_A = Anlagenerdungswiderstand
	Arbeitsmaschine	J_A = Betrag Massenträgheitsmoment
ab	abgeführte, abgegebene Größe	P_{ab} = abgegebene Leistung
ac	alternating current	U_{ac} = Wechselspannung
an	beim Anlaufen bzw. Anfahren	I_{an} = Anlaufstrom
Al	Aluminium	
b	ungestörter Betrieb	C_b = Betriebskapazität
		U_{bN} = Betriebsspannung des Netzes
	beim Ausschalten (breaking)	$I_b = I_a$ = Ausschaltwechselstrom
B	bei Berührung	U_B = Berührungsspannung
	Belastung	I_B = Laststrom
	Betriebserdung	R_B = Betriebserdungswiderstand
	Bezugsgröße	S_B = Bezugsscheinleistung
	Blind-	p_B = momentane Blindleistung
C	Coulomb	$\boldsymbol{F}_C$ = Coulombkraft
		H_C = Koerzitivfeldstärke
C	kapazitiv	$i_C(t)$ = kapazitiver Ladestrom
Cu	Kupfer	P_{Cu} = Kupferverluste
d	bei Durchschlag	E_d = Durchschlagsfeldstärke
	Verzerrung (distortio)	Q_d = Verzerrungsblindleistung
	Längsachse	X_d = synchrone Längsreaktanz

D	Drosselspule	X_D = Reaktanz der Drosselspule
		i_D = Durchlassstrom
dc	direct current	U_{dc} = Gleichspannung
e	Elektron	m_e = Ruhemasse vom Elektron
	Erdschluss, Erdfehler	$\underline{I}_{eF}$ = Erdfehlerstrom
E	Erde, Erdreich, Bezugserde	$\varphi_E = 0$ V
		U_{L1E} = Leiter-Erd-Spannung
	Erder	U_E = Erdungsspannung
f	frei	$\boldsymbol{E}_f$ = Feldstärke freie Ladungsträger
	Erregersystem (field)	I_f = Erregerstrom
F	Fehlerstelle	
Fe	Eisen	P_{Fe} = Eisenverluste
g	Lücke (gab)	W_g = Bandabstand
G	Getriebe	$P_{\delta G}$ = Verluste im Getriebe
	Generator	S_G = Scheinleistung des Generators
h	Haupt-	X_h = Hauptreaktanz
		$\underline{I}_h$ = Hauptstrom der Freileitung
i	innen	R_i = Innenwiderstand Spannungsquelle
	induziert	U_i = induzierte Spannung
i	elektrischer Strom	φ_i = Nullphasenwinkel Wechselstrom
J	Joule	P_J = Joulsche Verluste
k	beim Kippen	M_k = Kippmoment
	im Kurzschluss	I_k = Dauerkurzschlussstrom
k1	einpoliger Kurzschluss	I''_{k1} = einpoliger Kurzschlussstrom
k2	zweipoliger KS ohne Erdberührung	I''_{k2} = ...
k2E	zweipoliger KS mit Erdberührung	I''_{k2E} = ...
k3	dreipoliger Kurzschluss	I''_{k3} = ...
kEE	Doppelerdschluss	I''_{kEE} = ...
K	Kabel	R_K = Kabelwiderstand
	Körper des Menschen	R_K = Körperwiderstand
	Knoten	$\underline{\boldsymbol{u}}_K$ = Vektor der Knotenspannungen
l	Läufer = Rotor	n_l = Drehfrequenz vom Läufer
L	Lorentz	$\boldsymbol{F}_L$ = Lorentzkraft
	Leiter (natürliche Koordinaten)	$\underline{\boldsymbol{I}}_{L1}$ = Leiterstrom
	Leitung, Freileitung	$\underline{Z}_L$ = Impedanz der Leitung

	Lichtbogen	t_{L} = Lichtbogenzeit
L	induktiv	X_L = induktiver Blindwiderstand
L1	Leiter im Drehstromnetz	$I_{\mathrm{L1}} = I_1$ = Außenleiterstrom
		$U_{\mathrm{L2L3}} = U_{23}$ = Außenleiterspannung
m	Messgröße	U_{mV} = gemessene Spannung Voltmeter
	magnetisch	R_{m} = magnetischer Widerstand
	mechanisch	$P_{\delta\mathrm{m}}$ = mechanische Verluste
		n_{m} = mechanische Drehfrequenz
M	Motor	J_{M} = Betrag Massenträgheitsmoment
max	maximal	c_{max} = max. Spannungsfaktor
mech	mechanisch	$\vartheta_{\mathrm{mech}}$ = mechanischer Lastwinkel
min	minimal	c_{min} = min. Spannungsfaktor
	Neutron	m_{n} = Ruhemasse vom Neutron
n	Nennwert, Nominalwert	ϑ_{n} = Referenztemperatur
N	elektrisches Netz	U_{nN} = Netznominalspannung
	Neutralleiter	I_{N} = Stromstärke im Neutralleiter
nat	natürlicher Betrieb	P_{nat} = natürliche Leistung
OS	Oberspannungsseite	I_{OS}
p	Proton	m_{p} = Ruhemasse vom Proton
	polarisiert	$\boldsymbol{E}_{\mathrm{p}}$ = Feldstärke der gebundenen Ladungsträger
	Polrad	U_{p} = Polradspannung
	Stoß- (peak)	i_{p} = Stoßkurzschlussstrom
PE	Schutzleiter	I_{PE} = Strom im Schutzleiter
PEN	Neutralleiter mit Schutzfunktion	I_{PEN} = Strom im PEN-Leiter
q	Quellen-	I_{q} = Quellenstrom
	Querachse	X_{q} = Querreaktanz Synchronmaschine
r	relativ	ε_{r} = relative Dielektrizitätskonstante
	Bemessungsbetrieb	n_{r} = Bemessungsdrehfrequenz
R	zurückbleiben (lat. remanere)	B_{R} = Remanenzflussdichte
R	ohmsch	U_R = Spannung am Widerstand
RES	restlich	I_{RES} = Erdschluss-Reststrom
s	bis zum Schmelzen	t_{s} = Schmelzzeit
	synchroner Betrieb	n_{s} = synchrone Drehfrequenz
	Stator	R_{s} = Statorwiderstand der DAM
S	Sprung	T_{S} = Sprungtemperatur Supraleiter

	Schritt	U_S = Schrittspannung
	in Sättigung	B_S = Sättigungsinduktion
	Symmetrische Komponenten	$\underline{\boldsymbol{T}}_\mathrm{S}$ = Transformationsmatrix $\underline{\boldsymbol{I}}_\mathrm{S}$ = Komponentenströme
sc	Kurzschluss (short circuit)	I_sc = Kurzschlussstrom
soll	Sollwert	n_soll = Solldrehzahl
str	Strang	U_str = Strangspannung
th	thermisch	I_th = thermisch gleichwertiger Kurzschlussstrom
T	Transformator	X_kT = Kurzschlussreaktanz Trafo
	Turbine	$\boldsymbol{M}_\mathrm{T}$ = Drehmoment Turbine
	Berührung (touch)	U_T = Berührungsspannung
u	elektrische Spannung	φ_u = Nullphasenwinkel der Wechselspannung
U	Anschluss U	
US	Unterspannungsseite	U_US
V	Verbraucher	R_V = Widerstand Verbraucher
	Voltmeter	R_iV = Innenwiderstand Voltmeters
	Anschluss V	
W	Wirk-	p_W = momentane Wirkleistung
	Anschluss W	
Y	Sternpunkt	
zu	zugeführte Größe	P_zu = zugeführte Wirkleistung

In manchen Fällen werden Indizes hoch gestellt.

*	konjugiert komplexe Größe	$\underline{U}^* = U\mathrm{e}^{-\mathrm{j}\varphi_u}$
′	transformierte Größe	$\underline{U}_2' = \ddot{u}\,\underline{U}_2$ = transf. Sekundärspannung
	Längen bezogene Größe	$R' = R/l$ = Widerstandsbelag
	transiente Größen	X_d' = transiente Reaktanz der DSM
″	subtransiente Größe	X_d'' = subtransiente Reaktanz der DSM
		S_k'' = Kurzschlussleistung
		I_k'' = Anfangs-Kurschlusswechselstrom

Weiterhin ist auf die Reihenfolge zu achten. In der elektrischen Energietechnik wird in Anlehnung an DIN 1304 Teil 3 folgende Reihenfolge der Indizes bevorzugt.

1.	Komponentensystem (1, 2, 0)	I_1 = Strom im Mitsystem I_2 = Strom im Gegensystem

	I_0 = Strom im Nullsystem
	I_{0L3} = Strom im Nullsystem in Leiter L3
	U_{2L1L3} = ...
2. Zustand	I_k = Kurzschlussstrom im Mitsystem
	I_{0k} = Kurzschlussstrom im Nullsystem
möglicher Suffix	I_{k1} = einpoliger Kurzschlussstrom
Kurzschlussart	I_{k2E} = zweipoliger KS mit Erdberührung
3. Betriebsmittel	I_{bG} = Betriebsstrom vom Generator
	S_{rG} = Bemessungsscheinleistung
4. Unterscheidung gleicher Betriebsmittel	I_{bG2} = Betriebsstrom vom Generator 2
	I_{0k1T6} = ...
5. Bezugsstelle (OS, US, HV, LV)	$I_{0k2ET6HV}$ = ...

Bei den elektrischen Maschinen werden in der Regel die Bauteile einer einzelnen Maschine betrachtet. Nach DIN 1304 Teil 7 wird folgende Konvention getroffen.

1. Teil der Maschine (1, 2, 3, a, f, ...)	I_a = Ankerstrom
	I_f = Erregerstrom
	U_3 = Spannung auf der Tertiärseite
2. Zusätze (σ, h)	$X_{1\sigma}$ = Streureaktanz
	X_h = Hauptreaktanz

Es folgen die verwendeten Abkürzungen.

A.1.5 Abkürzungsverzeichnis

ABB	**A**sea **B**rown **B**overi Ltd
AC	**A**lternating **C**urrent
AG	**A**ktien**g**esellschaft
AGC	**A**utomated **G**eneration **C**ontrol
AI	**A**rtificial **I**ntelligence = KI
AIS	**A**ir **I**solated **S**witchgear
ANSI	**A**merican **N**ational **S**tandards **I**nstitute
AP	**A**rbeits**p**unkt
ARESS	**A**synchronous **R**otating **E**nergy **S**ystem **S**tabilizer
ASC	**A**dvanced **S**eries **C**ompensation

ATP	**Al**ternative **T**ransient **P**rogram
AWE	**A**utomatische **W**iedere**e**inschaltung
BDEW	**B**undesverband **d**er **E**nergie- und **W**asserwirtschaft e. V.
BET	**B**lock**e**igenbedarfs**t**ransformator
BMWK	**B**undes**m**inisterium für **W**irtschaft und **K**limaschutz der Bundesrepublik Deutschland
BSD	**B**ildungs- und **S**ervicezentrum GmbH in **D**resden
BT	**B**lock**t**ransformator oder **B**ipolar-**T**ransistor
CA	**C**ontingency **A**nalysis = SA
CBR	**C**ircuit-**B**reaker incorporating **R**esidual current protection
CEER	**C**ouncil of **E**uropean **E**nergy **R**egulators
CEN	**C**omité **E**uropéen de **N**ormalisation = Europäisches Komitee für Normung
CENELEC	**C**omité **E**uropéen de **N**ormalisation **Élec**trotechnique = Europäisches Komitee für elektrotechnische Normung
CODATA	**Co**mmittee on **Data** of the **I**nternational **S**cience **C**ouncil
CT	**C**urrent **T**ransformer
DAG	**D**rehstrom-**A**synchron**g**enerator
DAM	**D**rehstrom-**A**synchron**m**aschine
DC	**D**irect **C**urrent
DFT	**D**iskrete **F**ourier **T**ransform
DIN	**D**eutsches **I**nstitut für **N**ormung e. V.
DMS	**D**istribution **M**anagement **S**ystem oder **D**ehnungs**m**ess**s**treifen
DPF	**D**ispatcher **P**ower **F**low
DSG	**D**rehstrom-**S**ynchron**g**enerator
DSM	**D**rehstrom-**S**ynchron**m**aschine
DSO	**D**istribution **S**ystem **O**perator = Verteilnetzbetreiber
E-STATCOM	**E**nergy **Stat**ic Synchronous **Com**pensator
EAM	**E**nergie **a**us der **M**itte
EC	**e**lectronically **c**ommutated
EEG	**E**rneuerbare-**E**nergien-**G**esetz
EG	**E**uropäische **G**emeinschaft
EHV	**E**xtra **H**igh **V**oltage
eia	U. S. **E**nergy **I**nformation **A**dministration
ELV	**E**xtra **L**ow **V**oltage

EM	**E**lektrische **M**aschine
EMS	**E**nergy **M**anagement **S**ystem = PAS = HEO
EMTP	**E**lectro**m**agnetic **T**ransients **P**rogram
EMV	**e**lektro**m**agnetische **V**erträglichkeit
EN	**E**uropäische **N**orm - CEN, CENELEC und ETSI
EnBW	**En**ergie **B**aden-**W**ürttemberg AG
ENTSO-E	**E**uropean **N**etwork of **T**ransmission **S**ystem **O**perators for **E**lectricity = Verband Europäischer Übertragungsnetzbetreiber
EPR	**E**arth **P**otential **R**ise
ETSI	**E**uropean **T**elecommunications **S**tandards **I**nstitute = Europäisches Institut für Telekommunikationsnormen
EU	**E**uropäische **U**nion
EWE	ehemals **E**nergieversorgung **W**eser-**E**ms
EZS	**E**rzeuger**z**ählpfeil**s**ystem
FACTS	**F**lexible **AC** **T**ransmission **S**ystems
FE	**F**unctional **E**arth
FFT	**F**ast **F**ourier **T**ransform
FI	F für **F**ehlerstrom und **I** für elektrische Stromstärke
FNN	**F**orum **N**etzbetrieb/**N**etztechnik im VDE
FSC	**F**ixed **S**eries **C**apacitors
GIL	**G**as**i**solierte Rohr**l**eiter
GIS	**G**as **I**solated **S**witchgear
GMS	**G**eneration **M**anagement **S**ystem
GPS	**G**lobal **P**ositioning **S**ystem
GTO	**G**ate **T**urn-**O**ff
GuD	**G**as **u**nd **D**ampf
GWP	**G**lobal **W**arming **P**otential
HAK	**H**aus**a**nschluss**k**asten
HEO	**H**öhere **E**ntscheidungs- und **O**ptimierungsfunktionen = EMS
HGÜ	**H**ochspannungs-**G**leichstrom-**Ü**bertragung = HVDC
HH	**H**ochspannungs-**H**ochleistungs-
HOSPE	**ho**ch**o**hmige **S**tern**p**unkt**e**rdung
HS	**H**och**s**pannung (72 kV $< U \leq$ 125 kV)
HTLS	**H**igh **T**emperature **L**ow **S**ag
HTS	**H**och**t**emperatur-**S**upraleiter

HV	**H**igh **V**oltage
HVDC	**H**igh **V**oltage **D**irect **C**urrent = HGÜ
HöS	**Hö**chst**s**pannung ($U > 125$ kV)
IC	**I**nternational **C**ooling
IEC	**I**nternational **E**lectrotechnical **C**ommission
IEEE	**I**nstitute of **E**lectrical and **E**lectronics **E**ngineers
IGBT	**I**nsulated-**G**ate **B**ipolar **T**ransistor
IGC	**I**ntegrated **G**ate-**C**ommutated
IGCT	IGC-Thyristor
IM	**I**nternational **M**ounting
IP	**I**nternet **P**rotocol oder **I**nternational **P**rotection
ISMS	**I**nformations**s**icherheits-**M**anagement**s**ystem
ISO	**I**nternational **O**rganization for **S**tandardization
IT	**I**nformationstechnologie, **I**nformation **T**echnology
KE	**K**urz**e**rdung
KI	**K**ünstliche **I**ntelligenz = AI
KNOSPE	**k**urzzeitige **n**ieder**o**hmige **S**tern**p**unkt**e**rdung
KS	**K**urz**s**chluss
KU	**K**urz**u**nterbrechung
KVS	**K**abel**v**erteiler**s**chrank
LB	**L**eitungs**b**and
LDR	**L**ight **D**ependent **R**esistor
LED	**L**ight-**E**mitting **D**iode
LFC	**L**oad **F**low **C**alculation
LPIT	**L**ow **P**ower **I**nstrument **T**ransformer
LS	**L**eitungs**s**chutz
LSC	**L**oss of **S**ervice **C**ontinuity
LV	**L**ow **V**oltage
LVR	**L**ine **V**oltage **R**egulator
MCB	**M**iniature **C**ircuit **B**reaker
MRCD	**M**odular **R**esidual **C**urrent protective **D**evice
MS	**M**ittel**s**pannung (1 kV $< U \leq$ 72 kV)
MSC	**M**echanical **S**witched **C**ondensator
MSCDN	**M**echanical **S**witched **C**ondensator with **D**amping **N**etwork
MSR	**M**echanical **S**witched **R**eactor

MSR	**M**essen **S**teuern **R**egeln
MTS	**M**ixed **T**echnology **S**ubstation
MV	**M**edium **V**oltage
MVV	**M**annheimer **V**ersorgungs- und **V**erkehrsgesellschaft mbH
NETOMAC	**Net**work **To**rsion **Ma**chine **C**ontrol
NH	**N**iederspannungs-**H**ochleistungs
NOSPE	**n**ieder**o**hmige **S**tern**p**unkt**e**rdung
NS	**N**ieder**s**pannung ($U \leq 1$ kV)
NSD	**N**etwork **S**tate **D**etermination = SE = Netzzustandserkennung
NT	**N**etzkuppel**t**ransformator
NTC	**N**egative **T**emperature **C**oefficient
OIP	**O**il-**I**mpregnated **P**aper
OLTC	**O**n-**L**oad **T**ap **C**hanger
OPF	**O**ptimal **P**ower **F**low = Optimaler Lastfluss
OS	**O**berspannungs**s**eite vom Transformator
OSPE	**o**hne **S**tern**p**unkt**e**rdung = isolierter Sternpunkt
OT	**O**rtsnetz**t**ransformator
PAR	**P**hase **A**ngle **R**egulator
PAS	**P**ower **A**pplication **S**oftware = EMS
PE	**P**rotective **E**arth
PEL	**P**rotective **E**arth **L**ine DC/AC
PELV	**P**rotective **E**xtra **L**ow **V**oltage
PEM	**P**rotective **E**arth **M**id-Point DC
PEN	**P**rotective **E**arth **N**eutral
PMU	**P**hase **M**easurement **U**nit
PQ	**P**ower **Q**uality
PST	**P**hasen**s**chieber**t**ransformator = **P**hase **S**hifting **T**ransformer
PTB	**P**hysikalisch-**T**echnische **B**undesanstalt
PTC	**N**egative **T**emperature **C**oefficient
pu	**p**er **u**nit
PV	**P**hoto**v**oltaik
RCBO	**R**esidual current operated **C**ircuit-**B**reaker with **O**vercurrent protection
RCCB	**R**esidual **C**urrent operated **C**ircuit-**B**reaker without overcurrent protection

RCD	**R**esidual **C**urrent protective **D**evice = FI-Schutzschalter = Differenzstrom-Schutzeinrichtung = Fehlerstrom-Schutzeinrichtung
RCM	**R**esidual **C**urrent **M**onitor
REE	**R**ed **E**léctrica de **E**spaña S.A.
RESPE	**Res**onanz-Stern**p**unkt**e**rdung
RIP	**R**esin-**I**mpregnated **P**aper
RIS	**R**esin **I**mpregnated **S**yntetics
RMS	**R**oot **M**ean **S**quare
RONT	**r**egelbarer **O**rts**n**etz**t**ransformator
RWE	**R**heinisch-**W**estfälisches **E**lektrizitätswerk AG
SA	**S**ecurity **A**nalysis = CA
SCA	asymmetrical **S**hort **C**ircuit **A**nalysis = unsymmetrische Kurzschlussanalyse
SCADA	**S**upervisory **C**ontrol **a**nd **D**ata **A**cquisition
SCESS	**S**uper **C**apacitor **E**nergy **S**torage **S**ystem
SCL	**S**ubstation **C**onfiguration **L**anguage
SE	**S**tate **E**stimation, **S**tate **E**stimator
SELV	**S**afety **E**xtra **L**ow **V**oltage
SI	**S**ystème **I**nternational d'unités = Internationales Einheitensystem
SLS	**S**elektiver **L**eitungs**s**chutzschalter
SPMS	**S**ynchronized **P**hase **M**easurement **S**ystem
SPS	**S**ynchro**p**hasor **S**ystem
SSR	**S**ub-**S**ynchronous **R**esonance
SSSC	**S**tatic **S**ynchronous **S**eries **C**ompensator
STATCOM	**Stat**ic Synchronous **Com**pensator
SVC	**S**tatic **V**ar **C**ompensator
TAB	**T**echnische **A**nschluss**b**edingungen
TCR	**T**hyristor **C**ontrolled **R**eactor
TCSC	**T**hyristor **C**ontrolled **S**eries **C**apacitor
TCSR	**T**hyristor **C**ontrolled **S**eries **R**eactor
TEAG	**T**hüringer **E**nergie **AG**
THDC	**T**otal **H**armonic **D**istortion **C**urrent
TRMS	**T**rue **R**oot **M**ean **S**quare
TRV	**T**ransient **R**ecovery **V**oltage

TSC	**T**hyristor **S**witched **C**apacitor
TSO	**T**ransmission **S**ystem **O**perator = ÜNB
TSSC	**T**hyristor-**S**witched **S**eries **C**apacitor
UC	Thermal **U**nit **C**ommitment
UHV	**U**ltra **H**igh **V**oltage
UHVDC	**U**ltra **H**igh **V**oltage **D**irect **C**urrent
UMZ	**u**nabhängiger **M**aximalstrom**z**eitschutz
UPFC	**U**nified **P**ower **F**low **C**ontroller
US	**U**nter**s**pannungsseite vom Transformator
USV	**u**nterbrechungsfreie **S**trom**v**ersorgung
VB	**V**alenz**b**and
VDE	**V**erband **d**er **E**lektrotechnik Elektronik Informationstechnik e. V.
VDEW	**V**erband **d**er **E**lektrizitäts**w**irtschaft
VDN	**V**erein **d**er **N**etzbetreiber e. V. beim VDEW
VDR	**V**oltage **D**ependent **R**esistor
VFD	**V**ariable **F**requency **D**rive
VIU	**V**akuum **I**nterrupter **U**nit
VNB	**V**erteil**n**etz**b**etreiber
VSC	**V**oltage **S**ource **C**onverter
VT	**V**oltage **T**ransformer
VT	**V**erteil**t**ransformator
VZS	**V**erbraucher**z**ählpfeil**s**ystem
WAMS	**W**ide **A**rea **M**onitoring **S**ystem
WKA	**W**ind**k**raft**a**nlage
XML	E**x**tensible **M**arkup **L**anguage
ZEP	**z**entraler **E**rdungs**p**unkt
ZVEI	**Z**entral**v**erband **E**lektrotechnik- und Elektronik**i**ndustrie e. V.
ÜNB	**Ü**bertragungs**n**etz**b**etreiber = TSO

A.2 Vorschriften, Formeln und Stoffkonstante

A.2.1 Normen und ergänzendes Material

Elektrische Maschinen

IEC 38	DIN IEC 38		**Normspannungen**
IEC 60076	DIN EN 60076	VDE 0532	**Leistungstransformatoren**
IEC 34-1 IEC 85	DIN EN 60034-1	VDE 0530-1	**Drehende elektrische Maschinen**, allgemeine Bestimmungen
IEC 34-6	DIN EN 60034-6	VDE 0530-6	**Drehende elektrische Maschinen**, Kühlverfahren, IC-Code
IEC 34-8	DIN EN 60034-8	VDE 0530-8	**Drehende elektrische Maschinen**, Anschlussbedingungen und Drehsinn für elektrische Maschinen
IEC 34-9	DIN EN 60034-9	VDE 0530-9	**Drehende elektrische Maschinen**, Geräuschemissionen, Grenzwerte
IEC 34-12	DIN EN 60034-12	VDE 0530-12	**Drehende elektrische Maschinen**, Anlaufverhalten von Käfigläufermotoren
IEC 34-7	DIN IEC 34-7		**IM-Code**, Bauformen umlaufender elektrischer Maschinen
IEC 72	DIN 42673		**IM-Code**, Anbaumaße und Zuordnungen der Leistungen bei IM B 3
IEC 72	DIN 42677		**IM-Code**, Anbaumaße und Zuordnungen der Leistungen bei IM B 5, IM B 10 und IM B 14
IEC 79-0	DIN EN 50014	VDE 0170/0171-1	**Explosionsschutz**, allgemeine Bestimmungen
IEC 79-1	DIN EN 50018	VDE 0170/0171-5	**Explosionsschutz**, druckfeste Kapselung „d“
IEC 79-7	DIN EN 50019	VDE 0170/0171-6	**Explosionsschutz**, druckfeste Kapselung „e“
IEC 60529 IEC 34-5	DIN EN 60529	DIN VDE 0470	**IP-Code**, Schutz durch Gehäuse gegen Berühren und Wasser

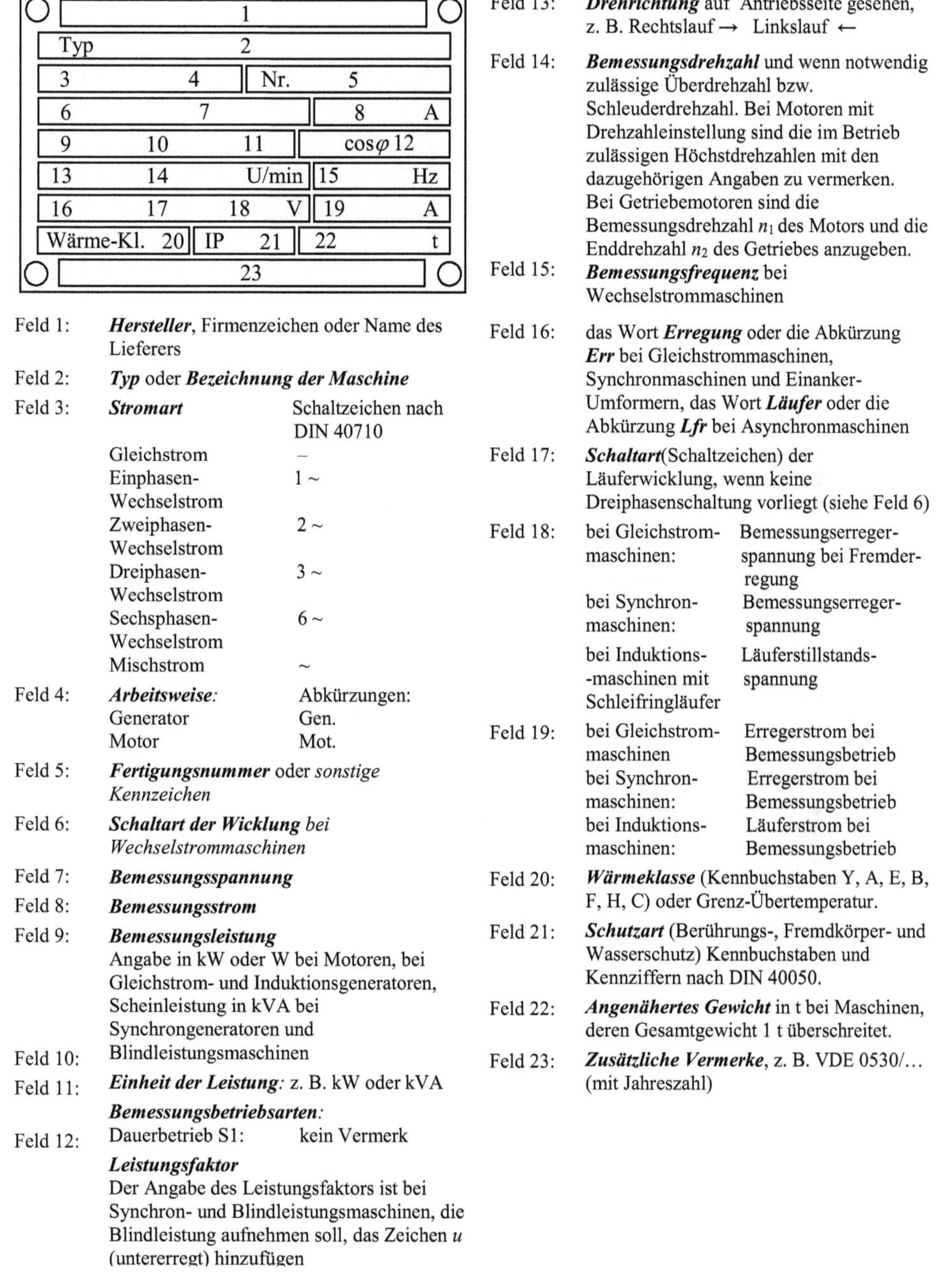

Feld 1: ***Hersteller***, Firmenzeichen oder Name des Lieferers

Feld 2: ***Typ*** oder ***Bezeichnung der Maschine***

Feld 3: ***Stromart*** — Schaltzeichen nach DIN 40710

Gleichstrom	–
Einphasen-Wechselstrom	1 ~
Zweiphasen-Wechselstrom	2 ~
Dreiphasen-Wechselstrom	3 ~
Sechsphasen-Wechselstrom	6 ~
Mischstrom	~

Feld 4: ***Arbeitsweise:*** — Abkürzungen:

Generator	Gen.
Motor	Mot.

Feld 5: ***Fertigungsnummer*** oder *sonstige Kennzeichen*

Feld 6: ***Schaltart der Wicklung*** *bei Wechselstrommaschinen*

Feld 7: ***Bemessungsspannung***

Feld 8: ***Bemessungsstrom***

Feld 9: ***Bemessungsleistung***
Angabe in kW oder W bei Motoren, bei Gleichstrom- und Induktionsgeneratoren, Scheinleistung in kVA bei Synchrongeneratoren und Blindleistungsmaschinen

Feld 10: ***Einheit der Leistung:*** z. B. kW oder kVA

Feld 11: ***Bemessungsbetriebsarten:***
Dauerbetrieb S1: kein Vermerk

Feld 12: ***Leistungsfaktor***
Der Angabe des Leistungsfaktors ist bei Synchron- und Blindleistungsmaschinen, die Blindleistung aufnehmen soll, das Zeichen *u* (untererregt) hinzufügen

Feld 13: ***Drehrichtung*** auf Antriebsseite gesehen, z. B. Rechtslauf → Linkslauf ←

Feld 14: ***Bemessungsdrehzahl*** und wenn notwendig zulässige Überdrehzahl bzw. Schleuderdrehzahl. Bei Motoren mit Drehzahleinstellung sind die im Betrieb zulässigen Höchstdrehzahlen mit den dazugehörigen Angaben zu vermerken. Bei Getriebemotoren sind die Bemessungsdrehzahl n_1 des Motors und die Enddrehzahl n_2 des Getriebes anzugeben.

Feld 15: ***Bemessungsfrequenz*** bei Wechselstrommaschinen

Feld 16: das Wort ***Erregung*** oder die Abkürzung ***Err*** bei Gleichstrommaschinen, Synchronmaschinen und Einanker-Umformern, das Wort ***Läufer*** oder die Abkürzung ***Lfr*** bei Asynchronmaschinen

Feld 17: ***Schaltart***(Schaltzeichen) der Läuferwicklung, wenn keine Dreiphasenschaltung vorliegt (siehe Feld 6)

Feld 18:

bei Gleichstrom-maschinen:	Bemessungserreger-spannung bei Fremderregung
bei Synchron-maschinen:	Bemessungserreger-spannung
bei Induktions--maschinen mit Schleifringläufer	Läuferstillstands-spannung

Feld 19:

bei Gleichstrom-maschinen	Erregerstrom bei Bemessungsbetrieb
bei Synchron-maschinen:	Erregerstrom bei Bemessungsbetrieb
bei Induktions-maschinen:	Läuferstrom bei Bemessungsbetrieb

Feld 20: ***Wärmeklasse*** (Kennbuchstaben Y, A, E, B, F, H, C) oder Grenz-Übertemperatur.

Feld 21: ***Schutzart*** (Berührungs-, Fremdkörper- und Wasserschutz) Kennbuchstaben und Kennziffern nach DIN 40050.

Feld 22: ***Angenähertes Gewicht*** in t bei Maschinen, deren Gesamtgewicht 1 t überschreitet.

Feld 23: ***Zusätzliche Vermerke***, z. B. VDE 0530/... (mit Jahreszahl)

Abb. A.1 Leistungsschild einer drehenden elektrischen Maschine nach EN 60034-1

Tab. A.12 Kühlverfahren (IC-Code) nach EN 60034-6

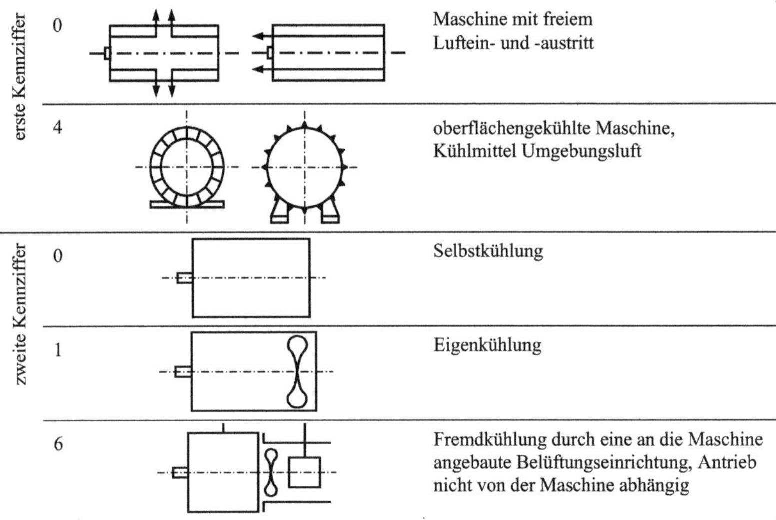

	Kennziffer	Beschreibung
erste Kennziffer	0	Maschine mit freiem Luftein- und -austritt
	4	oberflächengekühlte Maschine, Kühlmittel Umgebungsluft
zweite Kennziffer	0	Selbstkühlung
	1	Eigenkühlung
	6	Fremdkühlung durch eine an die Maschine angebaute Belüftungseinrichtung, Antrieb nicht von der Maschine abhängig

Tab. A.13 Schutzarten nach DIN EN 60529 (VDE 0470)

	erste Ziffer Schutz gegen Berühren von Personen	Schutz gegen Eindringen von festen Fremdkörpern	zweite Ziffer Wasserschutz gegen
0	kein Schutz	kein Schutz	kein Schutz
1	mit Handrücken	≥ 50 mm Durchmesser	senkrecht tropfendes Wasser
2	mit Fingern	≥ 12,5 mm Durchmesser	gegen schräg (15°) tropfendes Wasser
3	mit Werkzeugen	≥ 2,5 mm Durchmesser	gegen Sprühwasser schräg bis 60°
4	mit einem Draht	≥ 1,0 mm Durchmesser	Spritzwasser aus allen Richtungen
5	mit einem Draht	staubgeschützt	Strahlwasser
6	mit einem Draht	staubdicht	starkes Strahlwasser
7	-	-	zeitweiliges Untertauchen in Wasser
8	-	-	dauerndes Untertauchen in Wasser 5 bar

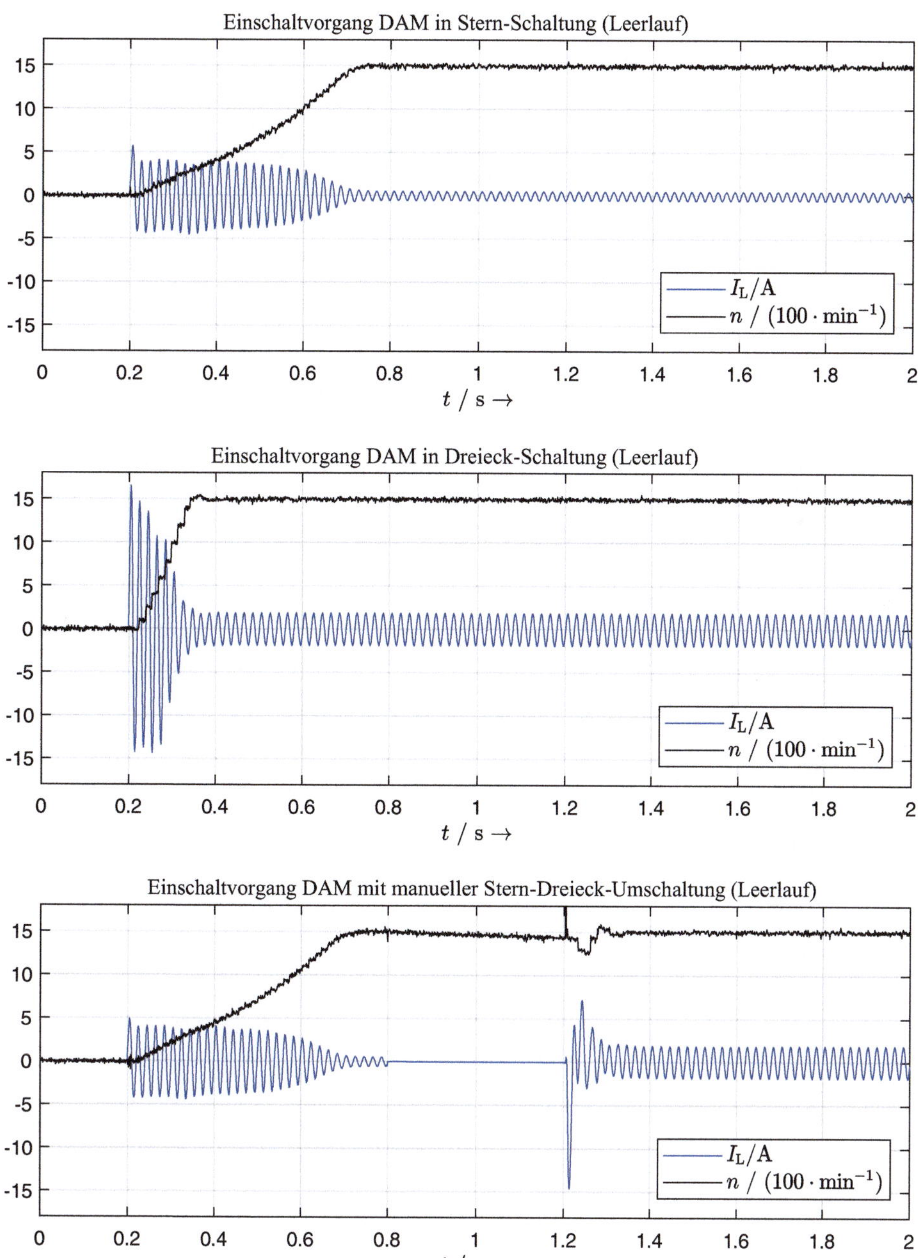

Abb. A.2 Anlaufströme in Stern- und Dreieckschaltung einer vierpoligen DAM (Quelle: Florian Segger 10.01.20)

Elektrische Energietechnik

IEC 60038	VDE 0175-1	CENELEC-Normspannungen
IEC 60051 ff	DIN EN 60051 ff	direkt wirkend anzeigende analoge elektrische Messgeräte und ihr Zubehör
IEC 60071-1	VDE 0111-1	Isolationskoordination - Begriffe, Grundsätze und Anforderungen
IEC 60076-1	VDE 0532-76-1	Leistungstransformatoren - Allgemeines
IEC 60076-2	VDE 0532-76-2	Leistungstransformatoren - Übertemperaturen für flüssigkeitsgefüllte Transformatoren
IEC 60076-3	VDE 0532-76-3	Leistungstransformatoren - Isolationspegel, Spannungsprüfungen und äußere Abstände in Luft
IEC 60076-5	VDE 0532-76-5	Leistungstransformatoren - Kurzschlussfestigkeit
IEC 60076-7	VDE 0532-76-7	Leistungstransformatoren - Leitfaden für die Belastung von ölgefüllten Transformatoren
IEC 60076-10	VDE 0532-76-10	Leistungstransformatoren - Bestimmung der Geräuschpegel
IEC 60076-11	VDE 0532-76-11	Leistungstransformatoren - Trockentransformatoren
IEC 60076-20	VDE 0532-76-20	Leistungstransformatoren - Energieeffizienz
IEC 60146-1-1	VDE 0558-11	Halbleiter-Stromrichter - Allgemeine Anforderungen und netzgeführte Stromrichter
IEC 60255-1	VDE 0435-300	Messrelais und Schutzeinrichtungen - Allgemeine Anforderungen
IEC 60269-1	VDE 0636-1	Niederspannungssicherungen - Allgemeine Anforderungen
IEC 60269-2	VDE 0636-2	Niederspannungssicherungen - Zusätzliche Anforderungen an Sicherungen zum Gebrauch durch Elektrofachkräfte bzw. elektrotechnisch unterwiesene Personen (Sicherungen überwiegend für den industriellen Gebrauch)
IEC 60282-1	VDE 0670-4	Hochspannungssicherungen - Strombegrenzende Sicherungen
IEC 60287-1-1		Elektrische Kabel. Berechnung der Strombelastbarkeit von Kabeln. Strombelastbarkeits-Gleichungen (100 %-Lastfaktor) und Berechnung der Verluste. Allgemeines
IEC 60287-3-2		Elektrische Kabel - Berechnung der Strombelastbarkeit - Abschnitt Betriebsbedingungen - ökonomische Optimierung der Leiterquerschnitte
IEC 60364	VDE 0100	Errichten von Niederspannungsanlagen
IEC 60364-1	VDE 0100-100	Errichten von Niederspannungsanlagen - Allgemeine Grundsätze, Bestimmung allgemeiner Merkmale, Begriffe
IEC 60364-4-41	VDE 0100-410	Errichten von Niederspannungsanlagen - Schutzmaßnahmen - Schutz gegen elektrischen Schlag
IEC 60364-4-42	VDE 0100-420	Errichten von Starkstromanlagen bis 1000 V - Schutzmaßnahmen - Schutz gegen thermische Auswirkungen

IEC 60364-4-43	VDE 0100-430	Errichten von Niederspannungsanlagen - Schutzmaßnahmen - Schutz bei Überstrom
IEC 60364-4-442	VDE 0100-442	Errichten von Niederspannungsanlagen - Schutzmaßnahmen - Schutz von Niederspannungsanlagen bei vorübergehenden Überspannungen infolge von Erdschlüssen im Hochspannungsnetz und bei Fehlern im Niederspannungsnetz
IEC 60364-4-443	VDE 0100-443	Errichtung von Niederspannungsanlagen - Schutzmaßnahmen - Schutz bei transienten Überspannungen infolge atmosphärischer Einflüsse oder von Schaltvorgängen
IEC 60364-4-444	VDE 0100-444	Errichtung von Niederspannungsanlagen - Schutzmaßnahmen - Schutz bei Störspannungen und elektromagnetischen Störgrößen
IEC 60364-5-51	VDE 0100-510	Errichten von Niederspannungsanlagen - Auswahl und Einrichtung elektrischer Betriebsmittel - Allgemeine Bestimmungen
IEC 60364-5-52	VDE 0100-520	Errichten von Niederspannungsanlagen - Auswahl und Einrichtung elektrischer Betriebsmittel - Kabel- und Leitungsanlagen
IEC 60364-5-53	VDE 0100-530	Errichten von Niederspannungsanlagen - Auswahl und Einrichtung elektrischer Betriebsmittel - Schalt- und Steuergeräte
IEC 60364-5-534	VDE 0100-534	Errichten von Niederspannungsanlagen - Auswahl und Errichtung elektrischer Betriebsmittel - Trennen, Schalten und Steuern - Überspannungs-Schutzeinrichtungen (SPDs)
IEC 60364-5-54	VDE 0100-540	Errichten von Niederspannungsanlagen - Auswahl u. Einrichtung elektrischer Betriebsmittel - Erdungsanlagen u. Schutzleiter
IEC 60364-5-55	VDE 0100-55-ff	Errichten von Niederspannungsanlagen - Auswahl und Einrichtung elektrischer Betriebsmittel - Andere Betriebsmittel
IEC 60364-5-56	VDE 0100-560	Errichten von Niederspannungsanlagen - Auswahl und Einrichtung elektrischer Betriebsmittel - Einrichtungen für Sicherheitszwecke
IEC 60364-6	VDE 0100-600	Errichten von Niederspannungsanlagen - Prüfungen
IEC 60364-7-701	VDE 0100-701	Errichten von Niederspannungsanlagen - Anforderungen für Betriebsstätten, Räume und Anlagen besonderer Art - Räume mit Badewanne oder Dusche
IEC 60364-7-702	VDE 0100-702	Errichten von Niederspannungsanlagen - Anforderungen für Betriebsstätten, Räume und Anlagen besonderer Art - Becken von Schwimmbädern, begehbare Wasserbecken und Springbrunnen
IEC 60364-7-703	VDE 0100-703	Errichten von Niederspannungsanlagen - Anforderungen für Betriebsstätten, Räume und Anlagen besonderer Art - Räume und Kabinen mit Saunaheizungen

IEC 60364-7-704	VDE 0100-704	Errichten von Niederspannungsanlagen - Anforderungen für Betriebsstätten, Räume und Anlagen besonderer Art - Baustellen
IEC 60364-7-705	VDE 0100-705	Errichten von Niederspannungsanlagen - Anforderungen für Betriebsstätten, Räume und Anlagen besonderer Art - Elektrische Anlagen von landwirtschaftlichen und gartenbaulichen Betriebsstätten
IEC 60364-7-706	VDE 0100-706	Errichten von Niederspannungsanlagen - Anforderungen für Betriebsstätten, Räume und Anlagen besonderer Art - Leitfähige Bereiche mit begrenzter Bewegungsfreiheit
IEC 60364-7-708	VDE 0100-708	Errichten von Niederspannungsanlagen - Anforderungen für Betriebsstätten, Räume und Anlagen besonderer Art - Caravanplätze, Campingplätze und ähnliche Bereiche
IEC 60364-7-709	VDE 0100-709	Errichten von Niederspannungsanlagen - Anforderungen für Betriebsstätten, Räume und Anlagen besonderer Art - Marinas und ähnliche Bereiche
IEC 60364-7-710	VDE 0100-710	Errichten von Niederspannungsanlagen - Anforderungen für Betriebsstätten, Räume und Anlagen besonderer Art - Medizinisch genutzte Bereiche
IEC 60364-7-711	VDE 0100-711	Errichten von Niederspannungsanlagen - Anforderungen für Betriebsstätten, Räume und Anlagen besonderer Art - Ausstellungen, Shows und Stände
IEC 60364-7-712	VDE 0100-712	Errichten von Niederspannungsanlagen - Anforderungen für Betriebsstätten, Räume und Anlagen besonderer Art - Solar-Photovoltaik (PV) Stromversorgungssysteme
IEC 60364-7-713	VDE E 0100-713	Errichten von Niederspannungsanlagen - Anforderungen für Betriebsstätten, Räume und Anlagen besonderer Art - Möbel
IEC 60364-7-714	VDE 0100-714	Errichten von Niederspannungsanlagen - Anforderungen für Betriebsstätten, Räume und Anlagen besonderer Art - Beleuchtungsanlagen im Freien
IEC 60364-7-715	VDE 0100-715	Errichten von Niederspannungsanlagen - Anforderungen für Betriebsstätten, Räume und Anlagen besonderer Art - Kleinspannungsbeleuchtungsanlagen
IEC 60364-7-717	VDE 0100-717	Errichten von Niederspannungsanlagen - Anforderungen für Betriebsstätten, Räume und Anlagen besonderer Art - Ortsveränderliche oder transportable Baueinheiten
IEC 60364-7-718	VDE 0100-718	Errichten von Niederspannungsanlagen - Anforderungen für Betriebsstätten, Räume und Anlagen besonderer Art - Öffentliche Einrichtungen und Arbeitstätten
IEC 60364-7-721	VDE 0100-721	Errichten von Niederspannungsanlagen - Anforderungen für Betriebsstätten, Räume und Anlagen besonderer Art - Elektrische Anlagen von Caravans und Motorcaravans

IEC 60364-7-722	VDE 0100-722	Errichten von Niederspannungsanlagen - Anforderungen für Betriebsstätten, Räume und Anlagen besonderer Art - Stromversorgung von Elektrofahrzeugen
IEC 60364-7-723	VDE 0100-723	Errichten von Niederspannungsanlagen - Anforderungen für Betriebsstätten, Räume und Anlagen besonderer Art - Unterrichtsräume mit Experimentiereinrichtungen
IEC 60364-7-729	VDE 0100-729	Errichten von Niederspannungsanlagen - Anforderungen für Betriebsstätten, Räume und Anlagen besonderer Art - Bedienungsgänge und Wartungsgänge
IEC 60364-7-730	VDE 0100-730	Errichten von Niederspannungsanlagen - Anforderungen für Betriebsstätten, Räume und Anlagen besonderer Art - Elektrischer Ladeanschluss für Fahrzeuge der Binnenschifffahrt
IEC 60364-7-731	VDE 0100-731	Errichten von Niederspannungsanlagen - Anforderungen für Betriebsstätten, Räume und Anlagen besonderer Art - Abgeschlossene elektrische Betriebsstätten
IEC 60364-7-740	VDE 0100-740	Errichten von Niederspannungsanlagen - Anforderungen für Betriebsstätten, Räume und Anlagen besonderer Art - Vorübergehend errichtete Anlagen f. Aufbauten, Vergnügungseinrichtungen u. Buden auf Kirmesplätzen, in Vergnügungsparks u. Zirkussen
IEC 60364-7-753	VDE 0100-753	Errichten von Niederspannungsanlagen - Anforderungen für Betriebsstätten, Räume und Anlagen besonderer Art - Fußboden und Decken-Flächenheizungen
IEC 60364-8-1	VDE 0100-801	Errichten von Niederspannungsanlagen - Energieeffizienz
IEC 60364-8-2	VDE 0100-802	Errichten von Niederspannungsanlagen - Kombinierte Erzeugungs-/Verbrauchsanlagen
IEC 60445	VDE 0197	Grund- und Sicherheitsregeln für die Mensch-Maschine-Schnittstelle - Kennzeichnung von Anschlüssen elektrischer Betriebsmittel, angeschlossenen Leiterenden und Leitern
IEC/TS 60479-1	VDE V 0140-479-1	Wirkungen des elektrischen Stromes auf Menschen und Nutztiere - Allgemeine Aspekte
IEC 60479-2		Wirkungen des elektrischen Stromes auf Menschen und Nutztiere - Besondere Gesichtspunkte
IEC 60479-3	VDE V 0140-479-3	Wirkungen des elektrischen Stromes auf Menschen und Nutztiere - Wirkungen von Strömen durch den Körper von Nutztieren
IEC 60479-4	VDE V 0140-479-4	Wirkungen des elektrischen Stromes auf Menschen und Nutztiere - Wirkungen von Blitzschlägen auf Menschen und Nutztiere
IEC 60529	VDE 0470-1	Schutzarten durch Gehäuse (IP-Code)

IEC 60644	VDE 0670-401	Anforderungen für Hochspannungs-Sicherungseinsätze für Motorstromkreise
IEC 60664-3	VDE 0110-3	Isolationskoordination für elektrische Betriebsmittel in Niederspannungsanlagen - Anwendung von Beschichtungen, Eingießen oder Vergießen zum Schutz gegen Verschmutzung
IEC 60715	VDE 0660-520	Abmessungen von Niederspannungsschaltgeräten - Genormte Trageschienen für die mechanische Befestigung von elektrischen Geräten in Schaltanlagen.
IEC 60724		Kurzschluss-Temperaturgrenzen von elektrischen Leitungen mit Nennspannungen von 1 kV (Um = 1,2 kV) und 3 kV (Um = 3,6 kV)
IEC/TR 60755	VDE 0664-900	Allgemeine Sicherheitsanforderungen an Fehlerstrom-Schutzeinrichtungen - Sicherheitsgruppennorm
IEC 60787	VDE 0670-402	Wechselstromschaltgeräte für Spannungen über 1 kV - Auswahl von strombegrenzenden Sicherungseinsätzen für Transformatorstromkreise
IEC 60831-1	VDE 0560-46	Selbstheilende Leistungs-Parallelkondensatoren für Wechselstromanlagen mit einer Nennspannung bis 1 kV - Allgemeines - Leistungsanforderungen, Prüfung und Bemessung - Sicherheitsanforderungen - Anleitung für Errichtung und Betrieb
IEC 60831-2	VDE 0560-47	Selbstheilende Leistungs-Parallelkondensatoren für Wechselstromanlagen mit einer Nennspannung bis 1 kV - Alterungsprüfung, Selbstheilungsprüfung und Zerstörungsprüfung
IEC 60947-1	VDE 0660-100	Niederspannungsschaltgeräte - Allgemeine Festlegungen
IEC 60947-2	VDE 0660-101	Niederspannungsschaltgeräte - Leistungsschalter
IEC 60947-3	VDE 0660-107	Niederspannungsschaltgeräte - Lastschalter, Trennschalter, Lasttrennschalter und Schalter-Sicherungs-Einheiten
IEC 60947-4-1	VDE 0660-102	Niederspannungsschaltgeräte - Schütze und Motorstarter - Elektromechanische Schütze und Motorstarter
IEC 60947-5-5	VDE 0660-210	Niederspannungsschaltgeräte - Steuergeräte und Schaltelemente - Elektrisches NOT-AUS-Gerät mit mechanischer Verrastfunktion
IEC 60947-6-1	VDE 0660-114	Niederspannungsschaltgeräte - Mehrfunktionsschaltgeräte - Netzumschalter
IEC 61000-2-ff	VDE 0839-2-ff	Elektromagnetische Verträglichkeit (EMV) - Umgebungsbedingungen
IEC 61140	VDE 0140-1	Schutz gegen elektrischen Schlag - Gemeinsame Anforderungen für Anlagen und Betriebsmittel
IEC 61201		Verwendung herkömmlicher Berührungsspannungs Grenzen - Anwendungsleitfaden

IEC/TR 61439-0	VDE 0660-600-1 Bbl.1	Niederspannungs-Schaltgerätekombinationen - Allgemeine Festlegungen - Leitfaden für die Spezifikation von Schaltgerätekombinationen
IEC 61439-1	VDE 0660-600-1	Niederspannungs-Schaltgerätekombinationen - Allgemeine Festlegungen
IEC 61439-2	VDE 0660-600-2	Niederspannungs-Schaltgerätekombinationen - Energie Schaltgerätekombinationen
IEC/TR 61641	VDE 0660-600-2 Bbl.1	Niederspannungs-Schaltgerätekombinationen - Teil 2: Energie-Schaltgerätekombinationen; Beiblatt1: Leitfaden für die Prüfung unter Störlichtbogenbedingungen infolge eines inneren Fehlers
IEC 61439-3	VDE 0660-600-3	Niederspannungs-Schaltgerätekombinationen - Installationsverteiler für die Bedienung durch Laien (DBO)
IEC 61439-4	VDE 0660-600-4	Niederspannungs-Schaltgerätekombinationen - Besondere Anforderungen für Baustromverteiler (BV)
IEC 61439-5	VDE 0660-600-5	Niederspannungs-Schaltgerätekombinationen - Schaltgerätekombinationen in öffentlichen Energieverteilungsnetzen
IEC 61439-6	VDE 0660-600-6	Niederspannungs-Schaltgerätekombinationen - Schienenverteilersysteme (busways)
IEC 61439-7	VDE 0660-600-7	Niederspannungs-Schaltgerätekombinationen - Schaltgerätekombinationen für bestimmte Anwendungen wie Marinas, Campingplätze, Marktplätze, Ladestationen für Elektrofahrzeuge
IEC 61557-1	VDE 0413-1	Elektrische Sicherheit in Niederspannungsnetzen bis AC 1000 V und DC 1500 V - Geräte zum Prüfen, Messen oder Überwachen von Schutzmaßnahmen - Allgemeine Anforderungen
IEC 61557-8	VDE 0413-8	Elektrische Sicherheit in Niederspannungsnetzen bis AC 1000 V und DC 1500 V - Geräte zum Prüfen, Messen oder Überwachen von Schutzmaßnahmen - Isolationsüberwachungsgeräte für IT-Systeme
IEC 61557-9	VDE 0413-9	Elektrische Sicherheit in Niederspannungsnetzen bis AC 1000 V und DC 1500 V - Geräte zum Prüfen, Messen oder Überwachen von Schutzmaßnahmen - Einrichtungen zur Isolationsfehlersuche in IT-Systemen
IEC 61557-12	VDE 0413-12	Elektrische Sicherheit in Niederspannungsnetzen bis AC 1000 V und DC 1500 V - Geräte zum Prüfen, Messen oder Überwachen von Schutzmaßnahmen - Kombinierte Geräte zur Messung und Überwachung des Betriebsverhaltens
IEC 61558-2-6	VDE 570-2-6	Sicherheit von Transformatoren, Netzgeräten und dergleichen für Versorgungsspannungen bis 1100 V - Besondere Anforderungen und Prüfungen an Sicherheitstransformatoren und Netzgeräte, die Sicherheitstransformatoren enthalten

IEC 61643-11	VDE 0675-6-11	Überspannungsschutzgeräte für Niederspannung - Überspannungsschutzgeräte für den Einsatz in Niederspannungsanlagen – Anforderungen und Prüfungen
IEC 61643-12	VDE V 0675-6-12	Überspannungsschutzgeräte für Niederspannung - Überspannungsschutzgeräte für den Einsatz in Niederspannungsanlagen – Auswahl und Anwendungsgrundsätze
IEC 61643-21	VDE 0845-3-1	Überspannungsschutzgeräte für Niederspannung - Überspannungsschutzgeräte für den Einsatz in Telekommunikations- und signalverarbeitenden Netzwerken – Leistungsanforderungen und Prüfverfahren
IEC 61643-22	VDE V 0845-3-2	Überspannungsschutzgeräte für Niederspannung - Überspannungsschutzgeräte für den Einsatz in Telekommunikations- und signalverarbeitenden Netzwerken - Auswahl- und Anwendungsprinzipien
IEC 61810-1	VDE 0435-201	Elektromechanische Elementarrelais - Allgemeine und Sicherheitsanforderungen
IEC 61921	VDE 0560-700	Leistungskondensatoren – Kondensatorbatterien zur Korrektur des Niederspannungsleistungsfaktors
IEC 61936-1	VDE 0101-1	Starkstromanlagen mit Nennwechselspannungen über 1 kV - Teil 1: Allgemeine Bestimmungen
IEC 62271-1	VDE 0671-1	Hochspannungs-Schaltgeräte und -Schaltanlagen - Gemeinsame Bestimmungen für Wechselstrom-Schaltgeräte und - Schaltanlagen
IEC 62271-100	VDE 0671-100	Hochspannungs-Schaltgeräte und -Schaltanlagen - Wechselstrom-Leistungsschalter
IEC 62271-101	VDE 0671-101	Hochspannungs-Schaltgeräte und -Schaltanlagen - Synthetische Prüfung
IEC 62271-102	VDE 0671-102	Hochspannungs-Schaltgeräte und -Schaltanlagen - Wechselstrom-Trennschalter und -Erdungsschalter
IEC 62271-103	VDE 0671-103	Hochspannungs-Schaltgeräte und -Schaltanlagen - Lastschalter für Bemessungsspannungen über 1kV bis einschließlich 52 kV
IEC 62271-105	VDE 0671-105	Hochspannungs-Schaltgeräte und -Schaltanlagen - Wechselstrom-Lastschalter-Sicherungs-Kombinationen für Bemessungsspannungen über 1kV bis einschließlich 52 kV
IEC 62271-200	VDE 0671-200	Hochspannungs-Schaltgeräte und -Schaltanlagen - Metallgekapselte Wechselstromschaltanlagen mit Bemessungsspannungen über 1 kV bis einschließlich 52 kV
IEC 62271-201	VDE 0671-201	Hochspannungs-Schaltgeräte und -Schaltanlagen - Isolierstoffgekapselte Wechselstromschaltanlagen für Bemessungsspannungen über 1 kV bis einschließlich 52 kV
IEC 62271-202	VDE 0671-202	Fabrikfertige Stationen für Hochspannung/Niederspannung
IEC 62305-1	VDE 0185-305-1	Blitzschutz – Allgemeine Grundsätze

IEC 62305-2	VDE 0185-305-2	Blitzschutz – Risiko-Management
IEC 62305-3	VDE 0185-305-3	Blitzschutz – Schutz von baulichen Anlagen und Personen
IEC 62305-4	VDE 0185-305-4	Blitzschutz – Elektrische und elektronische Systeme in baulichen Anlagen
IEC 62586-2	VDE 0415-2	Messung der Spannungsqualität in Energieversorgungssystemen – Funktionsprüfungen und Anforderungen an die Messunsicherheit
	VDE AR-N 4100	Technische Regeln für den Anschluss von Kundenanlagen an das Niederspannungsnetz und deren Betrieb (TAR Niederspannung)
	VDE AR-N 4105	Erzeugungsanlagen am Niederspannungsnetz Technische Mindestanforderungen für Anschluss und Parallelbetrieb von Erzeugungsanlagen am Niederspannungsnetz
	VDE AR-N 4110	Technische Regeln für den Anschluss von Kundenanlagen an das Mittelspannungsnetz und deren Betrieb (TAR Mittelspannung)
	VDE AR-N 4120	Technische Regeln für den Anschluss von Kundenanlagen an das Hochspannungsnetz und deren Betrieb (TAR Hochspannung)
	VDE AR-N 4130	Technische Regeln für den Anschluss von Kundenanlagen an das Höchstspannungsnetz und deren Betrieb (TAR Höchstspannung)
	VDE AR-N 4141-2	Technische Regeln für den Betrieb und die Planung von elektrischen Netzen Teil 2: Schnittstellen zwischen Verteilnetzen

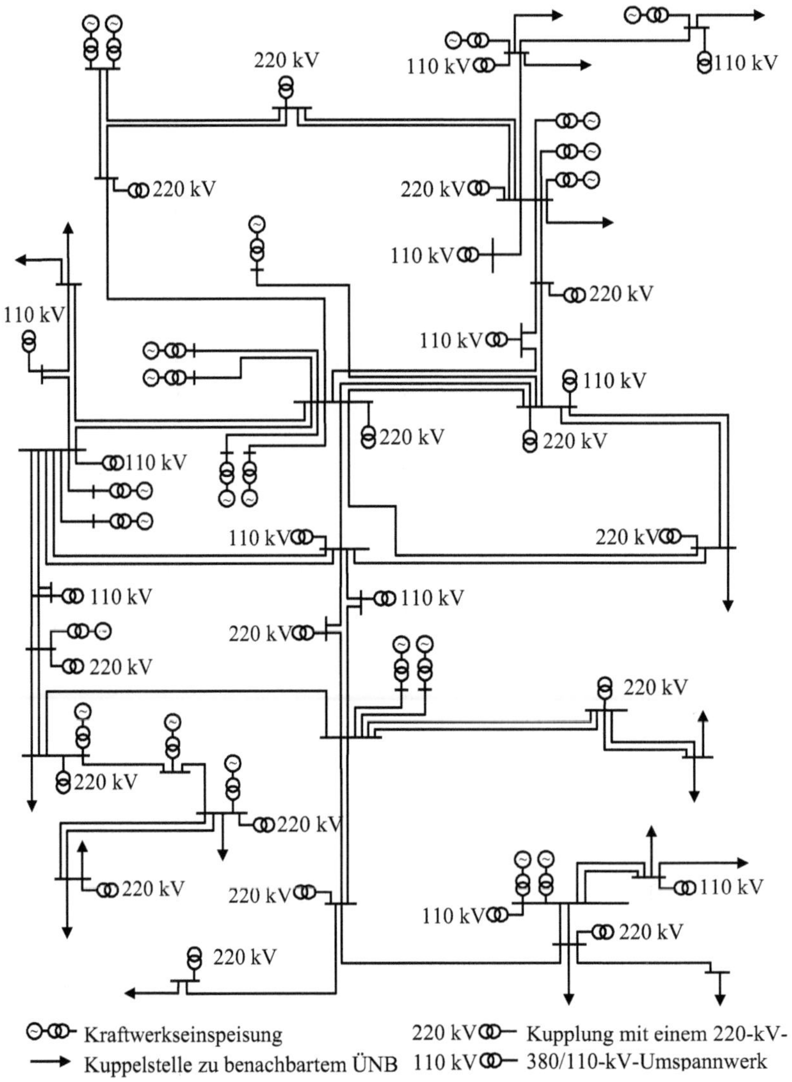

Abb. A.3 Freileitungsnetz 380 kV eines Übertragungsnetzbetreibers nach [4]

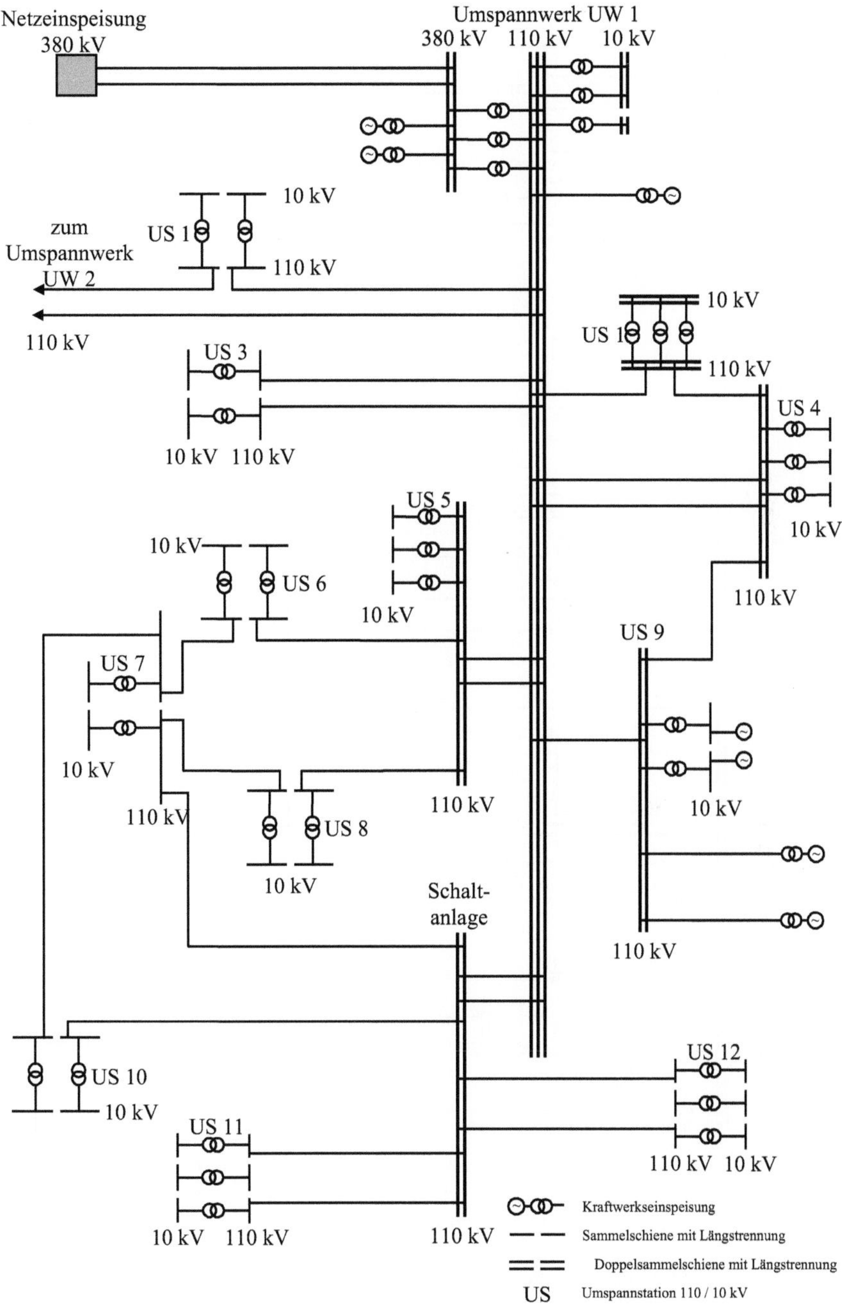

Abb. A.4 Freileitungsnetz 110 kV eines Verteilnetzbetreibers nach [4]

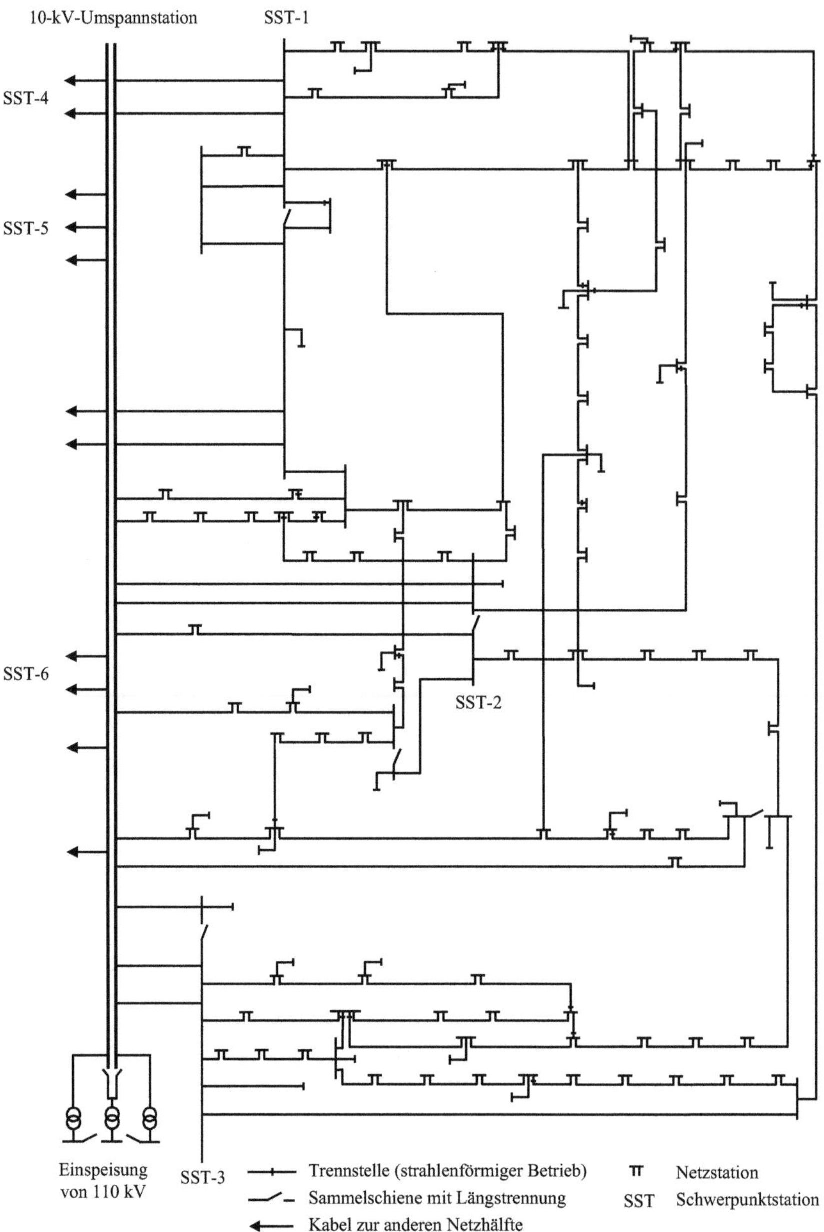

Abb. A.5 Kabelnetz 10 kV nach [4]

A.2.2 Schaltzeichen

Hier ist eine Auswahl von Schaltzeichen nach IEC 617 bzw. EN 60617 (früher DIN 40900) aufgelistet.

Tab. A.15 Leitungen und Leitungsverbindungen

Symbol	Bedeutung	Symbol	Bedeutung
	Leitung, allgemein	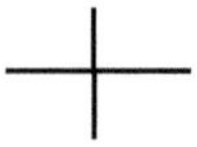	sich kreuzende, nicht verbundene Leitungen
	Verbindungsstelle, betriebsmäßig nicht lösbar		lösbare Verbindung, Klemme
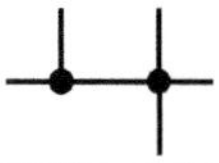	leitende Verbindung, gelötet, geschraubt		Schutzleiter für Erdung, Nulllung, Schutzschaltung
	zusammengefasste Leitung	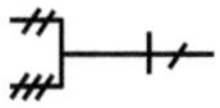	zusammengefasste Leitung, Einzeldraht-darstellung
	Steckverbindung mit Stecker und Buchse		leicht auftrennbare Verbindung durch Buchsen, Schrauben

Tab. A.16 Kondensatoren

Symbol	Bedeutung	Symbol	Bedeutung
	Kondensator, allgemein		Kondensator, gepolt
	Elektrolytkondensator, ungepolt		Elektrolytkondensator, gepolt
	Drehkondensator		Trimmer
	Durchführungs-kondensator, koaxial		

Tab. A.17 Spannungs- und Stromquellen

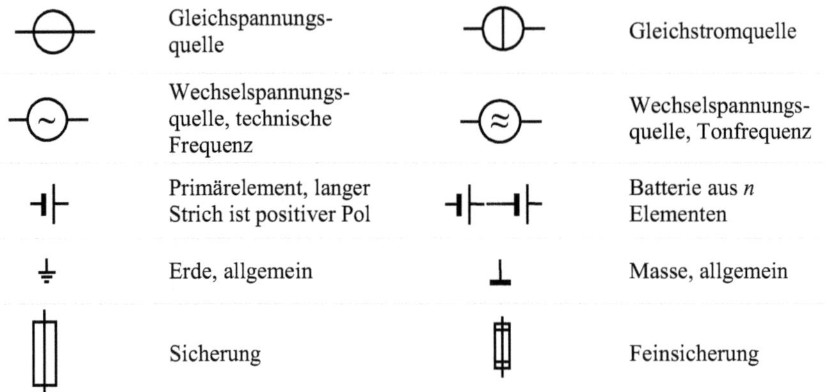

Tab. A.18 Widerstände

Symbol	Bedeutung	Symbol	Bedeutung
	Widerstand, allgemein	R	rein ohmscher Widerstand
	Dämpfungsglied, allgemein	Z	komplexer Widerstand
	Widerstand, veränderbar		Widerstand mit Schleifkontakt
	Widerstand mit Anzapfungen		Widerstand mit beweglichem Kontakt, Potenziometer
	Shunt, Nebenschluss-widerstand		stufig einstellbarer Widerstand
$-\vartheta$	Heißleiter	ϑ	Kaltleiter
U	spannungsabhängiger Widerstand, Varistor	B	magnetfeldabhängiger Widerstand, Feldplatte

Tab. A.19 Induktivitäten, Transformatoren und Übertrager

Symbol	Bedeutung	Symbol	Bedeutung
	Wicklung, Induktivität, allgemein		Wicklung mit Anzapfungen
			Wicklung mit Kern (magnetisch)
	Wicklung mit Kern und Luftspalt		Wicklung, abgeschirmt
	Transformator, Übertrager, allgemein		Transformator mit Eisenkern
			Transformator mit Eisenkern und Luftspalt

Tab. A.20 Geräte und Baugruppen

Symbol	Bedeutung	Symbol	Bedeutung
	Verstärker, allgemein	T	Abschwächer
	Umsetzer, allgemein		Gleichspannungswandler
	Gleichrichtergerät, Netzteil		Wechselrichter

Tab. A.21 Optische und magnetische Bauelemente

Symbol	Bedeutung	Symbol	Bedeutung
(S) (N)	Dauermagnet mit Polaritätsangabe, Nordpol schwarz		Abschirmung
B	Feldplatte	X	Hallsensor
	Leuchtdiode		Optokoppler
	Photodiode		Phototransistor (pnp)
	Photowiderstand		Photoelement

Tab. A.22 Messgeräte

Symbol	Bedeutung	Symbol	Bedeutung
	Messgerät, allgemein		registrierendes Messgerät, allgemein
V	Spannungsmessgerät, ideal	var	Blindleistungsmessgerät
$\cos\varphi$	Leistungsfaktormessgerät	Hz	Frequenzmessgerät
n	Drehzahlmessgerät		Oszilloskop
	Messwerk mit Spannungspfad		Messwerk zur Summen- oder Differenzbildung
	Messwerk zur Produktbildung		Messwerk zur Quotientenbildung
Wh	Wattstundenzähler, Elektrizitätszähler	varh	Zähler für Blindleistungsverbrauch

Tab. A.23 Elektroakustische Geräte

Symbol	Bedeutung	Symbol	Bedeutung
	Mikrofon, allgemein		Lautsprecher, allgemein

A.2.3 Kapazitäten, Induktivitäten und Datenblätter

Tab. A.24 Kapazitäten und elektrische Feldstärken verschiedener Elektrodenanordnungen nach [5] ($\varepsilon = \varepsilon_0\, \varepsilon_r$)

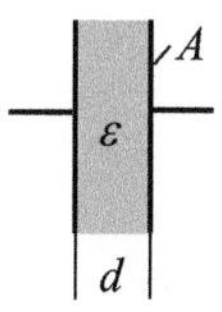

Platten-Kondensator

$$C = \varepsilon\, A / d \qquad E = U / d$$

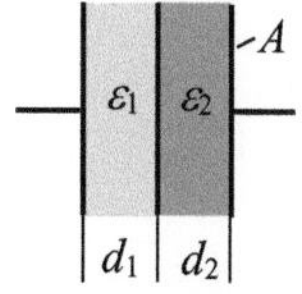

$$C = \frac{A}{\dfrac{d_1}{\varepsilon_1} + \dfrac{d_2}{\varepsilon_2}} \qquad E_{1(2)} = \frac{U}{\varepsilon_{1(2)}\left(\dfrac{d_1}{\varepsilon_1} + \dfrac{d_2}{\varepsilon_2}\right)}$$

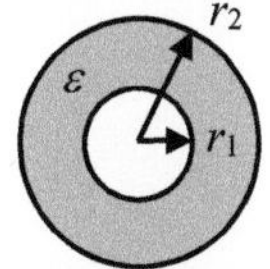

Zylinder-Kondensator

$$C = \frac{2\pi\, \varepsilon\, l}{\ln \dfrac{r_2}{r_1}} \qquad E = \frac{U}{r \ln \dfrac{r_2}{r_1}} \quad (r_1 \leq r \leq r_2)$$

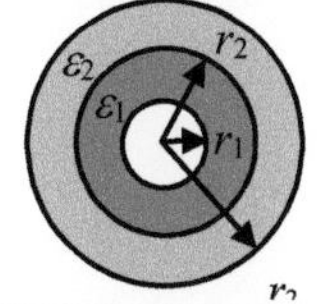

$$C = \frac{2\pi\, l}{\dfrac{1}{\varepsilon_1} \ln \dfrac{r_2}{r_1} + \dfrac{1}{\varepsilon_2} \ln \dfrac{r_3}{r_2}} \qquad E_{1(2)} = \frac{U}{\varepsilon_{1(2)}\, r} \frac{1}{\dfrac{1}{\varepsilon_1} \ln \dfrac{r_2}{r_1} + \dfrac{1}{\varepsilon_2} \ln \dfrac{r_3}{r_2}}$$

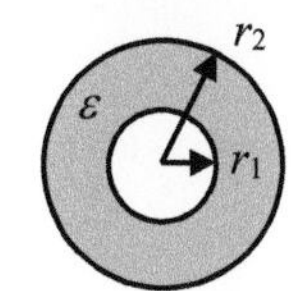

Kugel-Kondensator

$$C = 4\pi\, \varepsilon \frac{r_1 r_2}{r_2 - r_1} \qquad E = \frac{U}{r^2} \frac{r_1 r_2}{r_2 - r_1} \quad (r_1 \leq r \leq r_2)$$

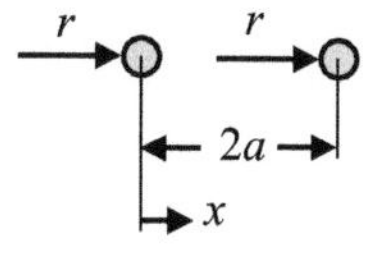

Kugel-Kugel Anordnung

$$C \approx \frac{2\pi\varepsilon}{\dfrac{1}{r} - \dfrac{1}{2a}} \qquad E \approx \frac{U\left(\dfrac{1}{x^2} + \dfrac{1}{(2a-x)^2}\right)}{\dfrac{2}{r} - \dfrac{1}{a}}$$

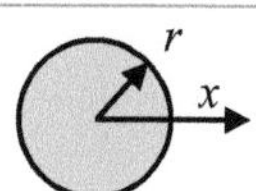

Kugel-unendlich

$$C = 4\pi\, \varepsilon\, r \qquad E = U \frac{r}{x^2}$$

	Parallele Leiter	
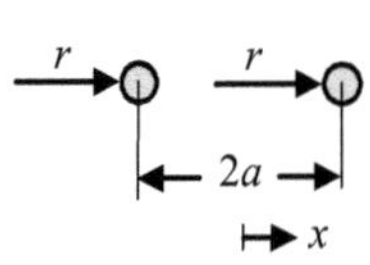	$C = \dfrac{\pi\,\varepsilon \cdot l}{\ln\left[\dfrac{a}{r} + \sqrt{\left(\dfrac{a}{r}\right)^2 - 1}\right]}$ $\approx \dfrac{\pi\,\varepsilon \cdot l}{\ln\dfrac{2a}{r}}$ für $a \gg r$	$E = \dfrac{U\dfrac{\sqrt{a^2 - r^2}}{a^2 - r^2 - x^2}}{\ln\left[\dfrac{a}{r} + \sqrt{\left(\dfrac{a}{r}\right)^2 - 1}\right]}$
	Einzelleiter-Erde	
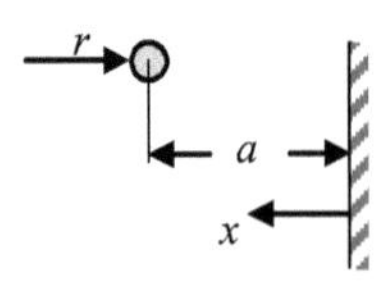	$C = \dfrac{2\pi\,\varepsilon \cdot l}{\ln\left[\dfrac{a}{r} + \sqrt{\left(\dfrac{a}{r}\right)^2 - 1}\right]}$ $\approx \dfrac{2\pi\,\varepsilon \cdot l}{\ln\dfrac{2a}{r}}$ für $a \gg r$	$E = \dfrac{2U\dfrac{\sqrt{a^2 - r^2}}{a^2 - r^2 - x^2}}{\ln\left[\dfrac{a}{r} + \sqrt{\left(\dfrac{a}{r}\right)^2 - 1}\right]}$

Tab. A.25 Induktivitäten verschiedener geometrischer Anordnungen nach [5]

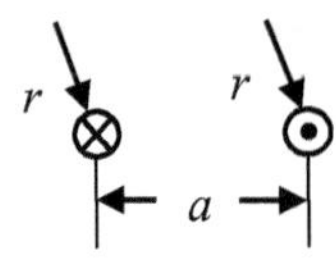	**parallele runde Leiter** $L = (\mu_0\mu_r/\pi)\; l\; [\ln(a/r) + 1/4]$
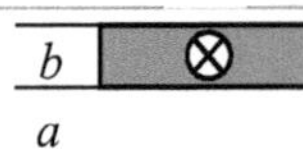	**parallele rechteckige Leiter** $L = (2\mu_0\mu_r/\pi)\; l \ln[1 + b/(b+h)]$ für $a \ll b, h$ $L = (\mu_0\mu_r/\pi)\; l\; 2b/(h+b)$ für $a \ll b, h$ und $b \ll h$
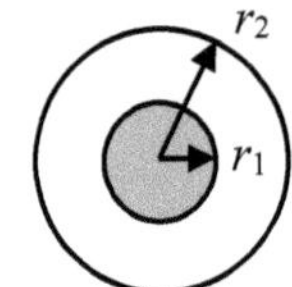	**Koaxialleiter** $L = (\mu_0\mu_r/2\pi)\; l \ln(r_2/r_1)$ ohne Innenleiter und Mantel
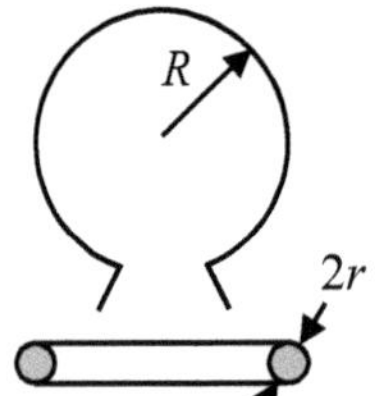	**Ring** $L = \mu_0\mu_r R\; [\ln(R/r) + 1/4]$

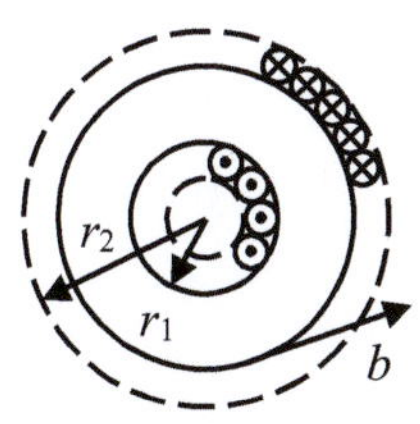

Spule mit Ringkern

$$L = N^2 \mu_0 \mu_r (b/2\pi) \ln(r_2/r_1)$$

lange Luftspule $\mu_r \approx 1$

$$L \approx N^2 \mu_0 \pi r^2 / l$$

Kennfarbe		1.Ziffer	2.Ziffer	Faktor	Toleranz in %
DIN IEC 62	IEC 757				
schwarz (sw)	BK (black)	-	0	1	-
braun (br)	BN (brown)	1	1	10	±1
rot (rt)	RD (red)	2	2	10^2	±2
orange (or)	OG (orange)	3	3	10^3	-
gelb (gb)	YE (yellow)	4	4	10^4	-
grün (gn)	GN (green)	5	5	10^5	±0,5
blau (bl)	BU (blue)	6	6	10^6	±0,25
violett (vi)	VT (violet)	7	7	10^7	±0,1
grau (gr)	GY (grey)	8	8	10^8	-
weiß (ws)	WH (white)	9	9	10^9	-
gold (au)	GD (gold)	-	-	0,1	±5
silber (ag)	SR (silver)	-	-	0,01	±10
ohne Farbe		-	-	-	±20

Der erste Farbring ist näher am Anschlussdraht.

4 7 x 10 ±5 % **R = 470 Ω ± 5 %**

Abb. A.6 Farbkennzeichnung von Festwiderständen nach [6]

Tab. A.26 Beispiele für Permittivitätszahlen ε_r nach [5]

Argon	1,000504	Mikanit	4,0...6,0
Aceton	21,4	Nitrobenzol	35,5
Bariumtitanat	1000...9000	Paraffinöl	2,2
Benzol	2,3	Petroleum	2,2
Bernstein	2,2...2,9	Pertinax	3,5...5,5
Condensa	40...80	Phenoplaste	5...7
Diethylether	4,3	Plexiglas	3...4
Epoxydharz	3,7	Polyethylen	2,2...2,7
Ethylalkohol	25,1	Porzellan	4,5...6,5
Germanium	≈ 16	PVC	3,1...3,5
Glas	2...16	Quarzglas	3,2...4,2
Glimmer	4...9	Sauerstoff	1,000486
Glycerin	41,1	Schellack	2,7...4
Hartgummi	2,5...5	Silikonöl	2,2...2,8
Helium	1,000066	Silizium	≈ 12
Holz	2,5...6,8	Stickstoff	1,000528
Kabelvergussmasse	2,5	Styroflex	2,5
Kabelpapier, imprägniert	4...4,3	Styropor	1,1...1,4
		Teflon	2,1
Kabelöl	2,25	Transformatorenöl	2,2...2,5
Keramiken	bis 4000		
Kohlendioxid	1,000985	Vakuum	1,000000
Luft, 0 °C, trocken	1,000594	Wasser, destilliert	81
Marmor	8,4...14	Wasserstoff	1,000252
Methylalkohol	33,5	Zellulose	3...7

Die Kapazitätsangaben in Tabelle A.27 dienen der Orientierung. Die Kapazität einer Zelle ist stark abhängig von der Art der Entladung und der Betriebstemperatur.

Tab. A.27 Trockenbatterien nach [5]

Codierung des Zellsystems

IEC-Bezeichnung	Leerlaufspannung	chemisches System
R	1,5 V	Zink-Kohle
CR	3,3 V	Mangandioxid-Lithium
ER	3,8 V	Chromoxid-Lithium
LR	1,45 V	Zink-Alkali-Mangan
MR	1,35 V	Zink-Quecksilberoxid
NR	1,40 V	Zink-Manganoxid-Quecksilberoxid
PR	1,40 V	Zink-Luft
SR	1,55 V	Zink-Silberoxid

Bauformen

Bezeichnung	Zink-Kohle	Alkali-Mangan	Ni-Cd-Akku	NiMH-Akku
Abmessungen	Kapazität	Kapazität	Kapazität	Kapazität
Monozelle	R 20	LR 20	KR 35/62	
33 mm Ø • 60 mm	7,3 Ah	18 Ah	4 Ah	5 Ah
Babyzelle	R 14	LR 14	KR 27/50	
26 mm Ø • 50 mm	3,1 Ah	7 Ah	2 Ah	2,6 Ah
Mignonzelle	R 6	LR 6	KR 15/51	
14,5 mm Ø • 50 mm	1,1 Ah	2,3 Ah	0,75 Ah	1,1 Ah
Microzelle	R 03	LR 03	KR 10/44	
10,5 mm Ø • 44,5 mm	0,5 Ah	1,2 Ah	0,2 Ah	0,45 Ah
Ladyzelle*	R 1	LR 1	KR 12/30	
12 mm Ø • 30 mm	0,6 Ah	0,8 Ah	0,15 Ah	
9 V-Pack	6 F 22	6 LF 22	TR 7/8	
15,5 mm • 25 mm • 48 mm	0,4 Ah	0,6 Ah	0,15 Ah	0,12 Ah
4,5 V-Flachbatterie	3 R 12			
22 mm • 62 mm • 65 mm	2 Ah			

Internationale Bezeichnung der Bauformen

	Monozelle	Babyzelle	Mignonzelle	Microzelle	Ladyzelle*	Transistorzelle	Flachbatterie
IEC	R 20	R 14	R 6	R 03	R 1	6 F 22	3 R 12
USA	D	C	AA	AAA	N	6 AM 6	
Japan	UM 1	UM 2	UM 3	UM 4	UM 5		UM 10

*Die Ladyzelle wird auch als Microdynzelle bezeichnet.

Tab. A.28 Spezifischer Widerstand ρ_{20}, spezifischer Leitwert κ_{20}, linearer und quadratischer Widerstandsbeiwert α_{20} und β_{20} verschiedener Materialien bei einer Referenztemperatur von 20 °C nach [7]

	ρ_{20} / (Ω mm²/m)	κ_{20} / (S m/mm²)	α_{20} / (10^{-3} K^{-1})	β_{20} / (10^{-6} K^{-2})
Reinmetalle				
Aluminium	0,027	37	4,3	1,3
Blei	0,21	4,75	3,9	2,0
Eisen	0,1	10	6,5	6,0
Gold	0,022	45,2	3,8	0,5
Kupfer	0,017	58	4,3	0,6
Nickel	0,07	14,3	6,0	9,0
Platin	0,098	10,5	3,5	0,6
Quecksilber	0,97	1,03	0,8	1,2
Silber	0,016	62,5	3,6	0,7
Zinn	0,12	8,33	4,3	6,0
Legierungen				
Konstantan	0,5	2	−0,04	
Manganin	0,43	2,27	±0,01	
Messing	0,066	15	1,5	
Kohle, Halbleiter				
Germanium (rein)	$0{,}46 \cdot 10^{6}$	$2{,}2 \cdot 10^{-6}$		
Graphit	8,7	0,115		
Kohle (Bürstenkohle)	40...100	0,01...0,025	−0,2 ... −0,8	
Silizium (rein)	$2{,}3 \cdot 10^{9}$	$0{,}43 \cdot 10^{-9}$		
Elektrolyte				
Kochsalzlösung (10%)	$79 \cdot 10^{3}$	$12{,}7 \cdot 10^{-6}$		
Schwefelsäure (10%)	$25 \cdot 10^{3}$	$40{,}0 \cdot 10^{-6}$		
Kupfersulfatlösung (10%)	$300 \cdot 10^{3}$	$3{,}3 \cdot 10^{-6}$		
Wasser (rein)	$2{,}5 \cdot 10^{11}$	$4{,}0 \cdot 10^{-10}$		
Wasser (destilliert)	$4 \cdot 10^{10}$	$2{,}5 \cdot 10^{-9}$		
Meerwasser	$300 \cdot 10^{3}$	$3{,}3 \cdot 10^{-6}$		
Isolierstoffe				
Bernstein	10^{22}			
Glas	$10^{17}...10^{18}$			
Glimmer	$10^{19}...10^{21}$			
Holz (trocken)	$10^{15}...10^{19}$			
Papier	$10^{21}...10^{22}$			
Polystyrol	bis 10^{22}			
Porzellan	bis 5 10^{18}			
Transformator-Öl	$10^{16}...10^{19}$			

Die Angaben in der Tabelle A.28 weichen teilweise von den Angaben in [8] ab. Dort sind z. B. für die spezifische Leitfähigkeit von Kupfer die Werte $\kappa_{20} = 55$ ... 56 Sm/mm^2 (hartes Kupfer) und $\kappa_{20} = 57$ Sm/mm^2 (weiches Kupfer) zu finden. Für weiches Kupfer wird dort ein linearer Widerstandsbeiwert von 3,7 bis $4{,}3 \cdot 10^{-3}$ K^{-1} angegeben.

Tab. A.29 Permeabilitätszahlen μ_r für verschiedene Materialien nach [9, 10]

Diamagnetische Stoffe ($\mu_r < 1$)		Paramagnetische Stoffe ($\mu_r > 1$)	
Aluminiumoxid	0,9999864	Aluminium	1,0000208
Kupfer	0,9999904	Eisen bei 800 °C	1,149
Wasser	0,99999097	Eisen bei 1200 °C	1,00259
		Sauerstoff	1,00000186

Tab. A.30 Beträge der Remanenzflussdichte $\boldsymbol{B}_R$ und Koerzitivfeldstärke $\boldsymbol{H}_C$ sowie relative Permeabilität μ_r für technisch relevante magnetische Legierungen nach [11]

	B_R / T	H_C / (A/m)	μ_r
hartmagnetische Metalle			
Kohlenstoffstahl	1 ... 2	4000	
Chromstahl	0,992	5200	
Wolframstahl	1,1	4800	
Cobaltstahl	0,93	18160	
Vicalloy	0,97	24000	
KS-Magnetstahl	1	19200	
Tromalit	0,4	60000	
weichmagnetische Metalle			
E-Eisen (einmal geglüht)	1,08	30,4	14600
E-Eisen (zweimal geglüht)	0,085	12	4900
E-Eisen	0,3	7,68	19400
Permalloy	-	> 8	100000
Nicalloy	1,4	24	10000
Hyperm 50	1,5	6,8	28000
Mumetall	0,8	5	100000

A.3 Maxwellsche Theorie

In den Grundlagen der Elektrotechnik wird bei der Darstellung des elektrischen und magnetischen Feldes komplett auf die dielektrische Verschiebung $\boldsymbol{D}$ und die magnetische Feldstärke $\boldsymbol{H}$ verzichtet. Die Materialkonstanten ϵ_r und μ_r werden über die elektrische Polarisation und die Magnetisierung eingeführt. Dieser Zugang ist anschaulicher als der abstrakte Formalismus der Maxwellgleichungen für Materie und ist für Studierende verständlicher ist. Diese Vorgehensweise hat zu lebhaften Diskussionen geführt und soll daher an dieser Stelle begründet werden. Das alles ist nicht neu. So ist beispielsweise in [12, Seite 56] im Wortlaut der Satz „Im Prinzip käme man zur Beschreibung elektromagnetischer Phänomene mit je einer Art von Feld für elektrische bzw. magnetische Phänomene (konventionell werden dazu meist $\boldsymbol{E}$ und $\boldsymbol{B}$ gewählt) und den Konstanten ε_0 und μ_0 aus.“ zu finden. Zur Vertiefung ist die Lektüre von [13, Kapitel 1], [14], [15, Kapitel 27], [16, Part II] und [17] zu empfehlen.

Im ersten Schritt werden kurz die Differenzialoperatoren der Vektoranalysis wiederholt. Weitergehende Information sind in der Literatur wie [18–22] zu finden. Danach geht es um die klassische Maxwellsche Theorie des elektromagnetischen Feldes, die der schottische Physiker Maxwell 1865 veröffentlichte. Die heute gängigen Notationen kamen später dazu. Diese vier Gleichungen sind in der Beschreibung einer sehr großen Anzahl elektromagnetischer Phänomene sehr erfolgreich gewesen. Nur die Abstrahlung elektromagnetischer Wellen konnte bis 1900 nicht korrekt wiedergegeben werden. Zur erfolgreichen Korrektur erfand Max Planck das Plancksche Wirkungsquantum h. Diese Größe taucht in der Quantentheorie auf, die Mitte der 20-er Jahre des letzten Jahrhunderts formuliert wurde. Scheinbare Inkonsistenzen bei der Betrachtung bewegter Systeme führten 1905 zur speziellen Relativitätstheorie von Albert Einstein. Die Weiterentwicklung namens Quantenelekrodynamik ist die am genauesten überprüfte Theorie in der Physik überhaupt. Richard Feynman gilt als einer ihrer Väter.

Hier wird um zwei Varianten der Maxwellgleichungen in differentieller Form gehen. Die integralen Formen werden ausgelassen. Dabei wird klarwerden, welche Bedeutung die vier vektoriellen Feldgrößen $\boldsymbol{E}$, $\boldsymbol{D}$, $\boldsymbol{H}$ und $\boldsymbol{B}$ haben. Es ist für manche Studierende schwer verständlich, worin der Unterschied zwischen $\boldsymbol{E}$ und $\boldsymbol{D}$ einerseits und zwischen $\boldsymbol{H}$ und $\boldsymbol{B}$ andererseits liegt. Das alles kann vermieden und der Zugang einfacher gehalten werden. Wie das geht und warum das konsistent mit den Maxwellgleichungen ist, wird hoffentlich am Ende deutlich sein.

Elemente der Vektoranalysis

Es sollen kartesische Koordinaten betrachtet werden.

$$\boldsymbol{E} = \begin{bmatrix} E_\mathrm{x} \\ E_\mathrm{y} \\ E_\mathrm{z} \end{bmatrix} = E_\mathrm{x}\,\boldsymbol{e}_\mathrm{x} + E_\mathrm{y}\,\boldsymbol{e}_\mathrm{y} + E_\mathrm{z}\,\boldsymbol{e}_\mathrm{z} \qquad \boldsymbol{\nabla} = \begin{bmatrix} \frac{\partial}{\partial x} \\ \frac{\partial}{\partial y} \\ \frac{\partial}{\partial z} \end{bmatrix}$$

Ein Vektor wie die elektrische Feldstärke $\boldsymbol{E}$ wird bezüglich der Einheitsvektoren $\boldsymbol{e}_\mathrm{x}$, $\boldsymbol{e}_\mathrm{y}$ und $\boldsymbol{e}_\mathrm{z}$ dargestellt. Die Differenzialoperatoren Gradient (grad), Divergenz (div) und Rotation (rot) können mit dem Nabla-Operator $\boldsymbol{\nabla}$ formuliert werden. Der Gradient wird hier nicht gebraucht. Bei der Divergenz wird der Nabla-Operator formal über ein Skalarprodukt mit dem Vektor verknüpft und bei der Rotation ist es das Kreuzprodukt.

$$\mathrm{div}\boldsymbol{E} = \boldsymbol{\nabla}\cdot\boldsymbol{E} = \tfrac{\partial}{\partial x}E_\mathrm{x} + \tfrac{\partial}{\partial y}E_\mathrm{y} + \tfrac{\partial}{\partial z}E_\mathrm{z} \qquad \mathrm{rot}\boldsymbol{E} = \boldsymbol{\nabla}\times\boldsymbol{E} = \begin{bmatrix} \tfrac{\partial}{\partial y}E_\mathrm{z} - \tfrac{\partial}{\partial z}E_\mathrm{y} \\ \tfrac{\partial}{\partial z}E_\mathrm{x} - \tfrac{\partial}{\partial x}E_\mathrm{z} \\ \tfrac{\partial}{\partial x}E_\mathrm{y} - \tfrac{\partial}{\partial y}E_\mathrm{x} \end{bmatrix}$$

Grundsätzlich sind manche Größen wie die elektrische Feldstärke vom Ort $\boldsymbol{r} = x\,\boldsymbol{e}_\mathrm{x} + y\,\boldsymbol{e}_\mathrm{y} + z\,\boldsymbol{e}_\mathrm{z}$ und der Zeit t abhängig, d. h. $\boldsymbol{E} = \boldsymbol{E}(x, y, z, t)$. Zur Vereinfachung werden die Orts- und Zeitabhängigkeit der Größen nicht explizit angegeben.

Elektromagnetische Felder - Ursache und Wirkung

Das elektromagnetische Feld macht sich durch seine Wirkung auf elektrische Ladung bemerkbar. Die elektrische Feldstärke $\boldsymbol{E}$ ist nach Gl. 1.4 mit der Coulombkraft $\boldsymbol{F}_\mathrm{C}$ und die magnetische Flussdichte $\boldsymbol{B}$ ist nach Gl. 1.101 mit der Lorentzkraft $\boldsymbol{F}_\mathrm{L}$ verbunden.

$$\boldsymbol{F}_\mathrm{C} = Q\,\boldsymbol{E} \qquad [E] = \mathrm{V/m}$$
$$\boldsymbol{F}_\mathrm{L} = Q\,(\boldsymbol{v}\times\boldsymbol{B}) \qquad [B] = \mathrm{T}$$

Diese zwei Kräfte bilden zusammen die elektrodynamische Kraft $Q\,(\boldsymbol{E} + \boldsymbol{v}\times\boldsymbol{B})$. Elektrische Ladungen sind auch Ursache bzw. Quelle für das elektromagnetische Feld, das nach den noch folgenden Maxwellgleichungen A.8 durch die Raumladungsdichte ρ und die Stromdichte $\boldsymbol{j}$ erzeugt wird. Diese sind per

$$Q = \int_V \rho\,\mathrm{d}V \qquad \text{und} \qquad i = \int_{\boldsymbol{A}} \boldsymbol{j}\cdot\mathrm{d}\boldsymbol{A} \tag{A.1}$$

über die elektrische Ladung Q und die elektrische Stromstärke i definiert. Dabei wird vorausgesetzt, dass die Verteilung der diskreten Elementarladungen in einem Volumen genauso wie ihre Strömung durch eine Querschnittsfläche kontinuierlich ist. Mit der Geschwindigkeit $\boldsymbol{v}$ gilt

$$\boldsymbol{j} = \rho\,\boldsymbol{v}\,. \tag{A.2}$$

Vielfach wird die Kontinuitätsgleichung

$$\tfrac{\partial}{\partial t}\rho + \boldsymbol{\nabla}\cdot\boldsymbol{j} = 0 \tag{A.3}$$

angegeben. Sie ist Ausdruck der Ladungserhaltung und kann aus den Maxwellgleichungen A.4 und A.6 abgeleitet werden.

Maxwellgleichungen - erste Version

Für die folgenden vier Maxwellgleichungen existieren im deutschen Sprachraum verschiedene Bezeichnungen wie

- *grundsätzliche Maxwellgleichungen* [17, 22–24],
- *Maxwellgleichungen für das Vakuum* [25–27] oder
- *mikroskopischen Maxwellgleichungen* [28].

Das 1. Maxwellsche Gesetz ist das erweiterte Durchflutungsgesetz bzw. das Ampèresche Gesetz.

$$\boldsymbol{\nabla} \times \boldsymbol{B} = \mu_0\, \boldsymbol{j} + \mu_0 \varepsilon_0\, \tfrac{\partial}{\partial t}\, \boldsymbol{E} \tag{A.4}$$

Das 2. Maxwellsche Gesetz ist das Induktionsgesetz bzw. Faradaysche Gesetz.

$$\boldsymbol{\nabla} \times \boldsymbol{E} = -\tfrac{\partial}{\partial t}\, \boldsymbol{B} \tag{A.5}$$

Das 3. Maxwellsche Gesetz ist das Grundgesetz der Elektrostatik bzw. der Gaußsche Satz für das elektrische Feld.

$$\varepsilon_0\, \boldsymbol{\nabla} \cdot \boldsymbol{E} = \rho \tag{A.6}$$

Das 4. Maxwellsche Gesetz ist das Grundgesetz des Magnetismus bzw. der Gaußsche Satz für das Magnetfeld.

$$\boldsymbol{\nabla} \cdot \boldsymbol{B} = 0 \tag{A.7}$$

Diese vier Gesetze lauten zusammengefasst und in etwas anderer Reihenfolge:

$$\begin{aligned} \varepsilon_0\, \boldsymbol{\nabla} \cdot \boldsymbol{E} &= \rho & \boldsymbol{\nabla} \cdot \boldsymbol{B} &= 0 \\ \boldsymbol{\nabla} \times \boldsymbol{E} &= -\tfrac{\partial}{\partial t}\, \boldsymbol{B} & \boldsymbol{\nabla} \times \boldsymbol{B} &= \mu_0\, \boldsymbol{j} + \mu_0 \varepsilon_0\, \tfrac{\partial}{\partial t}\, \boldsymbol{E} \end{aligned} \tag{A.8}$$

Die elektrische Feldkonstante ε_0 und die magnetische Feldkonstante μ_0 hängen wegen

$$c_0^2 = \frac{1}{\varepsilon_0\, \mu_0}$$

mit c_0 der Lichtgeschwindigkeit im Vakuum zusammen.

Maxwellgleichungen - zweite Version

Neben den vier Maxwellgleichungen A.8 sind vier andere Maxwellgleichungen verbreitet.

$$\begin{aligned} \boldsymbol{\nabla} \cdot \boldsymbol{D} &= \rho_{\mathrm{f}} & \boldsymbol{\nabla} \cdot \boldsymbol{B} &= 0 \\ \boldsymbol{\nabla} \times \boldsymbol{E} &= -\tfrac{\partial}{\partial t}\, \boldsymbol{B} & \boldsymbol{\nabla} \times \boldsymbol{H} &= \boldsymbol{j}_{\mathrm{f}} + \tfrac{\partial}{\partial t}\, \boldsymbol{D} \end{aligned} \tag{A.9}$$

Auch diese Gleichungen tragen unterschiedliche Bezeichnungen wie

- *grundsätzliche Maxwellgleichungen* [5, 11, 27, 29–31],
- *Maxwellsche Hauptgleichungen (Feldgleichungen)* [32],
- *Maxwellgleichungen für Materie* [23, 25] oder
- *makroskopischen Maxwellgleichungen* [26, 28, 33].

In den Maxwellgleichngen A.9 liegen zwei weitere vektorielle Feldgrößen vor. Das sind die dielektrische Verschiebung $\boldsymbol{D}$ im Zusammenhang mit dem elektrischen Feld und die magnetische Feldstärke $\boldsymbol{H}$. Sie haben die Einheiten $[D]$ = As/m^2 und $[H]$ = A/m. Es sind grundsätzlich andere physikalische Größen als $\boldsymbol{E}$ und $\boldsymbol{B}$. Weiterhin ist zu beachten, dass hier die Größen ρ_f und $\boldsymbol{j}_\mathrm{f}$ statt ρ und $\boldsymbol{j}$ zu finden sind.

Im Zusammenhang mit den Maxwellgleichungen A.9 sind zwei Materialgleichungen von Bedeutung. Für lineare und isotrope Werkstoffe gilt

$$\boldsymbol{D} = \varepsilon\,\boldsymbol{E} = \varepsilon_0\varepsilon_\mathrm{r}\,\boldsymbol{E} \tag{A.10}$$

und

$$\boldsymbol{B} = \mu\,\boldsymbol{H} = \mu_0\mu_\mathrm{r}\,\boldsymbol{H}\;. \tag{A.11}$$

Das ist der einfachste Fall. Das Material ist homogen und die Stoffparameter ε_r und μ_r sind skalare und konstante Größen. In anisotropen Medien ist mindestens eine der beiden Größen von der Richtung abhängig und es müssen Tensoren eingeführt werden. Bei nichtlinearen Verhalten kann eine Reihenentwicklung von ε_r und μ_r gemacht werden, die auch mit Tensoren möglich ist. Auch können diese Stoffparameter frequenzabhängig sein.

Für Dauermagnete ist die Gl. A.11 wegen $H = 0$ nicht mehr gültig, was weiter unten begründet wird. In diesem Fall müssen die allgemeinen Materialgleichungen herangezogen werden. Sie lauten

$$\boldsymbol{D} = \varepsilon_0\,\boldsymbol{E} + \boldsymbol{P} \tag{A.12}$$

und

$$\boldsymbol{B} = \mu_0\,\boldsymbol{H} + \mu_0\,\boldsymbol{M} \tag{A.13}$$

mit der elektrischen Polarisation $\boldsymbol{P}$ und der Magnetisierung $\boldsymbol{M}$. Sie sind die Dichte der elektrischen und magnetischen Dipolmomente.

$$\boldsymbol{P} = \frac{\mathrm{d}\boldsymbol{p}_\mathrm{e}}{\mathrm{d}V} \qquad \text{und} \qquad \boldsymbol{M} = \frac{\mathrm{d}\boldsymbol{p}_\mathrm{m}}{\mathrm{d}V} \tag{A.14}$$

Statt der Magnetisierung ist in der Literatur auch die magnetische Polarisation $\boldsymbol{J} = \mu_0\,\boldsymbol{M}$ zu finden. Wegen Gl. 1.6 und 1.115 sind ein elektrisches Dipolmoment $\boldsymbol{p}_\mathrm{e}$ und ein magnetisches Dipolmoment $\boldsymbol{p}_\mathrm{m}$ über das Drehmoment definiert, das sie im elektrischen bzw. magnetischen Feld erfahren. Zur Erinnerung

$$\boldsymbol{T} = \boldsymbol{p}_\mathrm{e} \times \boldsymbol{E} \qquad \text{und} \qquad \boldsymbol{T} = \boldsymbol{p}_\mathrm{m} \times \boldsymbol{B}\;.$$

Hier trägt das Drehmoment den Formelbuchstaben $\boldsymbol{T}$, damit es nicht mit der Magnetisierung $\boldsymbol{M}$ verwechselt werden kann. Genau betrachtet sind das Facetten der Coulomb- und Lorentzkraft.

Werden die Materialgleichungen A.10 und A.11 in zwei der Maxwellgleichungen A.9 eingesetzt, sehen die den Maxwellgleichungen A.8 sehr ähnlich sehen.

$$\begin{aligned} \varepsilon\, \nabla \cdot \boldsymbol{E} &= \rho_\mathrm{f} & \nabla \cdot \boldsymbol{B} &= 0 \\ \nabla \times \boldsymbol{E} &= -\tfrac{\partial}{\partial t} \boldsymbol{B} & \nabla \times \boldsymbol{B} &= \mu\, \boldsymbol{j}_\mathrm{f} + \mu\,\varepsilon\, \tfrac{\partial}{\partial t} \boldsymbol{E} \end{aligned} \tag{A.15}$$

An dieser Stelle sind Fragen offen.

- Welches sind nun die grundlegenden Maxwellgleichungen? Wenn Vakuum ein Sonderfall der Materie ist, müssen die Maxwellgleichungen A.8 aus den Maxwellgleichungen A.9 folgen. Wie sieht die Herleitung aus?
- Warum gibt es im elektrischen Feld zwei unterschiedliche physikalische Größen $\boldsymbol{E}$ und $\boldsymbol{D}$? Wie unterscheiden sich beide? Wie ist die dielektrische Verschiebung zu erklären?
- Warum werden auch im magnetischen Feld zwei unterschiedliche physikalische Größen $\boldsymbol{H}$ und $\boldsymbol{B}$ verwendet? Wie ist die magnetische Feldstärke definiert?
- Welche Bedeutung haben ρ_f und $\boldsymbol{j}_\mathrm{f}$?

Um es kurz zu machen, die Gleichungen A.8 sind die grundsätzlichen Maxwellgleichungen. Sie gelten in Vakuum und Materie und in diesem Rahmen werden sie vereinfachend als Maxwellgleichungen bezeichnet. Im Vakuum gibt es keine elektrischen Ladungen und keine elektrischen Ströme. Daher vereinfachen sich die Gleichungen A.8 zu

$$\begin{aligned} \nabla \cdot \boldsymbol{E} &= 0 & \nabla \cdot \boldsymbol{B} &= 0 \\ \nabla \times \boldsymbol{E} &= -\tfrac{\partial}{\partial t} \boldsymbol{B} & \nabla \times \boldsymbol{B} &= \mu_0 \varepsilon_0\, \tfrac{\partial}{\partial t} \boldsymbol{E} \end{aligned} \tag{A.16}$$

Die Gleichungen A.9 sind eine bewährte Lösung, wenn Materie ins Spiel kommt. Das sind die Maxwellgleichungen für Materie. Sie beruhen darauf, dass die geladenen Elementarteilchen in gebundene und freie Ladungen und Ströme unterteilt werden.

$$\rho = \rho_\mathrm{f} + \rho_\mathrm{p} \qquad \text{und} \qquad \boldsymbol{j} = \boldsymbol{j}_\mathrm{f} + \boldsymbol{j}_\mathrm{p} \tag{A.17}$$

Daher rührt hier der Index f. Manche Autoren wählen dafür den Index frei [24]. Freie Ladungen und freie Ströme können gemessen werden. Die vielfältigen Beiträge der gebundenen Elementarteilchen werden effektiv mit den Stoffkonstanten ε_r und μ_r zusammengefasst. Dafür steht der Index p, für den auch gleichbedeutend der Index geb. gebraucht wird [24]. Es liegen immer 6 Gleichungen zu Grunde, 4 Maxwellgleichungen für Materie plus 2 Materialgleichungen.

Interpretation der Maxwellgleichungen für Materie

Die Einführung von $\boldsymbol{D}$ und $\boldsymbol{H}$ hat den Vorteil, dass die Maxwellgleichungen für Materie ohne die Naturkonstanten ε_0 und μ_0 auskommen. Diese Schreibweise ist sehr elegant. In der theoretischen Physik sind andere Maßsysteme der Elektrodynamik wie das esE-, emE-, Gauß- oder Heaviside-Lorentz-System verbreitet, die in der Darstellung vergleichbare Vorteile bieten [34]. Beispielsweise wird in der Teilchenphysik die Lichtgeschwindigkeit gerne auf 1 gesetzt. Eine kompakte Darstellung der historischen Entwicklung mit einer ausführlichen Liste von Orginalreferenzen ist im Skript von Kirk T. McDonald zu finden [35].

Leider kommt es immer wieder zu Missverständnissen und Diskussionen. Die Vektoren $\boldsymbol{D}$ und $\boldsymbol{H}$ sind reine Rechengrößen bzw. Zwischenergebnisse, die über die Materialgleichungen A.12 und A.13 definiert sind. Sie nicht messbar. Jedoch ist eine physikalische Interpretation möglich.

- Die Größe $\boldsymbol{D}/\varepsilon_0$ ist der Teil von $\boldsymbol{E}$, der von den freien Ladungsträgern ausgeht. Dieser Teil wird von der Materie im Mittel geschwächt, falls $\varepsilon_\mathrm{r} > 1$. Das folgt aus der Materialgleichung A.12. Der Teil von $\boldsymbol{E}$, der von den gebundenen Ladungsträgern verursacht wird, ist $\boldsymbol{P}/\varepsilon_0$.
- Die Größe $\mu_0\boldsymbol{H}$ ist der Teil von $\boldsymbol{B}$, der von der Strömung der freien Ladungsträger $\boldsymbol{j}_\mathrm{f}$ hervorgerufen wird. Daher gilt bei Dauermagneten $H = 0$. Der andere Teil ist $\mu_0\boldsymbol{M}$. Falls $\mu_\mathrm{r} > 1$, verstärkt die Materie das Magnetfeld im Mittel. Das besagt die Materialgleichung A.13.

Die vektoriellen Feldgrößen $\boldsymbol{D}/\varepsilon_0$ und $\mu_0\boldsymbol{H}$ sind Anteile von $\boldsymbol{E}$ und $\boldsymbol{B}$ und keine eigenständigen Felder. Es bietet sich an, $\boldsymbol{E}_\mathrm{f} = \boldsymbol{D}/\varepsilon_0$ und $\boldsymbol{B}_\mathrm{f} = \mu_0\boldsymbol{H}$ einzuführen. Damit sind die 4 Maxwellgleichungen für Materie

$$\begin{aligned} &\varepsilon_0\,\nabla\cdot\boldsymbol{E}_\mathrm{f} = \rho_\mathrm{f} && \nabla\cdot\boldsymbol{B} = 0 \\ &\nabla\times\boldsymbol{E} = -\tfrac{\partial}{\partial t}\boldsymbol{B} && \nabla\times\boldsymbol{B}_\mathrm{f} = \mu_0\,\boldsymbol{j}_\mathrm{f} + \mu_0\varepsilon_0\,\tfrac{\partial}{\partial t}\boldsymbol{E}_\mathrm{f} \end{aligned} \tag{A.18}$$

sowie die Materialgleichungen A.12 und A.13

$$\varepsilon_0\,\boldsymbol{E} = \varepsilon_0\,\boldsymbol{E}_\mathrm{f} - \boldsymbol{P} \qquad \text{und} \qquad \boldsymbol{B} = \boldsymbol{B}_\mathrm{f} + \mu_0\,\boldsymbol{M} = \boldsymbol{B}_\mathrm{f} + \boldsymbol{J}\,. \tag{A.19}$$

Die elektrische Polarisation und die Magnetisierung können zusätzlich mit $\boldsymbol{E}_\mathrm{p} = -\boldsymbol{P}/\varepsilon_0$ und $\boldsymbol{B}_\mathrm{p} = \mu_0\boldsymbol{M} = \boldsymbol{J}$ substituiert werden. Ihre Felder sind ebenso Anteile von $\boldsymbol{E}$ und $\boldsymbol{B}$. Damit vereinfachen sich die Materialgleichungen zu

$$\boldsymbol{E} = \boldsymbol{E}_\mathrm{f} + \boldsymbol{E}_\mathrm{p} \qquad \text{und} \qquad \boldsymbol{B} = \boldsymbol{B}_\mathrm{f} + \boldsymbol{B}_\mathrm{p}\,. \tag{A.20}$$

Tab. A.31 Bedeutung der traditionellen Feldgrößen nach [13]

Feldgröße	$\boldsymbol{D}$	$\boldsymbol{H}$	$\boldsymbol{P}$	$\boldsymbol{M}$
Bedeutung	$\varepsilon_0\,\boldsymbol{E}_\mathrm{f}$	$\boldsymbol{B}_\mathrm{f}\,/\,\mu_0$	$-\varepsilon_0\,\boldsymbol{E}_\mathrm{p}$	$\boldsymbol{B}_\mathrm{p}\,/\,\mu_0$
Ursache	ρ_f	$\boldsymbol{j}_\mathrm{f}$	ρ_p	$\boldsymbol{j}_\mathrm{p}$

In Tab. A.31 ist noch einmal alles zusammengefasst. Es ist möglich, statt $\boldsymbol{D}$ und $\boldsymbol{H}$ die Feldanteile von $\boldsymbol{E}$ und $\boldsymbol{B}$ zu verwenden. Die Maxwellgleichungen für Materie nach Gl. A.9 und A.18 sind völlig äquivalent. Interessant ist, dass manche Autoren die Feldanteile $\boldsymbol{E}_\mathrm{p}$ und $\boldsymbol{B}_\mathrm{p}$ noch in je zwei Teile zerlegen [15, Seite 258].

- Es gibt die Quellen und Felder der ungestörten Materie, die sich im Grundzustand oder thermodynamischen Gleichgewicht befinden soll.
- Es gibt die Quellen und Felder der Materie als Reaktion auf die äußeren Felder.

Damit haben $\boldsymbol{E}$ und $\boldsymbol{B}$ in den Materialgleichungen A.20 je drei Anteile.

Materialkonstante ε_r und μ_r ohne $\boldsymbol{D}$ und $\boldsymbol{H}$

Die Maxwellgleichungen für Materie sind Studierenden im 2. Semester an der Fachhochschule, die Elektrotechnik im Nebenfach belegen, nicht zumutbar. Daher werden die dielektrische Verschiebung $\boldsymbol{D}$ und die magnetische Feldstärke $\boldsymbol{H}$ komplett weggelassen. Beide Größen sind nicht messbar. Es tauchen nur die elektrische Feldstärke $\boldsymbol{E}$ und die magnetische Flussdichte $\boldsymbol{B}$ auf, die durch die Coulomb- und Lorentzkraft definiert sind. Die Stoffkonstanten ε_r und μ_r werden ohne Kenntnis der Maxwellgleichungen und ohne Kenntnis von $\boldsymbol{D}$ und $\boldsymbol{H}$ mit der elektrischen Polarisation und der Magnetisierung nach Gl. A.14 erklärt.

Tab. A.32 Materialien in elektrischen und magnetischen Feldern

$\boldsymbol{E}_\mathrm{p} = \chi_\mathrm{e}\,\boldsymbol{E}$	$\epsilon_\mathrm{r} = 1$	keinen Polarisation	Vakuum
$\epsilon_\mathrm{r} = 1 + \chi_\mathrm{e}$	$\epsilon_\mathrm{r} > 1$	Verschiebungspolarisation	Luft, SF_6, NaCl
		Orientierungspolarisation	H_2O
$\boldsymbol{B}_\mathrm{p} = \chi_\mathrm{m}\,\boldsymbol{B}_\mathrm{f}$	$\mu_\mathrm{r} < 1$	Diamagnetismus	
$\mu_\mathrm{r} = 1 + \chi_\mathrm{m}$	$\mu_\mathrm{r} = 1$	keine Magnetisierung	Gehäuse einer GIS
	$\mu_\mathrm{r} > 1$	Paramagnetismus	Alkalimetalle, O_2

Im einfachsten Fall sind die Materialien linear und isotrop (Tab. A.32). Das ist anschaulich und kann in den Abschnitten 1.1.1 und 1.3.2 über Materie im elektrischen und magnetischen Feld detaillierter nachgelesen werden.

A.4 Einphasiger Transformator

In diesem Abschnitt werden die Ersatzschaltbilder für einen einphasigen Volltransformator erklärt (Abb. 1.84). Der hat zwei galvanisch getrennte Wicklungen mit den Windungszahlen N_1 und N_2. Sein Übersetzungsverhältnis ist

$$\ddot{u} = \frac{N_1}{N_2}\,. \tag{A.21}$$

In den Wicklungen des Transformators fließen Wechselströme mit einer Frequenz von 50 Hz. Daher durchlaufen die Transformatorkerne periodisch die Hysteresekurve (Abb. 1.78) und das Material kann in Sättigung kommen. Zur Vereinfachung wird in allen Fällen vorausgesetzt, dass sich die Eisenkerne linear verhalten. Der magnetische Fluss im Kern soll proportional zu den elektrischen Stromstärken in den Spulen sein.

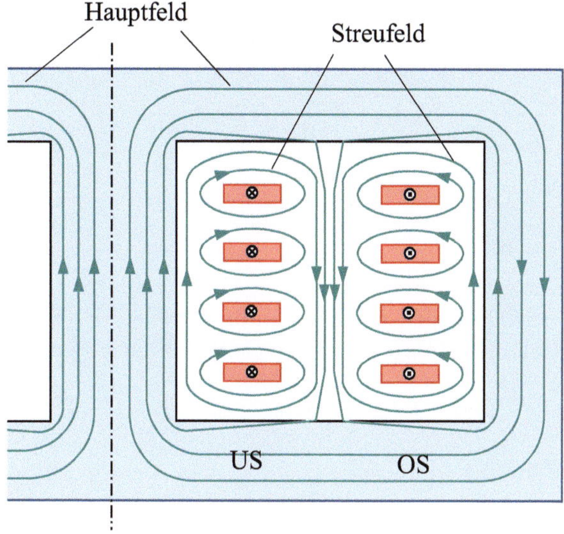

Abb. A.7 Querschnitt durch einen Zweiwicklungstransformator nach [4]

Technisch ist es schlicht unmöglich, einen Umspanner zu konstruieren und zu fertigen, der keine Streufelder hat (Abb. A.7). Es gibt immer einen Teil der magnetischen Feldlinien, der sich nicht vollständig im Eisenkern schließt. Das verschlechtert die magnetische Kopplung und es wird sich zeigen, dass das damit ein interner Spannungsfall verbunden ist.

A.4.1 Streuungs- und verlustloser Transformator

Zusätzlich zu der Idealisierung vom linearen Kernmaterial werden zwei weitere vereinfachende Annahmen getroffen.

- Der Transformator hat keine Streufelder, so dass beide Wicklungen vom selben magnetischen Fluss durchsetzt werden.
- Der Transformator hat keine Verluste. Sein Wirkungsgrad soll 100 % sein.

Das ist das einfachste Modell einer magnetischen Kopplung. Beide elektrische Ströme sind mit je einem magnetischen Fluss verbunden.

$$\Phi_1 = N_1\,\Lambda_\mathrm{m}\,i_1 \qquad \Phi_2 = N_2\,\Lambda_\mathrm{m}\,i_2 \tag{A.22}$$

Das ist das ohmsche Gesetz des magnetischen Kreises mit dem magnetischen Leitwert Λ_m. Die Anteile Φ_1 und Φ_2 überlagern sich zum gesamten Fluss Φ.

$$\Phi = \Phi_1 + \Phi_2 \tag{A.23}$$

Da sich das Magnetfeld zeitlich ändert, wird nach dem Induktionsgesetz in jede der beiden Spulen eine Spannung induziert.

$$\begin{aligned} u_1(t) &= N_1 \frac{\mathrm{d}}{\mathrm{d}t}\Phi(t) = N_1\Lambda_\mathrm{m}\left(N_1\frac{\mathrm{d}}{\mathrm{d}t}i_1(t) + N_2\frac{\mathrm{d}}{\mathrm{d}t}i_2(t)\right) \\ u_2(t) &= N_2 \frac{\mathrm{d}}{\mathrm{d}t}\Phi(t) = N_2\Lambda_\mathrm{m}\left(N_1\frac{\mathrm{d}}{\mathrm{d}t}i_1(t) + N_2\frac{\mathrm{d}}{\mathrm{d}t}i_2(t)\right) \end{aligned} \tag{A.24}$$

Hieraus folgt direkt

$$\frac{u_1(t)}{u_2(t)} = \frac{N_1}{N_2} = \ddot{u}\,. \tag{A.25}$$

Die Spannungen verhalten sich wie die Windungszahlen. Es macht Sinn, an dieser Stelle Induktivitäten einzuführen. Mit den Selbstinduktivitäten

$$L_1 = N_1^2\Lambda_\mathrm{m} \qquad \text{und} \qquad L_2 = N_2^2\Lambda_\mathrm{m} \tag{A.26}$$

ist das Übersetzungsverhältnis

$$\ddot{u} = \sqrt{L_1/L_2}\,. \tag{A.27}$$

Die Gegeninduktivität wird als

$$M = N_1 N_2\,\Lambda_\mathrm{m} \tag{A.28}$$

definiert und wegen Gl. A.26 gilt

$$M = \sqrt{L_1 L_2}\,. \tag{A.29}$$

Damit können die Transformatorgleichungen A.24 einfacher aufgeschrieben werden.

$$\begin{aligned} u_1(t) &= L_1\frac{\mathrm{d}}{\mathrm{d}t}i_1(t) + M\frac{\mathrm{d}}{\mathrm{d}t}i_2(t) \\ u_2(t) &= M\frac{\mathrm{d}}{\mathrm{d}t}i_1(t) + L_2\frac{\mathrm{d}}{\mathrm{d}t}i_2(t) \end{aligned} \tag{A.30}$$

Im Weiteren wird der stationären Zustand vorausgesetzt. Dann können wie gewohnt die elektrischen Spannungen und Ströme mit komplexen Effektivwertzeigern wiedergegeben werden. Dabei wird die zeitliche Ableitung $\mathrm{d}/\mathrm{d}t$ durch den Faktor $\mathrm{j}\omega$ ersetzt (Gl. 1.191).

$$\begin{aligned} \underline{U}_1 &= \mathrm{j}\omega L_1\,\underline{I}_1 + \mathrm{j}\omega M\,\underline{I}_2 \\ \underline{U}_2 &= \mathrm{j}\omega M\,\underline{I}_1 + \mathrm{j}\omega L_2\,\underline{I}_2 \end{aligned} \tag{A.31}$$

Die Transformatorgleichungen A.31 können als Ersatzschaltbild gezeichnet werden (Abb. A.8 links). Das enthält die Symbole der Selbstinduktivitäten L_1 und L_2. Wenn angedeutet werden soll, dass der Transformator einen ferromagnetischen Kern enthält, wird zusätzlich zwischen den Symbolen ein vertikaler Strich gezogen.

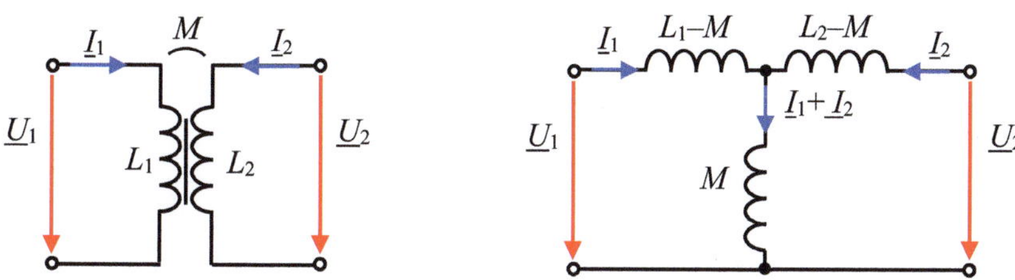

Abb. A.8 Ersatzschaltbilder vom streuungs- und verlustlosen einphasigen Volltransformator im VZS

Die Spannungsgleichungen A.31 können auch etwas anders geschrieben werden.

$$\begin{aligned} \underline{U}_1 &= \mathrm{j}\omega\,(L_1 - M)\;\underline{I}_1 + \mathrm{j}\omega M\,(\underline{I}_1 + \underline{I}_2) \\ \underline{U}_2 &= \mathrm{j}\omega\,(L_2 - M)\;\underline{I}_2 + \mathrm{j}\omega M\,(\underline{I}_1 + \underline{I}_2) \end{aligned} \tag{A.32}$$

Diese Spannungsgleichungen können auch als Ersatzschaltung dargestellt werden. Das wird T-Ersatzschaltbild genannt, da es die Form vom Buchstaben T hat (Abb. A.8 rechts). Es enthält Längselemente wie die Induktivität L_1–M und das Querelement M. Das hat den Vorteil, dass zur Berechnung nur die Kirchhoffschen Regeln angesetzt werden müssen. Es ist jedoch Vorsicht geboten. Im T-Ersatzschaltbild wird zwischen den Anschlüssen auf der OS- und US-Seite eine galvanische Verbindung vorgetäuscht, obwohl bei Volltransformatoren immer eine Potenzialtrennung gegeben ist. Auch kann je nach Wahl der Zählpfeilsysteme eine der drei Induktivitäten L_1–M, L_2–M und M im T-Ersatzschaltbild negativ werden. Ihre physikalische Interpretation erschließt sich nicht unmittelbar.

Aus den Spannungsgleichungen A.32 ist ersichtlich, dass nach diesem Modell der Transformator Blindleistungsbedarf hat, wenn auf der Oberspannungsseite eine Spannung U_1 anliegt und er auf der Unterspannungsseite im Leerlauf betrieben wird ($I_2 = 0$). Es fließt dann ein Leerlaufstrom, der als Magnetisierungsstrom bezeichnet wird. Das alles ist beim idealen Transformator nicht der Fall, der sich nun anschließt.

A.4.2 Idealer Transformator

Es kann gezeigt werden, dass der streuungs- und verlustlose Transformator in den idealen Transformator übergeht, wenn der magnetische Leitwert Λ_m unendlich groß wird [8]. Das bedeutet, dass das Kernmaterial eine unendlich große Permeabilität μ hat und es keine Luftspalte in Richtung des magnetischen Flusses gibt. Sehr große und hochwertige Umspanner kommen dem im Leerlauf recht nah.

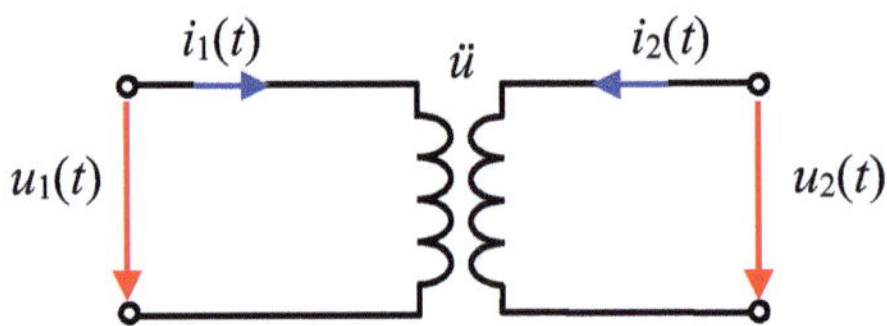

Abb. A.9 Idealer Transformator im VZS

Abb. A.9 zeigt den idealen Transformator. Die unterschiedlichen Varianten der Schaltsymbole sind in Tab. A.33 zusammengefasst.

Tab. A.33 Schaltzeichen für ideale Transformatoren nach EN 60617-6

allgemein	mit Eisenkern	gleichsinnig gewickelt	gegensinnig gewickelt	alt

Auch hier verhalten sich die Spannungen wie das Windungsverhältnis (Gl. A.25) und das wird ideale Spannungstransformation genannt. Für die Klemmenströme gilt die ideale Stromtransformation.

$$\frac{i_1(t)}{i_2(t)} = \frac{N_2}{N_1} = \frac{1}{\ddot{u}} \tag{A.33}$$

Beim idealen Transformator sind die momentanen Eingangs- und Ausgangsleistungen gleich.

$$p_1(t) = u_1(t)\, i_1(t) = p_2(t) = u_2(t)\, i_2(t) \tag{A.34}$$

Dementsprechend sind im stationären Zustand die komplexen Scheinleistungen $\underline{S}_1$ und $\underline{S}_2$ identisch. Der ideale Transformator nimmt keine Wirkleistung auf und hat keinen Bedarf an Blindleistung.

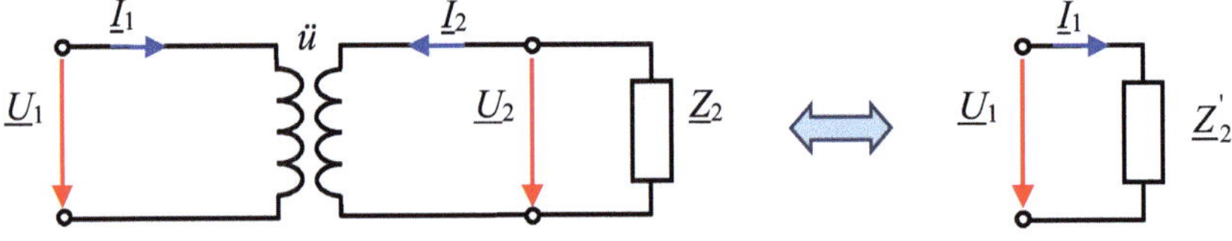

Abb. A.10 Prinzip der Widerstandstransformation nach [36]

Wird er auf der Unterspannungsseite mit einem Verbraucher der Impedanz $\underline{Z}_2$ belastet, folgt

$$\underline{S}_2 = \underline{Z}_2\, \underline{I}_2^2 = \underline{Z}_2\, (\ddot{u}\, \underline{I}_1)^2 = \left(\underline{Z}_2\, \ddot{u}^2\right) \underline{I}_1^2 = \underline{S}_1\, . \tag{A.35}$$

Auch die Impedanzen werden ideal transformiert

$$\underline{Z}_2' = \ddot{u}^2\, \underline{Z}_2 \tag{A.36}$$

und auf der Oberspannungsseite ist die Impedanz $\underline{Z}_2'$ wirksam (Abb. A.10 rechts).

A.4.3 Technischer Transformator

Zunächst soll der Transformator keine Verluste haben, so dass im ersten Schritt nur der Einfluss der Streuung betrachtet wird. Die magnetische Kopplung ist jetzt nicht mehr ideal und Gl. A.28 für die Gegeninduktivität wird mit dem dimensionslosen Kopplungsfaktor k modifiziert.

$$M_\sigma = k\,M = k\,\sqrt{L_1\,L_2} \qquad 0 \leq k \leq 1 \qquad [k] = 1 \tag{A.37}$$

Es zeigt sich, dass im Leerlauf das Verhältnis der Spannungen

$$\underline{U}_1/\underline{U}_2 = \ddot{u}/k \tag{A.38}$$

ist. Die Spannungen werden nicht mehr ideal nach dem Windungsverhältnis transformiert, wenn Streuung eine Rolle spielt.

Im zweiten Schritt sollen die Stromwärmeverluste in den Wicklungen berücksichtigt werden. Die sind lastabhängig. Dazu werden die Wirkwiderstände R_1 und R_2 eingeführt, so dass diese Verluste mit $R_1 I_1^2$ und $R_2 I_2^2$ angegeben werden können. Aus den Spannungsgleichungen A.31 bzw. A.32 wird

$$\begin{aligned} \underline{U}_1 &= (R_1 + \mathrm{j}\omega L_1)\,\underline{I}_1 && + \mathrm{j}\omega M_\sigma\,\underline{I}_2 \\ \underline{U}_2 &= \mathrm{j}\omega M_\sigma\,\underline{I}_1 && + (R_2 + \mathrm{j}\omega L_2)\,\underline{I}_2 \end{aligned} \tag{A.39}$$

bzw.

$$\begin{aligned} \underline{U}_1 &= (R_1 + \mathrm{j}\omega(L_1 - M_\sigma))\;\underline{I}_1 + \mathrm{j}\omega M_\sigma\,(\underline{I}_1 + \underline{I}_2) \\ \underline{U}_2 &= (R_2 + \mathrm{j}\omega(L_2 - M_\sigma))\;\underline{I}_2 + \mathrm{j}\omega M_\sigma\,(\underline{I}_1 + \underline{I}_2) \end{aligned} \tag{A.40}$$

Im T-Ersatzschaltbild nach Gl. A.40 tauchen die Wirkwiderstände R_1 und R_2 in den Längselementen auf (Abb. A.11).

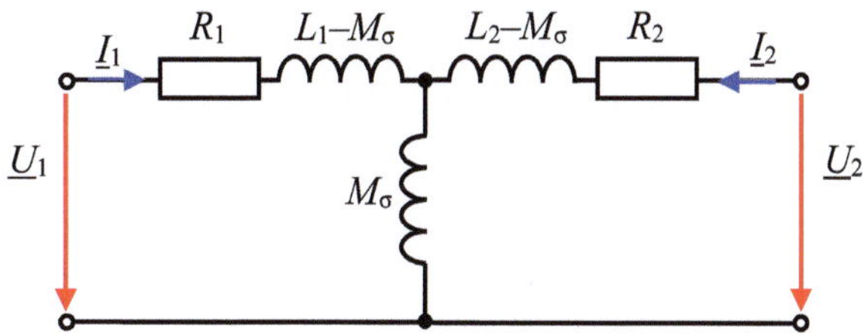

Abb. A.11 T-Ersatzschaltbild vom einphasigen Volltransformator mit Berücksichtigung der Kupferverluste im VZS

Bevor die Eisenverluste im T-Ersatzschaltbild berücksichtigt werden, sollen zunächst die Größen der Unterspannungsseite auf die Oberspannungsseite transformiert werden. Es gibt gute Gründe, diesen Weg einzuschlagen. Dadurch wird auf beiden Seiten des Transformators die gleiche Spannungsebene eingeführt und das vollständige T-Ersatzschaltbild (Abb. A.14) kann auf ein vereinfachtes Ersatzschaltbild reduziert werden (Abb. A.20). Das ist für Leistungsflussrechnungen unter Volllast und Kurzschlussstromberechnungen geeignet, wenn es für einen Drehstromtransformator angepasst wird. Es hat keinen inneren Knoten und die Aufstellung der Netzgleichungen über verschiedene Spannungsebenen wird erheblich vereinfacht. Dazu werden die Transformatorgleichungen A.39 komplizierter formuliert.

$$\begin{aligned} \underline{U}_1 &= (R_1 + \mathrm{j}\omega(L_1 - \ddot{u}\, M_\sigma))\, \underline{I}_1 && + \mathrm{j}\omega\, \ddot{u}\, M_\sigma\, (\underline{I}_1 + \underline{I}_2/\ddot{u}) \\ \ddot{u}\, \underline{U}_2 &= \left(\ddot{u}^2 R_2 + \mathrm{j}\omega\, (\ddot{u}^2 L_2 - \ddot{u}\, M_\sigma)\right) \underline{I}_2/\ddot{u} && + \mathrm{j}\omega\, \ddot{u}\, M_\sigma\, (\underline{I}_1 + \underline{I}_2/\ddot{u}) \end{aligned} \tag{A.41}$$

In den Spannungsgleichungen A.41 werden die transformierten Größen

$$\underline{U}_2' = \ddot{u}\, \underline{U}_2 \qquad \underline{I}_2' = \underline{I}_2/\ddot{u} \qquad R_2' = \ddot{u}^2\, R_2 \tag{A.42}$$

eingeführt. Gleichzeitig können die Ausdrücke mit den Induktivitäten zusammengefasst werden. In den Längselementen werden die primäre Streuinduktivität

$$L_{1\sigma} = L_1 - \ddot{u}\, M_\sigma \tag{A.43}$$

und die transformierte sekundäre Streuinduktivität

$$L_{2\sigma}' = \ddot{u}^2\, L_{2\sigma} = \ddot{u}^2\, (L_2 - M_\sigma/\ddot{u}) \tag{A.44}$$

definiert. Ohne Streuung ($k = 1$) verschwinden wegen Gl. A.26 und A.28 beide Streuinduktivitäten, d. h. $L_{1\sigma} = L_{2\sigma} = 0$. Zuletzt kommt noch als Querelement die primäre Hauptinduktivität

$$L_{1\mathrm{h}} = \ddot{u}\, M_\sigma \tag{A.45}$$

dazu. Sie ist für den magnetischen Hauptfluss Φ_h verantwortlich.

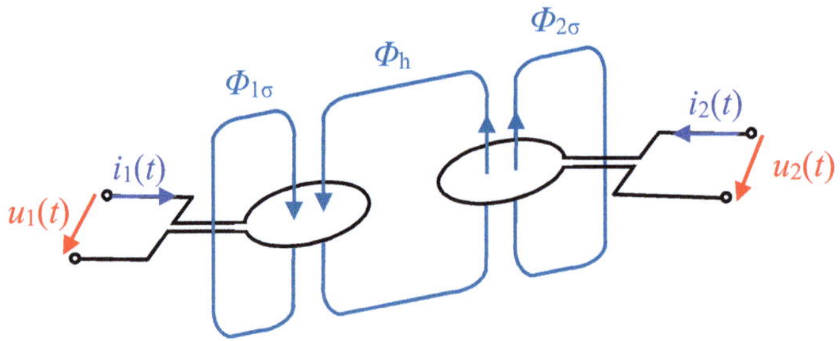

Abb. A.12 Zwei magnetisch gekoppelte stromdurchflossene Windungen

Für zwei Windungen ist das in Abb. A.12 dargestellt. Dort sind auch die Streuflüsse $\Phi_{1\sigma}$ und $\Phi_{2\sigma}$ eingezeichnet, die mit den Streuinduktivitäten im Zusammenhang stehen. Insgesamt vereinfachen sich die Transformatorgleichungen A.41 zu

$$\begin{aligned} \underline{U}_1 &= (R_1 + \mathrm{j}\omega L_{1\sigma})\, \underline{I}_1 + \mathrm{j}\omega\, L_{1\mathrm{h}}(\underline{I}_1 + \underline{I}_2^{'}) \\ \underline{U}_2^{'} &= (R_2^{'} + \mathrm{j}\omega\, L_{2\sigma}^{'})\, \underline{I}_2^{'} + \mathrm{j}\omega\, L_{1\mathrm{h}}(\underline{I}_1 + \underline{I}_2^{'}) \end{aligned} \tag{A.46}$$

und wiederum kann alles als Ersatzschaltung gezeichnet werden (Abb. A.13).

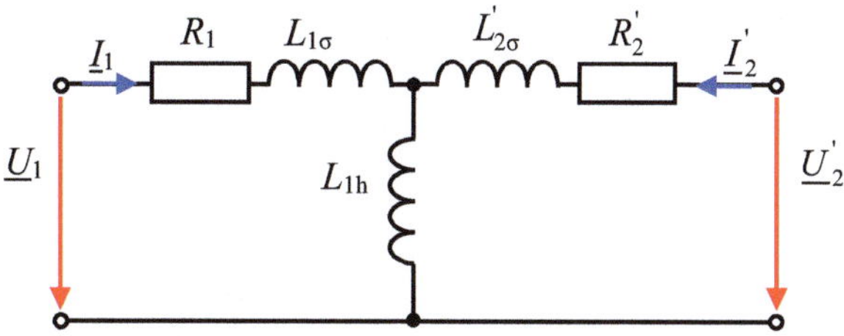

Abb. A.13 T-Ersatzschaltbild mit Berücksichtigung der Kupferverluste und transformierten Größen im VZS

Werden im letzten Schritt die lastunabhängigen Eisenverluste berücksichtigt, erscheint im Ersatzschaltbild parallel zur Hauptinduktivität $L_{1\mathrm{h}}$ der Wirkwiderstand R_{Fe}. In Abb. A.14 sind oben statt der Induktivitäten deren Blindwiderstände eingezeichnet.

$$X_{\mathrm{h}} = \omega L_{1\mathrm{h}} \qquad X_{1\sigma} = \omega L_{1\sigma} \qquad X_{2\sigma}^{'} = \omega L_{2\sigma}^{'} \tag{A.47}$$

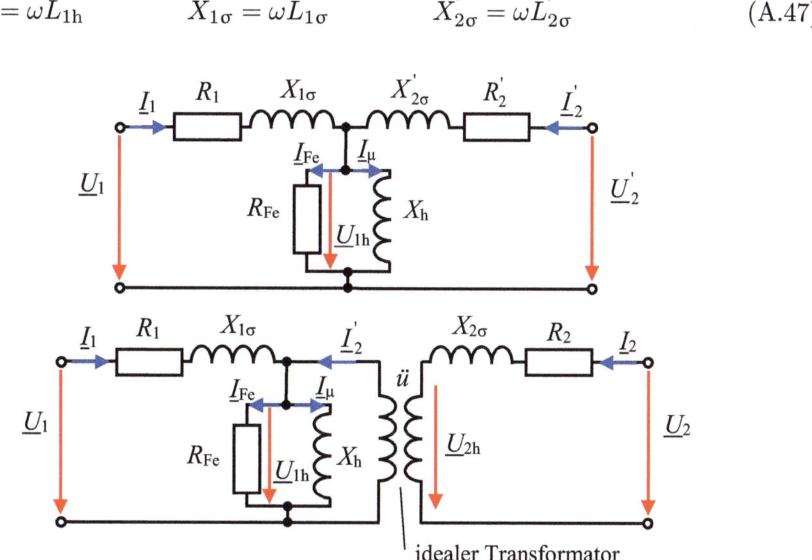

Abb. A.14 Vollständige T-Ersatzschaltbilder

Anstelle der transformierten Größen kann das vollständige Ersatzschaltbild auch mit einem idealen Transformator gezeichnet werden (Abb. A.14 unten). Beide Varianten sind äquivalent.

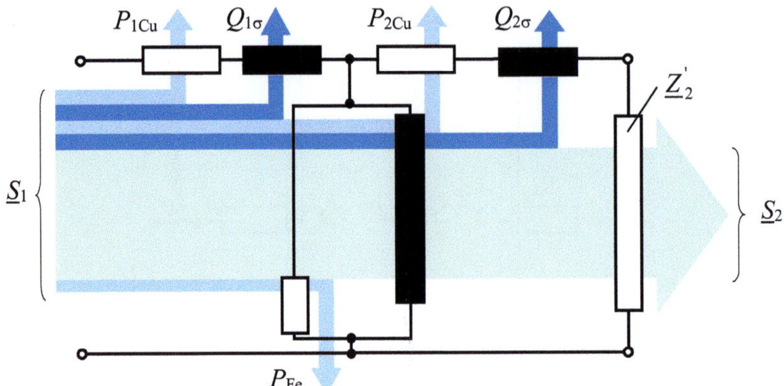

Abb. A.15 Leistungsfluss durch einen Transformator (qualitative Darstellung)

Auch die Leistungsbilanz kann anschaulich gemacht werden (Abb. A.15). An den Wirkwiderständen treten die Kupfer- und Eisenverluste auf. Hier nimmt der Transformator Wirkleistung auf. Die Streureaktanzen benötigen induktive Blindleistung. Daher unterscheiden sich die komplexen Scheinleistungen auf der Ober- und Unterspannungsseite ($\underline{S}_1 \neq \underline{S}_2$).

A.4.4 Leerlauf- und Kurzschlussversuch

Die Querelemente R_{Fe} und X_{h} im vollständigen T-Ersatzschaltbild werden aus dem Leerlaufversuch gewonnen, die Längselemente im vereinfachten Ersatzschaltbild aus dem Kurzschlussversuch. Beide Versuche und das vereinfachte Ersatzschaltbild werden nun genauer beschrieben. Es werden weiterhin nur einphasige Transformatoren betrachtet.

Leerlaufversuch

Beim Leerlauf werden unterspannungsseitig die Klemmen offengelassen ($I_2 = 0$) und oberspannungsseitig wird die Bemessungsspannung $U_{1\mathrm{r}}$ angelegt. Der Versuch mit offenen Anschlüssen auf der Oberspannungsseite ist grundsätzlich auch möglich, wird aber hier nicht weiter betrachtet. Der Leerlauf wird mit dem Index 0 gekennzeichnet.

Abb. A.16 zeigt den experimentellen Aufbau. Der eingezeichnete Stelltransformator dient dazu, die Spannung an den Klemmen des Transformators auf den gewünschten Wert von $U_{1\mathrm{r}}$ zu setzen.

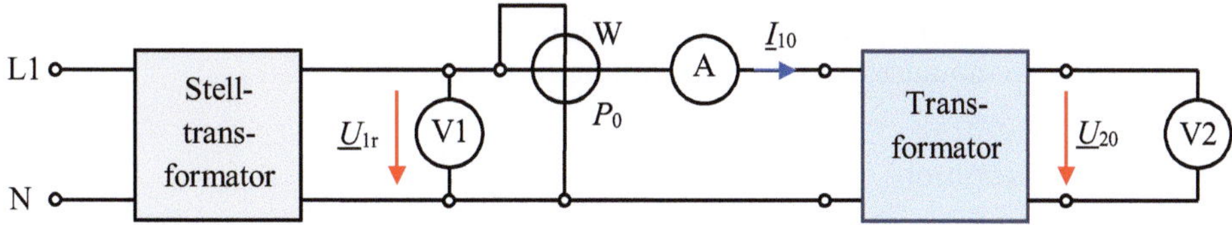

Abb. A.16 Leerlaufversuch mit dem Transformator

Im Versuch werden die

- Leerlaufleistung P_0, der
- Leerlaufstrom I_{10}, die
- Bemessungsspannung U_{1r} und die
- Leerlaufspannung U_{20} auf der Unterspannungsseite

gemessen. In sehr guter Näherung können im vollständigen Ersatzschaltbild die Längselemente R_1 und $X_{1\sigma}$ gegenüber den Querelementen R_{Fe} und X_h vernachlässigt werden, da sie deutlich kleiner sind. Der Unterschied beträgt etwa drei bis vier Zehnerpotenzen [36]. Das führt zum vereinfachten Ersatzschaltbild für den Leerlauf, das nur noch R_{Fe} und X_h enthält (Abb. A.17 rechts). Diese beiden Größen werden nun aus den drei Messwerten P_0, I_{10} und U_{1r} berechnet.

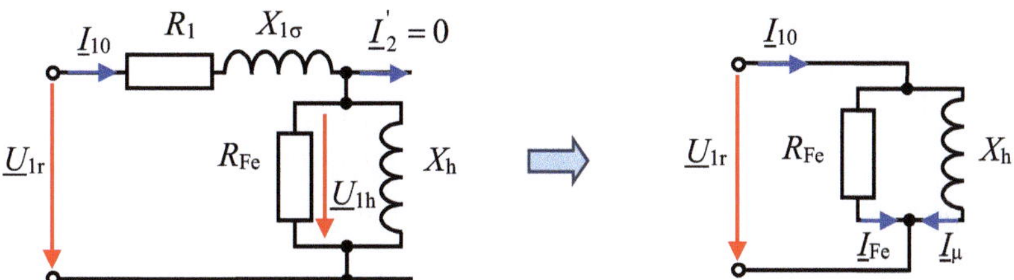

Abb. A.17 Vollständiges und vereinfachtes Ersatzschaltbild für den Leerlauf

Aus $P_0 = U_{1r} I_{10} \cos\varphi_0$ folgt der Phasendifferenzwinkel φ_0. Mit dem sind der Eisenverluststrom I_{Fe} und der Magnetisierungsstrom I_{μ}

$$I_{Fe} = I_{10} \cos\varphi_0 \qquad \text{und} \qquad I_{\mu} = I_{10} \sin\varphi_0 \; , \tag{A.48}$$

so dass die Querelemente mit

$$R_{Fe} = \frac{U_{1r}}{I_{Fe}} \qquad \text{und} \qquad X_h = \frac{U_{1r}}{I_{\mu}} \tag{A.49}$$

berechnet werden können. Aus dem Leerlaufversuch kann auch das Übersetzungsverhältnis $\ddot{u}$ näherungsweise bestimmt werden. Wegen $I_2 = 0$ gilt hier exakt $U_{20} = U_{2h}$ und wegen der geringen Spannungsfälle an R_1 und $X_{1\sigma}$ ist $U_{1r} \approx U_{1h}$.

$$\ddot{u} = \frac{U_{1h}}{U_{2h}} \approx \frac{U_{1r}}{U_{20}} \; . \tag{A.50}$$

Das Übersetzungsverhältnis ist in guter Näherung das Verhältnis der Spannungen auf der Oberspannungs- und Unterspannungsseite im Leerlauf.

Kurzschlussversuch

Beim Kurzschlussversuch wird der Transformator auf der Unterspannungsseite kurzgeschlossen ($U_2 = 0$). Auf der Oberspannungsseite wird die Spannung mit einem Stelltransformator vorsichtig so weit erhöht, bis der Bemessungsstrom I_{1r} fließt (Abb. A.18). Die Größen beim Kurzschluss tragen den Index k.

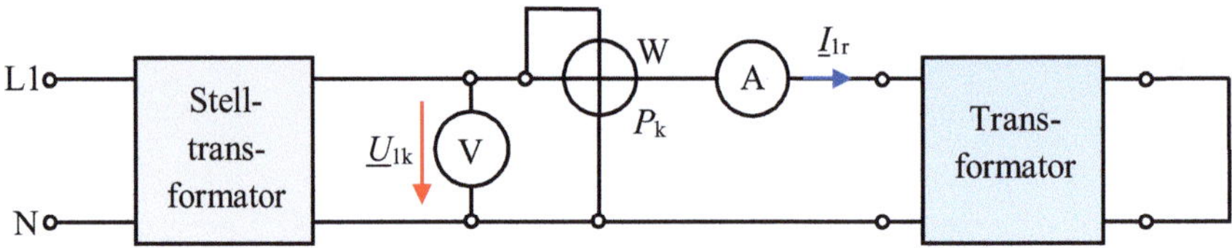

Abb. A.18 Kurzschlussversuch mit dem Transformator

Die Messung liefert die

- Kurzschlussverluste P_k, den
- Bemessungsstrom $I_{1k} = I_{1r}$ und die
- Kurzschlussspannung U_{1k}.

Im vollständigen Ersatzschaltbild sind die Querelemente hochohmig und können in erster Näherung vernachlässigt werden. Das führt für den Kurzschluss zu der vereinfachten Ersatzschaltung in Abb. A.19 rechts.

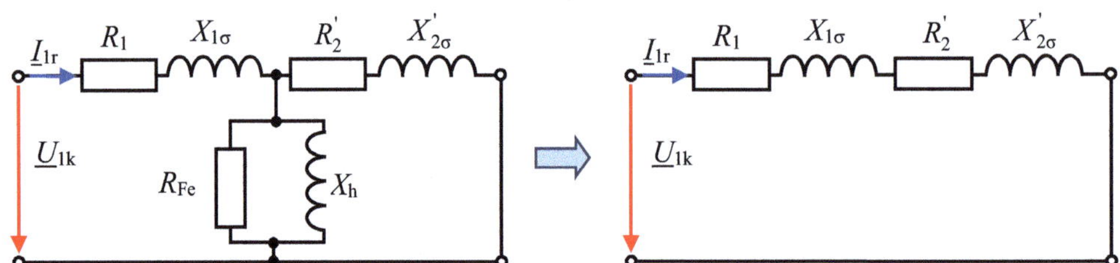

Abb. A.19 Vollständiges und vereinfachtes Ersatzschaltbild für den Kurzschluss

Die Wirkwiderstände werden zum Kurzschlusswiderstand R_k und die Reaktanzen der Streufelder zur Kurzschlussreaktanz X_k zusammengefasst.

$$R_k = R_1 + R_2^{'} \qquad \text{und} \qquad X_k = X_{1\sigma} + X_{2\sigma}^{'} \tag{A.51}$$

Mit $\cos\varphi_{1k} = \dfrac{P_k}{U_{1k} I_{1r}}$ sind

$$R_\mathrm{k} = \frac{U_\mathrm{1k}}{I_\mathrm{1r}} \cos\varphi_\mathrm{1k} \qquad \text{und} \qquad X_\mathrm{k} = \frac{U_\mathrm{1k}}{I_\mathrm{1r}} \sin\varphi_\mathrm{1k}\,. \tag{A.52}$$

In dem Zusammenhang ist die relative Kurzschlussspannung u_k von Bedeutung.

$$u_\mathrm{k} = \frac{U_\mathrm{1k}}{U_\mathrm{1r}} \qquad [u_\mathrm{k}] = 1 = 100\ \% \tag{A.53}$$

Die vereinfachte Ersatzschaltung für den Kurzschluss gilt auch für den Bemessungsbetrieb, da in beiden Fällen der maximal zulässige Strom I_1r fließt. Es heißt auch Kappsches Ersatzschaltbild oder Kurzschlussersatzschaltbild (Abb. A.20).

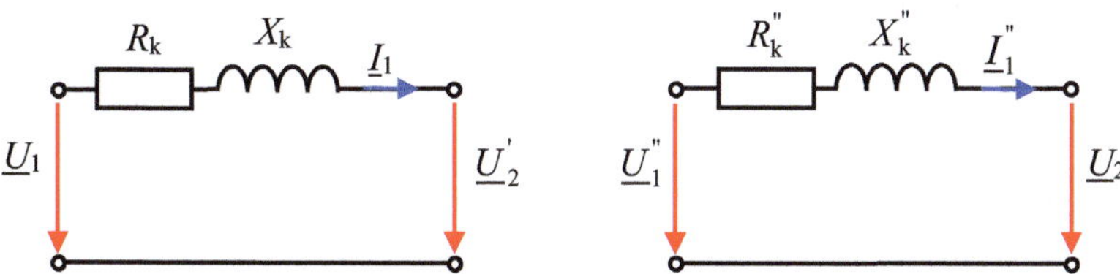

Abb. A.20 Kappsches Ersatzschaltbild auf die Ober- und Unterspannungsseite bezogen

Die auf die Unterspannungsseite bezogenen Größen sind

$$\underline{U}_1'' = \underline{U}_1/\ddot{u} \qquad \underline{I}_1'' = \ddot{u}\,\underline{I}_1 \qquad R_\mathrm{k}'' = R_\mathrm{k}/\ddot{u}^2 \qquad \text{und} \qquad X_\mathrm{k}'' = X_\mathrm{k}/\ddot{u}^2\,. \tag{A.54}$$

Das Kappsche Ersatzschaltbild taucht bei dem dreiphasigen Zweiwicklungstransformator wieder auf.

Literatur

[1] Heike Hering. *Technische und Naturwissenschaftliche Berichte: Verständlich gliedern, gut gestalten, überzeugend vortragen.* Wiesbaden: Springer Fachmedien Wiesbaden, 2024. ISBN: 978-3-658-41634-8 978-3-658-41635-5. DOI: `10.1007/978-3-658-41635-5`. URL: `https://link.springer.com/10.1007/978-3-658-41635-5`.

[2] Barry N Taylor Peter J Mohr David B Newell und Eite Tiesinga. »Data and analysis for the CODATA 2017 special fundamental constants adjustment«. In: *Metrologia* 55 (2018), S. 125–146. DOI: `10.1088/1681-7575/aa99bc`.

[3] Physikalisch-Technische Bundesanstalt (PTB). *Internet Auftritt.* `www.ptb.de`. 1999 - heute.

[4] Klaus Heuck, Klaus-Dieter Dettmann und Detlef Schulz. *Elektrische Energieversorgung - Erzeugung, Übertragung und Verteilung Elektrischer Energie.* 9. Auflage. Wiesbaden: Springer Vieweg Verlag, 2013. ISBN: 978-3-834-81699-3.

[5] Ralf Kories und Heinz Schmidt-Walter. *Taschenbuch der Elektrotechnik: Grundlagen und Elektronik.* 4. überarbeitete Auflage. Thun Frankfurt am Main: Harri Deutsch Verlag, 2000. 662 S. ISBN: 978-3-8171-1626-3.

[6] Horst Bumiller u. a. *Fachkunde Elektrotechnik.* 33. überarbeitete und erweiterte Auflage. Europa Fachbuchreihe für elektrotechnische Berufe. Haan-Gruiten: Verlag Europa-Lehrmittel, 2022. 704 S. ISBN: 978-3-8085-3823-4.

[7] Horst Clausert u. a. *Grundgebiete der Elektrotechnik. Bd. 1: Gleichstrom, elektrische und magnetische Felder.* München: Oldenbourg Wissenschaftsverlag, 2003. ISBN: 978-3-486-59719-6.

[8] Thomas Harriehausen und Dieter Schwarzenau. *Moeller Grundlagen der Elektrotechnik.* 2020. ISBN: 978-3-658-27839-7 978-3-658-27840-3. URL: http://link.springer.com/10.1007/978-3-658-27840-3.

[9] Manfred Albach. *Grundlagen der Elektrotechnik 1: Erfahrungssätze, Bauelemente, Gleichstromschaltungen.* 4., aktualisierte Auflage. München: Pearson Studium, Juli 2020. ISBN: 978-3-868-94399-3.

[10] Manfred Albach. *Grundlagen der Elektrotechnik 2: Periodische und nicht periodische Signalformen.* 3., aktualisierte Auflage. München: Pearson Studium, September 2020. ISBN: 978-3-868-94400-6.

[11] Horst Stöcker. *Taschenbuch der Physik.* 7. Auflage. Haan-Gruiten: Europa-Lehrmittel, 24. Januar 2014. ISBN: 978-3-808-55675-7.

[12] Klaus Lichtenegger. *Schlüsselkonzepte zur Physik: von den Newton-Axiomen bis zur Hawking-Strahlung.* Berlin Heidelberg: Springer Spektrum, 2015. ISBN: 978-3-8274-2384-9 978-3-8274-2385-6.

[13] Martin Poppe. *Prüfungstrainer Elektrotechnik: Erst verstehen, dann bestehen.* Berlin, Heidelberg: Springer Berlin Heidelberg, 2022. ISBN: 978-3-662-65001-1 978-3-662-65002-8. DOI: 10.1007/978-3-662-65002-8. URL: https://link.springer.com/10.1007/978-3-662-65002-8.

[14] Martin Poppe. *Grundkurs Theoretische Elektrotechnik: Q, E und B begründen alles.* 2. Auflage. Berlin, Heidelberg: Springer Berlin Heidelberg, 2024. ISBN: 978-3-662-68630-0 978-3-662-68631-7. DOI: 10.1007/978-3-662-68631-7. URL: https://link.springer.com/10.1007/978-3-662-68631-7.

[15] Torsten Fließbach. *Elektrodynamik.* 6. Aufl. Lehrbuch zur Theoretischen Physik. Berlin: Springer Spektrum, 2012. 375 S. ISBN: 978-3-827-43035-9.

[16] Richard P. Feynman, Robert B. Leighton und Matthew L. Sands. *The Feynman lectures on physics.* New millennium edition. New York: Basic Books, 2011. ISBN: 978-0-465-02414-8 978-0-465-02493-3 978-0-465-02416-2 978-0-465-02417-9 978-0-465-02501-5 978-0-465-02382-0.

[17] Paul A. Tipler und Gene Mosca. *Tipler Physik: für Studierende der Naturwissenschaften und Technik.* Hrsg. von Peter Kersten. Berlin, Heidelberg: Springer Berlin Heidelberg, 2024. ISBN: 978-3-662-67935-7 978-3-662-67936-4. DOI: 10.1007/978-3-662-67936-4. URL: https://link.springer.com/10.1007/978-3-662-67936-4.

[18] Tilo Arens u. a. *Mathematik.* 3. Auflage. Berlin Heidelberg: Springer Spektrum, 2015. 1630 S. ISBN: 978-3-642-44918-5.

[19] Siegfried Großmann. *Mathematischer Einführungskurs für die Physik.* Stuttgart: Vieweg+Teubner Verlag, 2013. ISBN: 978-3-835-10254-5.

[20] Hans Kerner und Wolf von Wahl. *Mathematik für Physiker.* 3., überarb. Auflage. Springer-Lehrbuch. Berlin: Springer, 2013. 572 S. ISBN: 978-3-642-37653-5 978-3-642-37654-2.

[21] Christian B. Lang und Norbert Pucker. *Mathematische Methoden in der Physik.* 3. Auflage. Lehrbuch. OCLC: 945131898. Berlin Heidelberg: Springer Spektrum, 2016. 859 S. ISBN: 978-3-662-49312-0 978-3-662-49313-7.

[22] Hans-Jürgen Korsch. *Mathematische Grundlagen für Physiker: ein begleitendes Lehrbuch für die Experimentalphysik.* 5. aktualisierte und erweiterte Auflage. München: Carl Hanser Verlag, 2021. ISBN: 978-3-446-47134-4.

[23] Peter Hertel. *Theoretische Physik.* 1. Aufl. Berlin Heidelberg New York: Springer-Verlag, 2006. ISBN: 978-3-540-36645-4.

[24] Martin Poppe. *Die Maxwell´sche Theorie. Für Ingenieure und Master-Studenten.* 1. Auflage. Berlin Heidelberg: Vieweg+Teubner Verlag, 2015. ISBN: 978-3-662-45592-0.

[25] Heino Henke. *Elektromagnetische Felder - Theorie und Anwendung.* 5. Aufl. Berlin Heidelberg New York: Springer-Verlag, 2015. ISBN: 978-3-662-46918-7.

[26] John David Jackson. *Klassische Elektrodynamik.* 5. überarbeitete Auflage. Berlin Boston: Walter de Gruyter, 2014. ISBN: 978-3-110-33446-3.

[27] Fritz Kurt Kneubühl. *Repetitorium der Physik.* 5. Auflage. Stuttgart: Teubner-Verlag, 1994. ISBN: 978-3-519-43012-4.

[28] Wikipedia. *Die freie Enzyklopädie.* www.de.wikipedia.org. 2001 - heute.

[29] Pascal Leuchtmann. *Einführung in die elektromagnetische Feldtheorie.* et - Elektrotechnik. München: Pearson Studium, 2007. 608 S. ISBN: 978-3-8273-7144-7 978-3-8273-7302-1.

[30] Dieter Meschede. *Gerthsen Physik.* 24. überarb. Auflage. Heidelberg Dortrecht London New York: Springer-Verlag, 2010. ISBN: 978-3-642-12893-6.

[31] Adolf J. Schwab. *Begriffswelt der Feldtheorie: elektromagnetische Felder, Maxwell-Gleichungen, Gradient, Rotation, Divergenz.* 7., bearbeitete und ergänzte Auflage. Springer-Lehrbuch. Berlin Heidelberg: Springer Vieweg, 2013. 368 S. ISBN: 978-3-642-34565-4 978-3-642-34566-1.

[32] Andreas Küchler. *Hochspannungstechnik: Grundlagen - Technologie - Anwendungen.* 4. Auflage. VDI-Buch. Berlin: Springer Vieweg, 2017. 659 S. ISBN: 978-3-662-54699-4 978-3-662-54700-7.

[33] Valentin Crastan. *Elektrische Energieversorgung. 1: Netzelemente, Modellierung, stationäres Verhalten, Bemessung, Schalt- und Schutztechnik.* 4., bearbeitete Auflage. Elektrische Energieversorgung. Heidelberg: Springer Vieweg, 2015. ISBN: 978-3-662-45984-3 978-3-662-45985-0.

[34] Matthias Bartelmann u. a. *Theoretische Physik.* Unter Mitarb. von Florian Modler und Martin Kreh. Berlin Heidelberg: Springer Spektrum, 2015. 1315 S. ISBN: 978-3-642-54617-4 978-3-642-54618-1.

[35] Kirk T. McDonald. *Forces on Magnetic Dipoles.* `www.physics.princeton.edu/~mcdonald/examples/neutron.pdf`. 2018.

[36] Hermann Merz und Götz Lipphardt. *Elektrische Maschinen und Antriebe.* 3., überarbeitete und erweiterte Auflage. Berlin: VDE Verlag, 2014. ISBN: 978-3-800-73534-1.

MIX
Papier aus verantwortungsvollen Quellen
Paper from responsible sources
FSC® C105338

If you have any concerns about our products,
you can contact us on
ProductSafety@springernature.com

In case Publisher is established outside the EU,
the EU authorized representative is:
Springer Nature Customer Service Center GmbH
Europaplatz 3, 69115 Heidelberg, Germany

Printed by Libri Plureos GmbH
in Hamburg, Germany